Diplomatische

Sammlung

der

Verfassungs-

und

Verwaltungs-Grundgesetze

der

deutschen Staaten.

Herausgegeben

von

E. G. v. Ros....

Erster Band.

Berlin, 1840.
Sander'sche Buchhandlung.

Vorwort.

Seit dem vorigen Jahrhunderte, nämlich seit der Herausgabe des für jetzige Zeit als riesenhaft erscheinenden Lünig'schen Reichs-Archivs und Faber's Staatskanzlei, hat sich unter den zahlreichen und sammel- wie bücher-lustigen staatswissenschaftlichen Schriftstellern, mit beinahe alleiniger Ausnahme des Herrn von Martens, keiner wieder gefunden, der eine Fortsetzung des Lünig'schen Werkes unternommen hätte, nämlich eine nach Möglichkeit vollständige Sammlung aller diplomatischen Urkunden der deutschen Staaten. Und doch hat jetzt Niemand eigentlich Ursache, von einem Hindernisse zu sprechen, dessen Ueberwindung Lünig mit Recht in seinem diplomatisch eifersüchtigen und argwöhnischen, der Oeffentlichkeit fern stehenden Jahrhundert als größte Leistung sich anrechnet, daß es ihm nämlich gelang, aller dieser Urkunden habhaft zu werden. Die Urkunden neuerer Zeit sind von Haus aus meist öffentlicher Natur und daher auch veröffentlicht; die Archive sind längst für den Forscher zugänglich und theilweise Sammlungen in Menge vorhanden. Der zu bearbeitende Zeitraum ist unverhältnißmäßig geringer, als bei jenem alten Werke, überhaupt aber würde die erwähnte Erweiterung der Hilfsmittel, durch welche bereits für sehr viele Staaten zum Theil amtliche Sammlungen, wenigstens der Urkunden über innere Verhältnisse, gegeben sind, da überhaupt die Form der Staatsverträge sich für alle inneren Beziehungen in die von Gesetzen verwandelt hat, es jetzt weit möglicher und leichter machen, in einer diplomatischen Sammlung alle gebildeten Staaten zu umfassen; allein unsere Zeit, so sehr sie bis zu einem gewissen Maaße Allgemeinheit verlangt, fordert doch bei ihrer durchgängigen Richtung auf das unmittelbar dem Leben

Zugewandte von dem Einzelnen mehr als je eine ausschließliche Beschäftigung mit irgend etwas Besonderem, mit irgend einem einzelnen Zweige des Lebens, Wirkens und Wissens. Dies führt zu einer unmittelbaren Rückwirkung auf die Literatur, und in der Literatur unserer Tage wird daher nur die Behandlung eines besonderen, engeren Gegenstandes, und zwar aus dem Bereiche des thätigen Lebens, zu Anerkennung und Erfolg gelangen; daher der gegenwärtige Verfall der Poesie. Und so sehr man also bei dem Besonderen und Einzelnen ins Vielseitige und Große gehen mag, so wenig ist es bei dem Allgemeinen und Umfassenden räthlich. Wenigstens muß man nothwendig von dem Einzelnen ausgehen, und aus diesem nach und nach ein Ganzes und Allgemeines zusammenzutragen suchen.

Wir glauben daher, daß die Ankündigung einer Fortsetzung von Lünig's oder Dumont's Werk jetzt nur allgemeines Kopfschütteln erregen und geringe Theilnahme erwecken würde; wohl aber sind wir überzeugt, daß für jeden der einzelnen Gegenstände, welche in ein solches Ganze gehören, sich ein zahlreicher Antheil vorfinden wird.

Es hat nämlich im Allgemeinen die Staatswissenschaft jetzt den Vortheil erlangt, daß sie nicht mehr bloß in gelehrten Systemen, auf den Hochschulen, in den Heften und Gesetzbüchern für eine bestimmte, ihr dienende Priesterkaste ihren Sitz hat, sondern daß sie fast mehr als irgend eine andere Wissenschaft in das Leben, in das Volk übergegangen ist.

Denn wenn es wahr ist, daß unser Zeitalter ein *politisches* ist, so kann es auch nicht fehlen, daß unsere Zeitgenossen nicht nur für die wirklichen, thatsächlichen Erscheinungen des Staatslebens Antheil hegen, sondern auch für die inneren und äußeren Ursachen dieser Erscheinungen, für die Urkunden, welche sie dokumentiren.

Darum ist es namentlich die ganze politische Gesetzgebung, für welche mit dem erwachten Bewußtsein eines Staatslebens zugleich das Bedürfniß einer übersichtlichen Kenntniß und Prüfung bei den Staatsbürgern erwacht ist. Diese Prüfung führt natürlich dann weiter zu dem Wunsch einer Vergleichung der einzelnen Gesetzgebungen unter einander.

Um somit nicht nur für die *Wissenschaft* durch ein Ordnen und Zusammenfassen des politischen Systems der Gegenwart, sondern auch für das Leben, durch ein Veranschaulichen und Nebeneinanderstellen der Gesetze und Normen, in denen es sich bewegen soll, einem Bedürfnisse abzuhelfen, scheint es nicht unpassend, eine „diplomatische Sammlung der Verfassungs- und Verwaltungs-Grundgesetze der gebildeten Staaten" zu veranstalten.

Dies ist die Aufgabe des hiermit begonnenen Werkes, über dessen Anlage und Ausführung wir uns jetzt noch etwas weiter verbreiten müssen.

Wir sind im Allgemeinen der Ansicht, daß die Verfassung eines Staates nicht in einer einzelnen bestimmten sogenannten Verfassungs-Urkunde bestehe, und nicht nach einzelnen sogenannten Grundgesetzen, als vielmehr nach den in der ganzen Verwaltung beobachteten Grundsätzen zu beurtheilen sei, daß mit anderen Worten nicht nur die Staatsgrundgesetze, sondern auch die Regierungsgrundgesetze die Verfassung eines Staats ausmachen, und zu Darstellung eines vollständigen Bildes des Staatslebens gehören.

Die Staatsgrundgesetze, da wo sie vorhanden sind, scheinen nur in sofern von Bedeutung, als in ihnen die Staatsgrundsätze, gleichsam im Auszuge, zusammengestellt sein sollen, wie fern sie aber im Staatsleben selbst ihre Anwendung finden, kann immer erst aus den Verwaltungsgesetzen erkannt werden.

Da es nun unsere Absicht ist, ein vollständiges Bild des Staatslebens der verschiedenen gebildeten Staaten zur ergiebigen Vergleichung darzustellen, so mußten wir die sämmtlichen gültigen Staats- und Verwaltungs-Grundgesetze aufnehmen.

Eine bloße Sammlung der Verfassungs-Urkunden (wie sie Pölitz, Dufeau u. A.) gegeben haben, scheint uns mehr als unzureichend; die Staatsgrundsätze nämlich, welche in diesen Grundgesetzen enthalten sein sollen, müssen am Ende, besonders da in den meisten und namentlich in den neueren Staaten ihre Aufstellung etwas Gemachtes, auf einmal positiv, nicht natürlich und geschichtlich, Entstandenes sind, mehr oder minder gleich sein, und sind es, wie der Augenschein zeigt; daher eine solche Sammlung etwas ziemlich Einförmiges und durch beständige Wiederholungen Unbequemes und Langweiliges sein mag. Nur in wiefern sie Anordnungen der Verwaltung und Ausführung jener allgemeinen Grundsätze, und somit wesentliche Verschiedenheiten enthalten, bieten sie wesentliches Interesse. Dieses aber kann nur dann vollständig befriedigt werden, wenn diese Verwaltungs-Anordnungen nicht nur grundsätzlich angedeutet, sondern auch durch die einzelne Ausführung durchgeführt werden.

Nicht, wie er regiert werden soll, sondern wie er wirklich regiert wird, ist dem Staatsbürger zu wissen gut und nothwendig.

Allerdings entsteht nun die Frage, wie weit in dieser einzelnen Ausführung gegangen werden soll? Hier aber zeigt sich die Grenze im Ganzen ziemlich deutlich durch die Bestimmung, daß nur das, was allgemeine Beziehung auf Verhältnisse im ganzen Staate hat, hierher gehört, während alle Verfügungen über einzelne und beschränkte Fälle ausgeschlossen sein müssen.

Wenn in einzelnen Staaten die Gesetzgebung hierin nicht immer streng geschieden ist, so ist dies ohne Zweifel noch ein Mangel, der auch auf den betreffenden Theil dieser Sammlung übergehen muß, um eben mit als charakteristisches Merkmal zum Behufe der Prüfung und Vergleichung zu dienen.

Hätte sich die Gesetzgebung der verschiedenen Staaten über alle Hauptverhältnisse des Staatslebens gleichmäßig ausgebildet und als Ganzes abgeschlossen, so wäre es vielleicht nicht unzweckmäßig gewesen, unter diesen Haupttiteln die betreffenden Gesetzgebungen alle wissenschaftlich neben einander zu ordnen. Da aber eine solche Gleichmäßigkeit keinesweges stattfindet, so haben wir es vorziehen müssen, die gesammten hierher gehörigen Gesetze jedes einzelnen Staates unter dessen Namen als Ganzes zusammenzustellen, und so nach politischem, nicht nach wissenschaftlichem Eintheilungsgrunde zu verfahren.

Wir müssen uns also nach den politischen Systemen der gebildeten Staaten richten und hiernach die Anordnung treffen.

Es entsteht nun die Frage, welche Staaten, und in welcher Anordnung sie hier aufzuführen sind?

Wir haben im Allgemeinen gesagt, daß von den gebildeten Staaten die Rede sein soll. Welche man dahin zu zählen hat, liegt allerdings einigermaßen im Bereiche eines willkürlichen Urtheils, doch nicht in dem eines Einzelnen, sondern in der allgemeinen Meinung.

Ueberhaupt aber rechnen wir zu den gebildeten Staaten alle diejenigen, in welchen eine in bestimmten Normen sich zeigende mehr oder minder vollständige Ausbildung der einzelnen staatsbürgerlichen Hauptverhältnisse (der polizeilichen, rechtlichen, diplomatischen, militairischen, finanziellen) stattfindet und durch eine mehr oder minder geordnete Gesetzgebung über diese Verhältnisse ausgewiesen wird.

Wir werden uns demnach hauptsächlich auf die europäischen und die amerikanischen Staaten zu beschränken haben.

Da wir nicht bloß für das Leben, sondern auch für die Wissenschaft, in wiefern sie jenes vorbereitet, zu arbeiten gedenken, so scheint es uns passend, wie auch Pölitz in seiner Sammlung der Constitutionen gethan hat, nicht nur die noch bestehenden Gesetzgebungen, sondern auch die erloschenen mit zu berücksichtigen, so weit sie auf die Bildung späterer Staatsverhältnisse wesentlichen Einfluß geübt haben, oder in einem einzelnen Staat den Entwickelungsgang der Staatsausbildung allein anschaulich machen mögen.

Für die äußere Reihefolge in unserer Sammlung wäre der geschichtliche der eigentlich natürliche und nothwendige Eintheilungsgrund, d. h. wir würden die Staaten und Länder in der Folge aufzuführen haben, in welcher sie sich geschichtlich in ihrer Verfassung und Verwaltung ausgebildet haben.

Wir würden so füglich mit Deutschland den Anfang machen können, und demgemäß zunächst die Grundgesetze der Verfassung und Verwaltung des ehemaligen deutschen Reichs; dann mit Zuziehung der Urkunden über Auflösung desselben, und der episodischen Gesetze des Rheinbunds, die des jetzigen deutschen Bundes aufführen, demnächst aber zu den einzelnen deutschen Staaten übergehen müssen. Demgemäß lassen wir unser Werk zunächst unter dem besonderen Titel: „diplomatische Sammlung u. s. w. der deutschen Staaten" beginnen.

Aeußere Gründe veranlassen uns aber zu einer Abweichung von der vorhin angegebenen natürlichen Ordnung. Einmal nämlich erfordert es das materielle Interesse unseres Unternehmens, dasselbe mit einem Anfange zn beginnen, der ihm auch materielle Theilnahme verspricht, die sich für neuere Beziehungen mehr voraussetzen läßt, als für alte, erloschene. Dann aber können wir auch füglich diesem Mangel unseres Werkes dadurch abhelfen, daß wir den fehlenden Anfang desselben durch die bereits vorhandenen Arbeiten für ergänzt erklären, und es als eine Fortsetzung derselben ausgeben.

Sowohl nämlich die Grundgesetze des deutschen Reichs, als auch die des an seine Stelle getretenen deutschen Bundes sind schon vollständig in besonderen Werken gesammelt. Ueber die ersteren führen wir an: Gerstlacher „corpus juris germanici publici et privati, d. i. der möglichst echte Text der deutschen Reichsgesetze, Reichsordnungen und anderen Reichsnormalien, in systematischer Ordnung mit Anmerkungen. 4 Thl. Karlsruhe 1786—89" und dessen „Handbuch der deutschen Reichsgesetze, nach dem möglichst echten Texte, in systematischer Ordnung. 4 Thl. Frankfurt und Leipzig 1786." Die betreffenden Gesetze sind namentlich: Die goldene Bulle, vom Jahre 1356; der ewige Landfrieden von 1495; die seit Karl V. gewöhnliche, allerdings jedesmal modifizirte, Wahlcapitulation; der Religionsfriede von 1555, und der westfälische Friede von 1648. Als Urkunden über die allmälige und endlich völlige Auflösung des deutschen Reichs kommen hinzu: der Friede von Luneville vom 9. Febr. 1801, der Reichsdeputations-Hauptschluß vom 25. Febr. 1803.

Für die Gesetzgebung des deutschen Bundes aber haben wir ebenfalls mehrere, und noch besser geordnete, vollständige Sammlungen, namentlich die von Guido von Meyer und die von Klüber („Quellensammlung zu dem öffentlichen Rechte des deutschen Bundes", Erlangen 1830, und „Fortsetzung der Quellensammlung." 1833.) Auch Schmalz: „Grundgesetze des deutschen Bundes", Berlin 1825, gehört hierher.

Wir haben daher mit den Episoden in der Geschichte der Gestaltung des neuen deutschen Staatslebens, mit dem Rheinbund, dem Königreich Westfalen und dem Großherzogthume Berg den Anfang gemacht. Wiewohl nämlich all' diese Gesetzgebungen erloschen sind, so war doch ihr Einfluß auf die spätere Entwickelung der betheiligten Staaten von so wesentlicher Bedeutung, daß man diese ohne jene nicht wohl vollständig übersehen und begreifen kann.

Jedoch haben wir nur bei dem Königreich Westfalen eine größere Ausführlichkeit für nothwendig erachtet, weil wir an dessen Gesetzgebung natürlich und folgerecht die zum Theil daraus hergeleitete der jetzigen preußischen Regierung über diese Landestheile anzuknüpfen gedenken, und sie mit den vorgenannten in einem Hefte vereinigen wollen.

Das nächstfolgende, sich eng anschließende Heft wird dann von den übrigen preußischen Staaten die betreffenden Grundgesetze aufführen. Die näheren Grundsätze über deren Auswahl sollen in einem besonderen Vorwort dazu entwickelt werden; hier begnügen wir uns nur mit der vorläufigen Bemerkung, daß dieses zweite Heft zugleich als erster und ergänzender Theil zu einem „Gesetzbuch der preußischen Verwaltung, in wörtlichen Auszügen des wesentlichen Inhalts der sämmtlichen, gegenwärtig giltigen Verordnungen und Verfügungen und in wissenschaftlicher Durchordnung zusammengestellt", welches von demselben Herausgeber wahrscheinlich gleichzeitig erscheinen wird, dienen und mit ihm zusammen ein vollständiges Bild der preußischen Verfassung und Verwaltung im Ganzen und Einzelnen geben soll.

In gleicher Art gedenken wir dann wohl unter neuem Titel die Grundgesetzgebung der übrigen deutschen Staaten, in der Reihenfolge ihres Ranges und ihrer Größe folgen zu lassen, wobei sich von selbst die Zusammenstellung der gleichartigen, z. B. der sogenannten constitutionellen Staaten ergeben wird.

Zum Schlusse müssen wir nun die Bemerkung nachholen, daß eine Sammlung von Verfassungs- und Verwaltungs-Grundgesetzen es nur mit der Gesetzgebung über die inneren Verhältnisse eines Staats zu thun haben kann, daß also namentlich alle völkerrechtlichen Bestimmungen hier ausgeschlossen sind; nur in wiefern etwa ein völkerrechtlicher Verein mit anderen Staaten zugleich zum Gesetz über innere Verhältnisse des einzelnen Staates wird, gehört er hierher. Wohl aber ist die Militair-Verfassung, als wesentlich in das bürgerliche Leben eingreifend, mit zu umfassen; hauptsächlich werden es dann im engeren Sinne die Verwaltung, die Polizei, die Finanzverfassung und die Rechtsverfassung sein, die hier aufzunehmen sind. Was die letztere anbetrifft, so können natürlich nicht die Gesetzbücher derselben und deren Ergänzungen hier Platz finden, sondern die Aufnahme wird sich im Allgemeinen auf die Einrichtung der Rechtsanstalten und deren Verwaltung beschränken müssen.

Zu noch besserer Uebersicht sollte anfangs die Anordnung der einzelnen Gesetze systematisch erfolgen, allein es setzte sich bald der einfache Umstand entgegen, daß sie selbst nicht systematisch waren, daß oft ein Gesetz ziemlich ungleichartige Gegenstände besprach, die man unter ganz verschiedene Rubriken hätte bringen und so das Gesetz entweder zerstückeln oder mehrmals abdrucken müssen. So schien es zweckmäßiger, die chronologische Folge anzunehmen.

Wir beabsichtigen übrigens am Ende jedes Bandes ein systematisches, und zugleich vergleichendes Register über sämmtliche in demselben enthaltenen Gesetze — auch verschiedenen Staaten — zuzugeben, welches einen noch größeren, nicht uninteressanten Ueberblick gewähren dürfte.

Wenn nun auch der Entwurf des ganzen Unternehmens sich auf alle gebildeten Staaten erstreckt, so wird doch jede nach den politischen Staaten-Complexen geordnete Abtheilung, und in dieser selbst wieder jeder die besonders verwandten Staaten umfassende Band, ja selbst jedes einzelne Heft für sich ein gesondertes und abgeschlossenes Ganze bilden können und so für den Bürger jedes einzelnen Staates sein besonderes Interesse wahrnehmen. Für diejenigen aber, welche über die Schranken des Einzelnen hinausgehen und ihre Theilnahme für ein Ganzes, Großes und Allgemeines in der Wissenschaft oder im Leben bewähren wollen, mögen wir in dem ganzen Werke eine Gelegenheit dazu bieten.

Und so glauben wir zu dem Ende im Interesse des Einzelnen, wie des Ganzen, des Staatsmannes, des Gelehrten und des Staatsbürgers dem Unternehmen den besten Fortgang und somit ihnen allen lebhafte Theilnahme für das Wichtigste, was sie haben, wünschen zu dürfen, — denn nur aus dem, was man hat, ersieht man das, was fehlt, und was man haben möchte und könnte. —

Berlin, zu Anfang 1840.

E. G. v. Ros...

Inhalts-Verzeichniß.

Seite

Seite

A.

Verfassungsurkunden

des

rheinischen Bundes.

I.

Der Rheinbund.

In dem großen Epos der deutschen Staatsgeschichte ist der siebenjährige Rheinbund gewissermaßen als eine Episode zu betrachten und hat in der That ganz die Natur derselben, nicht zwar einer solchen, die den großen Entwickelungsgang der Geschichte durch völlig fremdartig Hineingezogenes unterbricht, sondern einer, die, wenn auch scheinbar ein abgetrenntes Ganze bildend und von ganz anderen Elementen zusammengesetzt als das Ganze, in welchem sie liegt, gleichwohl in der Tiefe die wesentlichen Momente enthält, aus welchen sich die Entwickelung eines zweiten Theils jenes Epos unmerklich gestaltet.

Der rheinische Bund ist ein anscheinend fremdartiges Mittelglied zwischen dem alten deutschen Reiche und dem deutschen Bunde, aber so wie er aus dem Einen entstanden ist, so entsteht aus ihm das Andere; und eben die neuen, ganz fremdartig hinzugekommenen Momente und Elemente sind es, aus denen sich dann die unterscheidende und charakteristische Gestaltung des jetzigen Deutschlands herausbildete.

So wie in der Episode oftmals der Dichter den Ursprung und die Heranbildung eines Prinzips, einer Idee zeigen will, die im weiteren Verlaufe seiner Geschichte dann plötzlich als eine leitende und herrschende heraustreten soll, so können wir im

Rheinbunde die episodische Entstehung des einen bedeutenden, weltgeschichtlichen Prinzips, das der Verfassungen, auch für Deutschland deutlich vorfinden. Und in dieser Beziehung hat der Rheinbund für die deutsche Geschichte seine ungemeine Wichtigkeit; und es leuchtet schon daraus die Nothwendigkeit hervor, in einer Sammlung der Urkunden für deutsche Verfassung die Rheinbundsurkunden mit aufzunehmen und zwar dieselben gewissermaßen als Grundlage und Anfang der gesammten Gestaltung der gegenwärtigen Verfassung und Verfassungen Deutschlands zuerst aufzunehmen.

Hauptquellen dafür sind außer den einzelnen, amtlich veröffentlichten Urkunden selbst die Sammlungen derselben, namentlich die von Winkopp unter dem Titel „der rheinische Bund" in den Jahren 1806 u. f. herausgegebene Zeitschrift, ferner die gleichzeitigen „Europäischen Annalen" von Posselt, endlich wohl auch der 2te Theil der von Pölitz herausgegebenen Europäischen Constitutionen, von welchen die beiden erstgenannten Werke nur die Originale, das letztgenannte nur die Uebersetzung enthält. Posselt und Winkopp geben außerdem sehr schätzbare Anmerkungen, die hier angelegentlich benutzt worden sind.

Das hohe Interesse, welches für die Wissenschaft und namentlich für Geschichte und Staatswissenschaft in der ganzen seltsamen Erscheinung des Rheinbundes liegt, kann keinen Augenblick verkannt werden. Das gewaltigste Moment, welches dem Beobachter dabei hervortritt, ist natürlich der Einfluß eines übermächtigen, unbeschränkten Gewalthabers, dessen Machtgebot, von außen kommend, ganz allein ausreicht, um eine tausendjährige, wenn auch schon in sich selbst zerfallene Ordnung der Dinge zu zerstören, aber auch sogleich wieder, was noch erfolgt, eine neue, und nicht unbedeutend abweichende an deren Stelle zu setzen. Von dieser Seite aus erscheint der Rheinbund als nichts Anderes, denn als ein Experiment, das der gewaltige Kenner der Weltnaturlehre in dem großen Laboratorium, das er sich aufgebaut, vornimmt, um sein System zu erproben und zu vervollständigen. Das ganze Werk ist nur ein Machwerk seiner Hand, ein organisches Uhrwerk, dem er innerhalb bestimmter, gewissermaßen mechanischer,

Grenzen eine freie und gewiß nicht unerfreuliche Bewegung gegeben hat, so jedoch, daß die Hand, die es schuf, jeden Augenblick noch darüberschwebt, und es wieder zertrümmern kann, sobald es aus den wohlgefügten Schranken sich verläuft. In Napoleons großem System war der Rheinbund ein neues Glied der schon ziemlich ansehnlichen Kette, mit welcher er ganz Europa in seine Fesseln zu ziehen unternahm. Es war ein in sich vollständiges, sogar wieder in andere an sich vollständige Theile gegliedertes Ganze, aber kein selbstständiges, sondern wieder nur ein Theil des großen französischen Kaiserreichs, welches Napoleon selbst sehr genau von Frankreich unterschieden wissen wollte. Wir können dem Ganzen von dieser Seite eine gewisse Bewunderung und Anerkennung der großartigen Idee, wo den Zweifel wegen der Unausführbarkeit auf frischer That gleich die Ausführung zerstörte, nicht versagen.

Auf der anderen, nämlich der deutschen, Seite sind die Wahrnehmungen und Empfindungen, die der Rheinbund erregt, verwickelter und minder günstig. Die Zerfallenheit des deutschen Reichs hatte sich allerdings schon längst bekundet, und 1803 im Reichsdeputations-Hauptschlusse waren die scheinbaren Hilfmaßregeln eigentlich wesentlich das Gegentheil, nämlich unmittelbare Vorbereitungen und Wegweisungen zur völligen Auflösung. Es war sogar in Schriften, deren große Freimüthigkeit und Unbehindertheit in jener ganzen Zeit Verwunderung erregt, offen ausgesprochen worden, daß namentlich die südwestlichen deutschen Staaten sich von dem übrigen Verbande sehr bald lossagen würden und müßten. Schon die Veränderung der Titel, die Annahme von Königswürden u. s. w. waren dazu entscheidende Schritte.

Der Hauptgrund der inneren Zerfallenheit des deutschen Reichs lag nicht sowohl in seinem Reichsoberhaupte als solchem, sondern in der gleichzeitigen Eigenschaft desselben als Herrschers von Oesterreich u. s. w. Während nämlich nun der Osten und Norden von Deutschland, namentlich also Preußen durch seine Macht und Größe und Hannover durch den innigen Zusammenhang mit England, der es vor Abhängigkeit nach innen bewahrte, (wenn wir Oesterreich selbst ausschließen wollen) vor aller Abhängigkeit sich hinlänglich zu wahren und mehr und mehr selbststän- dig und außer Reichszusammenhang zu setzen wußten, trat im Gegentheil im Süden und Westen der Fall ein, daß bei der Unmacht und Kleinheit der vielen einzelnen Gebiete die beständige Furcht und Eifersucht eine Abtrennung von Oesterreich und mit- hin vom Reiche wünschen und bewerkstelligen ließen.

Derselbe Grund nun, welcher die südwestdeutschen Fürsten von Oesterreich und dem Reiche abtrieben, schien ihnen das einzige Mittel zu vollständiger Abtrennung in einem genauen Anschließen an Frankreich, oder vielmehr an Napoleon an die Hand zu geben. Darum war es diesem schon frühzeitig und vielfach gelungen, sich die Interessen der einzelnen süddeutschen Fürsten zu gewin- nen, und was der eigene Wille angefangen hatte, vollendete der Zwang.

Beim Ausbruche des Krieges mit Oesterreich zwang Napoleon Baden, Würtemberg und Baiern zum Bündnisse mit sich, die kleinen Häuser mußten sich ohne Weiteres anschließen, und es gelang Napoleon leicht, nachdem er im Frieden von Preßburg sie alle abgelohnt hatte, endlich zu Paris ihre Vereinigung und die längst beabsichtigte Ausscheidung vom deutschen Reiche zu Stande zu bringen, welche überhaupt die Auflösung desselben herbeiführen mußte und bekanntlich herbeiführte.

So wurde am 12. Juli 1806 zu Paris der Rheinbund von ursprünglich 15 deutschen Fürsten geschlossen, worunter vier Kurfürsten, (und davon zwei Könige und der Reichserzkanzler) elf Fürsten und ein Graf, sich befanden. — Am 1. August dessel- ben Jahres wurde von Seiten des französischen Gesandten und der verbündeten Fürsten dem Reichstage die Lossagung und neue Gestaltung mitgetheilt (Urkunde 2. u. 3.); doch hatten nur die vier Kurfürsten, ferner Hessen-Darmstadt, Hohenzollern-Sigma- ringen, Salm-Kyrburg und Isenburg unterschrieben, die übrigen hatten zur Zeit keine Bevollmächtigten zu Regensburg. Uebrigens blieb jedem Reichsstande der Eintritt in den neuen Bund offen und wurde auch noch mehrfach benutzt, wie die einzelnen Beitrittsurkunden zeigen werden. — Unter den Verbündeten befand sich ein dem früheren deutschen Reichsverbande völlig fremder Fürst mit einem völlig neuen Gebiete, das namentlich aus preußischen, durch Haugwitz abgetretenen Ländertheilen zusammengesetzt war, nämlich Napoleon's Schwager, Joachim Murat, als Großherzog von Cleve und Berg, bis er zur Königswürde nach Italien berufen wurde.

Die Rolle, die der Bund selbst während seines Bestehens gespielt hat, scheint im Allgemeinen eine ziemlich klägliche, indem er mehr und mehr den willkürlichen Bestimmungen seines Schöpfers und Schirmherrn verfiel. Leider fehlt uns noch eine ausführliche und innere Geschichte über die fortlaufenden Verhältnisse der Bundesstaaten. In den allgemeinen Geschichten jener Zeit aber erscheint der Bund wenig und nur dann, wenn es etwas auszubaden giebt.

Die Kräfte desselben wurden von Napoleon völlig willkürlich zu seinen Zwecken benutzt, die Mannschaften mußten in seinen Heeren und durchgängig in den gefährlichsten Stellungen und mit den mißlichsten Aufgaben für ihn gegen Deutsche und Ausländer kämpfen.

So waren die sieben Jahre seines Bestehens eine Zeit des härtesten äußeren Druckes für die betheiligten Gebiete und Fürsten; bei all' dem aber zugleich die Zeit der Gestaltung und Entwickelung nicht nur ihres äußeren Umfangs und Bestehens, sondern auch ihrer inneren Umbildung, der Grundlegung zu ihrer gegenwärtigen Verfassung, wenn auch im Anfang fremder Einfluß und fremde Grundsätze dabei merkbar und vorherrschend waren, so daß allerdings der Charakter dieser Verfassungen zum Theil ein ganz anderer geworden seyn möchte, wenn ihre Abfassung nicht in die Zeit des Rheinbündnisses, sondern nach 1813 gefallen wäre.

Der in Art. 6 der Bundesacte festgesetzte Bundestag zu Frankfurt ist nie eigentlich zur Ausführung gekommen, die weiter bestimmten Gebietsveränderungen aber gingen zum größten Theile vor sich und bildeten gleichfalls die Grundlage der neuen Gestaltung der Dinge für diese Staaten in der späteren Ausgleichung des deutschen Bundes. Nur das neugestiftete Großherzogthum Berg und das Königreich Westfalen lösten sich in ihre fremdartigen Bestandtheile wieder auf, doch blieb auch hier die selbst so kurze Vereinigung nicht ohne Nachwirkung, indem z. B. die von Cleve und Berg fortdauerte und so endlich die Jahrhundert schwebende cleve'sche Erbangelegenheit beendigte.

Der Umfang und die Grenzen des Rheinbundes bei seinem ersten Entstehen waren folgende: Im Süden mochte Roveredo, also an der italischen Grenze, der äußerste Punkt seyn. Am 28. Mai 1806 wurde die Grenze zwischen den Königen von Italien und von Baiern in einem besonderen Vertrage ziemlich übereinstimmend mit denen des ehemaligen welschen Tirols bestimmt, nämlich westlich vom Gardasee bis zur Grafschaft Boreno, wo beide Reiche mit der helvetischen Republik grenzten, und um Graubündten in einer großen westlichen Beugung herum bis gegen Sargans im Norden, wo die Grenzen zwischen Baiern und der Schweiz von dem Rhein bis zu seiner Mündung in den Bodensee bestimmt wurden; eben so ging dann wieder bis Basel die Grenze am Bodensee und Rheine hin, mit Ausnahme des auf dem rechten Rheinufer gelegenen Schweizerkantons Schaffhausen. — Von Basel an bildete der Rhein bis Lobit unterhalb Emmerich im Klevischen und Schenkenschanz im Holländischen die Grenze mit Frankreich, und diese zog sich nun östlich an Holland hin bis an das damals preußische Ostfriesland. — Am Rhein hin von Basel ab grenzten Baden und Hessen-Darmstadt bis an den Main, vom rechten Ufer des Main bis einige Stunden oberhalb der Sieg lag Nassau, in welchem noch einige kurhessische Besitzungen lagen. An Nassau schloß sich Berg an, welches sich mit Cleve bis zur holländischen Grenze erstreckte, und bis zu dem Eintritte des Rheins ins Holländische. An Cleve und Berg stieß das Fürstenthum Salm, an dieses die zu Berg gehörenden Gebiete von Bentheim und Horstmar, und bis an Ostfriesland grenzte dann das Herzogthum Aremberg. Eine lange Strecke bildete im Norden die Ems die Grenze. Papenburg war der nördlichste Punkt. Weiter im Norden und Osten bildeten dann hannöversche, preußische, sächsische und böhmische Gebiete die Grenzen. Die zusammenhängende Hauptmasse des Bundes lag mithin zwischen dem Rhein, dem Inn, Salzburg und Kärnthen und dem Böhmerwald. Die größte Ausdehnung von Norden nach Süden betrug über 200 Meilen, die größte von Ost nach West (Nassau bis Straßburg) 67 Meilen. Der ganze Bundesstaat enthielt nun vom alten Reiche den westlichen Theil des Erzherzogthums Oesterreich, den gesammten baierischen und schwäbischen Kreis, den fränkischen zum größeren Theil, indem im Anfange noch Würzburg, die sächsischen Lande und außerdem Baireuth und das Fürstenthum oder Deutschmeisterthum Mergentheim abgingen, ferner die Reste des kurrheinischen Kreises, einen großen Theil des oberrheinischen Kreises, und den ganzen westlichen am Rhein gelegenen Theil vom niederrheinisch-westfälischen Kreise. Der Flächeninhalt dieser gesammten Lande betrug jedoch immer nur etwa 2350 g. □M. und mochte etwa eine Bevölkerung von $7\frac{1}{2}$ Million enthalten. Der Bund nahm also unter den damaligen Staatenverhältnissen die Stellung eines mittleren Staates ein, indem er z. B. noch größer war als die südlichen Republiken und Staaten Italiens und der Schweiz. Winkopp in seiner Zeitschrift verbreitet sich nun noch ausführlicher über die allgemeine Statistik dieses Bundes, und sucht überhaupt, seiner Stellung gemäß, dessen Zweckmäßigkeit und Vortheile zu beweisen. Uebrigens muß man in dieser, wie in den besseren gleichzeitigen Schriften, z. B. in Posselt's europäischem Archiv eine gewisse Freimüthigkeit und angelegentliche Besprechung vaterländischer, wenn auch einseitiger Interessen anerkennen; überall jedoch sieht man, wie die besseren Federn nur gute Miene zum bösen Spiel machen und an einer mißlichen Sache wenigstens auch die gute Seite herauszudrehen suchen.

Dem ursprünglichen Bündnisse traten bekanntlich nach und nach noch die meisten kleineren Staaten des südlichen, westlichen und selbst des nordwestlichen Deutschlands bei.

Der erste Schritt zur Auflösung des Bundes geschah durch Baiern, das kurz vor der Schlacht bei Leipzig am 8. Oktober 1813 seinen Abfall von Napoleon erklärte und am 14ten d. M. mit Oesterreich zu Ried sich verbündete, und den Krieg an Napoleon erklärte und begann. Würtemberg und die Uebrigen hielten sich ziemlich zweideutig bis zum Kongresse von Wien, wo alle sich zum deutschen Bunde vereinigten, indem nur Karl von Dalberg, der Frankfurt am 1. März 1810 als Großherzogthum bekommen hatte, der König von Westfalen, der von Sachsen, der Fürst von Isenburg (der aus österreichischen Diensten getreten war) und der nunmehrige Fürst von der Leyen ausgeschlossen wurden, indem ihre Länder den neu Verbündeten theils zurückfielen, theils neu an sie kamen.

Was von den Verfassungen, die während seiner Verbindung erschienen, bekannt geworden ist, wird seines Orts hier angeführt.

1.

Rheinbundsacte vom 12. Juli 1806.

„Sa Majesté l'Empereur des François et Roi d'Italie d'une part et de l'autre Leurs Majestés les Rois de Bavière et de Wurtemberg, et L. L. A. A. S. S. les Electeurs Archichancelier et de Bade, le Duc de Berg et de Clèves, le Landgrave d'Hesse-Darmstadt*), les Princes de Hohenzollern-Hechingen et de Hohenzollern-Sigmaringen**), les Princes d'Isenbourg-Birnstein, le Duc d'Aremberg, le Prince de Lichtenstein***) et le Comte de la Leyen voulant par des stipulations convenables assurer la paix intérieure et extérieure du midi de l'Allemagne, pour laquelle l'expérience a prouvé depuis long-tems et tous récemment encore, que la constitution germanique ne pouvoit plus offrir aucune sorte de garantie, ont nommé pour leurs plénipotentiaires, savoir S. M. l'Empereur des François Mr. Charles Maurice Talleyrand, Prince-Duc de Benevent, son Grand-Chambellan et Ministre des relations extérieures,

„Se. Majestät der Kaiser der Franzosen und König von Italien einerseits, und andererseits Ihre Majestäten die Könige von Baiern und Würtemberg, und Ihre Durchlauchten die Kurfürsten Reichs-Erzkanzler und von Baden, der Herzog von Berg und Cleve, der Landgraf von Hessen-Darmstadt*), die Fürsten von Hohenzollern-Hechingen und von Hohenzollern-Sigmaringen**), die Fürsten von Isenburg-Birnstein, der Herzog von Aremberg, der Fürst von Lichtenstein***) und der Graf von der Leyen, des Willens: durch angemessenes Uebereinkommen den innern und äußern Frieden des südlichen Deutschlands zu sichern, welchem, wie die Erfahrung seit Langem und erst ganz neuerlich wieder bewiesen hat, die deutsche Verfassung keinerlei Art von Gewährleistung mehr bieten konnte; haben zu ihren Bevollmächtigten ernannt; nämlich: Se. Majestät der

*) In andern Abdrücken folgen hier noch: die Fürsten von Nassau-Usingen und Nassau-Weilburg.

**) In andern Abdrücken folgen: die Fürsten von Salm-Salm und Salm-Kyrburg.

***) Der Fürst von Lichtenstein ist hier genannt, ohne daß irgendwie und wo in den Unterschriften ein Bevollmächtigter von ihm erwähnt wäre, überhaupt scheint bei der genauen und langen Verbindung des Hauses mit Oesterreich der wirkliche Beitritt zum Rheinbund zweifelhaft, doch überließ er später seine aus dem Rheinbund fließenden Ansprüche an seinen Sohn.

grand cordon de la légion d'honneur, Chevalier de l'ordre de l'aigle noire et rouge de Prusse et de l'ordre de St. Hubert. Sa Maj. le Roi de Bavière, Mr. Antoine de Cetto, Envoyé extraordinaire et son Ministre plénipotentiaire près Sa Maj. l'Empereur des François.

Sa Majesté le Roi de Wurtemberg *) S. A. E. l'Electeur l'Archichancelier de l'Empire germanique Mr. Charles Comte de Beust, Ministre plénipotentiaire près Sa Maj. l'Empereur des François, Chevalier de l'ordre du Lion.

S. A. S. l'Electeur de Bade, Mr. Sigismond Charles Jean Baron de Reizenstein, Ministre du Cabinet, grand cordon de l'ordre de la Fidelité.

S. A. J. **) Msgr. le Prince Joachim, Duc de Clèves et Berg Mr. le Baron Maximilien de Schell.

S. A. S. le Landgrave de Hesse-Darmstadt, Mr. August, Baron de Pappenheim, son Ministre plénipo-

Kaiser der Franzosen, Herrn Karl Moritz Talleyrand, Fürsten und Herzog von Benevent, Ihren Oberst-Kämmerer und Minister der auswärtigen Angelegenheiten, Großkreuz der Ehrenlegion, Ritter des preuß. schwarzen und rothen Adler-Ordens und des St. Hubertus-Ordens. Se. Majestät der König von Baiern Herrn Anton von Cetto, außerordentlichen Gesandten und bevollmächtigten Minister bei Sr. Majestät dem Kaiser der Franzosen.

Se. Majestät der König von Wirtemberg *), Se. Kurfürstl. Gnaden der Kurfürst Erzkanzler des deutschen Reichs Herrn Karl, Grafen von Beust, bevollmächtigten Minister bei Sr. Majestät dem Kaiser der Franzosen, Ritter des Löwen-Ordens.

Se. Kurfürstl. Durchlaucht von Baden Herrn Sigismund Karl Johann, Freiherrn von Reizenstein, Kabinetsminister, Großkreuz des Ordens der Treue.

Se. Kaiserl. Hoheit **) der Herr Prinz Joachim, Herzog von Cleve und Berg: Herrn Maximilian, Freiherrn von Schell (Scheel?)

Se. Durchlaucht der Landgraf von Hessen-Darmstadt den Herrn August, Freiherrn von Pap-

*) Von Würtemberg so wie von Lichtenstein fehlt der Name des Bevollmächtigten, doch nur in den Abdrücken in Deutschland; der Moniteur hat den Namen des Grafen von Winzingerode, nämlich so: „Herrn Levin, Grafen von W., Ihren Staats-, Konferenz- und Kabinets-Minister bei Sr. Majestät dem Kaiser der Franzosen, Ihres großen Ordens Ritter, Comthur des Johanniter-Ordens und Ritter des weißen Adlers.

**) Als Herzog von Cleve und Berg heißt er Durchlaucht, als Prinz Kaiserl. Hoheit.

tentiaire près de S. M. l'Empereur des Français.

L. L. A. A. S. S. les Princes de Nassau-Usingen et Weilburg Mr. Jean Erneste Baron de Gagern, son Ministre.

L. L. A. A. S. S. les Princes de Hohenzollern - Hechingen et Hoh. Sigmaringen Mr. François Xavier Major de Fischler.

L. L. A. A. S. S. les Princes de Salm - Salm et de Salm - Kyrburg Leur Ministre plénip. de Fischler.

S. A. le Prince d'Isenbourg-Birnstein Mr. de Greuhm, son Chargé des Pouvoirs.

S. A. le Duc d'Aremberg*) Mr. Durand de St. André.

Le Comte de la Leyen Mr. Durand de St. André.

Lesquels après s'être communiqués leurs pleins pouvoirs respectifs sont convenus des articles suivants:

Art. 1. Les Etats de L. L. M. M. les Rois de Bavière et de Wurtemberg, de L. A. S. les Electeurs l'Archichancelier, de Bade, le Duc de Berg et Clèves, le Landgrave de Darmstadt, les Princes d'Usingen et de Weilbourg, les Princés de Hohenzollern-Hechingen, de Hohenzollern - Sigmaringen et Salm - Kyrbourg, le Prince d'Isenbourg - Birnstein, le duc d'Ahremberg et le Comte

penheim, Ihren bevollmächtigten Minister bei Sr. Majestät dem Kaiser der Franzosen.

Ihre Durchlauchten die Fürsten von Nassau-Usingen und Weilburg: Herrn Johann Ernst Freiherrn von Gagern, Ihrén Minister.

Ihre Durchlauchten die Fürsten von Hohenzollern-Hechingen und Hohenzollern - Sigmaringen, Herrn Major Franz Xaver von Fischler.

Ihre Durchlauchten die Fürsten von Salm-Salm und Salm-Kyrburg Ihren bevollmächtigten Minister von Fischler.

Se. Durchlaucht der Fürst von Isenburg - Birnstein Herrn von Greuhm, Ihren Residenteh und Bevollmächtigten.

Se. Durchlaucht der Herzog von Ahremberg*) Herrn Durand de St. André.

Der Graf von der Leyen Herrn Durand de St. André.

Und sind diese nach Auswechselung ihrer resp. Vollmachten über folgende Artikel übereingekommen:

Art. 1. Die Staaten Ihrer Majestäten der Könige von Bayern und Würtemberg, Ihrer Durchlauchten der Kurfürsten, des Reichserzkanzlers und von Baden, des Herzogs von Berg und Cleve, des Landgrafen von Hessen-Darmstadt, der Fürsten von Nassau-Usingen und Nassau-Weilburg, der Fürsten von Hohenzollern-Hechingen und Sigmaringen, der Fürsten von

*) Steht hier und in Artikel 1. auch nur im Moniteur, wo auch der Fürst von Lichtenstein steht.

de Leyen seront separés à la perpétuité du territoire de l'Empire germanique et unis entr'eux par une Confédération particulière sous le nom d'Etats conféderés du Rhin.

Art. 2. Toute loi de l'Empire germanique, qui a pû jusqu'à présent concerner et obliger L. L. M. M. et A. A. S. S. les Rois, Princes et Comte dénommés à l'article précédent, leurs sujets, leurs états ou parties de ceux, sera à l'avenir relativement à L. L. M. M. et A. S. et au dit Comte, à leurs états et sujets respectifs nulle et de nul effet, sauf néanmoins des droits acquis des créanciers et pensionnaires par le Recès de 1803 et les dispositions de l'article 39 du-dit Recès relative à l'Octroi de la navigation du Rhin, lesquels continueront d'être exécutés suivant leur forme et teneur.

Art. 3. Chacun des Rois et des Princes conféderés renoncera à ceux de titres, qui expriment des rapports quelconques avec l'Empire germanique et le 1. d'Aout prochain*) il sera notifié à la Diète sa separation d'avec l'Empire.

Salm-Salm und von Salm-Kyrburg, des Fürsten von Isenburg-Birnstein, des Herzogs von Ahremberg und des Fürsten von Lichtenstein und des Grafen von der Leyen werden für immer vom deutschen Reiche abgetrennt, und unter sich durch ein besonderes Bündniß unter dem Namen „der rheinischen Bundesstaaten" vereinigt.

Art. 2. Alle Gesetze des deutschen Reichs, die bis daher Ihre Majestäten und Durchlauchten, die im vorigen Artikel benannten Könige, Fürsten und den gedachten Grafen, die Unterthanen, Staaten oder Theile derselben betreffen oder verbindlich machen konnten, sollen für künftig in Hinsicht Ihrer genannten Majestäten und Durchlauchten und des gedachten Grafen, ihrer Staaten und Unterthanen nichtig und ohne alle Wirksamkeit seyn; unbeschadet jedoch der Rechte der Staatsgläubiger und Pensionäre durch den Hauptschluß von 1803 und die Verfügung des Artikels 39 des besagten Hauptschlusses, in Bezug der Rheinschiffahrtsoctroi, welche noch ferner nach ihrer Form und ihrem Inhalt in Ausübung bleiben werden.

Art. 3. Sämmtliche verbündete Könige und Fürsten verzichten auf alle jene ihre Titel, welche irgend eine Beziehung zu dem deutschen Reiche ausdrücken und am ersten August des Jahres*) wird dem Reichstag die Ausscheidung vom Reiche bekannt gemacht werden.

*) Siehe unten die Ausscheidungs-Urkunde vom 1. August 1806.

Art. 4. S. A. l'Electeur Archichancelier prendra le titre du Prince Primas et Altesse Eminentissime*). Le titre du Prince Primas n'emporte avec lui aucune prérogative contraire à la plénitude de la Souveraineté, dont chacun des confédérés doit jouir.

Art. 4. Se. Kurfürstl. Gnaden der Reichserzkanzler nimmt den Titel: Fürst Primas und Hochwürdigste Hoheit*) an. Der Titel Fürst Primas bezeichnet keinen Vorzug, welcher die Fülle der Souverainität, deren Jeder der Verbündeten genießen soll, beeinträchtigen könnte.

Art. 5. L. L. A. A. S. S. l'Electeur de Bade**), le Duc de Berg et Clèves et le Landgrave de Hesse-Darmstadt prendront le titre de Grand-Duc. Ils jouiront des droits, honneurs et prérogatives attachées à la dignité royale. Leur rang***) et la préémimence entre eux sont et demeurent fixés conformément à l'ordre, dans lequel ils sont nommés au présent article. Le chef de la maison de Nassau prendra le titre de Duc, et le Comte de la Leyen le titre de Prince.

Art. 5. Ihre Durchlauchten der Kurfürst von Baden**), der Herzog von Berg und Cleve und der Landgraf von Hessen-Darmstadt nehmen den Titel Großherzog an. Sie genießen der Rechte, Ehren und Vorzüge, welche mit der königlichen Würde verknüpft sind. Die Rangordnung***) und das Vortrittsrecht unter ihnen sind und bleiben in der Ordnung festgestellt, in welcher sie im gegenwärtigen Artikel genannt sind. Das Haupt des Hauses Nassau nimmt den Titel Herzog an und der Graf von der Leyen den Titel Fürst.

Art. 6. Les intérêts communs des Etats confédérés seront traités dans une Diète, dont le siège sera à Francfort et qui sera divisée en deux colléges, savoir le collége des Rois et le collége des Princes.

Art. 6. Die gemeinsamen Interessen der verbündeten Staaten werden auf einem Reichstage verhandelt, der zu Frankfurt seinen Sitz hat, und sich in zwei Collegien theilt, nämlich das Collegium der Könige und das Collegium der Fürsten.

---

*) Im August 1806 bedang sich der Fürst Primas durch eine eigene Verordnung die Anrede: Eure Hoheit, aus.

**) In der Verordnung vom 14. August 1806 erklärte der Großherzog von Baden, daß er die Titulatur: Altesse Royale, Königl. Hoheit, in Anspruch nehme und vorläufig sich den Titel „Großherzog von Baden, Herzog von Zähringen" u. s. w. beilege. In der Bundesacte heißt er durchgängig Hochfürstliche Durchlaucht: Altesse Sérénissime.

***) Durch diese neue Rangordnung wurde der vormalige Reichserzkanzler, der als erster Kurfürst und Reichsstand in der Reichsrangordnung den ersten Platz einnahm, als jetziger Fürst Primas den beiden neuen Königen, von Baiern und Würtemberg, nachgesetzt, dagegen erhielt er seinen Rang vor Baden, obwohl dieses schon vor ihm die Souverainetät erlangt hatte, nämlich im Preßburger Frieden. Zwischen Baden und Hessen-Darmstadt tritt der neue Herzog von Cleve und Berg ein.

Art. 7. Les Princes devront être nécessairement indépendants de toute puissance étrangére à la confédération et ne pourront prendre conséquemment des services d'aucun genre que dans les Etats confédérés où alliés à la confédération. Ceux qui étant déjà aux services d'autres puissances, voudront y rester, seront tenus de faire passer leurs principautés sur la tête d'un de leurs enfants.

Art. 8. S'il arrivait, qu'un des dits Princes voulut aliéner en tout ou en partie sa souveraineté, il ne pourrait le faire qu'en faveur de l'un des Etats confédérés.

Art. 9. Toutes les contestations, qui s'éléveront entre les confédéres, seront decidés par la Diète de Francfort.

Art. 10. La Diète sera présidée par S. A. E. le Prince Primas et lorsqu'un de deux Colléges seulement aura à delibérer sur quelque affaire, S. A. E. présidera le Collége des Rois et le Duc de Nassau le Collége des Princes.

Art. 11. Les époques, où, soit la Diéte ou un des Colléges separément devra s'assembler, le mode de la convocation, les objets, qui devront être soumis à leur délibération, la maniére de former les resolutions et de les faire exécuter seront determinés par un statut fondamental, que S. A. E. le Prince Primas proposera dans un délai d'un mois après la notification faite à

Art. 7. Die Fürsten müssen nothwendig von jeder dem rheinischen Bunde fremden Macht unabhängig sein und können demzufolge irgend einen Dienst nur innerhalb der rheinischen Bundesstaaten übernehmen. Diejenigen, welche sich gegenwärtig in Diensten anderer Mächte befinden und darin verbleiben wollen, sind gehalten, ihr Fürstenthum auf eines ihrer Kinder zu übertragen.

Art. 8. Wenn es geschehen sollte, daß einer von den genannten Fürsten ganz oder zum Theil seine Souverainetät abtreten wollte, so kann er es nur zu Gunsten eines der verbündeten Staaten thun.

Art. 9. Alle Streitigkeiten, die sich zwischen den Verbündeten erheben, werden auf dem Bundestage zu Frankfurt entschieden.

Art. 10. Auf dem Bundestage hat Se. Hoheit der Fürst Primas den Vorsitz, und wenn eines der beiden Collegien über eine Angelegenheit allein zu berathen hat, so hat in dem Collegium der Könige Se. Hoheit, in dem Collegium der Fürsten der Herzog von Nassau den Vorsitz.

Art. 11. Die Zeiträume, in welchen sich entweder ein Bundestag, oder eines der Collegien besonders zu versammeln hat, die Art der Berufung, die Gegenstände, welche der Berathung unterworfen werden sollen, das Verfahren, die Beschlüsse zu fassen und in Ausübung setzen zu lassen, werden durch ein Grundgesetz bestimmt werden, welches

Ratisbonne, et qui devra être approuvé par les Etats confédérés.

Le même statut fixera definitivement le rang entre les membres du Collége des Princes.

Art. 12. Sa Maj. l'Empereur des François sera proclamé Protecteur de la confédération, et en cette qualité au decès de chaque Prince Primas il en nommera le successeur.

Art. 13. Sa Maj. le Roi de Bavière *) cède à Sa Majesté le Roi de Wurtemberg la seigneurie de Wiesensteig et renonce aux droits, qu'à raison de la préfecture de Bourgau il pourroit avoir ou prétendre sur l'abbaye de Wiblingen.

Art. 14. Sa Maj. le Roi de Wurtemberg **) cède à S. A. S. le

Se. Hoheit der Fürst Primas in der Frist eines Monats nach der zu Regensburg zu machenden Kundgebung vorlegen wird, und welches der Genehmigung der Bundesstaaten bedarf.

Dasselbe Grundgesetz wird auch den Rang der Mitglieder des Fürsten-Collegiums bestimmt festsetzen.

Art. 12. Se. Maj. der Kaiser der Franzosen wird zum Protector des Bundes erklärt, und ernennt in dieser Eigenschaft nach dem Abgang eines jeden Fürsten Primas dessen Nachfolger.

Art. 13. Se. Maj. der König von Bayern*) tritt an Se. Maj. den König von Würtemberg die Herrschaft Wiesensteig ab und verzichtet auf das Recht, welches derselbe wegen der Markgrafschaft Burgau auf die Abtei Wiblingen in Anspruch nehmen könnte.

Art. 14. Se. Maj. der König von Würtemberg**) tritt an Se.

---

*) Wiesensteig, beinahe ganz Würtembergische Enclave, gehörte bis gegen die Mitte des 17ten Jahrhunderts den Herren von der Fils, Grafen von Helfenstein. Nach ihrem Absterben kamen zwei Drittheile an Bayern und ein Drittheil an Fürstenberg. Der bayerische Antheil war bereits auf kurze Zeit, doch nur bis zum badischen Frieden 1704, an Würtemberg gefallen. 1753 kaufte Bayern auch den fürstenbergischen Antheil, das nun dafür Sitz und Stimme auf der Grafenbank beim Reiche und dem schwäbischen Kreise hatte. Die Herrschaft bildete nach der letzten Gestaltung ein Landgericht in der schwäbischen Provinz, indem das vorher zur Reichsstadt Ulm gehörige Amt Nellingen hinzugeschlagen wurde, welches jedoch bei der Abtretung von 1806 nicht mit an Würtemberg kam. Die Herrschaft enthielt auf 1½ □ Meilen 3100 Seelen.

Die vordem vorderösterreichische Benedictiner-Abtei Wiblingen an der Donau, nahe bei Ulm, im Illerthale, war dem deutschen Orden gehörig (§. 26 der Reichsdeputat. Hptschls. Winkopp.)

**) Die Grafschaft Bondorf, im Schwarzwald, vom Fürstenbergischen und dem Breisgau eingeschlossen. Sie gehörte bis 1803 zur gefürsteten Abtei St. Blasii und kam damals an das Großpriorat des Johanniter-Ordens zu Heitersheim. An Würtemberg war sie im Frieden zu Preßburg (Art. 13) gekommen. Sie enthielt 1 Marktflecken und 8 Pfarrdörfer, mit etwa 7500 Seelen. Das

Grand-Duc de Bade, le comté de Bondorf, les villes de Breunlingen et Villingen avec la partie du territoire de cette dernière située à la droite de la Brigach, et la ville de Tuttlingen *) avec les dépendances du baillage de ce nom situées à la rive droite du Danube.

Hoheit den Großherzog von Baden die Grafschaft Bondorf, die Städte Breunlingen und Villingen mit demjenigen Theile des Gebiets dieser letzteren ab, welcher zur Rechten der Brigach liegt, und die Stadt Tuttlingen *) mit den auf dem rechten Donauufer liegenden Zubehören des Ober-Amtes dieses Namens.

Art. 15. S. A. S. le Grand-Duc de Bade **) cède à S. M. le Roi de Wurtemberg la ville et le territoire de Biberach avec ses dépendances.

Art. 15. Se. Hoheit der Großherzog von Baden **) tritt an Se. Maj. den König von Würtemberg Stadt und Gebiet von Biberach mit allem Zugehörigen ab.

Städtchen und Kirchspiel Breunlingen mit 2250 Seelen in der Landgrafschaft Bar (zum Fürstenbergischen gehörig) und die Stadt Villingen mit 3500 Seelen im Schwarzwalde wurden im Preßburger Frieden von Oesterreich an Würtemberg abgetreten. Die Brigach theilt das Gebiet von Villingen fast in zwei gleiche Hälften.

*) Gegen diesen Theil des Artikels verwahrte sich der König von Würtemberg durch folgende Protestations-Urkunde (Winkopp: R. B. I. Heft 1. Nr. 14.): „Wir, Friedrich von Gottes Gnaden, König von Würtemberg ꝛc. ꝛc. thun kund hiermit: in Betracht, daß die Bestimmungen des Artikels 14 des zwischen Se. Majestät dem Kaiser von Frankreich, König von Italien, Ihren Majestäten den Königen von Bayern und Würtemberg, dem Kurfürsten von Baden und mehreren deutschen Fürsten, zu Paris den 12. Juli abgeschlossenen Conföderations-Vertrags die Abtretung der Stadt Tuttlingen und der an dem rechten Donauufer gelegenen Dependenzen des Oberamts gleichen Namens von Uns fordern, und in weiterem Betracht, daß Wir, kraft der bei unserem Regierungs-Antritt eingegangenen Verbindlichkeiten, in die Veräußerung eines Theils Unserer alten Erblande einzuwilligen nicht vermögen, und daß Uns daher nicht gestattet ist, in diese von Uns geforderte Abtretung zu willigen, haben wir Uns dagegen verwahrt und verwahren Uns durch Gegenwärtiges gegen die Abtretung der Stadt Tuttlingen und der am rechten Ufer der Donau gelegenen Dependenzen des Amts dieses Namens und haben erklärt, so wie Wir es durch Gegenwärtiges erklären, daß *Wir nie und zu keiner Zeit in die Bestimmungen des obenerwähnten Artikels 14*, so weit derselbe sich auf diese Abtretung bezieht, *einwilligen können*, und daß Unsere dem Traktat selbst ertheilte Genehmigung auf die oben bemeldete Abtretung sich nicht beziehe, noch je bezogen werden könne. Erklären übrigens Unseren Willen und Unsere volle Geneigtheit, des Herrn Großherzogs von Baden Durchlaucht wegen dieses Ihnen zugetheilten Gegenstandes von einer anderen Seite zu entschädigen.

Zur Urkund dessen haben wir gegenwärtige Urkunde eigenhändig unterzeichnet, und das große Siegel Unserer Königl. Kanzlei beidrücken lassen. Gegeben in Unserer Residenzstadt Stuttgart, den 24. Juli 1806.“ Friedrich, Graf von Normann-Ehrenfels. Auf Befehl des Königs: v. Menoth.

Die Stadt Tuttlingen mit 3700 Seelen und 7 Pfarrdörfern (im Ganzen 13,800 Einwohner) war ein altes würtembergisches Amt an der Donau.

**) Biberach, vormals freie Reichsstadt, war 1803 an Baden gekommen, wo es ein Obervoigteiamt im oberen Fürstenthum ausmachte; die Stadt hatte etwa 4650 Seelen und in 8 Pfarrdörfern und 15 Filialen u. s. w. 3100 Seelen.

Art. 16. S. A. S. le Duc de Nassau*) cède au Grand-Duc de Berg la ville de Deuz ou Duytz avec son territoire, la ville et le baillage de Königswinter et le baillage de Villich.

Art. 16. Se. Durchlaucht der Herzog von Nassau*) tritt an Se. Kaiserl. Hoheit den Großherzog von Berg und Cleve die Stadt Deutz mit ihrem Gebiete ab, ferner die Stadt und das Amt Königswinter und das Amt Villich.

Art. 17. Sa Maj. le Roi de Bavière réunira à ses états et possédera en toute propriété et souveraineté la ville et le territoire de Nuremberg**)et les commanderies de Rohr et Waldstetten de l'ordre teutonique.

Art. 17. Se. Maj. der König von Bayern wird die Stadt Nürnberg**) sammt ihrem Gebiete, sowie die Comthureien des deutschen Ordens zu Rohr und Waldstetten mit vollkommenem Eigenthums- und Souverainetäts-Rechte seinen Staaten einverleiben.

Art. 18. Sa Maj. le Roi de Wurtemberg réunira à ses états en toute souveraineté et propriété la seigneurie de Wiesensteig, et la ville, territoire et dépendances de Biberach, en conséquence des cessions à lui faites par S. M. le Roi de Bavière et S. A. le Grand-Duc de Bade, la ville de Waldsee, le comté de Schelklingen et les commanderies de Kapfenbourg ou Lauchheim et Altshausen (distraction faite des seigneuries d'Achberg et Hohenfels) et l'abbaie de Wiblingen***).

Art. 18. Se. Maj. der König von Würtemberg wird mit vollem Souverainetäts- und Eigenthumsrechte die Herrschaft Wiesensteig, und Stadt, Gebiet und Zubehör von Biberach seinen Staaten in Gemäßheit der ihm gemachten Abtretungen Sr. Maj. des Königs von Bayern und Sr. Hoheit des Großherzogs von Baden einverleiben, so auch die Stadt Waldsee, die Grafschaft Schelklingen und die Comthureien Kapfenburg oder Lauchheim und Altshausen (nach Abtrennung der Herrschaften Achberg und Hohenfels), und die Abtei Wiblingen***).

---

*) Alle 3 Aemter gehörten früher Kurköln, von dem sie 1803 an Nassau-Usingen fielen. Villich liegt an der Sieg, die hier in den Rhein mündet, zum Amte gehörte die Herrschaft Schwarz-Rheinsdorf und 5 Ortschaften. Königswinter liegt oberhalb Bonn am Rhein, Deutz gegenüber von Köln.

**) Die Urkunden der Besitzergreifung und Anerkennung werden ihres Orts mitgetheilt werden.

***) Waldsee, eine vorderösterreichische Stadt (mit 2400 Seelen), mit der Grafschaft und Residenz des Namens, wird im Preßburger Frieden gar nicht erwähnt, noch zugetheilt. Die Grafschaft Schelklingen liegt 2 Meilen von Ulm und gehörte dem Grafen Schenk von Kastel als österreichisches Lehen, das sich jedoch in Allodie verwandelt haben muß. Kapfenburg liegt an der Grenze der Grafschaft Oettingen. Der Landescomthur von Altshausen hatte im schwäbischen Grafen-Collegium bei Kreis und Reich Sitz und Stimme. (W.)

Art. 19. S. A. S. le Grand-Duc de Bade réunira à ses états et possédera en toute souveraineté et propriété le comté de Bondorf, les villes de Villingen, Breuningen et Tuttlingen, les parties de leurs territoires et leurs dépendances specifiées à l'art. 14 et telles qu'elles lui ont été cédées par S. M. le Roi de Wurtemberg. Il possédera en toute propriété la principauté de Heitersheim*) et toutes celles de ses dépendances situées dans les possessions de S. A. S. telles qu'elles seront en conséquence du présent traité. Il possédera également en toute propriété les commanderies teutoniques de Beuggen et de Fribourg.

Art. 19. Se Hoheit der Großherzog von Baden wird seinen Staaten einverleiben und mit vollem Souverainetäts- und Eigenthumsrechte besitzen die Grafschaft Bondorf, die Städte Villingen, Breuningen und Tuttlingen, die Theile ihrer Gebiete und dasjenige von ihrem Zubehör, was im Art. 14 bestimmt ist, und so wie sie ihm von Sr. Maj. dem Könige von Württemberg sind abgetreten worden. Er wird mit ganzem Eigenthumsrechte das Fürstenthum Heitersheim*) und alles das von dessen Zubehörden besitzen, was innerhalb der Besitzungen seiner Hoheit, dergestalt wie sie in Folge gegenwärtigen Uebereinkommens seyn werden, belegen ist. Er wird die Commenden des Deutschen Ordens zu Beuggen und Freiburg zu vollem Eigenthume haben.

Art. 20. S. A. I. le Grand-Duc de Berg possédera en toute propriété et souveraineté la ville de Deuz avec son territoire, la ville et le baillage de Königswinter, le baillage de Villich en conséquence de la cession faite à lui par S. A. S. le Duc de Nassau.

Art. 20. Se. Kaiserl. Hoheit der Großherzog von Berg wird mit vollem Eigenthums- und Souverainetätsrechte die Stadt Deutz mit ihrem Gebiete, Stadt und Amt Königswinter und das Amt Villich in Folge der an ihn von Sr. Hoheit dem Herzog von Nassau geschehenen Abtretung besitzen.

Art. 21. S. A. S. le Grand-Duc de Hesse-Darmstadt réunira à ses états le Bourggraviat de Friedberg, pour le posséder en souveraineté seulement pendant la vie du

Art. 21. Se. Hoheit der Großherzog von Hessen-Darmstadt wird mit seinen Staaten die Burggrafschaft Friedberg vereinigen, um dieselbe nur mit voller Souverai-

*) Heitersheim gehörte dem Großprior und obersten Meister des Johanniter-Ordens in Deutschland, und wurde als Landsassenthum zum Breisgau gerechnet. Es enthielt einen Flecken und sieben Dörfer. Beuggen liegt am Rhein bei Rheinfelden, es gehörte nebst Freiburg zur Altshausener Landescomthurei.

Bourggrave actuel et en toute propriété après le decès du Bourggrave.

Art. 22 S. A. E. le Prince Primas réunira à ses états èt possédera en toute souveraineté et propriété la ville et le territoire de Francfort.

Art. 23. S. A. S. le Prince de Hohenzollern-Sigmaringen possédera en toute souveraineté et propriété les seigneuries d'Achberg et Hohenfels, dépendantes de la commanderie d'Altshausen et les couvents de Klosterwald et d'Habsthal.*) S. A. S. possédera en souveraineté les terres équestres situées entre ses possessions actuelles et les territoires au nord du Danube, sur lesquelles sa souveraineté doit s'étendre en conséquence du présent traité, notamment les seigneuries de Gammertingen et Hettingen.

Art. 24 L. L. M. M. les rois de Bavière et de Wurtemberg, L. L. A A. S S. les Grands-Ducs de Bade, de Berg et de Hesse-Darmstadt; S. A. E. le prince Primas et L. L. A A. S S. le Duc et Prince de Nassau, les princes de Hohenzollern-Sigmaringen, de Salm-Kyrbourg, le prince d'Isenbourg-Birnstein, le Duc d'Aremberg exerceront tous les droits de souveraineté, savoir S. M. le roi de Bavière:

netät bei Lebzeiten des jetzigen Burggrafen, und vollem Eigenthum nach dem Hingange des Burggrafen zu besitzen.

Art. 22. Se. Hoheit der Fürst Primas wird mit voller Souverainetät und Eigenthum Stadt und Gebiet von Frankfurt seinen Staaten einverleiben.

Art. 23. Se. Durchlaucht der Fürst von Hohenzollern-Sigmaringen wird mit voller Souverainetät und Eigenthum die Herrschaften Achberg und Hohenfels, gehörig zur Commende von Altshausen, besitzen, so wie die Klöster Klosterwald und Habsthal*). Se. Durchlaucht wird mit voller Souverainetät jene ritterschaftlichen Besitzungen erhalten, welche innerhalb seiner jetzigen Lande und der Gebiete im Norden der Donau liegen, über welche seine Souverainetät sich in Gemäßheit gegenwärtigen Vertrages erstrecken muß, namentlich die Herrschaften Gamertingen uud Hettingen.

Art. 24. Ihre Majestäten die Könige von Bayern und Würtemberg; Ihre Hoheiten, die Großherzoge von Baden, Berg und Hessen-Darmstadt, Se. Hoheit der Fürst Primas und Ihre Hoheiten der Herzog und der Fürst von Nassau, die Fürsten von Hohenzollen-Sigmaringen, Salm-Kyrburg, der Fürst von Isenburg-Birnstein, der Herzog von Aremberg werden alle Rechte der Sou-

*) Habsthal war Dominikaner-Kloster und 1803 an den deutschen Orden gekommen.

sur la principauté de Schwarzenberg, le comté de Castel, les seigneuries de Speckfeld et Wiesentheid, sur les dépendances de la principauté l'Hohenlohe enclavées dans le margraviat d'Ansbach, et dans le territoire de Rotenbourg, nommément les grands-baillages de Schillingsfürst et Kirchberg*), le comté de Sternstein, la principauté d'Oettingen, les possessions du Prince de Tour et Taxis au nord de la principauté de Neubourg, le comté d'Edelstetten, les possessions des princes et comtes de Fugger**), le bourggraviat de Winterrieden et enfin les seigneuries de Buxheim et Thannhausen et sur la totalité de la grande route allant de Memmingen à Lindau.

Sa Maj. le Roi de Wurtemberg: sur les possessions des princes et comtes de Truchses-Waldbourg, les comtés de Baindt***), de Guttenzell†), d'Eglofs††), d'Heybach†††), d'Isny[1]), de Königseck-Aulendorf*),

verainetät ausüben: nämlich Se. Majestät der König von Bayern über das Fürstenthum Schwarzenberg, die Grafschaft Kastel, die Herrschaften Speckfeld und Wiesentheid, über die im Markgrafthum Ansbach und im Gebiet von Rotenburg eingeschlossenen Theile des Fürstenthums Hohenlohe, namentlich die Ober-Aemter Schillingsfürst und Kirchberg*), die Grafschaft Sternstein, das Fürstenthum Oettingen, die Besitzungen des Fürsten von Thurn und Taxis im Norden des Fürstenthums Neuburg, die Grafschaft Edelstetten, die Besitzungen der Fürsten und Grafen Fugger**) das Burggrafthum Winterrieden und endlich die Herrschaften Buxheim und Tannhausen, so wie über die Gesammtheit der Heerstraße, welche von Memmingen nach Lindau führt.

Se. Maj. der König von Würtemberg: über die Besitzungen der Fürsten und Grafen von Truchseß-Waldburg, der Grafschaften Baindt***), Guttenzell†), Egloffs††), Heybach†††), Isny[1]),

*) Schillingsfürst war Residenz des Fürsten von Hohenlohe-Waldenburg-Schillingsfürst, Kirchberg die des Fürsten von Hohenlohe-Neuenstein-Kirchberg. Die bis dahin genannten Gebiete lagen in Franken; Sternstein in Oberfranken. Oettingen (mit 2 Linien: Spielberg und Wallerstein), die Thurn und Taxisschen Aemter, das in ein Fürstenthum verwandelte Damenstift Edelstetten, die Fuggerschen Besitzungen, Winterrieden (bis 1803 Klostergut von Ochsenhausen), Buxheim (bis 1803 Reichskarthause) Tannhausen, u. s. liegen in Schwaben.

**) Die Umgestaltung der Verhältnisse des Hauses Fugger erforderte eigentlich besondere Berücksichtigung in diesen Blättern, welche jedoch bei gleichen Ansprüchen mehrerer mediatisirten Häuser der Raum schwerlich gestatten wird. In Winkopp findet sich ziemlich Genügendes.

***) Bis zum Reichsdeputations-Hauptschlusse Abtei, wo sie der Graf von Aspremont-Lynden erhielt.

†) Ebenfalls früher Abtei, und 1803 dem Grafen von Törring-Gronsfeld zugetheilt.

††) Dem Grafen von Traun-Abensberg gehörig.

†††) Bis 1803 Abtei, dann Besitzung des Grafen Bassenheim.

[1]) Bis 1803 Abtei und freie Reichsstadt, kam an Graf Quadt.

d'Ochsenhausen **), de Roth ***) et de Schussenried et Weissenau †), et les seigneuries de Miedingen et de Sulmingen ††), Neu-Ravensbourg †††), Tannheim [1]), Warthausen [2]) et Weingarten [3]) (distraction faite de la seigneurie d'Hagnau), les possessions du prince de Tour et Taxis (à l'exception de celles qui sont situées au nord de la principauté de Neubourg et de la seigneurie de Strasberg et du baillage d'Ostrach) [4]), les seigneuries de Gundelfingen et de Neufra [5]), les parties du comté de Limbourg-Gaildorf non possédées par sa dite Majesté [6]), toutes les possessions des princes d'Hohenlohe sauf les exceptions faites au §. précédent, et enfin la partie du baillage ci-devant mayençois de Krautheim [7]), située à la gauche de la Jaxt.

Königseck-Aulendorf *), Ochsenhausen **), Roth ***), Schussenried und Weisenau †), über die Herrschaften Miedingen u. Sulmingen ††), Neu-Ravensburg †††), Tannheim [1]), Warthausen [2]) und Weingarten [3]), mit Ausnahme der Herrschaft Hagnau, über die Besitzungen des Fürsten von Thurn und Taxis mit Ausnahme derjenigen, welche nördlich vom Fürstenthum Neuburg und der Herrschaft Straßberg und dem Amte Ostrach [4]) liegen, über die Herrschaften Gundelfingen und Neufra [5]), die Theile der Grafschaft Limburg-Gaildorf, welche die genannte Maj. noch nicht besitzt [6]), die gesammten Besitzungen der Fürsten von Hohenlohe, unbeschadet jedoch der im vorigen § gemachten Ausnahmen, und endlich über den Theil des ehemals Mainzischen Amtes Krautheim [7]), welcher zur Linken der Jaxt liegt.

---

*) Gehörte dem Grafen gleichen Namens.

**) Früher Abtei, 1803 an Graf Metternich, für den das Land zu einem Fürstenthum erhoben wurde.

***) Ehemalige Abtei, 1803 an den Grafen von Wartemberg.

†) Früher Abteien, säcularisirt 1803 an den Grafen von Sternberg.

††) Gehörten zur Abtei Heybach und kamen 1803 an den Grafen von Plettenburg.

†††) Am Fluß Argen gelegen, und bis 1803 zur Reichsstadt Wangen gehörig; sie wurde 1803 an den Fürsten von Dietrichstein gegen die Herrschaft Trasp ausgetauscht.

[1]) Gehörte zur Abtei Ochsenhausen, und kam 1803 an den Grafen Schäsberg, mit Ausnahme des oben erwähnten Winterrieden.

[2]) Gehörte dem Grafen von Stadion-Warthausen.

[3]) Hagnau am Bodensee kam an Baden, die vormalige Abtei Weingarten, zu der es gehörte, fiel 1803 an den Fürsten von Oranien-Fulda.

[4]) Standen unter der Hoheit von Hohenzollern-Sigmaringen.

[5]) Beide Herrschaften bildeten das Fürstenbergische Amt Neufra.

[6]) Nämlich den Solms-Braunfeldischen, Püchlerschen, Hohenlohe-Hartensteinschen und Löwenstein-Werthheimschen Antheil.

[7]) Das ganze Amt wurde 1803 an den Fürsten von Salm-Reiferscheid gegeben, indem es aus der Gerichtsbarkeit der Abtei Schönthal austrat. Nur 8 Dörfer kamen zu Würtemberg, 18 zu Baden.

S. A. S. le Grand-Duc de Bade: sur la principauté de Fürstenberg (étant exceptées les seigneuries de Gundelfingen, Neufra, Trochtelfingen, Jungnau et la partie du baillage de Moeskirch, située à la gauche du Danube), la seigneurie de Hagnau*), le comté de Thengen, le landgraviat de Klettgau, les baillages de Neudenau et Billigheim, la principauté de Lininge, les possessions des princes et comtes de Löwenstein-Wertheim, situées à la gauche du Mein (étant exceptés le comté de Löwenstein, la partie de Limbourg-Gaildorf, appartenans au comte de Löwenstein, et les seigneuries d'Heubach, Breuberg et Habizheim), et enfin sur les possessions du prince de Salm-Reiferscheid et le baillage susmentionné situé sur la rive droite de la Jaxt.*)

S. A. I. le Grand-Duc de Berg**): sur les seigneuries de Limbourg-

Se. Hoheit der Großherzog von Baden: über das Fürstenthum Fürstenberg (davon jedoch die Herrschaften Gundelfingen, Neufra, Trochtelfingen, Jungnau und der Theil des Amtes Moeskirch, welcher zur Linken der Donau liegt, ausgenommen sind), über die Herrschaft Hagnau*), die Grafschaften Thengen, die Landgrafschaft Klettgau, die Aemter Neudenau und Billigheim, das Fürstenthum Leiningen, die auf dem linken Mainufer belegenen Besitzungen der Fürsten und Grafen von Löwenstein-Werthheim, (davon die Grafschaft Löwenstein, der dem Grafen von Löwenstein gehörige Antheil von Limburg-Gaildorf, die Herrschaften Heubach, Breuberg und Habizheim ausgenommen sind), und endlich über die Besitzungen der Fürsten von Salm-Reiferscheid-Krautheim auf der Nordseite der Jaxt.*)

Se. Kaiserl. Hoheit der Großherzog von Berg**): über die

---

*) Wegen der Herrschaft Hagnau, die dem Fürsten von Oranien-Fulda (oder Diez) gehörte, erhob dieser am 21. Juli eine öffentliche Protestation, die jedoch nichts fruchtete. Thengen gehörte dem Fürsten von Auersberg; Klettgau dem Fürsten von Schwarzenberg; Neudenau und Billigheim, bis 1803 ein mainzisches Amt, waren an die Grafen von Leiningen-Heitersheim und Güntersblum gekommen; das Fürstenthum Leiningen war 1803 aus Mainzer, Pfälzer, und Würzburger Aemtern zwischen Neckar und Rhein entstanden und enthielt acht bedeutende Aemter. Klein-Heubach war Residenz des Fürsten von Löwenstein-Werthheim; zu dem Amte gehörten seit 1803 die einst mainzischen Orte Wöhrd und Treufurt; Breuberg, im Odenwalde, gehört dem Erbachschen und Wertheimschen Hause gemeinschaftlich; Habitzstein war von dem darmstädtischen Amte Umstadt eingeschlossen, über die Landeshoheit war Streit. Die Fürsten von Salm-Reiferscheid besaßen außer Krautheim die ehemals würzburgische Probstei Gerlachsheim, als Residenz und Amt: Grünsfeld, anstatt der auf Amorbach seit 1803 von den Fürsten von Leiningen zu zahlenden 32,000 Fl. Rente.

**) Limburg-Styrum lag in der klevischen Mark, Bruch, Bruck oder Broich lag zwischen Berg und Cleve und gehörte der Mutter des Prinzen Georg von Darmstadt unter dem Schutze von Berg; Hardenberg, dem Freiherren des Namens gehörig, lag zwischen Berg und der Grafschaft Mark, unter dem Schutze

Styrum, de Bruch, d'Hardenberg, de Gimborn et Neustadt, de Wildenberg, les comtés d'Hombourg, de Bentheim, de Steinfourt et d'Horstmar, les possessions du Duc de Looz, les comtés de Siegen et de Dillenbourg (les baillages de Wehrheim et Burbach exceptés), et de Hadamar, les seigneuries de Westerbourg, de Schadeck et de Beilstein et la partie de la seigneurie de Runkel proprement dite, située à la droite de la Lahn. Pour les communications entre le duché de Clèves et les possessions susdites au nord de ce Duché, S. A. I. aura l'usage d'une route à travers les états des princes de Salm.

Herrschaften Limburg-Styrum, Bruck, Hardenberg, Gimborn, Neustadt und Wildenberg; über die Grafschaften Homburg, Bentheim, Steinfurt, Horstmar und die Besitzungen des Herzogs von Looz, über die Grafschaften Siegen, Dillenburg (ausgenommen die Aemter Wehrheim nnd Burbach) und Hadamar, über die Herrschaften Westerburg, Schadeck und Beilstein, dann über den Theil der Herrschaft Runkel, der im engern Sinne so genannt wird und auf der rechten Seite der Lahn liegt. Um eine Verbindung zwischen dem Herzogthum Cleve und den oben genannten, im Norden desselben gelegenen Besitzungen herzustellen, soll Se. Kaiserl. Hoheit den Gebrauch einer Straße durch die Gebiete der Fürsten von Salm haben.

S. A. S. le Grand-Duc de Darmstadt, sur les seigneuries de Breuberg et Heubach et la seigneurie ou le baillage de Habizheim, le comté d'Erbach, la seigneurie d'Ilberstadt, la partie du comté de Königstein, possédée par le prince de Stolberg-Gedern, les possessions de Buren,

Se. Hoheit der Großherzog von Darmstadt: über die Herrschaften Breuberg und Heubach, über die Herrschaft oder das Amt Habitzheim, über die Grafschaft Erbach, die Herrschaft Ilberstadt, den Theil der Grafschaft Königstein, welchen der Fürst von Stol-

---

von Berg; Gimborn und Neustadt gehörte bis 1782 dem Fürsten von Schwarzenberg, der sie an den neuen Grafen von Wallmoden-Gimborn veräußerte; Wildenberg lag zwischen Berg und Siegen und gehörte dem Fürsten Hatzfeld; Homburg lag zwischen Gimborn und Berg und gehörte dem Fürsten von Sayn-Witgenstein-Berleburg; Bentheim, an Holland grenzend, kam von der ausgestorbenen Linie Bentheim-Bentheim an die Linie der Grafen Bentheim-Steinfurt. Horstmar war bis 1803 ein Amt des Hochstifts Münster, und fiel an Preußen und die Rheingrafen von Salm, deren Antheil hier allein in Betracht kommt. Der Herzog von Looz besaß das Fürstenthum Rheina-Wollbeck oder die nicht an Preußen gefallenen Theile der Aemter Wollbeck und Rheina (Bevergen) vom Hochstift Münster. Siegen, Dillenburg und Hadamar gehörten wie Beilstein dem Fürsten von Oranien-Nassau; Westerburg und Schadeck gehörten Leiningen-Westerburg und Wied-Runkel. — Der hier nicht genannte Theil von Wied-Runkel fiel an Nassau.

les possessions des barons de Riedesel*), les enclaves dans les états de S. A. ou qui leur sont contigues, nommément les jurisdictions de Lauterbach, de Stockhausen, Moos et Freiensteinau, les possessions des princes et comtes de Solms en Wetteravie, (à l'exception des baillages de Hohensolms, Braunfels et Greifenstein) et enfin sur les comtés de Wittgenstein et Berlebourg et le baillage d'Hesse-Hombourg possédé par la branche de ce nom appanagé d'Hesse-Darmstadt.**)

S. A. E. le Prince Primas***): sur les possessions des princes et comtes de Löwenstein-Wertheim, situés à la droite du Mein, et le comté de Rhineck.

LL. AA. SS. le Duc d'Usingen†) et le prince de Nassau-Weilbourg: sur

berg-Gedern besitzt; über die Besitzungen von Büren, die Besitzungen der Freiherrn von Riedesel*), die in dem Gebiet Sr. Hoheit eingeschlossen sind, oder die daran stoßen, namentlich die Gerichte Lauterbach, Stockhausen, Moos und Freiensteinau; über die Besitzungen der Fürsten und Grafen von Solms in der Wetterau, mit Ausnahme der Aemter Hohensolms, Braunfels und Greifenstein, endlich über die Grafschaften Wittgenstein und Berleburg und über das Amt Hessen-Homburg, welches die davon benannte appanagirte Linie des Hauses Hessen-Darmstadt besitzt.**)

Se. Hoheit der Fürst Primas:***) über die rechts vom Main belegenen Besitzungen der Fürsten und Grafen von Löwenstein-Wertheim und über die Grafschaft Rhineck.

Ihre Durchlauchten der Herzog von Nassau-Usingen†) und der

---

*) Sie waren sehr bedeutend, faßten an 20,000 Seelen, also mehr als Salm, Lichtenstein, Leyen u. a., und gehörten drei Häusern an.

**) Erbach liegt im Odenwalde, Ilberstadt, sonst Abtei, gehörte seit 1803 der älteren Linie der Grafen Leiningen-Westerburg, lag in der Wetterau, so wie der angefallene Theil von Königstein. Büren, an der westfälischen Grenze, gehörte den Jesuiten, bis es der Fürstbischof von Paderborn als Lehen einzog; mit der Säcularisation des Hochstifts kam es an Preußen; in manchen Abdrücken der Urkunde fehlt es daher gänzlich.

***) Zu Löwenstein-Wertheim gehörten die alten Gebiete von Kreuz-Wertheim und der Zent-Michelried, seit 1803 noch das würzburgische Amt Rothenfels mit dem Kanonicat Triefenstein. Von den 3 Theilen der Grafschaft Rhineck gehörte einer bereits dem Fürsten Primas, der zweite Kurhessen, der dritte dem Grafen von Nostitz-Rhineck.

†) Dierdorf gehörte zu Wied-Runkel, dessen Landeskollegien hier waren. Altenwied und Neuerburg, vorher kölnische Aemter, waren an Wied-Runkel gekommen. Nieder-Isenburg gehörte vordem fast ganz zu Kur-Trier, kam 1803 an Nassau-Weilburg. Holzappel und Schaumburg auf beiden Seiten der Lahn, im Weilburgschen eingeschlossen, gehörten dem Fürsten von Anhalt-Bernburg-Schaumburg oder Hoym; Diez war die Stammherrschaft der allein noch blühenden oranien-nassauischen Linie; statt Münzfelden findet sich auch Mens-

les baillages de Dierdorf, Altenwied, Neuerbourg, la partie du comté de Bas-Isenbourg, appartenans au Prince de Wied-Runkel, les comtés de Wied-Neuwied, de Holzapfel, la seigneurie de Schaumbourg, le comté de Diez et ses dépendances, la partie du village de Münzfelden appartenant au prince de Nassau-Fulda, les baillages de Wehrheim et Burbach, la partie de la seigneurie de Runkel, située à la gauche de la Lahn, la terre équestre de Krautsberg, et enfin les baillages de Hohensolms, Braunfels et Greifenstein.

Fürst von Nassau-Weilburg: über die Aemter Dierdorf, Altenwied, Neuerburg und über den dem Fürsten von Wied-Runkel gehörigen Theil der Grafschaft Niederisenburg; über die Grafschaften Wied-Neuwied und Holzapfel, über die Herrschaft Schaumburg, die Grafschaft Diez sammt Zubehör, über den dem Fürsten von Nassau-Fulda gehörigen Theil des Dorfes Münzfelden, die Aemter Wehrheim und Burbach, über den links der Lahn gelegenen Theil der Herrschaft Runkel, über das Rittergut Kranzberg, und endlich über die Aemter Hohensolms, Braunfels und Greifenstein.

S. A. S. le Prince d'Hohenzollern-Sigmaringen*): sur les seigneuries de Trochtelfingen, de Jungnau, de Strasberg, sur le baillage d'Ostrach et la partie de la seigneurie de Möskirch, située à la gauche du Danube.

Se. Durchl. der Fürst von Hohenzollern-Sigmaringen*): über die Herrschaften Trochtelfingen, Jungnau und Straßberg, über das Amt Ostrach und den am linken Donauufer gelegenen Theil der Herrschaft Mößkirch.

S. A. S. le Prince de Salm-Kirbourg**): sur la seigneurie de Gehmen.

Se. Durchlaucht der Fürst von Salm-Kyrburg**): über die Herrschaft Gehmen.

S. A. S. le Prince d'Isenbourg-Birnstein: sur les possessions des comtes d'Isenbourg-Büdingen, Wächtersbach et Meerholz, sans que les comtes appanagés de sa branche puissent se

Se. Durchlaucht der Fürst von Isenburg-Birnstein: über die Besitzungen der Grafen von Isenburg-Büdingen, Wächtersbach und Meerholz, und zwar so, daß die

---

felden; im Besitzergreifungs-Patente kommt es nicht vor. Wehrheim war gemeinschaftlich zwischen Nassau-Weilburg, vorher Trier, und Oranien-Nassau; Burbach gehörte vordem Sayn-Hachenberg, jetzt Oranien und Weilburg. Kranzberg oder Krantsberg gehörte dem Grafen Bassenheim.

*) Trochtelfingen und Jungnau waren Fürstenbergisch, eben so Mößkirch; Straßberg gehörte bis 1803 zum Stift Salzweiler als Amt, und kam dann an den Fürsten von Thurn und Taris.

**) Die Reichsherrschaft Gehmen war an den Freiherrn von Bömmelberg (durch Heirath) gekommen und von dem Gebiete von Salm-Kyrburg eingeschlossen.

prévaloir de cette stipulation, pour former aucune prétension à sa charge.

S. A. S. le Duc d'Aremberg sur le comté de Dülmen.*)

Art. 25. Chacun des Rois et des Princes confédérés possédera en toute souveraineté les terres équestres, enclavées dans ses possessions.**) Quant aux terres équestres interposées entre deux des états confédérées, elles seront partagées quant à la souveraineté entre les deux états aussi également, que faire se pourra, mais de manière à ce qu'il n'en résulte ni morcellement, ni mélange des territoires.

Art. 26. Les droits de souveraineté sont ceux de législation, de jurisdiction suprême, de haute police, de conscription militaire ou de recroutement et enfin le droit d'impôts.

Art. 27. Les Princes ou Comtes actuellement régnants conserveront, chacun comme propriété patrimoniale et privée, tous les domaines sans exception, qu'ils possèdent maintenant, ainsi que tous les droits seigneuraux et féodaux non essentiellement inhérens à la souve-

appanagirten Grafen seiner Linie sich auf diesen Vertrag nicht berufen können, um irgend einen Anspruch auf ihn zu erheben.

Se. Durchlaucht der Herzog von Aremberg: über die Grafschaft Dülmen*).

Art 25. Sämmtliche verbündete Könige und Fürsten sollen die in ihren Besitzungen eingeschlossenen ritterschaftlichen Güter**) mit voller Souverainetät besitzen. Die zwischen zwei verbündeten Staaten gelegenen ritterschaftlichen Güter sollen zwischen beiden Staaten so gleichmäßig als möglich getheilt werden, doch so, daß daraus weder eine Zerstückelung noch eine Vermischung der Gebiete entsteht.

Art. 26. Die Souverainetätsrechte sind: das Recht der Gesetzgebung, der obersten Gerichtsbarkeit, der obersten Polizei, militairischer Aushebung und Rekrutirung, und endlich das Besteuerungsrecht.

Art. 27. Die jetzt regierenden Fürsten oder Grafen behalten, jeder als sein Patrimonial- und Privateigenthum, ohne Ausnahme alle Domainen, welche sie gegenwärtig besitzen; eben so alle Herrschafts- und Lehnsrechte, die nicht wesentlich zur Souverainetät gehö-

*) Dülmen gehörte zum Hochstift Münster, und kam 1803 zum Theile an Preußen, zum anderen Theile an den Herzog von Croy, und nur dieser ist hier gemeint.

**) Eine unter dem Titel: „Réflexions sur le mode de subjection de la noblesse immédiate de l'empire etc.", die kurz vor dieser Zeit erschien, bewies, daß der einst unmittelbare Adel noch ganz andere Vorrechte sich zu erhalten die Hoffnung hegte; in jener Schrift sind die ausschweifendsten Vorschläge dazu gemacht, von denen freilich die durch diesen Artikel 25 u. f. eintretende Bestimmung sehr weit abweicht.

raineté et notamment les droits de basse et moyenne jurisdiction en matières civiles et criminelles, de jurisdiction et de police forestière, le droit de chasse et de pêche, des mines, d'usines, des dîmes et prestations féodales, de patronage*) et autres semblables et les revenus provenans des dits domaines et droits. Leurs domaines et biens seront assimilés, quant à l'impôt, aux domaines et biens des princes de la maison, sous la souveraineté de laquelle ils doivent passer en vertu du présent traité, ou si aucun des princes de la dite maison ne possédoit d'immeubles, aux domaines et biens de la classe la plus privilégiée. Ne pourront les dits domaines et droits être vendus à un souverain étranger à la confédération, ni autrement aliénés, sans avoir été préalablement offerts au prince, sous la souveraineté duquel ils se trouvent placés.

Art. 28. En matière criminelle les princes et comtes actuellement régnants et leurs héritiers jouiront du droit d'austrégat, cest-à-dire, d'être jugés par leurs pairs et dans aucun cas la confiscation de leurs biens ne pourra être prononcée, ni avoir lieu, mais les revenus pour-

ren, namentlich die Rechte der niederen und mittleren Gerichtsbarkeit in Civil- und Criminalsachen, die Gerichtsbarkeit und Polizei über die Forsten, über Jagd und Fischerei, über Berg- und Hüttenwerke, den Zehnten und die Lehnsleistungen, das Patronat*) und Aehnliches sonst, und die aus den besagten Domainen und Rechten eingehenden Einkünfte. Ihre Domainen und Güter sollen in Hinsicht auf Steuern ganz wie die Domainen und Güter der Prinzen des Hauses gehalten werden, unter dessen Souverainetät sie kraft gegenwärtigen Vertrages stehen oder, wenn kein Prinz dieses Hauses unbewegliche Güter besitzt, gleichmäßig mit den Domainen und Gütern der am meisten privilegirten Klasse. Die besagten Domainen und Güter sollen keinem dem Bündnisse fremden Souverain verkauft noch auf andere Art veräußert werden können, als wenn sie vorweg dem Fürsten, unter dessen Souverainetät sie stehen, angeboten worden sind.

Art. 28. In peinlichen Angelegenheiten sollen die jetzt regierenden Fürsten und Grafen und ihre Erben des Austrägalrechts, d. h. des Rechts genießen, von ihres Gleichen gerichtet zu werden, und in keinem Falle darf eine Confiscation ihrer Güter angesetzt werden

*) Im Moniteur steht statt patronage „paturage", wahrscheinlich nur als Druckfehler, da das Weiderecht doch schwerlich hier besonders aufgeführt werden dürfte.

ront être sequestrés pendant la vie du condamné.

oder statthaben, sondern nur die Einkünfte sollen während der Lebenszeit des Verurtheilten sequestrirt werden können.

Art. 29. Les Etats confédérées contribueront au payement des dettes actuelles des cercles non seulement pour leurs anciennes possessions, mais aussi pour les territoires, qui doivent être respectivement soumis à leur souveraineté. La dette du cercle de Souabe sera à la charge de L. L. M.M. les rois de Bavière et de Wurtemberg, de L. L. A. A. S. S. le Grand-Duc de Bade, les Princes de Hohenzollern-Hechingen et Sigmaringen, de Lichtenstein et de la Leyen, et divisée entre eux dans la proportion de ce que chacun des dits rois et princes possédera en Souabe.

Art. 29. Die verbündeten Staaten tragen zur Bezahlung der dermaligen Kreisschulden nicht bloß für den Antheil ihrer alten Besitzungen bei, sondern auch für jene Gebiete, die jetzt ihrer Souverainetät unterworfen werden. Die Schulden des schwäbischen Kreises fallen Ihren Majestäten den Königen von Bayern und Würtemberg, ferner Se. Hoheit dem Großherzoge von Baden, und Ihren Durchlauchten, den Fürsten von Hohenzollern-Hechingen und Sigmaringen, von Lichtenstein und von der Leyen anheim, und werden nach Verhältniß der künftigen Besitzungen eines jeden der besagten Könige und Fürsten vertheilt.

Art. 30. Les dettes propres de chaque Principauté, Comté ou Seigneurie passant sous la souveraineté de l'un des états confédérés seront partagées entre les dits états et les Princes ou Comtes actuellement régnants dans la proportion des revenus, que le dit état doit acquérir et de ceux, que les princes et comtes doivent conserver dans les stipulations ci-dessus.

Art. 30. Die besonderen Schulden eines jeden Fürsten, Grafen oder Herren, die unter die Souverainetät eines der verbündeten Staaten kommen, sollen zwischen dem genannten Staate und den jetzt regierenden Fürsten oder Grafen nach dem Verhältnisse der Einkünfte getheilt werden, welche der Souverain erwirbt und die Fürsten und Grafen nach den obigen Bestimmungen behalten.

Art. 31. Il sera libre aux Princes et Comtes actuellement régnants et à leurs héritiers de fixer leur résidence partout, où ils voudront, pourvu que ce soit dans l'un des états membres ou alliés de la confédération du Rhin, ou dans les possessions qu'ils conserveront en sou-

Art. 31. Es können die jetzt regierenden Fürsten und Grafen und ihre Erben ihre Residenz verlegen, wohin sie wollen, vorausgesetzt, daß es in einem der Staaten ist, die Mitglieder oder Verbündete des Rheinbundes sind, oder in den Besitzungen, welche sie sich

veraineté hors du territoire de la dite confédération, et de retirer leurs revenus ou leurs capitaux sans pouvoir être assujettis pour cela à aucun droit ou impôt quelconque.

außer dem Gebiete des genannten Bundes mit voller Souverainetät bewahrt haben, auch ihre Einkünfte oder ihr Vermögen beziehen, ohne irgend einer Verpflichtung oder einer Steuer unterworfen zu seyn.

Art. 32. Les individus employés dans l'administration publique des principautés, comtés ou seigneuries, qui doivent en vertu du présent traité passer sous la souveraineté de l'un des états confédérés et que le souverain ne jugeroit à propos de conserver dans leurs emplois, jouiront d'une pension de retraite égale à celle, que les loix ou les réglements de l'état accordent aux officiers du même grade.

Art. 32. Die bei der öffentlichen Verwaltung der Fürstenthümer, Grafschaften und Herrschaften, welche kraft gegenwärtigen Vertrages unter die Souverainetät eines der verbündeten Staaten kommen, angestellten Personen, sollen, wenn der Souverain nicht für gut hält, sie in ihren Anstellungen zu lassen, eine Pension bekommen, welche nach den Gesetzen oder Bestimmungen des Staats Beamten desselben Grades zukommen.

Art. 33. Les membres des ordres militaires ou réligieux, qui pourront être en conséquence du présent traité dépossedés au sécularisés recevront une pension annuelle et viagère proportionnée aux revenus, dont ils jouissoient à leur dignité, à leur âge et hypothéquée sur les biens, dont ils étoient usufruitiers.

Art. 33. Die Mitglieder der militairischen oder geistlichen Orden, welche dem gegenwärtigen Vertrage zufolge unterthan oder säcularisirt werden könnten, erhalten eine jährliche und lebenslängliche Pension, welche den Einkünften, die sie genossen, ihrer Würde, und ihrem Alter entspricht und auf die Güter hypothekarisch eingetragen wird, deren Nießbrauch sie hatten.

Art. 34. Les Rois, Grands-Ducs, Ducs et Princes confédérés renoncent chacun d'eux pour soi, ses héritiers et successeurs à tout droit actuel, qu'il pourroit avoir ou prétendre sur les possessions des autres membres de la confédération, telles qu'elles sont et telles, qu'elles doivent être en conséquence du présent traité, les droits éventuels de succession demeurant seuls

Art. 34. Die verbündeten Könige, Großherzoge, Herzoge und Fürsten entsagen, jeder für sich, seine Erben und Nachfolger, jedem der jetzt bestehenden Rechte, welche dieselben auf jetzige oder durch gegenwärtigen Vertrag zugewiesene Besitzungen anderer Bundesmitglieder haben oder ansprechen könnten. Ausgenommen bleiben allein die eventuellen Nachfolgerechte, doch

reservés et pour le cas seulement, où viendroit à s'éteindre la maison ou la branche, qui possède maintenant ou qui doit en vertu du présent traîté posséder en souveraineté les territoires, domaines et biens, sur lesquels les susdits droits peuvent s'étendre.

Art. 35. Il y aura entre l'Empire Français et entre les Etats confédérés du Rhin collectivement et séparement une alliance, en vertu de laquelle toute guerre continentale, que l'une des parties contractantes auroit à soutenir, deviendra immédiatement commune à toutes les autres.

Art. 36. Dans le cas où une puissance étrangère à l'alliance et voisine armeroit, les hautes parties contractantes, pour ne pas être prises au dépourvu, armeront pareillement, d'après la demande, qu'en sera faite par le ministre de l'une d'elles à Francfort. Les contingents, que chacun des alliés devra fournir, étant divisés en quatre quarts, la diète determinera, combien de quarts devrant étre rendus mobiles; mais l'armement ne sera effectué qu'en conséquence d'une invitation adressée par S. M. l'Empereur et Roi à chacune des Puissances alliées.

Art. 37. S. M. le roi de Bavière s'engage à fortifier les villes d'Augsbourg et de Lindau, à former et entretenir en tout temps dans la première de ces deux places des établissements d'artillerie et à tenir dans la seconde une quantité de fusils et de munitions suffisante

nur für den Fall, daß ein Haus oder eine Linie erlischt, welche derzeit die Gebiete, Domainen und Güter als Souverain besitzt, oder in Folge gegenwärtigen Vertrages besitzen soll, über welche sich die gedachten Rechte erstrecken können.

Art. 35. Es soll zwischen dem französischen Kaiserstaate und den Staaten des Rheinbundes insgesammt und im Einzelnen eine **Verbindung stattfinden**, vermöge deren jeder Landkrieg, den einer der kontrahirenden Theile zu bestehen hat, unmittelbar gemeinschaftlich für sämmtliche anderen wird.

Art. 36. Für den Fall, daß eine dieser Verbindung fremde und benachbarte Macht sich rüstet, sollen die hohen contrahirenden Theile, um nicht ungerüstet überrascht zu werden, sich gleichmäßig rüsten, auf die Aufforderung, welche der Minister des einen von ihnen zu Frankfurt macht. Die Contingente, welche ein jeder der Verbündeten stellen muß, werden in vier Theile getheilt und es wird von dem Bundestage bestimmt, wie viele Viertel mobil gemacht werden sollen. Die Bewaffnung soll aber nur in Folge einer von Sr. Maj. dem Kaiser und König an jede der verbündeten Mächte gerichteten Einladung wirklich stattfinden.

Art. 37. Se. Maj. der König von Bayern macht sich anheischig: die Städte Augsburg und Lindau zu befestigen und im ersten dieser beiden Plätze Artillerie-Anstalten zu errichten und allezeit zu unterhalten; am zweiten Orte aber in hinreichender Zahl Vorrath von

pour une réserve, de même qu'avoir à Augsbourg des boulangeries, pour qu'on puisse confectionner une quantité de biscuits, telle qu'en cas de guerre la marche des armées n'éprouve point de retard.

Art. 38. Le contingent*) à fournir par chacun des alliés en cas de guerre est fixé ainsi qu'il suit: la France fournira 200,000 hommes de toutes armes, le Roi de Bavière 30,000, le Roi de Wurtemberg 12,000, le Grand-Duc de Bade 8000, le Grand-Duc de Berg 5000, le Grand-Duc de Darmstadt 4000, L. A. S. le Duc et les Princes de Nassau fourniront avec les autres Princes confédérés un contingent de 4000.

Art. 39. Les hautes parties contractantes se reservent d'admettre par la suite dans la nouvelle confédération d'autres princes et états d'Allemagne, qu'il sera trouvé de l'intérêt commun d'y admettre.

Flinten und Munition zu halten, der als Reserve dienen soll, eben so in Augsburg Bäckereien zu gründen, um Vorrath von Zwieback backen zu lassen, damit der Marsch der Heere im Falle eines Krieges keinen Aufenthalt erleide.

Art. 38. Das von jedem der Verbündeten im Falle des Krieges zu stellende Contingent*) ist festgesetzt, wie folgt: Frankreich soll 200,000 Mann jeder Waffengattung stellen, das Königreich Baiern 30,000 Mann, das Königreich Würtemberg 12,000, der Großherzog von Baden 8000, der Großherzog von Berg 5000, der Großherzog von Darmstadt 4000, Ihre Durchlauchten der Herzog und die Fürsten von Nassau stellen mit den übrigen verbündeten Fürsten zusammen ein Contingent von 4000 Mann.

Art. 39. Die hohen contrahirenden Theile behalten sich vor, in der Folge auch andere Fürsten und Staaten Deutschlands in den neuen Bund aufzunehmen, wenn man ihre Aufnahme dem gemeinsamen Interesse gemäß findet.

*) Ungefähr waren die Zahlen, in welchen sich die Contingente auf die Bundesstaaten vertheilten, folgende: Bei Baiern kamen auf 110 Seelen ein Mann, bei Würtemberg auf 100 Seelen, eben so bei Baden; Berg und Cleve auf 116 Seelen, Würzbnrg auf 130 Seelen, bei den sächsischen Herzogthümern auf 141 Seelen, beim Königreich Sachsen auf 110 Seelen. Die Bevölkerung der kleineren Rheinbundstaaten, die zusammen (einschließlich der 968 Mann des Fürsten Primas) 4000 Mann stellen, betrug nach Hassel ungefähr 700,000 Seelen, so daß bei jenem Contingente nur ein Mann auf 175 Seelen kam. Lichtenstein hatte etwa 5000 Seelen, Isenburg 42,000 Seelen, beide Hohenzollern noch nicht 49,000 Seelen, Aremberg etwa 48,900 Seelen, beide Salm noch nicht 56,000 Seelen, Leyen und Hohengeroldseck hatten noch nicht 4200 Seelen. Bei Hessen war die Gesammtbevölkerung etwa 538,256 Seelen, so daß auf 134 Seelen ein Mann kam. Die alten Lande des Fürsten Primas betrugen etwa 109,000 Seelen, Frankfurt und Gebiet 60,000 Seelen. Nassau hatte 260,000 Seelen.

Art. 40. Les ratifications du présent traité seront échangées à Munich le 25 de Juillet 1806.

Suivent les signatures:

Talleyrand
de Cetto
de Winzingerode
de Beust
de Reizenstein
de Schell
de Pappenheim
de Gagern

pour les maisons de Hohenzollern et Salm: Franc. Xav. de Fischler.

pour le Prince d'Isenbourg-Birnstein: Louis de Greuhm.

pour S. A. S. le Duc d'Aremberg } Durand de St. André.
pour le Comte de la Leyen }

Art. 40. Die Ratificationen des gegenwärtigen Vertrages sollen am 25. Juli d. l. J. zu München ausgewechselt werden. So geschehen Paris am 12. Juli 1806.

Folgen die Unterschriften:

Ch. M. Talleyrand
A. v. Cetto
Graf L. v. Winzingerode
Graf K. v. Beust
Freih. S. v. Reizenstein
Freih. M. v. Schell
A. v. Pappenheim
Freih. J. v. Gagern

Für die Häuser Hohenzollern: Fr. X. v. Fischler.

Für die Häuser von Salm: Derselbe.

Für den Fürsten von Isenburg-Birnstein: L. v. Greuhm.

Für Se. Durchlaucht den Herzog von Aremberg, Durand de St. André.

Für den Grafen von der Leyen: Derselbe.

2.

Note des französischen Geschäftsträgers Bacher zu Regensburg, datirt und dictirt vom 1. August 1806.

Gemäß der in der Bundesacte beschlossenen Abtrennung vom deutschen Reiche erließen zu gleicher Zeit, am 1. August 1803, der französische Gesandte beim deutschen Reiche, Bacher, und die Gesandten von Baiern, Würtemberg, des Fürsten Primas, von Baden, Hessen-Darmstadt, Hohenzollern, Salm-Kyrburg und Isenburg-Birnstein zwei Noten an den Reichstag in Regensburg, worin diesem die Lossagung angezeigt wird.

Dictatum Ratisbonae die 1. Augusti 1806 per Archicancellariensem.

Le soussigné chargé-d'affaires de Sa Majesté l'Empereur des François Roi d'Italie, près la diète générale de l'Empire Germanique a reçu de Sa Majesté l'ordre de faire à la diète les déclarations suivantes.

Leurs Majestés les Rois de Bavière et le Wurtemberg, les Princes souverains de Ratisbonne, de Bade, de Berg, de Hesse-Darmstadt, de Nassau et les autres principaux Princes du midi et de l'ouest de l'Allemagne ont pris la résolution de former entr'eux une Confédération, qui les mette à l'abri de toutes les incertitudes de l'avenir et ils ont cessé d'être Etats de l'Empire.

Dictatum Ratisbonae, die 1. Augusti 1806 per Archicancellariensem.

Note.

Der unterzeichnete Geschäftsträger Sr. Maj. des Kaisers der Franzosen, Königs von Italien, bei dem allgemeinen Reichstage des deutschen Reichs hat von Sr. Majestät Befehl empfangen, dem Reichstage nachfolgende Erklärung zu machen.

Ihre Majestäten die Könige von Baiern und Würtemberg, die souverainen Fürsten von Regensburg, Baden, Berg und Hessen-Darmstadt, Nassau und die anderen bedeutenderen Fürsten des südlichen und westlichen Deutschlands haben den Entschluß gefaßt, unter sich ein Bündniß einzugehen, welches sie außer Bereich aller Ungewißheit für die Zukunft setzt, und haben aufgehört, Staaten des Reichs zu sein.

La situation, dans laquelle le traité de Presbourg a placé directement les cours alliées à la France et indirectement les Princes, qu'elles entourent, et qui les avoisinent, étant incompatible avec la condition d'un état d'empire; c'étoit pour elles et pour ces Princes une nécessité d'ordonner sur un nouveau plan le système de leurs rapports et d'en faire disparoître une contradiction, qui auroit été une source permanente d'agitation, d'inquiétude et de danger.

De son côté la France si essentiellement intéressée au maintien de la paix dans le midi de l'Allemagne et qui ne pouvoit pas douter que du moment, où elle auroit fait repasser le Rhin à ses troupes, la discorde, conséquence inévitable de rélations contradictoires ou incertaines, mal definies ou mal connues, auroit compromis de nouveau le répos des peubles, et rallumé peut-être la guerre sur le continent, obligée d'ailleurs de concourir au bien-être de ses alliés et de les faire jouir de tous les avantages que la paix de Presbourg leur assure et qu'elle leur a garantis, la France n'a pu voir dans la confédération, qu'ils ont formée, qu'une suite naturelle et le complement nécessaire de ce traité.

Depuis long-temps, des altérations successives, qui, de siècle en siècle, n'ont été qu'en augmentant, avoient

Die Lage, in welche der Frieden von Preßburg die mit Frankreich verbündeten Höfe unmittelbar und die anliegenden und benachbarten Fürsten mittelbar versetzt hat, ist mit dem Verhältnisse eines zum Reich gehörigen Staates unverträglich; es fand für sie und für diese Fürsten die Nothwendigkeit statt, nach einem neuen Plane das System ihrer Verhältnisse zu ordnen und einen Widerspruch verschwinden zu lassen, welcher eine beständige Quelle der Erregung, Beunruhigung und Gefahr geworden sein würde.

Frankreich seinerseits, bei seinem wesentlichen Interesse, im südlichen Deutschland den Frieden zu erhalten, und außer Zweifel gesetzt, daß mit dem Augenblicke, wo es seine Truppen über den Rhein zurückgehen lassen würde, Uneinigkeit, als unvermeidliche Folge der widersprechenden oder unbestimmten, übel ausgedrückten oder übel erkannten Verhältnisse, von Neuem die Ruhe der Völker preisgegeben und vielleicht den Krieg auf dem Festlande erneuert hätte; überdies verpflichtet, zu dem Wohle seiner Verbündeten mitzuwirken und sie aller der Vortheile genießen zu lassen, die ihnen der Preßburger Friede zusichert und die es ihnen verbürgt hat; Frankreich hat in dem Bündnisse, welches sie gebildet haben, nur eine natürliche Folge und nothwendige Ergänzung jenes Friedensvertrages sehen können.

Seit langer Zeit hatten fortlaufende Erschütterungen, die von Jahrhundert zu Jahrhundert nur

réduit la constitution germanique à n'être plus qu'une ombre d'elle-même. Le temps avoit changé tous les rapports de grandeur et de force qui existoient primitivement, entre chacun d'eux et le tout dont ils faisoient partie. La diète avoit cessé d'ailleurs d'avoir une volonté qui lui fut propre. Les sentences des tribunaux suprêmes ne pouvoient être mises à exécution. Tout attestoit un affaiblissement si grand, que le lien fédératif n'offroit plus de garantie à personne et n'étoit entre les puissans qu'un moyen de dissension et de discorde. Les évènemens des trois coalitions ont porté cet affaiblissement à son dernier terme. Un Electorat a été supprimé par la réunion du Hannovre à la Prusse: un Roi de Nord a incorporé à ses autres états une province*) de l'Empire: le traité de Presbourg a attribué à leurs Majestés les Rois de Bavière et de Wurtemberg et à Son Altesse Sérénissime l'Electeur de Bade la plénitude de la souveraineté, prérogative, que les autres Electeurs reclameroient sans doute, et seroient fondés à reclamer, mais qui ne peut s'accorder, ni avec la lettre, ni avec l'esprit de la constitution de l'Empire.

immer zugenommen hatten, die deutsche Verfassung nicht viel Anderes mehr als einen Schatten ihrer selbst sein lassen. Die Zeit hatte alle die Verhältnisse von Größe und Macht, die ursprünglich stattfanden, zwischen dem Einzelnen und zwischen dem Ganzen, dessen Theile sie ausmachten, umgewandelt. Der Reichstag hatte überdies aufgehört, einen eigenen Willen zu haben. Die Aussprüche der obersten Tribunäle konnten nicht mehr in Ausübung gesetzt werden. Alles bekundete eine so große Entkräftung, daß der Bund Niemanden Sicherheit gewährte und zwischen den Mächten nur Anlaß zur Zwietracht und Entzweiung war. Die Folgen der drei Coalitionen haben diese Entkräftung zu ihrer äußersten Höhe gebracht. Ein Kurfürstenthum wurde durch die Vereinigung Hannovers mit Preußen unterdrückt; ein nordischer König hat eine Provinz*) des Reichs seinen übrigen Staaten einverleibt; der Friede zu Preßburg hat Ihren Majestäten den Königen von Baiern und Würtemberg und Sr. Hoheit dem Kurfürsten von Baden die volle Souverainetät ertheilt, ein Vorrecht, welches die übrigen Kurfürsten ohne Zweifel in Anspruch genommen haben würden und es in Anspruch zu nehmen befugt gewesen wären, welches sich aber weder mit dem Buchstaben, noch mit dem Geiste der deutschen Reichsverfassung vertragen kann.

*) Vorpommern, welches Schweden besaß.

Sa Majesté l'Empereur et Roi est donc obligé de déclarer, qu'il ne reconnoit plus l'existence de la Constitution Germanique, en reconnaissant néanmoins la souveraineté entière et absolue de chacun des princes dont les états composent aujourd'hui l'Allemagne et en conservant avec eux les mêmes rélations, qu'avec les autres puissances indépendantes de l'Europe.

Sa Majesté l'Empereur et Roi a accepté le titre de Protecteur de la Confédération du Rhin. Il ne l'a fait que dans des vues de paix et pour que sa médiation, constamment interposée entre les plus foibles et les plus forts, prévienne toute espéce de dissensions et de troubles.

Ayant ainsi satisfait aux plus chers intérêts de son peuple et de ses voisins, ayant pourvu, autant qu'il étoit en lui, à la tranquillité de l'Europe et principalement de celle de l'Allemagne, qui a été constamment le théâtre de la guerre, en faisant cesser la contradiction qui plaçoit les peuples et les princes sous la protection apparente d'un système réellement contraire à leurs intérêts politiques et à leurs traités, Sa Majesté l'Empereur et Roi espère, qu' enfin les nations de l'Europe fermeront l'oreille aux insinuations de ceux, qui voudroient entretenir sur le continent une guerre éternelle; que les armées françoises qui ont passé le Rhin, l'auront passé pour la dernière fois et que

Se. Kaiserl. und Königl. Majestät ist daher zu erklären verbunden, daß sie das Bestehen der deutschen Reichsverfassung nicht ferner anerkennt, wohl aber und nichts desto weniger die volle und unbeschränkte Souverainetät eines jeden der Fürsten, deren Staaten gegenwärtig Deutschland bilden, anerkennt, und zu ihnen dieselben Beziehungen beibehält, wie zu den übrigen unabhängigen europäischen Staaten.

Se. Kaiserl. und Königl. Majestät hat den Titel eines Protectors des Rheinbundes angenommen. Er hat es nur in friedlicher Absicht gethan, damit seine Vermittelung, beständig zwischen den Schwächsten und Stärksten eintretend, jede Art von Zwietracht und Störung verhindere.

Indem er so dem theuersten Interesse seines Volks und seiner Nachbarn genügt hat, indem er, so viel an ihm lag, für die künftige Ruhe Europa's, und insbesondere für die Ruhe Deutschlands gesorgt hat, welches fortwährend der Schauplatz des Krieges gewesen ist, indem er den Widerspruch aufhören läßt, welcher die Völker und Fürsten unter den scheinbaren Schutz eines ihren politischen Interessen und ihren Verbindungen wesentlich entgegengesetzten Systemes stellte, hofft Se. Kaiserl. und Königl. Majestät, daß endlich die Nationen Europa's ihr Ohr den Einflüsterungen derer verschließen werden, welche auf dem Festlande einen ewigen Krieg unterhalten möchten,

les peuples d'Allemagne ne verront plus que dans l'histoire du passé l'horrible tableau des désordres de tout genre, des devastations et des massacres que la guerre entraîne toujours avec elle.

Sa Majesté a déclaré, qu'elle ne porterait jamais les limites de la France au-delà du Rhin. Elle a été fidèle à sa promesse. Maintenant son unique désir est, de pouvoir employer les moyens que la Providence lui a confiés pour affranchir les mers, rendre au commerce sa liberté et assurer ainsi le répos et le bonheur du monde.

Ratisbonne le 1. Août 1806.

Bacher.

daß die französischen Heere, die über den Rhein gegangen sind, ihn mögen zum letzten Male überschritten haben, und daß die Völker Deutschlands nur in der Geschichte der Vergangenheit das abschreckende Bild von Unordnungen aller Art, von Verwüstungen und Metzeleien erblicken mögen, welche der Krieg immer mit sich bringt.

Se. Majestät hat erklärt, daß sie nie die Grenzen Frankreichs den Rhein überschreiten lassen werde. Er ist seinem Versprechen treu geblieben. Mittlerweile ist sein einziger Wunsch, die Mittel anwenden zu können, welche ihm die Vorsehung anvertraut hat, um die Meere zu öffnen, dem Handel seine Freiheit wieder zu geben, und so die Ruhe und das Glück der Welt zu sichern.

Regensburg, d. 1. August 1806.

Bacher.

3.

Entsagungsurkunde der rheinischen Bundesstaaten, vom 1. August 1806.

Nach Posselt's Versicherung (Europ. Ann. 1806. Bd. 3.) war von dem dazu beauftragten Gesandten eines der Bundesstaaten zum Zwecke der Entsagungsurkunde an den Reichstag ein ziemlich langer Aufsatz angefertigt worden, der mit so heftigen Vorwürfen und Klagen erfüllt war, daß er einem Kriegsmanifest gegen Preußen und Oesterreich nicht unähnlich sah, daher auch verworfen und gegen die nachfolgende Urkunde vertauscht wurde.

Bei den Unterschriften fehlen, wie schon oben bemerkt wurde, die von Cleve und Berg, von Nassau-Usingen und Nassau-Weilburg, von Salm-Salm, von Ahremberg und des Grafen von der Leyen, weil deren Bevollmächtigte eben nicht zugegen war.

* * *

Hochwürdige, Hoch- und Hochwohl- auch Wohlgeborne,
Insonders Hoch- und vielgeehrte Herren!

Die zur allgemeinen deutschen Reichsversammlung bevollmächtigten, unterzeichneten Botschafter und Gesandten haben den Befehl erhalten, Namens Ihrer Höchsten und Hohen Kommittenten Euren Excellenzen, Hochwürden, Hoch- und Hochwohl- und Wohlgebornen nachstehende Erklärung mitzutheilen:

Die Begebenheiten der drei letzten Kriege, welche Deutschland beinahe ununterbrochen beunruhigt haben, und die politischen Veränderungen, welche daraus entsprungen sind, haben die traurige Wahrheit in das hellste Licht gesetzt, daß das Band, welches bisher die verschiedenen Glieder des deutschen Staatskörpers mit einander vereinigen sollte, für diesen Zweck nicht mehr hinreiche, oder vielmehr, daß es in der That schon aufgelöst sey. Das Gefühl dieser Wahrheit ist schon seit langer Zeit in dem Herzen jedes Deutschen, und so drückend die Erfahrung der letzteren Jahre war, so hat sie doch im Grunde die Hinfälligkeit einer in ihrem Grunde ehrwürdigen, aber durch den allen menschlichen Anordnungen anklebenden Unbestand fehlerhaft gewordenen Verfassung bestätigt. Nur diesem Umstande muß man ohne Zweifel die im Jahre 1794 im Reiche selbst sich hervorgethane Trennung zuschreiben, die eine Absonderung des nördlichen und südlichen Deutschlands zur Folge hatte. Von diesem Augenblicke an mußten nothwendig alle Begriffe von gemeinschaftlichem Vaterlande und Interesse verschwinden; die Ausdrücke: Reichskrieg, Reichsfrieden, wurden Worte ohne Sinn; vergeblich suchte man Deutschland mitten im deutschen Reichskörper. Die Frankreich zunächst gelegenen, von allem Schutz entblößten, und allen Drangsalen eines Krieges, dessen Beendigung in den verfassungsmäßigen Mitteln zu suchen nicht in ihrer Gewalt stand, ausgesetzten Fürsten sahen sich gezwungen, sich durch Separatfrieden von dem allgemeinen Verbande in der That zu trennen. Der Friede zu Luneville, und mehr noch der Reichsschluß von 1803 hätten allerdings hinlänglich scheinen sollen, um der deutschen Reichsverfassung neues Leben zu geben, indem sie die schwachen Theile des Systems hinwegräumten, und die Hauptgrundpfeiler desselben befestigten. Allein die in den letztverflossenen 10 Monaten unter den Augen des ganzen Reichs sich zugetragenen Ereignisse haben auch diese letzte Hoffnung vernichtet, und die gänzliche Unzulänglichkeit der bisherigen Verfassung aufs Neue außer allen Zweifel gesetzt. Bei dem Drange dieser wichtigen Betrachtungen haben die Souveraine und Fürsten des mittäglichen und westlichen Deutschlands sich bewogen gefunden, einen neuen, und den Zeitumständen angemessenen Bund zu schließen. Indem sie sich durch gegenwärtige Erklärung von ihrer bisherigen Verbindung mit dem deutschen Reichskörper lossagen, befolgen sie bloß das durch frühere Vorgänge und selbst durch Erklärung der mächtigeren Reichsstände aufgestellte System. Sie hätten zwar den leeren Schein einer erloschenen Verfassung beibehalten können: allein sie haben im Gegentheil ihrer Würde und der Reinheit ihrer Zwecke angemessener geglaubt, eine offene und freie Erklärung ihres Entschlusses und der Beweggründe, durch welche sie geleitet worden sind, abzugeben. Vergeblich aber würden sie sich geschmeichelt haben, den gewünschten Endzweck zu erreichen, wenn sie sich nicht zugleich eines mächtigen Schutzes versichert hätten, da sich mit ihnen der nämliche Monarch, dessen Absichten sich stets mit dem wahren Interesse Deutschlands übereinstimmend gezeigt haben, verbündet. Eine so mächtige Garantie ist in doppelter Hinsicht beruhigend. Sie gewährt die Versicherung, daß Se. Majestät der Kaiser von Frankreich, Allerhöchstdero Ruhms halber eben so sehr als wegen des eigenen Interesses des französischen Kaiserstaates, die Aufrechthaltung der neuen Ordnung der Dinge in Deutschland und die Befestigung der inneren und äußeren Ruhe sich angelegen sein lassen werde. Daß diese kostbare Ruhe der Hauptzweck des rheinischen Bundes ist, davon finden die bisherigen Reichsmitstände der Souveraine, in deren Namen die gegenwärtige Erklärung geschieht, den deutlichen Beweis darin, daß jedem unter ihnen, dessen Lage ihm eine Theilnahme daran erwünscht machen kann, der Beitritt zu demselben offen gelassen ist.

Indem wir uns nun dieses höchsten und hohen Auftrags hierdurch schuldigst entledigen; so haben wir zugleich die Ehre, die Versicherung der hochachtungsvollsten Ergebenheit hinzuzufügen, womit wir sind

Eurer Excellenzen, Hochwürden, Hochwohl- und Wohlgebornen

gehorsamst-ergebenste

Freiherr v. Rechberg, Ihrer Königl. Majestät von Baiern Geheimer Rath und bisheriger Komitial-Gesandter.

Freiherr v. Seckendorf, Ihrer Königl. Majestät von Würtemberg Staatsminister und bisheriger Komitial-Gesandter.

Kurfürstlich-Reichs-Erzkanzlerischer Staatsminister und Direktorial-Gesandter Freiherr v. Albini.

Der kurfürstl. badensche Gesandte, Albrecht Freiherr v. Seckendorf.

Landgräflich hessischer Gesandter, Freiherr von Türkheim.

Edmund Freiherr v. Schnitz-Grollenburg, Sr. Hochfürstl. Durchlaucht zu Hohenzollern-Hechingen, und des Hochfürstl. Gesammthauses Hohenzollern Gesandter.

Weihbischof und Domdechant v. Wolf, als Hochfürstl. Salm-Kyrburgischer Komitial-Gesandter.

v. Mollenbec, von wegen Sr. Hochfürstl. Durchlaucht zu Isenburg.

Regensburg, den 1. August 1806.

4.

Zusätze und Vervollständigungen der Rheinbundsacte.

A. Conditions sous lesquelles les possessions assignées par le traité de Paris, ou l'acte de la confédération du Rhin, sont remises aux Etats confédérés par les commissaires de S. M. l'Empereur des Français etc., Protecteur de la confédération du Rhin.

1. Remise des états ci-devant immédiats.

Laquelle remise nous avons fait aux conditions suivantes:

1) Sa Majesté le Roi (ou S. A. R. ou E. ou S.) . . . . . . s'engage à protéger les créanciers ou pensionnaires, qui dans les possessions nouvellement soumises à sa souveraineté peuvent avoir des droits en vertu du Recès de l'Empire de 1803.

2) S. M. (ou S. A. etc.) . . . . . contribuera au payement des dettes actuelles du cercle non seulement pour ses possessions anciennes, mais aussi pour les territoires, qui par le présent acte sont soumis à sa souveraineté conformément à l'article vingt-neuf du traité.

A. Bedingungen, unter welchen die im Frieden von Paris oder in der Rheinbundsacte zugewiesenen Besitzungen den verbündeten Staaten durch die Beauftragten Sr. Maj. des Kaisers der Franzosen u. s. w. Protectors des Rheinbunds sind überlassen worden.

1. Ueberlassung von vordem reichsunmittelbaren Staaten.

Welche Ueberlassung Wir unter folgenden Bedingungen veranstaltet haben:

1) Se. Maj. der König (oder Se. Königl. Hoheit oder Se. Hoheit u. s. w.) . . . . . . macht sich anheischig, die Staatsgläubiger oder Pensionnaire zu beschützen, welche in den neuerdings ihrer Souverainetät unterworfenen Besitzungen kraft des Reichshauptschlusses von 1803 Anrechte haben könnten.

2) Se. Maj. (oder Se. Hoheit u. s. w.) . . . . . . soll zu der Abzahlung der gegenwärtigen Kreisschulden nicht allein für seine alten Besitzungen, sondern auch für die Lande, die durch gegenwärtige Acte in Gemäßheit des 29sten Artikels des Vertrages ihrer Souverainetät sind unterworfen worden, mit beitragen.

3) Les dettes propres des possessions (des pays) du comte (ou les dettes propres de la principauté ou du comté) passant sous la souveraineté de . . . . . . seront partagées entre lui et le dernier possesseur (le prince, le comte) dans la proportion des revenus que le dit possesseur (prince ou comte) doit conserver d'après l'article vingt-sept du traité et de ceux, que . . . . . . (le souverain) acquiert par le présent acte.

4)*) Les individus employés dans l'administration publique des pays de la principauté . . . . . . que . . . . . . (le souverain) ne jugeroit à propos de conserver dans leur emploi, jouiront d'une pension de retraite égale à celle, que les lois et les réglements des anciens états de . . . . . . (du souverain) accordent aux officiers du même grade.

5) Le dernier possesseur du comté (de la principauté) . . . . . . jouira de tous les droits, qui lui sont assurés par les articles 27, 28 et 31 du traité de Paris et . . . . . . (le souverain) tiendra la main à ce qu'aucun de ses tribunaux n'y porte atteinte.

De tout ce que dessus accepté par Monsieur . . . . . . au nom de son souverain, nous avons dressé le present procès verbal . . . . . . lequel après avoir été lu à la haute

3) Die Privatschulden der Besitzungen (Lande) des Grafen (oder die Privatschulden des Fürstenthums oder der Grafschaft), welche unter die Souverainetät von . . . . . kommen, werden zwischen ihm und dem letzten Besitzer (dem Fürsten oder Grafen) in dem Verhältnisse der Einkünfte getheilt, die der genannte Besitzer (Fürst oder Graf) nach dem 27sten Artikel des Vertrages behalten soll, und derer, welche . . . . . . (der Souverain) durch gegenwärtige Urkunde erhält.

4)*) Die bei der öffentlichen Verwaltung der Lande des Fürstenthums . . . . . angestellten Leute, welche . . . . . . (der Souverain) in seinem Dienst zu lassen nicht für geeignet befindet, sollen eines Wartegeldes genießen, welches dem gleich ist, das die Gesetze und Bestimmungen der alten Staaten von . . . . . . (des Souverains) den Beamten desselben Grades bewilligen.

5) Der letzte Besitzer der Grafschaft (des Fürstenthums) . . . . . . soll aller Rechte genießen, die ihm durch die Artikel 27, 28 und 31 des Pariser Vertrags sind bewilligt worden und . . . . . . (der Souverain) wird darauf Acht haben, daß keine jener Behörden sie verletze.

Von diesem Allem, wie es oben vom Herrn . . . . . . im Namen seines Souverains angenommen worden ist, haben Wir gegenwärtiges Protocoll aufgenommen, ...

*) Vergl. Art. 32 der Bundesurkunde, der schon fast wörtlich eben so lautet.

et intelligible voix tant en francais qu'en allemaud, a été signé avec nous par le commissaire de ..... (souverain) et par Monsieur ..... (député du prince ou comte) etc. etc.

2. Remise des terres équestres.

(On ne trouve pas dans les procès verbaux les conditions 3 et 5 du procès verbal antérieur; les conditions 1 et 2 sont les mêmes et la 3 est de la même teneur, comme la 4. Au reste il faut observer que les procès verbaux concernants les remises des terres équestres ne sont pas signés par les possesseurs des terres équestres ni par les députés, mais seulement par le commissaire français et celui du souverain.)

3. Remise des territoires, qui doivent être possédés en toute propriété et souveraineté.

Cette remise a été faite sous les conditions suivantes:

1) Les droits acquis des créanciers ou pensionnaires par le Récès de l'Empire de 1803 leur sont inviolablement reservés. En conséquence S. M. le Roi de Bavière prend sur lui le soin de satisfaire ceux, dont le payement aura été assigné sur la ville et le territoire de Nuremberg par le susdit récès.

welches mit lauter und vernehmlicher Stimme französisch und deutsch ist verlesen und nebst Uns von dem Beauftragten ...... (des Souverains) und von Herrn ...... (Bevollmächtigten des Fürsten oder Grafen) u. s. w. u. s. w. ist unterzeichnet worden u. s. w.

2. Ueberlassung der ritterschaftlichen Güter.

(Man findet in den Protokollen die Bedingungen 3 und 5 des vorgehenden Protokolls nicht; die Bedingungen 1 und 2 sind dieselben, und die 3te ist hier von demselben Inhalt wie die 4te. Uebrigens muß man bemerken, daß die Protokolle über die Ueberlassungen der ritterschaftlichen Güter weder von den Besitzern derselben noch von deren Abgesandten unterzeichnet sind, sondern nur von dem französischen Beauftragten und von dem des Souverains.)

3. Ueberlassung der Gebiete, die mit vollem Eigenthums- und Souverainetätsrecht besessen werden sollen.

Diese Ueberlassung ist unter folgenden Bedingungen veranstaltet worden;

1) Die Rechte, welche die Gläubiger oder Pensionnaire durch den Reichsschluß von 1803 erworben haben, bleiben ihnen unverletzbar bewahrt. In Folge dessen nimmt Se. Maj. der König von Baiern die Sorge auf sich, diejenigen zu befriedigen, deren Bezahlung auf die Stadt und das Gebiet von Nürnberg im genannten Hauptschlusse ist angewiesen worden.

2) S. M. le Roi de Bavière s'engage à contribuer au payement des dettes actuelles du cercle, en proportion de ce nouvel accroissement de territoire.

3) Les individus employés dans l'administration publique de la ville et territoire de Nuremberg, que S. M. le Roi de Bavière ne jugera à propos de conserver dans leurs emplois, jouiront d'une pension de retraite égale à celle que les lois et les règlements accordent aux officiers du même grade dans les anciens états de la dite Majesté.

Les membres des ordres religieux ou militaires, qui pourraient être, en conséquence du traité de Paris, dépossédés ou sécularisés, recevront une pension annuelle et viagère proportionnée au revenu, dont ils jouissoient, et hypothéquée sur les biens dont ils étaient usufruitiers.

De tout ce que dessus accepté par Son Excellence Monsieur de Montgelas, au nom de son souverain, nous avons dressé le présent procès verbal en six expéditions, copie en a été remise aux autorités administratives, pour être deposée aux archives et notifiée par elles à leur dependances.

2) Se. Maj. der König von Baiern macht sich anheischig, zur Bezahlung der gegenwärtigen Kreisschulden im Verhältniß jener neuen Gebietsvergrößerung beizutragen.

3) Die bei der öffentlichen Verwaltung der Stadt und des Gebiets von Nürnberg angestellten Personen, welche Se. Maj. der König von Baiern in ihrem Dienst zu lassen nicht für gut befindet, sollen eines Wartegeldes genießen, welches dem von den Gesetzen und Bestimmungen für Beamte desselben Grades in den alten Staaten der genannten Majestät festgesetzten gleichkommt.

Die Mitglieder der geistlichen oder militairischen Orden, die in Folge des Pariser Vertrags ihrer Besitzungen verlustig und säcularisirt worden sind, sollen eine jährliche und lebenslängliche Pension haben, die den Einkünften entspricht, welche sie hatten, und auf die Güter hypothekarisch eingetragen ist, deren Nutznießer sie waren.

Von allem Obigen, so wie es von Sr. Excellenz Herrn Baron von Montgelas Namens seines Souverains ist angenommen worden, haben wir gegenwärtiges Protokoll in sechs Ausfertigungen genommen, und den administrativen Behörden Copien zugestellt, um in den Archiven niedergelegt und von ihnen den betreffenden Personen bekannt gemacht zu werden.

B.*) Lettre de S. M. l'Empereur des Francais, Roi d'Italie, Protecteur de la confédération du Rhin, à S. A. E. le Prince-Primas.

Mon frère! Les formes de nos communications, en notre qualité de Protecteur, avec les souverains réunis en congrès à Francfort, n'étant pas encore déterminées, nous avons pensé qu'il n'en etait aucune qui fût plus convenable que d'addresser la présente à V. A. Em., afin qu'elle en fasse part aux deux collèges. En effet, quel organe pourrions-nous plus naturellement choisir, que celui d'un prince à la sagesse duquel a été confié le soin de préparer le premier statut fondamental? Nous aurions attendu que ce statut eût été arrêté par le congrès et nous eût été donné en communication, s'il ne devait pas contenir des dispositions qui nous regardent personnellement. Cela seul a dû nous porter à prendre nous-mêmes l'initiative pour soumettre nos sentimens et nos réflexions à la sagesse des princes confédérés.

Lorsque nous avons accepté le titre de Protecteur de la confédération du Rhin, nous n'avons eu en vue que d'établir en droit ce qui existait de fait depuis plusieurs siècles. En l'acceptant, nous avons contracté la double obligation de garantir le

B.*) Brief Sr. Majestät des Kaisers der Franzosen, Königs von Italien, Protectors des Rheinbunds, an Se. Hoheit den Fürst Primas.

Mein Bruder! Die Formen Unseres Verkehrs, in der Eigenschaft als Protector, mit den in Frankfurt versammelten Souverainen, sind noch nicht festgesetzt, und Wir haben keine für passender erachten können, als wenn Wir Gegenwärtiges an Ew. Hoheit richteten, um es den beiden Collegien mitzutheilen. In der That, welches Organ hätten wir natürlicher wählen können, als das eines Fürsten, dessen Weisheit die Sorge anvertraut ist, das erste Grundgesetz vorzubereiten? Wir würden aber abgewartet haben, bis dieses Gesetz von der Versammlung abgefaßt und Uns mitgetheilt worden wäre, wenn es nicht Verfügungen enthalten müßte, die Uns persönlich betreffen. Dies allein hat Uns dazu führen müssen, selbst den Anfang zu machen und Unsere Gesinnungen und Gedanken der Weisheit der verbündeten Fürsten darzulegen.

Als Wir den Titel Protector des Rheinbunds annahmen, haben Wir nur das im Auge gehabt: rechtlich festzustellen, was thatsächlich seit mehreren Jahrhunderten schon bestand. Indem Wir ihn annahmen, haben wir die dop-

*) Daß dieser Brief als offizielles Aktenstück, welches die Betheiligung Napoleon's am Rheinbund aufstellt, anzusehen ist, beweist außer der ausdrücklich in ihm selbst gegebenen Hindeutung seine Veröffentlichung im Moniteur, 1806. Nr. 268.

territoire de la confédération contre les troupes étrangères, et le territoire de chaque confédéré contre les entreprises des autres. Ces obligations toutes conservatoires plaisent à notre coeur; elles sont conformes à ces sentimens de bienveillance et d'amitié dont nous n'avons cessé, dans toutes les circonstances, de donner des preuves aux membres de la confédération. Mais là se bornent nos devoirs envers elle. Nous n'entendons en rien nous arroger la portion de souveraineté qu'exerçait l'Empereur d'Allemagne comme suzerain. Le gouvernement des peuples que la Providence nous a confié, occupant tous nos momens, nous ne saurions voir croître nos obligations sans être alarmé. Comme nous ne voulons pas qu'on puisse nous attribuer le bien que les souverains font dans leurs Etats, nous ne voulons pas non plus qu'on nous impute les maux que la vicissitude des choses humaines peut y introduire. Les affaires intérieures de chaque Etat ne nous regardent pas. Les princes de la confédération du Rhin sont des souverains qui n'ont point de suzerain. Nous les avons reconnus comme tels. Les discussions qu'ils pourraient avoir avec leurs sujets ne peuvent dont être portées à un tribunal étranger. La diète est le tribunal politique conservateur de la paix entre les différens souverains qui composent la confédération. Ayant reconnu tous les autres princes qui formaient le corps germanique comme souverains indépendans, nous ne pouvons reconnaître qui que ce soit comme leur suze-

pelte Verpflichtung übernommen, das Gebiet des Bundes gegen fremde Truppen, und das Gebiet jedes einzelnen Verbündeten gegen die Unternehmungen der anderen sicher zu stellen. Diese durchaus conservativen Verpflichtungen gefallen Unserem Herzen wohl; sie entsprechen den Gesinnungen des Wohlwollens und der Freundschaft, von denen Wir, unter alten Umständen, nie aufgehört haben, den Bundesmitgliedern Proben zu geben. — Darauf aber beschränken sich Unsere Pflichten gegen sie. — Wir beabsichtigen keinesweges, Uns einen Theil der Souverainetät anzumaßen, welche der deutsche Kaiser als Souverain ausübte. Die Regierung der Völker, welche die Vorsehung Uns anvertraut hat, beschäftigt jeden Unserer Augenblicke, und Wir können Unsere Verpflichtungen nicht ohne Beunruhigung wachsen sehen. So wenig wir wollen, daß man Uns das Gute zuschreiben möge, welches die Souveraine in ihren Staaten thun, so wenig wollen wir auch, daß man Uns das Uebel zuschreiben könne, welche der Wechsel menschlicher Dinge herbeiführen kann. Die inneren Angelegenheiten eines jeden Staates gehen Uns nichts an. Die Fürsten des Rheinbunds sind Souveraine, die keinen Oberherrn haben. Wir haben sie als solche anerkannt. Die Erörterungen, die sie mit ihren Unterthanen haben könnten, können daher nicht vor eine ihnen fremde Behörde gebracht werden. Ihr Bundestag ist der politische Gerichtshof, welcher den

rain. Ce ne sont point des rapports de souveraineté qui nous lient à la confédération du Rhin, mais des rapports de simple protection. Plus puissant que les princes confédérés, nous voulons user de la supériorité de notre puissance, non pour restreindre leurs droits de souveraineté, mais pour leur en garantie la plénitude.

Sur ce nous prions Dieu, mon frère, qu'il vous ait en sa sainte et digne garde.

Donné en notre palais impérial de Saint-Cloud le 11. Septembre 1806.

Signé Napoléon

certifié conforme

le ministre des rélations extérieures

Signé: Ch. Maur. Talleyrand, prince de Bénévent.

Frieden zwischen den verschiedenen Souverainen, die den Rheinbund bilden, bewahren soll. Indem wir alle anderen Fürsten, welche den deutschen Staatskörper ausmachten, als unabhängige Souveraine anerkannt haben, können wir Keinen, wer es auch sei, als ihren Oberherrn anerkennen. Es sind nicht Verhältnisse der Oberhoheit, welche uns mit dem Rheinbund verbinden, sondern die Beziehungen einfacher Beschützung. Mächtiger als die verbündeten Fürsten, wollen Wir Unsere Obmacht benutzen, nicht um ihre Souverainetätsrechte zu beschränken, sondern ihnen ihre volle Kraft zu sichern.

Darum bitten Wir Gott, mein Bruder, daß er Euch in seiner heiligen und erhabenen Obhut halte.

Gegeben in Unserem Kaiserl. Palaste zu Saint-Cloud, den 11. September 1806.

Gezeichnet: Napoleon.

Für die Aechtheit:

Der Minister der auswärtigen Angelegenheiten.

Gezeichnet: Ch. M. Talleyrand, Fürst v. Benevent.

5.

Beitrittsurkunden zum Rheinbunde.

Wir führen hier hinter einander elf Beitrittsurkunden an und beobachten dabei das Verfahren des Herrn Guido von Meyer in seinem Corpus juris confederationis germanicae (Frankfurt a. M. 1822), auf welchen wir überhaupt zur Vervollständigung verweisen; er reiht nämlich, in Betracht, daß die verschiedenen Urkunden beinahe zur Hälfte gleichlautend sind, sie alle an einander und zieht sie so zusammen, daß in besonderen Absätzen nur die besonderen Abweichungen einer jeden und zwar der Zeit ihres Erscheinens nach geordnet sind. Man braucht also nur die allgemeinen Artikel zu jedem besonderen zu setzen, so hat man die vollständigen Urkunden jedes Staats. Die Beitrittsurkunden von Würzburg und Sachsen übrigens sind, als die wichtigsten, abgesondert und vollständig aufgeführt.

In der eigentlichen Verfassung wurde durch diesen Beitritt wenig bei dem Rheinbund geändert, wohl aber in seiner ganzen äußeren Gestaltung, und so haben wir die Urkunden, als zu der ganzen Organisation mitgehörig, nicht übergehen können.

Um jedoch den uns sehr kostbaren Raum zu sparen, haben wir es hierbei nicht für nöthig erachtet, dem französischen eine deutsche Uebersetzung beizufügen, indem sie am Ende doch dem das Französische nicht Verstehenden von keiner unerläßlichen Wichtigkeit sind.

a.

Accession de S. A. R. l'Archiduc, Grand-Duc de Wurzbourg.*)

Sa Maj. l'Empereur des Français, Roi d'Italie, Protecteur de la confédération du Rhin, et Son Alt. Royale l'Archiduc Prince Souverain de Wurzbourg, voulant régler tout ce qui concerne l'accession de sa dite Altesse Royale au traité du douze Juillet dernier, auquel Elle a temoigné le désir d'accéder, ont nommé pour leurs plénipotentiaires, savoir:

Sa Majesté l'Empereur des Français etc. Mr. Charles Maurice Talleyrand, Prince et Duc de Bénévent, son Grand-Chambellan et ministre

---

*) Vor den italienischen Umgestaltungen Großherzog von Toscana.

des rélations extérieures, Grand-Cordon de la Légion d'Honneur, Chevalier des ordres de l'Aigle rouge et de l'Aigle noire de Prusse et de l'Ordre de St. Hubert.

Et Son Altesse Royale l'Archiduc Prince souverain de Wurzbourg: Mr. Charles Philippe baron de Wurzbourg, son ministre plénipotentiaire.

Lesquels, après s'être communiqué leurs pleins-pouvoirs respectifs, sont convenus des articles suivans:

Art. 1. Son Altesse Royale l'Archiduc Prince souverain de Wurzbourg accède au traité de confédération et d'alliance conclu à Paris le 12. Juillet de la prés. année, et en conséquence de son accession il entrera dans tous les droits et obligations de la confédération et de l'alliance, de la même manière qui s'il eût été partie principale contractante au dit traité.

Art. 2. S. A. R. prendra le titre d'Archiduc Grand-Duc de Wurzbourg. Il siégera en cette qualité dans le collége des Rois. Le rang qu'il devra tenir entre les membres de ce collège sera déterminé par la diète.

Art. 3. S. A. R. l'Archiduc Grand-Duc possédera en toute propriété et souveraineté les biens de l'ordre de St. Jean de Jérusalem, situés dans son Grand-Duché.

Art. 4. S. A. R. exercera tous les droits de souveraineté sur les possessions du comte d'Ortenbourg, sur les baronies de Tann et de Weyhers, sur les terres équestres enclavées dans les états ou interposées entre le Grand-Duché et les possessions des Ducs de Saxe, ou qui, quoiqu' enclavées dans les dites possessions releveraient, comme fiefs, de la principauté de Wurzbourg. Quant aux terres équestres interposées entre le Grand-Duché de W. et les autres états confédérés, elles seront partagées conformément à l'article 25. du traité du 12. Juillet dernier.

Art. 5. Il est convenu, que les droits, qui peuvent appartenir à S. A. R. l'Archiduc Grand-Duc comme membre de la famille impériale d'Autriche, lui demeurent réservés.

Art. 6. Le contingent de S. A. R. pour le cas de guerre sera de deux mille hommes.

Art. 7. Les ratifications du présent traité seront échangées à Mayence dans le delai de quinze jours, à compter de la signature.

Fait à Paris le vingt cinq Septembre mille huit cent six.

Signé:

Ch. Maur. Talleyrand, prince de Bénévent. — Ch. baron de Wurzbourg.

b.

Traité de paix et d'accession à la confédération du Rhin, conclu avec S. M. le Roi de Saxe.

(Moniteur. 1807. No. 49.)

Sa Majesté l'Empereur des Français, Roi d'Italie, Protecteur de la confédération du Rhin et S. A. S. et électorale l'électeur de Saxe, voulant pourvoir au établissement définitif de la paix entre leurs états, ont nommé pour leurs plénipotentiaires respectifs, savoir S. M. l'Empereur des Français, Roi d'Italie, le général de division Michel Duroc, grand-maréchal de son palais, grand-cordon de la légion d'honneur, chevalier des ordres de l'Aigle-noir et de l'Aigle-rouge de Prusse et de la Fidélité de Bade, et S. A. S. et électorale l'électeur de Saxe, le comte Charles de Bose, son grand-chambellan et chevalier commandeur de l'ordre de l'Etoile polaire, lesquels après avoir échangé leurs pleins pouvoirs, sont convenus de ce qui suit:

Art. 1. A compter de la signature du présent traité, il y aura paix et amitié parfaite entre Sa Maj. l'Empereur des Français, Roi d'Italie, et la confédération du Rhin d'une part, et S. A. S. électorale l'électeur de Saxe de l'autre part.

Art. 2. S. A. S. électorale accède au traité de confédération et d'alliance conclu à Paris le 12. Juillet de la présente année, et par son accession elle entre dans tous les droits et dans toutes les obligations de l'alliance, de la même manière, que si elle eût été partie principale contractante au dit traité.

Art. 3. S. A. S. électorale prendra le titre de Roi, et siégera dans le collége et au rang des Rois, suivant l'ordre de son introduction.

Art. 4. Il ne pourra, sans le consentement préalable de la confédération du Rhin être dans aucun cas et pour quelque cause que ce soit, donné passage par le royaume de Saxe à aucunes troupes, à aucuns corps ou détachemens de troupes d'aucune puissance étrangère à la dite confédération.

Art. 5. Les lois et actes qui déterminaient les droits reciproques des divers cultes établis en Allemagne ayant été abolis par le fait de la dévolution de l'ancien corps germanique et n'étant pas d'ailleurs compatibles avec les principes sur lesquels la confédération a été formée, l'exercice du culte catholique sera, dans la totalité du royaume de Saxe pleinement assimilé à l'exercice du culte luthérien, et les sujets des deux religions jouiront, sans restriction, des mêmes droits civiles et politiques, S. M. l'Empereur et Roi faisant une condition particulière de cet objet.

Art. 6. S. M. l'Empereur des Français, Roi d'Italie, s'engage à faire céder à Sa Majesté le Roi de Saxe, par le futur traité de paix avec la Prusse, le Kottbuser-Kreis ou cercle de Cottbus.

Art. 7. Sa Maj. le Roi de Saxe cède au prince qui sera désigné par S. M. l'Empereur des Français, Roi d'Italie, et dans la partie de la Thuringue, située entre les principautés d'Eichsfeld et d'Erfort, un territoire égal en rapports et en population à celui du cercle de Cottbus, lequel territoire servant à lier les dites deux principautés sera possédé par le dit prince en toute souveraineté, propriété et les limites de ce territoire seront fixées par des commissaires respectivement nommés à cet effet, immédiatement après l'échange des ratifications:

Art. 8. Le contingent du royaume de Saxe, pour le cas de guerre, sera de 20,000 hommes de toutes armes, présens sous les armes.

Art. 9. Pour la présente campagne et vu les évènements qui ont eu lieu, le contingent du royaume de Saxe sera de 1500 hommes de cavalerie, 4200 d'infanterie, 300 d'artillerie et 12 pièces de canon.

Art. 10. Toute contribution cessera au moment même de la signature du présent traité.

Art. 11. Le présent traité sera ratifié, et les ratifications en seront échangées à Dresde, dans le délai de dix jours.

Fait a Posen, le 11. du mois de Décembre de l'an 1806.

Signé:

Duroc. Charles comte de Bose.

---

e. *)

Traités concernant l'admission de L.L. A.A. S.S. les Ducs et Princes de Saxe-Weimar, Gotha, Meiningen, Hildbourghausen et Cobourg; de Mecklenbourg-Schwerin et Strelitz; de Holstein-Oldenbourg; d'Anhalt-Dessau, Bernbourg et Coethen; de Lippe-Detmold et Schaumbourg, de Reuss-Greiz, Schleiz, Lobenstein et Ebersdorf; de Schwarzbourg-Roudolstadt et Sondershausen, et de Waldeck, dans la confédération du Rhin.

Sa Majesté l'Empereur des Français, Roi d'Italie, Protecteur de la confédération du Rhin, et Leurs Altesses Sérénissimes les . . . . voulant règler ce qui concerne l'admission de L.L. A.A. S.S. dans la confédération du Rhin, ont nommé pour leurs plénipotentiaires, savoir:

---

*) Wie schon oben bemerkt worden ist, sind die vier ersten Artikel der Beitrittsurkunden wesentlich gleich, mit Ausnahme der von Oldenburg und Reuß im 2ten Artikel, so wie des Singularis bei Waldeck, Mecklenburg und Oldenburg als einzelne Contrahenten, wie seines Orts bemerkt werden wird.

S. M. l'Empereur des Français, Roi d'Italie, le général de division Michel Duroc, grand maréchal de son palais, grand-cordon de la Légion d'honneur, chevalier des ordres de l'Aigle-rouge et de l'Aigle-noir de Prusse et de celui de la Fidelité de Bade et S. A. S. le Duc de Saxe-Weimar et Eisenach, sou conseiller intime de régence Fréderic de Müller; S. A. S. le Duc de Saxe-Gothe et Altenbourg son chambellan et ministre plénipotentiaire Auguste baron de Studnitz; — S. A. S. Madame la Duchesse douairière régente de Saxe-Meiningen, son grand-écuyer le baron d'Erffa; — S. A. S. le Duc de Saxe-Hildbourghausen, le baron Charles Auguste de Lichtenstein; — et S. A. S. le Duc de Saxe-Cobourg, son conseiller de collège suprême des mines, le baron Adolphe de Dankelmann.

S. M. l'Empereur des Français Mr. Ch. Maur. Talleyrand, Prince de Bénévent, son grand-chambellan et ministre des rélations extérieures, grand-cordon de la légion d'honneur, chevalier des ordres de l'Aigle-rouge et de l'Aigle-noir de Prusse et de l'ordre de St. Hubert, et LL. AA. SS. les Ducs d'Anhalt-Dessau, d'Anhalt-Bernbourg, et d'Anhalt-Coethen, Mr. le baron de Gagern, ministre d'état de LL. AA. SS. les Duc et Prince de Nassau, chevalier grand-croix de l'ordre du Lion d'or.

S. M. l'Empereur des Français, Roi d'Italie, Mr. Ch. Maur. Talleyrand, etc.; et LL. AA. SS. les Princes de Lippe-Detmold et Lippe-Schaumbourg, Mr. le baron de Gagern etc.

S. M. l'Empereur des Français, Mr. Ch. M. Talleyrand, etc.; et LL. AA. SS. les Princes de Reuss-Greiz, Reuss-Schleiz, Reuss-Lobenstein et Reuss-Ebersdorf, Mr. le baron de Gagern etc.

S. M. l'Empereur des Français, Mr. Ch. M. Talleyrand, etc.; et LL. AA. SS. les Princes de Schwarzbourg-Sondershausen et Schwarzbourg-Roudolstadt, leur chancelier et président Mr. Frédéric Guillaume baron de Retelholdt.

S. M. l'Empereur des Français, Mr. Ch. M. Talleyrand etc.; et S. A. S. le Prince de Waldeck, Mr. le baron de Gagern etc.

S. M. l'Empereur des Français, Mr. Jean Baptiste Nompère de Champagny, ministre des rélations extérieures, grand-aigle de la légion d'honneur, commandeur de l'ordre de la Couronne de Fer, grand-croix de l'ordre de la Fidélité de Baden et de St. Joseph de Wurzbourg; et S. A. S. le Duc de Mecklenbourg-Strelitz, Mr. Jean comte de Schlitz, son envoyé extraordinaire et ministre plénipotentiaire, grand-doyen du chapitre de Colberg.

S. M. l'Empereur des Français, Mr. Jean Baptiste Nompère de Champagny etc.; et S. A. S. le Duc de Mecklenbourg-Schwerin, Mr. George François de Bosset, son maréchal de la cour et son envoyé extraordinaire.

S. M. l'Empereur des Français etc., le Sieur Jean Baptiste de la Besnardière, chef de la division politique du Nord au ministère des rélations extérieures, membre de la légion d'honneur; et S. A. S. le Duc de Holstein-Oldenbourg, son conseiller privé et ministre Hanns Detlef baron de Hammerstein.

Lesquels, après avoir échangé leurs pleins-pouvoirs, sont convenus de ce qui suit:

Art. I. Leurs Altesses Sérénissimes les . . . . . . accèdent *) au traité de confédération et d'alliance conclu à Paris le 12. Juillet mil huit cent six, et par cette accession ils entrent dans tous les droits et dans toutes les obligations de confédération et d'alliance, de la même manière que s'ils eussent été parties contractantes au dit traité.

Art. II. Leurs Altesses Sérénissimes siégeront dans le collège des princes. Leur rang dans ce collège sera déterminé par la diète. **)

Art. III. Il ne pourra, sans le consentement préalable de la confédération du Rhin, être dans aucun cas, et pour quelque raison que ce puisse être, donné passage par les états de Leurs Altesses Sérénissimes à aucunes troupes, à aucun corps ou détachement de troupes d'aucune puissance étrangère à la confédération.

Art. IV. L'exercice du culte catholique sera dans toutes les possessions de Leurs Altesses Sérénissimes, pleinement assimilé à l'exercice du culte luthérien, et les sujets des deux religions jouiront, sans restriction, des mêmes droits civils et politiques, sans cependant déroger à la possession et jouissance actuelle des biens des églises.

Le contingent, que les Duchés de Saxe-Weimar, Saxe-Gothe, Saxe-Meiningen, Saxe-Hildbourghausen et Saxe-Cobourg fourniront pour le cas de guerre sera de deux mille huit cents hommes d'infanterie, repartis de manière que Saxe-Weimar fournira huit cents hommes, Saxe-Gothe onze cents, Saxe-Meiningen trois cents, Saxe-Hildbourghausen deux cents, et Saxe-Cobourg quatre cents. Les deux mille huit cents hommes seront organisés en un régiment de trois bataillons, dont le commandement et l'inspection alterneront entre les deux premières branches de la maison.

Le contingent de trois Duchés d'Anhalt, pour le cas de guerre sera de huit cents hommes d'infanterie, répartis de manière qu'Anhalt-Dessau

---

*) „S. A. S. le Duc de Holstein-Oldenbourg accède en Sa qualité de Prince régnant de Lubeck et comme administrateur régnant du duché d'Oldenbourg . . . . . ."

Le traité de Holstein-Oldenbourg contient encore une article particulier de la teneur suivante:

„Art. V. S. M. Imp. et R. déclare, que par l'article 5 du traité de Fontainebleau elle n'aentendu céder au Roi de Hollande que les droits de souveraineté du comte de Bentinck, n'ayant voulu porter aucune atteinte à ceux qui pouvoient appartenir à S. A. S. le Duc d'Oldenbourg."

**) Traité des princes de Reuss: Les deux branches principales, dans lesquelles se divise la maison de Reuss, auront chacune un vote à la diète, et pour cet effet, les chefs de ces deux branches y siégeront dans le collège des princes. Leur rang etc.

fournira trois cent cinquante hommes et Anhalt-Bernbourg deux cent quarante hommes et Anhalt-Coethen deux cent dix. Le Duc d'Anhalt-Dessau aura la direction et l'inspection de ce contingent, lequel sera fourni immédiatement pour la présente guerre.

Le contingent de deux Principautés de Lippe pour le cas de guerre sera de six cent cinqante hommes d'infanterie, repartis de manière, que Lippe-Detmold fournira cinq cents hommes et Lippe-Schaumbourg cent cinquante. Le Prince de Lippe-Detmold aura la direction et l'inspection de ce contingent, lequel sera fourni etc.

Le contingent des Principautés de Reuss pour le cas de guerre sera de quatre cent cinquante hommes d'infanterie à répartir entre les quatre principautés, dans le rapport de leur population respective. Les Princes de Reuss-Greiz auront la direction et l'inspection de ce contingent, qui devra être fourni etc.

Le contingent des deux Principautés de Schwarzbourg pour le cas de guerre sera de dix cent cinquante hommes d'infanterie, à repartir d'une manière égale sur les deux branches. L'ainé des deux princes aura selon les pactes de famille la direction et l'inspection de ce contingent, qui devra être fourni etc.

Le contingent de S. A. S. le Prince de Waldeck pour le cas de guerre sera de quatre cents hommes et fourni etc.

Le contingent du Duché de Mecklenbourg-Strelitz pour le cas de guerre sera de quatre cents hommes d'iufanterie.

Le contingent du Duché de Mecklenbourg-Schwerin pour le cas de guerre sera de dix-neuf cents hommes.

(Art. 6.) S. A. S. (le Duc de Holstein-Oldenbourg), vu la position de son Duché sur la mer et l'étendue des côtes qu'elle a à garder, fournira pour le cas de guerre un contingent de huit cents hommes d'infanterie.

(Art. 6.) Le présent traité sera ratifié et les ratifications en seront échangées à Berlin dans le délai de vingt jours*) à dates de la signature du présent traité ou plûtot si faire se peut.

Fait et signé à Posen le 15. Décembre 1806.

Signé: Duroc.

F. Muller.
Aug. baron de Studnitz.
d'Erffa.
Charles Auguste baron de Lichtenstein.
F. Muller (pour le baron Adolphe de Dankelmann).

---

*) Maisons de Saxe: de quince jours-Mecklenbourg-Strelitz: à Paris ...... de cinq semaines-Mecklenbourg-Schwerin: à Paris ...... de six semaincs-Oldenbourg: à Paris dans le délai d'un mois, ou plutôt si faire se peut.

Fait et signé à Varsovie le 18. Avril 1807.

Signé: Ch. Maur. Talleyrand, prince de Bénévent.

le baron de Gagern (4 signatures, pour les maisons d'Anhalt, de Lippe, de Reuss et de Waldeck).

F. G. baron de Retelholdt.

Fait double à Paris le 10. Février 1808.

Signé: J. B. Nompère de Champagny.

J. comte de Schlitz.

Fait double à Paris le 22. Mars 1808.

Signé: Champagny.

de Bosset.

Fait double à Erfort le 14. Octobre 1808.

Signé: Besnardière.

H. D. baron de Hammerstein.

6.

Circularnote*)

an Ihre Majestäten, Kaiserl. und Königl. Hoheiten, die Durchlauchtigsten Herzöge und Fürsten, Mitgenossen des rheinischen Bundes, von Seiten des Fürsten Primas dieses Bundes.

Der Fürst Primas des rheinischen Bundes hat die Ehre, Ihren Königl. Majestäten, Kaiserl. und Königl. Hoheiten und den Durchlauchtigsten Herzögen und Fürsten, Mitgenossen des rheinischen Bundes, zu eröffnen: daß Sein bevollmächtigter Minister, Freiherr von Albini, sich zu Anfange dieses Monats nach Frankfurt begeben hat, um in Seinem Namen die Eröffnung des Bundestags vorzubereiten, in so weit dieses der Absicht der verbündeten Monarchen und souverainen Fürsten gemäß sein wird. Da der Bundesvertrag diese Frist zum Vorschlage eines Grundgesetzes bestimmt, so wird die Eröffnung der Sitzungen vermuthlich von der Ankunft der Bevollmächtigten abhangen. Mit dem lebhaftesten Verlangen, das Vertrauen der verbündeten Monarchen und souverainen Fürsten zu verdienen, sieht der Fürst-Primas es als die erste Pflicht Seiner Würde an, nichts in Vorschlag zu bringen, was nicht als wesentlich vortheilhaft für den Bund anerkannt und mit der vollkommenen Unabhängigkeit der verbündeten Souveraine vereinbar ist.

Wenn die Errichtung eines Grundgesetzes nicht das Werk eines Tages seyn kann, und ein Gegenstand von dieser Wichtigkeit die reiflichste Ueberlegung erfordert: so ist es indessen eben so wahr, daß man wünschen müsse, der Bund möge von seiner Entstehung an auf unveränderlichen Grundpfeilern gebaut werden. Sein Zweck ist, den Völkern Ruhe und Sicherheit zu verschaffen und die Souveraine in den Stand zu setzen, sich in ununterbrochenem Fortschreiten mit der allgemeinen Glückseligkeit ihrer Staaten zu beschäftigen, das Gedeihen der Städte

---

*) Wiewohl diese Note nicht eigentlich als Verfassungsurkunde selbst zu betrachten ist, so ist sie doch als unmittelbare und wesentliche Vorbereitung dazu zu betrachten, und da nun diese Urkunde selbst nicht zu Stande gekommen ist, so wenig, wie die Versammlung selbst, so ist es wohl nicht uninteressant, aus obiger Note wenigstens zu erfahren, was die Hauptbestimmung derselben gewesen ist.

und des Landes durch die aufgeklärte Sorgfalt einer weisen und väterlichen Regierung und durch Ermunterung nützlicher Künste und Wissenschaften, die echte Quelle des Glanzes erhabener Dynastien und Fürstenhäuser, zu befördern.

Das südliche Deutschland muß, nach Jahrhunderten von Unglücksfällen, Unruhen und Kriegen, sehnlichst verlangen, daß seine innere Ruhe auf eine unzerstörbare Weise befestigt werde. Der Fürst Primas unterwirft den Einsichten der verbündeten Monarchen und Souveraine die Entscheidung der Frage: ob der Grundsatz der Unverletzbarkeit des Gebietes des rheinischen Bundes nicht die erste und wichtigste Stütze sei, um die allgemeine öffentliche Wohlfahrt aufrecht zu erhalten? ob es nicht der hohen Weisheit der verbündeten Monarchen und Souveraine gemäß sey, fremden Truppen, selbst unbewaffneten, den Durchmarsch nie ohne Einwilligung des ganzen Bundes zu gestatten? — endlich, ob es nicht eben so der Würde unabhängiger Souveraine angemessen sey, daß ihre Stellvertreter bei dem Bundestage zu Frankfurt, dessen Geschäft es ist, die innere Ruhe zu befestigen, keine fremden Gesandten annehmen, und keine an fremde Höfe abschicken? was natürlicher Weise jedem der in dem Bunde vereinigten erhabenen Monarchen und Souveraine, und nicht der Versammlung ihrer Bevollmächtigten, vorbehalten ist.

Wenn der Bundestag zu Frankfurt sich dem zufolge an Seine Majestät den Kaiser der Franzosen und König von Italien als Protector wendet, um von ihm die Garantie einer solchen Unverletzbarkeit des Gebiets des rheinischen Bundes zu erhalten: so darf man sich diese Wohlthat, welche von der höchsten Wichtigkeit seyn wird, ohne Zweifel von jenem großen Manne versprechen, der die Unverletzbarkeit eines der beträchtlichsten Gebiete der Welt, ungeachtet der Hindernisse, die sich zu widersetzen schienen, zu behaupten wußte.

Der Fürst-Primas unterwirft diese Bemerkungen den Einsichten der in dem rheinischen Bunde vereinigten Monarchen, Kaiserlichen und Königlichen Hoheiten, souverainen Herzöge und Fürsten, und Er wird sich allzeit glücklich schätzen, wenn Er mit Seinem reinen Eifer ihr Vertrauen und ihren Beifall verdienen kann.

Aschaffenburg, den 13. September 1806.

Carl (v. Dalberg).

7.

Aufhebung des deutschen Ordens.

Schon aus der Bundesurkunde ist zu ersehen, wie zum großen Theile die zahlreichen Besitzungen des deutschen Ordens in den südlichen Staaten Deutschlands, entweder unter die unmittelbare Hoheit, oder theilweise gar in das Eigenthum der Mächte kamen, von deren Gebiet sie eingeschlossen oder begrenzt waren.

Der Orden selbst hatte vollständig seine Bedeutung verloren und existirte nur noch dem Namen nach; die Ordensstellen waren bloße Pfründen, von welchen Personen des Reichsadels ein unverdientes glänzendes Auskommen erhielten. Napoleon that den letzten Schritt, um in ähnlicher Weise, wie das abgelebte Institut des deutschen Reichs, so auch das eben so abgelebte des deutschen Ordens, wenigstens im Bereiche seiner Macht, zu vernichten.

Da der deutsche Orden ein Institut war, das in seinem ganzen Bestehen beinahe ausschließlich sich auf Deutschland bezog, so mußten wir wohl dafür halten, daß die ihn betreffenden Urkunden auch in diese Sammlung und zwar an diesen Ort gehörten.

Décret de l'Empereur des Français portant suppression de l'ordre Teutonique dans les états de la confédération du Rhin; en date de Ratisbonne le 24. Avril 1809.*)

Extrait des minutes de la secrétairerie d'Etat.

En notre camp impérial de Ratisbonne le 24. Avril 1809.

Napoléon, Empereur des Français, Roi d'Italie, Protecteur de la confédération du Rhin etc. etc.

Nous avons décrété et décrétons ce qui suit:

Verordnung des Kaisers der Franzosen, die Aufhebung des deutschen Ordens in den Rheinbundstaaten verfügend.

Auszug aus dem Originale des Staatssekretariats.

In Unserem Kaiserl. Lager bei Regensburg, d. 24. April 1809.

Napoleon, Kaiser der Franzosen, König von Italien, Protector des rheinischen Bundes u. s. w.

Wir haben verordnet und verordnen wie folgt:

*) Moniteur, an 1809. No. 413. pag. 568. — Das Decret gehört in der Zeitfolge unmittelbar vor den Wiener Frieden.

Art. 1. L'ordre Teutonique est supprimé dans tous les Etats de la confédération du Rhin.

Art. 2. Tous les biens et domaines du dit ordre seront réunis au domaine des princes, dans les Etats desquels ils sont situés.

Art. 3. Les princes, au domaine desquels les dits biens auront été réunis, accorderont des pensions à ceux de leurs sujets qui en jouissaient en qualité de membres de l'ordre. Sont spécialement exceptés de la présente disposition ceux des dits sujets membres de l'ordre qui auront porté les armes pendant la guerre actuelle, soit contre nous, soit contre les Etats de la confédération ou qui seront restés en Autriche depuis la déclaration de guerre.

Art. 4. Le pays de Mergentheim avec les droits, domaines, revenus attachés à la grande maitrise, et mentionnés dans l'article XII. du traité de Presbourg*), sont réunis a la couronne de Wurtemberg.

Signé: Napoléon.

Par l'Empereur:

Le ministre secrétaire d'Etat

Signé: H. B. Maret.

Art. 1. Der deutsche Orden ist in allen Rheinbundstaaten aufgehoben.

Art. 2. Alle Güter und Domainen des genannten Ordens sollen dem Domanialbesitz der Fürsten in den Staaten zugeschlagen werden, in welchen sie belegen sind.

Art. 3. Die Fürsten, zu deren Domanialbesitz die besagten Güter geschlagen worden, sollen denen ihrer Unterthanen, welche als Ordensmitglieder davon die Nutzung zogen, Pensionen bewilligen. Speciell ausgenommen von dieser Bestimmung sind von den genannten Unterthanen und sonstigen Ordensmitgliedern diejenigen, welche im gegenwärtigen Kriege — sei es gegen Uns, sei es gegen die Bundesstaaten — im Felde stehen, oder die nach der Kriegserklärung in Oesterreich verblieben.

Art. 4. Das Gebiet von Mergentheim mit den dem Hochmeisterthum zugehörigen Rechten, Domainen und Einkünften, welche im 12ten Artikel des Presburger*) Friedens erwähnt sind, sind der Krone Würtemberg einverleibt.

Gezeichnet: Napoleon.

Auf Befehl des Kaisers:

Der Minister Staatssecretair

H. B. Maret.

---

*) Art. XII. du traité de Presbourg: la dignité de grand-maître de l'ordre Teutonique, les droits, domaines et revenus qui, antérieurement à la présente guerre, dépendaient de Mergentheim, chef-bien de l'ordre, les autres droits, etc. qui se trouveront attachés à la grand maitrise, à l'époque de l'échange des ratifications du présent traité, ainsi que les domaines et revenus, dont à cette même époque le dit ordre se trouvera en possession, deviendront héréditaires dans la personne et la descendance directe et masculine par ordre de primogéniture de celui des Princes de la maison imp. qui sera designé par S. M. l'Empereur d'Allemagne et d'Autriche.

II.

Verfassungsurkunden

des

Großherzogthums Berg.

Das aus den im Art. 24 der Bundesurkunde angegebenen Ländern und Gebieten für den Prinzen Joachim neugebildete Großherzogthum Cleve und Berg hatte während seines kurzen Bestehens (bis zur Abberufung Joachims als Königs beider Sicilien) unter der Regierung dieses ziemlich leichtsinnigen und frivolen Mannes gleichwohl durch die Einwirkung Frankreichs zuerst Anlaß und Beispiel für die Einrichtung einer constitutionnellen Verfassung in den Rheinbundstaaten und überhaupt in Deutschland gegeben, und wenn eine solche auch nicht Zeit hatte, zu Stande zn kommen, so dürfte doch nachher im Königreich Westphalen nur damit fortgefahren werden, womit man in dem ehemaligen Großherzogthum Berg angefangen hatte.

Wir machen übrigens mit den hierauf bezüglichen Urkunden den Anfang zu den Special-Urkunden der einzelnen Staaten. Sowohl für die Wissenschaft überhaupt, als auch namentlich für die Geschichte werden diese selbst untergegangenen Verfassungsurkunden Wichtigkeit und Bedeutsamkeit genug behalten, um ihren Platz hier zu vertheidigen.

Wir haben übrigens alle das Großherzogthum betreffenden Urkunden der Zeitfolge nach hier zusammengestellt, wiewohl zwischen den ersten und letzten ein nicht unbeträchtlicher Zwischenraum ist.

1.

Verordnung des Großherzogs von Berg, die Eintheilung von Berg und Cleve in 6 Bezirke, und die Anstellung von Landräthen betreffend.

Joachim, Prinz und Großadmiral von Frankreich, Großherzog von Berg ꝛc.

Nachdem Wir Unseren Staatsrath vernommen haben, haben Wir beschlossen, und beschließen wie folgt:

Art. 1. Das Gebiet der Herzogthümer Cleve und Berg ist in 6 Bezirke eingetheilt, nämlich: den Bezirk Siegburg, den Bezirk Mühlheim, den Bezirk Elberfeld, den Bezirk Düsseldorf, den Bezirk Duisburg, den Bezirk Wesel.

Art. 2. In einer jeden dieser Abtheilungen wird ein Landrath bestellt, welcher die Verwaltung unter der Autorität der Minister führen wird. Er wird von uns auf den Vorschlag des Ministers des Innern ernannt werden.

Art. 3. Die Landräthe sind beauftragt, die auf die öffentliche Verwaltung Bezug habenden Gesetze und Verordnungen auszuführen, und ausführen zu lassen; auf die Eintheilung und Eintreibung der Steuer, so wie auf das landesherrliche Interesse bei den Domainen zu wachen, allenthalben die öffentliche Sicherheit, die Polizei und die gute Ordnung zu handhaben. Die Gendarmerie soll zu ihrer Disposition sein.

Art. 4. Sämmtliche Beamte, angestellte oder vorgesetzte, welche in den Bezirken mit irgend einem Theil der Verwaltung oder des Rechnungswesens beauftragt sind, sind dem Landrathe untergeordnet. Sie müssen seine Aufträge ausführen, und ihm alle Aufklärung und Berichte geben, welche er von ihnen fordert. In keinem Falle dürfen jedoch die Landräthe anders Vorschriften machen, als in Gemäßheit der bereits bestehenden Gesetze und Verordnungen, oder der Befehle, welche sie von den Ministern erhalten haben. Es ist ihnen verboten, die geringste Abänderung in einem Theile des Dienstes, wie er auch Namen hat, ohne vorherige Autorisation, einzuführen. Sie dürfen keine Zahlungen aus den öffentlichen Kassen verfügen lassen, es sei denn, daß ihnen dazu besondere Summen von dem Finanz-Minister angewiesen worden wären.

Art. 5. Wenn ein Beamter, Angestellter oder Vorgesetzter in einem Bezirke sich einer Nachlässigkeit in Erfüllung seiner Pflichten, einer Veruntreuung, eines Mißbrauchs der Gewalt, oder einer öffentlichen Immoralität in seinem Verhalten schuldig macht, so soll der Landrath davon unverzüglich dem kompetenten Ministerium die Anzeige thun. Dieses entscheidet alsdann gegen den Schuldigen, oder läßt ihn nach Maßgabe der erschwerenden Umstände des Falles der Justiz-Behörde übergeben.

Art. 6. Wenn eine Stelle in ihren Bezirken durch Tod, Entlassung, oder ohne Erlaubniß verlängerte Abwesenheit des Angestellten unbesetzt ist, so sollen die Landräthe dem kompetenten Minister davon Nachricht geben, und sie können zur Wiederbesetzung einen oder mehrere Candidaten in Vorschlag bringen unter Beifügung der Bemerkungen, welche über Alter, Geburtsort, Stand, Fähigkeit, Moralität, und vormalige oder wirkliche Dienste der vorgeschlagenen Subjecte Auskunft geben.

Art. 7. Ein jeder wird eine besondere Aufmerksamkeit darauf richten, daß die Contributions-Rollen seines Bezirks jährlich verfertigt, und dem Finanz-Minister unfehlbar innerhalb der in der Verordnung bestimmten Zeitfrist zur Genehmigung vorgelegt werden.

Art. 8. Die Landräthe empfangen die Berichte der Lokal-Beamten und geben ihr gegründetes Gutachten über alle Vorstellungen, welche wegen der Austheilung der öffentlichen Auflage gemacht werden, ingleichen über Nachlaßgesuche, sie mögen von Aemtern oder Gemeinden, oder einzelnen Individuen eingereicht werden.

Art. 9. Den Landräthen wird besonders eingeschärft, darauf zu wachen, daß die Geschäfte und das Rechnungswesen der Steuerempfänger mit anhaltender Genauigkeit und Regelmäßigkeit geführt werden; — sie sollen demzufolge öfters die Empfangsbücher und Kassen der besagten Empfänger verificiren, um sich zu vergewissern, theils daß alle Gelder, welche von den Zahlungspflichtigen bezahlt sind, zum Empfang gestellt worden, und theils, daß keine dieser Gelder anderwärts verbraucht, oder unterschlagen worden sind. Hat ein Empfänger in einer oder anderen Rücksicht gefehlt, so soll der Landrath dessen Kasse versiegeln und darüber auf der Stelle, unter Strafe persönlicher Verantwortlichkeit, seinen Bericht an den Finanz-Minister erstatten.

Art. 10. Die Landräthe werden, wenn es nöthig sein sollte, ihre Gewalt dazu anwenden, um die Empfänger der Barriere-Gelder, der Zoll- und Brückengelder zu schützen, so wie den Mißbräuchen, welche begangen werden können, vorzubeugen. Sie werden über diese verschiedenen Gegenstände ihre Berichte an den Finanz-Minister erstatten, und die Vorschläge beifügen, welche sie für das landesherrliche Interesse, oder zur Erhaltung der guten Ordnung dienlich erachten.

Art. 11. Die Landräthe sollen mit der landesherrlichen Domainen-Verwaltung direct nicht beauftragt werden; allein ihrer Wachsamkeit wird es besonders empfohlen von allen dahin einschlagenden Mißbräuchen, welche zu ihrer Kenntniß gelangen, dem Finanz-Minister die Anzeige zu machen; nicht zu dulden, daß die Güter und Gebäude verschlimmert werden, diejenigen Pächter, Empfänger, Verwalter oder andere Domainial-Agenten, welche durch ihr Betragen oder ihren Charakter des in sie gesetzten Vertrauens sich unwürdig bezeigen, namhaft zu machen. Ueber diesen Gegenstand kann der Minister ihre Berichte fordern, ihnen Untersuchungen vorschreiben, und auftragen gewisse Pachtungen einzurichten, oder bei den öffentlichen Versteigerungen gegenwärtig zu seyn. — Mit einem Worte, der Minister kann ihnen Alles dasjenige auftragen, was er zum Besten der Domainen für dienlich erachtet. Sobald den Landräthen dergleichen Aufträge zugekommen sind, sollen sie dieselben unverzüglich in Ausführung bringen, und alle Domainial-Agenten, deren Mitwirkung hierzu erforderlich ist, sollen ihren Weisungen Folge leisten, und ihnen alle Urkunden und Beweise, welche sie nöthig haben werden, unter Strafe der Dienstentsetzung und der persönlichen Verantwortlichkeit an die Hand geben.

Art. 12. Die Landräthe sollen wachen über die Handhabung und Ausübung aller sowohl nutzbaren Regalien, als Ehrenberechtigungen des Souverains, im Gleichen über die Erhaltung der Landesgränzen in Hinsicht auf die benachbarten Staaten. Des Endes werden ihnen von dem Minister des Innern die nöthigen Instructionen mit einem Verzeichnisse der Lehen und Lehnsgerechtsame, so weit sie in ihren Bezirk einschlagen, mitgetheilt werden. In Ansehung der bloßen Ehrenberechtigungen wird dem Minister des Innern; in Ansehung der bloß nutzbaren Regalien dem Finanz-Minister der Bericht erstattet; für Gegenstände hingegen, welche unter Ehrenbezeugungen sowohl als nutzbare Regalien zugleich gehören, wird an die beiden Minister der Bericht zugleich erstattet.

Art. 13. Die Landräthe sind schuldig, die Statistik ihres Arrondissements nach den ihnen vom Minister des Innern mitzutheilenden Mustern aufzustellen, um daraus die General-Statistik des Fürstenthums anzufertigen.

Art. 14. Die Landräthe sollen darauf wachen, daß die Register über den Civilstand richtig geführt und aufbewahrt werden. — Sie werden sich vergewissern, daß alle gesetzlichen Verfügungen und Anordnungen über diesen für die Staatsbürger so wichtigen Gegenstand streng beobachtet werden. — Wenn sie die Bevölkerungslisten mit der möglichst größesten Genauigkeit verfertigt haben werden, so sollen sie jährlich aus den Partikular-Etats der Gemeinden einen General-Etat über die in ihren Bezirken Geborenen und Gestorbenen errichten, und denselben spätestens im Laufe des Monats Februar an das Ministerium des Innern einsenden. — Zu gleicher Zeit sollen sie die Aus- oder Einwanderungen, wodurch die Zahl der Familien in ihren Bezirken vermindert oder vermehrt worden ist, bemerken. Ueber diese Aus- oder Einwanderungen sollen sie ein besonderes Register führen.

Art. 15. Alles, was auf die Verwaltung der Städte und der Gemeinden Bezug hat, stehet unter der Aufsicht der Landräthe. Am Ende eines jeden Jahres sollen sie an den Minister des Innern einen Bericht über die im folgenden Jahren in jeder Gemeinde nöthigen Ausgaben erstatten. Sie sollen die Rechnungen des verflossenen Jahres jedes Mal, ehe sie an das Ministerium eingesandt werden, ablegen lassen und berichtigen. Sind außergewöhnliche Ausgaben nöthig, so sollen die Landräthe jedes Mal über den Gegenstand sowohl, als auch über die Mittel zur Deckung der Kosten einen besonderen Bericht erstatten. Wenn von Gemeinden um die Erlaubniß zu Theilung der Gemeindegüter gebeten wird, so sollen die Landräthe über die Vortheile oder Nachtheile, welche diese Theilungen darbieten möchten, Bericht erstatten, und falls dergleichen Theilungen befohlen worden sind, sie nach den ihnen zugekommenen Beschlüssen ausführen. Auch sollen sie auf die Befolgung der Vorschrift wegen der Landversicherungs-Anstalt genau wachen.

Art. 16. Die Landräthe sollen ihre Aufmerksamkeit auf die Unterhaltung der Baulichkeiten richten, welche auf die Administration der Wege und Brücken einschlagen; wenn ein Theil der Wege oder Dämme in ihren Bezirken eine schleunige Arbeit nöthig machte, so sollen sie ohne Zeitverlust den Minister des Innern davon benachrichtigen. Von den Bauanschlägen, Beschlüssen, Contracten, welche über die Arbeiten dieser Art abgeschlossen worden sind, werden sie in Kenntniß gesetzt werden, um sowohl ihre allenfallsigen Bemerkungen darüber zu machen, als auch für die Ausführung zu sorgen und die contractmäßige Vollendung zu verificiren.

Art. 17. Bei Truppenbewegungen im Fürstenthume sollen die Landräthe, durch deren Bezirk die Märsche statthaben, davon benachrichtigt werden. Sie werden alsdann für deren Unterbringung oder Einquartirung, sowie für die Lieferungen, welche geschehen, und für die Mittel des Transportes, welche geleistet werden müssen, zu Folge der Befehle, welche sie erhalten, Sorge haben. Die Rechnungen über diese Lieferungen und Transportkosten sollen von ihnen abgeschlossen werden, und sie dürfen unter ihrer eigenen Verantwortlichkeit keine andere als justificirte Artikel aufnehmen.

Art. 18. Das Interesse des Ackerbaues, des Commerces und der Manufakturen in dem Fürstenthume ist dem Eifer der Landräthe anvertraut, und besonders anempfohlen. Sie sollen sich beeifern von allen nützlichen Unternehmungen, von allen Zweigen der Industrie ihres Bezirkes Kenntniß zu erlangen, und dem Ministerium alle Aufmunterungsmittel, welche sie für nöthig erachten, und welche sich mit dem allgemeinen Staats-Interesse vereinigen lassen, vorzuschlagen.

Art. 19. Der Kultus, der öffentliche Unterricht, die Spitäler und alle öffentlichen Stiftungen, von welcher Gattung sie seyn mögen, gehören unter die Aufsicht der Landräthe.

Art. 20. Die Landräthe werden sich in die Justiz-Verwaltung nicht mischen. Sie werden aber alle Verbrechen und Uebertretungen der Gesetze, von denen sie Kenntniß erhalten, den geeigneten Beamten anzeigen. Wenn die Verbrechen schwer sind, so sollen sie an den Justiz-Minister darüber Bericht erstatten. Gleiche Anzeigen sollen geschehen demjenigen Minister, dem an der Benachrichtigung gelegen seyn kann, entweder darum, weil der Verbrecher demselben unmittelbar untergeordnet ist, oder weil das corpus delicti irgend einen Theil seines Departements betrifft. Im Falle der Nachlässigkeit oder des Mißbrauchs der Gewalt von Seiten der Beamten, sollen die Landräthe dem Justiz-Minister davon Anzeige machen.

Art. 21. Die im Herzogthum Cleve gegenwärtig angestellten Landräthe sollen die in den vorhergehenden bestimmten Amts-Attributen, und zwar jeder binnen den Grenzen seiner jetzigen Functionen, ausüben. Da in jedem Bezirk gegenwärtig 2 Räthe, der eine für die Städte, und der andere für das platte Land angestellt sind, so sollen, sobald eine dieser 2 Stellen erledigt wird, deren Attribute auf die andere übergehen, dergestalt, daß mehr nicht als ein Rath für jeden Bezirk sein soll.

Art. 22. Im Herzogthum Berg haben die Landräthe zu Düsseldorf und Elberfeld an Jahrgeld 1600 und die zu Siegburg und Mühlheim 1200 Rthlr. zu genießen. Es wird ihnen ein beeideter und von uns zu ernennender Rechnungs-Secretair nebst einem Copisten zugegeben; letztern können sie sich aus den Accessisten bei den Ministerial-Büreaux auswählen, mit Vorbehalt der Genehmigung desjenigen Ministers, welchem der Gewählte untergeordnet ist. Der Secretair zu Düsseldorf und Elberfeld erhält ein Jahrgehalt von 500 Rthlr., und der zu Siegburg und Mühlheim 250 Rthlr. Den Landräthen passiren 200 Rthlr. für Kosten des Büreaus. Die Gehälter und Kosten der Sekretariaten der Landräthe im Herzogthum Cleve sollen so, wie sie gegenwärtig bestehen, verbleiben, vorbehaltlich jedoch der näheren Bestimmungen, sobald nur ein Landrath für den Bezirk seyn wird.

Art. 23. Es werden weder den Landräthen noch ihren Secretairen einige Reisekosten oder sonstige Entschädigungen für Verrichtungen oder Kommissionen außerhalb ihres Wohnorts, von welcher Gattung sie seyn mögen, vergütigt. Anstatt dieser Kosten und Vergütigungen aber soll jährlich von unseren Ministern gemeinschaftlich eine Summe von 300 Rthlr. demjenigen von den Landräthen zuerkannt werden, welcher die meisten nützlichen Arbeiten geleistet hat. Der zweite in der Ordnung erhält 250, und jeder der beiden übrigen 150 Rthlr. Eine Summe von 300 Rthlr. kann unter diejenigen Secretaire vertheilt werden, welche befunden werden, diese Aufmunterung verdient zu haben. Ueber die Vertheilungen soll uns Rechenschaft gegeben werden.

Art. 24. Durch diese Anordnung sind die Groß-Amtmannsstellen und Marsch-Kommissariate aufgehoben. Diejenigen, welche diese Stellen jetzt bekleiden, sollen anderwärts angestellt werden, oder, wenn es Statt hat, durch Special-Dekrete Pensionen erhalten.

Art. 25. Die mit unserem Großherzogthume neuerdings vereinigten Länder sollen in Bezirke eingetheilt und derselben Administration, wie die Herzogthümer Cleve und Berg, untergeben werden. Unser Minister des Innern wird uns bald möglichst sowohl über die Eintheilung der neuen Bezirke, als über die Ernennung der daselbst anzustellenden Räthe den Vorschlag machen.

Art. 26. Unsere Minister sind beauftragt, den gegenwärtigen Beschluß in Vollzug zu setzen.

Gegeben in unserem Palaste von Benrath den 3. August 1806.*)

Joachim.

Der die Stelle des Staatssecretairs provisorisch vertretende Finanz-Minister

Agar.

---

*) Wie man sieht, entspricht das Amt der clevesehen Landräthe ziemlich genau dem der preußischen, und weicht hauptsächlich nur in der Einrichtung von Stadt- und Landräthen ab, sowie in der Größe der Bezirke und Besoldungen; der preußische Landrath hat nur die Oberaufsicht über die Kreissteuercasse, mit dem eigentlichen Steuerwesen aber nur in sofern zu thun, als er die Classensteuer seiner Kreisglieder bestimmt.

2.

Erlaß des Großherzogs an die Stände durch die Großherzogliche Kommission.

Joachim von Gottes Gnaden ꝛc.

Nachdem Unser Großherzogthum durch die Vereinigung mehrerer verschieden regierter Provinzen sich gebildet hat, hielten Wir es für zweckmäßig, die Stände von Adel und Städten, welche zu den bisherigen verschiedenen Provinzial-Landtagsversammlungen gehörten, zusammen zu berufen, um ihre Einsichten zu benutzen, und sie über die Mittel zu Rathe zu ziehen, wie für den Gesammtstaat ein einförmiges Administrationssystem befestigt werden möge.

Unsere erste Absicht ist, daß künftig kein unserer Souverainetät untergebenes Land sich als isolirt oder als ein abgesondertes Gebiet betrachten soll; sondern daß alle Länder, Provinzen und Gebiete, worüber Uns die Souverainetät zusteht, das Ganze des Großherzogthums ausmachen und sich wie unzertrennte Theile zum Gesammtstaate und zum gemeinsamen Vaterlande verhalten.

Viele unserer Provinzen wurden bis dahin auf keinem Landtage vertreten. Wir verlangen, daß diese eines Vortheils nicht beraubt bleiben, dessen die übrigen Provinzen genießen.

Die öffentlichen Abgaben müssen gleichzeitlich umgelegt werden, und es ist nöthig, das Verhältniß ausfindig zu machen, in welchem zuerst jedes Arrondissement des Großherzogthums und hernach jeder Theil eines Arrondissements dazu beigetragen habe.

Das Rechnungsjahr fängt in jeder Provinz in unterschiedenen Zeitpunkten an, es wird aber unumgänglich für alle ein gemeinschaftliches Jahr bestimmt werden müssen.

Die auf gewissen Gütern haftenden Ausgaben von der allgemeinen Beitragspflicht sind, seitdem man genöthigt worden ist, diese Güter mit außerordentlichen Steuern zu belegen, nicht mehr von einem großen Nutzen für diejenigen, welche daran Theil haben. Inzwischen erregen solche Privilegien die Unzufriedenheit der steuerpflichtigen Eigenthümer; sie sind überdies in der Verwaltungsordnung von wesentlichem Schaden. Wir fordern daher die Stände auf, diesen wichtigen Gegenständen die ernstlichste Aufmerksamkeit zu widmen, und Wir haben dabei volles

Zutrauen auf die edlen und patriotischen Gesinnungen, von welchen Wir sie beseelt wissen.

Jede bisher abgesondert gewesene Provinz hat ihre eigenen Schulden. Da wir wollen, daß die Zinsen von allen diesen Schulden mit Pünktlichkeit bezahlt und Maßregeln ergriffen werden, die Kapitalschulden so schleunig zu tilgen, als die Umstände es erlauben werden; so ist zu entscheiden, ob jede vorige Provinz für die von ihr gemachten Schulden besonders verhaftet bleiben soll, oder ob es nicht dienlicher sey, diese unter der Garantie des großherzoglichen Gesammtstaates in eine Hauptmasse zu ziehen.

Eben so hat jede Provinz, und in manchen Provinzen jede Stadt eine besondere Gesetzgebung; eine gleichförmige sowohl Civil- als Kriminalgesetzgebung würde ohne Zweifel allen Unseren Untergebenen eine große Wohlthat gewähren.

Wir wünschen bei allen diesen und vielen anderen eben so wichtigen Gegenständen Uns mit dem Beistande und Rathe Unserer getreuen Stände umgeben zu sehen. Weil aber mehrere derselben nähere Erkundigungen, Berechnungen und Vorarbeiten erheischen, welche nicht das Werk einer zahlreichen Versammlung seyn können; so halten Wir dafür, daß die Stände, nach vorläufig abgegebener Aeußerung über die hinlänglich aufgeklärten Punkte, einen Deputirten vom Adel und einen Deputirten von den Städten jeder Provinz zu ernennen haben werden, um unter Erwartung einer neuen Landtagsversammlung im Einverständnisse mit Unseren Kommissairen alle anderen Punkte zu ordnen.

Indem wir Unseren getreuen Ständen Unser Vertrauen in ihre Anhänglichkeit an Unsere Person sowohl, als in ihren Eifer für das Beste des Vaterlandes zu erkennen geben, ist es Uns angenehm, das ganze Corps und die verschiedenen Mitglieder desselben Unseres hohen und beständigen Wohlwollens zu versichern.

Gegeben in Unserem großherzoglichen Palaste zu Benrath den 1. September 1806.*)

Joachim.

---

*) Die Verhandlungen des Landtags betrafen, gemäß der ständischen Deliberation vom 7. September, vorzüglich die Steuer-Angelegenheiten, welche nach obigem Erlaß geordnet wurden. Außerdem war die Rede von Einführung des code Napoléon und der französischen Militair-Conscription. Doch kam darüber nichts zu Stande.

3.

Organisation der Municipal-Verwaltung der Städte und Gemeinden im Großherzogthum Berg betreffend.

Joachim, von Gottes Gnaden, Großherzog von Berg, Prinz und Großadmiral von Frankreich ꝛc.

Indem Wir der Municipal-Verwaltung der Städte und Gemeinde Unsers Großherzogthums eine gleichförmige Organisation zu geben Willens sind, so haben Wir verordnet und verordnen, wie folgt:

Art. 1. In den Städten, Flecken und an den übrigen Orten, wo gegenwärtig die Verwaltung durch Bürgermeister oder Municipal-Agenten geführt wird, und deren Bevölkerung sich nicht über 2500 Einwohner erstreckt, wird die Municipal-Verwaltung einem Direktor und einem Beigeordneten anvertraut werden.

Die Städte oder Flecken von 2500 bis 5000 Einwohner werden einen Direktor und zwei Beigeordnete haben; die Städte von 5000 bis 10,000 Einwohner einen Direktor, zwei Beigeordnete und einen Polizei-Commissair. In den Städten, deren Bevölkerung sich über 10,000 Einwohner beläuft, wird ein dritter Beigeordneter ernannt werden können.

Art. 2. Es wird an allen Orten, wo ein Direktor die Verwaltung hat, ein Municipal-Rath seyn. Dieser wird in den Gemeinden, deren Bevölkerung nicht über 2500 Einwohner groß ist, bestehen aus 16, in den Gemeinden von 2500 bis 5000 Einwohnern aus 15, und in den Gemeinden, welche mehr als 5000 Einwohner haben, aus 20 Mitgliedern.

Titel II.

Die Bestellung und Ernennung.

Art. 3. Die Direktoren und Beigeordneten werden, in sofern es immer thunlich ist, aus solchen Einwohnern gewählt werden, welche in der Gemeinde ansäßig sind, sich daselbst gewöhnlich aufhalten, und in Ansehung ihrer Vermögensumstände und ihres Standes den Municipal-Verrichtungen am Füglichsten abwarten können. Die Rathsglieder müssen aus den Grundbesitzern, Landwirthen, Fabricanten und Handelsleuten genommen werden, welche durch die öffentliche Achtung als solche ausgezeichnet sind, die vorzüglich verdienen, daß ihnen die Sorge für das Wohl ihrer Mitbürger anvertraut werde.

Art. 4. Die Direktoren, Beigeordneten, Polizei-Commissaire und Municipal-Räthe werden in den Gemeinden, welche über 2500 Einwohner haben, von Uns ernannt werden. Bei den übrigen Gemeinden wird dieselben der Minister des Innern ernennen. Alle diese Ernennungen erfolgen nach einer von dem Provizial-Rathe vorzulegenden dreifachen Liste.

Art. 5. Die Direktoren, Beigeordneten, Polizei-Commissaire und Mitglieder der Municipal-Versammlungen werden jährlich in einem fünften Theile unserer Staaten erneuert, zu welchem Ende die Bezirke, aus denen dieselben bestehen, in fünf Abtheilungen werden abgetheilt werden. Alle diese Staatsdiener können unmittelbar wieder erwählt werden.

Die Erneuerung wird zum ersten Male am 1. Januar 1810 stattfinden.

Art. 6. Der Minister des Innern wird das Recht haben, die Mitglieder der Municipal-Verwaltungen von ihren Amtsverrichtungen einstweilen zu suspendiren. Eine wirkliche Entsetzung kann bloß von Uns, auf einen Bericht Unseres Ministers den Innern, nach geschehener Vernehmung des Staatsrathes, erkannt werden.

Art. 7. Kein Mitglied eines Municipal Rathes wird wegen eines Vergehens im Dienste vor Gericht gefordert werden können, er sey denn vorläufig suspendirt, oder durch ein Dekret von Uns von seinem Amte entsetzt worden; worauf alsdann wider ihn gerichtlich verfahren werden kann.

Art. 8. Die Verrichtungen der Directoren und Beigeordneten geschehen unentgeltlich. Gleichwohl wird diesen in den Gemeinden, wo man glauben wird, daß die Stelle denen, die damit bekleidet sind, Unkosten verursachen werden, auf Ansuchen des Municipal-Rathes eine Entschädigung zuerkannt werden können. Die Polizei-Commissaire werden einen steten Gehalt beziehen, den wir auf den Vorschlag des Ministers des Innern für jede Stadt bestimmen werden. Die Büreau- und Polizei-Kosten, sowie die Gehalte der Agenten und Angestellten werden, wie die übrigen Communal-Ausgaben, nach den Berathschlagungen der Municipal-Versammlungen festgesetzt werden.

Titel III.

Von den Verrichtungen der Directoren.

Art. 9. Die Directoren werden völlige, administrative Gewalt erhalten. Sie werden befugt seyn, einen Theil ihrer Verrichtungen ihren Beigeordneten aufzutragen, welche sie im Namen der Directoren unter deren Aufsicht, und unter der Verpflichtung, ihnen darüber Rechenschaft abzulegen, ausüben werden. Die Beigeordneten werden jederzeit von Allem Kenntniß nehmen können, was auf das Wohl der Gemeinde Einfluß hat, und sie werden das Recht haben, dem Director entweder schriftlich oder mündlich alle Vorschläge zu machen, die sie glauben, für das Beste der Gemeinde thun zu müssen; sie werden sogar diese Vorschläge und Bemerkungen in das Municipalitäts-Protokoll eintragen können.

Art. 10. Ist der Direktor entweder krank oder abwesend, oder sonst verhindert, so vertritt dessen Stelle der Beigeordnete, und in den Gemeinden, wo es deren mehrere giebt, der erste Beigeordnete, ohne daß es deshalb eines besonderen Auftrags bedarf.

Wenn es sich ereignet, daß eine Municipal-Verwaltung sich durch Abwesenheit, Absterben, oder sonst ohne Direktor und ohne Beigeordneten befindet, so wird der Provinzialrath aus den Mitgliedern des Rathes provisorisch einen Direktor bestimmen; vor der Hand wird aber von den Municipalräthen der älteste an Jahren, und in dessen Ermangelung dasjenige Mitglied, welches dieser an seine Stelle ernennen wird, die Direktorsstelle vertreten.

In keinem Falle, es sey denn ein rechtliches Hinderniß vorhanden und bescheinigt, darf eine solche Stellvertretung ausgeschlagen werden.

Art. 11. Die Direktoren sind beauftragt, das Vermögen und die Einkünfte der Gemeinden zu verwalten, die Lokalausgaben zu bestimmen und zu verordnen, wovon in der Folge nähere Rede seyn wird; die Arbeiten, welche ihrer Gemeinde aufliegen, zu leiten und ausführen zu lassen, alle Anstalten jeder Art, welche den Gemeinden angehören, und auf ihre Kosten unterhalten werden, zu verwalten, die Preise der einer Taxe unterworfenen Eßwaaren zu bestimmen, auf Alles zu wachen, was auf den bürgerlichen Zustand der Einwohner Bezug hat, die Lebensscheine, die nöthigen Scheine bei den Trauungen und die Beglaubigungsscheine des Wohnorts zu ertheilen, bei der Vertheilung der Steuern zu präsidiren, die Militair-Einquartirungen zu reguliren, die Lieferungen für den öffentlichen Dienst, wenn es nöthig ist, mittelst Requisition auszuschreiben, und überall die gute Ordnung durch eine genaue Polizei sicher zu stellen.

Art. 12 Die Direktoren werden alle Käufe, Akkorde und Verträge jeder Art, bei denen die Gemeinden betheiligt sind, schließen, nachdem sie dazu die nöthigen Genehmigungen werden erhalten haben. Die Errichtung neuer Gebäude, die Ausbesserungen und andere Arbeiten, bei denen sich etwa die Kosten über 50 Rthlr. belaufen dürften, werden wenigstfordernd verpachtet werden. Alle Verpachtungen und Verkäufe werden öffentlich und meistbietend geschehen.

Art. 13. Die Direktoren korrespondiren mit den Beamten und Provinzialräthen. Sie sind nur alsdann berechtigt, sich an die Minister zu wenden, wenn sie Grund haben, sich über Mißbräuche oder grobe Nachlässigkeiten dieser Verwalter zu beschweren.

Art. 14. Die Direktoren, Beigeordneten und Polizeicommissaire haben mit Recht Sitz in den Municipal-Versammlungen, ohne gleichwohl mit unter die Anzahl der Mitglieder gezählt zu werden, aus der der Rath nach dem Inhalte des Art. 2 besteht.

Die Direktoren und in ihrer Abwesenheit die Beigeordneten nach ihrem Range führen in dem Municipalrathe das Präsidium, ausgenommen in den in dem hier nachfolgenden Artikel vorkommenden Fällen. Die Polizeicommissaire präsidiren niemals.

Der Reichssecretair wird unter den Mitgliedern vom Präsidium bestimmt.

Art. 15. Kein Rathsstand kann Theil nehmen an einer Berathschlagung über einen Gegenstand, bei dem er betheiligt ist, daher müssen, wenn die jährliche Rechnung über die geführte Municipal-Verwaltung zur Sprache kommt, der Direktor, die Beigeordneten und der Polizeicommissair abtreten, und es führt alsdann der älteste an Jahren das Präsidium.

Titel IV.

Von den Municipal-Räthen.

Art. 16. Die Municipalräthe berathschlagen über Alles, was das Beste der Gemeine betrifft, vorzüglich über die Käufe, Veräußerungen, Bausachen, Konzessionen, Verpachtungen, Erbpächte, Schulden, Anlehen, Accise, Verbesserung der Gemeinde-Einkünfte. Sie leiten die Theilung des Brennholzes, und die Vertheilung der Naturaldienste. Sie schlagen die bei der Benutzung des Gemeinde-Vermögens zu treffenden Abänderungen vor, wie auch in Rücksicht der Gemeindeweiler die Verpachtung im Ganzen oder stückweise.

Art. 17. Die Municipalräthe haben nothwendig jährlich eine Sitzung, zu welcher sie auf eine und eben dieselbe Zeit durch einen Beschluß des Ministers des Innern zusammenberufen werden. Außer diesem Falle können sie nie eine berathschlagende Versammlung bilden, als auf eine schriftliche, den Gegenstand der Versammlung ausdrückende, Genehmigung des Provinzialraths.

Art. 18. Die Schlüsse müssen abgefaßt werden nach der absoluten Mehrheit der Stimmen, welche in Einer Stimme über die Hälfte der Stimmen der berathschlagenden Mitglieder besteht. Jeder Beschluß, dem nicht wenigstens zwei Drittel der Rathsglieder beigewohnt haben, kann von der oberen Behörde als ungültig angesehen werden.

Titel V.

Von der Rechnungsablage der Gemeinde.

Art. 19. Die Municipalräthe werden jedes Jahr ein Verzeichniß machen, unter dem Namen, Budget, welches die wahrscheinliche Einnahme des nächstkünftigen Jahres und die Ausgaben enthält, welche sie glauben zum Besten der Gemeinde in Vorschlag bringen zu müssen. Dieses Budget muß mit einem mit Gründen belegten Beschluß begleitet seyn. In keinem Fall dürfen die Ausgaben die Mittel übersteigen, welche in den Abschnitten von der gewöhnlichen und außergewöhnlichen Einnahme enthalten seyn werden.

Art. 20. Wenn Ausgaben vorkommen, zu denen mehrere Gemeinden beitragen müssen, so geschieht die Vertheilung unter denselben entweder nach Maaßgabe der Einträglichkeit ihrer Einkünfte, oder nach Maaßgabe des Antheils, den jede Gemeinde daran hat, daß solche Ausgabe nothwendig geschehen muß. Der Provinzialrath wird solches ausmitteln.

Art. 21. Die Budgets werden dem Provinzialrath übergeben, welcher, nachdem er die Arbeit eines jeden Municipalraths untersucht hat, die Budgets der Gemeinden, deren Bevölkerung sich auf 2500 Einwohner beläuft, und alle Budgets, welche in der unteren Klasse bei einer summarischen Uebersicht eine Einnahme von mehr denn 2000 Rthlr. erhalten, mit einem motivirten Gutachten an den Minister des Innern einsendet.

Der Minister wird in Ansehung des Budgets der Gemeinden, welche in der Klasse von 2500 bis 5000 Einwohnern enthalten sind, und deren Einkünfte sich nicht höher als auf 2000 Rthlr. belaufen, die Genehmigung entscheidend ertheilen.

In Ansehung der Budgets der Städte von 5000 Einwohnern und mehr, und aller Budgets, deren Einnahme den Ertrag von 2000 Rthlr. übersteigt, behalten Wir Uns selbst, auf einen Bericht Unseres Ministers des Innern, die Genehmigung bevor.

Der Provinzialrath wird die Budgets, deren Einsendung ihm nicht vorgeschrieben ist, selbst genehmigen, und er wird von denselben ein General-Verzeichniß machen, und solches dem Minister einsenden, damit Uns alle Bedürfnisse und Mittel jeder Gemeinde Unserer Staaten vorgelegt werden können.

Art. 22. Um alle Inkonvenienzen zu vermeiden, welche durch die jährliche Veränderung des Zustandes der Einkünfte entstehen könnten, so daß die Genehmigung des Budgets einer Gemeinde abwechselnd von dem Provinzialrathe, von dem Minister des Innern und von Uns ertheilt werden müßte: so ist es festgesetzt, daß die Budgets einer Gemeinde, deren Einkünfte in gedachter Art wechseln, von derselben

Behörde so lange genehmigt werden sollen, bis die Einnahme sich drei auf einander folgende Jahre in dem höheren oder geringeren Betrage wird erhalten haben, nach welchem alsdann die Abänderung eintreten muß. In diesem Falle wird das Budget für das vierte Jahr an die eigentliche Behörde eingesendet werden.

Art. 23. Bei persönlicher Verantwortlichkeit darf der Direktor für solche Ausgaben, welche nicht in dem genehmigten Budget enthalten sind, nie Zahlung verordnen, noch darf der Municipal-Empfänger dafür Zahlung leisten. Dieser wird des Endes von dem Provinzialrathe eine beglaubigte Abschrift des Budgets erhalten.

Alle Zahlungsverordnungen müssen wörtlich enthalten: 1) den Gegenstand der Ausgabe; 2) den einschlägigen Artikel des Budgets, die Beweisstücke, welche der Verordnung werden beigefügt werden können; 4) die Zahlungssumme mit Buchstaben geschrieben.

Art. 24. Das Budget jeder Gemeinde wird einen gewissen Betrag für nicht vorhergesehene Ausgaben enthalten, damit solche der Disposition des Provinzialrathes überlassen werden, welcher auf Ansuchen des Direktors nach Befinden der Umstände dessen wirkliche Verwendung gestatten wird. Ueber diese Gelder, welche in keinem Falle zu einer nicht genehmigten Ausgabe des Budgets bestimmt werden können, muß jedes Jahr Rechnung abgelegt werden.

Art. 25. In jeder jährlichen Sitzung muß der Municipalrath zuerst die Rechnung des Direktors über die Verwaltung des vorigen Jahres verlesen und untersuchen. Alsdann treten der Direktor, die Beigeordneten und der Polizeicommissair ab, wie bereits oben Art. 15. vorgeschrieben ist. Der Rath, in dem der Aelteste an Jahren präsidirt, untersucht die Rechnung, und streicht oder genehmigt die verschiedenen Artikel, je nachdem der Direktor dabei die Vorschrift des von der Behörde genehmigten Budgets beobachtet hat.

Wenn die Berathschlagungen über die Verwaltung des Direktors beendet sind, so übernimmt dieser wieder das Präsidium, und man geht weiter zur Untersuchung der Verwaltung des Municipalempfängers.

Art. 26. Nachdem der Municipalrath die Rechnung des verwichenen Jahres untersucht und provisorisch genehmigt hat, so wird dieselbe, und zu gleicher Zeit das für das künftige Jahr beschlossene Budget dem Provinzialrath zugestellt werden. Zur Genehmigung dieser Rechnung wird der nämliche Gang beobachtet, wie bei dem Budget. Auch wird der Provinzialrath ein General Verzeichniß der Rechnungen der Gemeinden jeder Klasse, deren Budgets er genehmigt hat, verfertigen, und dieses Resultat wird, nachdem es vorläufig richtig befunden worden ist, an den Minister des Innern eingesandt, um Uns vorgelegt zu werden.

Art. 27. In den Gemeinden, welche mehr als 2500 Einwohner haben, werden auf Begehren der Municipalräthe besondere Empfänger der Gemeinde-Einkünfte angestellt werden können. Diese werden bei den Gemeinden, welche weniger denn 5000 Einwohner haben, von dem Minister des Innern, und bei den zahlreicheren Gemeinden von Uns ernannt werden. Sie werden eine dem zehnten Theile ihrer wahrscheinlichen Einnahme gleichkommende Sicherheit leisten.

Die Steuer-Empfänger werden überall, wo keine besonderen Empfänger angestellt werden, beauftragt, die Einkünfte der Gemeinden zu empfangen, und aus diesem Fonds die Zahlungen für die Ausgaben der Gemeinden zu leisten. Sie werden eben dieselbe Sicherheit leisten, wie die besonderen Empfänger. Jene sowohl als diese werden von dem Empfange gewisse pCt. genießen, welche der Municipalrath in seinen Berathschlagungen mit gewissen Stübern oder Hellern vom Thaler bestimmen wird, und welche er als ein stetes Gehalt dem Budget jährlich wird einzutragen haben.

Art. 28. Es wird in jeder Gemeinde sowohl bei dem Bureau der Municipal-Verwaltung als bei dem des Polizeicommissairs über alle Empfangsposten, als Gebühren für Pässe, Ausfertigungen, Certificate und andere Gegenstände jeder Art, ein Register gehalten werden.

Diese Register werden in den Gemeinden, welche mehr denn 2500 Einwohner haben, am letzten Tage jedes Monats, in den minderbevölkerten Gemeinden aber am letzten Tage jedes Vierteljahres berichtigt. Der Agent, welcher zufolge Auftrages die Gelder in Empfang nimmt, wird davon dem Cassirer der Gemeinden einen, von dem ihm unmittelbar Vorgesetzten beglaubigten, und von dem Direktor visirten Auszug mit dem Betrage des von ihm empfangenen Geldes, welcher in dem Auszuge ausgedrückt seyn muß, zustellen. Diese Gelder werden auf Ansuchen der Municipalräthe zur Entschädigung der bei den Municipal-Verwaltungen angestellten Personen verwendet werden können.

Art. 29. In Betreff der Ausführung der obigen Vorschrift werden die näheren Ministerial Instruktionen erfolgen.

Titel VI.

Von dem Municipal-Polizei-Wirkungskreis der Commissaire.

Art. 30. In den Städten, wo ein Polizei-Commissair seyn wird, wird dieser, ob er gleich dem Direktor untergeordnet ist, ein eigenes Bureau haben und in seinem eigenen Namen die Verrichtungen seines Amtes ausüben. Er wird nach Umständen Agenten haben, welche ihm unmittelbar untergeordnet sind. Er wird von den Ministern und dem General-Polizei-Commissair des Großherzogthums unmittelbar Befehle erhalten können, und bloß in Ansehung der Gegenstände dieser Aufträge wird er dem Direktor keine Rechenschaft zu geben haben.

Art. 31. Die Pflichten des Polizei-Commissairs bestehen darin, daß er unaufhörlich über die Vollziehung aller Gesetze und Ordnungen wache, welche die gute Ordnung, die Sicherheit, die Reinlichkeit und die Gesundheit zum Gegenstande haben.

Art. 32. Er wird den Einwohnern der Stadt auf Verlangen die Reisepässe in das Innere des Großherzogthums ertheilen und den Fremden die Reisepässe visiren.

Art. 33. Er wird die Aufsicht führen über die Jahr- und Wochenmärkte, über die Plätze, wo Wagen zu Verkaufe dürfen ausgestellt werden, über die Versammlungsörter, über die Gasthöfe und die übrigen Häuser, in welche Fremde einkehren, über die Kaffeehäuser, die Tanz- und Schauspiel-Säle, über alle dem Publikum unentgeltlich, oder gegen ein gewisses Eintrittsgeld offen stehenden Gebäude, Gärten oder andere Oerter. Er wird die gegen die Hasard-Spiele bestehenden Verbote handhaben.

Art. 34. Er wird gegen die Bettler und Landstreicher Verkehrungen zu treffen haben; die Zünfte und Handwerks-Corporationen dirigiren, und den Vereinbarungen der Handwerker, nicht arbeiten oder den Tageslohn erhöhen zu wollen, durch geeignete Maßregeln zuvorkommen.

Art. 35. Zu seinem Wirkungskreise wird Alles gehören, was auf die niedere Polizei Beziehung hat, und folglich wird er die Macht haben, zu erlauben oder zu verbieten: das Halten der Läden, der Fleischbänke und Garküchen, das Einrichten der Schirmdächer und dergleichen, was in die offene Straße geht, das Aufschlagen beweglicher Krambuden. Er wird Sorge tragen, daß die neuen Gebäude in der Linie, welche in dem Generalplane der Stadt vorgeschrieben ist, errichtet werden, und wenn kein solcher Plan vorhanden ist, so wird er dem Direktor nach Befinden der Umstände die nöthigen Maßregeln vorschlagen können. Er wird Befehle geben zur Herstellung oder Niederreißung der den Einsturz drohenden Gebäude. Sein Befehl oder seine Erlaubniß aller dieser Gegenstände wird der Genehmigung des Stadt-Direktors unterworfen seyn, und die, welche Grund zu haben glauben, sich über diese zu beschweren, werden zu dem Provinzialrathe ihre Zuflucht nehmen können.

Art. 36. Um die Sicherheit und die Freiheit auf den öffentlichen Straßen zu handhaben, wird der Polizei-Commissair Sorge tragen zu verhindern, daß Niemand in denselben etwas beschädige, daß die Einwohner die Pfühle, die Schutthaufen und andere gefährliche oder hinderliche Gegenstände beleuchten, daß das Straßenpflaster und die Wege unterhalten werden, daß Niemand etwas auf das Dach, oder vor das Fenster stelle, was beim Herunterfallen die Vorbeigehenden verletzen könnte, daß Niemand böse oder gefährliche Thiere herumlaufen lasse, daß die offenen Wege weder durch Stillhalten des Fuhrwerks, noch durch Niederlagen von Materialien oder Waaren, noch auf eine andere Weise gesperrt werden.

Art. 37. Er wird Sorge tragen für die Gesundheit der Stadt, indem er die Bewohner anhält, vor ihren Häusern zu reinigen, solche Reinigung ebenfalls an den öffentlichen Plätzen und im Umfange der Gärten und öffentlichen Gebäude auf Kosten der Stadt befördert und verhindert, daß weder in den Straßen und an den öffentlichen Plätzen, noch selbst in den Höfen und Gärten, und in dem Umfange der Privat-Gebäude, faules Wasser oder sonst der Gesundheit nachtheiliger Unrath angetroffen werde, und indem er in den Fleischhallen, in den Läden, auf den Märkten, bei den Schlächtern, Bäckern, Weinhändlern, Brauern, Schankwirthen, Spezereihändlern, Materialisten, Apothekern und anderen die verdorbenen in Fäulniß übergegangenen und schädlichen Lebensmittel oder Arzneien wegnehmen läßt.

Art. 38. Er wird alle geeigneten Vorkehrungen zu treffen haben, um Feuersbrünste zu verhüten, oder denselben Einhalt zu thun, und eben so beim Austreten der Flüsse, oder beim Eisgange alle Vorsichtsmaßregeln ergreifen, mittelst Räumung der Häuser, Brechen des Eises ꝛc. Er wird Sorge tragen, daß den Ertrunkenen schleunige Hülfe geleistet werde, und er wird die Einleitung treffen, damit die, welche sich gewagt haben Menschen zu retten, die in Gefahr waren ihr Leben zu verlieren, zur Aufmunterung eine Belohnung erhalten.

Art. 39. Der Polizei-Commissair wird sich nach den laufenden Preisen der unentbehrlichsten Lebensmittel erkundigen und demgemäß dem Direktor über die Festsetzung der Preise der Eßwaaren, welche nach den Vorschriften einer Taxe unterworfen sind, den Vorschlag thun, und er wird sorgen, daß die gesetzlichen und verkündigten Taxen beobachtet werden.

Art. 40. Er wird auch seine Aufsicht bei der Handlung ausüben, indem er bei den Fabrikanten und Kaufleuten die Waaren, die Gewichte und die Maaße untersucht, und die nicht richtig befundenen wegnimmt, und indem er sich ferner in die Magazine und Läden, wie auch in die Werkstätten der Goldschmiede und Juweliere begiebt, um die Probe und den Gehalt des Silbers und Goldes zu verificiren.

Art. 41. Er wird auf die Erhaltung der öffentlichen Monumente und der dem Staate oder der Stadt zugehörigen Gebäude wachen. Er wird dem Stadt-Direktor oder, je nachdem der Gegenstand ist, dem Provinzialrathe die nöthigen Ausbesserungen der Sicherheitshäuser, Werfte, Häfen, Brunnen, Feuerspritzen ꝛc., mit einem Worte aller Gebäude, Werkzeuge und anderer zum öffentlichen Nutzen dienenden Sachen vorschlagen.

Art. 42. Insbesondere liegt es dem Polizei-Commissair ob, seine Aufsicht dahin zu richten, daß Verbrechen jeder Art verhütet, die Urheber der wirklich ausgeübten Verbrechen entdeckt, und vor den geeigneten Richter geführt werden. Er mag die, welche auf der That ertappt werden, welche im Streite befangen sind, welche verdorbene Arzneien und Eßwaaren verkaufen, die Bettler, die Störer der öffentlichen Verkäufe, die, welche öffentlich die guten Sitten beleidigen, oder nach falschem Maaß und Gewicht verkaufen, in Verhaft ziehen, und die Schuldigen bis zu dem von der Behörde erfolgten Urtheil in demselben aufbehalten.

Art. 43. In den Gemeinden, welche keinen Polizei-Commissair haben, werden die Beigeordneten, unter der Aufsicht des Direktors die Verrichtung des Polizei-Commissairs wahrnehmen.

Art. 44. Bis zur Verkündigung eines General-Polizei-Codex mögen die Direktoren in den Städten von mehr denn 5000 Einwohner auf einen Bericht des Polizei-Commissairs und in den minder volkreichen Gemeinden auf einen Bericht ihrer Beigeordneten, über die gemeinen Polizeistrafen und Geldbußen erkennen, worüber bisher die Bürgermeister und andere Agenten in den Gemeinden nach den bestehenden Vorschriften zu erkennen befugt waren. Alle Verbrechen, welche schwerere Strafen nach sich ziehen, müssen nach Befinden der Sache durch die Amtsrichter oder durch die Kriminalrichter untersucht werden.

Titel VII.

Allgemeine Vorschriften.

Art. 45. Vom Tage der Verkündigung der gegenwärtigen Verordnungen an werden die Gemeinden in keinem Falle und unter keinem Vorwand ohne landesherrliche Genehmigung Gelder aufnehmen können. Jede Verbindlichkeit, welche sie vor Erhaltung Unserer Genehmigung etwa eingehen möchten, ist als null und nichtig erklärt, und es wird in Rücksicht derselben keine Klage gestattet. Die Municipal-Beamten, welche einen solchen Vertrag unterzeichnen, werden, als gegen ihre Pflicht handelnd, vor Gericht belangt werden.

Es kann kein Bauerngut, kein Eigenthum einer Gemeinde veräußert, vertauscht oder in Erbpacht gegeben, keine Erwerbung für Rechnung einer Gemeinde gemacht, keine Theilung der Gemeinde-Büsche und Grundstücke vorgenommen werden, ohne Unsere Genehmigung, auf den Bericht des in Rücksicht des Gegenstandes geeigneten Ministeriums.

Art. 46. Um diese landesherrliche Genehmigung zu erhalten, muß vorgelegt werden:

1) Die Berathschlagung des Municipalraths mit den Gründen des Gesuchs;
2) Die Einwilligung des Erwerbers, Verkäufers, Concessionairs, oder Pächters, nach den provisorisch eingegangenen Bedingungen;
3) Eine Abschrift des Budgets der Gemeinde, um dessen Finanzzustand zu erkennen, sowohl in Rücksicht des laufenden Jahres als der vorigen Jahre, von denen die Rechnungen etwa noch nicht haben völlig richtig gestellt werden können.
4) Ein Gutachten von den mit Vernehmung beider Theile erwählten Sachverständigen, begleitet mit einem Plan oder einer Zeichnung über das Local und dessen Grenzen und Scheidungen;
5) Das Gutachten des Provinzialrathes.

Diese Stücke werden an den Minister eingesandt, welcher sie uns vorlegen wird.

Wenn die Domainen-Behörde kontrahirender Theil ist, so wird das Geschäft auf ein Gutachten des mit dem Interesse der Gemeinden insbesondere beauftragten Ministers des Innern durch den Finanzminister geschlichtet.

Alle Gesuche, welche auf die Büsche der Gemeinden Beziehung haben, gehören zu dem Geschäftskreis des Finanzministers, welchen allein die Verwaltung derselben angeht. Es werden gleichwohl die oben bemerkten Formalitäten beobachtet werden.

Art. 47. Wenn von einer langjährigen Verpachtung der Bauerngüter oder Büsche, von Vertauschung oder Veräußerung eines Theiles der öffentlichen Straße die Rede ist, so wird den in dem vorigen Artikel angezeigten Stücken das Protokoll einer Civiluntersuchung über den dadurch entstehenden Vortheil oder Nachtheil, zu welcher ohne Unterschied alle ansässigen Einwohner der Gemeinde einzuladen sind, beigelegt werden. Diese Untersuchung geschieht durch einen Commissair, welchen der Provinzialrath, in sofern es immer thunlich ist, außerhalb der Gemeinde wählen wird. Der Tag, die Stunde, der Ort und der Gegenstand der Untersuchung müssen 8 Tage vorher durch Anschlagezettel und Verkündigungen angezeigt, und letztere selbst an dem Tage, wenn die Untersuchung vor sich gehen soll, wiederholt werden. Der Commissair, den der Direktor vorläufig davon, daß diese Formalität beobachtet worden ist, unterrichten muß, wird die besondere Stimme jedes Einwohners, welcher gegenwärtig ist, zu Protokoll nehmen. Er wird die Erklärung eines Jeden unterzeichnen, und sie auch von dem, der die Erklärung gegeben hat, unterzeichnen lassen. Wenn dieser Schreibens unerfahren ist, so wird Solches bemerkt.

Art. 48. Da die Gemeinden in einem steten Zustande der Minderjährigkeit sind, und keinen Akt begehen können, zu welchem Großjährigkeit oder Entlassung aus der väterlichen Gewalt erfordert wird;

so kann folglich weder von einer Gemeinde, noch wider dieselbe, eher eine Klage eingeführt werden, als nachdem Wir auf einen Bericht des Ministers des Innern Unsere Einwilligung ertheilt haben. Es folgt daher, daß jedes von einer Gemeinde über irgend einen, dem Landesherrn vorzulegenden Akt eingegangenes Compromiß, im Falle es nicht genehmigt oder vollzogen wird, keine Folgen haben kann. Da eine Gemeinde auch nicht einmal provisorisch verbindlich gemacht werden kann, so sind auch die, welche mit einer Gemeinde einen Vertrag abgeschlossen haben, nicht eher an denselben gebunden, bis der Vertrag die landesfürstliche Bestätigung erhalten hat.

Art. 49. Die Kirchhöfe sind ein Eigenthum der Gemeinden, und der Aufsicht der Municipal-Polizei unterworfen. Den Gemeinden liegt es ob, die Plätze zu den Kirchhöfen zu erwerben, und für deren Einfassung zu sorgen. Die Kirchen sorgen für die Unterhaltung der Kirchhöfe, und beziehen daher das Einkommen von den Beerdigungen.

Ein Kirchhof, der nicht mehr gebraucht wird, muß 5 Jahre lang unberührt liegen bleiben.

Art. 50. Bei der Strafe der Entsetzung vom Dienste ist es allen Beamten und Angestellten bei der Verwaltung, oder bei der Municipal-Verwaltung untersagt, an den die Gemeinde betreffenden Verpachtungen, Verkäufen, Ankäufen, Lieferungen und Entreprisen, von welcher Art diese immer seyn mögen, mittelbar oder unmittelbar einen Antheil zu nehmen.

Art. 51. Wenn die Gemeinden einen besoldeten Secretair haben werden, so wird dieser nicht zu gleicher Zeit Mitglied des Municipalraths seyn können. Die Aufbewahrung des Archivs kann ihm unter der Aufsicht des Direktors anvertraut werden.

Art. 52. Die Magistrate, welche kraft dieser Verordnung ihre Stellen verlassen, wie auch die derselben untergeordneten Empfänger, werden, in der kürzesten Frist und spätestens in dem ersten Monat, nachdem ihre jetzigen Nachfolger im Amte werden eingeführt worden seyn, die Rechnung über die geführte Verwaltung ablegen. Die Rechnung wird dem Direktor eingehändigt, in dem Municipalrathe untersucht, und durch den Provinzialrath, welcher die Rechnungen der Gemeinden von weniger denn 2500 Einwohnern genehmigen, die übrigen aber mit seinem Gutachten an den Minister des Innern einsenden wird, richtig gestellt.

Art. 53. Die Polizeicommissaire dürfen nicht über 24 Stunden aus der Stadt abwesend seyn, ohne solches dem Direktor anzuzeigen. Aus dem Bezirke dürfen sie nicht gehen, ohne vorläufige Erlaubniß des Provinzialraths.

Wenn die Direktoren wegen einer Reise von mehr denn 15 Tagen die Stadt verlassen, so werden sie solches dem Provinzialrathe anzeigen.

Die Beigeordneten werden eben dieselbe Formalität in Rücksicht der Direktoren beobachten.

Art. 54. Jedes Mitglied eines Municipalrathes, welches ohne rechtmäßige Hinderniß 3 mal nach einander aus Nachlässigkeit den Rathssitzungen nicht beigewohnt hat, wird seine Eigenschaft als Mitglied verlieren, und nicht eher als nach einem Zwischenraum von 2 Jahren wieder erwählt werden können.

Art. 55. Die Beschlüsse des Municipalrathes können nur von den Mitgliedern, welche der Sitzung wirklich beigewohnt haben, unterschrieben werden. Wenn die Ausfertigungen nicht deren persönliche Unterschriften enthalten, so werden bei denselben die Namen der Mitglieder bemerkt, welche das Protokoll unterschrieben haben.

Art. 56. Die Provinzialräthe werden bei dem Vorschlage der Candidaten zu den Stellen der Municipal-Verwaltung, in sofern die Umstände es immer erlauben, zu vermeiden suchen, daß nicht zu gleicher Zeit bei den vor- und nach erfolgenden Ernennungen mehrere Anverwandte als Mitglieder in der Verwaltung oder in dem Gemeinderathe sitzen werden.

Art. 57. Die Direktoren, Beigeordneten, Polizei-Commissaire und Municipalräthe werden, wenn sie zu den öffentlichen Feierlichkeiten und Kirchenfesten in ihren Gemeinden berufen werden, ausgezeichnete Plätze haben.

Die Direktoren, Beigeordneten und Polizei-Commissaire werden das Recht haben, in den Kirchen auf einer Tribüne, in den Chorstühlen, oder in einer besonderen Bank ihren Sitz zu nehmen.

Art. 58. Die Mitglieder der Municipal-Verwaltung und des Gemeinderathes werden sich, nebst der Ehre und der Achtung, mit welcher ihre Verrichtungen begleitet sind, eines billigen Vorzugs bei den Ernennungen zu den höheren Stellen zu erfreuen haben, wenn sie nur die dazu nöthigen Kenntnisse besitzen.

Titel VIII.

Von der Amtskleidung.

Art. 59. Die Direktoren, welche wir ernennen, werden ein französisches Kleid von Ponce-Farbe haben, mit einer doppelten Leiste von Gold, von oben bis unten, auf den Taschen, den Aufschlägen und dem Kragen, nach dem dieser Verordnung beigefügten Muster, mit weißer Weste, weißen Beinkleidern, einer goldenen Schleife auf dem Hut, und einem Degen. Die Direktoren, welche der Minister des Innern zu ernennen hat, werden dasselbe Amtskleid tragen, mit dem Unterschiede in der Verzierung des Kleides, daß dasselbe nur eine einzige Leiste von Gold haben wird.

6 *

Die Direktoren, welche von den Provinzialräthen ernannt werden, haben das Recht, dieselbe Kleidung zu tragen; jedoch nur mit einer einfachen Leiste von Silber.

Die Beigeordneten werden dieselbe Kleidung wie der Direktor tragen; doch wird ihr Kleid nur auf den Taschen, den Aufschlägen und dem Kragen gestickt seyn.

Die Mitglieder des Municipalrathes haben das Recht ebenfalls ein solches Kleid, wie ihre Direktoren zu tragen, jedoch nur mit gestickten Aufschlägen und Kragen, mit einer Weste von eben derselben Farbe wie das Kleid, und mit eben denselben oder auch schwarzen Beinkleidern. Die Direktoren und die Beigeordneten werden überdies, wenn sie im Dienste sind, eine Schärpe, nach den Farben des Großherzogthums, wie ein Bandelier tragen.

Die Amtskleidung der Polizei-Commissaire wird bestehen aus einem dunkelgrünen französischen Kleide, aus Beinkleidern von demselben Tuche, aus einer weißen Weste und weißen Strümpfen, das Kleid mit einer Leiste von Silber anf den Taschen, Aufschlägen und dem Kragen. Ein französischer Hut mit einer silbernen Schleife.

Art. 60. Die Vorschriften Unserer Verordnung vom 7. October 1806 in Betreff der Municipal-Verwaltung Unserer Stadt, welche etwa den Vorschriften der gegenwärtigen Verordnung nicht entsprechen, sind zurückgenommen.

Art. 61. Unsere Minister, jeder, in sofern es ihn betrifft, sind beauftragt, gegenwärtige Verordnung zu vollziehen.

Gegeben zu Fontainebleau, den 13. October 1807.

(Unterzeichnet) Joachim.

Der die Stelle des Staats-Secretairs provisorisch versehende Finanz-Minister

(Unterzeichnet) Agar.

III.

Verfassungsurkunden

des

Königreichs Westfalen.

Wie schon oben angedeutet worden, hatte das neu begründete Großherzogthum Berg keinen langen Bestand als solches. Am 1. August 1808 war Joachim bereits zum Könige beider Sicilien gemacht, und von dem französischen Staatsrath Beugnot Besitz ergriffen worden im Namen Napoleon's. Die Entsagungs- und Abdankungs-Proclamation erschien erst am 7. August d. J. 1808 von Paris aus. *)

---

*) Sie lautete:

Joachim Napoléon, par la grace de Dieu, Roi des Deux-Siciles, prince et grand-amiral de France: à tous ceux qui les présents verront salut!

Ayant cédé à S. M. l'Empereur des Français, Roi d'Italie, protecteur de la confédération du Rhin, notre auguste beau-frère, notre souveraineté sur le grand-duché de Berg, ainsi que tous nos droits en Allemagne, nous faisons savoir à nos bien-aimés et fidèles sujets que nous les avons dégagés et que par les présentes nous les dégageons de leur serment de fidélité ainsi que de toutes les obligations qu'ils ont si loyalement remplis envers nous, depuis que la divine providence nous appela à les gouverner. — En faisant cesser tous les engagements qui les attachaient à notre maison royale, nous ne saurions rompre les liens de l'affection qui nous attache à eux et qui doit se conserver à jamais dans notre coeur par le souvenir de la loyauté réligieuse qui distingue leur caractère, du devouement qu'ils nous ont montrés, de la fidélité, avec laquelle ils nous ont servi. Ils étaient nos enfans, nous ne cesserons pas de leur porter des sentiments paternels. — Les regrets que nous éprouvons en nous séparant d'eux, ne peuvent être adoucis que par l'idée des avantages que leur promettent le génie et la puissance de l'arbitre de leurs destinées, accoutumé à repandre sur tous les peuples qui lui sont soumis, tant de bienfaits et tant de gloire. Donné en notre palais à Paris, le 7. Août 1808. Signé: Joachim Napoléon. Par le Roi: Le ministre commissaire de S. M. Signé: G. Agar.

Westfalen.

Im Frieden von Tilsit (Art. 8 u. a.) war das aus eroberten Landen zusammengesetzte Königreich Westfalen feierlich anerkannt worden. Das Königreich umfaßte etwa 705,5 □M., darauf 1,969,450 Seelen, in 195 Städten, 59 Flecken und 4191 Dörfern und Weilern. Im Ganzen wurden ungefähr 368,583 Feuerstellen angenommen, (wobei die 6000 von Corvei und Schmalkalden). Die Einkünfte betrugen — da die Hälfte der Domainen wegfielen, etwa 10,500,000 Gulden. Das Uebrige wird aus den nachfolgenden Decreten am besten hervorgehen.

Daß übrigens dieses Königreich nach dem Umschlagen von Napoleon's Glückstern das erste war, welches durch das halbtollkühne Einrücken von wenigen Tausenden von Russen völlig aus einander gesprengt wurde — unmittelbar nach den Schlachten bei Leipzig und Hanau — ist aus der Geschichte bekannt. Ueber seine einzelnen Bestandtheile wurde dann im Wiener Congreß und endlich vollständig in der deutschen Bundesurkunde bestimmt, indem die einzelnen Theile ihrem früheren Ganzen zum großen Theile wieder zugewiesen, oder anderen Theils ganz anders vertheilt wurden.

Für fast sämmtlich betheiligte Länder aber war die französische Regierung unter Jérome Napoléon von dem wesentlichsten und nachhaltigsten Einflusse auf die ganze bürgerliche und rechtliche Gestaltung der Dinge. Noch bis in die gegenwärtige Zeit greifen die damaligen Verfassungs-Bestimmungen — von Frankreich entlehnt — hinein und sind thatkräftig geblieben. Grundsteuer-Verfassung und Geschwornen-Gerichte sind hiervon die wesentlichsten Gegenstände. Beide haben noch Bestand und beide haben bis zu diesem Augenblicke unentschiedene staatsrechtliche und staatswissenschaftliche Fragen erregt. In wiefern dieses der Fall seyn konnte, wird erst ganz deutlich hervortreten, wenn unter den Urkunden des preußischen Staates sich die Vergleichungen und Unterschiede bieten und herausstellen. Hier sind die gesammten Verfassungsurkunden von genugsamer Wichtigkeit, um sie im Zusammenhange ihrer amtlichen Zusammenstellung mitzutheilen. — Hauptquelle ist natürlich das Bulletin des lois du Royaume de Westphalie, doch steht das erste Decret nicht darin.

1.

Decret vom 18. August 1807.

Au palais impérial des Tuilleries le 18. Août 1807.

NAPOLÉON, Empereur des François, Roi d'Italie, et Protecteur de la confédération du Rhin. Avons décreté et décretons ce qui suit:

Art. I. Tous les états dénommés ci-après, composant le royaume de Vestphalie, seront, au 1. septembre, réunis dans un seul gouvernement et dans une seule administration. Savoir:

Les états de Brunswic-Wolfenbuttel. *)
La partie de l'Alt-Mark **), située sur la rive gauche de l'Elbe.
La partie du pays de Magdebourg ***), située sur la rive gauche de l'Elbe.
Le territoire de Halle.
Le pays d'Hildesheim et la ville de Goslar. †)
Le pays d'Halberstadt.
Le pays d'Hohenstein. ††)
Le territoire de Quedlinbourg. †††)
Le comté de Mansfeld.
L'Eichsfeld, avec Treffurth. [1])
Muhlhausen. [2])
Nordhausen. [3])

---

*) Sie wurden auf 208,000 Seelen in 12 Städten, 12 Flecken, 454 Dörfern und etwa 50,000 Feuerstellen angenommen. Das Fürstenthum hatte etwa 4000 Mann Truppen, große Domainen, (5634 Morgen von 512,000), eine landständische Verfassung und keine Schulden.

**) Gehörte Preußen als Theil der Kurmark (auf dem linken Elbufer) und wurde auf etwa 311,300 Einwohner mit 4434 Soldaten, in 16,817 Feuerstellen, berechnet. Die Domainen waren groß, die Einkünfte etwa $1\frac{1}{2}$ Million.

***) Das Gebiet von Magdeburg, Mansfeld und Halle begriff etwa 41,000 Feuerstellen.

†) Etwa 112,500 Seelen auf 47 □M. und etwa 19,000 Feuerstellen.

††) Halberstadt und Hohenstein hatten 20,414 Feuerstellen, 131,000 Einwohner auf 35 □M.

†††) Mit etwa 13,400 Einwohner auf 4 □M. und 2100 Feuerstellen.

[1]) Etwa $36\frac{1}{2}$ □M. mit 92,250 Seelen und 18,700 Feuerstellen mit ständischer Verfassung.

[2]) Bis 1803 freie Reichsstadt, dann preußisch mit etwa 4 □M. und 16,000 Einwohnern, 3000 Feuerstellen.

[3]) Auch bis 1803 Reichsstadt, 1550 Häuser mit 8700 Einwohner.

Le comté de Stolberg. *)
L'etat de Hesse-Cassel **), avec Rinteln et Schaumbourg, non compris le territoire de Hanau, Schmalkalden et Catzenellenbogen du Rhin.
Goettingen et Grubenhagen ***), avec les enclaves de Hohenstein et d'Elbingerode.
L'évèché de Paderborn. †)
Minden et Ravensberg ††), et le comté Rittberg-Kaunitz.

Art. II. Une régence composée de Nos conseillers d'état, M. M. BEUGNOT, SIMEON et JOLLIVET, et du général de division LAGRANGE, sera chargée de la police, et de l'administration du pays.

Art. III. L'intendant général et les autres administrateurs de Nos armées s'adresseront à la dite régence, pour tout ce qui est relatif au passage et aux différens besoins de l'armée.

Art. IV. A partir du premier octobre, le Roi de Vesphalie prendra possession de ses états, et administrera pour son propre compte.

Art. V. La régence aura soin 1) de bien étudier le pays pour y adapter l'organisation qui doit y être établie, conformément à la constitution; 2) de faire rentrer dans la caisse de l'armée la contribution ordinaire de l'année, ainsi que les contributions extraordinaires.

Art. VI. La régence correspondera pour tous ces objets avec le prince de Neufchatel Notre major-général.

Art. VII. Notre ministre de la guerre est chargé de l'exécution du présent décret.

Signé: NAPOLÉON.

Par l'Empereur. Le sécrétaire-d'état.
Signé: HUGUES B. MARET.
Signé: Maréchal ALEXANDRE BERTHIER.

Arrêté de la régence du royaume de Vestphalie.

Cassel, vendredi le 28. Août.

La régence des pays et états composant le royaume de Vestphalie.

Vu le décret de S. M. l'Empereur des Français, Roi d'Italie, Protecteur de la confédération du Rhin, donné au palais impérial des Tuileries le 18. du présent mois, portant détermination des pays, dont le royaume de Vestphalie devra être composé, et établissement d'une régence chargée de la police et de l'administration de ce royaume jusqu'au moment, où S. M. le Roi de Vestphalie aura pris possession de ses Etats, arrête;

---

*) Stollberg-Stollberg war kursächsisch, St. Wernigerode brandenburgisch, doch waren die Grafen Reichsstände.
**) Etwa 137 □M. mit 390,000 Seelen, 76,000 Feuerstellen. Stände.
***) Etwa 52 □M. mit 175,000 Einwohnern, 34,000 Feuerstellen. Stände.
†) Etwa 56 □M. mit 98,500 Einwohnern, 20,500 Feuerstellen. Stände.
††) Etwa 50 □M. mit 160,000 Einwohnern und 26,402 Feuerstellen.

„Le décret impérial susdaté sera imprimé dans les deux langues, française et allemande, publié et affiché partout où besoin sera, et notifié particulièrement aux gouverneurs et intendans des pays, territoires, villes et états, qui y sont dénommés, pour par eux être exécuté selon sa forme et teneur."

Les membres de la régence du royaume de Vestphalie.

Signé: SIMEON, JOLLIVET, LAGRANGE, BEUGNOT.

2.

Königliches Decret vom 7. December 1807, wodurch die Publication der Constitution des Königreichs Westfalen verordnet wird.

(Gesetz-Bülletin I. 1.)

Wir Napoleon, von Gottes Gnaden und durch die Constitutionen, Kaiser der Franzosen, König von Italien und Beschützer des rheinischen Bundes, haben in der Absicht, den 19ten Artikel des Tilsiter Friedensschlusses schleunig in Vollzug zu setzen, und dem Königreiche Westfalen eine Grundverfassung zu geben, welche das Glück seiner Völker sichere und zugleich dem Souverain, als Mitglied des rheinischen Bundes, die Mittel gewähre, zur gemeinschaftlichen Sicherheit und Wohlfahrt mitzuwirken, verordnet und verordnen, wie folgt:

Erster Titel.

1. Art. Das Königreich Westfalen ist aus folgenden Staaten zusammengesetzt, nämlich:

aus den Braunschweig-Wolfenbüttelschen Staaten,
aus dem auf dem linken Ufer der Elbe gelegenen Theile der Altmark,
aus dem auf dem linken Elbufer gelegenen Theile der Provinz Magdeburg,
aus dem Gebiete von Halle,
aus dem Hildesheimischen und der Stadt Goslar,
aus dem Gebiet von Halberstadt,
aus dem Hohensteinischen,
aus dem Gebiete von Quedlinburg,
aus der Grafschaft Mansfeld,

aus dem Eichsfelde, nebst Treffurt, Mühlhausen, Nordhausen,
aus der Grafschaft Stollberg-Wernigerode,
aus den Staaten von Hessen-Cassel, nebst Rinteln und Schaumburg, jedoch mit Ausnahme des Gebietes von Hanau und Katzenellenbogen am Rheine,
aus dem Gebiete von Corvey *), Göttingen und Grubenhagen, nebst den Zubehörungen von Hohenstein und Elbingerode,
aus dem Bisthume Osnabrück **),
aus dem Bisthume Paderborn, Minden und Ravensberg,
aus der Grafschaft Rietberg-Kaunitz. ***)

2. Art. Wir behalten Uns die Hälfte der Allodial-Domainen der Fürsten vor, um solche zu den Belohnungen zu verwenden, die Wir den Offizieren Unserer Armeen versprochen haben, welche Uns im gegenwärtigen Kriege die meisten Dienste leisteten. Die Besitznahme von diesen Gütern soll unverzüglich durch unsere Intendanten geschehen, und das Protokoll darüber soll vor dem ersten Dezember mit Zuziehung der Landesbehörden aufgesetzt werden.

3. Art. Die, besagten Ländern auferlegten, außerordentlichen Kriegssteuern sollen abgetragen, oder es soll für ihre Abzahlung, vor dem ersten Dezember, Sicherheit gegeben werden.

4. Art. Den ersten Dezember soll der König durch Kommissarien, welche Wir zu dem Ende ernennen werden, in den Besitz des vollen Genusses und der Souverainetät seines Gebietes gesetzt werden.

Zweiter Titel.

5. Art. Das Königreich Westfalen macht einen Theil des rheinischen Bundes aus.

Sein Kontingent soll aus fünf und zwanzig tausend Mann wirklich dienstthuender Soldaten von Waffen aller Art bestehen, nämlich:

20,000 Mann Infanterie,
3500 " Kavallerie,
1500 " Artillerie.

Während der ersten Jahre sollen nur zehntausend Mann Infanterie, zwei tausend Mann Kavallerie und fünfhundert Mann Artillerie besoldet werden. Die übrigen zwölftausend fünfhundert Mann sollen von Frankreich gestellt werden und die Garnison von Magdeburg bilden. Diese zwölftausend fünfhundert Mann sollen vom Könige von Westfalen besoldet und gekleidet werden.

Dritter Titel.

6. Art. Das Königreich Westfalen soll in des Prinzen Hieronymus Napoleon direkter, natürlicher und rechtmäßiger Nachkommenschaft, männlichen Geschlechtes, in Folge der Erstgeburt, und mit beständiger Ausschließung der Weiber und ihrer Nachkommenschaft, erblich sein.

---

*) Vormals gefürstete Abtei, war 1803 an Nassau Dietz gekommen, hatte 10,000 Einwohner auf 5 □M.

**) Etwa 56 □M. mit 13,600 Seelen, 22,000 Feuerstellen.

***) Etwa 2310 Feuerstellen, 1300 Seelen und 4 □M., gehörte dem Fürsten Kaunitz.

Falls der Prinz Hieronymus Napoleon keine natürliche und rechtmäßige Nachkommenschaft haben würde, soll der Thron Westfalens Uns, und Unseren natürlichen und rechtmäßigen oder adoptirten Erben und Nachkommen,

in Ermangelung dieser, den natürlichen und rechtmäßigen Nachkommen des Prinzen Joseph Napoleon, Königs von Neapel und Sicilien,

in Ermangelung dieser Prinzen, den natürlichen und rechtmäßigen Nachkommen des Prinzen Ludwig Napoleon, Königs von Holland,

und in Ermangelung dieser letzteren, den natürlichen und rechtmäßigen Nachkommen des Prinzen Joachim, Großherzogs von Berg und Cleve, anheim fallen.

7. Art. Der König von Westfalen und seine Familie sind in dem, was sie betrifft, den Verfügungen der kaiserlichen Familien-Statuten unterworfen.

8. Art. Im Falle der Minderjährigkeit, soll der Regent des Königreichs von Uns oder Unseren Nachfolgern, in unserer Eigenschaft als Haupt der kaiserlichen Familie, ernannt werden.

Er soll unter den Prinzen der königlichen Familie gewählt werden.

Die Minderjährigkeit des Königs endigt sich mit dem zurückgelegten achtzehnten Jahre.

9. Art. Der König und die königliche Familie haben zu ihrem Unterhalte einen besonderen Schatz, unter dem Titel Kronschatz, welcher fünf Millionen Revenüen beträgt.

Den Ertrag der Domanial-Waldungen und ein Theil der Domainen sind zu diesem Behufe bestimmt. Falls der Ertrag der Domainen nicht zureichend sein würde, so soll das Fehlende aus der Staatskasse mit einem Zwölftel jeden Monat zugeschossen werden.

Vierter Titel.

10. Art. Das Königreich Westfalen soll durch Constitutionen regiert werden, welche die Gleichheit aller Unterthanen vor dem Gesetze, und die freie Ausübung des Gottesdienstes der verschiedenen Religionsgesellschaften festsetzen.

11. Art. Die Landstände der Provinzen, aus welchen das Königreich besteht, sowohl die allgemeinen, als die besonderen, alle politische Corporationen dieser Art und alle Privilegien besagter Corporationen, Städte und Provinzen, sind aufgehoben.

12. Art. Gleichergestalt sind alle Privilegien einzelner Personen und Familien, in sofern sie mit den Verfügungen vorstehenden Artikels unverträglich sind, aufgehoben.

13. Art. Alle Leibeigenschaft, von welcher Natur sie sein, und wie sie heißen möge, ist aufgehoben, indem alle Einwohner des Königreichs die nämlichen Rechte genießen sollen.

14. Art. Der Adel soll in seinen verschiedenen Graden und mit seinen verschiedenen Benennungen fortbestehen, ohne daß solcher jedoch ein ausschließendes Recht zu irgend einem Amte, Dienste oder einer Würde, noch Befreiung von irgend einer öffentlichen Last verleihen könne.

15. Art. Die Statuten der adeligen Abteien, Priorate und Kapitel sollen dahin abgeändert werden, daß jeder Unterthan des Reichs darin zugelassen werden könne.

16. Art. Es soll ein und dasselbe Steuersystem für alle Theile des Königreichs sein. Die Grundsteuer soll das Fünftel der Revenüen nicht übersteigen dürfen.

17. Art. Das Münzsystem und das System der Maaße und Gewichte, welche dermalen in Frankreich bestehen, sollen im ganzen Königreiche eingeführt werden.

18. Art. Die Münzen sollen mit dem Wappen Westfalens und mit dem Bildnisse des Königs geschlagen werden.

Fünfter Titel.

19. Art. Es sollen vier Minister sein, nämlich:
einer für das Justizwesen und die inneren Angelegenheiten,
einer für das Kriegswesen,
einer für die Finanzen, den Handel und den öffentlichen Schatz;
es soll ein Minister Staats-Secretair sein.

20. Art. Die Minister sind, jeder in seinem Fache, für die Vollziehung der Gesetze und der Befehle des Königs verantwortlich.

Sechster Titel.

21. Art. Der Staatsrath soll zum Wenigsten aus sechzehn und höchstens aus fünf und zwanzig Mitgliedern bestehen, welche vom Könige ernannt werden, und deren Ernennung von ihm nach Gutdünken zurückgenommen werden kann.

Er soll in 3 Sectionen abgetheilt werden, nämlich:
Section des Justizwesens und der inneren Angelegenheiten,
Section des Kriegswesens,
Section des Handels und der Finanzen.

Der Staatsrath soll die Verrichtungen des Cassationsgerichts versehen. Es sollen für die Geschäfte, welche geeignet sind, vor das Cassationsgericht gebracht zu werden, und für die streitigen Fälle in Verwaltungssachen, Advokaten bei demselben angestellt werden.

22. Art. Das Gesetz über die Auflagen, oder das Finanzgesetz, die Civil- und peinlichen Gesetze sollen im Staatsrathe diskutiret und entworfen werden.

23. Art. Die im Staatsrathe entworfenen Gesetze sollen den von den Ständen ernannten Kommissionen mitgetheilt werden.

Diese Kommissionen, deren drei sein sollen, nämlich eine Finanzkommission, eine Kommission des bürgerlichen Justizwesens, und eine Kommission des peinlichen Justizwesens, sollen aus fünf Mitgliedern bestehen, welche in jeder Session ernannt und erneuert werden müssen.

24. Art. Diese ständischen Kommissionen können mit den respektiven Sectionen des Staatsrathes die ihnen mitgetheilten Gesetzesentwürfe diskutiren.

Die Bemerkungen besagter Kommissionen sollen im versammelten, vom Könige präsidirten Staatsrathe verlesen, und es soll, wenn man es nöthig finden wird, über die Modificationen, deren die Gesetzesentwürfe für empfänglich werden gehalten werden, berathschlagt werden.

25. Art. Die definitiv angenommene Redaction der Gesetzesentwürfe soll durch Mitglieder des Staatsrathes unmittelbar den Ständen überbracht werden,

welche nach Anhörung der Beweggründe jener Gesetzesentwürfe und der Berichte der Kommission, darüber berathschlagen werden.

26. Art. Der Staatsrath hat die Verwaltungs-Verordnungen zu diskutiren und solche zu entwerfen.

27. Art. Er hat über die unter den Verwaltungs- und gerichtlichen Behörden sich erhebenden Jurisdictions-Streitigkeiten, über die streitigen Verwaltungsgegenstände und über die Frage zu erkennen, ob Verwaltungsbeamte vor Gericht gestellt werden können und sollen?

28. Art. Der Staatsrath hat in Ausübung seiner Attribute nur eine berathende Stimme.

Siebenter Titel.

29. Art. Die Stände des Reichs sollen aus hundert Mitgliedern bestehen, welche durch die Departements-Kollegien ernannt werden, nämlich: siebenzig werden gewählt aus der Klasse der Grundeigenthümer, funfzehn unter den Kaufleuten und Fabrikanten, und funfzehn unter den Gelehrten und anderen Bürgern, welche sich um den Staat verdient gemacht haben.

Die Mitglieder der Stände bekommen keinen Gehalt.

30. Art. Sie sollen alle drei Jahre zu einem Drittel erneuert werden; die austretenden Mitglieder können unmittelbar wieder gewählt werden.

31. Art. Der Präsident der Stände wird vom Könige ernannt.

32. Art. Die Stände versammeln sich auf die vom Könige anbefohlene Zusammenberufung.

Sie können bloß durch den König zusammenberufen, prorogirt, vertagt und aufgelöst werden.

33. Art. Die Stände berathschlagen über die vom Staatsrathe verfaßten Gesetzesentwürfe, welche ihnen auf Befehl des Königs vorgelegt werden, sowohl über die Auflagen oder das jährliche Finanz-Gesetz, als über die im Civilgesetzbuche und im Münzsysteme vorzunehmenden Veränderungen.

Die gedruckten Rechnungen der Minister sollen ihnen alle Jahre vorgelegt werden.

Die Stände berathschlagen über die Gesetzes-Entwürfe im geheimen Scrutinium durch absolute Mehrheit der Stimmen.

Achter Titel.

34. Art. Das Gebiet soll in Departemente, die Departemente in Distrikte, die Distrikte in Kantone, und diese in Municipalitäten eingetheilt werden.

Die Zahl der Departemente soll weder unter acht, noch über zwölf sein.

Die Zahl der Distrikte soll in einem Departemente weder unter drei, noch über fünf sein.

Neunter Titel.

35. Art. Die Departemente sollen durch einen Präfekten verwaltet werden.

Es soll in jedem Departemente ein Präfekturrath für die streitigen Sachen, und ein General-Departementsrath sein.

36. Art. Die Distrikte sollen durch einen Unterpräfekten verwaltet werden.

Es soll in jedem Distrikte oder in jeder Unterpräfektur ein Distrikts-Rath sein.

37. Art. Jede Municipalität soll durch einen Maire verwaltet werden.

Es soll in jeder Municipalität ein Municipalrath sein.

38. Art. Die Mitglieder der General-Departements-Räthe, der Distrikts-räthe und der Municipalräthe sollen alle zwei Jahre zur Hälfte erneuert werden.

Zehnter Titel.

39. Art. Es soll in jedem Departemente ein Departements-Kollegium gebildet werden.

40. Art. Die Zahl der Mitglieder der Departements-Kollegien soll durch die Zahl der Bewohner des Departements bestimmt werden, so daß ein Mitglied auf tausend Bewohner desselben kommt; doch darf die Zahl der Mitglieder nicht unter zweihundert sein.

41. Art. Die Mitglieder der Departements-Kollegien sollen vom Könige ernannt und folgendermaßen gewählt werden, nämlich:

Vier Sechstel unter den sechshundert Höchst Besteuerten des Departements,

Ein Sechstel unter den reichsten Kaufleuten und Fabrikanten,

Und ein Sechstel unter den ausgezeichnetsten Gelehrten und Künstlern, und unter den Bürgern, welche sich am meisten um den Staat verdient gemacht haben.

42. Art. Es kann Niemand, der nicht volle 21 Jahre alt ist, zum Mitgliede eines Departements-Kollegiums ernannt werden.

43. Art. Die Functionen der Mitglieder der Departements-Kollegien sind lebenslänglich; es kann keines derselben anders, als durch einen Urtheilsspruch, entsetzt werden.

44. Art. Die Departements-Kollegien sollen die Mitglieder der Stände ernennen, und dem Könige Candidaten für die Stellen der Friedensrichter, Departements-, Distrikts- und Municipal-Räthe vorschlagen.

Für jede zu machende Ernennung sollen zwei Candidaten vorgeschlagen werden.

Elfter Titel.

45. Art. Der Codex Napoleon soll vom ersten Januar 1808 an das bürgerliche Gesetzbuch des Königreichs Westfalen sein.

46. Art. Das gerichtliche Verfahren soll öffentlich sein, und in peinlichen Fällen sollen die Geschwornen-Gerichte Statt haben. Diese neue peinliche Jurisprudenz soll spätestens bis zum ersten Julius 1808 eingeführt sein.

47. Art. In jedem Kantone soll ein Friedensgericht, in jedem Distrikte ein Civilgericht erster Instanz, und in jedem Departemente ein peinlicher Gerichtshof und für das ganze Königreich ein einziger Appellations-Gerichtshof sein.

48. Art. Die Friedensrichter sollen vier Jahre lang im Amte bleiben, und sollen sogleich darauf wieder gewählt werden können, wenn sie als Candidaten von den Departements-Kollegien vorgeschlagen worden.

49. Art. Der gerichtliche Stand ist unabhängig.

50. Art. Die Richter werden vom Könige ernannt.

Ernennungen auf Lebenszeit sollen sie erst erhalten, wenn man, nachdem sie ihr Amt fünf Jahre lang werden verwaltet haben, überzeugt sein wird, daß sie in ihren Aemtern beibehalten zu werden verdienen.

51. Art. Das Appellationsgericht kann auf die Denunciation des königlichen Prokurators sowohl, als auf jene eines seiner Präsidenten, vom Könige die Absetzung eines Richters begehren, welchen es in der Ausübung seiner Amtsverrichtungen einer Verletzung seiner Pflichten für schuldig hält.

In diesem einzigen Falle soll die Amtsentsetzung eines Richters vom Könige ausgesprochen werden können.

52. Art. Die Urtheile der Gerichtshöfe und Tribunale werden im Namen des Königs ausgesprochen.

Er allein kann Gnade ertheilen, die Strafe erlassen oder mildern.

Zwölfter Titel.

53. Art. Die Militair-Conscription soll Grundgesetz des Königreichs Westfalen sein. Es dürfen keine Werbungen für Geld Statt haben.

Dreizehnter Titel.

54. Art. Gegenwärtige Constitution soll durch königliche, im Staatsrathe diskutirte Verordnungen ergänzt werden.

55. Art. Die Gesetze und Verwaltungs-Verordnungen sollen im Gesetz-Büllетin bekannt gemacht werden, und haben zu ihrer Verbindlichkeit keiner anderweitigen Publications-Formalität nöthig.

Gegeben in Unserem Palaste zu Fontainebleau, am 15ten Tage des Monats November des Jahres 1807.

Unterschrieben: Napoleon
Auf Befehl des Kaisers
der Minister Staats-Secretair
Hugo B. Maret.

Wir Hieronymus Napoleon, von Gottes Gnaden und durch die Constitutionen König von Westfalen, französischer Prinz 2c. 2c.

Nach Ansicht der Constitution des Königreichs Westfalen, vom 15. November 1807

befehlen, daß dieselbe ins Gesetz-Büllетin eingerückt und im ganzen Umfange des Königreichs bekannt gemacht werden soll.

Gegeben in Unserem Königlichen Palaste zu Napoleonshöhe, am 7. Dezember 1807, im 1sten Jahre Unserer Regierung.

Unterschrieben: Hieronymus Napoleon.
Auf Befehl des Königs
in Abwesenheit des Ministers Staats-Secretair,
der Kabinets-Secretair
Unterschrieben: Cousin von Marinville.
Als gleichlautend bescheiniget
der provisorische Minister des Justizwesens und
der innern Angelegenheiten
Simeon.

3.

Königliches Decret vom 14. December 1807, über die Organisation des öffentlichen Schatzes.

(Gesetz=Bülletin III. 5.)

Wir Hieronymus u. s. w.
haben in Betracht der Dringlichkeit, die ersten Grundpfeiler der Organisation des öffentlichen Schatzes Unseres Königreiches zu setzen, und nach Ansicht des 9ten und 19ten Artikels der Constitution vom 15. November 1807 verordnet und verordnen, wie folgt:

1. Art. Es sollen für den öffentlichen Schatz Unseres Königreichs, unter der Leitung Unseres mit diesem Departement beauftragten Ministers

drei Verwalter,
ein General=Kassirer und
ein General=Zahlmeister

angestellt werden.

2. Art. Die in vorstehendem Artikel ermeldeten fünf öffentlichen Beamten und Rechnungsführer sollen von Uns ernannt werden.

3. Art. Das Hotel des Kriegscollegiums zu Kassel ist für den Dienst des öffentlichen Schatzes bestimmt.

4. Art. Es soll daselbst eine Kasse mit drei verschiedenen Schlössern aufgestellt werden; zwei von den dazu gehörigen Schlüsseln sollen den Händen zweier Verwalter, und der dritte dem General=Kassirer anvertraut werden.

5. Art. Wenn der Betrag der täglichen Einnahme dreißig tausend Franken übersteigen wird, so soll der Ueberschuß sogleich in die Kasse mit drei Schlössern niedergelegt, und nur auf Befehl des mit dem Departement des öffentlichen Schatzes beauftragten Ministers daraus genommen werden können.

6. Art. Der Kassirer und der Zahlmeister sind gehalten, alle Abende im General=Sekretariate des Ministers den Etat ihrer respectiven Einnahme und Ausgabe zu überreichen.

7. Art. Es soll vom General=Kassirer und vom General=Zahlmeister Caution in ganz schuldfreien Grundstücken, und zwar von Ersterem bis zum Betrage von dreißig tausend Franken, und von Letzterem bis zum Betrage von ein hundert tausend Franken gestellt werden.

8. Art. Der General=Zahlmeister soll blos auf Anweisungen Unserer Minister, welche von dem das Departement des öffentlichen Schatzes dirigirenden Minister visirt sein müssen, Zahlungen machen können.

9. Art. Die in vorstehendem Artikel vorgeschriebenen Visa sollen nur in Gemäßheit der von Uns Unseren Ministern bewilligten Creditbriefe, von denen Ausfertigungen durch den Minister Staats=Secretair dem mit dem Departement des öffentlichen Schatzes beauftragten Minister werden zugestellt worden sein, zugestanden werden können.

10. Art. Unser dem Departemente des öffentlichen Schatzes vorstehende Minister hat alle Morgen einen Etat von den, den Abend zuvor in Unserem öffentlichen Schatze befindlichen Fonds in Unserer Staats=Secretairerie übergeben zu lassen.

11. Art. Unser provisorische Minister des öffentlichen Schatzes ist mit der Vollziehung gegenwärtigen Decrets, welches ins Gesetz=Büllletin eingerückt werden soll, beauftragt.

Gegeben in Unserem königlichen Palaste zu Cassel, den 14. December 1807.

Unterschrieben: Hieronymus Napoleon.
Auf u. s. w.

4.

Königliches Decret vom 17. December 1807 über das im Königreiche einzuführende Rechnungsjahr.

(Gesetz=Büllletin III. 7.)

Wir u. s. w.
haben in Erwägung, daß es für die Verwaltung Unserer Staaten, und Unserer Finanzen insbesondere von der größten Wichtigkeit ist, auf den 1. Januar 1808 die Rechnungen aller Art auf das genaueste von einander abzusondern, und das Rechnungsjahr, welches in Zukunft in den verschiedenen das Königreich Westfalen bildenden Provinzen beobachtet werden soll, auf eine einförmige Art unwandelbar zu bestimmen, verordnet und verordnen Folgendes:

1. Art. Vom 1. Januar 1808 an soll es im Königreiche Westfalen, und für alle Zweige der Verwaltung, ohne Ausnahme, Ein und dasselbe Rechnungsjahr, nach Maßgabe des Gregorianischen Kalenders geben.

Alle Civil=, Militair=, geistliche und gerichtliche Behörden sind verbunden, sich danach zu bemessen.

2. Art. Die Intendanten Unserer Provinzen haben künftigen 1. Januar 1808 das Inventarium der Central= oder Provinzial=Kassen zu fertigen, die laufenden Rechnungs=Register zu schließen, und neue zu visiren und paragraphiren,

in welche alle Einnahmen und Ausgaben, welche vom 1. Januar an werden gemacht werden, von welcher Art und welchen Ursprungs sie auch sein mögen, eingetragen werden sollen.

3. Art. Die Herren Intendanten haben gleichfalls auf den 1. Januar 1808, durch die Verwaltungs-Behörden eine Liquidation aller von dem 1. Oktober bis zum 31. December 1807 gemachten Einnahmen und Ausgaben fertigen zu lassen, und den von ihnen aufgestellten General-Finanz-Bestand, so wie auch die über die Inventarisation der Kassen abgefaßten Protocolle, vor dem 15. Januar 1808, an unseren Finanz-Minister einzuschicken.

4. Art. Unsere provisorischen Finanz- und Schatz-Minister sind, in so weit es jeden derselben angeht, mit der Vollziehung gegenwärtigen Decrets, welches im Gesetz-Bülletin abgedruckt werden soll, beauftragt.

Gegeben in Unserem königlichen Palaste zu Kassel, am 17. December 1807, im ersten Jahre Unserer Regierung.

Unterschrieben: Hieronymus Napoleon.
Auf u. s. w.

5.

Königliches Decret vom 24. December 1807, wodurch die Eintheilung des Königreichs in acht Departemente angeordnet wird.

(Gesetz-Bülletin IV. 11.)

Wir ꝛc. ꝛc.
haben decretirt und decretiren:

1. Art. Das Königreich Westfalen wird in 8 Departements eingetheilt

1. Das Departement der Elbe.

Es wird gebildet aus dem größten Theile des Herzogthums Magdeburg, aus der Grafschaft Barby *), aus den von Sachsen abgetretenen Gommernschen Aemtern **), aus der Altmark, aus dem Amte Kalvörden im Braunschweigischen, aus dem Amte Weferlingen. ***)

---

*) Am Einflusse der Saale in die Elbe zwischen Magdeburg und Anhalt; früher den Herrn von Barby gehörig, 1497 Reichsgrafschaft, 1659 als erled. Lehn an Sachsen-Weißenfels, 1746 an das Kurhaus; zahlte im Obersächs. Kreise als Kammergüter 26 Rthlr. $57\frac{1}{2}$ Kr.

**) Gommern, Stanies, Elbenau und Plötzgau.

***) Gehörte sonst zu Halberstadt.

Die Anzahl der Einwohner dieses Departements beläuft sich auf 253,210 Seelen. Die Stadt Magdeburg ist der Hauptort des Departements. Es wird in 4 Distrikte oder Bezirke eingetheilt: Magdeburg, Neuhaldensleben, Stendal, Salzwedel.

2. Das Departement der Fulda.

Es wird gebildet aus einem Theile von Nieder-Hessen, aus dem Gebiete von Paderborn, aus dem Gebiete von Corvei, aus dem Amte Reckenberg *), aus der Grafschaft Rietberg-Kaunitz, aus dem Amte Münden. **)

Die Anzahl seiner Einwohner beläuft sich auf 239,502 Seelen. Die Stadt Cassel ist der Hauptort des Departements. Es wird in 3 Distrikte oder Bezirke abgetheilt: Cassel, Hörter, Paderborn.

3. Das Harz-Departement.

Es wird gebildet aus dem Fürstenthum Eichsfeld, aus der Grafschaft Hohenstein, aus einem Theile des Fürstenthums Grubenhagen, aus dem Gebiete von Walkenried, aus einem Theile des Gebietes von Blankenburg, aus einem Theile von Hessen, aus den Städten Mühlhausen und Nordhausen.

Die Anzahl seiner Einwohner beläuft sich auf 210,989 Seelen. Der Hauptort dieses Departements ist die Stadt Heiligenstadt. Es wird in vier Distrikte oder Bezirke eingetheilt: Heiligenstadt, Duderstadt, Osterrode, Nordhausen.

4. Das Departement der Leine.

Es wird gebildet aus dem Göttinger Gebiete, aus einem Theile des Fürstenthums Grubenhagen, aus einem Theile des Gebiets von Hildesheim, Braunschweig und Hessen.

Die Anzahl seiner Einwohner beläuft sich auf 145,537 Seelen. Die Stadt Göttingen ist der Hauptort dieses Departements. Es wird in zwei Distrikte oder Bezirke eingetheilt: Göttingen, Eimbeck.

5. Das Departement der Ocker.

dazu gehören:

beinahe das ganze Fürstenthum Wolfenbüttel, beinahe das ganze Fürstenthum Hildesheim, die Stadt Goslar mit ihrem Gebiete, mehrere von dem Gebiete von Magdeburg und Halberstadt abgesonderte Dörfer. Die Anzahl seiner Einwohner beläuft sich auf 267,878 Seelen. Die Stadt Braunschweig ist der Hauptort des Departements. Es wird in vier Distrikte oder Bezirke eingetheilt: Braunschweig, Helmstädt, Hildesheim, Goslar.

6. Das Departement der Saale.

Es wird gebildet aus dem Fürstenthume Halberstadt, aus dem Fürstenthume Blankenburg, aus der Grafschaft Wernigerode, aus der Stadt Quedlinburg mit ihrem Gebiete, aus dem Saalkreise, aus dem Theile von Mansfeld, welcher zu Preußen gehörte, aus einem Theile des Mansfeldischen, welcher zu Sachsen gehörte, aus einigen Dörfern des Herzogthums Magdeburg. Die Anzahl seiner Einwohner beläuft sich auf 206,222 Seelen. Die Stadt Halberstadt ist der Hauptort des Departements. Es wird in drei Distrikte oder Bezirke eingetheilt: Halberstadt, Blankenburg, Halle.

---

*) Gehörte sonst zu Osnabrück.

**) Hannoversch Münden (zu Calenberg gehörig).

7. Das Departement der Werra.

Es wird gebildet aus ganz Ober-Hessen, aus der Grafschaft Ziegenhain, aus dem Fürstenthume Hersfeld, aus einem großen Theile von Niederhessen, aus der Herrschaft Schmalkalden. Die Anzahl der Einwohner beläuft sich auf 254,000 Seelen. Die Stadt Marburg ist sein Hauptort. Es wird in drei Distrikte oder Bezirke eingetheilt: Marburg, Hersfeld, Eschwege.

8. Das Departement der Weser.

Es wird gebildet aus dem Fürstenthume Minden, aus der Grafschaft Ravensberg, aus dem Bisthume Osnabrück, aus dem Theile von Schaumburg, welcher zu Hessen gehörte, aus dem Amt Thedinghausen. Die Anzahl der Einwohner beläuft sich auf 334,965 Seelen. Die Stadt Osnabrück ist der Hauptort dieses Departements. Es wird in vier Distrikte oder Bezirke eingetheilt: Osnabrück, Minden, Bielefeld, Rinteln.

2. Art. Die Kantone und Gemeinden, welche die Distrikte bilden sollen, so wie auch ihre Grenzen und jene der Departemente und Distrikte, in dem gegenwärtigen Dekrete beizufügenden Verzeichnisse, angezeigt werden.

3. Art. Unser Minister des Justizwesens und der inneren Angelegenheiten ist mit der Vollziehung gegenwärtigen Dekrets beauftragt.

Gegeben in Unserem Königlichen Palaste zu Kassel, den 24. December 1807, im ersten Jahre Unserer Regierung.

Unterschrieben: Hieronymus Napoleon.
Auf Befehl des Königs
der Minister Staats-Secretair
Unterschrieben: Johann von Müller.

Als gleichlautend bescheinigt
der provisorische Minister des Justizwesens und
der inneren Angelegenheiten.
Simeon.

6.

Königliches Dekret vom 24. December 1807, welches das Reglement für den Staatsrath enthält.

(Gesetz-Bülletin V. 12.)

Hieronymus Napoleon, König u. s. w.

Nach Ansicht des Titels VI. der Constitutions-Akte vom 15. November 1807, den Staatsrath betreffend.

Nach dem Rapport Unseres provisorischen Ministers des Justizwesens und der inneren Angelegenheiten haben Wir beschlossen und beschließen:

Erster Titel.

Von der Organisation des Staatsraths.

Erstes Kapitel.

Von den Staatsräthen.

1. Art. Unser Staatsrath soll bestehen 1) aus den Prinzen vom Geblüte, 2) aus den Ministern, 3) aus den Staatsräthen, 4) aus den Auditoren, 5) aus einem General-Secretair.

2. Art. Er bildet sich in General-Versammlungen und theilt sich in Sectionen.

3. Art. Die Liste der Staatsräthe wird alle 3 Monate von Uns angeordnet.

4. Art. Diejenigen, welche nicht auf dieser Liste werden eingetragen sein, hören dadurch von selbst auf, Staatsräthe zu sein.

5. Art. Die Liste kann in ordentlichen und in außerordentlichen Dienst eingetheilt werden.

6. Art. Die im ordentlichen Dienste begriffenen Staatsräthe haben allein Zutritt in den Staatsrath, und können die Besoldung fordern.

7. Art. Sie sollen nach den Sectionen in die Liste des ordentlichen Dienstes eingetragen werden, welche zugleich die Namen derjenigen enthalten soll, die Wir, ohne sie einer Section beizugesellen, im ordentlichen Dienste beizubehalten gesonnen sein. werden.

8. Art. Wenn ein Mitglied des Staatsraths während fünf Jahre auf die Liste der Mitglieder des Staatsrathes im ordentlichen Dienst eingetragen worden ist, so bekannt er ein Brevet als Staatsrath auf Lebenszeit; wenn er darauf nicht mehr auf die Liste des ordentlichen oder außerordentlichen Dienstes eingetragen wird, so kann er nur auf ein Drittel der Besoldung Anspruch machen.

Er verliert seinen Titel und seine Rechte nur durch ein ihn in eine Leibes- oder in eine entehrende Strafe verdammendes Urtheil.

9 Art. Der Gehalt der Staatsräthe ist vierzehn tausend Franken.

Wir behalten Uns vor, den Präsidenten der Sectionen, und den Staatsräthen, welchen die Direction irgend eines Theils der öffentlichen Verwaltung wird übertragen werden, eine Besoldungs-Zulage zu geben.

Zweites Kapitel.

Von den Auditoren.

10. Art. Es sollen bei den Ministern und den Sectionen des Staatsrathes Auditoren sein, welche bestimmt sind, nach einer gewissen Zeit Stellen im Verwaltungs- und im gerichtlichen Fache zu versehen.

11. Art. Die Auditoren haben in den Sectionen die Berichte zu fertigen, die ihnen von den Präsidenten aufgetragen sind.

Sie haben im Departemente des Ministers, dem sie beigegeben sind, die von den Sectionen verlangten Nachrichten einzuziehen.

12. Art. Die Auditoren stellen sich im Staatsrathe hinter die Staatsräthe der Section, zu der sie gehören; sie haben kein Votum und dürfen nicht eher sprechen, als bis sie Erläuterungen zu geben aufgefordert werden.

13. Art. Die beim Justiz-Departemente angestellten Auditoren sind ganz besonders beauftragt, beim Justizminister die Berichte über die Bitten um Erlaß oder Milderung der Strafe zu fertigen. Derjenige von ihnen, welcher den Bericht gemacht hat, hat den Minister in den geheimen Rath zu begleiten, wo er, wie im Staatsrathe, seine Stelle haben soll.

14. Art. Der Gehalt der Auditoren ist tausend Franken.

Drittes Kapitel.

Vom General-Secretaire.

15. Art. Die Verrichtungen des General-Secretairs bestehen in Folgendem:

1) die von Uns an die verschiedenen Sectionen verwiesenen Geschäfte zu vertheilen;
2) in den General-Versammlungen des Staatsrathes das Protokoll zu führen;
3) Uns das Resultat der Verhandlungen der General-Versammlungen des Staatsrathes vorzulegen;
4) jedes motivirte Gutachten des Staatsrathes zu unterzeichnen;
5) die Minuten der Acte der General-Versammlungen des Staatsrathes, der Sectionen und der mit einzelnen Theilen der Verwaltung beauftragten Staatsräthe aufzubewahren, die Ausfertigungen und Extracte derselben zu besorgen und zu unterzeichnen.

16. Art. Der Gehalt des General-Secretairs besteht in zwei Dritteln der Besoldung eines Staatsraths.

Zweiter Titel.

Von den Attributen des Staatsrathes.

Erstes Kapitel.

Von den Verwaltungs-Attributen.

17. Art. Der Staatsrath kann sich nur auf eine von Uns erlassene Zusammenberufung versammeln.

18. Art. Er hat in keinem Geschäfte die Initiative, und kann nur über diejenigen berathschlagen, welche an ihn verwiesen werden, mit Ausnahme jedoch der streitigen Sachen, die mittelst Requete der Parthien an ihn gelangen können, wie solches hernach bestimmt werden soll.

19. Art. In Gemäßheit des 22sten Artikels der Constitution discutirt und entwirft derselben die Gesetze, und die Verwaltungs-Verordnungen.

Demzufolge werden Wir, wenn die Nothwendigkeit eines Gesetzes oder einer Verordnung von einem Minister wird dargethan worden sein, und sobald Wir den Antrag desselben werden gutgeheißen haben, das Project der einschlägigen Section überschicken, um das Gesetz oder die Verordnung zu entwerfen.

Der Präsident hat Uns, oder demjenigen, welcher in Unserer Abwesenheit dem Staatsrath präsidiren wird, das Project des Entwurfes zu überreichen, damit es im Rathe, auf den Bericht der Section, welche damit beauftragt gewesen, discutirt und darüber ein Beschluß gefaßt werden könne.

20. Art. Wenn die Resolution des Staatsraths von Uns gutgeheißen worden ist, so bildet sie ein Dekret, und wenn ein Gesetz gegeben werden soll,

so werden Wir befehlen, daß es der einschlägigen Kommission der Stände mitgetheilt, und darauf durch die von Uns dazu ernannten Mitglieder des Staatsraths der Versammlung der Stände überbracht werde.

21. Art. Der Staatsrath hat, auf die an Uns gerichteten und von Uns an ihn verwiesenen Fragen, den Sinn der Gesetze zu entwickeln.

22. Art. Er hat, sobald er von Uns dazu aufgefordert ist, zu erkennen;

1) über die unter der Verwaltung und den Tribunalen sich erhebenden Jurisdictions-Streitigkeiten;
2) über die streitigen Verwaltungs-Gegenstände, sobald Uns die einen oder die anderen von einem Minister mittelst Berichtes werden vorgelegt worden sein;
3) über die Frage, ob öffentliche Beamte vor Gericht gestellt werden können und sollen.

Zweites Kapitel.

Attribute in Rücksicht streitiger Gegenstände.

23. Art. Es können jedoch folgende Sachen blos mittelst Requeten der Partheien vor den Staatsrath gebracht werden, nämlich:

1) wenn ein Jurisdictionsstreit zwischen der Verwaltung und den Tribunalen entstanden ist;
2) wenn sich sowohl über die mit Unseren Ministern, dem Intendanten Unseres Hauses, oder in deren Namen geschlossenen Accorde, als über die für den Dienst der Departemente der Minister, für Unseren persönlichen Dienst, oder für den Unserer Häuser gemachten Arbeiten und Lieferungen Streitigkeiten oder Schwierigkeiten erheben;
3) wenn die Partheien um Cassation der in letzter Instanz ergangenen Urtheile nachsuchen.

24. Art. Jene Requeten, welche von einem beim Staatsrathe ernannten Advocaten unterzeichnet sein müssen, sollen, nebst einem Inventarium, worüber ein Register zu führen ist, im General-Secretariate niedergelegt werden.

Zweimal in der Woche hat der General-Secretair den einschlägigen Ministern ein Verzeichniß der ihr Departement betreffenden streitigen Sachen, wovon die Schriften hinterlegt worden sind, zu überreichen.

25. Art. Der Minister jedes Departements hat einen bei der Section angestellten Auditor zu beauftragen, die Schriften zu sich zu nehmen und darüber der beim Minister versammelten Section Bericht zu erstatten; der Minister soll den Vorsitz, und bei getheilten Meinungen eine überwiegende Stimme haben.

26. Art. Wenn die auf besagte Art präsidirte Section die Requete verwirft, so soll die Sache für abgethan angesehen werden. Nimmt sie dieselbe an, so hat der Minister solche den betheiligten Partheien communiciren zu lassen, mit der Weisung, in dem nach Maßgabe der Wichtigkeit oder Dringlichkeit der Sache, oder der Orts-Entfernung anberaumten Termine ihre Vernehmlassung beizubringen.

27. Art. Ist der Termin abgelaufen, so soll die Sache im Staatsrathe von einem Mitgliede der Section, welche über die Annahme der Requete erkannt haben wird, vorgetragen und darin gesprochen werden.

28. Art. In keinem Falle soll unser Staatsrath die Cassation eines Urtheils anders erkennen können, als wenn solches offenbar dem Gesetze zuwider, oder wenn es erwiesen worden ist, daß in den Formalitäten gefehlt worden ist; er ist gehalten die Entscheidung der Hauptpunkte des Streites an die Richter, welche bei Fällung des cassirten Urtheils nicht mitgewirkt haben, und, wenn es ein von dem zu Kassel niedersetzten Appellations-Gerichtshofe ergangenes Urtheil betrifft, an die vereinten Sectionen dieses Gerichtshofes, mit Ausschluß derjenigen, welche das erste Urtheil gefällt hat, zu verweisen.

29. Art. Die Art, wie vor Unserem Staatsrathe verfahren werden soll, soll durch die Civil-Prozeß-Ordnung bestimmt werden.

30. Art. Unsere Minister, und zwar jeder in so weit es ihn betrifft, sind mit der Vollziehung gegenwärtigen Decrets beauftragt.

Gegeben in Unserem königlichen Palaste zu Kassel, den 24. December 1807, im ersten Jahre Unserer Regierung.

Unterschrieben: Hieronymus Napoleon ꝛc. ꝛc.

7.

Königliches Dekret vom 27. December 1807, wodurch eine General-Direction der dem Könige zugehörigen Kapitalien und Zinsen angeordnet wird.

(Gesetz-Bülletin VII. 16.)

Wir, u. s. w.

haben, nach Ansicht Unseres Decrets vom 22sten dieses Monats, wodurch das Kriegs-Kollegium der ehemaligen Provinz Hessen-Kassel und ähnliche in anderen Provinzen bestehende Anstalten aufgehoben werden;

und in Erwägung 1) daß es nöthig ist, wegen der Verwaltung und Erhebung der Uns zugehörigen Kapitalien und Zinsen, deren Einnahme unter der Aufsicht sowohl besagter Kriegs-Kollegien, als der Domainen- und Rentkammern der verschiedenen Unser Königreich ausmachenden Provinzen und Staaten geschah, Maßregeln zu nehmen.

2) Daß diese Gattung von Revenüen zu ihrer Erhaltung eine besondere Vorsorge erheischt, welche deren Vermengung mit anderen Einnahmen nicht gestattet;

verordnet und verordnen, wie folgt:

Art. 1. Es soll in Kassel ein General-Direktor der Kapitalien und Zinsen, welche Unsere Unterthanen Uns schuldig sind, unter der Aufsicht Unseres Ministers des öffentlichen Schatzes angestellt werden.

Art. 2. Die Geschäfte des General-Direktors der Kapitalien sollen von demjenigen Unserer Staatsräthe, welchen wir hierzu werden ausersehen haben, verrichtet werden.

Art. 3. Er soll unter seiner unmittelbaren Leitung einen General-Schatzmeister besagter Kapitalien und Zinsen haben, welcher zugleich den Dienst des Einnehmers und Zahlmeisters verrichten und einen jährlichen Gehalt von sechs tausend Franken beziehen soll. Er hat eine Caution von nicht weniger, als zwanzig tausend Franken, in Grundstücken zu stellen, welche im Umfange Unseres Königreichs liegen und bis zum Betrage ermeldeter Summe frei von Schulden sein müssen.

Art. 4. Es soll ein Controlleur des besagten Schatzmeisters bei demselben, mit einem jährlichen Gehalte von zwei tausend und vier hundert Franken, angestellt werden.

Art. 5. Der Schatzmeister und der Controlleur werden von Uns ernannt werden.

Art. 6. Die Amtsverrichtungen des General-Direktors der Kapitalien sollen in Folgendem bestehen:

1) zur Verfallzeit der Kapitalien und Zinsen, deren Verwaltung ihm anvertraut ist, über die Einziehung derselben zu wachen, und solche zu betreiben;
2) sich von den Schuldnern neue Schuldbriefe ausstellen zu lassen;
3) auf die Archive, worin die, besagte Kapitalien und ihre Beitreibung betreffenden, Urkunden niedergelegt werden, ein wachsames Auge zu haben und dieselben in Ordnung halten zu lassen;
4) die Eintragung der Unterpfänder und Hypotheken in die Hypotheken-Register zu betreiben und besorgen zu lassen;
5) sowohl über die Kasse des Schatzmeisters und die Verrichtungen des Controlleurs, als über die Unter-Einnehmer der gedachten Kapitalien und Zinsen beständige Aufsicht zu führen;
6) alle Abende Unserem Minister des öffentlichen Schatzes den Bestands-Etat besagter Kasse einzuliefern, und
7) die Zurückgabe der über die abgetragenen Kapitalien ausgestellten Schuldbriefe zu besorgen.

Art. 7. Es soll kein Kapital, das der Schuldner, vermöge der von ihm eingegangenen Uebereinkunft, abzutragen nicht berechtigt ist, ohne Autorisation des General-Direktors, und bei Strafe der Nichtigkeit der Zahlung, abgetragen werden, noch der General-Schatzmeister den Betrag desselben beziehen können.

Art. 8. Die im vorhergehenden Artikel vorgeschriebene Autorisation soll nicht verweigert werden können, wenn der Schuldner nur in den Terminen und unter den Bedingungen, welche durch den Kontrakt oder durch das Herkommen festgesetzt worden, die Abzahlung seiner Schuld angeboten haben wird.

In allen anderen Fällen, so wie bei nicht ablöslichen Kapitalien, soll der General-Direktor gehalten sein, deshalb Unserem Minister des öffentlichen Schatzes Bericht zu erstatten.

Art. 9. Freiwillige Aufkündigungen sollen in Zukunft einzig und allein bei dem General-Direktor gemacht werden können, worüber in dessen Secretariate ein Register geführt werden soll, in welchem die Schuldner oder deren Bevollmächtigte ihre Declarationen unterzeichnen müssen.

Art. 10. Die Amtsverrichtungen des Schatzmeisters bestehen in Folgendem:

1) alle Gelder, welche von den mit Erhebung der Zinsen direkt beauftragten Unter-Einnehmern in seine Kasse abgeliefert werden, zu empfangen und einzukassiren;
2) für die Stadt Kassel und den Bezirk, welcher ihm von dem General-Direktor wird angewiesen werden, die Geschäfte des Unter-Einnehmers selbst zu versehen und darüber besondere Register zn führen, welche durchaus nicht mit jenen der General-Einnahme vermischt, noch vermengt werden dürfen;
3) die übrigen Einnehmer, in Rücksicht der ihnen anvertrauten Erhebung, in gehöriger Thätigkeit zu erhalten;
4) jeden Sonnabend in seine General-Kasse diejenigen Gelder einzuschießen, welche er im Laufe der Woche in seiner Eigenschaft als Unter-Einnehmer erhoben haben wird.

Art. 11. Keine vom General-Schatzmeister den Unter-Einnehmern ausgestellte Zahlungs-Quittung soll gültig sein können, wenn sie nicht am Tage der Ablieferung des Betrages vom Controlleur visirt worden ist.

Eben so soll es bei den Rückzahlungen der Kapitalien gehalten werden.

Art. 12. Die Amtsverrichtungen des Controlleurs sollen sein:

1) über alle an die General-Kasse geschehenen Zahlungen in dem Augenblicke, wo sie Statt haben werden, Register zu führen;
2) die darüber ausgestellten Quittungen den nämlichen Tag zu visiren;
3) jeden Abend einen Etat über den Bestand besagter Kasse zu verfertigen und
4) alle Sonnabende, Abends, das Register der dem Schatzmeister untergebenen Unter-Einnehmer abzuschließen und zu visiren.

Art. 13. Die zur Erhebung der von besagten Kapitalien fälligen Zinsen bestellten Unter-Einnehmer sollen bis auf anderweitige Verfügung fortfahren, diese Zinsen von den Schuldnern zu erheben, und sind dieselben gehalten, 1) hierüber von ihren übrigen Einnahmen getrennte Register zu führen und Kassen-Bestands-Etats zu verfertigen, 2) alle Montage einen Etat über alle im Laufe der vorhergegangenen Woche gemachten Einnahmen an den General-Direktor zu Kassel einzuschicken, nud 3) den Betrag davon in den, vom General-Direktor, unter Genehmigung Unseres Ministers des öffentlichen Schatzes, festzusetzenden Terminen an die General-Kasse abzuliefern.

Art. 14. Der General-Schatzmeister darf keine Zahlung oder Ablieferung anders, als mit Unseres Ministers des öffentlichen Schatzes Genehmigung, die vom General-Direktor der Kapitalien einregistrirt und visirt werden muß, machen.

Art. 15. Alle anderen Beamte, außer dem General-Direktor der Kapitalien, dem General-Schatzmeister, und den bestellten Unter-Einnehmern der Zinsen, sollen, vom Tage der Bekanntmachung gegenwärtigen Dekrets an gerechnet, aufhören solche zu verwalten und einzunehmen.

Art. 16. Die Kontrakte, Obligationen, Beweisschriften, Papiere, Register, und sonstigen Urkunden, welche dazu dienen, das Eigenthum der Kapitalien zu erweisen, und die Erhebung derselben und der davon fälligen Zinsen zu bewirken, welche die ehemaligen Souveraine der das Königreich Westfalen bildenden Länder, Staaten, Provinzen, Kreise, Aemter und sonstigen Gebiete zu fordern hatten, desgleichen sowohl die Namens-Verzeichnisse der Unter-Einnehmer als die Etats jener der direkten Erhebung dieser letzteren anvertrauten Kapitalien und Zinsen sollen auf die erste Anforderung des General-Direktors von allen Archiv-Vorstehern, Mitgliedern, Einnehmern oder Kassirern der Kriegs-Kollegien, Domainen und Rentkammern, oder Kollegien unseres Königreichs und von Allen und Jeden, welche dergleichen in Händen haben mögen, an gedachten General-Direktor ausgeliefert werden.

Der General-Direktor soll solche auf ein, ihm einzureichendes Inventarium, wovon ein Duplikat in den Händen der Depositarien, welche dieselben werden ausgeliefert haben, verbleiben soll, übernehmen.

Art. 17. Unser provisorische Minister des öffentlichen Schatzes ist mit der Vollziehung gegenwärtigen Dekretes, welches ins Gesetz-Bülletin eingerückt werden soll, beauftragt.

Gegeben in Unserem Königlichen Palaste zu Kassel, den 27. Dezember 1807, im ersten Jahre Unserer Regierung.

Unterschrieben: Hieronymus Napoleon rc. rc.

8.

Königliches Dekret vom 8. Januar 1808, wodurch alle Privilegien, Freiheiten oder Abonnements von Stempel-, Salz- und Accise-Gebühren und sonstigen von der Consumtion und Gegenständen des Luxus zu entrichtenden Abgaben aufgehoben werden.

(Gesetz-Bülletin VIII. 18.)

Wir u. s. w.

haben, nach Ansicht der Artikel 10, 11, 12, 13, 14 und 16 des 4ten Titels der Constitution des Königreichs Westfalen, wodurch die Privilegien einzelner Personen und Corporationen aufgehoben sind, wie auch nach Ansicht des von Unserem Finanz- und Kommerz-Minister erstatteten Berichtes, und nach Anhörung Unseres Staatsrathes,

verordnet und verordnen, wie folgt:

Art. 1. Alle Privilegien, Freiheiten und Abonnemens von Stempel-, Salz- und Accise-Gebühren und sonstigen von der Consumtion und Gegenständen des Luxus zu entrichtenden Abgaben, von welcher Natur sie sein und unter welcher Benennung sie bestehen mögen, sind vom 1. Januar 1808 an aufgehoben.

Art. 2. Es wird allen Accise- und sonstigen Kassen untersagt, vom ersten Januar an irgend eine Zahlung als Vergütung, Wiedererstattung, oder Entschädigung für die auf die Consumtion privilegirter Corporationen oder Individuen bezogenen Accise-Gebühren und sonstige von der Consumtion und Gegenständen des Luxus zu entrichtenden Abgaben zu leisten.

Art. 3. Wir meinen jedoch keinesweges, durch gegenwärtiges Dekret die Rückzahlungen der beim Eingange in Unsere Staaten bezogenen Transito-Gebühren zu untersagen, sondern sollen solche fernerhin nach der in den bestehenden Verordnungen vorgeschriebenen Regeln und Formalitäten Statt haben.

Art. 4. Unsere Finanz- und Schatz-Minister sind, und zwar jeder in so weit es ihn betrifft, mit der Vollziehung gegenwärtigen Dekrets beauftragt, welches ins Gesetz-Bülletin eingetragen werden soll.

Gegeben in Unserem Königlichen Palaste zu Kassel, den 8. Januar 1808, im zweiten Jahre Unserer Regierung.

Unterschrieben: u. s. w.

9.

Königliches Dekret vom 10. Januar 1808, wodurch alle Anwartschaften auf Präbenden 2c. aufgehoben werden.

(Gesetz-Bülletin X. 23.)

Wir 2c.

haben nach Ansicht des 15ten Artikels der Constitution und auf den Bericht Unseres provisorischen Ministers der inneren Angelegenheiten und des Justizwesens,

verordnet und verordnen, wie folgt:

Art. 1. Alle Anwartschaften auf Präbenden und sonstige Beneficien, welche von den Königen und Fürsten, Unseren Vorfahren, in männlichen oder weiblichen Stiftern oder anderen geistlichen Instituten ertheilt worden sind, werden hiermit aufgehoben.

Art. 2. Diejenigen, welche dergleichen Anwartschaften erhalten, oder diejenigen, welche die erlangten Anwartschaften an Andere verkauft, oder auf irgend eine Art unter der Bedingung übertragen haben, die äußeren Decorationen der Stifter, für welche die Anwartschaften ertheilt worden waren, fortzutragen zu dürfen, sind verbunden, diese Decorationen abzulegen.

Art. 3. Die Mitglieder der verschiedenen in Unseren Staaten bestehenden Stifter sind zwar berechtigt, das Kreuz, durch welches sie sich unterscheiden, fortzutragen, jedoch soll dasselbe in allen Stiftern an einem gleichförmigen schwarzen, 54 Millimeter breiten, Bande befestigt werden.

Art. 4. Die Kreuze der Stifter sollen auf der Brust hängend getragen werden, und können solche weder an das Knopfloch befestigt, noch in Gold, Silber oder auf irgend eine andere Art auf die Kleider gestickt werden.

Art. 5. Um die Verfügungen des gegenwärtigen Dekrets in Ausübung zu bringen, wollen Wir, daß die wirklichen Mitglieder der Stifter, im Falle des Zuwiderhandelns, ihre Einkünfte aus den Stiftern verlieren, diejenigen aber, welche bloß Anwartschaften haben, mit der Strafe des Ungehorsams belegt werden sollen.

Art. 6. Unser provisorische Minister des Justizwesens und der inneren Angelegenheiten ist mit der Vollziehung gegenwärtigen Dekrets beauftragt.

Gegeben in Unserem Königlichen Palaste zu Kassel, den 10. Januar 1808, im zweiten Jahre Unserer Regierung.

Unterschrieben: ꝛc. ꝛc.

10.

Königliches Dekret vom 11. Januar 1808, die Verwaltungsordnung enthaltend.

(Gesetz=Bülletin XI. 25.)

Wir u. s. w.
haben, auf den Bericht Unseres Ministers der inneren Angelegenheiten, und nach Anhörung Unseres Staatsrathes
verordnet und verordnen, wie folgt:

Erster Titel.

§. 1. Departemental=Behörden.

Art. 1. In Gemäßheit des 34sten Artikels der Constitution soll in jedem Departemente ein Präfekt, ein General=Secretair der Präfektur, ein Präfektur=Rath und ein General=Departements=Rath sein.

Art. 2. In dem Elbe=, Fulde=, Ocker=, Werra= und Weser=Departement soll der Präfektur=Rath aus 4, und der General=Departements=Rath aus 20 Mitgliedern bestehen.

Art. 3. In dem Harz-, Leine- und Saale-Departement hingegen soll der Präfectur-Rath nur aus 3, und der General-Departements-Rath nur aus 16 Mitgliedern bestehen.

§. 2. Von den Präfecten.

Erster Abschnitt.

Verwaltung.

Art. 4. Die Präfecten sind, unter Unserer Autorität und Aufsicht, als Oberhaupt der Nation und Verwaltung des Königreichs, mit allen Zweigen dieser Verwaltung, und namentlich mit den Angelegenheiten beauftragt, welche Bezug haben:

1) auf die Aufsicht über das Erziehungswesen, über die Universitäten, Kollegien, Schulen und überhaupt über Alles, was auf den politischen und moralischen Unterricht Beziehung hat;
2) auf die Handhabung und Verwendung der in jedem Departemente zur Aufmunterung des Ackerbaues, der Künste, des Gewerbfleißes und jeder Gattung öffentlicher Wohlthätigkeit bestimmten Fonds;
3) auf die Inspection und Verbesserung der Verwaltung der Hospitäler, Kranken- und Arbeitshäuser, Gefängnisse und Zuchthäuser;
4) auf die Unterstützung der Armen, und die Aufsicht über die milden Stiftungen und Wohlthätigkeits-Anstalten;
5) auf die Erhaltung des öffentlichen Eigenthums;
6) auf die Erhaltung der Wälder, Wege, Flüsse und anderer gemeinschaftlicher Gegenstände;
7) auf die Leitung und Vollendung der zur Anlegung und Unterhaltung der Straßen und Kanäle, auch sonstiger im Departemente angeordneten Werke abzweckenden Arbeiten;
8) auf die Erbauung und Ausbesserung der Kirchen, Pfarrhäuser und anderer zur Ausübung des Gottesdienstes nöthigen Gegenstände;
9) auf die Erhaltung der Gesundheits- und Sicherheits-Anstalten, der öffentlichen Ruhe und namentlich auf die Ausrottung der Vagabunden und des Bettelwesens.

Zweiter Abschnitt.

Art. 5. Den Präfecten soll gleichermaßen Alles, was die Aushebung, den Dienst und den Gebrauch der Milizen oder Nationalgarden im Innern eines jeden Departements betrifft, in so weit solche nicht in Requisition oder auf den Kriegsfuß gesetzt sein werden, übertragen sein.

Art. 6. Sie haben gemeinschaftlich mit den Militair-Administratoren über die Erfüllung der Kontrakte zu wachen, welche der Kriegs-Minister wegen Einquartirung, Kasernirung und Verpflegung der in ihren Departementen in Garnison liegenden Truppen und sonstigen, an selbige zu machenden Lieferungen, geschlossen hat.

Art. 7. Ferner sollen sie die Maßregeln leiten, welche man ergreifen wird, um die Aushebung der Conscription zu bewerkstelligen und auf die Fertigung der Listen der zum Dienst einberufenen Conscribirten ein wachsames Auge haben, auch bei der Ziehung den Vorsitz führen und über die Ausmusterungen und Dienstbefreiungen erkennen, so wie es durch besondere von Uns über diesen Gegenstand zu erlassende Dekrete angeordnet werden wird.

Dritter Abschnitt.

Art. 8. Den Präfecten liegt endlich ob:

1) die Steuerregister anfertigen und die Vertheilung der Grundsteuer unter die Steuerpflichtigen einer jeden Municipalität besorgen zu lassen;
2) über die Erhebung der indirecten und Konsumtions-Auflagen die Aufsicht zu führen;
3) über die den Steuerpflichtigen ganz oder theilweise zuzustehenden Erlasse ihrer Steuern zu erkennen;
4) alles das, was sowohl die Erhebung und Abzahlung des Steuer-Ertrags, als den Dienst und die Verrichtungen der hierzu angestellten Beamten angeht, zu reguliren und zu beaufsichtigen;
5) die Berichtigung der in jedem Departemente auf den Steuer-Ertrag angewiesenen Ausgaben anzuordnen und vollstrecken zu lassen.

§. 3. Streitige Gegenstände.

Präfectur-Rath.

Art. 9. Dem Präfectur-Rathe liegt ob, zu erkennen:

1) über die von Privatpersonen eingereichten Gesuche um Entladung oder Verminderung ihres Antheils an der directen Steuer;
2) über alle Schwierigkeiten, welche in Hinsicht der Beitreibung der indirecten und Konsumtions-Auflagen entstehen können, so wie auch über die Defraudationen und Gesetzes-Uebertretungen, in welchen Fällen dieselben die festgesetzten Geldstrafen und Confiscationen auszusprechen haben, in so fern nämlich die darüber aufgesetzten Protokolle nicht wegen einer Unrichtigkeit angegriffen worden sind, oder die eine oder die andere Partei sich nicht an das Kriminal-Gericht gewendet hat;
3) über die zwischen den Unternehmern öffentlicher Arbeiten und Verwaltungen über die Art der Auslegung und Vollziehung der Bedingnisse ihrer Kontrakte sich erhebenden Streitigkeiten;
4) über die Reklamationen der Privatpersonen, welche sich über Schäden beschweren, die ihnen durch die persönliche Schuld der Unternehmer öffentlicher Arbeiten bei deren Vollführung zugefügt worden sind;
5) über die von Privatpersonen, wegen der ihnen beim Wege- und Kanal-Bau, oder zu anderen öffentlichen Arbeiten hinweggenommenen oder herumgegrabenen Ländereien, eingegebenen Entschädigungs-Gesuche;
6) über die in Betreff der Brücken und Chausseen, der Leinpfade, Land- und Heerstraßen entstehenden Schwierigkeiten;
7) über die von den Städten, Flecken oder Dörfern eingehenden Gesuche um Autorisationen, vor Gericht treten zu dürfen.
8) Der Präfect ist berechtigt, den Sitzungen des Präfecturrathes beizuwohnen; er hat in diesem Falle den Vorsitz, und, wenn die Meinungen getheilt sind, eine entscheidende Stimme.

9) Die Präfecturräthe können keine Berathschlagungen nehmen, wenn nicht mindestens drei Mitglieder zugegen sind. Der Präfect wird, wenn er der Sitzung beiwohnt, mitgezählt, um die zur Berathschlagung erforderliche Zahl der Mitglieder voll zu machen.

§. 4. Vertheilung der Auflagen.

Art. 10. Der General=Departements=Rath soll sich jedes Jahr versammeln. Die Zeit seiner Zusammenkunft wird durch die Regierung bestimmt werden. Die Dauer einer jedesmaligen Session kann sich nicht über 14 Tage erstrecken.

Art. 11. Er hat eines seiner Mitglieder zum Präsidenten und ein anderes zum Secretair zu ernennen. Der Präsident hat eine entscheidende Stimme.

Art. 12. Der Departements=Rath hat

1) die Vertheilung der directen Steuern unter die Departements=Distrikte zu machen;
2) auf die von den Bezirksräthen, Städten, Flecken und Dörfern eingehenden Gesuche um Verminderung der Steuern zu verfügen;
3) die Zahlung der Zulage=Centimen, deren Auflage zu Bestreitung der Departements=Ausgaben begehrt wird, in dem durchs Gesetz bestimmten Maße festzusetzen;
4) die vom Präfecten über die zu besagten Ausgaben verwendeten Zulage=Centimen abgelegte jährliche Rechnung abzuhören;
5) seine Meinung über die Lage und Bedürfnisse des Departements abzugeben.

Art. 13. Der General=Departements=Rath kann nur dann berathschlagen, wann wenigstens zwei Drittel seiner Mitglieder gegenwärtig sind.

Art. 14. Er kann in keinem Falle und unter keinem Vorwande Verwaltungs=Akte machen, welche ausschließlich dem Präfekten zustehen.

§. 5. Secretariat und Archive.

Art. 15. Es soll in jedem Departemente ein General=Secretair als Archiv=Vorsteher und Director des Verwaltungs=Büreau sein.

Art. 16. Der General=Secretair vertritt in Abwesenheits= oder Krankheits=Fällen die Stelle des Präfecten, es wäre denn, daß dieser hierzu ein Mitglied des Präfecturrathes ausdrücklich delegirt hätte.

Er unterzeichnet die Ausfertigungen und steht dem Präfecten in allen öffentlichen Handlungen, die derselbe in dieser Eigenschaft vornimmt, zur Seite.

Zweiter Titel.

Districts=Behörden.

§. 1. Von den Unterpräfecten.

Art. 17. Es soll in jedem Districte ein Unter=Präfect, ein Secretair der Unter=Präfectur und ein Districts=Rath sein.

Die Unter=Präfecten haben in dem Umfange ihrer Districte, unter der Autorität der Präfecten, an den Amtsverrichtungen Theil zu nehmen, welche letzteren in Gemäßheit obiger Artikel zustehen.

Art. 18. Da sie die Mittelspersonen sind, durch welche die Correspondenz zwischen den Präfecten und Municipalitäten geführt wird, so haben dieselben die Gesuche der Municipalitäten ersterem zu übersenden und den letzteren die Entscheidungen und Beschlüsse der Präfecten zuzufertigen; sie haben über jeden Gegenstand ihr Gutachten beizufügen und alle ihnen abgeforderten berichtlichen Erläuterungen zu liefern.

Art. 19 Sie dürfen keine Maßregel eigenmächtig nehmen, noch eine Instruction über die Vollziehung der Gesetze erlassen, ohne solche vorgängig dem Präfecten zur Genehmigung vorgelegt zu haben, ausgenommen in Fällen, wo ihnen die Gesetze besondere Attribute beilegen.

§. 2. Unter=Vertheilung der Auflagen.

Distrikts=Rath.

Art. 20. Der Distriktsrath versammelt sich in jedem Jahre zweimal; einmal vor, und das zweite Mal nach der Versammlung des General=Departements=Raths. Die Zeit seiner Zusammenkunft wird von der Regierung bestimmt werden; seine erste Session kann nicht über 14, und die zweite nicht über 10 Tage dauern.

Art. 21. Er hat eines seiner Mitglieder zum Präsidenten und ein anderes zum Secretair zu ernennen.

Art. 22. In der ersten Session hat er

1) die Jahresrechnung abzuhören, welche der Unterpräfekt über die Verwendung der ihm zu Bestreitung der Arrondissements=Ausgaben zugestandenen Gelder abzulegen hat;
2) über die von den Städten und Dörfern eingehenden Steuer=Entladungsgesuche sein mit Gründen unterstütztes Gutachten abzugeben;
3) dem Präfekten über die Lage der Distrikts=Bedürfnisse seine Meinung schriftlich zugehen zu lassen, damit solche dem General=Departements=Rathe vorgelegt werden könne.

Art. 23. In der auf die Session des General=Departementsraths unmittelbar folgenden Session hat der Distriktsrath die Vertheilung der direkten Steuern unter die den Distrikt bildenden Städte, Flecken und Dörfer zu machen.

Art. 24. In den Distrikten, worin die Departements=Hauptörter liegen, sollen keine Unterpräfekten sein.

§. 3. Von den Secretairen der Unterpräfekten.

Art. 25. In jeder Unterpräfektur soll ein Secretair sein, welcher Archiv=Aufseher und Büreau=Chef der Unterpräfektur ist.

Art. 26. In Abwesenheits= oder Krankheitsfällen hat der Secretair die Stelle des Unterpräfekten zu versehen; er unterzeichnet die Ausfertigungen und steht dem Unterpräfekten in allen von ihm in dieser Eigenschaft unternommenen Verhandlungen zur Seite.

Dritter Titel.

§. 1. Von den Municipalitäten.

Art. 27. In Gemäßheit des 37sten Artikels der Konstitution soll jede Municipalität von einem Maire und von Adjunkten verwaltet werden; für jede derselben soll ein Municipalrath sein.

8*

Art. 28. In den Oertern, deren Bevölkerung nicht über 2500 Einwohner beträgt, soll ein Maire und ein Adjunkt; in den Städten von 2500 bis 5000 Einwohnern ein Maire und zwei Adjunkten; in den Städten von 5000 bis 10,000 Einwohnern hingegen ein Maire, zwei Adjunkten und ein Polizei-Kommissarius sein. In den Städten, welche 10,000 bis 20,000 Einwohner enthalten, sollen, außer dem Maire, drei Adjunkten und zwei Polizei-Kommissarien sein, und in den noch stärker bevölkerten Städten, vier Adjunkten und drei Polizei-Kommissarien angestellt werden.

Art. 29. Die Verwaltung kommt dem Maire allein zu; die Adjunkten können nur vermöge einer Delegation, oder im Falle der Abwesenheit, einer Krankheit oder gesetzmäßigen Verhinderung des Maire, daran Theil nehmen, und alsdann nimmt der im Ernennungs-Dekrete zuerst stehende Adjunkt dessen Stelle ein.

Art. 30. Die den Maires, unter der Inspection und Aufsicht der Präfekten und Unterpräfekten zukommenden Amtsverrichtungen bestehen in Folgendem:

1) die gemeinheitlichen Besitzungen und Einkünfte der Städte, Flecken und Dörfer zu verwalten;
2) diejenigen Ausgaben zu bestreiten, welche, bis zum Belauf des von dem Präfekten hierzu festgesetzten Etats, aus den Gemeindegeldern bezahlt werden müssen;
3) die der Gemeinde auferlegten und von dem Municipalrathe regulirten öffentlichen Arbeiten zu leiten und vollbringen zu lassen;
4) die der Gemeinde gehörigen, aus ihren Mitteln zu unterhaltenden, oder zum Besten ihrer Mitbürger eigens gestifteten öffentlichen Anstalten zu verwalten;
5) dafür Sorge zu tragen, daß die Einwohner die Vortheile einer guten Polizei, vornehmlich in Hinsicht der Reinlichkeit, Gesundheitspflege, Sicherheit und Ruhe, in den Straßen und an öffentlichen Oertern und Gebäuden genießen.

Art. 31. Den Maires können außerdem noch Verrichtungen, die in die General-Verwaltung einschlagen, übertragen werden, jedoch immer nur, um sie unter der Autorität der Präfekten und Unterpräfekten zu versehen.

Diese Verrichtungen bestehen:

1) in der Vertheilung der direkten Steuern unter die Einwohner der Gemeinde;
2) in der Versteigerung der Erhebung dieser Steuern;
3) in der Aufsicht über die Erheber und die Einlieferung der Steuern in die öffentlichen Kassen;
4) in der unmittelbaren Leitung der öffentlichen Arbeiten auf dem Territorium der Gemeinde;
5) in der unmittelbaren Verwaltung der dem allgemeinen Besten gewidmeten öffentlichen Anstalten;
6) in der Aufsicht über das öffentliche Eigenthum und der zu dessen Erhaltung nöthigen Geschäftsführung;
7) in der direkten Aufsicht über die bei Ausbesserungen oder Wiederherstellungen der zum Gottesdienste bestimmten Gebäude vorgenommen werdenden Arbeiten;

8) in Besorgung der zur Aushebung der Konscribirten im Orte vorzunehmenden Operationen.

§. 2. Municipalrath.

Art. 32. In jeder Stadt, in jedem Marktflecken oder anderen Orte, worin eine Municipalität ist, soll ein Municipalrath sein.

Art. 33. In den Oertern, deren Bevölkerung nicht 2500 Einwohner übersteigt, soll solcher aus acht, in denen, welche nicht über 5000 Einwohner enthalten, aus sechszehn, und in den noch stärker bevölkerten, aus zwanzig Mitgliedern bestehen.

Art. 34. Der Maire einer jeden Gemeinde ist von Rechtswegen Mitglied des Municipalraths und hat darin den Vorsitz.

Zu seinem Secretair ernennt der Municipalrath eines seiner Mitglieder.

Art. 35. In Abwesenheits-, Krankheits- oder anderen Verhinderungsfällen soll der Maire, in Ansehung des Vorsitzes, durch eins der Mitglieder des Municipalraths, nach der Ordnung ihrer Ernennung, ersetzt werden.

Art. 36. Der Rath versammelt sich den 15. November jeden Jahres und kann 10 Tage beisammen bleiben.

Art. 37. Er soll die Rechnung über die Municipal-Einnahmen und Ausgaben, welche der Maire dem Unterpräfekten, der sie definitiv abschließt, abzulegen hat, abhören, und berechtigt sein, darüber Monita zu machen.

Art. 38. Wenn die Rechnung über die Municipal-Ausgaben dem Rathe vorgelegt wird, so giebt der Maire den Vorsitz ab und wird durch ein, im geheimen Scrutinium und durch absolute Stimmen-Mehrheit gewähltes Mitglied des Municipalraths ersetzt.

Art. 39. Der Municipalrath berathschlagt über die Art und Weise, wie die gemeinheitlichen Holzschläge, Weiden, Ernte- und sonstigen Früchte vertheilt werden sollen.

Art. 40. Desgleichen über die besonderen Orts-Bedürfnisse der Municipalität;

Art. 41. über die Anleihen, Octrois und Zulags-Centimen, die zu Bestreitung ihrer Bedürfnisse für nöthig befunden werden.

Art. 42. Er ordnet die Vertheilung der zur Unterhaltung des Eigenthums erforderlichen und den Einwohnern obliegenden Arbeiten an.

Art. 43. Er kann im Laufe des Jahres auf Befehl des Präfekten außerordentlich zusammenberufen werden. Dies muß nothwendig geschehen, wenn es darauf ankommt, über Erwerbungen oder Veräußerung unbeweglicher Güter, über die Verwendung von Verkaufs-Summen, rückgezahlter und beigetriebener Gelder, und über die angefangenen, selbst über die fortzusetzenden Prozesse, zu berathschlagen.

Art. 44. Alle Berathschlagungen, um derentwillen die Zusammenberufung des Municipalrathes nöthig ist, können nur in Folge einer vom Präfekten, auf das Gutachten des Unterpräfekten, ertheilten Autorisation in Vollziehung gesetzt werden.

§. 3. Secretariat und Archive.

Art. 45. Es soll in jeder Municipalität ein Secretair sein, welcher die Ausfertigungen zu unterzeichnen und über die Archive die Aufsicht zu führen hat.

Vierter Titel.

Von den Ernennungen.

Art. 46. Die Präfekten, die Präfektur-Räthe, die Mitglieder der General-Departementsräthe, die General-Secretarien der Präfekturen, die Unter-Präfekten, die Mitglieder der Arrondissements-Räthe, die Secretarien der Unterpräfekturen, die Maires und Adjuncten der Städte, Marktflecken und Dörfer, die Mitglieder der Municipalräthe und die Polizeikommissarien werden von Uns ernannt werden.

Art. 47. Die Ernennung der Mitglieder der General-Departements-, der Arrondissements- und der Municipal-Räthe erfolgt von Uns, dem 44sten Artikel der Konstitution gemäß, auf die von den Departements-Kollegien gemachten Präsentationen.

Art. 48. Wir werden auch die Secretarien der Maires in den Städten, Flecken und Dörfern, deren Bevölkerung über 4000 Einwohner stark ist, ernennen. In den andern bleiben diese Ernennungen dem Maire überlassen.

Art. 49. Die Mitglieder der General-Departements-, der Arrondissements- und der Municipalräthe sollen alle zwei Jahre zur Hälfte erneuert werden.

Fünfter Titel.

Von den Gehalten.

Art. 50. Die Präfekten des Elbe-, Fulde- und Ocker-Departements sollen jeder einen Gehalt von 12,000 Franken beziehen.

Art. 51. Die Präfekten des Harz-, Leine-, Saale- und Weser-Departements sollen einen Gehalt von 10,000 Franken erhalten.

Art. 52. Die Unterpräfekten von Stendal, Nordhausen, Hildesheim, Halle und Minden sollen einen Gehalt von 4000 Franken haben.

Art. 53. Die Unterpräfekten von Neuhaldensleben, Salzwedel, Höxter, Paderborn, Duderstadt, Osterode, Eimbeck, Helmstädt, Goslar, Blankenburg, Hersfeld, Eschwege, Bielefeld und Rinteln sollen einen Gehalt von 3000 Franken bekommen.

Art. 54. Die Büreaukosten der Präfekten und Unterpräfekten sollen durch besondere Reglements bestimmt werden.

Art. 55. Die General-Secretaire der Departemente und die der Unter-Präfekturen sollen den dritten Theil des Gehalts ihrer resp. Präfekten und Unterpräfekten beziehen.

Art. 56. Die Mitglieder der Präfekturräthe sollen in dem Elbe-, Fulde- und Ocker-Departement 1500, und in den übrigen Departements 1200 Franken erhalten.

Art. 57. Die Entschädigungen der Maires und die Gehalte der Secretaire der Gemeinden sollen durch ein Reglement bestimmt und aus den Gemeinde-Einkünften genommen werden.

Sechster Titel.

Vorübergehende Verfügungen.

Art. 58. Die Domainen- und Rent-Kammern und die Verwaltungs-Kammern sollen den Präfekten und Unterpräfekten alle Papiere und Urkunden ihrer

Verwaltung überliefern und denselben alle Nachrichten zukommen lassen, deren sie benöthigt sein möchten, auch unter ihrer Leitung die Dienstverrichtungen, welche erstere für nützlich erachten dürften, ihnen aufzutragen, fernerweit und bis Wir die Aufhebung derselben verfügen werden, fortsetzen.

Art. 59. In den Provinzen, welche bis jetzt unter einer gemeinschaftlichen Verwaltung gestanden haben und nun in mehrere Departemente getheilt sind, hat jeder Präfekt einen oder zwei Kommissarien zu ernennen, die zusammentreten sollen, um gemeinschaftlich die Liquidation der unter der vorigen Verfassung kontrahirten Schulden vorzunehmen, um die Vertheilung derselben unter die verschiedenen Theile der Provinz anzuordnen und die alten Sachen abzuthun. Es soll darüber einer aus Kommissarien, die von jedem Präfekten in doppelter Zahl zu ernennen sind, bestehenden Versammlung Rechnung abgelegt werden.

Art. 60. Unser provisorische Minister der Justiz und des Innern ist mit der Vollziehung gegenwärtigen Dekretes beauftragt.

Gegeben in Unserem Königlichen Schlosse Katharinenthal, den 11. Januar 1808, im zweiten Jahre Unserer Regierung.

Unterschrieben: Hieronymus Napoleon ꝛc. ꝛc.

11.

Königliches Decret vom 23. Januar 1808, welches eine Erläuterung des 13ten Artikels der Constitution enthält, der die Leibeigenschaft aufhebt.

(Gesetz-Büllctin XII. 27.)

Wir u. s. w.

haben nach Ansicht des 13ten Artikels der Constitution vom 15. November 1807, zufolge dessen alle Leibeigenschaft, von welcher Natur sie sei, und wie sie genannt werden möge, aufgehoben ist, weil alle Einwohner des Königreichs Westfalen die nämlichen Rechte genießen sollen;

auf den Bericht Unseres Ministers der Justiz und des Innern, und nach Anhörung Unseres Staatsrathes;

verordnet und verordnen wie folgt:

Erster Titel.

Von der Aufhebung der Leibeigenschaftsrechte und Verbindlichkeiten.

Art. 1. Als Leibeigenschafts-Verbindlichkeiten werden betrachtet, und als solche aufgehoben:

1) bloß persönliche Dienste oder Personal-Frohnen, das heißt solche, die einer Person einzig aus dem Grunde obliegen, weil sie Vasall ist, oder einen gewissen Ort bewohnt:
2) alle Dienste, die zwar in Rücksicht des Besitzes eines Grundstücks obliegen, aber unbestimmt, und von der Willkür dessen, der sie zu fordern hat, abhängig sind;
3) die Verbindlichkeit der Bauern, in dem Hause ihres bisherigen Herrn als Gesinde zu dienen, und das sogenannte Gesinde-Zwangrecht, vermöge dessen ihre Kinder genöthigt werden können, bei keinem anderen, als dem genannten Herrn, in Dienst zu treten;
4) die Verbindlichkeit, zur Eingehung einer Heirath die Einwilligung des bisherigen Herrn einzuholen, und an diesen unter der Benennung von Bedemund, Brautlauf, Klauenthaler, oder einem sonstigen Namen eine für eine solche Einwilligung zu bezahlende Abgabe zu entrichten.

Art. 2. Dem bisherigen Herrn steht kein Recht in Ansehung der Erziehung und Bestimmung der Kinder des Bauern zu. Auch kann er ihnen weder die Verbindlichkeit auflegen, den Bauernstand und das Gewerbe ihrer Eltern nicht zu verlassen, noch sie verhindern, sich außerhalb des Bauerngutes niederzulassen.

Art 3. Er kann von seinen Bauern den Eid der Treue und Unterthänigkeit nicht fordern.

Art. 4. Er kann sie zur Erfüllung ihrer Verbindlichkeit gegen ihn, sofern diese bestehen bleiben, weder durch körperliche noch durch Geldstrafen nöthigen; er kann sich nur an die Gerichte wenden, da der Dienstzwang und jedes andere Recht dieser Art aufgehoben ist.

Art. 5. Dem Bauer steht es frei, das Gut zu verlassen und dessen Besitz aufzugeben, auch sich an irgend einem anderen Orte niederzulassen, wenn er nur sein Vorhaben zeitig und mit Beobachtung einer schicklichen Frist anzeigt.

Art. 6. Aufgehoben ist ferner das unter den verschiedenen Benennungen von Sterbfall, Besthaupt, Curmede, so wie überhaupt unter dem Namen Mortuarii bekannte Recht, einen Antheil an dem Mobiliarnachlasse der Frau eines verstorbenen Bauern zu verlangen, und an der Erbfolge in die Mobilien, das Vieh und die Baarschaft des Bauern selbst Theil zu nehmen.

Art. 7. Die Bauern sind fähig, Rechte und Güter mit vollem Eigenthume zu erwerben, und darüber sowohl durch Verträge, als durch letzte Willensverordnungen, den Vorschriften des Gesetzbuches Napoleon gemäß, zu verfügen.

Sie sind gleichergestalt fähig, vor Gericht aufzutreten und ihre Rechte, gegen wen es auch sei, zu vertheidigen.

Art. 8. Gemeindedienste oder sogenannte Kommun-Frohnen, welche bloß zum Nutzen der Gemeinden abzwecken, desgleichen die unter dem Namen von Burgfesten- und Landfrohnen zum Bedürfnisse des Staats zu leistenden Dienste, sind nicht aufgehoben.

Zweiter Titel.

Von den auf den Grundstücken haftenden Verbindlichkeiten.

Art. 9. Die bisherigen Herren behalten das Ober-Eigenthum (dominium directum) und alle diejenigen Rechte, welche nicht, als von der Leibeigenschaft abhängig, aufgehoben sind, sondern in Abgaben und Verbindlichkeiten bestehen, die mit der Constitution verträglich und als Preis der Ueberlassung des nutzbaren Eigenthums, (dominium utile) zu betrachten sind, namentlich: die Zinsen, Renten, Zehnten, Geld und Natural-Abgiften, ja selbst die Verbindlichkeit, für den bisherigen Herrn zu arbeiten und zu fahren, vorausgesetzt, daß die Anzahl der Tage und der Umfang der Arbeit entweder durch die Ueberlassungs-Urkunde, oder sonstige in die Hebe-Register eingetragenen Anerkennungen und Erklärungen bestimmt ist.

Art. 10. Wird der Bauer an einem solchen Tage, wo er für den bisherigen Herrn hatte arbeiten müssen, zu einem öffentlichen Burg-Landfrohn- oder Kommun-Dienste gebraucht, so ist er weder seine Stelle vertreten zu lassen, noch an einem anderen Tage zu arbeiten, verbunden.

Art. 11. Ohne Einwilligung des bisherigen Herrn kann er jedoch das Grundstück nicht veräußern, vertauschen, zerstückeln, noch mit einer Dienstbarkeit oder Hypothek beschweren, sofern ihn nicht die Ueberlassungs-Urkunde oder das Hebe-Register dazu berechtigen.

Art. 12. Auch muß er das bei der Veränderung des Besitzers und in den durch die Verträge oder Hebe-Register bestimmten Fällen zu zahlende Antrittsgeld, den sogenannten Weinkauf, wie seither, entrichten.

Art. 13. Alle bestehen bleibenden Grundgerechtsame sind durchaus ablösbar, und zwar entweder mittelst gütlicher Uebereinkunft, oder nach dem noch zu bestimmenden Maßstabe.

Art. 14. Unser provisorische Minister der Justiz und des Innern ist mit der Vollziehung der gegenwärtigen, in das Gesetz-Büllетin einzutragenden Verordnung beauftragt.

Gegeben in Unserem Königlichen Palaste zu Kassel, den 23. Januar 1808, im zweiten Jahre Unserer Regierung.

Unterschrieben: Hieronymus Napoleon.
Auf Befehl des Königs.
In Abwesenheit des Ministers Staats-Secretair,
der Kabinets-Secretair
Unterschrieben: Cousin von Marinville.

12.

Königliches Decret vom 5. Februar 1808, die Stifte, Kapitel, Abteien, Klöster und anderen geistlichen Stiftungen betreffend.

(Gesetz=Bülletin XIV. 33.)

Wir 2c. 2c.

haben nach Ansicht des 15ten Artikels der Constitution vom 15. November und Unseres Decrets vom 27. December 1807; in Erwägung, daß die Stellen in den Stiften, Kapiteln, Abteien und anderen geistlichen Stiftungen Unserer Staaten erst alsdann gesetzmäßig vergeben werden können, wenn ihre Statuten die durch den 15ten Artikel der Constitution vorgeschriebene Form erhalten haben, auf den Bericht Unserer Minister des Justizwesens und der Finanzen;

nach Anhörung Unseres Staatsrathes;

verordnet und verordnen, wie folgt:

Art. 1. Alle Stifte, Abteien, Klöster, Priorate und andere geistliche Stiftungen aller Art sind verbunden, an Unsere Minister des Justizwesens und der inneren Angelegenheiten beglaubte Abschriften von ihren Stiftungs=Urkunden, Statuten und Reglements einzusenden, und sie mit einem ausführlichen Aufsatz über die zur Aufnahme in diesen Corporationen erforderlichen Bedingungen zu begleiten.

Art. 2. Sollte Unser Minister finden, daß nicht allen Erfordernissen ein Genüge geleistet wäre, so ist derselbe beauftragt, neue und ausführlichere Erläuterungen zu fordern, und selbst Kommissarien zu ernennen, um sich an Ort und Stelle aus den Archiven gedachter Kapitel die nöthigen Urkunden vorzeigen zu lassen, und deren Richtigkeit zu prüfen.

Art. 3. Wenn diese Prüfung für hinreichend anerkannt ist, so wird uns der Minister ein Reglement vorlegen, welches die neue Form der Statuten der verschiedenen Kapitel enthält, und welches nach dem Grundsatz der Constitution, daß alle Personen ohne Unterschied der Geburt in dieselben aufgenommen werden können, abgefaßt ist.

Art 4. Für jedes Kapitel, jede Abtei, jedes Kloster und überhaupt für jede geistliche Stiftung soll ein Reglement gemacht werden, worüber im Staatsrathe berathschlagt und ein Schluß gefaßt werden soll.

Art. 5. Bis über diese Reglements ein Beschluß gefaßt worden, und dieselben von Uns definitiv bestätigt sind, soll weder von Uns, noch von einem anderen dazu Berechtigten, er sei vom geistlichen oder weltlichen Stande, eine Stelle in einer Abtei, ein Kanonikat, eine Präbende und ein Priorat, unter welcher Benennung selbige auch vorkommen mögen, vergeben werden.

Art. 6. Die Pröbste, Dechanten, Schatzmeister, Distributoren und Einnehmer der Stifte, Abteien und Klöster, und in Betreff der einzelnen Beneficien die Maire der Kommunen, haben dafür zu sorgen, daß die Einkünfte besagter Pfründen und derjenigen, die schon erledigt sind, in die durch Unser Decret vom 27. Dezember 1807 errichtete Kasse zu Kassel, welche zu dem Ende die Functionen der Verwaltungs-Kasse der geistlichen Revenüen versieht, eingeliefert werden. Den Präfekten und Unterpräfekten liegt es ob, über die Befolgung dieser Vorschrift zu wachen.

Art. 7. Auf gleiche Weise, wie es im vorhergehenden Artikel vorgeschrieben ist, soll auch der zehnte Theil von den Einkünften der Präbenden und Würden der, in den Unser Königreich ausmachenden Staaten gelegenen Stifte, Kapitel, Abteien, Klöster und Priorate eingeliefert werden.

Art. 8. Die Pächter, Einnehmer, Schatzmeister, Distributoren oder Kassirer der Korporationen und Beneficien sind verpflichtet, gedachte Einlieferung, eben so wie bei Unsern königlichen Geldern, zu bewerkstelligen.

Art. 9. Die Kapitel sind gehalten, binnen 3 Wochen Unserem Staatsrathe von Coninx, als General-Director der Verwaltung der Einkünfte geistlicher Stiftungen, eine ausführliche Liste aller der Wohnungen und Häuser, welche zu den verschiedenen Präbenden gehören, einzusenden, und die gegenwärtigen Besitzer derselben zu nennen.

Art. 10. Den Abteien, Mönchs- und Nonnenklöstern ist hiermit untersagt, Novizen anzunehmen, bis sie gleichfalls ihre Reglements erhalten haben. Bei eintretendem Tode einer von denjenigen Personen, die sich jetzt in denselben befinden, sind sie verbunden in die Verwaltungs-Kasse der geistlichen Revenüen eine Summe Geldes nach Verhältniß des Antheils, welcher den verstorbenen Mitgliedern gedachter Klöster an deren Einkünften zustand, einzuliefern. Diesen Antheil bestimmt der Finanz-Minister, nachdem ihm von dem Präfekten ein Gutachten darüber abgestattet worden ist.

Art. 11. Ueber die Verwendung der in die Verwaltungskasse der geistlichen Revenüen gelieferten Geldsummen wird noch in der Folge verfügt werden. Das Rechnungswesen und die Verwaltung dieser Kasse soll eben so eingerichtet werden, wie die durch das Dekret vom 27. Januar 1807 angeordnete Verwaltung der Kapitalien.

Art. 12. Die Verfügungen des gegenwärtigen Dekrets erstrecken sich nicht auf diejenigen geistlichen Diener, welche zur kirchlichen Verfassung wesentlich gehören, und mit der Austheilung der Sacramente und dem Religions-Unterrichte Unserer Unterthanen beauftragt sind, als: die Bischöfe, Pfarrer und Vikarien des katholischen, und die Prediger und andere Geistliche des reformirten und lutherischen Glaubens. Wenn einer von diesen stirbt oder entlassen wird, so soll dessen Stelle mit Beobachtung der hergebrachten Förmlichkeiten wieder besetzt werden, auch sollen selbige nach wie vor im Genusse ihrer Einkünfte, ihrer Pfründen, und der für ihre Stellen ausgesetzten Gehalte wie seither verbleiben, bis Wir Unserem Wunsche gemäß die Lage der Pfarrer, Vikarien und Prediger werden verbessern können.

Art. 13. Von obigen Verfügungen sind gleichfalls die katholischen Domstifte, an deren Spitze ein Bischof steht, dessen Rath sie ausmachen, wenn die Zahl der Präbenden nicht über zehn beträgt, ausgenommen.

Art. 14. Jedoch ist es keinesweges Unsere Absicht, gedachte Kapitel, bei denen die Zahl der Präbenden, wie oben bemerkt, sich nur auf zehn beläuft, der Verpflichtung zu überheben, den 1sten, 2ten, 3ten und 4ten Artikel des gegenwärtigen Dekrets, über die Vorlegung ihrer Statuten und die denselben nach den Grundsätzen der Konstitution zu gebende Form, zu befolgen.

Art. 15. Unsere Minister des Justizwesens und der inneren Angelegenheiten und der Finanzen sind, in so weit es einen jeden derselben angeht, mit der Vollziehung des gegenwärtigen Dekrets beauftragt.

Gegeben in Unserem Königlichen Palaste zu Kassel, am 5. Februar 1808, im zweiten Jahre Unserer Regierung.

Unterschrieben: ꝛc. ꝛc.

13.

Königliches Decret vom 27. Januar 1808, welches die Verfassung der Gerichtshöfe enthält.

(Gesetz-Bülletin XV. 34.)

Wir ꝛc. ꝛc.

haben, um den 47sten Artikel der Konstitution vom 15. November 1807 in Vollzug zu setzen;

auf den Bericht Unseres provisorischen Ministers des Justizwesens und der inneren Angelegenheiten, und nach Anhörung Unseres Staatsrathes;

verordnet und verordnen, wie folgt:

Erster Titel.

Vom Appellations-Gerichte.

Art. 1. In unserer guten Stadt Kassel soll ein Appellations-Gericht sein, das über die an dasselbe ergangenen Appellationen von den durch die Arrondissements- oder Distrikts-Tribunale in Civil-Sachen gefällten Erkenntnissen erster Instanz erkennen wird.

Art. 2. Dieser Gerichtshof soll aus sechs und zwanzig Richtern, drei Präsidenten, einem General-Prokurator und zwei Substituten bestehen.

Art. 3. Die Präsidenten der 8 Kriminal-Gerichte, von denen weiter unten die Rede sein wird, werden von Uns aus den Richtern des Appellations-Gerichts erwählt. Sie können jährlich in dasselbe zurückberufen werden.

Art. 4. Das Appellations-Gericht ist in drei Sectionen getheilt, von denen jede aus sechs Richtern und einem Präsidenten besteht.

Art. 5. Der erste Präsident hat immer den Vorsitz in der ersten Section.

Art. 6. Jährlich treten aus jeder Section zwei Richter aus und gehen in eine andere über, so daß jeder Richter nach und nach alle Sectionen durchgehen wird; die Präsidenten bleiben aber immer in ihrer Section.

Art. 7. Die Sachen werden, so wie sie ankommen, an die Sectionen ohne Unterschied gebracht; der erste Präsident vertheilt sie so, daß von drei Sachen immer eine auf jede Section kommt.

Art. 8. Wenn sechs Richter anwesend sind, so kann in den Sectionen Recht gesprochen werden, und sind die Stimmen getheilt, so giebt die Stimme des Präsidenten, oder desjenigen, der seine Stelle vertritt, den Ausschlag.

Art. 9. Wenn in einer Section nicht 6 Richter anwesend sind, um Recht zu sprechen, so muß aus den beiden anderen Sectionen ein Richter berufen werden, wobei das Loos unter allen Mitgliedern derselben, mit Ausschluß der Präsidenten, entscheidet.

Art. 10. Wenn ein Richter ohne gegründete Ursache abwesend ist, so verliert er für jede Sitzung 6 Franken, die ihm abgezogen und unter die anwesenden Richter monatlich vertheilt werden sollen. Zu dem Ende soll der Secretair in jeder Sitzung eine Liste der Abwesenden und Anwesenden halten, welche vom Präsidenten oder von dem, der seine Stelle vertritt, durch seine Unterschrift bekräftigt wird.

Art. 11. Der General-Prokurator ist hauptsächlich der ersten Section beigegeben, aber er kann auch, wenn er es für nöthig erachtet, die Sachen übernehmen, welche an eine der beiden anderen Sectionen gebracht sind.

Art. 12. Jeder der beiden anderen Sectionen ist ein Substitut zugegeben, der jährlich von der einen zur anderen übergeht.

Art. 13. Wenn der Staatsrath ein Urtheil kassirt hat, so geht die Sache an die versammelten Sectionen des Appellations-Gerichts zurück, und das neue Urtheil wird, auf die Anträge des General-Prokurators oder eines seiner Substituten, welcher bei Abfassung des kassirten Urtheils keinen Antrag gemacht hat, von allen Mitgliedern des Gerichtshofes gesprochen, jedoch mit Ausschluß derjenigen, die das erste Urtheil abgefaßt haben. Um ein solches Urtheil zu fällen, müssen wenigstens zwölf Richter anwesend sein.

Art. 14. Der erste Präsident des Appellations-Gerichts erhält 10,000 Franken, jeder der beiden anderen Präsidenten 8000 Franken Gehalt.

Art. 15. Die Besoldung der acht Mitglieder des Gerichtshofes, die zugleich Präsidenten der Kriminal-Gerichte sind, soll in dem Titel bestimmt werden, der von diesen Gerichtshöfen handelt.

Art. 16. Die Besoldung der 18 Richter, welche die 3 Sectionen des Appellations-Gerichts bilden, ist in 3 Klassen getheilt. Jeder der sechs zuerst ernannten Richter bekommt 6000 Franken, von den sechs darauf folgenden jeder 5000 Franken und von den sechs letzten jeder 4000 Franken Gehalt.

Art. 17. Der General-Prokurator erhält 8000 Franken Gehalt.

Art. 18. Jeder der beiden Substituten bekommt 8000 Franken Gehalt.

Zweiter Titel.

Von den Kriminal-Gerichten.

Art. 1. Dem 47sten Artikel der Konstitutions-Urkunde vom 15. November 1807 gemäß, soll in jedem Departement ein Kriminal-Gericht sein.

Art. 2. Das Kriminal-Gericht hat im Hauptorte des Departements seinen Sitz, ausgenommen im Ocker-Departement, wo es zu Wolfenbüttel, und im Weser-Departement, wo es zu Herford seinen Sitz haben soll.

Art. 3. Die Kriminal-Gerichte bestehen aus einem Präsidenten, zwei Richtern und einem General-Prokurator.

Art. 4. Bei den Kriminal-Gerichten sollen Beisitzer sein, von denen einer das Amt eines Substituten des General-Prokurators, nach des letzteren Auswahl, versehen kann. Die anderen treten, wenn sie 25 Jahr alt sind, an die Stelle der abwesenden Richter und bekommen für jede Sitzung 5 Franken, welche den Richtern, deren Stelle sie vertreten, an der Besoldung abgezogen werden.

Art. 5. Die Beisitzer, welche die Stelle eines Richters nicht vertreten, können den Berathschlagungen des Gerichts beiwohnen, und haben ein votum consultativum, wenn sie 23 Jahre alt sind.

Art. 6. Die Appellation von den Urtheilen der Kriminal-Gerichte soll bis zum 1. Julius des laufenden Jahres an das Appellations-Gericht zu Kassel gelangen; da aber von diesem Tage an die gerichtlichen Verhandlungen durch Geschworne schon im Gange sein müssen, so soll dann von den Urtheilen der Kriminal-Gerichte nicht mehr appellirt werden können.

Art. 7. Die Besoldung der Mitglieder der Kriminal-Gerichte ist nach dem Verhältniß der Städte, in welcher sie ihren Sitz haben, bestimmt.

In Kassel, Wolfenbüttel und Magdeburg bekommt der Präsident des Kriminal-Gerichts 6500, jeder der beiden Richter 4000, und der General-Prokurator 5000 Franken.

In Halberstadt, Osnabrück und Göttingen bekommt der Präsident 6000, jeder der beiden Richter 3000 und der General-Prokurator 4000 Franken.

In Marburg und Heiligenstadt erhält der Präsident 5000, jeder Richter 2500, und der General-Prokurator 3000 Franken Gehalt.

Dritter Titel.

Von den Distrikts- oder Arrondissements-Tribunalen.

Art. 1. In jedem Distrikte soll ein Tribunal erster Instanz sein, welches seinen Sitz im Hauptorte hat. Im Distrikte von Braunschweig aber wird es seinen Sitz zu Wolfenbüttel haben.

Art. 2. Die Distrikts-Tribunale bestehen aus einem Präsidenten, fünf Richtern und einem königlichen Prokurator.

Art. 3. Alle und jede Personen sind den Distrikts-Tribunalen in Ansehung aller persönlichen, dinglichen und gemischten Klagen unterworfen, mit Ausnahme

1) aller derjenigen, die vor die Friedensrichter gehören, und die unten noch näher werden bestimmt werden;
2) aller Handelssachen, da, wo ein Handlungsgericht ist; und der vor die Municipal-Polizei gehörigen Angelegenheiten.

Art. 4. Die Distrikts-Gerichte erkennen in erster und letzter Instanz in allen Schuldforderungen und solchen Klagen, welche bewegliche Sachen betreffen, bis zu dem Werthe von 1000 Franken an der Hauptsumme; bei unbeweglichen Sachen aber, wenn der Hauptgegenstand bestimmt 100 Franken an jährl. Renten oder Pachtgeldern ausmacht.

Art. 5. Wenn die Distrikts-Gerichte entweder in erster Instanz, jedoch in Sachen, die eine Appellation zulassen, oder in letzter Instanz, auf die von den Urtheilen der Friedensrichter an sie gebrachten Appellationen zu entscheiden haben, so können sie erkennen, wenn auch nur 3 Richter gegenwärtig sind. In allen anderen Fällen müssen ihrer 4 anwesend sein. Im Fall der Stimmengleichheit giebt die Stimme des Präsidenten den Ausschlag.

Art. 6. Jeder der fünf Richter des Tribunals hat der Reihe nach, jedesmal 3 Monate hindurch, die Instruktion der in dem Arrondissement begangenen Verbrechen zu führen, die Beweise zu sammeln und sie an den General-Prokurator des Kriminal-Gerichts einzusenden, damit dieser, wenn eine Anklage statt hat, die Sache weiter verfolgen könne.

Art. 7. Bei den Distrikts-Tribunalen sollen Beisitzer sein, welche, wenn sie 25 Jahr alt sind, die Stelle der abwesenden Richter vertreten, und für jede Sitzung 3 Franken bekommen, die den Richtern, deren Stelle sie vertreten, an der Besoldung abgezogen werden sollen. Alle Beisitzer können den Berathschlagungen der Richter beiwohnen, und haben, wenn sie 23 Jahr alt sind, ein votum consultativum.

Art. 8. Die Besoldung der Mitglieder der Distrikts-Tribunale ist folgendermaßen bestimmt.

In Magdeburg, Kassel und Wolfenbüttel bekommt der Präsident 6000, jeder der beiden zuerst ernannten Richter 4000, jeder der drei anderen 3000, der königliche Prokurator 4500 Franken Gehalt.

Art. 9. In Halle, Halberstadt und Hildesheim bekommt der Präsident 5500, jeder der beiden zuerst ernannten Richter 3500, jeder der drei letzten 2500, und der königliche Prokurator 3800 Franken Gehalt.

Art. 10. In Osnabrück, Göttingen und Nordhausen bekommt der Präsident 5000, jeder der beiden zuerst ernannten Richter 3000, jeder der drei letzten 2000, und der königliche Prokurator 3300 Franken Gehalt.

Art. 11. In Minden, Bielefeld, Marburg, Goslar und Salzwebel bekommt der Präsident 4500, jeder der beiden znerst ernannten Richter 2500, jeder der drei letzten 2000 und der königliche Prokurator 3000 Franken Gehalt.

Art. 12. In Eschwege, Hersfeld, Paderborn, Eimbeck, Duderstadt, Helmstädt, Stendal, Osterode und Heiligenstadt erhält der Präsident 4000, jeder der beiden zuerst ernannten Richter 2300, jeder der drei letzten 1800 und der königliche Prokurator 2600 Franken Gehalt.

Art. 13. In Höxter, Rinteln, Blankenburg und Neuhaldensleben bekommt der Präsident 3500, jeder der beiden zuerst ernannten Richter 2000, jeder der drei anderen 1800 und der königliche Prokurator 2400 Franken Gehalt.

Vierter Titel.

Von den General-Prokuratoren und den königlichen Prokuratoren.

Art. 1. Das Geschäft der General-Prokuratoren und der königlichen Prokuratoren ist, entweder mündlich vor dem versammelten Gericht, oder schriftlich, mit Gründen unterstützte Anträge in folgenden Sachen zu machen:

1) in allem, was die öffentliche Ordnung, den Staat, die Domainen, Gemeinden, öffentliche Anstalten und die den Armen gemachten Geschenke und Vermächtnisse betrifft;
2) in allem, was den Stand einer Person und die Vormundschaft angeht;
3) wenn wegen Incompetenz Einwendungen gegen ein Gericht gemacht, und daher um Abweisung der Sache gebeten wird;
4) wenn die Gerichtsbarkeit zwischen mehreren Gerichten streitig ist, und wenn wegen Verwandtschaft und Schwägerschaft ein Richter recusirt wird;
5) wenn ein Richter eines ungerechten Urtheils oder verzögerter Rechtspflege wegen belangt wird;
6) in allen Sachen, wo Frauen ohne Einwilligung ihrer Männer handeln, und selbst, wenn sie mit deren Einwilligung handelten, sobald es ihre Mitgabe betrifft; in Sachen von Minderjährigen und überhaupt in allen denjenigen, wo eine der Parteien durch einen Kurator vertheidigt wird;
7) in Sachen von abwesenden Personen.

Der königliche Prokurator kann außerdem verlangen, daß ihm in allen anderen Sachen die Akten mitgetheilt werden, wenn er seine Theilnahme für nöthig erachtet; das Tribunal kann es selbst von Amtswegen befehlen.

Art. 2. Haben bei einem Urtheile in letzter Instanz die Anträge der General-Prokuratoren, und die der königlichen Prokuratoren gefehlt, so hat dagegen die Wiedereinsetzung in den vorigen Stand statt; wenn darum nachgesucht wird.

Art. 3. Die königlichen Prokuratoren und besonders die General-Prokuratoren können bei den Gerichtshöfen und Tribunalen, bei denen sie angestellt sind, alles das von Amtswegen verlangen, was Unserem Dienste oder dem öffentlichen Wohl zum Besten gereicht, und was vor diese Gerichtshöfe oder Tribunale gehört.

Art. 4. Der General-Prokurator bei Unserem Appellations-Gerichte hat die Aufsicht über die königlichen Prokuratoren, erinnert sie ihrer Pflichten, und kann ihnen in Dienstgeschäften Befehle ertheilen.

Art. 5. Die General-Prokuratoren bei den Kriminal-Gerichten stehen mit den Richtern der Distrikts-Tribunale ihres Departements, welche mit den Kriminal-Untersuchungen beauftragt sind, in Korrespondenz und können ihnen dabei Befehle ertheilen.

Fünfter Titel.

Von den Secretairen.

Wir ernennen die Secretaire aller Tribunale, auf vorhergegangene Präsentation dieser Tribunale. Es soll für ihre Besoldung, von der sie ihre Commis und die Personen, die sie zu den Expeditionen brauchen, so wie alle Kanzlei-Bedürfnisse, bezahlen müssen, gesorgt werden.

Sechster Titel.

Von den Friedensrichtern.

Art. 1. Die, der Konstitutions-Urkunde gemäß, in jedem Kantone einzurichtenden Friedensgerichte, bestehen aus einem Friedensrichter, zwei Gehülfen und einem Secretair.

Art. 2. Der Friedensrichter erkennt in allen bloß persönliche und bewegliche Sachen betreffenden Klagen, bis zu dem Belaufe von 74 Franken (oder 20 Rthlr.) ohne daß dagegen eine Appellation statt hat; mit der Appellation aber bis zu einer Summe von 148 Franken. In diesem letztern Falle können jedoch seine Erkenntnisse, der Appellation ungeachtet, provisorisch gegen Caution vollstreckt werden.

Art. 3. Er erkennt ebenfalls ohne Appellation bis zu dem Werthe von 74 Franken, und mit statt habender Appellation, die Klage mag sich so hoch belaufen, als sie will;

1) in Entschädigungs-Klagen wegen eines von Menschen oder Vieh, auf den Feldern, an den Früchten und der Erndte angerichteten Schadens;
2) über Gränzverrückungen, widerrechtliche Anmaßungen von Grund und Boden, Bäumen, Hecken, Gräben und anderen Befriedigungen, welche im Laufe des Jahres unternommen worden sind; imgleichen auch über die binnen einem Jahre unternommenen Störungen des Laufes von Wasser, das zur Bewässerung der Wiesen dient, und über alle anderen Arten von Klagen, die den Besitzstand betreffen;
3) über solche Reparaturen, die bei Häusern und Pachthöfen dem Miethsmanne und Pächter obliegen;
4) über Entschädigungs-Forderungen des Pächters oder Miethsmannes über entbehrten Genuß, wenn das Recht auf eine Entschädigung selbst nicht bestritten ist, desgleichen des Eigenthümers in Ansehung der Deteriorationen.
5) über die Bezahlung des Lohns der Arbeitsleute und des Gesindes, so wie über Erfüllung der wechselseitigen Verpflichtungen der Herren und ihrer Dienstboten oder Arbeitsleute;
6) über Klagen wegen wörtlicher Injurien, Zank und Thätlichkeiten, wenn die Parteien dieserhalb nicht auf peinliche Bestrafung angetragen haben.

Art. 4. Wenn eine Versiegelung statthat, so verrichtet sie der Friedensrichter, oder, im Fall er verhindert sein sollte, einer seiner Gehülfen. Derselbe schreitet auch zur Rekognoscirung und Abnahme der Siegel, ohne jedoch über Streitigkeiten entscheiden zu können, die bei Anlegung oder Rekognoscirung der Siegel entstehen könnten.

Art. 5. Der Friedensrichter hat die Notoritäts-Urkunden auszustellen, welche die Stelle der Geburtsscheine vertreten. (Codex Napoleon. Art. 70.)

Er kann auf Begehren des königlichen Prokurators ein Inventarium über das bewegliche Vermögen und die Papiere eines Abwesenden aufnehmen. (Codex Napoleon. Art. 126.)

Er nimmt das Protokoll über die Anträge und Einwilligungen auf, die bei der Annahme an Kindes oder Pflegekindes Statt vorfallen. (Codex Napoleon. Art. 353 und 363.)

Vor ihm geschieht die Erklärung eines Vaters, welcher der ihn überlebenden Mutter, als Vormünderin ihrer Kinder, einen besonderen Vormundschaftsrath zur Seite setzt, desgleichen die Bestellung eines Vormundes, den der überlebende Ehegatte ernennt, wenn diese Ernennung nicht in einem letzten Willen oder vor Notarien geschehen ist, und ebenfalls die Volljährigkeits-Erklärung eines Minderjährigen. (Codex Napoleon. Art. 392, 398 und 477.)

Er kann von Amtswegen den Familien-Rath zusammenberufen, um für Minderjährige, welche noch nicht bevormundet sind, einen Vormund und einen Nebenvormund zu ernennen.

In Gemäßheit der Art. 407, 408, 409, 410, 411, 412, 413, 414, 415, 416, 478 und 479 des Codex Napoleon beruft und bildet er den Familienrath, und hat darin den Vorsitz.

Art. 6. In den Fällen, wo die Friedensrichter nicht in letzter Instanz erkennen, gehen die Appellationen von ihren Urtheilen an das Distrikts- oder Arrondissements-Tribunal, das sodann in letzter Instanz erkennt.

Art. 7. Bei dem Friedensrichter, oder im Fall seiner Behinderung, bei einem von seinen Gehülfen, werden die Anzeigen von begangenen Verbrechen und darauf Bezug habende Klagen angebracht.

Bei Verbrechen, welche Spuren ihres Thatbestandes nachlassen, muß er über diese von Amtswegen ein Protokoll aufnehmen, die vorhandenen Anzeigen und Beweise sammeln, sowohl in Ansehung des Thatbestandes des Verbrechens selbst, als in Ansehung derer Personen, die desselben beschuldigt oder verdächtig sind. Diejenigen, welche auf der That ertappt werden, muß er verhaften lassen.

Jeden, gegen den Beweise oder Verdachtsgründe wegen eines begangenen Verbrechens vorhanden sind, muß er vorfordern, ihn vernehmen, und seine Antworten selbst, oder durch seinen Secretair, summarisch zu Protokoll nehmen.

Wenn eine weitere Kriminal-Untersuchung statthaben muß, so hat er das Mitglied des Distrikts-Tribunals, das die Instruction des peinlichen Prozesses vorzubereiten hat, davon zu benachrichtigen.

Art. 8. Die Friedensrichter sind ihrer Besoldung nach, die sich nach der Bevölkerung der ihnen untergebenen Kantons richten wird, in 3 Klassen getheilt: die der ersten Klasse erhalten 1200, die der zweiten 1000, und die der dritten 800 Franken Gehalt.

Art. 9. Die Municipal-Verwaltungen bestreiten die kleinen Ausgaben der Büreaus der Friedensrichter. Diese setzen deshalb einen Etat auf, welchen der Präfekt genehmigen und dem Minister des Justizwesens und der inneren Angelegenheiten zustellen muß.

Art. 10. Die Friedensrichter wählen sich ihre Secretaire selbst, deren Gehalt in einem Drittel der Besoldung eines Friedensrichters besteht.

Art. 11. Bis auf anderweitige Verfügung erheben die Sekretaire, außer dem oben bemerkten Gehalte, die ihnen durchs Gesetz oder Herkommen angewiesenen Gebühren.

Allgemeine Verfügungen.

Art. 1. Die gerichtlichen Geschäfte der unter dem Namen Regierung, Kriminal-Gericht, Justiz-Kanzlei, Officialat, Konsistorium und Stadt-Magistrat bekannten Tribunale, hören sogleich auf, wenn das Appellationsgericht zu Kassel und die Distrikts-Tribunale eingerichtet sind, jedoch mit Vorbehalt der weiter unten angeführten Ausnahmen. Die bei diesen aufgehobenen Gerichtshöfen und Tribunalen anhängigen Prozesse werden an die neuen Tribunale, die darin zu erkennen haben, abgegeben.

Art. 2. Bis die Friedensrichter in ihr Amt eingesetzt sein werden, fahren die Stadt-Magistrate und königlichen Amtleute fort, in allen den Sachen zu erkennen, die vor jene Richter gehören. Alles, was die Municipal-Polizei angeht, bleibt aber in den Händen der Stadt-Magistrate.

Art. 3. Die Justiz kann in dem ganzen Umfange Unserer Staaten nur in Unserem Namen und von Unseren Gerichtshöfen verwaltet werden.

Von der Bekanntmachung des gegenwärtigen Dekrets an gerechnet hören daher die Geschäfte aller Richter auf, welche von den Inhabern der Patrimonial-Gerichtsbarkeit eingesetzt sind.

Es wird ihnen hiermit, bei Strafe des Ungehorsams und des Eingriffs in die Hoheits-Rechte, jede weitere Handlung der Gerichtsbarkeit untersagt. Allen Unseren Unterthanen aber wird hiermit verboten, irgend eine Handlung der Gerichtsbarkeit anzuerkennen, welche, nach der Bekanntmachung des gegenwärtigen Dekrets, noch von den genannten Amtleuten und Richtern ausgeübt worden ist, so wie ihren Gerichtsdienern selbige zu vollziehen.

Art. 4. Alle bei den gedachten Patrimonial-Gerichten anhängigen Prozesse werden, nach Maßgabe ihres Belaufs und Gegenstandes, entweder an die nächsten königlichen Beamten oder an die Distrikts-Tribunale abgegeben.

Art. 5. Die Officialate, General-Vicariate und Consistorien fahren fort, über die Erhaltung der Kirchendisciplin und über die Verwaltung der Kirchengüter und Almosen-Gelder zu wachen. Sie haben die Prüfungen der Fähigkeiten derjenigen Personen anzustellen, die sich dem geistlichen Stande widmen, und bei eintretender Erledigung geistlicher Stellen schlagen sie Uns Subjekte vor, die Wir, auf den Bericht Unseres Ministers der inneren Angelegenheiten ernennen werden.

Art. 6. Die Officialate und Konsistorien haben sich übrigens aller Prozeßsachen zu entäußern, welche vor die Tribunale gehören.

Art. 7. Bis auf anderweitige Verfügung fahren die Handelsgerichte fort ihre Geschäfte, in ihrem ganzen bisherigen Umfange, auszuüben.

Art. 8. Das Appellations-Gericht, die Kriminal-Gerichte, die Distrikts-Tribunale und Friedensrichter haben fernerhin alle die Gebühren, Accidenzien und Sporteln zu erheben, welche die vormaligen Gerichte zu erheben pflegten. Vom Tage ihrer Einsetzung an soll darüber eine Rechnung geführt werden, wovon alle Monate eine Abschrift an Unseren Minister des Justizwesens eingesandt werden muß.

Art. 9. Wir behalten es uns vor, den Gebrauch der hierdurch erhobenen Gelder, welche in einer dem Secretaire, und bei den Friedensgerichten dem Friedensrichter selbst anvertrauten Kasse niedergelegt werden sollen, zu bestimmen.

Art. 10. Unser Minister des Justizwesens und der inneren Angelegenheiten ist mit der Vollziehung des gegenwärtigen Dekrets beauftragt.

Gegeben in Unserem Königlichen Palaste zu Kassel, am 27. Januar 1808, im zweiten Jahre Unserer Regierung.

Unterschrieben: u. s. w., u. s. w.

14.

Königliches Decret vom 6. Februar 1808 über die Versendung des Gesetz-Büllleтins, und das Abonnement auf dasselbe.

(Gesetz-Bülletin XVII. 38.)

Wir u. s. w.
haben, auf den Bericht Unseres Ministers des Justizwesens und der inneren Angelegenheiten;

nach Anhörung Unseres Staatsrathes;

verordnet und verordnen, wie folgt:

Art. 1. Das Gesetz-Bülletin wird von Amtswegen an die Minister, Staatsräthe, Präfekten, Unterpräfekten, Gerichtshöfe und Tribunale, wie auch an deren Präsidenten, an die General- und königlichen Prokuratoren, Friedensrichter und Maire geschickt.

Art. 2. Alle Gemeinden erhalten dasselbe gegen ein Abonnement von 12 Franken, unter der Adresse ihrer Maire, welche es in das Secretariat der Gemeinde niederlegen, und daselbst zu verwahren, verbunden sind.

Art. 3. Die Friedensrichter müssen es gleichfalls in das Archiv ihres Gerichts niederlegen, und daselbst aufbewahren.

Art. 4. Das Abonnement der Gemeinden macht einen Theil der Gemeinde-Ausgaben aus, und die Einwohner derselben haben die Zahlung, welche aus der Einnahme der Zulags-Centimen zu bestreiten ist, dem Distrikts-Einnehmer zu leisten.

Art. 5. Diejenigen öffentlichen Beamten, welche das Gesetz-Bülletin nicht von Amtswegen bekommen, können darauf für denselben Preis abonniren, und müssen das Geld dafür ihrem Distrikts-Einnehmer entrichten, der sich deshalb mit dem Ober-Einnehmer zu berechnen hat.

Art. 6. In den ersten zehn Tagen jeden Vierteljahres müssen die Ober-Einnehmer an den Minister des Justizwesens genaue Verzeichnisse von den Abonnements der Maire einsenden, und davon, wie von ihren anderen Einnahmen dieser Art, Rechnung ablegen; sie behalten von dem Betrage der Abonnements-Gelder von jedem Franken eine Centime zurück.

Art. 7. Die Privatpersonen, welche sich abonniren wollen, haben ebenfalls 12 Franken an die Postdirektoren zu bezahlen, welchen derselbe Abzug bewilligt ist, und welche wegen dieser Einnahme mit ihrer Verwaltungs-Behörde sich berechnen müssen.

Art. 8. Alle 3 Monate müssen sie ein genaues Verzeichniß von den erhobenen Abonnements-Geldern an den Minister des Justizwesens und der inneren Angelegenheiten einsenden.

Art. 9. Der ganze Betrag des Abonnements für das Bülletin wird, sowohl von den Einnehmern, als von der Postverwaltung, an den Schatz abgeliefert, und ist besonders zur Bestreitung der Druck- und Verschickungskosten des Bülletins bestimmt, weswegen der Minister des Schatzes die nöthigen Verfügungen zu treffen hat, daß sich daselbst die Gelder zur Verfügung des Ministers des Justizwesens und der inneren Angelegenheiten in Bereitschaft finden.

Art. 10. Unser Minister des Justizwesens und der inneren Angelegenheiten, und Unser Minister der Finanzen und des Schatzes sind, in so weit es einen jeden derselben angeht, mit der Vollziehung des gegenwärtigen Dekrets beauftragt.

Gegeben in Unserem Königlichen Palaste zu Kassel, am 6. Februar 1808, im zweiten Jahre Unserer Regierung.

Unterschrieben: rc. rc.

15.

Königliches Decret vom 18. März 1808, welches die Verrichtungen der Wahl-Kollegien des Königreichs, wie auch die Art und Weise, wie sie gehalten werden sollen, bestimmt.

(Gesetz-Bülletin XXIV. 53.)

Wir rc.

haben, nach Ansicht des 29sten Artikels der Konstitutionen, in dessen Gemäßheit die Stände des Königreichs aus 100 Mitgliedern, die von den Departements-Kollegien zu ernennen sind, bestehen sollen, von denen 70 unter den Grundeigenthümern, 15 unter den Kaufleuten und Fabrikanten und 15 unter den Gelehrten und anderen Bürgern, die um den Staat sich verdient gemacht haben, ausgewählt werden;

wie auch des 44sten Artikels, welcher folgende Bestimmung enthält: „Die Departements-Kollegien ernennen die Mitglieder der Stände, und präsentiren dem Könige Kandidaten zu den Stellen der Friedensrichter, der Departements-, Distrikts- und Municipal-Räthe. Für jede zu machende Ernennung sollen 2 Kandidaten vorgeschlagen werden;“

auf den Bericht Unseres Ministers des Justizwesens und der inneren Angelegenheiten;

nach Anhörung Unseres Staatsraths;

verordnet und verordnen, wie folgt:

Art. 1. Die 100 Mitglieder der Stände werden auf folgende Weise gestellt;

vom Elbe-Departement 13, von denen
9 unter den Grundeigenthümern, 2 unter den Kaufleuten und Fabrikanten, und 2 unter den Gelehrten, Künstlern und anderen Bürgern, die um den Staat sich verdient gemacht haben, ausgewählt werden;

vom Fulda-Departement 13, und zwar
9 aus der 1sten, 2 aus der 2ten und 2 aus der 3ten Klasse;

vom Harz-Departement 11, und zwar
8 aus der 1sten, 2 aus der 2ten und 1 aus der 3ten Klasse;

vom Leine-Departement 8, und zwar
5 aus der 1sten, 1 aus der 2ten und 2 aus der 3ten Klasse;

vom Ocker-Departement 14, und zwar
10 aus der 1sten, 2 aus der 2ten und 2 aus der 3ten Klasse;

vom Saale-Departement 11, und zwar
8 aus der 1sten, 1 aus der 2ten und 2 aus der 3ten Klasse;

vom Werra-Departement 13, und zwar
9 aus der 1sten, 2 aus der 2ten und 2 aus der 3ten Klasse;

vom Weser-Departement 17, und zwar
12 aus der 1sten, 3 aus der 2ten und 2 aus der 3ten Klasse;

Art. 2. Die Mitglieder der Stände müssen zum wenigsten 30 Jahre alt, Westfälische Bürger, und in demjenigen Departemente, dessen Kollegium sie ernennt, Grundeigenthümer sein, oder in demselben ihren Wohnsitz haben.

Art. 3. Jedes Departements-Kollegium versammelt sich an dem von Uns zu bestimmenden Tage und Orte, um vorzunehmen:

1) die Wahl der Mitglieder der Stände, und
2) die Auswahl der Kandidaten, welche sie Uns zu den Stellen der Friedensrichter, der Departements-, Distrikts- und Municipalräthe zu präsentiren haben.

Art. 4. Jedes Kollegium hat einen von Uns zu ernennenden Präsidenten, und auf den Fall, daß Wir denselben aus den Mitgliedern des Kollegiums, in dem er den Vorsitz führen soll, nicht erwählen, so erhält er dadurch die Eigenschaft eines Mitgliedes.

Art. 5. Die Präsidenten leisten in Unsere Hände oder schriftlich, in so fern Wir sie dazu berechtigen, folgenden Eid:

„Ich schwöre Gehorsam der Konstitution, den Gesetzen des Königreichs, „und den die Vollziehung derselben betreffenden Dekreten und Verordnungen. Treue der Person des Königs; daß ich in dem Kollegium, „worin ich den Vorsitz führen werde, Ordnung erhalten wolle; daß ich „nicht zugeben werde, daß dasselbe mit anderen Gegenständen, als denen, „die das Zusammenberufungs-Dekret vorschreibt, sich beschäftige; daß ich „keine dahin abzweckenden Ränke, die Stimmen für sich zu gewinnen, „oder deren freie Abgebung zu beschränken, dulden werde; daß ich nichts „weder aus Feindschaft, noch aus besonderer Gunst thun wolle; daß ich „die Sitzungen am ... Tage des Monats ... in der durch das Zusammenberufungs-Dekret bestimmten Zeit schließen werde; und endlich, daß „ich meine Geschäfte mit Eifer, Genauigkeit, Festigkeit und Unparteilichkeit verrichten wolle, so wahr mir Gott helfe und sein heiliges Wort."

Art. 6. Bei Eröffnung der Versammlung des Kollegiums läßt der Präsident alle anwesenden Mitglieder den Eid des Gehorsams gegen die Konstitution, der Treue gegen den König, so wie auch, daß sie die vorzunehmenden Wahlen nach ihrem besten Wissen und Gewissen verrichten wollen, ablegen.

Die Mitglieder, welche, nachdem bereits die Versammlung ihre Geschäfte angefangen hat, hinzukommen, müssen denselben Eid leisten.

Der Präsident ernennt unter den gegenwärtigen Gliedern vorläufig 2 Wahlzeugen und einen Secretair, welche die Stimmen für die Wahl der 8 beständigen Wahlzeugen und des beständigen Secretairs, die von dem Kollegium nach absoluter Stimmenmehrheit zu ernennen sind, einsammeln und untersuchen müssen.

Art. 7. Nach Ernennung des beständigen Secretairs und der 8 beständigen Wahlzeugen, eröffnet der Secretair das Protokoll und zeichnet darin alle vorhergegangenen Verrichtungen auf.

Der Präsident läßt seine Ernennungs-Urkunde, das Zusammenberufungs-, wie auch das gegenwärtige Dekret vorlesen.

Art. 8. Der Präsident macht hierauf bekannt, daß die Stimmen-Abgebung zur Ernennung der Mitglieder der Stände ihren Anfang nehmen solle.

Er zeigt an, wie viel Mitglieder aus jeder Klasse, sowohl der Grundeigenthümer, als der Kaufleute und Fabrikanten, wie auch der Gelehrten und Künstler zu ernennen sind.

Alsdann theilt sich die Versammlung in 4 Sectionen oder Büreaus, um die Stimmen abzugeben.

Art. 9 An der Spitze des 1sten Büreaus stehen der Präsident des Kollegiums, der von der Versammlung erwählte Secretair, und die beiden ersten Wahlzeugen, welche die Versammlung gewählt hat.

Der Präsident des Kollegiums ernennt die Präsidenten und Secretaire der drei anderen Büreaus, bei deren jedem 2 von den 8 Wahlzeugen sich befinden.

Art. 10. In jedem Büreau werden die Stimmen zu gleicher Zeit abgegeben.

Art. 11. Jeder Stimmgeber schreibt, oder läßt im Büreau einen Zettel schreiben, worauf er diejenigen aus den drei Klassen namhaft macht, welche er zu Mitgliedern der Stände erwählen will. Zu gleicher Zeit schreibt er seinen Namen auf einen Bogen, der dazu bestimmt ist, die Anzahl der Stimmgeber in Gewißheit zu setzen. Kann er aber nicht schreiben, so läßt er von demjenigen, welcher für ihn den Wahlzettel geschrieben hat, seinen Namen auf diesen Bogen setzen.

Die den Namen eines jeden Stimmgebers enthaltenden Bogen werden bei Abgebung des Wahlzettels aufbewahrt, und dem Protokolle beigefügt.

Art. 12. Die Wahlzettel werden in einen mit 2 Schlössern verwahrten Kasten geworfen, zu welchem der Präsident den einen, der Secretair aber den anderen Schlüssel hat.

Art. 13. Die Wahlzettel dürfen nur eine, mit der Anzahl der aus jeder Klasse zu ernennenden Mitglieder gleichkommende Zahl von Namen enthalten. Ist die Zahl der Namen größer, so wird sie von den Wahlzeugen bei Untersuchung der Wahlen verringert, indem dieselben die überflüssigen Namen wegstreichen und dabei mit dem letzten den Anfang machen.

Art. 14. Diejenigen Wahlzettel, welche nicht so viel Namen, als Stellen zu vergeben sind, enthalten, sind gleichwohl für die Namen, welche sich darauf befinden, gültig.

Art. 15. Wenn alle anwesenden Mitglieder ihre Stimmen abgegeben haben, oder wenn die vom Präsidenten des Kollegiums bestimmte Frist abgelaufen ist, so thut jeder Präsident den Ausspruch, daß die Stimmen-Abgebung geschlossen sei, und man daher zur Untersuchung derselben schreiten werde.

Art. 16. Er fängt damit an, die in den mit 2 Schlössern verwahrten Kasten gelegten Wahlzettel zählen zu lassen, um zu erfahren, ob nicht mehr Wahlzettel als Stimmgeber vorhanden sind. Sollten sich mehr vorfinden, so ist die Wahl nichtig, und es muß, nach geschehener Verbrennung der Wahlzettel, zu einer neuen Stimmen-Abgebung geschritten werden.

Art. 17. Bei Untersuchung der Wahlzettel müssen die Präsidenten die auf denselben enthaltenen Namen mit lauter Stimme vorlesen. Die Wahlzeugen und der Secretair, denen sie übergeben werden, müssen sie aufzeichnen.

Art. 18. Die im 2ten, 3ten und 4ten Büreau untersuchten Wahlen werden in das erste Büreau gebracht, und mit dessen Wahl vereinigt.

Art. 19. Der Präsident proklamirt diejenigen Kandidaten als erwählt, welche eine absolute Stimmenmehrheit für sich haben.

Art. 20. Man schreitet hierauf zu einer zweiten Stimmen-Abgebung, um die Mitglieder, deren Ernennung nach übrig bleibt, zu erwählen.

Art. 21. Wenn sich aus der Untersuchung der 2ten Stimmen-Abgebung noch keine absolute Stimmenmehrheit ergiebt, so wird eine dritte Stimmen-Abgebung vorgenommen, jedoch nur in Rücksicht der beiden Kandidaten, welche die meisten Stimmen erhalten hatten.

Art. 22. Bei der dritten Stimmen-Abgebung werden diejenigen als erwählt proklamirt, welche die Stimmenmehrheit für sich haben.

Art. 23. Nach geschehener Ernennung der Mitglieder der Stände macht der Präsident des Kollegiums die Zahl der Mitglieder, aus denen der Departements-Rath bestehen soll, bekannt, und kündigt an, daß die Stimmen zur Ernennung der Kandidaten, welche sie Uns in dieser Hinsicht in doppelter Anzahl zu präsentiren haben, gesammelt werden sollen.

Dieses geschieht in derselben Form, und auf dieselbe Weise, wie oben bestimmt worden ist.

Art. 24. Nach Vollziehung der Wahl der Kandidaten für die Departements-Räthe, geht man zur Wahl der Kandidaten für die Distrikts-Räthe über, und zu dem Ende theilt sich das Kollegium in so viele Sectionen oder Büreaus, als das Departement Distrikte hat. Jede Section oder Büreau besteht aus solchen Mitgliedern des Kollegiums, die aus demselben Distrikte sind, und nimmt die Wahl von 22 Kandidaten vor, eine Zahl, welche noch einmal so groß ist, als die, aus welchen ihr Distrikts-Rath bestehen soll.

Art. 25. Das Resultat der Stimmen-Abgebung einer jeden Section wird in die allgemeine Versammlung des Kollegiums gebracht, und verlesen, um sodann daselbst bekannt gemacht zu werden.

Art. 26. Auf gleiche Weise verfahren dieselben Sectionen bei Verfertigung der doppelten Liste der Friedensrichter ihres Distrikts.

Art. 27. Das Resultat der Stimmen-Abgebung wird in der allgemeinen Versammlung des Kollegiums bekannt gemacht. Diejenigen, welche nächst den zu Friedensrichtern präsentirten die meisten Stimmen für sich haben, werden eingeschrieben, und als Adjuncten der besagten Friedensrichter präsentirt.

Art. 28. Um die Präsentation der doppelten Zahl von Kandidaten für die Municipal-Räthe vorzunehmen, müssen die Distrikts-Sectionen oder Büreaus, nachdem zuvörderst der Präsident des Kollegiums sie mit der Anzahl, aus welcher jeder Municipal-Rath bestehen soll, bekannt gemacht hat, in Kommissionen von 5 Mitgliedern sich auflösen, worauf jede derselben die nachher im Büreau zu verlesenden Listen zu verfertigen hat. Finden sich dabei Schwierigkeiten, über die man sich nicht vereinigen kann, so soll im Distrikts-Büreau die Stimmen-Abgebung vorgenommen werden, um diejenigen Kandidaten, welche den Gegenstand des Streits ausmachen, zu ersetzen. Bei dieser Stimmen-Abgebung ist Stimmenmehrheit entscheidend.

Art. 29. Sind die Listen einmal in der Section, oder dem Büreau des Distrikts genehmigt, so werden sie in die allgemeine Versammlung des Kollegiums gebracht, um daselbst verlesen, genehmigt und proklamirt zu werden.

Art. 30. Die Versammlung eines Wahl-Kollegiums kann nicht länger als 10 Tage dauern; nach Ablauf dieses Termins ist sie von Rechts wegen aufgelöst, und der Präsident ist verbunden, sich zurückzuziehen. Wir werden sodann die Ernennungen oder Präsentationen, welche das Kollegium nicht gemacht hat, ergänzen.

Art. 31. Es wird dem Wahl-Kollegium bei Strafe des Ungehorsams verboten, sich mit anderen Gegenständen, als mit den Wahlen und Präsentationen, um deren willen es versammelt ist, zu beschäftigen.

Art. 32. In jeder Sitzung werden Protokolle über die Verrichtungen der Departements-Kollegien aufgenommen, und bei Eröffnung der folgenden Sitzung von allen Mitgliedern des Büreaus unterschrieben.

Art. 33. Die Protokolle werden doppelt aufgenommen. Eines davon ist sogleich nach dem Schlusse der Versammlung an den Präfekten des Departements, und von diesem an Unseren Minister des Justizwesens und der inneren Angelegenheiten einzusenden. Das andere bleibt in der Verwahrung des Präsidenten, welcher es seinem Nachfolger, wenn ein anderer an seine Stelle tritt, überliefert.

Art. 34. Unser Minister des Justizwesens und der inneren Angelegenheiten ist mit der Vollziehung des gegenwärtigen Dekrets beauftragt, welches in das Gesetz-Bülletin eingerückt werden soll.

Gegeben in Unserem Königlichen Palaste zu Kassel, am 18. März 1808, im zweiten Jahre Unserer Regierung.

Unterzeichnet: rc. rc.

16.

Königliches Decret vom 31. März 1808, welches die Errichtung eines Konsistoriums und die Bestellung von Syndiken zur Aufsicht über den jüdischen Gottesdienst anordnet.

(Gesetz=Bülletin XXVIII. 62.)

Wir u. s. w.

haben, in Erwägung, daß, wenn die Juden gleich Unseren anderen Unterthanen die freie Ausübung ihres Gottesdienstes genießen sollen, diese Religions=Uebung auch, wie die anderen, Unserer Aufsicht unterworfen sein muß, damit sie nicht mit der Gesetzgebung und derjenigen öffentlichen Moral in Widerspruch stehe, welche die Richtschnur aller Menschen sein und aus ihnen nur eine einzige politische Gesellschaft bilden muß;

daß die Juden nicht ferner eine getrennte Gesellschaft im Staate ausmachen dürfen, sondern, nach dem Beispiele aller Unseren anderen Unterthanen, sich in die Nation, deren Glieder sie sind, verschmelzen müssen;

daß indeß aus dieser Vermischung nicht der Mißbrauch erwachsen darf, daß ein jeder derselben von den Kosten des Gottesdienstes oder von den Schulden, die ihre Gemeindeheiten entweder zu deren Bestreitung oder zur Abtragung der ihnen ehemals auferlegten Lasten aufgenommen haben, sich befreit erachte;

auf den Bericht Unseres Ministers der Justiz und des Innern;

nach Anhörung Unseres Staatsrathes;

verordnet und verordnen:

Art. 1. Es soll in Unserer Stadt Kassel ein Konsistorium für die jüdische Religion errichtet werden.

Dieses Konsistorium soll bestehen aus einem Präsidenten, der ohne Unterschied aus den Rabbinern oder den anderen Juden gewählt wird, 3 Rabbinern, 2 jüdischen Gelehrten und einem Secretair, und sollen die Mitglieder desselben Unserem Minister der Justiz und des Innern vorgeschlagen und von Uns bestätigt werden.

Art. 2. Die Ernennung der neuen Mitglieder an die Stelle der verstorbenen oder abgegangenen geschieht auf den vom Konsistorium gemachten Vorschlag zweier Kandidaten für jede erledigte Stelle.

Art. 3. Der Gehalt der Mitglieder des Konsistoriums ist auf 3000 Franken für den Präsidenten, auf 2000 Franken für jeden Rabbiner, auf 1000 Franken für ein jedes der anderen Mitglieder, und auf 2000 Franken für den Secretair festgesetzt.

Art. 4. Das Konsistorium soll beauftragt sein, die Aufsicht zu führen:

1) über Alles, was die Religions-Uebung betrifft;
2) über die Ansetzung, Erhebung, Verwaltung und Verwendung der zu den Kosten des Gottesdienstes bestimmten Beiträge und Stiftungen;
3) über die Ansetzung, Erhebung und Verwaltung der Beiträge und Stiftungen, welche zur Besoldung des Konsistoriums und zu den Schulen und milden Anstalten, welche die Juden für die Kinder und Armen ihrer Religion unterhalten, bestimmt sind;
4) über die Vollziehung der zum Abtrag der von den ehemaligen jüdischen Gemeindeheiten gemachten Schulden getroffenen oder noch zu treffenden Maßregeln.

Art. 5. Die Aufsicht in Betreff der Religions-Uebung soll unter sich begreifen die Ritualien oder gottesdienstlichen Verordnungen, den Gottesdienst, die Synagogen, die Disciplin und den Religions-Unterricht; alle diese Gegenstände sollen von dem Konsistorium unter der Oberaufsicht und einzuholenden Genehmigung der Regierung angeordnet und festgesetzt werden. Das Konsistorium soll die Rabbiner und jüdischen Schullehrer prüfen und über sie die Aufsicht führen; sie können aber ihr Amt nicht antreten, ohne vorher von Unserem Minister der Justiz und des Innern bestätigt zu sein.

Art. 6. Das Konsistorium soll darüber wachen:

1) daß die Rabbiner und Schullehrer bei jeder Gelegenheit den Gehorsam gegen die Gesetze und besonders gegen diejenigen, welche sich auf die Vertheidigung des Vaterlandes beziehen, lehren; daß sie in ihrem Unterrichte den Militairdienst als eine heilige Pflicht darstellen, während deren Ausübung das Gesetz von allen damit unvereinbaren religiösen Gebräuchen entbindet;
2) daß in allen Synagogen öffentliche Fürbitten für Uns und Unser Haus gehalten werden;
3) daß die Rabbiner die Ehen nicht eher einsegnen und die Ehescheidungen nicht eher aussprechen, als nachdem ihnen die Berichtigung des Civil-Akts der Ehe oder der Ehescheidung nachgewiesen ist.

Art. 7. Auf den Vorschlag des Konsistoriums wird Unser Minister der Justiz und des Innern die Hauptsynagoge für jedes Departement, so wie die Anzahl und den Ort der untergeordneten Synagogen bestimmen.

Art. 8. Es sollen Syndiken zur Aufsicht in einem jeden Departemente bestellt werden, deren Anzahl und Verrichtungen auf den Vorschlag des Konsistoriums werden bestimmt werden.

Sie sollen auf den Vorschlag des Letzteren von Unserem Minister der Justiz und des Innern ernannt werden.

Art. 9. Die Regierung wird gleichfalls auf den Vorschlag des Konsistoriums die Ansetzung, Erhebung, Verwaltung und Verwendung der Gelder, die zur Berichtigung der in den obigen Artikeln erwähnten verschiedenen Ausgaben bestimmt sind oder noch bestimmt werden, festsetzen und die Beitreibungsmittel vorschreiben.

Art. 10. Alle diese Ausgaben und namentlich der Gehalt des Konsistoriums, der Rabbiner und der Lehrer, die Unterhaltung und Reparaturen der Tempel und Synagogen, die Schulkosten zur Erziehung der Waisen und

Armenkinder, die Unterstützungen der Alten und Schwachen, endlich die Schulden der ehemaligen jüdischen Gemeindeheiten sollen mittelst der für jeden Gegenstand bestehenden Stiftungen und Verschreibungen berichtigt werden; im Falle diese nicht zureichen sollten, soll das Fehlende durch verhältnißmäßige Beiträge ergänzt werden, deren Vertheilungs-Verzeichnisse von dem Präfekten, auf das Gutachten der Unterpräfekten, für exekutorisch erklärt werden sollen, nachdem sie von dem Minister genehmigt sind.

Art. 11. Die ehemaligen jüdischen Gemeindeheiten werden in denselben Bezirken, welche sie vor der jetzigen Territorial-Eintheilung des Königreiches hatten, fortbestehen, aber als besondere Gesellschaften nur in Hinsicht der von ihnen kontrahirten Schulden und der Verschreibungen, wegen welcher die Mitglieder dieser Gesellschaften verhaftet sind.

Art. 12. Die jüdischen Gemeinden haben unverzüglich für die Bezahlung ihrer Schulden Sorge zu tragen, und bis zu deren Berichtigung muß jeder Jude zu den Schulden, Kosten und Lasten der Gemeinde, zu welcher er vor der jetzigen Territorial-Eintheilung des Königreichs gehörte, ferner Beitrag leisten.

Art. 13. Jeder Jude, welcher sich in dem Königreiche niederläßt, soll gehalten sein, innerhalb 6 Wochen sich in die Register der Synagoge, in deren Bezirk er seinen Wohnsitz nimmt, eintragen zu lassen, um zu den Lasten des Gottesdienstes beizutragen.

Art. 14. Der bürgerliche Zustand der Juden soll in jeder Gemeinde vom 1. Mai d. J. an von dem Maire und in dessen Ermangelung von dem Adjunkten festgestellt werden.

Das Konsistorium und die Rabbiner haben in Uebereinstimmung mit der bürgerlichen Autorität darüber zu wachen, daß die jüdischen Familien die Geburts-, Ehe- und Sterbe-Akten, den Vorschriften des Codex Napoleon gemäß, vor diesen Beamten verrichten.

Die Mairen und Adjunkten haben sich in Hinsicht der Haltung der Register und der Aufnahme der Akten nach den Vorschriften des Codex Napoleon und Unseres Dekrets vom 22. Januar d. J. zu bemessen.

Art. 15. Innerhalb 3 Monaten, von der Publication des gegenwärtigen Dekrets an gerechnet, sollen alle Juden dem Namen, unter dem sie bekannt sind, einen Beinamen hinzufügen, welcher der Unterscheidungs-Name ihrer Familie werden soll, sie müssen ihn bei der Municipalität ihres Wohnortes eintragen lassen, und weder sie noch ihre Kinder dürfen ihn bei Strafe der Namensverfälschung ohne Unsere Erlaubniß ändern.

Die Maire haben darauf zu achten, daß sie weder Namen von Städten, noch solche, welche bekannten Familien zugehören, annehmen.

Art. 16. Bei dieser Eintragung der Namen müssen die Juden die Anzahl und das Alter ihrer lebenden Kinder angeben und haben zur Unterstützung ihrer Angabe in Betreff des Alters bescheinigte Auszüge der Geburts-Register, wenn deren vorhanden sind, oder sonstiger Dokumente, die bisher unter ihnen im Gebrauch waren, vorzulegen. Bei ermangelnder Authenticität dieser Register oder Dokumente soll das Alter ihrer Kinder jedesmal, wo es dessen bedürfen wird, durch Urkunden und Zeugen bewahrheitet werden.

Art. 17. Unser Minister der Justiz und des Innern ist mit der Vollziehung des gegenwärtigen Dekrets beauftragt.

Gegeben in Unserem Königlichen Palaste zu Kassel, den 31. März 1808, im zweiten Jahre Unserer Regierung.

Unterschrieben: ꝛc. ꝛc.

17.

Königliches Decret vom 29. März 1808, wodurch sowohl Departemental-Direktionen, als auch eine General-Direktion für die Erhebung der direkten Steuern angeordnet werden.

(Gesetz-Bülletin XXXI. 65.)

Wir ꝛc.
haben, nach Ansicht Unseres königlichen Dekrets vom 8. Januar 1808, in Betreff der Anlage, Repartition und Erhebung der Grundsteuern;

in Erwägung, daß es dringend nothwendig ist, durch alle sachdienliche Mittel diejenigen Arbeiten, welche auf die Anlegung eines Steuer-Katasters Bezug haben, zu beschleunigen; daß vor der Hand, und bis dahin, daß dieses geschehen ist, diejenigen, welche vorhanden sind, benutzt, die Repartition der Steuern möglichst verbessert, und daß anstatt der Kammern, welche bisher mit diesem Geschäfte beauftragt waren, nunmehr aber aufgelöst sind, für diesen Theil ihrer Verwaltung eine andere Central-Behörde eingerichtet werde; endlich, daß die Erfahrung gelehrt hat, daß nur durch eine solche Verwaltungs-Behörde Einförmigkeit und Regelmäßigkeit in den vorläufigen Bestimmungen über die Repartition der Steuern, und eine richtige Methode in Anfertigung der Steuer-Rollen, so wie schnelle Berichtigung aller Entladungs- und Nachlaßgesuche zu erlangen ist;

auf den Bericht Unseres Ministers der Finanzen, des Handels und des Schatzes,

und nach Anhörung Unseres Staatsrathes;

verordnet und verordnen, wie folgt:

Erstes Kapitel.

Von der General-Administration.

Art. 1. Es soll in Unserer guten Stadt Kassel, unter der Aufsicht Unseres Ministers der Finanzen, des Handels und des Schatzes, eine General-Direction der direkten Abgaben errichtet werden; dieselbe soll

1) aus einem General-Direktor mit einem Gehalte von 10,000 Franken,
2) und aus 4 General-Inspektoren, von welchen einer das Amt des General-Secretairs zugleich verwalten soll, jeder mit einem Gehalte von 6000 Franken bestehen.

Art. 2. Der General-Direktor ist mit allen Geschäften beauftragt, welche sowohl auf die Anlage, Repartition und Erhebung der direkten Steuern, als auch auf alle Gesuche wegen Entladung, Nachlaß und Verminderung derselben Bezug haben.

Art. 3. Demgemäß hat derselbe:

1) den Direktoren in den Departementen die nöthigen Verhaltungs-Befehle, Instructionen und Vorschriften zu ertheilen, durch welche die schleunige und gleichförmige Befolgung aller Gesetze und Verordnungen, welche auf die Anlage, Repartition und Erhebung der direkten Steuern Bezug haben, bewirkt werden kann;
2) desgleichen die Steuer-Rollen unter seiner Aufsicht anfertigen zu lassen und dafür zu sorgen, daß, nach Maßgabe derselben, die Erhebung der Steuern ohne Anstand und Aufenthalt bewirkt werde. Derselbe hat über die dabei etwa vorkommenden Schwierigkeiten dem Finanz-Minister Bericht zu erstatten, wie auch alle etwa eintretenden zweifelhaften Fragen zur Entscheidung vorzulegen, welche dieser unmittelbar an ihn erlassen und wonach er sodann an die Departemental-Direktoren verfügen wird;
3) derselbe hat dahin zu sehen, daß alle von den Steuerpflichtigen eingereichten Gesuche um Erlaß oder Minderung ihrer Steuerbürde ohne Aufenthalt und mit Gründlichkeit geprüft werden, und hat selbst im Laufe eines jeden Jahres dem Finanz-Minister eine General-Tabelle über die wirklich erfolgten Erlasse vorzulegen;
4) sodann hat derselbe vorzüglich dahin zu sehen, daß die sowohl gegen die Steuer-Einnehmer, wegen etwa rückständiger Ablieferung der an sie einbezahlten Steuern, als auch gegen einzelne Steuerpflichtige wegen rückständiger Berichtigung ihrer Steuerbürde, erlassenen Zwangs-Befehle gehörig vollstreckt werden;
5) dem Finanz-Minister hat derselbe jährlich einen Plan zur Vertheilung des, sowohl zu den Nachlässen als zur Deckung der Ausfälle, ausgesetzten Fonds unter sämmtliche Departemente vorzulegen;
6) eben sowohl hat derselbe dem Finanz-Minister in jedem Monate eine vollständige Nachweisung von dem Betrage der für das ganze Königreich ausgeschriebenen Steuern; von der darauf überhaupt, und besonders in den abgelaufenen Monaten, stattgehabten Einnahme; von den noch rückständigen Erhebungen, wie auch von den bis dahin jedesmal aufgewandten Kosten, vorzulegen;
7) endlich hat derselbe sämmtliche bereits vorhandenen Kataster von ganzen Provinzen oder einzelnen Bezirken, alle Karten, Risse, Steuer-Rollen, überhaupt alle und jede Dokumente und Nachrichten, welche über den Umfang der Grundbesitzungen, den Ertrag überhaupt, und über jeden, der zur Steuer-Anlage gezogen werden kann, und dessen

Verhältniß zur Grundsteuer Aufschluß geben können, in ein Archiv zu sammeln und darüber die unmittelbare Aufsicht zu führen.

Art. 4. Zu seinen vorzüglichsten Pflichten gehört die Leitung aller derjenigen Arbeiten, welche die Anfertigung des neuen Katasters für das ganze Königreich, die Umarbeitung der bereits vorhandenen, die Reduction der verschiedenen Maße auf das allgemeine und constitutionsmäßige Maß, und endlich die Ausgleichung der jetzt vorhandenen verschiedenen Steuersätze, nach Maßgabe desjenigen, der für das ganze Königreich bestimmt werden wird, betreffen.

Zu dem Ende hat er die erforderlichen Instructionen an die Direktoren in den Departementen zu erlassen.

Art. 5. Derselbe wird sowohl alle fixirten als besonderen, durch diese Arbeiten veranlaßten, Ausgaben auf die zu dem Ende aufgesetzten Fonds anweisen.

Art. 6. Die General-Inspektoren werden in Gemäßheit der ihnen von dem General-Direktor, unter dessen unmittelbaren Befehlen sie stehen, ertheilten Anweisungen Reisen in die Departemente unternehmen.

Art. 7. Dieselben sind verpflichtet, auf ihren Reisen den Fortgang aller, die Fertigung des neuen Katasters, so wie auch der die Ausgleichung der vorhandenen betreffenden Arbeiten, genau zu untersuchen und zu verfolgen; eben so die zum Behuf dieser Arbeiten von den Departements-Direktoren gesammelten Materialien, das von den Feldmessern bei ihren Arbeiten beobachtete Verfahren, endlich die Art, wie bei der Ausmittelung und Festsetzung des zu besteuernden reinen Ertrags, bei der Eintheilung der Feldmarken, und bei der Ausmittelung der Abrechnungs- und Wirthschaftskosten verfahren worden ist, genau zu prüfen. Dieselben haben allen Fleiß anzuwenden, um sich zu überzeugen, ob und wie den dieserhalb erlassenen Gesetzen, wie auch der von Unserem Finanz-Minister oder General-Direktor erlassenen Instructionen gemäß, verfahren worden ist. Insbesondere haben dieselben der Eintheilung der Feldfluren, der Ausmittelung des reinen Ertrages, wie auch der Anfertigung der Steuer-Rollen eine ganz besondere Aufmerksamkeit zu widmen, und zu dem Ende sich in jeder Kommune sowohl die Mutter-Rollen, als auch die bei der wirklichen Erhebung zum Grunde liegenden Steuer-Rollen vorlegen zu lassen. Ueber den Fortgang dieser ihrer Inspections-Geschäfte haben dieselben jedes Mal, und sobald die Bereisung eines Departements vollendet ist, dem General-Direktor einen vollständigen Bericht einzuschicken.

Art. 8. Einer von den General-Inspektoren wird beständig bei dem General-Direktor zu Kassel, um ihn bei seiner Amts-Verwesung zu unterstützen, anwesend bleiben, und unter dessen unmittelbarer Direktion sich mit den, auf die Ausarbeitung des Katasters Bezug habenden, Arbeiten beschäftigen.

Art. 9. Außer der oben bestimmten Besoldung empfangen die General-Inspektoren auf ihren Reisen ein jeder täglich 12 Franken Diäten.

Doch dürfen diese nicht die Summe von 1000 Franken jährlich für einen jeden von ihnen übersteigen.

Art. 10. Die Geschäfte des General-Secretairs bestehen in Folgendem:

1) hat derselbe ein Register über alle Gesetze, Dekrete, die öffentliche Verwaltung betreffenden Verordnungen, Befehle oder besondere Vorschriften des Finanz-Ministers zu halten;

2) die Archive und Papiere der General-Direction in Verwahrung zu halten;
3) die Ausfertigung aller erlassenen Verfügungen zu besorgen;
4) zu gleicher Zeit ist derselbe Chef der Büreaus der General-Direction.

Art. 11. Der General-Direktor und die General-Inspektoren werden gemeinschaftlich über die wichtigsten Angelegenheiten der Steuern berathschlagen, bei welchen Berathschlagungen der General-Secretair das Protokoll zu führen hat, welches dem Finanz-Minister zur Genehmigung vorgelegt werden muß.

Zweites Kapitel.

Von den Departemental-Directionen.

Art. 12. In jedem Departement soll eine Direction bestellt werden, welche mit allen, auf die Anlage der direkten Steuern Bezug habenden, Geschäften beauftragt ist. Dieselbe wird aus einem Direktor, einem Inspektor und so vielen Controlleurs, als Distrikte sind, und aus einer der Größe des Departements angemessenen Anzahl von Supernumerarien bestehen.

Die Inspektoren und Controlleurs werden in 2 Klassen, nämlich die von der ersten und zweiten Klasse vertheilt, und diese Klassen selbst durch eine besonderes Reglement, nach Maßgabe der Größe des Distrikts, festgestellt werden.

Art. 13. Die Geschäfte des Direktors des Departements bestehen in allem, was die unmittelbare Leitung der Anlage, Repartition und Erhebung der direkten Steuern in Departemente betrifft.

Demzufolge hat derselbe:

1) sich die Mutterrollen von den verschiedenen Controlleurs vorlegen, und nach Maßgabe derselben die Erhebungsrollen ausfertigen zu lassen;
2) dahin zu sehen, daß die ausgefertigten Rollen dem Präfekten zur Bestätigung vorgelegt, und demnach durch die Controlleurs den Steuer-Einnehmern in den Kommunen, und den General-Receveurs eingehändigt werden;
3) die Zwangsbefehle gegen die säumigen Kommunen oder Einnehmer auszufertigen;
4) die an ihn gerichteten Erlaß- oder Milderungs-Gesuche durchzusehen, sie durch die Distrikts-Controlleurs untersuchen zu lassen, sein Gutachten über jedes derselben abzugeben, und sie darauf dem Präfektur-Rathe zur Entscheidung zu übergeben;
5) sodann hat derselbe, sowohl für die Präfekten, als für den General-Direktor, nachstehende Nachweisungen, nämlich:
    1) jährlich ein Namens-Verzeichniß der Kommune, mit Bemerkung des, von jeder derselben zu entrichtenden Steuer-Betrages, des Datums der Ausfertigung der Rollen, und der Zufertigung an die Einnehmer;
    2) alle 3 Monate ein solches von allen verfügten Zwangsbefehlen, und der durch sie verursachten Kosten;
    3) und monatlich einen vollständigen Etat der bewilligten Remissionen, mit Anführung dee Erlassungsgründe, fertigen zu lassen und jedem derselben zuzuschicken.

6) eben so hat derselbe jährlich dem Präfekten einen Entwurf zur Vertheilung des für sein Departement angewiesenen Antheils an dem zur Deckung der Ausfälle und zu Remissionen ausgesetzten Fonds unter die Distrikte und Kommunen vorzulegen.

Die Direktoren führen die Aufsicht über alle bei ihrer Direction angestellten Bedienten und erstatten über die Führung derselben ausführliche Berichte an den General-Direktor, welchen dieselben überhaupt in einem fortlaufenden Zusammenhange von ihren Arbeiten, deren Fortgang und von allem, was der Leitung der direkten Steuern von Nutzen sein kann, zu unterrichten haben.

Art. 14. Die Direktoren korrespondiren nur mit dem General-Direktor, der seiner Seits an den Finanz-Minister berichtet, und von diesem die Instructionen empfängt.

Ohne Urlaub des Finanz-Ministers dürfen sie sich nicht aus ihren Departementen entfernen, und haben diesen durch den General-Direktor nachzusuchen, durch welchen sie denselben auch erhalten. Die Inspektoren und Controlleurs müssen gleichen Urlaub durch den Departements-Direktor nachsuchen, ohne welchen sie das Departement nicht verlassen dürfen. U. S. W. *)

18.

Königliches Decret vom 29. März 1808, wodurch eine General-Administration der Domainen, Gewässer und Forsten errichtet wird.

(Gesetz-Bülletin XXXV. 71.)

Wir u. s. w.
haben, auf den Bericht Unseres Ministers der Finanzen, des Handels und des Schatzes;
nach Anhörung Unseres Staatsrathes,
verordnet und verordnen, wie folgt:

Erster Titel.

Allgemeine Verfügungen.

Art. 1. Die Domainen, Waldungen und Forsten in Unserem Königreiche, auch Alles, was auf die Fischerei Bezug hat, sollen in einer und derselben Verwaltung unter der Benennung: General-Administration der Domainen, Gewässer und Forsten, vereinigt werden, und diese von Unserem Minister der Finanzen ressortiren.

---

*) Der Schluß bestimmt die gewöhnlichen Dienstgeschäfte.

Art. 2. Die Offizianten dieser Administration sind mit dem ganzen Umfange der Verwaltung Unserer Domainen, so wie auch mit allen, auf die Erhaltung Unserer Königlichen, der Kommunal- und derjenigen Forsten, welche Wir mit Kommunen oder Privatpersonen gemeinschaftlich besitzen, abzweckenden Vorkehrungen beauftragt.

Zu dem Ende sollen Unsere Domainen und Forsten in eine hinreichende Anzahl von Conservationen, jede Conservation in Inspectionen, diese in Unter-Inspectionen, jede Unter-Inspection aber in Bezirke unter der Aufsicht von General-Garden (Oberförster), und diese in Reviere unter der Aufsicht von Förstern, eingetheilt werden.

Art. 3. Die Klagen und gerichtlichen Verhandlungen in Domainen- und Forstsachen sollen bei den kompetenten Tribunalen anhängig gemacht werden.

Art. 4. Die Versteigerungen des angeschlagenen Holzes, sowie der übrigen Erzeugnisse Unserer Domainen, sollen vor den Präfekten oder Unter-Präfekten geschehen.

Art. 5. Die Berechnung der Einnahme des Ertrages soll durch besondere Einnehmer geschehen, und hierbei überhaupt in Gemäßheit der nachstehenden Vorschriften verfahren werden.

Zweiter Titel.

Von den verschiedenen Graden des bei der General-Administration der Domainen, Gewässer und Forsten angestellten Personals, und von den, einem jeden obliegenden, Geschäften und Amtspflichten.

Art. 6. Es soll ein General-Direktor der Administration der Domainen, Gewässer und der Forsten ernannt werden, der in Kassel seinen Wohnsitz hat. Derselbe arbeitet mit dem Minister der Finanzen, von welchem er die Befehle erhält. An diesen berichtet derselbe sogleich über alle Gegenstände, welche entweder Unserer oder seiner Entscheidung bedürfen. Derselbe leitet die Haupt-Administration Unserer Domainen, bestimmt jedes Jahr die in Unseren Waldungen und Forsten anzulegenden Schläge, und ertheilt alle Instructionen, welche zur Bewirkung der Gleichförmigkeit in der Verwaltung nothwendig sind, und über deren pünktliche Befolgung er sich genaue Rechenschaft erstatten läßt. Derselbe korrespondirt mit den ihre Inspection bereisenden General-Inspektoren der Forsten, und mit den Konservatoren. Sobald er etwas dem Interesse des Schatzes für nachtheilig hält, kann er um Cassation nachsuchen.

Art. 7. Der General-Direktor behält einen Inspektor bei sich, der zugleich die Function als General-Secretair der Administration versieht, welcher mit der Vertheilung der Arbeit in den verschiedenen Büreaus der General-Administration, mit der Ausfertigung aller Verfügungen, Instructionen und Circulaire des General-Direktors, und mit Aufbewahrung der schriftlichen Verhandlungen beauftragt ist.

Art. 8. Außerdem sollen noch 3 General-Inspektoren der Domainen, Gewässer und Forsten ernannt werden. Dieselben haben keine bestimmten Distrikte zu verwalten, dagegen aber bereisen sie abwechselnd die Conservationen, und können sich in jedem Arrondissement von einem Offizianten, nach ihrer Wahl, begleiten lassen, ohne daß jedoch der gewöhnliche Dienst in seinem Gange gestört werde.

Auf ihren Reisen haben sie genau zu untersuchen, ob die Forstbedienten nach allen Graden ihre Pflichten genau erfüllen, ob die Forsten in gutem Stande sind, und ob die Holzfällung gehörig geleitet werde. Sodann haben dieselben den Grund oder Ungrund derjenigen Klagen, welche bei dem General-Direktor eingereicht worden sind, oder die ihnen an Ort und Stelle vorgebracht werden, zu untersuchen, überhaupt aber ihre Aufmerksamkeit auf alle einzelnen Bestandtheile der Verwaltung der Domainen und Forsten zu richten, und über ihre Verrichtungen ein genaues Journal zu führen, um dem General-Direktor nach und nach von ihren Untersuchungen genaue Kenntniß zu geben.

Art. 9. Der Wohnort der General-Inspektoren, wenn sie nicht auf Reisen sind, ist Kassel, woselbst sie dem General-Direktor in seinen Arbeiten zur Hand gehen.

Art. 10. Der General-Direktor und die nicht auf Reisen sich befindenden General-Inspektoren bilden ein Kollegium, um über die wichtigsten Gegenstände der Domainen und Forst-Administration zu berathschlagen. Der General-Direktor führt darin den Vorsitz, der General-Secretair das Protokoll über diejenigen Verhandlungen, welche der Genehmigung des Finanz-Ministers unterzogen werden müssen.

Art. 11. Es sollen Konservatoren der Gewässer und Forsten ernannt werden. Ihre Anzahl kann nicht über sechs steigen.

Sie stehen mit dem General-Direktor, welcher ihnen die nöthigen Befehle ertheilt, mit den Präfekten derjenigen Departements, in welchen ihre Conservationen belegen sind, mit dem General-Prokurator des Appellations-Gerichts, und mit den Inspektoren der ihrer Aufsicht anvertrauten Forsten in Briefwechsel.

Sie müssen jedes Jahr dem General-Direktor die in Unseren Forsten anzulegenden Schläge in Vorschlag bringen, den bedeutenden Verkäufen wo möglich beiwohnen, und nichts vernachlässigen, was ihren guten Fortgang befördern kann; sie müssen den General-Inspektoren, die sich auf Reisen befinden, alle erforderlichen Nachrichten mittheilen, und jährlich selbst ihre ganze Conservation bereisen, um sich von der zweckmäßigen Verwaltung zu überzeugen. Bei diesen Forsttouren müssen sie vorzüglich beobachten, ob die Forstverrichtungen nach richtigen Grundsätzen ausgeführt werden, und ob die von den Inspektoren in Vorschlag gebrachten Schläge dem ganzen Forstbetrieb überhaupt angemessen sind. Sie müssen sich besonders mit Nachbesichtigung und Untersuchung der abgetriebenen Schläge beschäftigen. Diejenigen Forst-Beamten, deren übles Betragen strenge Maßregeln nothwendig macht, können sie, jedoch nur provisorisch, ihrer Amtsverrichtungen entsetzen, und zur Besetzung der erledigten Stellen neue Subjekte in Vorschlag bringen, wobei sie sich jedoch bei der Auswahl der Kandidaten nach der im 5ten Titel des gegenwärtigen Dekrets enthaltenen Vorschrift zu richten haben.

Art. 12. Unter einem jeden Konservator soll eine dem Umfange Unserer Domainen und der örtlichen Entfernung der Holzungen angemessene Anzahl Inspektoren angestellt werden. Die Anzahl sämmtlicher Inspektoren für das ganze Königreich kann sich jedoch nicht über 24 erstrecken, von denen wenigstens 8 ausschließlich mit der Aufsicht über die Domainen, und die übrigen 16 mit der Verwaltung der Forsten beauftragt sein sollen.

Die Inspektoren der Forsten korrespondiren mit dem Konservator, von welchem sie ihre Befehle erhalten; diejenigen, welche bei den Domainen angestellt sind, erhalten diese Befehle unmittelbar von der General-Direction; mit dem Präfekten und Unter-Präfekten, in dessen Distrikt ihre Inspection belegen ist, und mit den Maires; mit dem General-Prokurator des Appellationsgerichts, und mit den Königlichen Prokuratoren; mit den Domainen-Einnehmern und den Unter-Inspektoren und Oberförstern der ihnen untergebenen Waldungen.

Diejenigen Inspektoren, welche mit der Verwaltung der Domainen besonders beauftragt sind, müssen alle 3 Monate eine Reise in ihrem Bezirke machen. Auf diesen Reisen müssen sie

1) das Betragen der Einnehmer in Betreff ihrer Rechnungsführung und ihrer Pünktlichkeit in der übrigen Amtsverwaltung untersuchen;
2) müssen sie sich überzeugen, daß am Ende einer jeden Woche der Betrag der bei ihnen eingegangenen Einnahmen gehörig in die allgemeine Distrikts-Kasse abgeliefert worden sei, so wie auch
3) nach genommener Rücksprache mit dem Einnehmer den Etat der Einnahme und Ausgabe des Vierteljahres entwerfen, wovon ein Exemplar dem Einnehmer verbleibt, und ein anderes dem Konservator eingehändigt wird;
4) müssen die Inspektoren nöthigenfalls die Archive der Tribunale und diejenigen, in welchen die Hypothekenbücher und Register aufbewahrt werden, so wie auch die Schreibstuben der Notarien besuchen, um den Umfang der Domainen und die damit verbundenen Gerechtsame in Erfahrung zu bringen, und darüber nachzuforschen;
5) müssen sie die Einnehmer mit ihren Dienstgeschäften bekannt machen, und der General-Direktion über ihre Aufführung Rechenschaft ablegen.

Die Inspektoren der Waldungen und Forsten sind beauftragt, die Auszeichnung des zu schlagenden Holzes in Gemäßheit erhaltenen Auftrages zu besorgen. Sie vertreten die Stelle des Konservators bei den Verkäufen und der Waldbesichtigung, wenn sie dazu von ihm beschieden worden sind. Sie müssen wenigstens zweimal im Jahre die ihrer Aufsicht anvertrauten Forsten bereisen, und begleiten die General-Inspektoren und Konservatoren auf ihren Reisen in dem Umfange ihrer Inspection.

Art. 13. Unter jedem Inspektor der Forsten und Waldungen sollen ein oder zwei Unter-Inspektoren angestellt werden, deren Anzahl sich jedoch überhaupt nicht über 32 belaufen kann.

Die Unter-Inspektoren korrespondiren mit dem Inspektor, von welchem sie Befehle erhalten; bei Auszeichnung der Schläge und Anschlagung des Holzes unterstützen sie ihn, oder nehmen auch wohl dieses Geschäft in seinem Namen selbst vor, wenn sie dazu beauftragt sind. Sie müssen wenigstens vier Mal ihre Bezirke bereisen, und haben übrigens die nämlichen Verbindlichkeiten und Geschäftsverrichtungen, als die Inspektoren.

Art. 14. Unter der Aufsicht der Inspektoren und Unter-Inspektoren der Forsten sollen Oberförster angestellt werden, deren Anzahl sich jedoch nicht über 80 belaufen kann. Das Geschäft der Oberförster besteht insbesondere darin den Unterförstern die auf die Administration der Waldungen Bezug habenden Befehle, Instructionen und Verordnungen zuzustellen, und ihnen solche, in so fern es sie betrifft, zu erklären; sie müssen außerdem so oft als möglich den ihnen untergebenen Walddistrikt besuchen, für dessen Erhaltung sorgen, dahin sehen, daß die Grenzen desselben unverrückt bleiben, und sich von der guten Aufführung der ihnen untergebenen Unterförster überzeugen. Sie müssen alle Monate wenigstens ein Mal ihren Distrikt bereisen, den Inspektoren und Unter-Inspektoren bei ihren Amtsverrichtungen behülflich sein, und dieselben auf ihren Reisen begleiten.

Art. 15. Es soll eine hinreichende Anzahl Unterförster bestellt werden, welche sich jedoch für das ganze Königreich nicht über 1000 belaufen kann. Die Unterförster müssen Tag und Nacht auf die Erhaltung der ihnen anvertrauten Reviere aufmerksam sein, und täglich, eintretenden Falls, Verbalprozesse über die von ihnen entdeckten Forstfrevel aufnehmen. Sie müssen auf die Landstreicher und verdächtigen Leute, welche sie in den Forsten antreffen, ein wachsames Auge haben, und die Gendarmerie davon benachrichtigen.

Art. 16. Förster zu Pferde sollen an den Orten angesetzt werden, wo reitende Förster zu gebrauchen sind.

Art. 17. Drei bis fünf Unterförster, die nahe Nachbarn sind, bilden eine Brigade. Der einsichtsvollste und der, der das meiste Zutrauen verdient, ist deren Chef. Er hat die Aufsicht über die Aufführung der übrigen, und theilt ihnen die Befehle und Instructionen mit, die er durch den Oberförster erhält. Die Brigaden vereinigen sich im Nothfall, um sich gesammter Hand dem Beginnen der Forstfrevler zu widersetzen.

Art. 18. In jeder Unter-Inspection soll ein Waldvermesser sein. Er hat die zum Hieb kommenden Schläge zu ver- und die abgetriebenen Schläge nachzumessen, und muß die Verbalprozesse und Pläne über diese Verrichtungen dem Inspektor oder Unter-Inspektor aushändigen. Die Nachmessung geschieht immer durch einen anderen Vermesser, als durch denjenigen, der bei der Anlage des Schlages gemessen hat.

Art. 19. Jedem Konservator soll ein Titular-Oberförster beigegeben werden, der beauftragt ist, die Befehle und Instructionen auszufertigen und zu überliefern, welche der Konservator seinen Untergebenen mitzutheilen hat, und der ihn allenfalls auf seinen Forsttouren begleiten kann.

Art. 20. Eben so soll jedem Inspektor der Forsten ein Titular-Unterförster beigegeben werden.

Art. 21. Die Forst-Offiziganten von allen Klassen und die Förster müssen jeder ein, vom Vorgesetzten mit dessen Handzeichen und der Seitenzahl versehenes, Nachweisungs-Register und Journal zum Nachtrag aller verhandelten Forstgeschäfte führen.

Dritter Titel.

Von der Verantwortlichkeit des Forstpersonals.

Vierter Titel.

Von den Einnehmern des Ertrags der Domainen, Gewässer und Forsten.

Art. 26. Es sollen Einnahme-Büreaus der Domainen und Forsten sein. Diese Büreaus sollen möglichst in den Distrikts-Hauptorten errichtet werden u. s. w.

Fünfter Titel.

Von der Ernennung zum Amte, der Unverträglichkeit desselben mit anderen Gewerben und der Entziehung der Stelle.

Sechster Titel.

Von der Eintheilung der Domainen, Gewässer und Forsten in Arrondissements.

Art. 48. Die Anzahl der Konservationen und der Wohnort der Konservatoren der Domainen, Gewässer und Forsten Unseres Königreichs ist, wie folgt, bestimmt:

Erste Konservation.

Wohnort des Konservators, Kassel.

Sein Arrondissement erstreckt sich über einen Theil des Departements der Fulde, der Leine und des Harzes, und begreift die Distrikte von Kassel, Göttingen, Heiligenstadt und Duderstadt.

Zweite Konservation.

Wohnort des Konservators, Marburg.

Sein Arrondissement erstreckt sich über das Werra-Departement, und enthält dasselbe ganz.

Dritte Konservation.

Wohnort des Konservators, Braunschweig.

Sein Arrondissement erstreckt sich über das ganze Ocker- und einen Theil des Leine-Departements, und enthält die 4 Distrikte des Ocker-Departements, und den Distrikt von Eimbeck.

Vierte Konservation.

Wohnort des Konservators, Halberstadt.

Sein Arrondissement erstreckt sich über einen Theil des Harz- und des Saale-Departements, und enthält die Distrikte von Osterode und Nordhausen, und die Distrikte von Halberstadt und Blankenburg.

Fünfte Konservation.

Wohnort des Konservators, Osnabrück.

Sein Arrondissement erstreckt sich über das ganze Weser-Departement und einen Theil des Departements der Fulde, und enthält die vier Distrikte der Weser und die von Paderborn und Corvey.

Sechste Konservation.

Wohnort des Konservators, Magdeburg.

Sein Arrondissement erstreckt sich über den Theil des Königreichs auf dem rechten Elbufer, über das ganze Elb- und einen Theil des Saale-Departements, und enthält das rechte Elbufer, die vier Distrikte des Elb-Departements und den Distrikt von Halle.

19.

Königliches Decret vom 10. Mai 1808, welches die den Mitgliedern der Stände für Reise- und Aufenthalts-Kosten während der Dauer der Sitzung bewilligte Entschädigung bestimmt.

(Gesetz-Büllетin XXXIX. 80.)

Wir rc.

haben, auf die Uns gemachten Vorstellungen, daß der größte Theil derjenigen Personen, welche zu Mitgliedern der Stände bereits ernannt sind oder noch ernannt werden dürfen, nach Unserer Stadt Kassel, wohin sie zusammenberufen werden, sich nicht begeben und daselbst während der Dauer der Sitzung aufhalten können, ohne daß ihnen eine Entschädigung, welche die hohen Miethspreise und die Theurung aller nothwendigen Lebensbedürfnisse, so wie die Beschränktheit ihrer Vermögens-Umstände durchaus unvermeidlich machen, bewilligt werde;

in Erwägung, daß der 29ste Artikel der Konstitutions-Urkunde vom 15. November 1807, wodurch bestimmt wird, daß die Mitglieder der Stände keinen Gehalt bekommen sollen, nur den Zweck haben kann, einen jährlichen, von dem Zeitpunkte und der Dauer der Sitzung unabhängigen Gehalt auszuschließen, und zu verhindern, daß das ehrenvolle Amt, seine Mitbürger zu vertreten, nicht als eine Gewinn bringende Stelle angesehen und gesucht werde; daß es ungerecht ist, außer der Aufopferung der Zeit und Abhaltung von den Geschäften, noch von denjenigen, die hierzu berufen sind, eine Ausgabe zu verlangen, welche mehreren unter ihnen beschwerlich fallen könnte; daß endlich der wahre Sinn der Konstitutions-Urkunde am ersten erreicht wird, wenn man ohne den Ständen ein Gewinnst zu verschaffen, sie doch gegen alle Nachtheile sicher stellt;

auf den Bericht Unseres Ministers des Justizwesens und der inneren Angelegenheiten;

nach Anhörung Unseres Staatsraths;

verordnet und verordnen:

Art. 1. Einem jeden Mitgliede der Stände sollen 18 Fr. als Entschädigung während der Dauer der Sitzung täglich ausbezahlt werden.

Art. 2. Einem jeden Mitgliede der Stände wird gleichfalls eine tägliche Entschädigung von 18 Fr. für ihre Reisekosten bewilligt, nämlich: den Mitgliedern der Stände aus dem Fulda- und Leine-Departement, mit Ausschluß derjenigen, welche zu Kassel wohnen, für 4 Tage zur Her- und Rückreise; denen aus dem Harz-Departement, für 6 Tage; denjenigen aus dem Ocker-, Saale- und Werra-Departement, für 8 Tage; denen aus dem Weser-Departement für 9 Tage und denen aus dem Elbe-Departement für 10 Tage.

Art. 3. Unser Minister des Justizwesens und der inneren Angelegenheiten ist mit der Vollziehung des gegenwärtigen Dekrets beauftragt, welches in das Gesetz-Bülletin eingerückt werden soll.

Gegeben in Unserem Königlichen Palaste zu Napoleonshöhe, den 2. Mai 1808, im zweiten Jahre Unserer Regierung.

Unterschrieben: ꝛc. ꝛc.

20.

Gesetz vom 14. Juli 1808, über die öffentliche Schuld des Königreichs Westfalen.

(Gesetz-Bülletin 1808. XXXXVIII. 105.)

Wir u. s. w.

Allen Unseren freundlichen Gruß zuvor.

Die Stände haben in Gemäßheit des ihnen im Namen des Königs gemachten Vorschlages und nach Anhörung der Redner des Staatsrathes und der Kommission der Stände am 14ten des laufenden Monats Juli folgendes Dekret erlassen:

Art. 1. Alle Schulden, welche auf den ehemaligen Staaten und Ländern, aus welchen das Königreich gebildet ist, haften, nämlich:

auf dem ehemaligen Herzogthume Magdeburg auf dem linken Ufer der Elbe, der Grafschaft Mansfeld, und den vormaligen Aemtern Barby und Gommern: auf der ehemaligen Altmark; auf dem Fürstenthume Halberstadt mit Inbegriff der Grafschaften Hohenstein und Wernigerode und der Abtei Quedlinburg; auf dem ehemaligen Fürstenthume Hildesheim; auf dem ehemaligen Herzogthum Braunschweig, mit Inbegriff von Blankenburg und Walkenried; auf dem ehemaligen Bisthume Paderborn; auf dem ehemaligen Eichsfeld mit Inbegriff der Städte Mühlhausen und Nordhausen; auf der ehemaligen Grafschaft Rietberg; auf dem ehemaligen Bisthume Osnabrück; auf dem ehemaligen Hessen; auf den ehemaligen Fürstenthümern Göttingen und Grubenhagen; auf dem ehemaligen Fürstenthume Minden und auf den Grafschaften Ravensberg und Corvey,

sollen, insoweit ihr Ursprung den Dispositionen des 2ten und 3ten Artikels des Dekrets vom 2. Mai entspricht, und das gegenwärtige Gesetz nicht etwas Anderes darüber bestimmt, als Gesammtschuld des Königreichs anerkannt werden.

Art. 2. Die Kapitalien, aus welchen diese Schuld besteht, sollen keiner Veränderung weder in Betreff des Zinsfußes, noch in Betreff des Werthes der in den Schuldscheinen enthaltenen Münzsorten unterworfen sein, und überhaupt alle in den Obligationen ausgedrückten Bedingungen pünktlich erfüllt werden.

Art. 3. Der jährliche Abtrag soll nach dem in dem Amortisations-Plane festgesetzten Verhältnisse geschehen und nicht minder als die Summe sein, welche darin für jedes Jahr als Abtrag festgesetzt ist. Die Nummern der wieder zu bezahlenden Obligationen sollen durch das Loos bestimmt werden.

Art. 4. Die in den vorhergehenden Artikeln enthaltenen Bestimmungen sollen auf die den geistlichen Korporationen und Stiftungen, welche unter der unmittelbaren Oberaufsicht und Leitung des Staats stehen, zugehörigen Kapitalien keine Anwendung finden, und sollen dieselben, jedoch mit Ausschluß der den Kirchenfabriken zustehenden Kapitalien, als unablösliche Renten betrachtet werden.

Art. 5. Von dem 1. November d. J. an gerechnet sollen die Zinsen von der Reichsschuld regelmäßig wieder bezahlt, und diejenigen, welche bis jetzt rückständig sind, noch vor Ende des laufenden Jahres abgetragen werden.

Art. 6. Diese Verfügung soll auch in gleicher Art auf die immerwährenden Renten, deren im 4ten Artikel des gegenwärtigen Gesetzes Erwähnung geschehen ist, ihre Anwendung finden.

Art. 7. Es soll eine Amortisationskasse unter der Direktion des Staatsrathes, General-Liquidators der öffentlichen Schuld, errichtet werden.

Art. 8. Es soll jährlich die Summe von 4 Millionen Fr. zur Bezahlung der Interessen der immerwährenden Renten und zu der successiven Wiederbezahlung der Kapitalien ausgesetzt werden.

Diese Summe soll durch eine in Gemäßheit des 3ten Artikels des Budgets für das Jahr 1809 auf alle Einwohner des Königreichs nach Klassen, und mit Bestimmung eines Minimums und Maximums umzulegende Personalsteuer aufgebracht, und noch im Laufe dieses Jahres entrichtet werden, um daraus die rückständigen Zinsen zu bezahlen.

Art. 9. Desgleichen sollen während 10 Jahren, vom 1. Januar 1808 an gerechnet, jährlich die Summe von 500,000 Fr. durch den Direktor der geistlichen Güterverwaltung an die Amortisations-Kasse abgeliefert, und zur Abbezahlung der Reichsschuld verwandt werden. Jeder Beitrag, der von des Königs Majestät ferner aus den Revenüen an die Amortisations-Kasse überwiesen werden möchte, soll in gleicher Art zur Abtragung der Schulden verwandt werden.

Art. 10. Die in den 8ten und 9ten Artikel des gegenwärtigen Gesetzes angezeigten Fonds sollen in die obgedachte Kasse abgeliefert und nicht mit den übrigen Revenüen des Staats vermischt werden.

Art. 11. Die General-Einnehmer sowohl, als auch die Ortserheber, sollen in Allem, was die gedachte Personalsteuer betrifft, einzig von den Befehlen des Staatsraths, Direktors der Amortisations-Kasse, abhangen, und wegen alles dessen, was auf die Ablieferung und Bezahlung der an die Amortisations-Kasse überwiesenen Einnahmen Bezug hat, solche lediglich von ihm zu empfangen haben.

Art. 12. Es sollen außerdem alle baaren Kautionen, welche die General-Einnehmer, die Domainen- und Kantons-Einnehmer, überhaupt alle übrigen Verwalter öffentlicher Gelder, zu bestellen haben, an die gedachte Amortisations-Kasse überwiesen werden, und diese dagegen gehalten sein, die in dem dieserhalb erlassenen Dekrete bestimmten Zinsen zu bezahlen.

Art. 13. Desgleichen sollen die Tribunale und Friedensrichter, die Notarien, Vormünder u. s. w. alle Summen, deren Verwaltung ihnen anvertraut wird, und welche bisher entweder unmittelbar bei den Staatskassen oder bei den öffentlichen Anstalten waren, welche die unmittelbare Garantie des Staats genossen haben, in die Amortisations-Kasse entweder selbst abliefern oder abliefern lassen, wogegen aber die genannte Kasse gehalten sein soll, jedesmal nach vorhergegangener vierwöchentlicher Aufkündigung das Kapital selbst wieder zu bezahlen, und dasselbe für die Zeit, während welcher dasselbe in der Kasse angelegt gewesen ist, mit 3 pCt. zu verzinsen.

Jedoch sollen die Vormünder, insofern sie Gelegenheit finden, mit Zustimmung des Familienrathes, innerhalb 3 Monaten die ihren Mündeln gehörenden Kapitalien mit gleicher Sicherheit, und gegen höhere Zinsen anzulegen, zu der Ablieferung an die Amortisations-Kasse nicht verpflichtet sein.

Art. 14. Der Staaatsrath, Direktor der Amortisations-Kasse, soll gehalten sein, dem Finanz-Minister monatlich einen Extract über den Zustand der Kasse vorzulegen. Die Rechnungen dieser Kasse, so wie der General-Abschluß derselben, sollen jährlich gedruckt und den Ständen des Reichs vorgelegt werden.

Verglichen mit dem Originale vom Präsidenten und von den Secretairen der Versammlung der Stände.

Kassel, am 14. Juli 1808.

Unterschr.: Graf v. Schulenburg-Wolfsburg,
Präsident.

Seiler, Robert, Secretaire.

Es ist Unser Wille und Befehl, daß das gegenwärtige Gesetz, mit dem Staats-Siegel versehen, in das Gesetz-Büllетin eingerückt, an die Gerichtshöfe, Tribunale und Verwaltungs-Behörden gesandt werde, damit sie dasselbe in ihre Register einschreiben, es beobachten und auf dessen Beobachtung halten, und der Minister des Justizwesens und der inneren Angelegenheiten ist beauftragt, darüber zu wachen, daß solches öffentlich bekannt gemacht werde.

Gegeben in Unserer Königlichen Residenzstadt Kassel, am 17. Juli 1808, im zweiten Jahre Unserer Regierung.

Unterschrieben: ꝛc.

21.

Königliches Gesetz vom 5. August 1808, die Einführung einer Patent-Steuer betreffend.

(Gesetz-Bülletin 1808. L. 106.) *)

Wir ɩc.

Allen Unseren freundlichen Gruß zuvor.

Die Stände haben, in Gemäßheit des ihnen im Namen des Königs gemachten Vorschlags, und nach Anhörung der Redner des Staatsrathes, und der Kommissionen der Stände, am 5. August des laufenden Monats, folgendes Dekret erlassen.

Dekret.

Art. 1. Es soll unter der Benennung einer Patentsteuer eine Auflage in dem ganzen Umfange Unseres Königreiches eingeführt werden. Diese Abgabe soll nach den Bestimmungen des gegenwärtigen Gesetzes vom 1. Januar 1809 an gerechnet, festgesetzt und erhoben werden. Die Abgaben und Sätze, welche bisher von den Gewerben, Handel und Handwerken, unter welchem Titel und unter welcher Benennung es sei, erhoben sind, sollen aufgehoben sein.

Art. 2. Vom 1. Januar 1809 an gerechnet, sollen diejenigen, welche innerhalb Unseres Königreiches Handel, Industrie, Gewerbe oder Handwerk treiben, welche in dem, dem gegenwärtigen Gesetze angehängten Tarif aufgeführt sind, oder demselben in der Folge noch hinzugefügt werden sollten, gehalten sein, sich mit einem Patente zu versehen und die für die Klasse des Tarifs, zu welcher sie gehören werden, festgesetzten Abgaben nach dem Verhältniß der Bevölkerung ihrer Gemeinde, oder auch, wenn sie solche Arten von Handel, Industrie, Handwerke oder Professionen treiben, welche im Tarif in keine Klasse gesetzt sind, ohne Rücksicht auf die Bevölkerung zu bezahlen.

Art. 3. Außer dieser Abgabe sollen noch 5 Centimen auf jeden Franken erhoben werden, um einen Fonds zu bilden, durch den die gesetzlichen Nachlässe, die nicht einzutreibenden Abgaben, so wie die Kosten der Listen und der Erhebung bestrittten werden.

Art. 4. Die Patente sollen für das ganze Jahr genommen und dürfen in keinem Falle auf einen Theil des Jahres eingeschränkt werden. Wer aber im Laufe des Jahres irgend eine, der Patentsteuer unterworfene Art von Handel, Profession oder Industrie zu treiben anfängt, soll die Patentengebühr nur nach Maßgabe des Theils, nach Vierteljahren berechnet, und zwar ohne daß ein

---

*) Durch ein Gesetz vom 12. Februar 1810 wurde obiges Gesetz noch regulirt und besonders weiter specificirt, der Raum hindert die Mittheilung.

Vierteljahr getheilt werden dürfte, bezahlen. Kein Patent soll pro rata ertheilt werden als nach Einsicht eines von dem Maire ausgestellten Certificats. Dieses Certificat muß bezeugen, daß er noch kein der Patentsteuer unterworfenes Gewerbe ausgeübt habe.

Art. 5. Die Patente sollen von den Direktoren der direkten Steuern der Departemente nach dem, dem gegenwärtigen Gesetze beigefügten Muster ausgefertigt werden. Sie sollen denen, welche sie lösen müssen, auf ihren deshalb an die Direktoren gerichteten Antrag, durch den Maire ausgehändigt werden. Vor ihrer Verabfolgung müssen diejenigen, welche sie fordern, die Berichtigung der Gebühren nachweisen, und zu dem Ende die Quittung des Kanton-Einnehmers ihres Wohnorts vorlegen.

Art. 6. Die Patente sollen auf Stempelpapier und auf Kosten derer, denen sie abgeliefert werden, ausgefertigt werden. Es soll keine andere Abgabe als die des Stempels erhoben werden können.

Art. 7. Der Secretair der Mairie soll auf ungestempeltem Papier ein, von dem Maire cotirtes und paragraphirtes Register halten, worauf er nach einander und nach Ordnung der Nummern alle abgelieferten Patente einträgt.

Die Quittungen sollen mit Nummern, die mit denen, womit die Eintragung in die Register bezeichnet ist, übereinstimmen, im Sekretariate aufbewahrt werden.

Art. 8. Die Patenten-Gebühren sollen alle Jahr halbjährig entrichtet werden; die erste Hälfte vom 1. bis 15. Januar, und die zweite vom 1. bis 15. Juli. Nach Ablauf dieser Frist kann deshalb gegen die rückständigen Steuerpflichtigen die Exekution veranlaßt werden: sie werden durch die Kanton-Einnehmer an die Zahlung erinnert, und 10 Tage nach dieser Erinnerung wird das Geld durch Beschlagnahme und Verkauf der Waaren und Mobilien des rückständigen Steuerpflichtigen beigetrieben. Es soll mit der Beitreibung den Bestimmungen des 2ten Kapitels im 5ten Titel des Gesetzes über die Grundsteuer gemäß verfahren werden.

Art. 9. Die Bezahlung der Patenten- und Stempelgebühren geschieht in die Kasse des Kanton-Einnehmers, durch den sie in die Kasse des General-Einnehmers abgeliefert werden.

Art. 10. Die Kanton-Einnehmer müssen über die Einnahme der Patent-Gebühren ein besonderes Register führen, welches in besonderen Kolonnen enthält:

1) die Ordnungszahl; 2) den Namen des Patent-Inhabers; 3) ihren Wohnort; 4) die Art des Gewerbes, für welches sie ein Patent lösen müssen; 5) das Datum des Tages, wo ihnen das Patent verabfolgt ist; 6) die Nummer der Quittung; 7) den Satz; 8) den Betrag der auf die Hauptsumme und 9) der auf die additionellen Centimen geleisteten Zahlungen; 10) den Betrag des zu berichtigenden Stempels.

Dieses Register soll ihnen auf ungestempeltem Papier von dem Kontributions-Direktor zugestellt werden, nachdem es von ihm cotirt und paragraphirt ist.

Art. 11. Die erste Anlage der Patentsteuer soll den Beamten der direkten Steuern übertragen werden.

Demgemäß sollen die Controlleure dieser Administration beauftragt sein, spätestens vor dem 1. November d. J, jeder in seinem Bezirke, ein Verzeichniß der der Patenten-Gebühr unterworfenen Personen zu verfertigen, und die Art ihres Handels, Gewerbes oder Profession festzustellen. Diese Verzeichnisse sollen von den Mairen geschlossen werden, welche ihre Bemerkungen beifügen können, und welche auch davon eine Abschrift behalten, die von den Interessenten eingesehen werden darf.

Art. 12. Die Controlleure sollen die Verzeichnisse der Patent-Steuerpflichtigen unmittelbar nach deren Anfertigung dem Unter-Präfekten zustellen, der in den darauf folgenden 14 Tagen sie mit seinen Bemerkungen dem Präfekten übersendet. Letzterer übergiebt das Ganze ohne Verzug dem Direktor der direkten Steuern.

Art. 13. Die Anfertigung der Rolle soll den Direktoren der direkten Steuern persönlich anvertraut sein; demgemäß haben sie 8 Tage nach Empfang der Verzeichnisse den Betrag eines jeden Patents nach dem Gesetze festzusetzen. Die auf solche Weise verfertigten Rollen übergeben sie dem Präfekten, und fügen die Bemerkungen bei, die von den Unterpräfekten und Mairen eingeschickt sind.

In den darauf folgenden 8 Tagen sollen die Präfekten die Rollen, nachdem sie solche verificirt haben, für exekutorisch erklären, und dem Steuer-Direktor zustellen, der solche an die Kanton-Einnehmer übersendet, damit ein jeder in seinem Bezirke die Erhebung der Gebühren bewirke.

Art. 14. Es soll den Kanton-Einnehmern für die Erhebung der Patent- und Stempel-Gebühren gleichfalls eine halbe Centime auf den Franken, von dem Betrage der ihnen erhobenen Patent-Gebühren bewilligt werden.

Art. 15. Vier Wochen nach Ablauf eines jeden halben Jahres, nämlich vor dem 31. Januar und vor dem 31. Juli, müssen die Kanton-Einnehmer eine Uebersicht der von ihnen erhobenen Patenten-Gebühren und derjenigen, wegen deren sie Zwangsbefehle erlassen haben, anfertigen und dem Kontributions-Direktor übersenden, der davon ein Duplikat, mit seinen Bemerkungen begleitet, dem General-Kontributions-Direktor zustellt, von dem darüber eine General-Uebersicht Unserem Finanz-Minister vorgelegt wird.

Art. 16. Die Patente sollen für jeden Erwerbszweig besonders ertheilt werden.

Ein Jeder, welcher zugleich mehrere Gewerbe oder Professionen ausübt, die nicht mit einander in unmittelbarer Verbindung stehen, muß für jede Art von Industrie, Profession oder Handel, welche er treibt, ein Patent lösen.

Gleichwohl soll ein jeder Großhändler auf ein und dasselbe Patent alle verschiedenen Zweige des Großhandels treiben können.

Jeder Detailhändler ebenmäßig auf ein und dasselbe Patent alle Zweige des Detailhandels treiben können.

Falls jedoch ein Kaufmann einen solchen Handelszweig treiben wollte, für den das Patent höher als das seinige wäre, so muß er den daraus sich ergebenden verhältnißmäßigen Zuschuß nachzahlen.

Jeder Fabrikant soll auf sein Patent alle Waaren, welche auf seiner Manufaktur verfertigt werden, sowohl im Großen als im Kleinen verkaufen können; will er jedoch mit rohen Materialien irgend einer Art oder mit anderen Waaren Handel treiben, so muß er sich mit einem zweiten, diesem Handelszweige entsprechenden Patent versehen.

Art. 17. Die Patente sind personnel und können nur für diejenigen gelten, die sie bekommen; folglich muß jeder Gesellschafter eines Hauses, welches

Banquiers-Geschäfte, Groß- oder Kleinhandel, oder sonst eine der Patent-Gebühr unterworfene Art von Industrie oder Gewerbe treibt, sein eigenes Patent haben. Doch erstrecken sich diese nicht auf die Commanditen-Genossen, noch auf die Commis, denen statt des Gehaltes ein Theil des Gewinnes ausgesetzt ist, noch auf Eheleute, welche gemeinschaftlich denselben Handel treiben und in Gütergemeinschaft leben.

Art. 18. Ein Jeder, der, nachdem er ein Patent genommen hat, eine Handlung, Profession oder Handwerk von einer höheren Klasse, als der seines Patents, unternimmt, ist verbunden, ein neues Patent von dieser Klasse zu nehmen, und den erhöhten Betrag derselben dem obigen vierten Artikel gemäß pro rata zu bezahlen.

Art. 19. Ein Jeder, der mit einem Patent versehen ist, kann seinen Handel, Profession oder Industrie in dem ganzen Umfange des Königreichs treiben.

Art. 20. Wenn ein Patent-Inhaber im Laufe des Jahres seinen Wohnort verändert, so kann er sich seines Patents in der Gemeinde seines neuen Wohnorts bedienen, sobald er pro rata die Gebühren nachzahlt, falls sie in der anderen Gemeinde, wo er sich niederläßt, höher sind.

Art. 21. Es sollen der Patent-Steuer nicht unterworfen sein:

1) die vom Staate besoldeten, öffentlichen Beamten und Bedienten, in sofern es nur die Ausübung ihrer Amtsverrichtungen betrifft;

2) die Feldbauer und Ackerleute, doch nur in Betreff des Verkaufes des Getreides und der Früchte, die sie aus den ihnen zugehörigen oder von ihnen bearbeiteten Ländereien ziehen, und in Betreff des Viehes, das sie zuziehen, so wie in Absicht der Wolle, welche sie in ihrem Hause ohne fremde Arbeiter verarbeiten;

3) alle und jede Weber von Hanf und Leinen, was auch immer die Zahl ihrer Webestühle sei, ohne Unterschied, ob sie eigene oder fremde Produkte, für eigene oder fremde Rechnung weben;

4) die Kommis, Tagelöhner und alle Personen, die um Lohn dienen und für andere in den Häusern, Werkstätten und Boutiquen derjenigen, in deren Diensten sie sind, arbeiten.

Diejenigen, welche in ihren Wohnungen für Großhändler oder für Fabrik-Inhaber oder für Privatpersonen, selbst ohne Gesellen, Schild oder Laden, arbeiten, werden nicht als Arbeiter, die für Rechnung Anderer arbeiten, betrachtet, sondern müssen mit einem Patente der 6ten Klasse oder mit dem für ihre Profession im Tarif bestimmten sich versehen.

5) Die Maler, Kupferstecher, Bildhauer, insofern sie als Künstler betrachtet werden, und bloß die Produkte ihrer Kunst verkaufen;

6) die Aerzte, Chirurgen, Geburtshelfer und Hebeammen;

7) die Inhaber reitender Posten;

8) die Fischer;

9) die Wollkämmer, die Woll-, Baumwollen- und Leinengarn-Spinner, die Wäscherinnen, die Schuhflicker;

10) diejenigen, welche in den Straßen, Durchgangsplätzen und Märkten der Gemeinde herumziehen, um Früchte, Gemüse, Butter, Eier, Käse

und andere kleine Eßwaaren zu verkaufen. Alle diejenigen, welche andere Sachen im Herumziehen, unter Schuppen oder an öffentlichen Plätzen ausgelegt verkaufen, sollen die Hälfte der Gebühren, welche von denen, die in Boutiquen verkaufen, bezahlt werden, entrichten.

Art. 22. Als Großhändler werden alle diejenigen betrachtet, deren Hauptgewerbe in dem Wiederverkauf von Handelsartikeln in solchen Gefäßen und Umschlägen, in welchen sie zuerst in den Handel gebracht zu werden pflegen, besteht, was auch übrigens die Gattung ihres Handels sei.

Art. 23. Allen denjenigen, welche, weil sie öffentlich als Großhändler oder als Associirte eines Handelshauses bekannt sind, in dieser Eigenschaft, auf die Liste der Patent-Steuerpflichtigen gesetzt sind, und behaupten, daß sie bloß für Kleinhändler, Commanditen-Genossen, oder als Commis angesehen werden können, soll es nachgelassen sein, an dem Orte, wo der Streit über die Natur ihres Handels und über ihre wahre Qualität sich erhoben hat, durch Vorzeigung ihrer Journale und Register, so wie der Gesellschafts-Verträge, diesen Beweis zu führen.

Art. 24. Es werden als Fabrikanten oder Manufakturisten angesehen alle diejenigen, welche rohe Stoffe in Gegenstände von anderer Form oder Qualität, sie sei einfach oder zusammengesetzt, verwandeln. Sie sind verbunden, ein Patent zu nehmen, das dem Patent der Krämer gleich ist, welche die von ihnen fabricirte Art von Waaren im Kleinen verkaufen.

Von den Bestimmuugen des gegenwärtigen Artikels sind diejenigen ausgenommen, die für eigene Rechnung die von ihnen eingeerndteten Früchte verarbeiten.

Art. 25. Die Fabrikanten mit Werkstühlen, die nicht mehr als 5 Werkstühle, es sei zu Haus oder außer dem Hause, beschäftigen oder unterhalten, sind nur der Patenten-Gebühr der 4ten Klasse unterworfen.

Diejenigen Fabrikanten, die selbst arbeiten, ohne Gesellen anzustellen, und die die Produkte ihrer Arbeit nur nach und nach, so wie dieselben fertig werden, verkaufen, ohne einen Laden oder Magazin zu haben, sind nur die Patenten-Gebühr der letzten Klasse zu bezahlen schuldig.

Art. 26. Diejenigen Arten von Handel, Industrie und Professionen, die nicht im Tarif stehen, sollen nichts destoweniger der Patenten-Gebühr unterworfen sein, und das Patent soll ausgefertigt werden unter Bezeichnung der Klasse, in welche die gedachten Arten von Handel, Industrie oder Professionen, nach der Aehnlichkeit der Verfahrungsart oder der Handels-Artikel, von den Kontributions-Direktoren werden gesetzt werden.

Art. 27. Niemand kann in Sachen, die seinen Handel, seine Profession oder Industrie betreffen, irgend ein Begehren, Exception oder Vertheidigung vor Gericht vorbringen, noch außergerichtlich irgend eine auf seinen Handel, seine Profession oder Industrie sich beziehende Signification machen, wenn nicht im Anfange der Akte von dem gelösten Patente mit Bezeichnung der Klasse, des Datums, der Nummer und der Gemeinde, in welcher es ausgefertigt ist, Erwähnung geschehen ist; bei Vermeidung einer Strafe von 300 Franken, sowohl gegen die der Patenten-Steuer unterworfenen Privatpersonen, als gegen die öffentlichen Beamten, welche dergleichen Akte ohne Erwähnung des Patentes verfertigt oder angenommen haben.

Die Untersuchung und Bestrafung der Contravention soll auf den Antrag des königlichen Prokurators von dem Civil-Tribunal des Distrikts veranlaßt werden. Die Vorlegung des Patentes soll den Mangel der Anzeige nicht ersetzen, noch von der oben bestimmten Strafe befreien.

Art. 28. Ein Jeder, der Waaren zum Verkauf ausstellt, an welchem Orte es sei, ist verbunden, sein Patent vorzuzeigen, so oft er von dem Prokurator des Königs, von den Friedensrichtern, den Polizei-Kommissarien, den Mairen oder deren Adjuncten, oder von den Controlleurs dazu aufgefordert wird. Wenn der, welcher mit keinem Patente versehen ist, oder dasselbe nicht aufweiset, außer seinem Wohnorte verkauft, so sollen die zum Verkaufe ausgestellten Waaren auf Kosten des Verkäufers, bis zur Vorzeigung eines gehörigen Patentes, in Beschlag genommen und sequesirirt werden. Verkauft er in seinem Wohnorte, so soll ein Verbal-Prozeß darüber aufgenommen werden, welcher dem königlichen Prokurator beim Tribunal übersandt wird, damit er den Contravenienten den Verfügungen des gegenwärtigen Gesetzes gemäß verfolge.

Art. 29. Wer mehrere Abschriften seines Patentes nöthig hat, um solche in anderen Gemeinden vorzuweisen, kann dieselben, ohne andere Kosten, als die für das Stempelpapier, verlangen. Dasselbe findet Statt in Ansehung derer, die ihr Patent verloren haben.

Jede Ausfertigung soll als die erste, zweite, dritte u. s. w. bezeichnet und von dem, der das Patent löset, wenn er schreiben kann, unterschrieben werden; im entgegengesetzten Falle soll davon Erwähnung geschehen.

Um dem Mißbrauche der Duplikate vorzubeugen, soll es den Contributions-Direktoren frei stehen, die Ursachen bescheinigen zu lassen, welche zur Forderung von Duplikaten Anlaß geben, und selbige nach den Umständen zu verweigern.

Art. 30. Die Contributions-Direktoren sind gleichfalls ermächtigt, diejenigen, welche nachweisen können, daß es ihnen unmöglich sei, die Gebühr ihrer Klasse zu bezahlen, in die unmittelbar niedrigere oder in die folgende herabzusetzen. Der zu dem Ende gefaßte Beschluß soll mit Gründen, worauf er sich stützt, in dem Patente bemerkt und dem General-Direktor zugeschickt werden, damit dieser ihn dem Befinden nach genehmige.

Art. 31. Die Reclamationen, welche erhoben werden möchten, sollen, wie die in Ansehung der direkten Steuern, gemacht, angebracht und entschieden werden.

Art. 32. Der Beitrag der Patent-Steuerpflichtigen, die mit Tode abgehen, soll nur für den abgelaufenen Zeitraum und den laufenden Monat gefordert werden dürfen.

Tarif der Patenten-Gebühren.

Industriezweige und Handwerke,

welche nicht unter den nachfolgenden 6 Klassen begriffen sind, nämlich:

Die Unternehmer und Lieferanten des Königreichs 120 Fr. Die Banquiers 200 Fr. Die Schiffer, welche ein oder mehrere Gefäße befrachten, deren Ladung zusammen 60 oder mehrere Lasten ausmacht (die Last = 4000 Pfd.) 120 Fr.; von 40 bis 60 Last 60 Fr.; von 25 bis 40 Last 40 Fr.; von 20 bis 25 Last 20 Fr.; von 19 und weniger 12 Fr. Die Krämer mit Pferden und anderen Lastthieren 16 Fr. Die Krämer mit Ballen, sie mögen einen Wohnsitz im

Lande haben oder nicht 12 Fr. Die Getreidehändler, diejenigen, welche mit Pferden, Ochsen, Kühen, Kälbern, Schweinen, Hammeln u. s. w. handeln, nach der Ausdehnung ihres Gewerbes von 20 bis 100 Fr. Die Lohgerber und Lederarbeiter, nach der Ausdehnung ihres Gewerbes, von 20 bis 100 Fr. Die Strumpfwirker von jedem Wirkstuhl 2 Fr. Die Müller von unterschlächtigen Wassermühlen, nach der Zahl der Mahlgänge, wenn sie 8 und mehr Mahlgänge beschäftigen, von jedem Gange 15, von 7 Mahlgängen von jedem 14, von 6 von jedem 13, von 5 von jedem 12, von 4 von jedem 11, von 3 von jedem 10, von 2 von jedem 9, von 1 Mahlgang 8 Fr. Die Müller auf oberschlächtigen Wasser- und auf Windmühlen die Hälfte von obiger Taxe. Die Besitzer von Schmelz- und Hüttenwerken, nach der Ausdehnung ihres Gewerbes, von 50 bis 100 Fr. Die Unternehmer von Fracht- und öffentlichen Wagen, wenn sie 6 und mehr Pferde haben, von jedem Pferde 6 Fr.; wenn sie unter 6, aber über 3 haben, von jedem 5 Fr.; wenn sie weniger als 4 Pferde haben, 4 Fr. Die Lumpenhändler im Großen von 10 bis 40 Fr. Die Unternehmer oder Direktoren von Schauspielen und anderen öffentlichen Lustbarkeiten, bei welchen die Zuschauer ihre Plätze bezahlen, die Einnahme einer Vorstellung ohne Abrechnung der Kosten.

Erste Klasse.

Die Negocianten, die Wechsel-Agenten, die Waaren-Commissionaire, die Großhändler 1) mit Tüchern, 2) mit Kramwaaren, 3) Seidenwaaren, 4) Baumwollenzeug, 5) Garn und Leinwand, 6) Linons, Mousselinen, Gazen, 7) Stahl, Eisen und anderen Metallen, 8) mit Klingelkram, 9) mit Wolle;

die Holzhändler, welche ihr Holz auf Lagern oder in Magazinen halten, oder welche die Schläge in den Waldungen, Forsten und Pflanzungen des Königreichs, der Gemeinden oder der Privatpersonen, an sich kaufen;

die Großhändler mit Wein, geistigen Getränken, Essig, Spezerei und Taback; die Gerber, die mit ihren Produkten Handel treiben; die Großhändler mit Leder und Häuten, die Apotheker, die Fabrikanten von hängenden Wagen und Luxuspferde-Geschirren;

die Buchdrucker, die 10 oder mehr Pressen haben; die Bijouteriehändler, Diamantschleifer, Juweliere, die Goldschmiede, die Uhrmacher, welche 6 oder mehr Gesellen halten;

die Schneider, Schuster, Stiefelmacher, die 12 oder mehr Gesellen halten, zahlen: in den Gemeinden von 18—30,000 Seelen 120 Fr., von 9—18,000 Seelen 72 Fr., von 4—9000 Seelen 48 Fr., von 2—4000 Seelen 32 Fr., unter 2000 Seelen 24 Fr.

Zweite Klasse.

Die Detailhändler mit Tuch, Seidenzeugen, Baumwollenzeugen, Mousselinen, Linons, Garn und Leinwand, mit Stahl, Eisen und anderen Metallen, mit Klingelkram; die Buchdrucker, die 5—10 Pressen haben, die Buchhändler, Bijouteriehändler, Juwelire, Goldschmiede, die weniger als 6 Gesellen halten; die Uhrmacher, die 3 bis 6 Gesellen halten.

Die Destillirer, Brauer, Confiturenmacher, Restaurateure, Gastwirthe und Verleiher meublirter Hotels.

11

Die Schneider, Schuster, Stiefelmacher, Waffenschmiede, welche 6 bis 12 Gesellen halten.

Die Fabrikanten von Baumwollenzeug und baumwollenen Decken, welche über 5 Stühle halten.

Die Zahnärzte, Viehärzte.

Die Maurer, welche große Bauten unternehmen, und 30 und mehr Gesellen halten.

Die Papier-Fabrikanten, welche über 600 Ries und darüber verfertigen, zahlen: in den Gemeinden von 18,000—30,000 Seelen 60 Fr., von 9—18,000 Seelen 48 Fr., von 4—9000 Seelen 36 Fr., von 2—4000 Seelen 24 Fr., unter 2000 Seelen 16 Fr.

Dritte Klasse.

Die Kleinhändler mit Kramwaaren, Gewürzen, weingeistigen Getränken, Bändern.

Die Karten- und Pappendeckelhändler, die Hutmacher, Mützenmacher, Hosenmacher, die geschwornen Abwäger und Eicher der Getränke, die, welche Billard- und Ballspiele halten, die Karrossenhändler.

Die Stärkemacher, Wachslichtmacher, Speckkrämer, Pasletenbäcker; die mit Modewaaren, Möbeln, Glaswaaren, mit Porzellan, Fayence und Krystallen, mit gemalten Federn, mit künstlichen Blumen handeln, die Perrückenmacher, Damen-Friseurs, Parfümirer.

Die Knopf-, Gemälde-, Kupferstich- und Parasolhändler, welche einen Laden haben, die Curiositätenhändler, die Sticker; die, welche hängende Wagen vermiethen; die, welche Zeuge appretiren; die Bleicher, welche ganze Stücke Leinwand bleichen, und die Bleicher verarbeiteter Zeuge.

Die Tuchwalker, welche 2 Gesellen halten; die Ebenisten, Holzhändler, die keine Schläge in den Forsten an sich kaufen, und keine Lager und Magazine haben.

Die Rinden-, Loh- und Topfhändler; die Waffenschmiede, welche 3 bis 6 Gesellen halten; die Zimmerleute, Tischler, Schlosser, Stellmacher, Pferdegeschirrmacher, Klempner, welche 6 oder mehr Gesellen halten; die Buchdrucker, welche 3 oder 4 Pressen haben.

Die Maurermeister, welche 15—30 Gesellen arbeiten lassen,

zahlen: in den Gemeinden von 18—30,000 Seelen 30 Fr., von 9—18,000 Seelen 24 Fr., von 4—9000 Seelen 20 Fr., von 2—4000 Seelen 16 Fr., unter 2000 Seelen 12 Fr.

Vierte Klasse.

Die Bäcker, und die, welche auf den Märkten Korn im Detail verkaufen; die Schenkwirthe, Schlächter; die Oelhändler, die Papier-Fabrikanten, welche weniger als 600 Ries verfertigen.

Die Ziegelbrenner, Backstein-, Ziegelstein-, Schiefer-, Gips-, Kalk- und Lattenhändler.

Die, welche mit Chokolade und Makkaronen handeln; die Gewürzkrämer; die, welche mit ungehecheltem oder gehecheltem Hanf oder Flachs, mit Harz, Schießpulver, Seilen und Seilwerk handeln.

Die, welche musikalische, optische, physikalische, astronomische und mathematische Instrumente verfertigen, die Barometerhändler, die Goldschläger und Goldzieher, die Metalldrechsler, Bortenmacher, Kunstschreiner, Kistenmacher, Spiegel-, Fächer- und Brillenmacher; die, welche mit Musikalien und geographischen Karten handeln, die Kupferstichdrucker, Schwerdtfeger und Weißgerber; die, welche Barken, und kleine Fahrzeuge bauen, die Unternehmer des Straßenpflasters; die Schneider, Schuster, Tischler, Wagenmacher, Zimmerleute, Messerschmiede und Sporenmacher, welche 3 bis 6 Gesellen halten; die Handschuhmacher, welche 2 Gesellen halten; die Posamentire und Tapezire; die Maurer, welche 5—15 Arbeiter halten; die fremden Kaufleute, welche die Messen und Jahrmärkte mit Wagen besuchen,
zahlen: in den Gemeinden von 18—30,000 Seelen 24 Fr., von 9—18,000 Seelen 20 Fr., von 4—9000 Seelen 16 Fr., von 2—4000 Seelen 12 Fr., unter 2000 Seelen 8 Fr.

Fünfte Klasse.

Die Färber, Fleckenputzer, Pergamentmacher, Kesselschmiede, Zinngießer, Faßbinder, Scheffelmacher, Koffermacher, Seiler, Gießer, Vergolder, Versilberer, Pfannenschmiede, Töpfer, Bürstenmacher, Gipser; die, welche mit mineralischen Wassern handeln; die Feldmesser, die Hufschmiede, die Fabrikanten mit Werkstühlen für eigene Rechnung; die, welche mit Taback, Fourage, Salzwaaren und Potasche handeln; die Milchrahmhändler; die, welche Mehl im Kleinen verkaufen; die Tuchscheerer und Tuchkräusler; die, welche Klingen und Feilen verfertigen; Althändler, die weder Magazine noch Laden haben; Leimkocher; die Schneider, Schuster, Tischler und Zimmerleute, welche einen bis 3 Gesellen halten; Holzdrechsler, Petschaftstecher;

die, welche mit frischen und gesalzenen Fischen handeln. Die Bijouteriehändler, Goldschmiede, Uhrmacher, die Waffenschmiede, welche weniger als 3 Gesellen halten,
zahlen: in den Gemeinden von 18—30,000 Seelen 16 Fr., von 9—18,000 Seelen 12 Fr., von 4—9000 Seelen 10 Fr., von 2—4000 Seelen 8 Fr., unter 2000 Seelen 6 Fr.

Sechste Klasse.

Die Schneider, Schuster, Stiefelmacher, Zimmerleute, Wagenmacher, Steinmetze, Glaser und überhaupt alle diejenigen Handwerker dieser Art, welche ohne Gesellen arbeiten; die Handschuhmacher, Nagelschmiede, die, welche mit altem Eisen handeln; die Näherinnen, Hosenmacher, Sieb- und Korbmacher.

Die mit frischen oder gesalzenen Fischen handeln; die Salzhändler, die Kinderspielzeugkrämer, die Buchdrucker, welche weniger als 3 Pressen haben; die Buchbinder; die, welche Schuhüberzüge machen; die Köhler und Köhlenhändler im Kleinen.

Die, welche Matten verfertigen; die Bier-, Most- und Branntweinhändler im Kleinen; die Fischhändler, die Miethskutscher zur Fortbringung der Reisenden. Die Pumpen- und Röhrbrunnenmeister, die Höker und Trödler, die fremden Kaufleute, welche die Messen und Jahrmärkte ohne Wagen besuchen, zahlen: in den Gemeinden von 18—30,000 Seelen 10 Fr., von 9—18,000 Seelen 8 Fr., von 4—9000 Seelen 6 Fr., von 2—4000 Seelen 5 Fr., unter 2000 Seelen 4 Fr.

Verglichen mit dem Originale vom Präsidenten und den Secretairen der Versammlung der Stände.

Kassel, am 5. August 1808.

Unterschr.: Graf v. Schulenburg-Wolfsburg, Präsident.

Seiler, Robert, Secretaire.

Es ist Unser Wille und Befehl, daß das gegenwärtige Gesetz mit dem Staats-Siegel versehen, in das Gesetz-Büllletin eingerückt, an die Gerichtshöfe, Tribunale und Verwaltungs-Behörden gesandt werde, damit sie dasselbe in ihre Register einschreiben, es beobachten, und auf dessen Beobachtung halten, und der Minister des Justizwesens und der inneren Angelegenheiten ist beauftragt, darüber zu wachen, daß es öffentlich bekannt gemacht werde.

Gegeben zu Napoleonshöhe, am 5. August 1808, im zweiten Jahre Unserer Regierung.

Unterschrieben: ꝛc.

22.

Gesetz vom 6. August 1808, die Errichtung von Polizeigerichten in den Municipalitäten betreffend.

(Gesetz-Bülletin 1808. LIII. 114.)

Wir ꝛc.

Allen Unseren freundlichen Gruß zuvor.

Die Stände haben, in Gemäßheit des ihnen im Namen des Königs gemachten Vorschlages, und nach Anhörung der Redner des Staatsrathes und der Kommissionen der Stände, am 6. August des laufenden Monats, folgendes Dekret erlassen

Dekret.

Art. 1. In jedem Kanton soll ein Gericht für die Municipal-Polizei sein, welches über alle Vergehen erkennt, worauf das Gesetz keine höhere Strafe, als eine Geldbuße von 20 Fr. oder achttägiges Gefängniß verhängt.

Art. 2. Als bloße Polizei-Vergehen sind zu betrachten: alle Vergehen, welche in einem von den unten bestimmten Fällen vorkommen, oder mit ihnen von gleicher Beschaffenheit sind. Es sollen daher mit den im ersten Artikel benannten Strafen belegt werden

1) die Personen, welche die Reinigung oder Erleuchtung der Straßen vor ihren Häusern an den Oertern versäumen, wo die Pflicht dazu den Einwohnern obliegt;
2) diejenigen, welche die öffentlichen Wege versperren oder verderben;
3) diejenigen, welche dem Verbote entgegen handeln, nach welchem nichts nach außen vor die Fenster oder die Häuser nach der Seite der Straße zu gesetzt, auch nichts geworfen oder ausgeschüttet werden soll, wodurch jemand beschädigt oder etwas verdorben werden kann, oder was schädliche Ausdünstungen erzeugt;
4) diejenigen, welche ohne Vorsatz wahnsinnige oder rasende Personen, wie auch bösartige oder reißende Thiere herumlaufen lassen;
5) diejenigen, welche aus Sorglosigkeit verdorbene, angegangene oder schädliche Eß- und Trinkwaaren feil bieten, und so auch die Fleischer, welche Fleisch von Kälbern, die noch nicht volle 4 Wochen alt sind, verkaufen;
6) die Bäcker und Schlächter, welche Brot oder Fleisch über die gesetzlich bestimmte oder bekannt gemachte Taxe verkaufen, oder am Gewicht betrügen, wenn der Ausfall eine halbe Unze übersteigt;
7) diejenigen, welche sich Verbal-Injurien erlaubt haben, wenn auf Bestrafung von dem Beleidigten angetragen ist;
8) die Urheber und Mitschuldigen von Händeln, ruhestörenden oder nächtlichen Zusammenläufen, von Eigenmächtigkeiten und Gewaltthätigkeiten geringerer Art, wobei Niemand verletzt oder geschlagen worden ist, vorausgesetzt, daß sie keine Landstreicher, oder sonst verdächtige oder schlechtgesinnte Leute sind, denn in diesem Fall können nur die höheren Gerichte erkennen.

Art. 3. Alle an Feldern und Früchten verübten Beschädigungen, welche nach den alten Gesetzen, die durch spätere Verordnungen nicht außer Kraft gesetzt sind, eine Buße von 20 Fr. oder darunter, oder höchstens eine achttägige Gefängnißstrafe zur Folge hatten, gehören gleichfalls vor das Gericht der Municipal-Polizei.

Art. 4. Ueber Forstvergehen, die nach dem Dekrete vom 29. März d. J. vor die Distrikts-Tribunale gehören, soll künftig in allen den Fällen, wo die Geldstrafe nicht 20 Fr. und die Gefängnißstrafe nicht 8 Tage übersteigt, von den Polizei-Gerichten erkannt werden.

Die Forstvergehungen, die durch ihre Größe oder durch erschwerende Umstände härter bestraft werden müssen, gehören fernerhin vor die Distrikts-Tribunale, und nach Befinden der Umstände vor die Kriminal-Gerichte.

Art. 5. Die Vergehen, welche unter Nr. 4 und 5 des zweiten Artikels aufgeführt sind, gehören nach der mehr oder wenigeren Wichtigkeit des Falles vor die höheren Gericht, wenn sich dabei Vorsatz oder ein sonst erschwerender Umstand findet.

Art. 6. Das Polizeigericht besteht aus dem Friedensrichter, oder bei gesetzmäßiger Behinderung desselben, aus einem seiner Stellvertreter nach der Ordnung ihrer Ernennung.

Art. 7. In den Gemeinden, welche in mehrere Kantons getheilt sind, soll nur Ein Polizeigericht sein. Jeder der dortigen Friedensrichter versieht es

3 Monate hindurch der Reihe nach. Bei dieser Abwechselung soll die Ordnung befolgt werden, welche in dem Eintheilungs-Dekrete bei den Friedensrichterstellen beobachtet ist.

Art. 8. Die Geschäfte des öffentlichen Anklägers versehen bei diesen Polizeigerichten die Polizeikommissarien in den Gemeinden, wo solche angestellt sind, sonst aber die Gehülfen des Maires.

Art. 9. Bei der Ausfindigmachung der Vergehen, und bei Einleitung und Führung der Untersuchung sollen folgende Formen beobachtet werden.

Art. 10. In den Gemeinden von einer Bevölkerung von 5000 Menschen sind die Polizeikommissarien, in den übrigen aber die Maires oder ihre Gehülfen besonders beauftragt, die erwähnten Vergehen, selbst diejenigen ausfindig zu machen, welche an Feld- und Gartenfrüchten, so wie an den Forsten begangen werden; jedoch in Rücksicht jener beiden letzteren, unbeschadet der Mitwirkung der Feldhüter und Forstaufseher:

die Berichte, Anzeigen und Klagen, welche darauf Bezug haben, anzunehmen;

über die Beschaffenheit des Vergehens, die dabei obwaltenden Umstände, die Zeit und den Ort, wann und wo es begangen ist, und die Personen, die desselben verdächtig sind, Protokolle aufzunehmen;

die Verdachts- und Beweisgründe gegen diejenigen, welche des Vergehens beschuldigt werden, zu sammeln und deren Vorladung vor das Polizeigericht zu veranlassen.

Art. 11. Selbst ohne solche Protokolle können die Polizeikommissarien und Gehülfen der Maires Vorladungen der Angeklagten auf Thatsachen veranlassen, welche in der Vorladung anzuzeigen sind, und wovon sie das Nähere bei der öffentlichen Gerichtssitzung anzugeben haben.

Art. 12. Wenn der Polizeikommissarius von einer Gemeinde, worin kein anderer vorhanden ist, aus einem gesetzmäßigen Grunde behindert wird, so vertritt während dessen Dauer der Gehülfe des Maire seine Stelle.

Art. 13. Die Feldhüter konkurriren dort, wo sie, unter welcher Benennung es sein mag, angestellt sind, mit den Polizeikommissarien und Gehülfen der Maires bei der Ausfindigmachung der an Feldern und Früchten verübten Beschädigungen, so wie die Forstaufseher bei Ausmittelung der Forst-Contraventionen und Vergehungen. Sie müssen ihnen die Protokolle, welche sie aufgenommen haben, zustellen, oder ihnen mündliche Anzeige machen; beides muß spätestens binnen 24 Stunden nach der Entdeckung des Vergehens geschehen. Sind es bloße Polizei-Vergehen, so geschieht die Untersuchung in Gemäßheit der Vorschriften des Art. 10.

Art. 14. Die Vorladung vor das Polizeigericht geschieht auf den Antrag des Polizeikommissarius oder dort, wo es keinen giebt oder er vertreten wird des Gehülfen des Maire.

Sie kann auch auf den Antrag von Privatpersonen erfolgen, wenn sie behaupten, durch das Vergehen Schaden erlitten zu haben.

Art. 15. In diesem Falle, wie auch bei der Intervention der beeinträchtigten Personen spricht das Polizeigericht, in einem und demselben Urtheile auf den Antrag des öffentlichen Anklägers, über das bei dem Vergehen in Frage gekommene Privat-Interesse und die gesetzliche Bestrafung.

Art. 16. Die Vorladung geschieht durch einen Gerichtsdiener, welcher dem Beschuldigten davon eine Abschrift lassen muß; doch können die Parteien auch freiwillig oder auf eine bloße Anzeige erscheinen, ohne daß es sodann einer Vorladung bedarf.

Art. 17. In der Vorladung muß der Gegenstand der Untersuchung, sowie der Tag und die Stunde des Erscheinens ausgedrückt sein; auch darf der Zwischenraum zwischen der Vorladung und der zum Erscheinen bestimmten Zeit nicht geringer als 24 Stunden sein.

Art. 18. Erscheint der Vorgeladene nicht zur bestimmten Zeit, so wird er wegen des Ausbleibens verurtheilt.

Art. 19. Die Verurtheilung wegen des Ausbleibens wird als nicht erfolgt betrachtet, wenn der Verurtheilte sich in der ersten öffentlichen Gerichtssitzung, welche auf die ihm geschehene Insinuation des Urtheils folgt, stellt und um Gehör bittet; doch bleiben die Kosten der Insinuation des Contumacial-Erkenntnisses ihm zur Last.

Wenn der Vorgeladene in der Sitzung, welche auf die Bekanntmachung des Contumacial-Erkenntnisses folgt, nicht erscheint, so bleibt dasselbe definitiv.

Art. 20. Der Vorgeladene kann entweder in Person oder durch einen Special-Bevollmächtigten erscheinen; ein gerichtlicher Vertheidiger oder ein Rathgeber wird aber neben ihm nicht zugelassen.

Art. 21. Das Verfahren bei jeder Sache ist öffentlich und der Gang dabei folgender:

Der Secretair liest die etwa vorhandenen Protokolle vor; die Zeugen, welche der öffentliche Ankläger aufgefordert hat, werden abgehört; wenn ein Kläger vorhanden ist, so trägt er seine Beschwerde vor.

Der Vorgeladene selbst oder sein Bevollmächtigter bringt seine Vertheidigung vor, und läßt die von ihm mitgebrachten oder auf sein Ansuchen bereits vorgeladenen Zeugen abhören. Der Polizeikommissair oder Gehülfe des Maire, welcher die Stelle des öffentlichen Anklägers vertritt, giebt sodann eine kurze Uebersicht der ganzen Sache, und macht seine Anträge, worüber der beklagte Theil seine Bemerkungen geben kann.

Das Gericht erkennt in derselben oder spätestens in der nächstfolgenden öffentlichen Sitzung.

Es fügt seinem Urtheile die Entscheidungsgründe bei, und führt das Gesetz an, welches zur Anwendung gebracht ist. Alles dieses bei Strafe der Nichtigkeit im Unterlassungsfalle.

Art. 22. Die Polizeigerichte erkennen in letzter Instanz über die Vergehen, worauf eine Geldbuße steht, und es findet dagegen nur Cassation statt.

Ihre Erkenntnisse sind der Appellation unterworfen, wenn sie Gefängnißstrafe verhängen.

Doch hemmt die Appellation die Vollziehung des Erkenntnisses nicht, wenn nicht der Appellant Sicherheit zu leisten im Stande ist.

Art. 23. Der Friedensrichter bestimmt die öffentlichen Sitzungen des Polizeigerichts nach Maaßgabe der vorkommenden Sachen, jedoch muß über jedes Polizeivergehen spätestens binnen 14 Tagen, nachdem es vorgefallen ist, erkannt werden, und wenigstens alle Wochen einmal Sitzung sein.

Art. 24. Den 1sten und 16ten jedes Monats muß der Friedensrichter dem Distriktsrichter, welcher mit der Instruction der Kriminalsachen beauftragt ist, den Auszug von den Erkenntnissen, welche in den vorhergehenden 14 Tagen abgegeben sind, einsenden, um daraus, bei wiederholten Vergehungen der Delinquenten, Erläuterungen zu nehmen.

Art. 25. In den Hauptorten der Kantons, wo nur ein Friedensrichter ist, besorgt dessen Secretair die Secretairgeschäfte bei dem Polizeigerichte. In den Gemeinden, wo mehrere Friedensrichter sind, wird der Justizminister einen der Secretaire der Friedensrichter dazu erwählen. Dieser kann sich einen Gehülfs-Secretair halten, welcher beeidigt sein und dessen Besoldung von ihm bestritten werden muß.

Die Kosten der Municipal-Polizei sollen von dem Ertrage der vormals in den Aemtern üblichen und vorläufig beibehaltenen Secretariats- und sonstigen Gebühren bestritten, nöthigenfalls aber dazu Beiträge bewilligt werden.

Verglichen mit dem Originale vom Präsidenten und von den Secretairen der Versammlung der Stände,

Kassel, am 6. August 1808.

Unterschr.: Graf v. Schulenburg-Wolfsburg,
Präsident.

Seiler, Robert, Secretaire.

Es ist Unser Wille und Befehl, daß das gegenwärtige Gesetz, mit dem Staats-Siegel versehen, in das Gesetz-Büllетin eingerückt, an die Gerichtshöfe, Tribunale und Verwaltungs-Behörden gesandt werde, damit sie dasselbe in ihre Register einschreiben, es beobachten und auf dessen Beobachtung halten, und der Minister des Justizwesens und der inneren Angelegenheiten ist beauftragt, darüber zu wachen, daß es öffentlich bekannt gemacht werde.

Gegeben zu Nenndorf, am 13. August 1808, im zweiten Jahre Unserer Regierung.

Unterschrieben: rc. rc.

23.

Gesetz vom 19. August 1808, die peinliche Prozeßordnung betreffend.

(Gesetz-Bülletin 1808. LVI. 118.)

Wir Hieronymus Napoleon, von Gottes Gnaden und durch die Constitutionen König von Westfalen, Französischer Prinz 2c.

Allen Gegenwärtigen und Zukünftigen Unseren Gruß.

Die Stände haben am 17ten des laufenden Monats August, in Gemäßheit des ihnen im Namen des Königs gemachten Antrages, und nach vorhergegangener Anhörung der Redner des Staatsrathes und der ständischen Kommissionen, nachstehendes Dekret erlassen.

Dekret.

Peinliche Prozeßordnung.

Erster Titel.

Von der Instruction durch das Distrikts-Tribunal, und der Versetzung in den Anklagezustand durch das peinliche Gericht.

Art. 1. In allen Fällen, wo eine härtere, als eine in Gefängniß bestehende Polizei- oder Besserungsstrafe stattfindet, und in welchen vielmehr eine entehrende oder schwere Leibesstrafe eintritt, hat der bei dem Tribunal des Distriktes, in welchem das Verbrechen begangen worden ist, mit der peinlichen Instruction beauftragte Richter eine jede Sache, sogleich nach beendigter Instruction, dem Gerichte im Berathschlagungszimmer vorzutragen.

Für eine schwere Leibesstrafe ist aber jedesmal diejenige zu halten, welche zweijähriges Gefängniß oder zweijährige Einsperrung in ein Zucht- oder Werkhaus übersteigt.

Art. 2. Der mit der Instruction beauftragte Richter muß jedoch vorher die Aktenstücke und seinen Vortrag dem Königlichen Prokurator mittheilen, welcher darüber binnen vier Tagen seinen schriftlichen Antrag abzugeben hat.

Art. 3. Hierauf berathschlagt das Tribunal, welches zum wenigsten aus drei Richtern, den mit der Instruction beauftragten mit eingeschlossen, bestehen muß, über die Beschaffenheit der begangenen Handlung.

Art. 4. Wenn das Tribunal dafür hält, daß weder ein Verbrechen noch ein Vergehen, noch auch irgend eine Uebertretung der Gesetze vorhanden ist, oder daß dem Angeschuldigten überhaupt nichts zur Last fällt, so erklärt es, daß wider denselben kein weiteres Verfahren stattfinde, und läßt ihn, wenn er schon verhaftet war, in Freiheit setzen.

Art. 5. Wenn das Tribunal sieht, daß nur eine Uebertretung der Polizeigesetze begangen ist, so gibt es den Angeschuldigten an das Polizeigericht ab, und läßt ihn, wenn er verhaftet war, in Freiheit setzen.

Art. 6. Wenn die begangene Handlung zwar die Kompetenz des Polizeigerichtes überschreitet, gleichwohl zur Entscheidung des peinlichen Gerichtes nicht geeignet ist, so verfügt das Tribunal, daß der Angeschuldigte, spätestens in vierzehn Tagen an einem bestimmten Tage vor ihm erscheine, um sein Urtheil zu erhalten, und behält ihn, wenn der Fall eine Verurtheilung zur Gefängnißstrafe zur Folge hat, vorläufig in Verhaft, insofern er nicht durch Bürgschaft zum Erscheinen vor Gericht sich verbindlich macht.

Art. 7. Als Besserungsstrafen werden die Gefängnißstrafe und die Strafe der Einsperrung in ein Zucht- oder Werkhaus, von mehr als acht Tagen, jedoch nur bis zu zwei Jahren, wie auch jede Geldbuße über zwanzig Franken betrachtet.

Art. 8. Wenn auf den in dem Berathschlagungszimmer geschehenen Vortrag des mit der Instruction beauftragten Richters das Tribunal nach Stimmenmehrheit dafür hält, daß die begangene Handlung von der Art ist, um mit einer entehrenden oder schweren Leibesstrafe, oder mit mehr als zweijährigem Gefängnisse oder zweijähriger Einsperrung in ein Zucht- oder Werkhaus bestraft zu werden, auch daß ein hinlänglich begründeter Verdacht wider den Angeschuldigten vorhanden ist: so hat der Königliche Prokurator die sämmtlichen Actenstücke unverzüglich an den General-Prokurator des peinlichen Gerichts abzugeben.

Im Falle die Stimmenmehrheit der Richter dahin entscheidet, daß ein peinliches Verfahren wider den Angeschuldigten nicht stattfinde, so kann der Königliche Prokurator hiergegen die Appellation ergreifen, und der Angeschuldigte bleibt, wenn er schon verhaftet war, ferner verhaftet, insofern nicht eine Befreiung gegen Bürgschaft zulässig ist.

Art. 9. Hat aber das Tribunal dahin entschieden, daß das peinliche Verfahren stattfinde, so erläßt es wider den Angeschuldigten, wenn er noch nicht verhaftet ist, einen Verhaftungsbefehl, insofern nicht die besonderen Umstände es gestatten, eine Bürgschaftsleistung von ihm anzunehmen.

Der erwähnte Verhaftungsbefehl wird mit den übrigen Actenstücken an den General-Prokurator überschickt, und muß den Namen, die persönliche Bezeichnung, das Gewerbe und den Wohnort des Angeschuldigten, in so weit diese Umstände bekannt sind, desgleichen eine Darstellung des Vorganges und die Angabe der Beschaffenheit des Verbrechens enthalten.

Art. 10. Auf Betreiben des Königlichen Prokurators wird sodann der Angeschuldigte durch die Gendarmerie in das Gefängniß des peinlichen Gerichtes abgeführt.

Art. 11. Binnen drei Tagen nach dem Empfange der Actenstücke ist der General-Prokurator bei eigener Verantwortlichkeit verbunden, dem Gerichte über die Sache seinen Vortrag zu machen, und demselben seine schriftlichen Anträge beizufügen. Während dieser Frist können sowohl der Angeschuldigte, als der beschädigte Theil, die ihnen zweckdienlich scheinenden Vorstellungen überreichen, ohne daß jedoch hierdurch der Vortrag aufgehalten werden darf.

Art. 12. Hält er die Instruction für nichtig, so verlangt er, daß die ungültigen Handlungen vor dem Kriminalgerichte von Neuem vorgenommen werden; findet er sie unvollständig, so trägt er darauf an, daß die noch erforderlichen Handlungen und Instructionen durch das Kriminalgericht bewirkt werden.

Hält er hingegen die Instruction für regelmäßig und vollständig, so trägt er darauf an, daß der Angeschuldigte entweder in Freiheit gesetzt, oder an das Polizei- oder Distrikts-Gericht abgegeben, oder die peinliche Anklage förmlich wider ihn erhoben werde.

Art. 13. Die Richter lesen sämmtliche Actenstücke des bisherigen Verfahrens, wie auch die von dem beschädigten Theile und dem Angeschuldigten etwa übergebenen Vorstellungen, vor, und fassen hierauf einen Beschluß, ohne sich weg zu begeben, oder mit irgend Jemand Rücksprache zu nehmen.

Art. 14. Sie können auch erforderlichen Falls eine weitere Untersuchung verfügen, jedoch nur unter Bestimmung einer sehr kurzen Frist.

Art. 15. Wenn das Gericht keine Spur einer durch das Gesetz mit einer Strafe belegten Handlung wahrnimmt, oder wenn es keine hinlänglichen Anzeigen der Strafbarkeit des Angeschuldigten findet: so verfügt es, daß derselbe in Freiheit gesetzt werde.

Art. 16. Findet es, daß die Sache sich zur peinlichen Anklage nicht eignet, so verweist es dieselbe an das Polizeigericht oder an das mit den Correctionssachen beauftragte Distrikts-Tribunal. Der General-Prokurator kann wider die, in den im gegenwärtigen und vorhergehenden Artikel bestimmten Fällen abgegebenen Erkenntnisse das Rechtsmittel der Cassation, insofern dasselbe statthaft ist, ergreifen.

Art. 17. Wenn die begangene Handlung von der Art ist, daß das Gesetz sie für ein Verbrechen erklärt, und wenn das Gericht hinlängliche Verdachtsgründe, um auf die Einleitung des peinlichen Verfahrens zu erkennen, wahrnimmt: so verfügt es, daß der General-Prokurator darüber die Anklage-Urkunde aufsetze.

Art. 18. Um die Einleitung des peinlichen Verfahrens zu verfügen, braucht das peinliche Gericht nicht zu untersuchen, ob der Angeschuldigte wirklich schuldig ist oder nicht, sondern nur, ob schon, so viel nach der noch unvollständigen Instruction sich beurtheilen läßt, Beweise oder starke Anzeigen einer durch das Gesetz für ein Verbrechen erklärten Handlung wider denselben vorhanden sind.

Art. 19. Der General-Prokurator verfaßt sodann längstens binnen zwei Tagen die Anklage-Urkunde, worin die begangene Handlung, die hauptsächlichsten Thatsachen, und die Beschaffenheit des Verbrechens, welches die Anklage veranlaßt, dargestellt, auch die Person des oder der Angeschuldigten genannt und bezeichnet werden müssen.

Art. 20. Das Erkenntniß, wodurch die Einleitung des peinlichen Verfahrens verfügt wurde, muß nebst der Anklage-Urkunde dem Angeklagten insinuirt, und ihm eine Abschrift davon mit dem Bemerken gelassen werden, daß er sich einen Vertheidiger wählen könne.

Art. 21. Vier und zwanzig Stunden nach dieser Insinuation vernimmt der Präsident den Angeklagten, und läßt die von demselben gethanen Erklärungen aufsetzen. Er befragt ihn, ob er einen Vertheidiger gewählt habe, und giebt ihm, wenn dies noch nicht geschehen ist und auch jetzt nicht geschieht, einen solchen von Amts wegen bei.

Art. 22. Der Präsident macht ihm zugleich bekannt, daß er binnen acht Tagen seine Einwendungen wegen Inkompetenz oder Nichtigkeit des bisherigen Verfahrens vorbringen könne, damit aber nachher nicht mehr werde gehört werden.

Art. 23. Wenn der Angeklagte Einwendungen dieser Art vorbringt, so entscheidet darüber das Kriminalgericht, und zwar muß dies binnen acht Tagen von dem Tage, an welchem sie vorgebracht wurden, an zu rechnen, geschehen.

Art. 24. Nach dem Erkenntnisse über die vorgebrachten Ursachen der Nichtigkeit oder Inkompetenz, oder nach dem Ablaufe der zum Vorbringen derselben bestimmten achttägigen Frist, läßt der Präsident den Angeklagten, den General-Prokurator und den beschädigten Theil benachrichtigen, daß sie binnen drei Tagen ein Verzeichniß der Zeugen, welche sie in der öffentlichen Gerichtssitzung bei den daselbst stattfindenden Verhandlungen abhören zu lassen wünschen, einzureichen haben.

Art. 25. Diese Verzeichnisse müssen die Namen, die Vornamen, das Alter, das Gewerbe und den Wohnsitz der Zeugen angeben, und es werden dieselben dem Angeklagten, dem General-Prokurator und dem beschädigten Theile gegenseitig mitgetheilt.

Art. 26. Hierauf verfügt der Präsident, daß die Zeugen vorgeladen und die Geschwornen zu der nächsten oder spätestens zu der darauf folgenden Versammlung des Gerichtes der Geschworenen zusammenberufen werden.

Art. 27. Die Geschworenen versammeln sich den 16ten eines jeden Monats, insofern ein peinlicher Prozeß zu entscheiden ist.

Zweiter Titel.

Von der Einrichtung des Gerichtes der Geschworenen.

Art. 28. Von dem Zeitpunkte der Bekanntmachung dieses Gesetzes an soll in peinlichen Sachen die durch den 46sten Artikel der Constitution vom 15. November 1807 verordnete Entscheidung durch Geschworene stattfinden.

Art. 29. Sobald dies Gesetz bekannt gemacht sein wird, haben die Präfekten eine Liste der Geschworenen einzusenden, welche aus Staatsbürgern bestehen muß, die sich in ihren Departements aufhalten, dreißig Jahre zurückgelegt haben, und in Rücksicht ihres Amtes, ihrer Einsichten oder ihrer Wohlhabenheit zu den angesehensten gehören.

Doch können darunter nicht begriffen werden: die Minister, Staatsräthe, Präfekten, Unterpräfekten, Polizei-Commissaire, Richter, General-Prokuratoren, deren Substituten, die Königlichen Prokuratoren und die Prediger, indem deren Amtsgeschäfte mit dem Geschäfte der Geschworenen unverträglich sind.

Art. 30. Diese Verzeichnisse müssen wenigstens dreihundert Personen für jedes Departement enthalten; doch können sie, wenn es die Orts-Verhältnisse gestatten, eine noch größere Anzahl in sich begreifen.

Art. 31. Diejenigen Personen, welche die Präfekten in diese Listen nicht mit aufgenommen haben, und die dennoch das ehrenvolle Amt der Geschworenen zu bekleiden wünschen, können auf ein bei dem Präfekten deshalb übergebenes

Gesuch darunter aufgenommen werden, wenn sie anders in Rücksicht ihrer persönlichen Eigenschaften dieser Aufnahme würdig sind, und wenn dieselbe auf den Bericht des Präfekten von dem Minister der Justiz und des Innern genehmigt worden ist.

Art. 32. Am ersten Tage eines jeden Monats lassen die Präsidenten der peinlichen Gerichte sechs und dreißig von den auf dem Verzeichnisse der Geschworenen ihres Departements befindlichen Namen in öffentlicher Sitzung durch das Loos ziehen, und bilden hieraus ein neues Verzeichniß, welches dem General-Prokurator und jedem Angeklagten, welcher in der Sitzung gerichtet werden soll, vorgelegt wird.

Diese Vorlegung muß zwei Tage vor dem zur Verfertigung der letzten Liste (Art. 34) bestimmten Tage geschehen, und ist mit Allem, was darauf gefolgt ist, nichtig, wenn sie später vorgenommen wurde.

Art. 33. Der General-Prokurator und der Angeklagte können jeder neun Personen verwerfen, ohne die Gründe davon anzugeben. Sind in dem nämlichen Prozesse mehrere Angeklagte, so können sie entweder wegen jener Verwerfung sich vereinigen, oder einzeln davon Gebrauch machen. In beiden Fällen darf die einem einzigen Angeklagten nachgelassene Anzahl der zu verwerfenden Personen nicht überschritten werden.

Wenn die Angeklagten wegen der Verwerfung nicht übereinkommen, so soll das Loos die Ordnung, in welcher sie die Verwerfung vornehmen, bestimmen. In diesem Falle werden die von einem der Angeklagten in der bestimmten Ordnung verworfenen Geschworenen als von Allen verworfen betrachtet, bis die bestimmte Zahl der zu Verwerfenden ausgefüllt ist. Die Angeklagten können auch verabreden, nur einen Theil der zu verwerfenden Geschworenen gemeinschaftlich zu benennen, wo alsdann in Ansehung der übrigen, die durch das Loos zu bestimmende Ordnung befolgt wird.

Wenn achtzehn Personen verworfen sind, so wird eine weitere Verwerfung nicht anders zugelassen, als unter Anführung der Gründe, worüber das Kriminalgericht binnen 24 Stunden erkennt.

Sollte durch diese mit Gründen unterstützte Verwerfung die Zahl der Geschworenen bis unter zwölf vermindert worden sein, so hat der Präsident durch eine neue Ziehung des Looses die Anzahl zu ergänzen.

Art. 34. Sogleich nach Ablauf der für die Verwerfung zugestandenen Frist verfertigt der Präsident für jeden Prozeß aus den 36 Geschworenen, welche durch das Loos gewählt und nicht verworfen sind, eine Liste von Zwölfen, und benachrichtigt einen jeden derselben, daß er sich den . . . in die Stadt, wo das peinliche Gericht seinen Sitz hat, begeben solle.

Diese Bekanntmachung muß sechs Tage vor demjenigen, an welchem die Geschworenen erscheinen sollen, geschehen und ist, wenn sie nicht an den Geschworenen persönlich gelangen kann, an seinem Wohnsitze, oder an dem des Maire oder Adjunkten des Ortes, welcher jenen davon benachrichtigen muß, zu bewirken.

Art. 35. Die Geschworenen, welche eine gesetzliche Entschuldigung wegen des Zurückbleibens für sich haben, sind verbunden, dies unter die an sie geschehene Bekanntmachung zu bemerken.

Art. 36. Nur Abwesenheit außerhalb des Departements, oder Krankheit, die durch ein ärztliches, von dem Unter-Präfekten in dem Hauptorte des Distrikts, oder von dem Maire in den übrigen Städten bescheinigtes, Zeugniß dargethan wird, gelten als gesetzliche Entschuldigungsgründe.

Doch sind, wenn sie es verlangen, ebenfalls gültig entschuldigt die siebenzigjährigen Personen und diejenigen, welche in demselben Jahre schon einmal das Geschäft der Geschworenen verrichtet haben, wie auch die Einnehmer öffentlicher Gelder, wenn sie berufen werden sollten, das Geschäft eines Geschworenen außerhalb ihres Wohnortes zu besorgen.

Art. 37. Die Präsidenten ersetzen die gesetzlich Entschuldigten ebenfalls durch das Loos.

Art. 38. Da das Geschäft der Geschworenen auf einer Pflicht gegen den Staat beruht, so sollen diejenigen, welche ohne gesetzliche Entschuldigung ausbleiben, das erste Mal zu einer Geldstrafe von funfzig Franken verurtheilt werden, und ohne weitere Bestimmung schuldig sein, bei der Sitzung beizuwohnen.

Bleiben sie auch bei dieser aus, so wird ihnen eine Geldstrafe von vierhundert Franken auferlegt.

Im Falle des weiteren Ungehorsams verurtheilt sie das peinliche Gericht zu einer acht bis zwanzigtägigen Gefängnißstrafe, und dieses Erkenntniß wird auf ihre Kosten gedruckt uud im ganzen Umfange des Departements öffentlich angeschlagen.

Art. 39. Von diesen Strafen sind alle diejenigen befreit, welche beweisen, daß es ihnen unmöglich war, an dem bestimmten Tage sich einzufinden.

Das peinliche Gericht entscheidet über die Gültigkeit ihrer Entschuldigungsgründe.

Art. 40. Die Zahl von zwölf Geschworenen wird wesentlich erfordert, um das Geschwornengericht zu bilden.

Art. 41. Die Staatsbürger können sogar durch körperliche Zwangsmittel angehalten werden, sich an dem bestimmten Tage in der Versammlung einzufinden.

Art. 42. Wenn von den zwölf zusammenberufenen Geschworenen einige an dem bestimmten Tage nicht erscheinen, so ergänzt der Präsident jene Anzahl auf die Art, daß er die Fehlenden unter den auf dem Verzeichnisse der Geschworenen stehenden Bürgern des Ortes, wo das peinliche Gericht seinen Sitz hat, durch das Loos auswählt.

Art. 43. Die Geschworenen, welche in den im 33sten, 37sten und 42sten Artikel angeführten Fällen berufen worden sind, um die Fehlenden zu ersetzen, können nur mit Anführung von Gründen verworfen werden, worüber sodann binnen 24 Stunden ein Erkenntniß erfolgen muß.

Dritter Titel.

Von der Zeugenvernehmung, den weiteren Verhandlungen und der Berathschlagung der Geschworenen.

Art. 44. An dem Tage, wo sich das Geschworenengericht versammelt, wird der Angeklagte ohne Fesseln und nur von der erforderlichen Wache, um seine Entweichung zu verhindern, begleitet, in die öffentliche Gerichtssitzung geführt.

Der Präsident des peinlichen Gerichtes fragt nach seinem Namen, seinem Vornamen, seinem Alter, Gewerbe, Wohn- und Geburtsorte.

Art. 45. Der Präsident benachrichtigt den Vertheidiger des Angeklagten, daß er nichts gegen die den Gesetzen schuldige Achtung sagen dürfe, und sich mit Anstand und Mäßigung auszudrücken habe.

Art. 46. Der Präsident hält hierauf stehend und mit unbedecktem Haupte an die Geschworenen folgende Anrede:

„Geschworene! Versprechen Sie jetzt vor Gott und den Menschen, mit „der genauesten Aufmerksamkeit alle die Verdachtsgründe zu prüfen, welche „wider N. N. vorgebracht sind, und weder das Interesse des Angeklagten, „noch jenes der bürgerlichen Gesellschaft, die ihn anklagt, aus den Augen zu „setzen und bis zu Ihrer Erklärung mit Niemanden hierüber Rücksprache zu „nehmen. Versprechen Sie, weder durch Haß noch durch Feindschaft, weder „durch Furcht noch durch Zuneigung, sich bestimmen zu lassen, sondern ledig„lich nach den vorhandenen Anzeigen und Vertheidigungsgründen, Ihrem „Gewissen und Ihrer innigsten Ueberzeugung gemäß, mit der Unparteilichkeit „und Festigkeit, welche dem redlichen und freien Manne geziemt, zu ent„scheiden!"

Ein jeder der Geschworenen wird hierauf von dem Präsidenten einzeln aufgerufen, und antwortet mit aufgehobener Hand;

„Ich schwöre dies, so wahr mir Gott helfe und sein heiliges Wort!"

Alles dies ist bei Strafe der Nichtigkeit zu beobachten.

Art. 47. Unmittelbar darauf fordert der Präsident den Angeklagten auf, aufmerksam auf das, was er jetzt hören werde, zu sein. Alsdann läßt er von dem Secretair das Erkenntniß, welches die Einleitung des peinlichen Verfahrens verfügte, und die demzufolge verfaßte Anklage-Urkunde mit lauter und vernehmlicher Stimme vorlesen, und zwar bei Strafe der Nichtigkeit.

Art. 48. Nach dieser Vorlesung wiederholt der Präsident dem Angeklagten den Inhalt der Anklage-Urkunde und sagt ihm: „Dies ist der Gegenstand der wider Euch erhobenen Anklage, hört jetzt die Verdachtsgründe, welche gegen Euch vorgebracht worden sind!"

Art. 49. Der General-Prokurator setzt hierauf den Gegenstand der Anklage näher aus einander, und überreicht ein Verzeichniß der Zeugen, welche theils auf seinen Antrag, theils auf Ansuchen des beschädigten Theiles, oder des Angeklagten, abgehört werden sollen.

Dies Verzeichniß wird von dem Secretair mit lauter Stimme vorgelesen.

In demselben können nur diejenigen Zeugen enthalten sein, deren Namen, Alter, Gewerbe und Wohnort, wenigstens drei Tage vorher, dem Angeklagten von dem General-Prokurator und dem beschädigten Theile, so wie dem General-Prokurator von dem Angeklagten, bekannt gemacht worden sind.

Doch können sowohl der General-Prokurator als der Angeklagte, mit Zustimmung des Präsidenten, noch während der weiteren Verhandlung Zeugen vorfordern und abhören lassen, von denen man glaubt, daß ihre Aussagen zur Aufklärung der bestrittenen Thatsachen dienlich sein werden.

Art. 50. Der Präsident befiehlt hierauf den Zeugen, sich in das für sie bestimmte Zimmer zu verfügen, und dasselbe nicht eher zu verlassen, als bis ihre Vernehmung geschieht; auch trifft er erforderlichen Falls die nöthigen

Vorkehrungen, um zu verhindern, daß die Zeugen vor ihrer Aussage nicht mit einander über das Verbrechen und den Angeklagten Rücksprache nehmen.

Art. 51. Die Zeugen werden jeder allein, in der vom Präsidenten zu bestimmenden Ordnung, vernommen. Vor ihrer Vernehmung müssen sie, bei Strafe der Nichtigkeit, einen Eid darüber ablegen, daß sie ohne Haß und ohne Furcht reden, und durchgehends die Wahrheit sagen wollen.

Der Präsident fragt sie, ob sie den Angeklagten vor dem in der Anklage-Urkunde erwähnten Vorgange gekannt haben, ob sie mit demselben oder mit dem beschädigten Theile, und in welchem Grade verwandt oder verschwägert sind, desgleichen, ob sie im Dienste des Einen oder Anderen stehen. Nachdem dies geschehen ist, müssen die Zeugen mündlich ihre Aussagen thun.

Art. 52. Der Präsident muß durch den Secretair die Zeugen-Aussagen, wie auch die Zusätze, Abänderungen und Verschiedenheiten, welche sich zwischen der gegenwärtigen Aussage eines Zeugen und dessen früheren Erklärungen wahrnehmen lassen, summarisch aufzeichnen lassen.

Art. 53. Nach jeder Aussage fragt der Präsident den Angeklagten, ob er auf das, was so eben wider ihn ausgesagt ist, antworten wolle und dagegen etwas zu erinnern habe. Der Zeuge darf nicht unterbrochen werden, doch können, nach geschehener Aussage, der Angeklagte oder seine Vertheidiger an ihn durch den Präsidenten Fragen richten lassen, auch, was sie zur Vertheidigung des Angeklagten gegen den Zeugen oder sein Zeugniß zu sagen haben, vorbringen.

Gleichfalls kann der Präsident von dem Zeugen und dem Angeklagten alle Aufklärungen verlangen, die er zur Entdeckung der Wahrheit dienlich erachtet.

Die Richter, der General-Prokurator und die Geschworenen haben eben dies Recht, nachdem sie zuvor den Präsidenten darum ersucht haben, der beschädigte Theil hingegen kann dem Angeklagten und dem Zeugen nur durch den Präsidenten Fragen vorlegen.

Art. 54. Nach geschehener Abhörung bleiben sämmtliche Zeugen, wenn der Präsident nicht eine andere Verfügung trifft, so lange in dem Gerichtszimmer, bis die Geschworenen sich wegbegeben haben, um ihre Erklärung abzugeben. Sollte inzwischen der eine oder der andere Zeuge, nachdem er vorgenommen ist, wegen irgend einer dringenden Ursache wünschen, von dem längeren Aufenthalte daselbst befreit zu werden, so kann der Präsident, mit Zustimmung aller Parteien, ihm dieses zugestehen.

Art. 55. Nachdem die von dem General-Prokurator und dem beschädigten Theile vorgeführten Zeugen vorgenommen worden sind, kann auch der Angeklagte die in dem Verzeichnisse, welches er jenen vorher bekannt gemacht hatte, aufgeführten Zeugen, sowohl über die in der Anklage-Urkunde enthaltenen, als auch über andere Thatsachen, welche dazu beitragen können, seine Unschuld darzuthun, oder ihm das Zeugniß eines Mannes von Ehre, Redlichkeit und unbescholtener Aufführung zu verschaffen, abhören lassen.

Ist der Verurtheilte zahlungsunfähig, oder ist der Angeklagte freigesprochen worden, ohne weder durch seine Schuld, noch durch Unvorsichtigkeit Veranlassung zur Anklage gegeben zu haben, so fallen alle Vorladungskosten und die Gebühren der Zeugen, wenn sie solche verlangen, der Staatskasse zur Last.

Art. 56. Als Zeugen können nicht abgehört werden:

1) Die, welche mit dem Angeklagten, oder mit einem der gegenwärtigen und der nämlichen Verhandlung unterworfenen Angeklagten, in gerader Linie verwandt oder verschwägert sind; 2) Geschwister; 3) Schwäger und Schwägerinnen; 4) der Ehemann und die Ehefrau, selbst nach ausgesprochener Ehescheidung; 5) die, welche eines falschen Zeugnisses überführt worden sind; 6) die, welche zu einer entehrenden Strafe verurtheilt worden sind; 7) die, welche das vierzehnte Jahr noch nicht zurückgelegt haben; 8) die, welche mit dem Angeklagten in vertrauten Freundschafts-Verhältnissen stehen, oder ihm durch Wohlthaten verpflichtet sind; 9) die, welche mit demselben in Todfeindschaft leben; 10) die, welche ihn angezeigt (denuncirt) und dafür die durch das Gesetz bestimmte Belohnung an Geld erhalten haben. Inzwischen ist doch die Abhörung der oben genannten Zeugen kein Grund der Nichtigkeit, wenn weder der General-Prokurator noch der Angeklagte derselben sich widersetzt haben.

Diejenigen Personen, welche zwar das vierzehnte Jahr zurückgelegt, aber das achtzehnte noch nicht vollendet haben, werden ohne Beeidigung abgehört, und die Geschworenen nehmen auf deren Aussagen nur nach den Umständen Rücksicht.

Art. 57. Diejenigen Denuncianten, welche keine gesetzliche Belohnung an Geld erhalten, können als Zeugen abgehört werden, aber es muß den Geschworenen von ihrer Eigenschaft als Denuncianten Nachricht gegeben werden.

Art. 58. Die von dem General-Prokurator oder dem Angeklagten vorgeführten Zeugen werden während der Verhandlung abgehört, sollten sie auch gleich bei der vorhergegangenen schriftlichen Instruction noch nicht vorgenommen, oder gar nicht vorgeladen sein; übrigens sind jedoch hierbei die Verfügungen des 24sten und 49sten Artikels zu beobachten.

Art. 59. Die Zeugen können, von welcher Partei sie auch vorgeführt sein mögen, einander keine Fragen vorlegen.

Art. 60. Der Angeklagte kann verlangen, daß nach geschehener Abhörung die von ihm bezeichneten Zeugen aus dem Gerichtszimmer sich wegbegeben, und einer oder mehrere derselben von Neuem vorgeführt und entweder abgesondert, oder in Gegenwart der anderen, vernommen werden. Eben dieses Recht steht dem General-Prokurator zu. Auch der Präsident kann dies von Amts wegen verfügen.

Art. 61. Der Präsident kann vor, während, oder nach der Abhörung eines Zeugen einen oder mehrere der Angeklagten abhören lassen, und jeden der Zeugen abgesondert über einige Umstände des Prozesses vernehmen, jedoch muß er dafür sorgen, daß die allgemeine Verhandlung nicht eher wieder fortgesetzt werde, als nachdem er zuvor einem jeden Angeklagten von dem, was während seiner Abwesenheit geschehen, und was der Erfolg davon gewesen ist, Nachricht ertheilt hat.

Art. 62. Während der Zeugenabhörung können die Geschworenen, der General-Prokurator und die Richter Alles, was ihnen von den Zeugen-Aussagen oder von der Vertheidigung des Angeklagten wichtig scheint, aufzeichnen, in sofern nur dadurch keine Unterbrechung in dem Verfahren entsteht.

Art. 63. Während oder nach der Zeugenabhörung läßt der Präsident dem Angeklagten alle auf das Verbrechen sich beziehenden Aktenstücke, welche zu seiner Ueberführung oder Befreiung gereichen, vorlegen und fordert ihn auf, in eigener Person zu erklären, ob er dieselben anerkenne. Auch kann sie der Präsident, erforderlichen Falls, den Zeugen vorlegen.

Art. 64. Keine schriftliche Erklärung von Zeugen, welche der öffentlichen Gerichtssitzung nicht beiwohnen, darf den Geschworenen vorgelesen werden, es sei denn, daß die Zeugen seit ihrer vor Gericht gemachten Erklärung verstorben wären, oder daß sie durch ihr hohes Alter, oder durch eine schwere Krankheit verhindert würden, bei der Verhandlung zu erscheinen, in welchen Fällen die Erklärung der verstorbenen Zeugen, oder die vor einem hierzu beauftragten Richter gethanen Aussagen der abwesenden Zeugen den Geschworenen, welche darauf den Umständen nach Rücksicht zu nehmen haben, öffentlich vorgelesen werden.

Von den schriftlichen Erklärungen aber, welche die gegenwärtigen Zeugen bei der vorigen Instruction abgegeben haben, und von den Verhören, die mit dem Angeklagten vorher angestellt sind, wird bei der Verhandlung nur so viel vorgelesen, als erforderlich ist, um den Zeugen oder dem Angeklagten die Abänderungen, Widersprüche und Verschiedenheiten bemerklich zu machen, welche zwischen dem, was sie vor den Geschworenen ausgesagt haben, und demjenigen, was sie schon früher ausgesagt hatten, etwa stattfinden.

Art. 65. Wenn nach dem Schlusse der Verhandlung die Aussage eines Zeugen offenbar falsch erscheint, so kann der Präsident auf Verlangen des General-Prokurators, des beschädigten Theiles oder des Angeklagten, ja sogar von Amts wegen, einen solchen Zeugen auf der Stelle verhaften lassen, und in diesem Falle versieht der General-Prokurator die Stelle desjenigen Richters, welcher mit der Nachforschung und Verfolgung der Verbrechen beauftragt ist, der Präsident oder ein von demselben committirter Richter aber das Geschäft der Richter, denen in anderen Fällen die Instruction übertragen ist.

Art. 66. In dem Falle des vorstehenden Artikels können der General-Prokurator, der beschädigte Theil oder der Angeklagte unmittelbar darum nachsuchen, und das Gericht sogar von Amts wegen verfügen, daß die Sache bis zur nächsten Sitzung ausgesetzt werde.

Art. 67. Im Fall, daß der Angeklagte und die Zeugen, oder einer von ihnen, nicht dieselbe Sprache oder Mundart reden, hat der Präsident bei Strafe der Nichtigkeit, von Amts wegen einen Dolmetscher, welcher wenigstens fünf und zwanzig Jahre alt ist, zu ernennen und ihm bei eben dieser Strafe einen Eid darüber abzunehmen, daß er die Aeußerungen, welche denen, die eine verschiedene Sprache reden, gegenseitig verständlich gemacht werden sollen, getreu übersetzen wolle.

Der Angeklagte sowohl als der General-Prokurator können den ernannten Dolmetscher verwerfen, wenn sie Gründe der Verwerfung angeben. Das Gericht entscheidet hierüber unverzüglich.

Aus den Zeugen, den Richtern und den Geschworenen darf der Dolmetscher, bei Strafe der Nichtigkeit, selbst mit Einwilligung des Angeklagten oder des General-Prokurators, nicht genommen werden.

Art. 68. Der Präsident hat zu bestimmen, welcher unter mehreren Angeklagten zuerst der Gegenstand der Verhandlung sein soll.

Art. 69. Nach erfolgter Zeugen-Aussage und nach den gegenseitigen Aeußerungen und Bemerkungen, zu denen dieselbe Veranlassung gegeben hat, sollen der beschädigte Theil oder dessen Vertheidiger und der General-Prokurator gehört werden, und sodann die Gründe auseinandersetzen, welche die Anklage unterstützen.

Der Angeklagte und dessen Vertheidiger können ihnen darauf antworten. Auch hierauf können der beschädigte Theil und der General-Prokurator wieder antworten, aber immer muß der Angeklagte, oder sein Vertheidiger das letzte Wort haben. Nunmehr erklärt der Präsident, daß die Verhandlung geschlossen sei.

Art. 70. Der Präsident trägt alsdann den ganzen Gegenstand der Untersuchung, in einfache Sätze eingekleidet, vor, und macht die Geschworenen auf die hauptsächlichsten, für und wider den Angeklagten vorhandenen, Beweise aufmerksam.

Er erinnert sie an die Obliegenheiten, welche sie zu erfüllen haben, und übergiebt ihnen die Anklage-Urkunde nebst den Aktenstücken des ganzen Prozesses. Zu gleicher Zeit läßt er den Angeklagten aus dem Gerichtszimmer wegführen.

Art. 71. Hierauf stellt der Präsident im Namen und mit Zustimmung des peinlichen Gerichtes, nach vorgängiger Ueberlegung im Berathschlagungszimmer, die Fragen auf, welche sowohl aus der Anklage-Urkunde, als aus der nachherigen Verhandlung sich ergeben, und welche die Geschworenen zu entscheiden haben.

Art. 72. Die erste Frage ist wesentlich darauf gerichtet, zu erfahren: ob ein gewisses Verbrechen (z. B. Diebstahl) erwiesen sei, oder nicht? — die zweite geht darauf: ob der Angeklagte N. N. der Begehung dieses Verbrechens oder der Theilnahme an demselben wirklich schuldig sei?

Alsdann folgen die Fragen, welche die mildernden oder erschwerenden Umstände des Verbrechens, die aus der Anklage-Urkunde, aus der Vertheidigung des Angeklagten und aus der weiteren Verhandlung hervorgehen, zum Gegenstande haben.

Der Präsident setzt alle diese Fragen getrennt und in Ordnung auf, in welcher die Geschworenen darüber berathschlagen sollen, und stellt sie den Geschworenen in der Person ihres Chefs schriftlich zu.

Art. 73. Die Geschworenen begeben sich in das für sie bestimmte Zimmer, um ihre Berathschlagung anzufangen.

Der Chef der Geschworenen ist immer derjenige, dessen Name bei der Auswahl der Geschworenen durch das Loos zuerst gezogen ist, oder der, welchen sie durch gemeinschaftliche Einwilligung unter sich dazu erwählen.

Art. 74. Die Geschworenen dürfen ihr Zimmer nicht eher verlassen, als bis sie mit ihrer Erklärung fertig sind. Auch steht während der Berathschlagung Niemanden, aus welcher Ursach es auch sei, der Eintritt in jenes Zimmer offen, wenn er nicht dazu eine schriftliche Erlaubniß vom Präsidenten erhalten hat.

Der Präsident ist verbunden, dem Vorgesetzten der dienstthuenden Gendarmerie schriftlich den besonderen Befehl zu ertheilen, den Eingang des Zimmers der Geschworenen mit Wache zu besetzen. Einen Jeden, welcher diesen Befehl verletzt, kann der Präsident ohne alle weitere Förmlichkeit mit vierundzwanzigstündigem Gefängnisse bestrafen.

Art. 75. Wenn die Geschworenen sich im Stande befinden, ihre Erklärung abzugeben, so benachrichtigen sie hiervon den Präsidenten.

Der Präsident beauftragt einen der Richter, in dem Zimmer der Geschworenen sich von jedem derselben seine Erklärung geben zu lassen, welche sodann ein Geschworener nach dem anderen abzugeben hat.

Art. 76. Die Erklärungen geschehen auf folgende Weise:

Jeder Geschworene erklärt zuvörderst, ob das Verbrechen, welches den Gegenstand der Anklage ausmacht, erwiesen ist, oder nicht. Fällt diese erste Erklärung bejahend aus, so giebt jeder Geschworene über den Angeklagten eine zweite Erklärung ab, um zu entscheiden, ob derselbe des Verbrechens schuldig ist, oder nicht.

Der Geschworene, welcher nicht dafür hält, daß das Verbrechen erwiesen sei, hat keine weitere Erklärung zu thun, und seine Stimme wird, in Ansehung der übrigen Fragen, zu Gunsten des Beklagten gezählt.

Eben so braucht der Geschworene, welcher zwar findet, daß das Verbrechen erwiesen sei, aber den Angeklagten desselben nicht für schuldig hält, keine weitere Erklärung zu thun, und seine Stimme wird in Rücksicht der folgenden Fragen gleichfalls zum Vortheile des Angeklagten gezählt.

Der Geschworene, welcher das Verbrechen für erwiesen und den Angeklagten desselben für schuldig erklärt hat, giebt hierauf seine Erklärung über das Vorhandensein eines jeden in eine Frage eingekleideten mildernden oder erschwerenden Umstandes ab.

Art. 77. Jeder Geschworene spricht die abzugebenden verschiedenen Erklärungen in nachstehender Formel aus:

„Auf meine Ehre und mein Gewissen erkläre ich vor Gott und den „Menschen, daß das Verbrechen erwiesen, oder nicht erwiesen, daß der Angeklagte dessen schuldig, oder nicht schuldig ist 2c. 2c."

Art. 78. Die Entscheidung einer jeden dem Gerichte der Geschworenen vorgelegten Frage fällt für den Angeklagten aus, wenn fünf von den zwölf Geschworenen zu seinem Vortheile, hingegen wider den Angeklagten, wenn acht derselben zu seinem Nachtheile, in ihrer Erklärung mit einander übereinstimmen.

Art. 79. Wenn die Berathschlagung der Geschworenen geschlossen ist, so wird deren Resultat in so vielen besonderen Artikeln, als Fragen entschieden worden sind, schriftlich aufgezeichnet.

Die Geschworenen kehren hierauf in das öffentliche Gerichtszimmer zurück und nehmen ihre Plätze wieder ein.

Art. 80. Der Präsident fragt sie sodann, welches das Resultat ihrer Berathschlagung in Ansehung einer jeden der ihnen vorgelegten Fragen sei.

Der Chef der Geschworenen tritt nun hervor, legt die Hand auf das Herz und sagt:

„Auf meine Ehre und mein Gewissen versichere ich vor Gott und den „Menschen, daß die Erklärung der Geschworenen dahin geht, daß u. s. w."

Diese Erklärung liest er nunmehr so, wie sie in dem Zimmer der Geschworenen abgefaßt worden ist, vor, unterschreibt sie und übergiebt sie dem Präsidenten, welcher sie ebenfalls unterschreibt und sie von dem Secretair unterschreiben läßt.

Art. 81. Die Geschworenen können, nachdem sie ihre Erklärung in der vorgeschriebenen Form abgegeben haben, von freien Stücken den Schuldigen der Gnade des Königs empfehlen. Diese Empfehlung ist in eben der Form, wie die Erklärung der Geschworenen, aufzuzeichnen, und macht einen Theil derselben aus.

Art. 82. Wenn die Anklage-Urkunde oder Urkunden mehrere Verbrechen in sich fassen, so kann der Präsident die Geschworenen zur Abgebung einer Erklärung über das erste Verbrechen vor der über das zweite, und so weiter, auffordern, ohne daß sie sich wegbegeben dürfen; auch kann er, wenn die Erklärung über das erste Verbrechen schon die höchste Strafe nach sich zieht, eine Erklärung über die anderen Verbrechen einzufordern unterlassen.

Art. 83. Im Falle die Geschworenen einer von den in den Art. 76, 77, 78, 79, 80 und 81 enthaltenen Vorschriften zuwider gehandelt haben, so ist das Gericht verbunden, ihre Erklärung ganz zu verwerfen, und sie anzuweisen, sich wieder in ihr Zimmer zurück zu begeben, um eine neue Erklärung abzugeben. Doch kann auch der Präsident, nachdem eine solche Verwerfung stattgefunden hat, die Sache von Amts wegen bis zur nächsten Session aussetzen, um dieselbe alsdann von anderen Geschworenen untersuchen zu lassen.

Art. 84. Gegen die Entscheidung der Geschworenen kann nie Appellation stattfinden. Wenn gleichwohl das peinliche Gericht einstimmig der Meinung ist, daß die Geschworenen zwar die gesetzlichen Formen beobachtet, aber dennoch in der Hauptsache sich geirrt haben, so kann es verfügen, daß das Urtheil ausgesetzt und die Sache bis zur nächsten Session verschoben werde, um alsdann neuen Geschworenen vorgelegt zu werden.

Niemand ist berechtigt, diese Maßregel zu verlangen; nur von Amts wegen kann sie das Gericht verfügen, und zwar sogleich, nachdem die Erklärung der Geschworenen öffentlich ausgesprochen wurde, jedoch nur in dem Falle, wo der Angeklagte für überführt erklärt ist, niemals aber, wenn er für unschuldig erklärt wurde.

Das Gericht ist verbunden, unmittelbar nach der Erklärung des zweiten Geschworenengerichts, selbst wenn dieselbe mit der ersten übereinstimmend wäre, sein Urtheil abzugeben.

Art. 85. Sobald die Zeugen-Abhörung und weitere Verhandlung einmal angefangen ist, muß sie, ohne einige Unterbrechung, und ohne Communication nach außen, bis zu der Erklärung der Geschworenen, und zwar mit Einschluß derselben, fortgesetzt werden. Der Präsident darf keinen Aufschub, mit Ausnahme der zur Erholung der Richter, der Geschworenen, der Zeugen und der Angeklagten nothwendigen Zwischenräume, gestatten.

Art. 86. Wenn ein Zeuge, welcher vorgeladen ist, nicht erscheint, und man aus wichtigen Ursachen seine Aussage für bedeutend halten muß, so kann das Gericht, auf Ansuchen des Angeklagten oder des General-Prokurators, die Sache, bevor noch die Verhandlung durch die Vernehmung des ersten der auf dem Verzeichnisse befindlichen Zeugen eröffnet worden ist, bis zur nächsten Session aussetzen.

Art. 87. Wenn wegen Nichterscheinens eines Zeugen die Sache bis zur nächsten Session verschoben wird, so fallen die Kosten der Vorladung, und anderer auf den Prozeß sich beziehenden Handlungen, wie auch die Reisekosten der

Zeugen und alle übrigen, welche mit der Entscheidung der Sache in Verbindung stehen, diesem Zeugen zur Last, und es kann derselbe zu deren Bezahlung durch den Beschluß, welcher den Aufschub der Sache bis zur nächsten Session verfügt, auf Antrag des General-Prokurators, selbst bei Strafe der persönlichen Verhaftung, angewiesen werden.

Eben dieser Beschluß soll weiter verfügen, daß der Zeuge durch militairische Hülfe vor das Gericht geführt werde, um sich abhören zu lassen. Ueberdies soll der Zeuge, welcher nicht erscheint, oder sich weigert, den Eid abzulegen, oder sich abhören zu lassen, zu einer Geldbuße von funfzig Franken verurtheilt werden.

Art. 88. Das Rechtsmittel der Opposition (einer Art der Wiedereinsetzung in den vorigen Stand) findet jedoch wider diese Verurtheilungen binnen zehn Tagen statt, angerechnet von der an den verurtheilten Zeugen oder an seinem Wohnsitze erfolgten Insinuation des Erkenntnisses; für jede fünf Myriameter (Meilen) wird noch ein Tag zugesetzt.

Die Opposition wird als zuläßig angenommen, sobald der Zeuge darzuthun vermag, daß er einen gesetzlichen Abhaltungsgrund für sich hatte, oder daß die wider ihn erkannte Geldbuße herabgesetzt werden muß.

Vierter Titel.

Von dem Erkenntnisse und dessen Vollstreckung.

Art. 89. Der Präsident läßt den Angeklagten vorführen, und der Secretair liest in dessen Gegenwart die Erklärung der Geschworenen vor.

Art. 90. Wenn der Angeklagte für nicht schuldig erklärt worden ist, so spricht ihn das peinliche Gericht von der Anklage los, und erkennt über die Schadloshaltungen, welche gegenseitig gefordert wurden, nachdem die Parteien ihre Einreden oder Vertheidigungen vorgebracht haben und der General-Prokurator gehört worden ist. Doch kann auch das Gericht, wenn es solches der Sache angemessen findet, einen der Richter beauftragen, die Parteien anzuhören, sich die Beweisstücke mittheilen zu lassen, und seinen Vortrag zu erstatten.

Der Angeklagte, welcher freigesprochen wurde, kann sich auch an das Civilgericht wenden, um von seinen Denuncianten eine Schadloshaltung wegen Verläumbung zu erhalten; doch können die öffentlichen Beamten, denen es obliegt, die Verbrechen, welche bei der Ausübung ihrer Dienstverrichtungen zu ihrer Wissenschaft gekommen sind, anzuzeigen, auf solche Weise nicht belangt werden, wiewohl wider sie, den Umständen nach, eine Klage wegen Verletzung ihrer Amtspflichten stattfindet.

Art. 91. Jeder auf gesetzliche Weise Freigesprochene kann wegen der nämlichen Handlung nicht wieder in Untersuchung gezogen oder angeklagt werden.

Art. 92. Wenn wider den Angeklagten, welcher von dem den Gegenstand der Anklage-Urkunde ausmachenden Verbrechen freigesprochen ist, aus den beigebrachten Beweisstücken oder den Zeugen-Aussagen Verdachtsgründe wegen eines anderen Verbrechens sich ergeben, so soll der General-Prokurator ihn dem mit der Instruction beauftragten Richter des Distriktes, wo das peinliche Gericht seinen Sitz hat, verhaftet zuschicken, damit dieser eine neue Untersuchung anstelle.

Art. 93. War der Angeklagte von den Geschworenen für schuldig erklärt worden, so fordert der General-Prokurator das peinliche Gericht auf, zur Anwendung des Gesetzes zu schreiten, und der beschädigte Theil bittet um Zuerkennung der vollständigen Schadloshaltung.

Art. 94. Der Präsident fragt den Angeklagten, ob er nichts zu seiner Vertheidigung vorzubringen habe.

Der Angeklagte und sein Vertheidiger können jedoch die wirkliche Begehung der Handlung jetzt nicht mehr anfechten, sondern nur anführen, daß diese Handlung nicht verboten, oder den Gesetzen nach nicht als Verbrechen zu betrachten sei, oder daß sie die Strafe nicht nach sich ziehe, worauf der General-Prokurator angetragen hat, oder daß sie den beschädigten Theil nicht zur Schadloshaltung berechtige.

Art. 95. Das Gericht erkennt auf Lossprechung des Angeklagten, wenn die Handlung, deren er überwiesen ist, nicht verboten war; es spricht hingegen die gesetzliche Strafe aus, wenn der Angeklagte des ihm angeschuldigten Verbrechens überführt ist.

Art. 96. In dem einen, wie in dem anderen Falle, erkennt das Gericht über die Schadloshaltung, welche der Angeklagte oder der beschädigte Theil gefordert hat; es bestimmt dieselbe in dem nämlichen Erkenntnisse, oder beauftragt einen der Richter, die Parteien anzuhören, sich die Beweisstücke mittheilen zu lassen, und über das Ganze seinen Vortrag abzustatten.

Art. 97. Wenn die Erklärung der Geschworenen dahin ausgefallen war, daß dem Angeklagten Entschuldigungsgründe zu statten kommen, so erkennt das Gericht, nach Beschaffenheit der Umstände, auf eine geringere, als die gesetzliche Strafe des begangenen Verbrechens, ja, wenn der Fall sich dazu eignet, nur auf eine bloße Besserungs- oder Polizeistrafe.

Art. 98. War die Erklärung der Geschworenen auf andere Thatsachen gerichtet, als welche den Gegenstand der ihnen vorgelegten Fragen ausmachten, so wird sie als gar nicht geschehen betrachtet, und das Gericht erkennt nur über die auf die vorgelegten Fragen sich beziehende Erklärung.

Art. 99. Jedes Urtheil muß den, welcher für schuldig erkannt ist, zur Kostenerstattung gegen den Staat und den beschädigten Theil verurtheilen. Diese Kosten werden in dem Erkenntnisse selbst bestimmt.

Art. 100. Die Richter berathschlagen und äußern ihre Meinung mit leiser Stimme; sie können jedoch auch zu diesem Zwecke in das Berathschlagungszimmer sich begeben. Das Urtheil muß jedesmal von dem Präsidenten, in Gegenwart des Publikums und des Angeklagten, laut ausgesprochen werden.

Bevor es ausgesprochen wird, muß der Präsident die Stelle des Gesetzes vorlesen, worauf es sich gründet. Der Secretair schreibt das Urtheil auf und muß zugleich des zur Anwendung gebrachten Gesetzes, bei Strafe von fünf und zwanzig Franken, Erwähnung thun.

Art. 101. Das Original-Concept des Urtheils muß von den Richtern, welche es gefällt haben, unterschrieben werden, und dies zwar bei Strafe von funfzig Franken und, den Umständen nach, einer sowohl wider den Secretair, als wider den Richter wegen Verletzung der Amtspflichten stattfindenden Klage. Die Unterschrift des Original-Concepts der Hauptentscheidung, in Gemäßheit welcher sodann die förmliche Ausfertigung des Urtheils erfolgt, muß jedesmal, noch ehe dasselbe ausgesprochen wird, geschehen.

Art. 102. Nachdem das Urtheil ausgesprochen ist, kann der Präsident den Angeklagten, nach Beschaffenheit der Umstände, zur Standhaftigkeit, zur Ergebung, oder zur Besserung seines Lebenswandels ermahnen. Er benachrichtigt ihn zugleich, daß ihm die Befugniß zustehe, sich des Rechtsmittels der Cassation zu bedienen, und sagt ihm, auf welche Frist die Ausübung dieser Befugniß eingeschränkt sei.

Art. 103. Auch kann das Gericht, nachdem es das Verdammungs-Urtheil ausgesprochen hat, den Verurtheilten der Gnade des Königs empfehlen. Diese mit Gründen unterstützte Empfehlung muß in das Urtheil selbst mit eingerückt, und eine Ausfertigung davon dem Justizminister durch den General-Prokurator zugeschickt werden.

Art. 104. Der Secretair nimmt ein Protokoll über die Sitzung auf, um auf diese Art die Beobachtung der vorgeschriebenen Förmlichkeiten in Gewißheit zu setzen. Unterläßt der Secretair die Aufnahme dieses Protokolls, so wird er mit einer Geldbuße von 300 Franken bestraft.

Art. 105. Der Verurtheilte hat eine Frist von drei Tagen, von demjenigen, an welchem das Urtheil ausgesprochen wurde, an gerechnet, um in dem Secretariate zu erklären, daß er das Rechtsmittel der Cassation ergreifen wolle. Binnen eben dieser Frist kann der General-Prokurator in dem Secretariate erklären, daß er um die Cassation des Urtheils nachsuche. Die nämliche Frist steht auch dem beschädigten Theile zu, doch kann dieser nur in Rücksicht der auf sein Privat-Interesse Beziehung habenden Verfügungen das Cassationsmittel ergreifen.

Während dieser drei Tage, und, wenn die Cassation angezeigt wurde, bis zum Eingange des vom Cassationshofe erlassenen Urtheils, muß die Vollstreckung des vom peinlichen Gerichte gefällten Urtheils aufgeschoben werden.

Doch findet in Ansehung der erkannten Strafe dieser Aufschub nicht statt, wenn nur der beschädigte Theil um Cassation nachgesucht hat.

Art. 106. In dem Falle hingegen, wo der Angeklagte freigesprochen würde, haben der General-Prokurator und der beschädigte Theil nur vier und zwanzig Stunden zur Anzeige des Cassationsgesuches, und der Angeklagte wird, wenn er nicht wegen einer anderen Ursache verhaftet bleiben muß, sofort auf freien Fuß gesetzt, nachdem er zuvor, mittelst einer bei dem Secretair gethanen Anzeige, seinen Wohnsitz in der Gemeinde, wo das peinliche Gericht seinen Sitz hat, gewählt haben wird. Auch kann er wegen des nämlichen Verbrechens nicht eher wieder verhaftet werden, als bis die Aufhebung des vorigen Urtheils erfolgt ist.

Art. 107. Die Vollstreckung des wider den Angeklagten gefällten Urtheils geschieht, wenn er um Cassation nicht nachgesucht hat, binnen vier und zwanzig Stunden nach dem Ablaufe der eben erwähnten Fristen, in dem Falle eines Cassationsgesuches hingegen, binnen vier und zwanzig Stunden nach dem Empfange des Urtheils, wodurch dies Gesuch verworfen wurde; und hiervon wird dem Verurtheilten durch den Secretair des peinlichen Gerichtes Nachricht gegeben.

War der Verurtheilte der Gnade des Königs empfohlen und hatte der Justizminister hierauf nicht einen Aufschub befohlen: so wird das Urtheil ebenfalls binnen vier und zwanzig Stunden nach dem Empfange des Urtheils, wodurch die nachgesuchte Cassation verworfen wurde, vollzogen; sollte aber der Verurtheilte nicht um Cassation nachgesucht haben, so wird das Urtheil des peinlichen Gerichtes sogleich nach dem Eingange der vom Justizminister ertheilten Antwort vollstreckt.

Art. 108. Die Vollziehung des wider den Angeklagten gefällten Urtheils geschieht auf Befehl des General-Prokurators, welcher befugt ist, den Beistand der bewaffneten Macht zu diesem Zwecke unmittelbar zu begehren.

Art. 109. Ueber die Vollstreckung des Urtheils muß der Secretair, bei Strafe von fünf und zwanzig Franken, ein Protokoll aufnehmen, und solches binnen vier und zwanzig Stunden auf das Original-Concept des Urtheils am Schlusse desselben übertragen. Diese Abschrift muß von ihm unterschrieben werden, und von allem diesem, bei der obigen Strafe, am Rande des Protokolls Erwähnung geschehen, auch diese Erwähnung ebenfalls unterschrieben werden. Jene Abschrift hat sodann dieselbe Beweiskraft, wie das Protokoll selbst.

Art. 110. Wenn während der dem Verdammungs-Urtheile vorhergegangenen Verhandlung sich wider den Angeklagten, entweder aus den Beweisstücken, oder aus den Zeugenaussagen, Verdachtsgründe wegen Begehung noch anderer Verbrechen, als deren er beschuldigt war, ergeben und diese erst neuerlich bekannt gewordenen Verbrechen eine weit härtere Strafe, als die ersteren, nach sich ziehen, so verfügt das Gericht, daß wegen dieser neuen Handlungen in der gesetzlich bestimmten Form wider ihn verfahren werden solle.

In diesem Falle giebt der General-Prokurator der Vollstreckung des ersten Verdammungs-Urtheils so lange Anstand, bis auch über das zweite Verfahren ein Urtheil erfolgt ist.

Art. 111. Bis zur Bekanntmachung des neuen peinlichen Gesetzbuches haben die peinlichen Gerichte wider die Schuldigen die alten Gesetze, welche an dem Orte, wo das Verbrechen begangen worden ist, gelten, zur Anwendung zu bringen, insofern nicht dieselben durch ein besonderes Gesetz oder durch Gewohnheit aufgehoben sind.

In dem Falle einer Verurtheilung zum Tode kann jedoch auf keine andere Strafe, als auf die des Schwertes, erkannt werden.

Fünfter Titel.

Von der Nichtigkeit der Instruction und des Erkenntnisses.

Art. 112. Die in peinlichen Sachen ergangenen Urtheile und Erkenntnisse, wie auch die Instruction und das Verfahren, wodurch dieselben vorbereitet wurden, können nur in folgenden Fällen für nichtig erklärt werden:

1) wenn die Richter, sei es nun bei der Instruction oder Verfolgung der Verbrechen, oder bei dem Urtheile und Erkenntnisse einige von den in dem gegenwärtigen Gesetze bei Strafe der Nichtigkeit vorgeschriebenen Förmlichkeiten unterlassen oder verletzt haben;
2) wenn sie eine andere Strafe erkannt haben, als welche in dem Gesetze auf die Beschaffenheit des Verbrechens angeordnet ist;

3) wenn sie versäumt oder sich geweigert haben, auf die Gesuche der Parteien oder auf solche Anträge zu erkennen, deren Absicht dahin geht, von einer durch die Gesetze zugestandenen Befugniß Gebrauch zu machen;

4) wenn sie dem Angeschuldigten, dem Angeklagten oder dem beschädigten Theile mehr zuerkannt haben, als er selbst gebeten hatte.

Art. 113. Gleichergestalt kann auf Nichtigkeit erkannt werden:

1) in allen Fällen, wo ein Friedensrichter, ein Königlicher Prokurator, ein General-Prokurator, ein Richter, ein Civil- oder Kriminalgericht gegen eine Person, die wegen ihrer Amtsverrichtungen keiner Verantwortlichkeit unterworfen ist, in Beziehung auf dieselben eine Untersuchung angestellt haben;

2) in allen Fällen, wo sie, ohne die in dem Gesetze vorgeschriebene Ermächtigung erhalten zu haben, öffentliche Beamten in Untersuchung gezogen haben;

3) in allen Fällen, wo die Grundgesetze von der Kompetenz verletzt, oder die Ordnung der Gerichte nicht beobachtet worden ist, und endlich

4) in allen Fällen, wo eine größere oder geringere Zahl von Richtern oder Geschworenen, als das gegenwärtige Gesetz bestimmt, eine Entscheidung gegeben hat, oder wenn die Richter erkannt haben, ohne von dem General-Prokurator oder dem Prokurator des Königs dazu aufgefordert worden zu sein.

In Ansehung der Geschworenen nimmt man an, daß sie in zu geringer Anzahl eine Entscheidung gegeben haben, wenn einer oder mehrere derselben nicht die vorgeschriebenen Eigenschaften gehabt haben.

Art. 114. Wenn der Angeschuldigte oder Angeklagte losgesprochen, oder wenn die Sache an ein Polizeigericht oder Distrikts-Tribunal verwiesen worden ist, so kann Niemand eine Klage auf Nichtigkeit aus dem Grunde erheben, weil die für die Vertheidigung vorgeschriebenen Formen verletzt oder nicht beobachtet worden sind.

Art. 115. Wenn die erkannte Strafe die nämliche ist, welche das auf das Verbrechen anwendbare Gesetz ausspricht, so kann um Nichtigkeits-Erklärung des Urtheils oder Erkenntnisses aus dem Grunde, daß in der Anführung des Gesetzes ein Irrthum vorgefallen sei, nicht nachgesucht werden.

Art. 116. Wenn ein peinliches Gericht eine Instruction oder ein Erkenntniß für nichtig erklärt, oder wenn der Staatsrath (als Cassationshof) ein Erkenntniß als nichtig aufhebt, oder wenn ein peinlicher Gerichtshof oder der Staatsrath, indem er das Gesuch um Nichtigkeits-Erklärung verwirft, findet, daß eine gesetzliche Vorschrift verletzt oder unbefolgt geblieben ist, so muß die Entscheidung durch Gründe stets unterstützt sein, und es müssen die Worte des verletzten oder unbefolgt gebliebenen Gesetzes dem Urtheile eingerückt werden.

Art. 117. Wenn der Staatsrath eine Instruction, ein Urtheil oder Erkenntniß für nichtig erklärt, so kann er verfügen, daß die Kosten des wiederholten Prozesses oder des neuen Erkenntnisses dem oder denjenigen, welche die Nullität begangen haben, zur Last fallen.

Diese Vorschrift soll jedoch erst in Ansehung derjenigen Nichtigkeiten zur Anwendung kommen, welche zwei Jahre, nachdem dieses Gesetz zur Ausübung gekommen ist, begangen worden sind.

Sechster Titel.

Von den Gesuchen um Cassation.

Art. 118. Das Rechtsmittel der Cassation wider die in letzter Instanz erfolgten Instructions-Erkennntnisse kann erst nach dem End-Urtheile ergriffen, und die freiwillige Vollziehung solcher Erkenntnisse auf keinen Fall als Einrede gegen die Zulässigkeit desselben gebraucht werden.

Diese Verfügung ist jedoch auf die über die Kompetenz erlassenen Urtheile oder Erkenntnisse nicht anwendbar.

Art. 119. Die Anzeige des Cassationsgesuches geschieht von der verurtheilten Partei bei dem Secretair, und muß sowohl von diesem, als von jener, unterschrieben werden, und wenn die Partei nicht unterschreiben kann oder nicht will, so hat der Secretair davon Erwähnung zu thun. Diese Anzeige kann auch in der von dem Vertheidiger oder einem Special-Bevollmächtigten des Verurtheilten, mit Beobachtung der nämlichen Form, geschehen; in letzterem Falle muß aber die Vollmacht der Anzeige beigefügt bleiben.

Die Anzeige wird in ein besonderes, dazu bestimmtes Register eingetragen, welches öffentlich ist, und woraus Jedermann Auszüge sich geben zu lassen das Recht hat.

Art. 120. Wenn wider ein in peinlichen Sachen ergangenes Urtheil oder Erkenntniß letzter Instanz von dem beschädigten Theile oder dem General-Prokurator um Cassation nachgesucht wird, so muß, außer der im vorigen Artikel erwähnten Eintragung, auch an die Partei, wider welche das Cassationsgesuch gerichtet ist, die Insinuation desselben geschehen. Wenn diese Partei gerade verhaftet ist, so soll der Secretair ihr den die Cassations-Anzeige enthaltenden Aufsatz vorlesen, und sie denselben unterschreiben, oder wenn sie dies nicht kann oder nicht will, der Secretair davon Erwähnung thun. Befindet sie sich hingegen in Freiheit, so hat der, welcher um Cassation nachsucht, ihr davon in Person, oder an dem von ihr gewählten Wohnsitze, durch einen Gerichtsboten Nachricht zu geben.

Art. 121. Wenn der beschädigte Theil um Cassation nachsucht, so muß er seinen Beweisstücken eine glaubhafte Ausfertigung des Urtheils beifügen; auch ist er, bei Strafe nicht weiter gehört zu werden, verbunden, eine Geldbuße von funfzig Franken, oder wenn das Urtheil gegen ihn, oder gegen den Angeklagten, im Ungehorsamsfalle (in contumaciam) erlassen war, die Hälfte dieser Summe zu hinterlegen.

Art. 122. Von der Deposition dieser Geldbuße sind befreit:

1) die Verurtheilten;
2) die öffentlichen Beamten in Rücksicht solcher Angelegenheiten, welche unmittelbar die öffentliche Verwaltung und die Domainen des Staates betreffen;
3) die Königlichen und die General-Prokuratoren;
4) die, welche ihrem Cassationsgesuche folgende Stücke beifügen:

a) einen Auszug aus der Steuerrolle, zufolge dessen sie weniger als sechs Franken bezahlen, oder eine Bescheinigung des Steuer-Einnehmers ihrer Gemeinde, daß sie gar keine Steuer entrichten;
b) eine von dem Maire der Gemeinde ihres Wohnsitzes oder dessen Adjunkten ausgestellte, von dem Unter-Präfekten visirte und von dem Präfekten ihres Departements bestätigte Bescheinigung ihrer Armuth.

Die Geldbuße ist in jedem Falle verwirkt, wo das Cassationsgesuch dessen, welcher sie erlegte, verworfen wird.

Art. 123. Diejenigen, welche zu einer die Beraubung der Freiheit nach sich ziehenden Strafe verurtheilt sind, können sich nur alsdann des Rechtsmittels der Cassation bedienen, wenn sie schon verhaftet oder gegen Bürgschaftsleistung in Freiheit gesetzt sind. Die Urkunde, woraus ihre Verhaftung, oder ihre Loslassung gegen Bürgschaftsleistung sich ergiebt, muß der Anzeige des Cassationsgesuches beigefügt werden.

Wenn jedoch das Cassationsgesuch sich auf die Inkompetenz gründet, so braucht der Nachsuchende, um die Annahme seines Gesuches zu bewirken, nur darzuthun, daß er an dem Orte, wo der Staatsrath seinen Sitz hat, sich wirklich in das Gefängniß begeben habe. Der Gefangenhüter kann ihn daselbst auf Vorzeigung des dem General-Secretair des Staatsrathes überreichten, und von diesem visirten, Gesuches aufnehmen.

Art. 124. Der verurtheilte oder beschädigte Theil muß entweder bei der Anzeige des Cassationsgesuches, oder binnen den folgenden zehn Tagen auf dem Secretariate des Gerichtes, welches das Erkenntniß, wogegen Cassation gesucht wird, ertheilt hat, eine Bittschrift übergeben, welche die Rechtsgründe der Cassation enthält. Der Secretair giebt ihm darüber eine Bescheinigung und stellt die Bittschrift unverzüglich dem bei dem Gerichte befindlichen Prokurator des Königs zu.

Zehn Tage nach der geschehenen Anzeige läßt gedachter Prokurator die Prozeß-Akten und die Bittschriften der Parteien an den Justizminister gelangen.

Der Secretair des Gerichtes, welches das angefochtene Erkenntniß gegeben hat, muß, bei Strafe von fünf und zwanzig Franken, welche der Staatsrath erkennt, ein Verzeichniß der Aktenstücke unentgeltlich aufnehmen und beifügen.

Auch können die Verurtheilten sowohl ihre Bittschrift, als die insinuirten Ausfertigungen oder Abschriften des Erkenntnisses und ihrer Cassationsgesuche unmittelbar an das Secretariat des Staatsrathes überschicken. Der beschädigte Theil kann jedoch von der hierdurch verstatteten Erlaubniß nur unter dem Beistande eines Staatsraths-Advokaten Gebrauch machen.

Art. 125. Binnen vier und zwanzig Stunden nach dem Empfange dieser Aktenstücke giebt der Justizminister dieselben an den Staatsrath ab, und benachrichtigt davon denjenigen Prokurator des Königs, welcher dieselben ihm zugeschickt hat.

Art. 126. Der Staatsrath kann sogleich nach dem Ablaufe der in diesem Titel vorgeschriebenen Fristen, und soll spätestens binnen einem Monate von dem Tage dieses Ablaufes an, über das Cassationsgesuch erkennen.

Art. 127. Auf den Vortrag eines Mitgliedes der Justiz-Section des Staatsrathes verwirft derselbe entweder das Cassationsgesuch, oder erklärt das

Erkenntniß für nichtig, ohne daß es eines vorherigen Beschlusses über die Zulässigkeit des Gesuches bedarf.

Art. 128. Wenn der Staatsrath in einer peinlichen Sache das Urtheil als nichtig aufhebt, so verfügt er die Verweisung des Prozesses, und zwar

an ein anderes peinliches Gericht, als welches vorher erkannt hat, wenn das Urtheil wegen einer der Ursachen für nichtig erklärt wird, welche die Einleitung des förmlichen peinlichen Verfahrens ungültig machen;

an ein anderes Gericht erster Instanz, zu welchem der instruirende Richter nicht gehört, wenn das Urtheil und die Instruction bloß aus einem das Privat-Interesse betreffenden Grunde für nichtig erklärt wird.

Wird aber das Urtheil und das Verfahren wegen Inkompetenz für ungültig erklärt, so verweist der Staatsrath die Sache an den von ihm zu bezeichnenden Richter, welchem die Entscheidung derselben gebührt. Ergiebt sich aber, daß das Gericht erster Instanz an dem Orte, wo der Richter, welcher die erste Instruction gehabt hat, sich befindet, das kompetente Gericht sei, so geschieht die Verweisung an ein anderes Gericht erster Instanz.

Wenn das Urtheil aus dem Grunde für nichtig erklärt wird, weil die Handlung, welche zu der Untersuchung Anlaß gegeben hat, kein Vergehen ist, so geschieht, wenn ein beschädigter Theil vorhanden ist, die Verweisung an ein anderes Gericht, als zu welchem der instruirende Richter gehört; ist hingegen kein beschädigter Theil vorhanden, so findet auch keine Verweisung statt.

Art. 129. Die neuen Richter, welchen die Ergänzung der Instruction in den zurückgekommenen Sachen übertragen wird, können nicht aus denjenigen Instructions-Richtern genommen werden, welche in dem Bezirke des peinlichen Gerichtes, dessen Urtheil als nichtig aufgehoben ist, sich befinden.

Art. 130. Wenn das Urtheil aus dem Grunde für nichtig erklärt wird, weil darin eine andere, als die im Gesetze angeordnete Strafe, zuerkannt ist, so fällt das peinliche Gericht, an welches der Prozeß verwiesen worden ist, sein Urtheil auf die schon vorhandene Erklärung der Geschworenen.

Wird das Urtheil wegen einer anderen Ursache annullirt, so muß das peinliche Gericht, an welches die Sache verwiesen wurde, die Instruction, angerechnet von der ältesten unter den für ungültig erklärten Handlungen, wiederholen.

Der Staatsrath hebt nur einen Theil des Urtheils als nichtig auf, wenn die begangene Nichtigkeit nur die eine oder die andere Bestimmung desselben ungültig macht.

Art. 131. Der Angeklagte, dessen Verurtheilung annullirt worden ist, und der sich einem neuen peinlichen Urtheile unterwerfen muß, wird entweder im Zustande der Verhaftung, oder zufolge eines zu erlassenden Verhaftsbefehls, vor das Gericht geführt, an welches sein Prozeß verwiesen worden ist.

Art. 132. Wenn der beschädigte Theil mit seinem Cassationsgesuche abgewiesen ist, so wird er zur Kostenerstattung an die Partei, welche losgesprochen, oder deren Sache an ein anderes Gericht verwiesen wurde, und zu einer an den Staat zu zahlenden Geldbuße von funfzig Franken, oder nur von fünf und zwanzig Franken, wenn das Erkenntniß im Ungehorsamsfalle gesprochen war, verurtheilt.

Die Verwaltungen der Staats-Einkünfte und die öffentlichen Beamten werden, wenn sie unterliegen, nur in die Kosten verurtheilt.

Art. 133. Wenn ein Urtheil oder Erkenntniß für nichtig erklärt ist, so wird die deponirte Geldbuße unverzüglich zurückgegeben, in welchen Ausdrücken auch das Urtheil, welches über das Cassationsgesuch erkennt, abgefaßt sein mag, ja sogar, wenn es die Zurückgabe zu verfügen unterlassen hätte.

Art. 134. Ein von dem General-Secretair des Staatsrathes unterschriebener Auszug des Urtheiles, wodurch das Cassationsgesuch verworfen ist, muß binnen drei Tagen an den Justizminister eingeschickt werden, der solchen demjenigen Prokurator des Königs zufertigt, welcher bei dem Gerichte angestellt ist, von welchem das angefochtene Erkenntniß herrührt.

Art. 135. Wenn der Justizminister in Erfahrung bringt, daß ein der Cassation unterworfenes Erkenntniß erlassen worden ist, gegen welches gleichwohl keine Partei dieses Rechtsmittel binnen der bestimmten Frist ergriffen hat, so giebt er, nach Ablauf dieser Frist, dem Staatsrathe davon Nachricht, welcher alsdann darüber erkennt.

Mit dem Originale verglichen durch den Präsidenten und die Secretaire der ständischen Versammlung.

Kassel, am 17. August 1808.

Unterschr.: Graf v. Schulenburg-Wolfsburg,
Präsident.
Seiler, Robert, Secretaire.

Wir gebieten und befehlen, daß gegenwärtiges Gesetz mit dem Staats-Siegel versehen und in das Gesetz-Büllerin eingerückt, den Gerichtshöfen, Tribunalen und Verwaltungs-Behörden zugeschickt werden solle, welche sodann gehalten sind, dasselbe in ihre Register einzutragen, zu beobachten und beobachten zu lassen; auch ist der Justiz-Minister beauftragt, für dessen Bekanntmachung gehörig zu sorgen.

Gegeben in Unserem Schlosse zu Nenndorf, am 19. August 1808, im zweiten Jahre Unserer Regierung.

Unterschrieben: Hieronymus Napoleon.
Auf Befehl des Königs.
Der Minister Staats-Secretair
Unterschrieben: Graf von Fürstenstein.

Als gleichlautend bescheinigt.
Der Minister der Justiz und der inneren Angelegenheiten.
Unterschrieben: Siméon.

24.

Gesetz vom 21. August 1808, über die Grundsteuer *).

(Gesetz-Bülletin 1808. LVIII. 122.)

Wir Hieronymus Napoleon, von Gottes Gnaden ꝛc. ꝛc.

Allen Gegenwärtigen und Zukünftigen Unseren Gruß.

Die Stände haben am 18ten des laufenden Monats August, in Gemäßheit u. s. w., nachstehendes Dekret erlassen.

Dekret.

Ueber die Grundsteuer.

Von der Repartition der Grundsteuer.

Erster Titel.

Allgemeine Verfügungen.

Art. 1. Die im Königreiche Westfalen anzulegenden Abgaben sollen aus direkten und indirekten Steuern bestehen.

Art. 2. Zu den direkten Steuern gehören:

1) die Grundsteuer; 2) die Patent- oder Gewerbsteuer.

Art. 3. Außer dem Hauptbetrage der Steuer selbst sollen von der Grund- und Gewerbesteuer noch besondere Zulags-Centimen bezahlt werden.

Art. 4. In jedem Jahre wird von der Regierung eine Grundsteuer ausgeschrieben und der Betrag derselben, sowohl an Hauptsteuer, als an Zulags-Centimen, durch das Finanz-Gesetz bestimmt, welches in Gemäßheit des 33sten Artikels der Constitution den Ständen des Königreichs vorgelegt wird.

Art. 5. Die Grundsteuer wird in verhältnißmäßiger Gleichheit auf alles Grundeigenthum, nach Maßgabe des steuerbaren reinen Einkommens, und ohne alle weitere Ausnahme, als diejenigen, welche weiter unten zur Beförderung des Ackerbaues oder zum allgemeinen Besten des Staats gestattet werden, veranlagt.

Art. 6. Das reine Einkommen der Grundstücke ist das, was dem Eigenthümer, nach Abzug der Einsaat, Ernte, Unterhaltungs- und Kultur-Kosten überhaupt, von dem rohen (brutto) Ertrage übrig bleibt.

Art. 7. Das steuerbare reine Einkommen besteht in dem, nach einer bestimmten Anzahl von Jahren berechneten, Mittelertrage des reinen Einkommens.

---

*) Vergleiche die spätere Abänderung unten.

Art. 8. Das steuerbare reine Einkommen von Häusern, Fabriken, Eisenhämmern und Schmieden, von Handwerken und Mühlen, besteht in dem, nach einer bestimmten Anzahl von Jahren berechneten, Miethswerthe, welcher dem Eigenthümer nach Abzug der für die Unterhaltungskosten erforderlichen Summe übrig bleibt.

Art. 9. Um die Steuerpflichtigen gegen Mißbräuche in der Vertheilung der Steuern sicher zu stellen, soll alle Jahre von der Regierung, mit Zuziehung der Stände des Königreichs, ein allgemeines Verhältniß zwischen der Grundsteuer und dem Einkommen von den Ländereien festgesetzt werden, welches bei der Quote eines jeden einzelnen Steuerpflichtigen nicht überschritten werden darf.

Art. 10. Dem 16ten Artikel der Constitution zufolge, darf dasselbe den fünften Theil des steuerbaren reinen Einkommens nicht übersteigen.

Art. 11. Die Total-Summe der Grundsteuer wird jährlich von der Regierung unter die 27 Distrikte des Königreichs vertheilt und diese Vertheilung den Reichsständen mitgetheilt. In den Distrikten geschieht die weitere Vertheilung unter die Kommunen durch die Distriktsräthe, nach Maaßgabe des Katasters.

Zweiter Titel.

Von den Gegenständen, von welchen die Grundsteuer entrichtet werden muß, und von den Grundsätzen, wonach das steuerbare reine Einkommen ausgemittelt werden soll.

Art. 12. Nachstehende Arten von Grundbesitzungen sind der Grundsteuer unterworfen, nämlich: 1) Das Ackerland; 2) die Küchen- und Baumgärten; 3) natürliche Wiesen; 4) künstliche Wiesen; 5) Brüche, schlechte Wiesen, Niederungen und Viehweiden; 6) Weinberge; 7) wüste Felder, Haiden und Oedungen; 8) Gehölze und Waldungen; 9) eingehegte Grundstücke; 10) Teiche; 11) Kanäle; 12) Torfgruben; 13) Bergwerke; 14) Salzwerke; 15) Häuser; 16) Mühlen, Hammerwerke, Fabriken und Hüttenwerke.

Art. 13. 1) Ackerland.

Wenn das steuerbare Einkommen ackerbarer Ländereien, sie mögen wirklich angebaut, oder nicht angebaut, jedoch kulturfähig sein, ausgemittelt werden soll, so müssen die Repartitoren, welche zufolge den weiter unten folgenden Bestimmungen für jeden Kanton ernannt werden, sich zuvörderst von der Beschaffenheit des Bodens und den gewöhnlichen Feldeintheilungen, so wie auch von der Art der Erzeugnisse, welche das Land geben kann, genau unterrichten, wobei sie sich an die in der Gemeinde übliche Art der Bewirthschaftung und Bestellung an Weizen, Roggen, Gerste, Hafer und allen sonstigen Getreide-Arten zu halten, so wie auch auf den Bau von Flachs, Hanf, Taback, Oel und Färbepflanzen 2c. Rücksicht zu nehmen haben. Alsdann haben dieselben den Werth des rohen oder Total-Ertrages zu schätzen, den diese Ländereien in einem Mitteljahre, im Verhältniß der Ernte zur Einsaat, ohne außerordentliche Kulturkosten oder Arbeiten, nach der gewöhnlichen Sitte des Landes und mit dem landüblichen Feldwechsel, ergeben.

Das Mitteljahr wird, insofern nämlich von dem Körner-Ertrage die Rede ist, aus 15 vorhergegangenen Jahren, mit Ausnahme der beiden stärksten und der zwei schwächsten, berechnet.

Art. 14. Wenn der rohe Ertrag eines jeden Stückes artbaren Landes für ein Mitteljahr ausgemittelt ist, so müssen die Repartitoren von diesem Ertrage die Kulturkosten, nämlich den Pfluglohn, die Einsaat, die Ernte und sonstige Bestellungskosten abziehen. Was alsdann übrig bleibt, soll als steuerbares Einkommen betrachtet und in die Sections-Verzeichnisse eingetragen werden.

Art. 15. Der im 13ten Artikel vorgeschriebene Ertrags-Anschlag wird auf das zwischen der Einsaat und der Ernte bestehende Verhältniß gegründet. Die von einer jeden Getreide-Art für eine bestimmte Ackerfläche erforderliche Menge von Einsaat muß nach Gewicht oder nach einem Gemäße ausgedrückt werden. Der Preis des Getreides soll nach einem dreißigjährigen Durchschnittspreise, der aus den Preisen, welche von 1775 bis 1804 einschließlich in dem Hauptorte des Distrikts oder in den nächsten Marktplätzen statt gehabt haben, gebildet werden soll, berechnet werden.

Art. 16. 2) Gärten.

Die Küchengärten werden als bestes Ackerland in der Gemeinde veranschlagt.

Art. 17. Baumgärten und dasjenige Erdreich, welches bloß des Vergnügens wegen der Kultur entzogen wird, wie z. B. Parterre, Alleen, kleine Teiche u. s. w. sollen den besten Wiesen der Gemeinde gleich veranschlagt werden.

Art. 18. 3) Natürliche Wiesen.

Das steuerbare Einkommen der natürlichen Wiesen, welche entweder abgemähet, oder als Weiden abgehütet werden, soll nach dem Mittelpreise des Werthes ihrer Nutzung, wie derselbe in der Gegend statt hat, berechnet und die Kultur, Ernte und Unterhaltungskosten in Abzug gebracht werden.

Art. 19. 4) Künstliche Wiesen.

Die künstlichen Wiesen sollen nur wie das artbare Ackerland von gleicher Güte angeschlagen werden.

Art. 20. 5) Sümpfe, Brüche, schlechte Wiesen, Niederungen und Viehweiden.

Das steuerbare Einkommen der, unter dem Namen von Brüchen, schlechten Wiesen, Niederungen und ähnlichen Benennungen bekannten Grundstücke, welche wegen der geringen Güte des Bodens, oder wegen anderer natürlichen Ursachen nur als gewöhnliche Weide benutzt werden können, soll nach demjenigen Ertrage geschätzt werden, den der Eigenthümer, der Wahrscheinlichkeit nach, in einem Mitteljahre und nach Abzug der gewöhnlichen Unterhaltungskosten daraus ziehen kann, wenn er entweder dieselbe durch Vieh abhüten läßt, oder wenn er sie ohne Betrug verpachtet, dem Pächter jedoch weder Vieh noch Gebäude zur Benutzung einräumt.

Art. 21. 6) Weinberge.

Bei Feststellung des reinen steuerbaren Einkommens von Weinbergen soll in der Art verfahren werden, daß die Repartitoren zuvörderst einen Anschlag von dem vollen rohen Ertrage machen, den sie in Mitteljahren und in der Voraussetzung, daß ihr Anbau ohne außerordentliche Arbeiten und Kosten bloß nach landüblicher Sitte geschieht, abwerfen können. Das Mitteljahr wird so wie bei dem Ackerlande aus 15 Jahren gebildet.

Art. 22. Ist das Mitteljahr des rohen Ertrages der Weinberge auf diese Art ausgemittelt, so müssen die Repartitoren alsdann von demselben die Kultur-, Ernte-, Unterhaltungs-, Düngungs- und Kelter-Kosten in Abzug bringen.

Außerdem soll in Betracht der Kosten, welche durch den fortdauernd jährlichen Abgang und durch die dadurch nothwendige theilweise Anpflanzung entstehen, wie auch zur Vergütung derjenigen Arbeiten, welche während der Zeit, wo eine solche Pflanzung keinen Ertrag gewährt, nöthig sind, von dem brutto Ertrage noch ein Zehntheil abgezogen werden.

Was nach diesen Abzügen von dem rohen Ertrage noch übrig bleibt, bildet das reine steuerbare Einkommen und wird als solches in die Sections-Verzeichnisse eingetragen.

Art. 23. 7) Wüste Felder, Halden und Oedungen.

Die wüsten Felder, Haiden und Oedungen, so wie auch diejenigen Felder, welche gewöhnlich überschwemmt oder durch Gewässer verwüstet werden, sollen der Grundsteuer, nach dem Mittel-Ertrage ihres reinen Einkommens, so gering dieses auch sein mag, unterworfen sein. In keinem Falle darf jedoch der Ansatz geringer als 10 Centimen für die Hectare sein.

Art. 24. Die Eigenthümer der im vorstehenden Artikel bezeichneten Grundstücke können sich von der Steuer, welche davon zu entrichten ist, nicht anders befreien, als wenn sie auf das Eigenthum derselben zum Nutzen der Gemeinde, in welcher sie belegen sind, Verzicht leisten. Die bestimmte Erklärung über diese Ueberlassung und Abtretung muß schriftlich auf dem Secretariate der Gemeinde-Verwaltung von dem Eigenthümer oder dessen Special-Bevollmächtigten geschehen. Der Steuer-Anschlag der auf solche Weise verlassenen Grundstücke, welche vor der Verzichtleistung gemacht und in die Rollen eingetragen ist, soll dem vorigen Eigenthümer zur Last fallen.

Art. 25. 8) Hölzer und Waldungen.

Die Schätzung der im regelmäßigen Betriebe stehenden Hölzer und Waldungen geschieht nach dem Mittelpreise ihres jährlichen forstmäßig nachhaltigen Ertrages, wovon jedoch die Kosten der Unterhaltung, der Aufsicht und der Anpflanzung abgezogen werden.

Art. 26. Waldungen in unregelmäßigem Betriebe.

Der Ertrag solcher Hölzer und Waldungen, welche nicht in regelmäßigem Betriebe stehen, soll durch Sachverständige nach billigen forstwirthschaftlichen Grundsätzen ausgemittelt werden und zwar, wenn es geschehen kann, durch Vergleichung mit anderen Holzungen des Kantons, welche regelmäßig behandelt sind.

Art. 27. Nähere Bestimmung des Vorhergehenden.

Die Schätzung geschieht im ganzen Umfange der einem Eigenthümer zugehörigen Waldung überhaupt, so daß der reine Ertrag des Ganzen und nicht der von einzelnen Forstörtern zur Besteuerung-Summe angenommen wird, und zwar dergestalt, daß wenn auch aus der ganzen Holzung in einem Jahre eine ungewöhnlich stärkere, in einem anderen aber eine geringere Einnahme erfolgt sein sollte, dennoch der einmal festgesetzte forstmäßig reine Ertrag des Ganzen zur Besteuerungs-Summe dienen muß.

Ruhen auf einer Waldung Hutgerechtigkeiten, so wird bei der Taxation des Ertrages darauf Rücksicht genommen; es geschieht dies aber nicht bei den Holzberechtigungen, und wird dagegen dem Eigenthümer des Forstes vorbehalten, die Einberechtigten zum verhältnißmäßigen Beitrage zu der Steuer anzuziehen, und das Holz nur gegen Bezahlung ihres Steuer-Antheils abzugeben.

Art. 28. Eine Holzung, welche ganz aus jungem Aufschlage oder Anfluge besteht, und daher noch gar keinen Ertrag gewährt, soll in dem Falle, daß dieser junge Ort eine Folge vorhergegangenen Abtriebs ist, in Vergleichung mit anderen Holzungen des Kantons nach seinem künftigen reinen Ertrage geschätzt, und so versteuert werden.

Art. 29. Da aber, wo eine solche Aussaat oder Anpflanzung auf Oedungen oder Haideangern geschehen ist, welche seit dreißig und mehreren Jahren nicht mit Holz bestanden gewesen sind, soll bis zum dreißigsten Jahre nach der Kultur keine andere Steuer, als von dem ehemaligen Grunde und Boden gegeben werden.

Ist die Aussaat zu Schlagholz geschehen, oder ist der Ort alsdann überhaupt haubar, so giebt sein Ertrag den Grund zur künftigen Steuer.

Ist er aber zu Hochwald bestimmt, so soll in den zweiten dreißig Jahren, mithin vom ein und dreißigsten bis zum sechzigsten Jahre die Summe von dem reinen Werthe gegeben werden, welchen er nach richtigen Schätzungen, im fünf und vierzigsten Jahre haben könnte, und so in gleicher Art in den nach dem sechzigsten Jahre folgenden dritten dreißig Jahren ein Mittelwerth von fünf und siebzig Jahren angenommen und versteuert werden.

Art. 30. Waldungen, die sich über verschiedene Kantone erstrecken.

Die Schätzung des Einkommens von Hochwäldern, sie mögen in regelmäßige Schläge eingetheilt sein, oder nicht, welche sich über mehrere Distrikte erstrecken, soll unter der Leitung des Präfekten und des Steuer-Direktors gemeinschaftlich durch Repartitoren aus den dabei interessirten Distrikten und diejenigen Forstbedienten, welche der Präfekt dazu ernennt, geschehen, und der Betrag dieser Schätzung in die Sections-Verzeichnisse und Steuer-Rollen der Gemeinden eines jeden Distrikts, nach Verhältniß des in ihrer Feldmark belegenen Antheils, eingetragen werden.

Art. 31. Waldungen, welche sich über verschiedene Departemente erstrecken.

Der Ertrag der Forsten, welche sich über mehrere Departemente erstrecken, soll in jedem Departemente besonders ausgemittelt werden.

Art. 32. Waldbäume, die einzeln stehen, oder bloß zur Einfassung dienen.

Bei Schätzung des steuerbaren Einkommens von Grundstücken, auf welchen sich zerstreute Bäume oder bloß Einfassungen befinden, sollen die Repartitoren weder auf den Vortheil, den der Eigenthümer von diesen Bäumen ziehen kann, noch auf den Nachtheil, der dadurch für die Fruchtbarkeit des Bodens, den sie beschatten, entsteht, Rücksicht nehmen.

Art. 33. 9) Eingehegte Grundstücke.

Die eingehegten Grundstücke sollen nach den nämlichen Grundsätzen und nach eben demselben Verhältnisse als die nicht eingeschlossenen, welche von gleicher Güte sind, und die nämliche Gattung von Erzeugnissen hervorbringen, angeschlagen werden. Es soll bei Bestimmung des steuerbaren Einkommens von denselben weder auf die Vermehrung des Ertrages, welcher offenbar nur als Folge der Einhegung betrachtet werden kann, noch auf die Kosten der Errichtung und Unterhaltung solcher Einschließungen, von welcher Art sie immer sein mögen, Rücksicht genommen werden.

Art. 34. Einschließung, welche verschiedene Gattungen von Gütern umfassen.

Im Falle, daß eine Einschließung verschiedene Gattungen von Pflanzungen in sich faßt, z. B. Hölzer, Wiesen, Ackerland, Gärten, Weinberge, Seen rc. soll eine jede Gattung von Nutzung besonders und so angeschlagen werden, als wenn die Einschließung nicht vorhanden wäre.

Art. 35. 10) Die Fischteiche.

Das steuerbare Einkommen der Fischteiche soll nach dem Ertrage der Fischerei in einem Mitteljahre geschätzt und das Mitteljahr aus 15 Jahren, mit Ausnahme der beiden stärksten und der beiden schwächsten gebildet werden, nachdem von diesem Ertrag die Kosten der Unterhaltung des Besatzes und des Ausfischens abgezogen worden ist.

Art. 36. Temporaire Teiche.

Die Schätzung des steuerbaren Einkommens derjenigen Grundstücke, welche abwechselnd als Teiche oder Land benutzt werden, soll in diesem doppelten Verhältnisse berechnet werden.

Art. 37. Kanäle.

Wenn das steuerbare Einkommen eines schiffbaren Kanals angeschlagen werden soll, so muß der Eigenthümer desselben entweder auf dem Secretariate der Unter-Präfektur oder der Steuer-Direction, welche die Schätzung vornehmen muß, eine vollständige Erklärung über den Ertrag und die Lasten dieses Kanals abgeben.

Art. 38. Steuerbares Einkommen.

Die Präfekten, Unter-Präfekten und die Steuer-Direktoren müssen sich sowohl aus dieser Erklärung, als auch nach den anderen Nachrichten, welche sie hierüber einziehen können, eine genaue Kenntniß von dem vollen oder rohen Ertrage des Kanals verschaffen, in gleicher Art müssen sie sich von der Wirklichkeit und dem Betrage der angeblichen Lasten versichern, und den Betrag derselben von dem rohen Ertrage abziehen. Das, was alsdann von dem letzteren übrig bleibt, bildet das steuerbare Einkommen.

Art. 39. Von der Schätzung der auf den Kanälen haftenden Lasten.

Unter den abzuziehenden Lasten müssen sowohl die Entschädigung für den Abgang und Verfall der verschiedenen Anlagen und Kunstwerke, als auch die Kosten für die Unterhaltung und Ausbesserung, sowohl des Kanals selbst, als der Wasserbehälter, des Leinpfades, der hohen Ufer und Freigestade, welche keinen Ertrag abwerfen, begriffen werden.

Art. 40. Von den an den Kanälen angelegten Hüttenwerken.

Mühlen, Fabriken und andere Gewerbe, die Pflanzungen und sonstige Arten von Nutzungen, welche an solchen Kanälen angelegt sind, und den nämlichen Eigenthümern gehören, dürfen in der allgemeinen Schätzung des Ertrags des Kanals nicht begriffen werden, und müssen einzig und ganz nach den, für solche Arten von Nutzungen, festgesetzten Grundsätzen und Regeln behandelt werden.

Art. 41. Kanäle, welche durch eine oder mehrere Gemeinden geleitet sind.

Das steuerbare Einkommen von Kanälen, welche durch eine oder mehrere Gemeinden geleitet sind, soll durch Distrikts-Repartitoren, welche von dem Unter-Präfekten dazu ernannt sind, angeschlagen werden. Durchläuft der Kanal mehrere Gemeinden, so soll das Einkommen nach Verhältniß des Raumes, den derselbe auf der Feldmark einer jeden Gemeinde einnimmt, unter dieselbe vertheilt werden.

Die Behörden sollen die darauf anzulegende Steuer nach dem Mittelfuße derjenigen, welche auf die anderen Güter des Kantons gelegt ist, festsetzen, und soll diese Festsetzung zu eben der Zeit geschehen, wo die Grundsteuer unter die verschiedenen Gemeinden vertheilt wird.

Art. 42. Kanäle, welche durch verschiedene Distrikte geleitet sind.

Das steuerbare Einkommen der Kanäle, welche durch verschiedene Distrikte ein und desselben Departements geleitet sind, soll gemeinschaftlich durch den Präfekten und den Steuer-Direktor des Departements angeschlagen werden. Dasselbe soll auf jeden Distrikt, und in demselben auf jede Gemeinde, nach Maaßgabe der Länge des Raums, welchen der Kanal auf ihren Feldmarken durchläuft, vertheilt werden.

Art. 43. Kanäle, welche durch verschiedene Departemente geleitet sind.

In Betreff derjenigen Kanäle, welche mehrere Departemente durchlaufen, soll der Betrag der Einkünfte und Lasten derselben in jedem Departemente gemeinschaftlich von dem Präfekten und Steuer-Direktor ausgemittelt werden.

Dieselbe sollen alsdann das Resultat ihrer Anschläge sich unter einander mittheilen, und soll der so ausgemittelte Total-Betrag des steuerbaren Einkommens nach Verhältniß der Länge des Raumes, den der Kanal in dem Umfange eines jeden Departements durchläuft, unter diese Departemente vertheilt, die Departements-Quote aber von dem Präfekten und dem Steuer-Direktor unter diese Distrikte, in diesen endlich aber von den Unter-Präfekten unter die verschiedenen Gemeinden desselben angelegt werden.

Art. 44. Unter den vorstehenden Verfügungen sind jedoch nicht die durch die Natur gebildeten, sondern nur die durch Kunst angelegten Kanäle begriffen.

Art. 45. 12) Torfgruben.

Wenn auf Ländereien Torf gegraben wird, so soll während der ersten zehn Jahre nach Eröffnung des Torfstichs der Ertrag derselben auf das Doppelte von der Summe geschätzt werden, zu welcher sie im vorhergehenden Jahre angeschlagen gewesen ist.

Art. 46. Ist der Torfstich beendigt, so sollen diese Ländereien wieder wie alles andere Eigenthum besteuert werden, und soll daher zu dem Ende in den Steuer-Registern und Mutter-Rollen das Jahr bemerkt werden, in welchem jener doppelte Anschlag aufhören wird.

Art. 47. 13) Bergwerke und Steinbrüche.

Die Bergwerke sollen nur nach Maaßgabe der Oberfläche des Erdreichs, welches durch das Graben benutzt wird, und nach dem für die umliegende Grundstücke angenommenen Ertrag veranschlagt werden. Eben dasselbe soll in Ansehung der Steinbrüche und anderer Nutzungen der Art statt haben.

Art. 48. 14) Salzwerke.

Die Salzwerke sollen in gleicher Art der Grundsteuer unterworfen sein. Sie sollen in die Steuer-Rollen derjenigen Gemeinden, in welchen sie belegen sind, eingetragen, und der Ansatz für dieselben von der Municipalität in der Art festgestellt werden, daß die dazu gehörenden Gebäude den übrigen in der Kommune gleich, der Grund und Boden aber, den sie einnehmen, noch einmal so hoch als das beste Ackerland angeschlagen werden soll.

Art. 49. 15) Häuser.

Der reine steuerbare Ertrag von Häusern, wo diese auch immer gelegen sein mögen, es mag der Eigenthümer selbst sie benutzen, oder an andere unentgeltlich oder gegen Vergütigung überlassen haben, soll nach dem, auf fünfjährigen Durchschnitt berechneten Miethswerthe derselben bestimmt, von diesen aber in Rücksicht des allmäligen jährlichen Abganges an den Gebäuden und für Unterhaltungs- und Ausbesserungs-Kosten die Hälfte dieses Ertrages abgesetzt werden.

Art. 50. Minimum des Anschlags von Häusern.

Kein Wohnhaus, welches, wie in dem vorstehenden Artikel gesagt worden, bewohnt ist, darf, wie auch der Ertrag von demselben geschätzt werden mag, auf eine geringere Summe veranschlagt werden, als die ist, welche für den Boden bezahlt werden müßte, welcher durch dasselbe der Kultur entzogen wird, und zwar im nachstehenden Verhältnisse, daß, wenn das Haus einstöckig ist, das Doppelte, — wenn dasselbe zwei Stockwerke hat, das Dreifache, und von mehr als drei Stockwerken das Vierfache gerechnet werden soll. Der Giebel oder das Dachwerk, auf welche Art dasselbe auch beschaffen sein mag, soll nicht gerechnet werden.

Art. 51. Unbewohnte Gebäude.

Diejenigen Häuser, welche ein ganzes Jahr hindurch, vom 1. Januar an gerechnet, unbewohnt geblieben sind, sollen nur nach Verhältniß des Erdreichs, welches durch sie der Kultur entzogen wird, und zwar dem besten Ackerlande in der Feldmark gleich, angeschlagen werden.

Art. 52. Von den landwirthschaftlichen Gebäuden.

Diejenigen Gebäude, welche zur Wirthschaft benutzt werden, als Scheuern, Kornboden, Keller, Kellerhäuser und andere dergleichen, welche entweder als Stallung für das Vieh auf den Ackerhöfen und Meyereien oder zur Aufbewahrung der Früchte dienen, so wie auch die Hofräume der gedachten Ackerhöfe und Meyereien sollen nur nach Verhältniß des Erdreichs, welches sie der Kultur entziehen, und zwar dem besten Ackerlande in der Feldmark gleich besteuert werden.

Art. 53. 16) Eisenwerke, Fabriken, Manufakturen, Hüttenwerke und Mühlen.

Die Gebäude, welche zu den Hammer- und Hüttenwerken, Manufakturen, Mühlen und dergleichen gehören, sollen auf gleiche Art behandelt und nur nach Verhältniß des Erdreichs, welches durch sie der Kultur entzogen wird, und zwar dem besten Acker in der Gemeinde gleich, veranschlagt werden.

Art. 54. Es soll kein Unterschied zwischen Wind- und Wassermühlen gemacht werden.

Art. 55. Im Fall in einer Gemeinde kein Ackerland vorhanden sein sollte, soll bei der Schätzung, wovon in den Artikeln 50, 51, 52 und 53 die Rede ist, das beste Ackerland der angrenzenden Feldmark zum Maaßstabe genommen werden.

Art. 56. Der im obigen Artikel 49 nachgelassene Abzug der Hälfte soll bei den Wirthschafts-Gebäuden, so wie auch bei den Hofräumen, welche nur nach Maaßgabe des Erdreichs veranschlagt werden, nicht statt finden.

Art. 57. Von Neubauten.

Neuerbaute Häuser sollen erst vom fünften Jahre nach ihrer Erbauung an der Grundsteuer unterworfen sein. Während dieser Zeit soll das Erdreich, welches durch ihre Erbauung der Kultur entzogen wird, nach eben denselben Steuersätzen veranschlagt werden, welche vor der Anlegung derselben davon entrichtet worden sind. Auf gleiche Art soll es in Betreff aller neuerbauten oder wieder aufgebauten Gebäude gehalten, und während der ersten drei Jahre nur das Erdreich besteuert werden.

Art. 58. Die Anschläge von dem reinen steuerbaren Einkommen von den Häusern sollen alle fünf Jahre revidirt werden.

Art. 59. Grundzinsen und Renten.

Die Schätzung des steuerbaren Einkommens und die Besteuerung der Grundstücke aller Art sollen ohne Rücksicht auf die Renten, Grundzinse und andere Prästationen, welche davon in Früchten oder in baarem Gelde geleistet werden müssen, geschehen; den Grundbesitzern, welche Renten und andere beständige Prästationen zu entrichten haben, bleibt indessen vorbehalten, nach Verhältniß der Grundsteuer davon ihren Gläubigern einen Abzug zu machen, jedoch unbeschadet der Vollziehung der Verträge, wodurch stillschweigend oder ausdrücklich solche Censiten die Entrichtung der öffentlichen Abgaben übernommen haben, oder welche mit Beifügung irgend einer anderen Clausel geschlossen worden sind, woraus die Uebereinkunft der Parteien hervorgeht, daß die öffentlichen Abgaben dem Rentpflichtigen, außer der Rente oder der Prästation, zur Last bleiben sollen.

Art. 60. Dieser Abzug soll überhaupt nicht statt finden bei den sogenannten Meyergütern, erblichen und Zins-Gütern und anderen Gütern dieser Art, deren Besitzer nach den alten Gesetzen und Gewohnheiten verpflichtet sind, die Steuern außer den darauf haftenden Renten noch besonders zu entrichten, es wäre denn, daß hierüber zwischen dem Gutsherrn und dem Meyer oder dem Inhaber eine andere Uebereinkunft getroffen worden wäre.

Dritter Titel.

Von den Ausnahmen.

Art. 61. Straßen, öffentliche Plätze, Heerstraßen, Flüsse.

Die Straßen, öffentlichen Plätze, welche zu Messen oder Märkten bestimmt sind, die Heerstraßen, die öffentlichen Land- und Feldwege und die Flüsse sind nicht steuerbar.

Art. 62 Unschiffbare Kanäle.

Die Kanäle, welche einzig dazu bestimmt sind, Wasser nach Mühlen, Hämmern oder anderen Gewerken zu leiten, oder dasselbe zur Bewässerung abzuführen, werden zwar besteuert, jedoch nur nach Maaßgabe des Flächen-Inhalts, den sie einnehmen, und nach dem Anschlage der Aecker, durch welche sie begrenzt werden.

Art. 63. National-Domainen, welche zu einem öffentlichen Gebrauche bestimmt sind.

Die Königlichen Domainen, welche kein Einkommen gewähren und zu einem öffentlichen Gebrauche bestimmt sind, die Zeughäuser, Magazine, Kasernen, Festungswerke, die Königlichen Pulvermühlen und anderen Anstalten, deren Bestimmung den allgemeinen Nutzen zum Gegenstande hat, sollen nur zur Notiz in die Kataster- und Steuer-Rollen eingetragen werden und sind keiner Steuer unterworfen.

Art. 64. Stutereien.

Die zu den Gestüten bestimmten Gebäude, so wie auch die Aecker, deren Produkte zur Unterhaltung der Gestüt-Pferde verwandt werden, sollen gleichfalls nicht besteuert werden. Sollten jedoch einige zu den Stutereien gehörige Güter verpachtet, und deren Ertrag in die Kasse des Domainen-Einnehmers abgeliefert werden, so sollen diese Güter der Grundsteuer unterworfen sein.

Art. 65. Unter den im 63sten Artikel enthaltenen Verfügungen sind jedoch die Gebäude, welche für besondere Anstalten eines Departements, eines Distrikts oder einer Municipalität bestimmt sind, als die Rathhäuser und die öffentlichen Gebäude, welche zu den Bureaux der Präfekturen oder Unter-Präfekturen dienen, nicht mit einbegriffen, und müssen diese so, wie die übrigen Privatbesitzungen, besteuert werden.

Art. 66. Domainen, welche einen Ertrag gewähren.

Die Domainen, welche einen Ertrag gewähren, sollen eben so wie die Privat-Besitzungen von gleicher Beschaffenheit und von gleichem Einkommen, angeschlagen werden.

Im Fall solche zu stark angesetzt werden, sollen die Administratoren der Domainen entweder unaufgefordert, oder auf die Anzeige der Pächter, gegen die Gemeinden, worin die Güter belegen sind, in der gewöhnlichen Form die Herabsetzung der Steuern betreiben.

Art. 67. Gemeinde-Eigenthum.

Die Grundsteuer von Gütern, welche den Gemeinden zugehören, wie Häuser u. s. f. und von nutzbarem Eigenthume, wovon jeder Einwohner Vortheil zieht, wie Gehölze, Hut und Weide, Häuser, Anger, leere und wüste Plätze, welche in der Feldmark der Gemeinde belegen sind, und entweder keinen Privat-Eigenthümer haben oder von diesem gesetzmäßig verlassen werden, soll von der Gemeinde getragen und entrichtet werden.

Art. 68. Gemeinde-Güter.

Eine gleiche Bewandniß soll es mit den unter dem Ausdrucke Gemeinde-Güter bekannten Ländereien haben, so lange dieselben nicht vertheilt sind. Die Steuer von solchen Gütern, welche nur unter einer gewissen Klasse der Gemeinde-Bewohner gemeinschaftlich sind, soll nur von den zu dieser Klasse gehörenden Einwohnern, und zwar nach Verhältniß ihres Genusses entrichtet werden.

Art. 69. Die Pächter und Abmiether von verpachteten oder vermietheten Gemeinde-Gütern, als von Ackerländereien, Wiesen, Mühlen, Gewerken, Wohnhäusern u. s. w. sind verbunden, den Betrag sämmtlicher auf den gedachten Grundstücken haftenden Steuern anstatt der Gemeinde zu entrichten, und befugt, den Betrag derselben an ihrer Pachtsumme abzuziehen.

Art. 70. Hospitäler.

Die Hospitäler und andere öffentliche Anstalten sollen die auf ihren Grundstücken aller Art haftenden Steuern, und zwar sowohl die Hauptsumme, als die Zulags-Centimen entrichten.

Art. 71. Austrocknungen.

Die Grundsteuer für Brüche, welche ausgetrocknet werden, soll in den ersten 15 Jahren nach deren Austrocknung nicht erhöht werden können.

Art. 72. Urbarmachung.

Die Grundsteuer der seit 15 Jahren unbebauten und wüsten Plätze soll, wenn sie urbar gemacht werden, und nicht zu den im nachfolgenden 73sten Artikel bezeichneten gehören, binnen den ersten 10 Jahren nach deren Urbarmachung nicht erhöht werden können.

Art. 73. Urbargemachte und mit Bäumen bepflanzte Ländereien.

Die Grundsteuer der seit 10 Jahren unbebauten Plätze soll, wenn diese mit Holz bepflanzt oder besäet werden, binnen den ersten 30 Jahren nach der Bepflanzung oder Besäung nicht erhöht werden können.

Art. 74. Mit Weinreben bepflanzte Ländereien.

Die Grundsteuer der seit 15 Jahren leeren oder unbebauten Plätze soll, wenn diese mit Weinreben oder mit Fruchtbäumen bepflanzt werden, während der ersten 20 Jahre nach der Anpflanzung nicht erhöht werden.

Art. 75. Schon urbare, mit Weinreben bepflanzte Ländereien.

Das steuerbare Einkommen der schon urbaren Ländereien soll, wenn diese mit Wein oder Fruchtbäumen bepflanzt werden, binnen den ersten 10 Jahren nach der Anpflanzung nur nach dem Steuersatze der nicht bebauten Ländereien von gleicher Güte angeschlagen werden.

Art. 76. Schon urbare, mit Holz bepflanzte Ländereien.

Das steuerbare Einkommen der schon urbaren Aecker soll, wenn sie mit Holz bepflanzt oder besäet werden, während der ersten 30 Jahre nach der Bepflanzung oder Besäung, nur mit dem vierten Theile des für die nicht bepflanzten Ländereien von gleicher Güte ausgemittelten Steuersatzes veranschlagt werden.

Art. 77. Bedingungen, die zur Theilnehmung an diesen Vortheilen erforderlich sind.

Um diese verschiedenen Vortheile zu genießen und bei Verlust derselben, ist der Eigenthümer und zwar, bevor er Austrocknungen, Urbarmachungen und andere Verbesserungen vornimmt, verbunden, auf dem Secretariate der Mairie, in deren Bezirke die Güter belegen sind, eine umständliche Anzeige von den Grundstücken zu machen, die er so verbessern will.

Diese Anzeige soll von dem Secretair der Mairie in ein zu diesem Zwecke eröffnetes Register eingeschrieben werden, welches, wie das Mutations-Register paginirt, paragraphirt, datirt und unterzeichnet sein muß, und von dem, der sie abgiebt, oder von dessen Bevollmächtigten, unterzeichnet werden.

Eine Abschrift von dieser Anzeige erhält der, welcher sie abgiebt, gegen Erlegung von 25 Centimen, außer der Bezahlung des Stempelpapiers und der übrigen gesetzlichen Gebühren.

Art. 78. Binnen 14 Tagen von dieser Anzeige an gerechnet muß der Maire einem von seinen Adjunkten, oder einem Municipal-Officianten in den Gemeinden von 5000 Einwohnern und darüber, den Auftrag ertheilen, mit Zuziehung zweier Repartitoren den Platz, von dem Anzeige gemacht ist, zu besichtigen, einen Verbal-Prozeß über dessen dermaligen Zustand aufzunehmen und denselben nebst der Anzeige den übrigen Repartitoren mitzutheilen.

Dieser Verbal-Prozeß soll, sowohl in der Gemeinde, worin die Güter belegen sind, als auch in dem Hauptorte des Kantons, zwei Wochen lang öffentlich angeschlagen werden; derselbe soll frei von Gebühren und auf ungestempeltem Papiere ausgefertigt werden.

Art. 79. Die Repartitoren und alle übrigen Contribuabeln der Gemeind können jene Anzeige anfechten, und selbst auf dem Secretariate der Mairi gegen den über den dermaligen Zustand der Ländereien abgefaßten Verbal Prozeß Bemerkungen machen, und wenn alsdann die Anzeige nicht richtig befun den wird, so kann die Behörde aussprechen, daß der, welcher die Anzeige gemach hat, keinen Anspruch an den vorgeschriebenen Vortheilen habe.

Wird hingegen die Richtigkeit der gedachten Anzeige anerkannt, so erklär die Municipal-Behörde, daß der Eigenthümer die angeführten Vortheile zu genießen berechtigt sei. In allen Fällen kann man sich desfalls an den Präfek ten des Departements wenden, der erforderlichen Falls den Beschluß des Maire abändern kann.

Art. 80. Fortdauer der bereits vorhandenen Steuer-Freiheit.

Die früherhin ausgetrockneten, urbar gemachten, mit Wein oder Holz bepflanzten, oder auf andere Weise verbesserten Ländereien, welche kraft früherer Gesetze schon eine Steuer-Befreiung oder Minderung an der Steuer genießen, sollen bis zu dem Ablaufe des verwilligten Termins in dem Genusse dieser Befreiung oder Minderung erhalten werden.

Art. 81. Kanäle.

Die schiffbaren Kanäle sollen binnen 30 Jahren, von dem Zeitpunkte an gerechnet, wo die Schifffahrt auf selbigen ihren Anfang genommen hat, nur nach Maaßgabe des Erdreichs, den der Kanal, die Wasserbehälter, die Leinpfade und Gestade einnehmen, und nur nach demselben Steuersatze wie die Ländereien, welche sie umgeben, besteuert werden.

Die schon vorhandenen Kanäle, welche kraft früherer Gesetze schon eine Steuer-Befreiung oder den Vortheil einer geringeren Besteuerung genießen, sollen bis zu dem Zeitpunkte, wo dieselbe aufhören mußte, in diesem Genusse erhalten werden.

Art. 82. Ausnahmen.

In jeder Mutter-Rolle von der Grundsteuer soll bei einem jeden solchen Grundstücke, welches eine solche zur Beförderung des Ackerbaues gegebene temporaire Befreiung oder Mäßigung genießt oder genießen soll, das Jahr erwähnt werden, in welchem die gedachten Grundstücke aufhören werden, dieselbe zu genießen.

Vierter Titel.

Von den Vertheilungs-Beamten.

Art. 83. Vertheilung.

Die Vertheilung der Grundsteuer geschieht, nach Anleitung des 11ten Artikels des gegenwärtigen Gesetzes, von der Regierung, unter die Distrikte des Königreichs; von den Distriktsräthen unter die Gemeinden; und von Repartitoren unter die Steuerpflichtigen in einer jeden Gemeinde.

Art. 84. Repartitoren.

In Gemäßheit der im 13ten Artikel des gegenwärtigen Gesetzes enthaltenen Bestimmungen geschieht die Schätzung des steuerbaren reinen Ertrages durch Repartitoren.

Es sollen deren für jeden Kanton sieben ernannt und solche von dem Unter-Präfekten unter den dazu tauglichen Grundbesitzern des Kantons ausgewählt werden; zwei davon dürfen nicht im Kantone wohnhaft sein, wenn sich anders dergleichen vorfinden. Außerdem sollen noch für jeden Distrikt drei Revisoren ernannt werden, deren Geschäft darin besteht, unter der Leitung des Steuer-Direktors die Arbeiten der Kantons-Repartitoren zu revidiren, und dahin zu sehen, daß diese mit Einförmigkeit und den in diesem Gesetze enthaltenen oder noch zu erlassenden Verfügungen gemäß, verfahren.

Art. 85. Der Unter-Präfekt macht den fünf Repartitoren ihre Ernennung binnen den auf selbige folgenden sieben Tage bekannt. Die Ernennung selbst geschieht vermittelst einer bloßen Benachrichtigung auf ungestempeltem Papier; sie wird sowohl von den Ernannten, als von dem Unter-Präfekten unterzeichnet und datirt, in dessen Bureau das Duplikat zurück bleibt.

Art. 86. Das Amt eines Repartitors kann nur aus einer der nnchstehenden Ursachen ausgeschlagen werden:

1) wegen schwerer körperlicher Gebrechen, wenn sie anerkannt, oder, im Falle eines Widerspruchs, in gewöhnlicher Form verifizirt sind;
2) wegen 60jährigen und höheren Alters;
3) wegen Unternehmung einer Reise oder solcher Geschäfte, welche eine lange Abwesenheit vom gewöhnlichen Wohnorte erfordern;
4) wegen Ausübung eines administrativen oder richterlichen Amtes, mit Ausnahme der Functionen eines Suppleanten des Friedensrichters;
5) wegen Kriegs- oder anderer öffentlicher Dienste.

Art. 87. Jeder Einwohner, welcher weiter als 2 Myriameter (2 Meilen) von dem Kanton, für welchen er zum Repartitor ernannt worden ist, seinen Wohnsitz hat, kann diese Stelle gleichfalls ablehnen.

Art. 88. Wird Jemand, von verschiedenen Unter-Präfekten, für dasselbe Jahr zum Repartitor ernannt, so muß er binnen 10 Tagen, nach der ihm von seiner Ernennung zugekommenen Nachricht, auf einem der Secretariate dieser Unter-Präfektur seine Wahl erklären und sogleich den übrigen davon Anzeige machen, welche alsdann seinen Abgang ohne Zeitverlust ersetzen müssen.

Art. 89. Derjenige, welcher das Amt eines Repartitors nicht annimmt, muß seine Weigerung binnen 10 Tagen nach der ihm von seiner Ernennung zugekommenen Nachricht, dem Unter-Präfekten schriftlich, und mit Anführung der Gründe anzeigen.

Art. 90. Der Unter-Präfekt erkennt darüber binnen den darauf folgenden 10 Tagen; — wird die Weigerung als gegründet befunden, so erklärt er sie dafür und ernennt sofort einen anderen an die Stelle des Abgehenden. Im entgegengesetzten Falle erklärt er, daß die Weigerung unzulässig sei, und daß der, welcher sie gemacht hat, Repartitor bleiben muß.

Art. 91. Die auf solche Weise ernannten Repartitoren, welche in der bestimmten Zeit keine Weigerung vorgebracht haben, oder deren Weigerung verworfen worden ist, sind verpflichtet, sich auf die erste, an sie ergangene Vorladung zu den Geschäften einzufinden, welche ihnen aufgetragen sind, bei Strafe persönlicher und solidarischer Verantwortlichkeit, und selbst, alle die Termine der ihrer Gemeinde aufgelegten Grundsteuer, deren Erhebung durch ihre Weigerung rückständig geworden sein möchten, bezahlen zu müssen.

Art. 92. Außerdem sollen die, welche sich weigern oder nicht erscheinen, auf Anrufen des Unter-Präfekten vor den Friedensrichter des Bezirks, worin sie wohnen, vorgeladen werden, welcher sie wegen dieses gegen das Gesetz begangenen Ungehorsams, zu einer Geldstrafe von 20 Franken und zu den Kosten dieses Verfahrens verurtheilen soll.

Art. 93. Werden einer oder mehrere der Repartitoren durch temporaire Hindernisse, als durch schwere Krankheit, dringende und unerwartete Reisen, oder durch einen wirklichen öffentlichen Dienst, abgehalten, so müssen sie den Unter-Präfekten davon benachrichtigen oder benachrichtigen lassen, welcher sie alsdann auf so lange als das Hinderniß dauert, durch andere Grundsteuerpflichtige des Kantons ersetzen lassen kann.

Diese Stellvertretung findet jedoch nur insofern statt, als die Anzahl der Repartitoren, auf weniger als fünf herabgesunken sein würde, oder als diejenigen unter ihnen, welche in dem Kanton nicht angesessen sind, ersetzt werden müssen.

Befinden sich von diesen nicht mehr als zwei unter den Repartitoren, so müssen die Abgehenden jedesmal durch andere Grundsteuerpflichtige, die nicht in dem Kanton angesessen sind, ersetzt werden, wenn solche sich vorfinden.

Art. 94. Die sieben Repartitoren berathschlagen unter einander gemeinschaftlich, und nach Stimmenmehrheit. Sie können keinen Beschluß fassen, wenn ihrer nicht wenigstens fünf gegenwärtig sind. Der Maire des Hauptorts des Kantons, dessen Adjunkt oder ein Municipal-Beamter ruft sie zusammen und hat unter ihnen den Vorsitz.

Art. 95. Die Inspektoren und Controlleurs der direkten Steuern verrichten bei den Repartitoren die Geschäfte, welche ihnen durch das Gesetz sollen übertragen werden.

Art. 96. Repartition der aufgelegten Steuer.

Wenn, nach Anleitung des 11ten und 83sten Artikels des gegenwärtigen Gesetzes, die Steuer unter die verschiedenen Distrikte des Königreichs vertheilt, und von den Distrikts-Räthen unter die Gemeinden repartirt worden ist, sollen die Unter-Präfekten die Etats über die Repartition an die Präfekten einsenden, um von ihnen visirt zu werden.

Art. 97. Sobald der Unter-Präfekt den vom Präfekten visirten Repartitions-Etat erhalten hat, so hat er einem jeden Maire den Betrag der Steuer für seine Gemeinde, und zwar wie viel derselbe:

1) der Hauptsumme nach,
2) an Zulags-Centimen, sowohl für den zur Deckung der Ausfälle bestimmten Fonds, als für die Departemental-Ausgaben;
3) an Zulags-Centimen für die Gemeinde-Ausgaben beträgt, bekannt zu machen. Die Art, wie letztere erhoben werden sollen, soll noch durch ein besonderes Reglement festgesetzt werden.

Fünfter Titel.

Von der Anfertigung und der Erneuerung der Steuer-Mutter-Rollen.

Art. 98. Die Mutter-Rollen können nur auf Antrag des Präfekten und mit der Genehmigung des Finanz-Ministers, gefertigt und erneuert werden.

Art. 99. Wenn eine Mutter-Rolle erneuert, oder für eine Gemeinde, wo keine vorhanden ist, neu angefertigt werden soll, so sollen die Repartitoren ein Verzeichniß aufsetzen, welches die Namen und Grenzen der verschiedenen Abtheilungen der Feldmark enthält, wenn dergleichen bekannte Abtheilungen vorhanden sind, welche sie beibehalten zu müssen glauben, oder von jenen, die sie selbst zu bestimmen für nöthig finden dürften.

Art. 100. Von den Sections-Etats.

Diese Abtheilungen sollen Sectionen genannt, eine jede von ihnen durch besondere Namen, oder durch Buchstaben des Alphabets bezeichnet, und das Verzeichniß von denselben in der Gemeinde proklamirt und angeschlagen werden.

Art. 101. Die Repartitoren sollen hierauf ein Verzeichniß von den in jeder Section enthaltenen Grundstücken, nach Maaßgabe der nachstehend in dem 105ten Artikel enthaltenen Vorschrift, anfertigen.

Dieses letztere Verzeichniß heißt Sections-Etat.

Art. 102. Von den Indikatoren.

Bei ihrer ersten Zusammenkunft sollen die Repartitoren eine Liste von denjenigen in der Gemeinde wohnhaften Grundbesitzern, Pächtern oder Meyern entwerfen, von welchen sie glauben, daß sie die verschiedenen Theile, aus welchen jede Section besteht, am besten kennen, und am besten im Stande sind, in dieser Hinsicht genaue Aufschlüsse zu geben.

Die Namen dieser Indikatoren sollen am Ende des Verzeichnisses über die verschiedenen Abtheilungen der Feldmark bekannt gemacht, und mit selbigem zugleich proklamirt und angeschlagen werden. Ihre Anzahl soll nicht geringer als die der Repartitoren sein.

Art. 103. Die Repartitoren sollen sich hierauf in die Sectionen theilen; wenigstens zwei von ihnen sollen sich in jede von denen, die ihnen angewiesen sind, verfügen. Der Tag ihrer Ankunft daselbst soll im Voraus bekannt gemacht werden; sie sollen wenigstens zwei der bezeichneten Indikatoren dabei mit zuziehen, und mit selbigen die Sections-Etats fertigen. Den in einer Section begriffenen steuerpflichtigen Pächtern und Meyern steht es frei, nach ihrem Gutbefinden dabei gegenwärtig zu sein, Bemerkungen, die auf die Sache Bezug haben, zu machen und den Repartitoren Erläuterungen zu geben.

Art. 104. Diejenigen Indikatoren, welche auf die, von Seiten der Repartitoren an sie geschehene Aufforderung sich nicht zu ihnen begeben, um ihnen die begehrten Erläuterungen zu ertheilen, sollen durch andere Indikatoren, oder selbst durch andere Grundbesitzer, Pächter oder Meyer, ersetzt werden, und können selbige sogleich und ohne alle Förmlichkeit von den Repartitoren berufen werden.

Art. 105. Von der Anfertigung der Sections-Etats.

Jeder Eigenthums-Artikel soll in dem Sections-Etat von dem anderen unterschieden, und numerirt werden. Er soll mit dem Namen des Eigenthümers betitelt werden, und dessen Vornamen, Gewerbe und Wohnung enthalten, wenn solche bekannt sind. Er soll bezeichnet werden:

1) nach seiner Beschaffenheit, z. B. Haus mit einem bloßen Erdgeschoß, oder mit 1, 2 oder mehreren Stockwerken, Mühle, Schmiede, oder anderes Werk, Garten, Ackerland, Weinberg, Wiese, Hoch- oder Unter-Holz;
2) nach seinem Flächen-Inhalte, sowohl nach den bis jetzt üblich gewesenen Maaßen, als auch nach den neueren, berechnet.

Die Repartitoren können sich bei diesem Geschäfte aller Kataster und einzelnen Rollen, wie auch der Risse, Vermessungen oder Auseinandersetzungen bedienen, welche sie sich dazu verschafft haben werden.

Art. 106. Die Sections-Etats sollen sowohl von den Indikatoren, als von den Repartitoren, welche selbige angefertigt haben, unterschrieben werden, und wenn einer oder der andere von ihnen nicht schreiben kann, so soll davon Erwähnung geschehen.

Art. 107. National-Güter.

Die National-Güter aller Art sollen für Rechnung der Regierung in den Sections-Etat eingetragen, und auf eben diese Weise, wie das der Privatbesitzer, bezeichnet werden. Der Maire soll insbesondere über die Vollziehung des gegenwärtigen Artikels wachen.

Art. 108. Von dem Gemeinde-Eigenthum.

Die Güter, welche den Gemeinden oder Theilen der Gemeinde, Hospizien oder anderen öffentlichen Anstalten gehören, sollen auf gleiche Weise bezeichnet, und auf Kosten der Gemeinden, Gemeinde-Theile, Hospizien oder anderer Anstalten, in die Sections-Etats eingetragen werden.

Art. 109. Von der Schätzung des reinen steuerbaren Einkommens.

In jedem Sections-Etat soll eine Kolonne unbeschrieben bleiben, um darin die Schätzung des steuerbaren Einkommens der verschiedenen Besitzungen eintragen zu können, und soll die Art, wie bei dieser Schätzung, so wie auch bei der Abtheilung in Klassen und Eintheilung der Besitzungen verfahren werden soll, durch besondere Verordnungen bestimmt werden.

Art. 110. Sobald diese Verzeichnisse der Besitzungen, welche jede Section in sich begreift, beendigt sind, so sollen sich die Repartitoren zusammen thun, den Maire berufen, und solche gemeinschaftlich mit diesem untersuchen. Diejenigen dieser Nachweisungen, welche unvollständig befunden werden, haben sie zu vervollständigen, oder durch diejenigen, welche sie aufgenommen haben, vervollständigen zu lassen; die übrigen hingegen müssen sie sofort, so wie auch demnächst die ersteren, sobald sie vervollständigt worden sind, bestätigen und unterzeichnen.

Art. 111. Die Repartitoren sollen spätestens binnen zehn Tagen sich mit einander in die verschiedenen Sectionen begeben; sie müssen an Ort und Stelle die Schätzung des steuerbaren Einkommens jeder Besitzung nach einander vornehmen, so wie solche in dem Verzeichnisse eingetragen ist. Das Resultat der Schätzung soll durch die Stimmenmehrheit festgesetzt werden, und müssen sie selbst dasselbe, und zwar mit Buchstaben, in die zu diesem Behufe offen gelassene Kolonne, neben dem die Besitzung beschreibenden Artikel, eintragen oder in ihrer Gegenwart eintragen lassen.

Am Ende der Kolonne soll sie sich unterschreiben, und wenn einer von ihnen nicht schreiben kann, so soll solches bemerkt werden.

Art. 112. Von Anfertigung der Mutter-Rollen der Gemeinde.

Wenn die Sections-Etats auf diese Art vervollständigt und bestätigt worden sind, so werden sie dem Maire, der bei der Schätzung präsidirt hat, zugestellt, um bei der Grundlage zur Abfassung der Mutter-Rollen der Gemeinde zu dienen.

Art. 113. Die Mutter-Rolle soll in der bloßen Zusammenstellung der Sections-Etats und aus so viel Artikeln bestehen, als Grundsteuerpflichtige vorhanden sind. Alle Besitzungen, die ein Steuerpflichtiger in einer Gemeinde hat, werden unter einem und demselben Artikel aufgeführt, und zwar eine nach der anderen, mit Bemerkung der Section, in welcher jede belegen ist, mit ihrer Nummer in dieser Section und mit der Schätzung des zu besteuernden Ertrages.

Sie wird in Kolonnen abgetheilt, wovon die erste die Namen, Vornamen, Gewerbe und Wohnungen der Steuerpflichtigen, die zweite die Buchstaben des Alphabets, wodurch der Sections-Etat bezeichnet worden, die dritte die Nummern der verschiedenen im Sections-Etat enthaltenen Besitzungen, die vierte die einzelne Schätzung eines jeden einzelnen Artikels, die fünfte die Hauptschätzung aller unter einem Artikel aufgeführten Besitzungen enthält, die sechste endlich bleibt zu den im 115ten Artikel enthaltenen Bestimmungen vorbehalten.

Art. 114. Sobald die Mutter-Rolle zusammengetragen worden ist, so soll sie den Repartitoren vorgelegt werden, die, nachdem sie solche mit den Sections-Etats verglichen, und sich von ihrer Genauigkeit überzeugt haben, selbige bestätigen und mit dem Maire unterschreiben, oder die Ursachen angeben müssen, weshalb der eine oder andere von ihnen solche nicht unterschrieben hat.

Der Maire soll davon Abschrift nehmen, solche beglaubigen und sofort dem Unter-Präfekten zusenden; das Original hingegen in dem Archive der Mairie niederlegen, und, daß solches geschehen, in dem Ordnungs-Register bemerken. Diese Bemerkung soll von ihm und dem Secretaire unterschrieben werden. Die Sections-Etats und die Mutter-Rollen sollen sorgsam aufbewahrt werden; die Secretaire und Registratoren haften persönlich dafür.

Art. 115. Jedes Jahr, sobald die Repartition der Grundsteuer unter die Gemeinden geschehen ist, soll der Maire in der 6ten Kolonne jeder Mutter-Rolle den Betrag der Hauptsumme des Kontingents der Gemeinde, und das Verhältniß derselben zum Total-Betrage des steuerbaren Einkommens, je, soviel per franc, eintragen.

Jeder Steuerpflichtige kann diesen Ansatz auf dem Secretariate einsehen.

Art. 116. Die Art der Ausfertigung der Steuer-Rollen, und die in Gemäßheit derselben vorzunehmende Erhebung, soll durch fernere Verordnung festgesetzt werden.

Art. 117. Jedes Grund-Eigenthum wird unter dem Namen des gegenwärtigen Besitzers eingetragen, mit Ausnahme der im 120sten und folgenden Artikeln vorkommenden Fälle.

Art. 118. Von den jährlich bei den Steuer-Rollen vorzunehmenden Abänderungen.

Die auf diese Art verfertigten Steuer-Rollen sollen bei Repartition der Grundsteuer unter den Steuerpflichtigen jeder Gemeinde zur Grundlage dienen, jedoch mit Vorbehalt der nach Anleitung des 119ten Artikels zu machenden Abänderungen oder Erneuerungen, und ohne daß dadurch das Recht der Steuerpflichtigen, welche sich für überschätzt halten, Nachlaß oder Verminderung in der gesetzlichen Form zu begehren, beschränkt wird.

Art. 119. Im Laufe des Monats Oktober jeden Jahres soll der Maire jeder Gemeinde die Repartitoren zusammenberufen, um die Steuer-Rolle zu untersuchen, die nöthigen Abänderungen darin, nach den mit den Grundbesitzern geschehenen Veränderungen vorzunehmen und solche selbst, wenn es nöthig ist, zu erneuern. Im Fall einer Vernachlässigung von Seiten des Maire soll der Unter-Präfekt gehalten sein, die Repartitoren zusammenzuberufen.

Art. 120. Die jährlich vorzunehmenden Abänderungen, wovon in den zwei vorhergehenden Artikeln die Rede ist, bestehen lediglich in der Nachweisung der Eigenthums-Veränderungen, die sich unter den Steuerpflichtigen zugetragen haben, und welche der Secretair der Mairie in ein zu diesem Behufe bestimmtes offenes Register, unter dem Namen des Mutations-Buchs, eingetragen hat.

Art. 121. Der Etat oder die Nachweisung von diesen Eigenthums-Veränderungen muß von den Repartitoren bestätigt und unterschrieben, und von dem Maire visirt und der Mutter-Rolle beigefügt werden.

Art. 122. Das Mutations-Buch soll von dem Maire paginirt und auf jedem Blatte paragraphirt werden; auf der ersten Seite soll die Zahl der Blätter, woraus es besteht und der Tag, wenn dasselbe angefangen worden ist, angezeigt, und diese Angabe von dem Maire unterzeichnet werden.

Art. 123. Die Anzeige jeder Eigenthums-Veränderung muß auf den Antrag der dabei interessirten Parteien, in das gedachte Buch bemerkt werden; sie muß eine genaue Bezeichnung der betreffenden Besitzung oder Besitzungen und der Ursache der Veränderung enthalten.

So lange die Veränderung nicht eingetragen worden ist, wird der alte Besitzer in der Steuer-Rolle aufgeführt und er oder seine natürlichen Erben können zu Bezahlung der auferlegten Grundsteuer angehalten werden, mit Vorbehalt seines Regresses an den neuen Eigenthümer.

Art. 124. Vorläufige Beibehaltung der vorhandenen Steuer-Rollen.

Es sollen vorläufig und bis dahin, daß nach den dieserhalb zu erlassenden Dekreten und Verordnungen, ein neues Steuer-Kataster für das ganze Königreich wird gefertigt sein, die gegenwärtig in jeder Provinz, oder in jeder Gemeinde vorhandenen Steuer-Rollen beibehalten werden, um als Basis zur Erhebung der aufzulegenden Grundsteuer zu dienen.

Verglichen mit dem Originale durch den Präsidenten und die Secretaire der ständischen Versammlung.

Kassel, am 18. August 1808.

Unterschr.: Graf v. Schulenburg-Wolfsburg,
Präsident.
Seiler, Robert, Secretaire.

Gebieten und befehlen, daß gegenwärtiges Gesetz mit dem Staats-Siegel versehen, in das Gesetz-Bulletin eingerückt, und an die Gerichtshöfe, Tribunale und Verwaltungs-Behörden gesandt werden soll, damit sie es in ihre Register einschreiben, beobachten und auf dessen Vollziehung halten, und ist der Minister des Justizwesens und der inneren Angelegenheiten beauftragt, für die Bekanntmachung desselben zu sorgen.

Gegeben in Unserem Schlosse zu Nenndorf, am 21. August 1808, im zweiten Jahre Unserer Regierung.

Unterschrieben: Hieronymus Napoleon u. s. w.

25.

Königliches Dekret vom 18. September 1808, wegen Errichtung einer General-Direction der höheren Polizei.

(Gesetz-Bülletin 1808. LXIV. 124.)

Wir Hieronymus Napoleon u. s. w.
haben auf den Bericht Unseres Ministers der Justiz und des Innern;
nach Anhörung Unseres Staatsrathes:
verordnet und verordnen, wie folgt:

Art. 1. Es soll, unter den Befehlen Unseres Ministers der Justiz und des Innern, ein General-Direktor der höheren Polizei sein.

Art. 2. Er soll in der Hauptstadt seinen Sitz haben und besonders beauftragt sein, über die Aufrechthaltung der öffentlichen Ordnung und Ruhe zu wachen und für die Vollziehung der die allgemeine Polizei betreffenden Gesetze und Verordnungen Sorge zu tragen.

Art. 3. Unter seiner Direction sollen General-Kommissarien stehen, deren Anzahl und Wohnort durch anderweite Dekrete bestimmt werden soll.

Art. 4. Seine Aufsicht erstreckt sich über das ganze Königreich; die der General-Commissaire auf den ihnen angewiesenen Bezirk, unter Beobachtung der von dem General-Direktor ihnen zu ertheilenden Befehle und Instructionen.

Art. 5. Dem General-Direktor steht die allgemeine Aufsicht über die Gefängnisse und Verwahrungsörter zu;

er sorgt für die Entfernung der Landstreicher und die Unterdrückung der Bettelei;

er führt die Aufsicht über die öffentlichen Häuser und die Fremden;

er theilt den Behörden die Pässe zu und visirt selbige, desgleichen die Erlaubnißscheine Waffen zu führen;

er hat das Recht Nachsuchung nach verbotenen Waaren anstellen und selbige in Beschlag nehmen zu lassen;

er kann Personen vorführen, sie abhören, auch vorläufig verhaften lassen; jedoch hat er unmittelbar darauf Unserem Minister der Justiz und des Innern davon Bericht zu erstatten, der deshalb Unsere weiteren Befehle einholen wird; er hat die Befugniß, Siegel anzulegen und abzunehmen; über die von ihm angeordneten Operationen Protokolle aufzunehmen und aufnehmen zu lassen; Stücke, welche zu Anzeigen oder Beweisen und zur Ueberführung dienen können, wegzunehmen, jedoch muß er dafür Sorge tragen, daß diese Wegnahme in dem Protokoll vermerkt werde; überhaupt hat er für die Vollziehung alles desjenigen zu sorgen, was die allgemeine Polizei angehet, ohne sich in die Vollstreckung der Gesetze und Verordnungen zu mischen, welche zum Ressort der Municipal- und correctionellen Polizei gehören, und die in dieser Hinsicht hierdurch keinesweges abgeändert sind.

Art. 6. Er hat dem Minister der Justiz und des Innern die erforderlichen Berichte wegen Anstellung und Ernennung der General-Commissaire der höheren Polizei, welche Wir Uns vorbehalten, zu erstatten; den General-Kommissarien die auf ihre Verrichtungen sich beziehenden Instructionen zu ertheilen und sie in ihrer Eigenschaft den Civil- und Militair-Behörden bekannt zu machen; alle anderen Agenten oder Offizianten seiner Direction stellt er selbst an und entläßt sie wiederum, und benachrichtigt, dem Befinden nach, die Behörden davon.

Art. 7. Die Buchdruckereien und Buchläden, die Redaction und der Umlauf der Journale und anderer periodischer Blätter sollen sechs Monate lang, vom heutigen Tage an gerechnet, unter der Aufsicht des General-Direktors der höheren Polizei stehen.

Art. 8. Die Präfekten, die General- und Königlichen Prokuratoren, der Legions-Chef Unserer Gendarmerie, sollen regelmäßig mit dem General-Direktor korrespondiren, welcher beständig von dem Zustande der Departemente in Bezug auf seine Direction unterrichtet sein muß.

Alle öffentlichen Beamte sind verbunden, die von ihm in Bezug auf seine Amtsverrichtungen geforderte Auskunft zu ertheilen und den in dieser Hinsicht von ihm erlassenen Requisitionen zu genügen.

Art. 9. Die Commissaire und Agenten der Polizei der Städte und Kommunen, und die Gendarmerie sind ihm in Ansehung der höheren Polizei besonders untergeordnet. Nöthigenfalls kann er auch die Linien-Truppen requiriren.

Art. 10. Die Gehalte und Ausgaben aller Art, zur Errichtung und Unterhaltung dieser General-Direction sollen einen Theil der Ausgaben des Ministeriums der Justiz und des Innern ausmachen und behalten Wir Uns vor, die erforderlichen Verfügungen zur Deckung dieser Ausgabe zu treffen.

Der Minister ist demzufolge ermächtigt, dem General-Direktor alle Monate eine Summe anzuweisen, welche den zwölften Theil derjenigen beträgt, welche Wir durch ein besonderes Dekret für diesen Dienstzweig bewilligen werden, und die genannte Summe, mit der gehörigen Quittung des General-Direktors belegt, in den Rechnungen seines Ministeriums aufzuführen.

Art. 11. Das jährliche Gehalt des General-Direktors soll 12,000 Franken betragen; das der General-Commissaire 3000 bis 5000 Franken.

Art. 12. Die Amtskleidung des General-Direktors soll bestehen in einem königsblauen Kleide, der Rock der Länge nach herunter, Taschen, Kragen und Aufschläge in blauer Seide und Silber, nach dem für die Staatsräthe festgesetzten Muster gestickt, weißer gestickter Weste und Beinkleidern.

Die General-Kommissarien sollen dasselbe Kleid tragen, jedoch nur auf den Taschen, dem Kragen und den Aufschlägen gestickt; weiße Weste und Beinkleider gestickt.

Art. 13. Unser Minister der Justiz und des Innern ist mit der Vollziehung des gegenwärtigen Dekrets beauftragt.

Gegeben in Unserem Königlichen Palaste zu Napoleonshöhe, den 18. September 1808, im zweiten Jahre Unserer Regierung.

Unterschrieben: Hieronymus Napoleon u. s. w.

26.

Königliches Dekret vom 5. November 1808, die höheren Staatsdiener betreffend, welche berechtigt sind, den Titel Excellenz zu führen.

(Gesetz-Bülletin 1808. LXIV. 136.)

Wir Hieronymus Napoleon, von Gottes Gnaden u. s. w. haben verordnet und verordnen:

Art. 1. Keiner Unserer Unterthanen, noch eine sonstige in Unserem Dienste stehende Person, ist berechtigt, in Unseren Staaten den Titel Excellenz zu führen, als die hierunter bezeichneten:

nämlich: die Minister des Königreichs;
die militairischen Groß-Offiziere der Krone;
die Civil-Groß-Offiziere der Krone;
der Gouverneur von Kassel;
der Ober-Hofmeister der Königin.

Art. 2. Es wird hiermit einem jeden anderen Beamten Unseres Hofstaates oder einem Staatsdiener, von welchem Grade und von welchem Stande er sein mag, ausdrücklich verboten, in der Folge den Titel Excellenz zu führen, oder sich denselben geben zu lassen.

Art. 3. Gegenwärtiges Dekret soll gedruckt und in das Gesetz-Bülletin eingerückt werden.

Gegeben in Unserem Königlichen Palaste zu Kassel, den 5. November 1808, im zweiten Jahre Unserer Regierung.

Unterschrieben: Hieronymus Napoleon u. s. w.

27.

Königliches Dekret vom 17. November 1808, die Errichtung einer General-Direction des Königlichen Schatzes betreffend.

(Gesetz-Büllletin 1808. LXIX. 148.)

Wir Hieronymus Napoleon, von Gottes Gnaden :c. :c. haben auf den Bericht Unseres Ministers der Finanzen, des Handels und des Schatzes;

nach Ansicht des 19ten Artikels der Constitution vom 15. November 1807 und Unserer Dekrete vom 14. und 22. Dezember 1807 und vom 29. Januar 1808 verordnet und verordnen:

Art. 1. Einer Unserer Staatsräthe soll mit der Direction des Königlichen Schatzes beauftragt werden.

Art. 2. Die drei Administratoren des Schatzes, der General-Cassirer, der General-Zahlmeister, die beiden Kassen-Controlleurs und die drei Inspektoren sollen dem Staatsrathe, General-Direktor des Schatzes, untergeordnet sein.

Art. 3. Einer der gedachten Administratoren soll die Aufsicht über die Einnahmen, ein zweiter über die Ausgaben, und der dritte über die Erhebung der Debets der Rechnungsbeamten haben; alles dieses unabhängig vom Dienste und der Verwaltung der Kasse mit drei Schlössern, welche durch die Artikel 4 und 5 des Dekrets vom 14. Dezember v. J. angeordnet ist.

Art. 4. Der Situations-Etat der Kassen, welcher, in Gemäßheit der in dem 6ten Artikel desselben Dekrets vom 22. Dezember v. J. enthaltenen Bestimmungen, jeden Abend aufgestellt werden muß, soll dem General-Direktor übergeben und von selbigem dem Finanz-Minister den Morgen darauf, in beglaubter Abschrift, zugestellt werden.

Art. 5. Diese täglichen Situations-Etats sollen jeden Montag der folgenden Woche in einen einzigen für die verflossene Woche zusammengezogen, und von demselben soll gleichfalls dem Finanz-Minister eine Abschrift zugestellt werden.

Art. 6. Die Förmlichkeit der Visa der ministeriellen Anweisungen, welche durch die Artikel 8 und 9 des Dekrets vom 14. Dezember v. J. vorgeschrieben ist, soll durch den General-Direktor des Schatzes geschehen.

Art. 7. Das Secretariat des General-Direktors soll in folgende Bureaus eingetheilt sein:

1) eines, um den Eingang der Contributionen und Einkünfte aller Art zu verifiziren und zu kontrolliren, ein Register über die wöchentliche

oder zehntägige Situation der Kassen der Distrikts-Einnehmer zu führen, und sich von der pünktlichen Erfüllung der den Einnehmern obliegenden Verrichtungen zu versichern;

2) ein anderes, um alle Dispositionen des General-Zahlmeisters über die Fonds bis zu deren letzten Verwendung in den Distrikts-Kassen zu beobachten und zu kontrolliren;

3) endlich soll, wenn es nöthig befunden werden sollte, ein drittes errichtet, und dieses ausschließlich für die Komptabilität der Einnehmer, und dazu bestimmt werden, ihre Rückstände auszumitteln und deren Einziehung zu veranlassen.

Art. 8. Die Distrikts-Einnehmer und überhaupt alle Rechnungsführer, welche ihre Fonds unmittelbar in den Königlichen Schatz überliefern, sind, bei Strafe der Dienstentsetzung, gehalten, jeden Montag dem General-Direktor des Schatzes den Situations-Etat ihrer Kassen in Ansehung der Einnahmen und autorisirten Ausgaben während des Laufs der vorhergehenden Woche, nach einem von dem letzteren ihnen hierzu vorgeschriebenen Muster, einzusenden.

Art. 9. Der General-Direktor des Schatzes hat Unserem Finanz-Minister, so oft selbiger es verlangt, den Zustand der öffentlichen Kassen und der aufkommenden Revenüen vorzulegen.

Art. 10. Der General-Direktor des Schatzes hat Unserem Finanz-Minister jeden Monat von der Aufführung der verschiedenen Rechnungsführer, von dem Zustande ihrer Kassen, und von dem Erfolge der Verrichtungen der Inspektoren, die mit der Verification derselben beauftragt sind, Rechenschaft abzulegen, damit Uns darüber Vortrag gehalten, und das etwa Erforderliche darauf erlassen werden könne.

Art. 11. Der General-Direktor des Königlichen Schatzes soll in eben der Art, wie Unsere Minister, der Portofreiheit der Briefe und der Contrasignatur genießen.

Art. 12. Unser Finanz-Minister ist mit der Vollziehung des gegenwärtigen Dekrets, welches in das Gesetz-Bülletin eingerückt werden soll, beauftragt.

Gegeben in Unserem Königlichen Palaste zu Kassel, am 17. November 1808, im zweiten Jahre Unserer Regierung.

Unterschrieben: Hieronymus Napoleon u. s. w.

28.

Königliches Dekret vom 5. Dezember 1808, die indirekten Steuern betreffend.

(Gesetz-Bülletin 1808. LXXII. 160.)

Wir Hieronymus Napoleon, von Gottes Gnaden ꝛc. ꝛc.
haben nach Ansicht des 16ten Artikels der Constitution vom 15. November 1807, welcher festsetzt, daß ein und dasselbe Steuer-System für alle Theile des Königreichs sein soll;

nach Ansicht des 1sten Artikels Tit. 1. des Gesetzes vom 21. August d. J. über die Grundsteuer, welcher festsetzt, daß die im Königreiche Westfalen einzuführenden Abgaben aus direkten und indirekten Steuern bestehen sollen;

in Erwägung, daß in jedem Theile des Königreichs ein besonderes System der indirekten Steuern besteht, welches auf verschiedenen Grundlagen, sowohl in Hinsicht des steuerbaren Gegenstandes, als auch in Hinsicht des Verhältnisses der Steuer selbst begründet ist; daß diese Verschiedenheit in den Resultaten der Constitution und der Gleichheit der Rechte entgegensteht, deren Wir alle Unterthanen Unserer Staaten theilhaftig werden lassen wollen, daß es daher nothwendig ist, für die indirekten Steuern ein einziges System und eine einzige Central-Administration, derjenigen ähnlich, welche Wir durch Unser Dekret vom 29. März d. J. für die direkten Steuern angeordnet haben, einzuführen; auf den Bericht Unseres Ministers der Finanzen, des Handels und des Schatzes;

nach Anhörung Unseres Staatsraths;

verordnet und verordnen, wie folgt:

Erster Titel.

Allgemeine Verfügungen.

Art. 1. Zu den indirekten Steuern gehören: 1) die Consumtions-Steuer; 2) das Salz-Regal; 3) die Zoll-Abgaben; 4) das Chaussee- und Wegegeld; 5) die Stempelgefälle.

Art. 2. Die Consumtions-Steuer, der Zoll, das Salz-Regal und das Chaussee-, Brücken- und Wegegeld soll von einer und derselben Central-Administration verwaltet werden.

Wir behalten Uns vor, in der Folge eine Verwaltungs-Behörde für das Stempelwesen zu bestimmen.

Art. 3. Unser Finanz-Minister wird Uns hierüber, und überhaupt für jeden Zweig der oben benannten indirekten Steuern ein organisches Dekret vorlegen, welches die Abgabe, die Erhebung und die Verwaltung derselben bestimmt.

Zweiter Titel.

General-Administration.

Art. 4. Es soll in Unserer guten Stadt Kassel eine General-Administration der indirekten Steuern errichtet werden, unter der Aufsicht und Leitung Unseres Finanz-Ministers, welche einen Theil seiner Bureaus bis zur vollendeten Organisation dieses Verwaltungszweiges, und bis Wir es nöthig finden, derselben einen besonderen General-Direktor vorzusetzen, ausmachen soll.

Diese Administration soll aus zwei General-Inspektoren bestehen, von welchen einer das Amt des General-Secretairs zugleich verwalten soll.

Art. 5. Die General-Administration ist mit allen Geschäften beauftragt, welche sowohl auf die Bestimmung und Erhebung der indirekten Steuern, als auch auf alle Gesuche um Entladung, Erlaß und Verminderung derselben Bezug haben.

Demgemäß sind derselben:

1) alle Offizianten der indirekten Steuern unmittelbar untergeordnet, und erhalten von derselben alle Verhaltungs-Befehle und Instructionen, wodurch die schleunige und gleichförmige Befolgung der Gesetze und Verordnungen, welche die Erhebung der indirekten Steuern nach den Tarifs betreffen, bewirkt werden kann;
2) diese Administration hat darüber zu wachen, daß die darauf Bezug habenden Gesetze und Verordnungen, die theils schon bestehen, theils künftig ergehen werden, überall gehörig angewendet und treulich befolgt werden;
3) sie hat durch monatliche Nachweisungen die wirkliche Ablieferung der Revenüen in Unseren öffentlichen Schatz zu konstatiren;
4) ihr liegt endlich ob, alle Beschwerden über Bedrückung, welche die Steuern selbst oder die Form ihrer Erhebung, alle Gesuche um Reduction, Minderung oder Erlaß, alle Schwierigkeiten, welche in Hinsicht der Erhebung entstehen können, ingleichen alle Defraudationen und Gesetzes-Uebertretungen zu prüfen und zu entscheiden.

Art. 6. Derjenige General-Inspektor, welcher das Amt des General-Secretairs versieht, ist in dieser Hinsicht verpflichtet:

1) ein Register über die Gesetze, Dekrete und Verordnungen, so wie über die speciellen Verfügungen und Vorschriften, welche die Administration betreffen, zu führen;
2) die Archive und Papiere derselben in Verwahrung zu halten;
3) die Arbeiten in den verschiedenen Bureaus derselben zu vertheilen;
4) die Ausfertigung aller Verfügungen zu besorgen.

Art. 7. Der zweite der General-Inspektoren soll die Departemente bereisen. Es steht ihm frei, in jedem derselben sich von einem Offizianten nach seiner Wahl begleiten zu lassen, ohne daß jedoch der gewöhnliche Geschäftsgang dadurch gehemmt werde.

Art. 8. Auf seinen Reisen hat sich derselbe von der Dienstführung der verschiedenen Offizianten der indirekten Steuern, von dem Gange der Geschäfte, von der Vollziehung der Reglements, von der Verringerung oder Vermehrung des Ertrags der Erhebungen, und den Grundursachen, woher solche entstehen, zu unterrichten.

Gleichfalls hat derselbe den Grund oder Ungrund derjenigen Klagen zu untersuchen, die bei ihm entweder an Ort und Stelle angebracht, oder an die General=Administration selbst über die Natur und Art der Erhebung gerichtet werden. Eben so muß er auf die dabei obwaltenden besonderen Umstände Rücksicht nehmen, und überhaupt seine ganze Aufmerksamkeit und Sorgfalt sowohl auf alle einzelnen Theile als auf das Ganze der Administration der indirekten Steuern richten.

Er muß ein genaues und ausführliches Journal über alle seine Verrichtungen führen, und nach Vollendung einer jeden Departements=Reise der General=Administration darüber Bericht erstatten.

Art. 9. Wenn die beiden General=Inspektoren in Kassel gegenwärtig sind, so treten sie zusammen und arbeiten gemeinschaftlich unter unmittelbarer Leitung Unseres Finanz=Ministers.

Dritter Titel.

Departemental=Verwaltung.

Art. 10. In jedem Departemente soll eine Direction bestellt werden, welche mit allen auf die Erhebung der indirekten Steuern Bezug habenden Geschäften beauftragt ist.

Diese soll aus einem Direktor, einem Inspektor und so vielen Controlleurs, als Distrikte sind, ferner aus einem Rechnungs=Bureau von einem Chef und zwei Verifikatoren, und endlich aus einer so großen Anzahl von Unterbedienten aller Grade und Supernumerarien bestehen, als es den verschiedenen Arten von indirekten Steuern und dem Umfange des Departements angemessen ist.

Die Inspektoren, Controlleurs und Unterbedienten sollen nach der Größe der Departemente, Distrikte und Kantone oder Orte, ingleichen nach dem Umfange der Geschäfte in zwei Klassen, nämlich in die von der ersten und zweiten Klasse, eingetheilt werden.

Fünfter Titel.

Besoldungen und Administrations=Kosten.

Art. 24. Die jährlichen Besoldungen der Offizianten der indirekten Steuern sind folgendermaßen bestimmt:

1)	für die	General=Inspektoren	6000	Fr.
2)	= =	Direktoren	5000	=
3)	= =	Inspektoren erster Klasse	3500	=
		item zweiter Klasse	3000	=
4)	= =	Controlleurs erster Klasse	2500	=
		item zweiter Klasse	2000	=
5)	= =	Chefs des Rechnungs=Bureaus	2500	=
6)	= =	Verifikatoren	2000	=

Die Besoldungen der verschiedenen Unterbedienten werden Wir nach Inhalt des 15ten Artikels des gegenwärtigen Dekrets bestimmen.

Um den Diensteifer der besoldeten Offizianten der Administration aufzumuntern, und ihre Aufmerksamkeit zu befördern, ist denselben, außer ihrer fixen

Besoldung, eine Remise auf den eventuellen Ueberschuß der wirklichen Einnahme der indirekten Steuern, welche nach dem Finanzgesetze jährlich bestimmt werden, bewilligt.

Wir autorisiren Unseren Minister der Finanzen den Betrag dieser Remise nach Ablauf des Finanzjahres festzusetzen und unter die Controlleurs und übrigen Unterbedienten, mit Rücksicht auf ihre Besoldungen, auf ihre besonderen Verdienste, ingleichen nach den Lokal-Umständen, welche einen ausgezeichneten Einfluß auf die Vermehrung der Einnahme haben, zu vertheilen.

Die Supernumerarien erhalten keine festgesetzte Besoldung und nur dann Diäten, wenn sie beauftragt werden, die Geschäfte eines besoldeten Offizianten zu versehen, oder eine außerordentliche Arbeit zu verrichten. Der Betrag dieser Diäten wird nach dem Berichte des Departements-Direktors regulirt und durch die General-Administration angewiesen.

Art. 25. Die General-Inspektoren erhalten außer ihrer Besoldung, wenn sie auf Reisen sind, 12 Franken tägliche Diäten, diese dürfen jedoch für einen jeden die Summe von 1500 Franken jährlich nicht übersteigen.

Art. 26. Die Bureau- und Druckkosten der General-Administration sollen durch den Tresor auf den Grund der deshalb abzulegenden Rechnungen und unter Verantwortlichkeit der General-Direction gut gethan werden.

Art. 27. Die den Departements-Direktoren bewilligten Bureau-Kosten dürfen die Summe von 3000 Franken jährlich nicht übersteigen.

Art. 28. Den Departements-Inspektoren werden für Reisekosten jährlich 400 Franken, und den Distrikts-Controlleurs 300 Franken bewilligt.

Art. 29. Von der jährlichen Besoldung eines jeden bei den indirekten Steuern angestellten Bedienten sollen zur Bildung eines Pensionsfonds 2 Procent in Abzug gebracht werden.

Die Zahl der Dienstjahre, nach welchen die Offizianten ein Recht auf Entlassung haben, und die Fälle, wo ihnen eine Pension zukommen soll, werden durch ein besonderes Reglement bestimmt werden.

Art. 30. Die Verwaltung der Pensions-Kasse soll, unter Aufsicht Unseres Finanz-Ministers, den beiden General-Inspektoren anvertraut werden, und hat derjenige von ihnen, welcher das Amt des General-Secretairs versieht, die Details des Rechnungswesens zu besorgen.

Nach Ablauf eines jeden Vierteljahres soll Unserem Finanz-Minister Rechnung vom Zustande der gedachten Kasse abgelegt werden.

Unterschrieben: Hieronymus Napoleon u. s. w.

29.

Königliches Statut vom 23. Dezember 1808, eine Ergänzungs-Verordnung für die Constitution enthaltend, wegen Abtheilung des Ministeriums der Justiz und des Innern in zwei Ministerien, vom 1. Januar 1809 an gerechnet.

(Gesetz-Bülletin 1808. LXXIII. 161.)

Wir Hieronymus Napoleon, von Gottes Gnaden u. s. w.
haben in Erwägung, daß die allgemeine Verwaltung der Justiz und des Innern täglich zu viele und zu verschiedene Gegenstände darbietet, als daß Unser, mit diesen beiden Departements zugleich beauftragte Minister die zahlreichen und wesentlich von einander abweichenden Details derselben allein bearbeiten könnte;

kraft des 54sten Artikels der Constitutions-Urkunde, welcher verfügt, daß die Constitution durch, von Uns erlassene, und im Staatsrath diskutirte, Verordnungen ergänzt werden soll;

nach Anhörung Unseres Staatsraths;

beschlossen und beschließen Folgendes:

Ergänzungs-Verordnung für die Constitution.

Art. 1. Die allgemeine Verwaltung der Justiz und des Innern soll, vom 1. Januar 1809 an gerechnet, zwei getrennte Ministerien bilden.

Art. 2. Die Attributionen des Justiz-Ministeriums sind:

die gewöhnliche (laufende) Korrespondenz mit den Gerichtshöfen und Tribunalen, und mit den Königlichen Prokuratoren in Allem, was auf die Verwaltung der Justiz, sowohl in Civil- als in peinlichen Sachen, Bezug hat;

die Organisation der Gerichtshöfe, Tribunale und Friedensgerichte und die Ausübung des Rechts der Oberaufsicht und der Zurechtweisung;

das Notariats- und Hypothekenwesen;

die Berichte über die Begnadigungsgesuche und die an die Tribunale zu machende Versendung der Gnadenbriefe und solcher, welche eine Milderung der Strafen enthalten;

die Berichte über solche Fragen, welche eine Auslegung der Gesetze nothwendig machen;

die Rechenschaft, welche dem Könige in Hinsicht der gesammelten Bemerkungen über die verschiedenen Zweige der Gesetzgebung über die Mißbräuche, welche in die Ausübung der Justiz sich eingeschlichen haben, und über die Disciplin der Tribunale abzulegen ist; die Anweisung zur Bezahlung aller, die gerichtliche Ordnung betreffenden Ausgaben; das Abdrucken der Gesetze, König lichen Dekrete, Proclamationen oder Verordnungen in das Bülletin, und die Versendung desselben an alle Behörden;

der Vorsitz in Unserem Staatsrathe, wenn derselbe, in Gemäßheit des 22sten Artikels der Constitutions-Urkunde vom 15. November 1807, die Geschäfte des Cassations-Gerichts versieht;

die hohe Polizei des Königreichs.

Art. 3. Die Attributionen des Ministeriums des Innern sind:

die Korrespondenz mit den Präfekten und die Oberaufsicht über die Verwaltung;

die Aufrechthaltung der die Departements-Kollegien und die General-Departements-, Distrikts- und Municipal-Räthe betreffenden Gesetze;

das Personale der Ernennungen der temporairen und gänzlichen Dienstentsetzung der Präfekten, Unter-Präfekten und Maire;

das Rechnungswesen der Departements und der Gemeinden;

die Gefängnisse und Zuchthäuser;

die Civil-Hospitäler, die zur Aufnahme der Bettler bestimmten Gebäude, die öffentlichen Unterstützungs- und Wohlthätigkeits-Anstalten; der Ackerbau, die Baumschulen und Schäfereien; die öffentlichen Gottesdienste, die Industrie, die Künste und Gewerke; die Prämien und Aufmunterungen, die Gesundheits-Maßregeln, die Maaße und Gewichte; der öffentliche Unterricht, die Museen, Volksfeste, Universitäten und Theater; die Verfertigung der Bevölkerungs- und der statistischen Tabellen, so wie derjenigen über den Territorial-Ertrag; die öffentlichen Arbeiten, mit Ausschluß der Kanäle und Chausseen, welche bis zum 1. Januar 1810 fortfahren werden, zu den Attributionen des Finanz-Ministeriums zu gehören, von dieser Zeit an gerechnet aber einen Theil der Attributionen des Ministeriums des Innern ausmachen sollen.

Es ist Unser Wille und Befehl, daß das gegenwärtige Statut, mit dem Staats-Siegel versehen, in das Gesetz-Bulletin eingerückt, und an die Gerichtshöfe, Tribunale und Verwaltungs-Behörden gesandt werde, damit dieselben es in ihre Register eintragen, sich genau danach richten und auf dessen Beobachtung halten; Unser Justiz-Minister ist beauftragt, über die Vollziehung desselben zu wachen.

Gegeben in Unserem Königlichen Palaste zu Kassel, am 23. Dezember 1808, im zweiten Jahre Unserer Regierung.

Unterschrieben: Hieronymus Napoleon u. s. w.

30.

Königliches Dekret vom 27. Januar 1809, wodurch eine General-Administration der Berg-, Hütten-, Salz- und mineralurgischen Werke und Münzen, so wie der Brücken und Chausseen des Königreichs errichtet wird.

(Gesetz-Bülletin 1809. VI. 17.)

Wir u. s. w.
haben auf den Bericht Unseres Ministers der Finanzen, des Handels und des Schatzes; nach Anhörung Unseres Staatsraths; verordnet und verordnen:

Errichtung einer allgemeinen Verwaltung der Berg-, Hütten-, Salz- und mineralurgischen Werke, so wie der Münzen, der Brücken und Chausseen des Königreichs Westfalen.

Erster Titel.

Allgemeine Verfügungen.

Art. 1. Die Berg-, Hütten-, Salz- und übrigen mineralurgischen Werke, so wie die Münzen, Brücken und Chausseen, sollen in eine und dieselbe besondere Verwaltung, unter der Benennung: „General-Administration der Berg-, Hütten- und Salzwerke, der Münzen, Brücken und Chausseen" vereinigt werden. Ein besonderes Dekfet wird das Nähere wegen Verwaltung der Brücken und Chausseen festsetzen.

Art. 2. Die Angestellten bei der Verwaltung der Berg-, Hütten- und Salzwerke und der Münzen haben den Auftrag, Unser, auf die in dem dritten und folgenden Artikeln festgesetzte Art, in Unserem Königreiche statt habendes Berg-, Salz- und Münz-Regal zur Ausübung zu bringen.

Sie sollen unausgesetzt und täglich die Uns zustehenden Berg-, Hütten- und Salzwerke verwalten, und darauf Acht haben, daß sowohl die Privatpersonen gehörenden Anlagen dieser Art in gutem Stande bleiben, als Unsere aus der Regalität herrührenden Einnahmen nicht gefährdet werden.

Eben so sollen sie die Privatwerke dieser Art verwalten, welche von Gewerkschaften betrieben werden.

Auf diejenigen Werke aber, deren Eigenthümer solche zeither selbst verwaltet haben, soll sich ihre Verwaltung nicht erstrecken, es sei denn, daß Wir für gut finden würden, gedachten Eigenthümern die eigene Verwaltung durch ein besonderes, auf die notorischen Mängel derselben zu gründendes Dekret zu entziehen.

In jedem Falle sollen jedoch diese Besitzer verbunden sein, die zur Erhaltung dieser Werke abzweckenden Anordnungen zu beobachten, und den Gang ihres Betriebs der Aufsicht Unserer General-Administration zu unterwerfen; diese wird sie hingegen mit Rath unterstützen und sich möglichst bestreben, diesem Zweige der National-Industrie Gedeihen zu verschaffen.

Art. 3. Unser Berg-Regal umfaßt: 1) alle metallhaltigen Fossilien, deren man sich zur Gewinnung der Ganz- und Halbmetalle, oder zur Färbung und Entfärbung des Glases bedient; 2) alle Edelsteine; 3) alle Art von Salz, mit Inbegriff der Kochsalzquellen, insonderheit aber des Steinsalzes, des Salpeters, insoweit derselbe wirklich als ein Fossil betrachtet werden kann, und im wirklichen Gebirge vorkommt. Die zur Vitriol- und Alaun-Gewinnung tauglichen Fossilien, die natürlichen Verbindungen der Säuren mit Erden, insoweit man sich ihrer zur Gewinnung ihres sauren Grundstoffs bedient; 4) alle brennbaren Fossilien, als: Schwefel, Erdharz, alle Arten von Stein und Braunkohlen und das bituminöse Holz.

Art. 4. Die übrigen Fossilien hingegen, die in ihrem rohen Zustande oder bloß auf einfache Weise gebrannt, in den Künsten und Gewerben ihre Anwendung finden, oder gewöhnlich zum Bauen dienen, gehören dem Eigenthümer des Grundes.

Es erstreckt sich also Unser Bergregal weder auf den Marmor, den Porphir, den Granit, den Basalt, den Terpentin- und Tropfstein, noch auf Kalk, Gips, Dachschiefer, Sand-, Mühlen-, Feuer-, Schleif-, Filtrir- und Gesellsteine, noch auf den Feldspat, die Porzellanerden, den Traß, den Torf, die Walkererde, den Thon, Töpferthon, den Mergel, die Umbra, den Ocker und andere Farbeerden.

Diese in Unserem Bergregal nicht begriffenen Fossilien können von den Eigenthümern des Grundes, worunter sie sich finden, ohne irgend eine Erlaubniß gewonnen, verkauft, oder auf jede andere Art benutzt werden, insoweit die Gewinnung nicht etwa bereits gelegentlich durch die mit Grubenfelde Beliehenen geschieht, oder benachbarten Bergwerken dadurch Schaden zugefügt wird.

Doch sollen dessenungeachtet diejenigen in ihrem Besitze bleiben, die jetzt das Recht ausüben, solche Fossilien zu gewinnen, welche nach obiger Bestimmung dem Grundeigenthümer gehören würden.

Art. 5. Wenn aber die Grundeigenthümer die Gewinnung der im vorigen Artikel erwähnten Substanzen versäumen, und es nützlich wäre, das Publikum oder irgend eine Manufaktur damit zu versehen, oder den Preis derselben durch Konkurrenz zu vermindern, so können diese Substanzen entweder von Uns zum Behuf gemeinnütziger Anlagen, als Brücken, Wege, Kanäle, öffentlicher Gebäude und Monumente, oder in Folge der Entscheidung des Präfekturrathes, auf das Gutachten der Municipalität, durch jeden Unternehmer oder jeden Besitzer von Manufakturen gewonnen werden, doch so, daß in jedem Falle der Eigenthümer, sowohl wegen des an der Oberfläche verursachten Schadens, als wegen des Werths der gewonnenen Substanzen, entweder nach freier Uebereinkunft, oder nach dem Gutachten Sachverständiger, entschädigt werden muß.

Art. 6. Zufolge des durch den Art. 3 festgesetzten Bergregals haben Wir das Recht: 1) den Bergbau auf alle im besagten Artikel erwähnten Substanzen zu verleihen; 2) auf den Grundstücken eines jeden Eigenthümers, gegen eine entweder dem Herkommen gemäß zu entrichtende, oder durch Sachverständige zu bestimmende Entschädigung alle und jede Arbeiten selbst vorzunehmen, oder durch die von Uns nach Bergwerksrecht Beliehenen vornehmen zu lassen, die Wir zur Gewinnung und zur Abfahrung der in Unserem Bergregale begriffenen Fossilien nöthig erachten.

Art. 7. Zur Beförderung des Bergbaues, und um den Zweck Unseres Bergregals zu erreichen, erklären Wir, daß der Bergbau jedem, der ihn betreiben will, willig freistehen, das ist, ein freies Bergwerk oder Bergbaufreiheit sein oder bleiben soll.

Demnach soll Unsere Administration der Bergwerke Niemanden Schurfscheine, noch, wenn darum auf die in der Bergordnung vorgeschriebene Art angehalten worden ist, erst die Bescheinigung dieser Bergmuthung, und ferner die endliche, bis zu ewigen Zeiten gültige Bergverleihung oder Belehnung vorenthalten.

Diese Schurfscheine und Belehnungen werden von dem Ober-Berg-Ingenieur des Bezirks, oder von den sonstigen Officianten ertheilt, denen die Bergordnung diese Befugniß beilegt.

Art. 8. Die Bergbaufreiheit, welche nach vorigem Artikel feststeht, soll in Hinsicht der künftig zu ertheilenden Verleihungen nur unter folgenden Bedingungen statt finden: 1) daß von den mit Grubenfeld Beliehenen, sobald ihnen aller darauf verwendete Verlag erstattet ist, Unserem Schatze der Zehnte aller daraus erfolgenden, und bloß auf ihre alleinigen Kosten zu gewinnenden Mineralien abgegeben werde, und zwar dergestalt, daß sie solchen, wo es angeht, in ihren Hütten mit zu gut machen lassen, wogegen Wir zu den Hüttenkosten verhältnißmäßig beizutragen Uns anheischig machen; 2) daß solche, so wie es im Artikel 78*) d. Dekrets näher vorgeschrieben werden wird, Beiträge zur Bildung einer allgemeinen Kasse leisten, die zur Beförderung des Bergbaues und zur Vervollkommnung dieses Zweiges der National-Industrie bestimmt ist; 3) daß Unsere General-Administration das Vorkaufsrecht an allen Produkten der Berg- und Hüttenwerke behalte, insoweit solches für den öffentlichen Dienst erforderlich ist; 4) daß die Beliehenen zum Besten des Bergbaues sich ganz nach Unseren Anordnungen, in Hinsicht der Art des Betriebs und der Direction, so wie der Kosten derselben richten, und solche genau beobachten müssen.

Was hingegen die Bedingnisse der alten Verleihungen betrifft, so wollen Wir, daß solche in ihrer vollen Kraft bleiben, und verbieten Unserer Verwaltung der Bergwerke darin etwas abzuändern.

Uebrigens behalten Wir es Uns vor, mit Berücksichtigung der jedem zustehenden Rechte, näher zu bestimmen, welche Rechte und Verbindlichkeiten die Bergbauenden in den Berg- und Hütten-Gegenden haben sollen, wo allgemeine Anlagen, die auf Kosten des Landesherrn ausgeführt sind, den Bergbau erleichtern.

---

*) Nach Artikel 78 sollen die überzähligen Angestellten, welche den meisten Eifer und die größten Talente beweisen, auf den Vorschlag des Berghauptmanns aus dieser Kasse Belohnungen erhalten.

Art. 9. Bis Wir für Unser ganzes Königreich eine gleichförmige Berg- und Hüttenordnung festgesetzt haben werden, bleiben die bestehenden Berg- und Hüttenordnungen und Herkommen in ihrer Kraft, insoweit solche nicht etwa mit den Anordnungen dieses Dekrets im Widerspruche stehen.

Gleichfalls bleiben den Privatleuten, welche wirklich Bergbau treiben, und zwar ohne Unterschied, woher ihre Ansprüche rühren, ob aus dem Eigenthume oder aus alten Privilegien, ihre Besitzungsrechte ungekränkt; doch sollen die Markscheider die von ihnen bebauten unterirdischen Lagerstätten von Amts wegen in das Bergkuxenbuch eintragen.

Diejenigen, welche mit ihnen in gleichem Falle sind, aber nicht wirklich auf die ihnen ehemals zugehörenden Fossilien bauen, sind verbunden, sich binnen 6 Monaten zu erklären, ob sie den Bergbau darauf treiben wollen oder nicht; nur während dieser Zeit sollen sie sich eines Vorzugs vor jedem anderen Miether zu erfreuen haben.

Art. 10. Da die Anfertigung des gemeinen Kochsalzes und der Handel damit sehr geeignet sind, einen wichtigen Zweig der Staats-Einkünfte zu bilden, so sind solche künftig allen Privatleuten verboten, doch mit Ausnahme derjenigen, die solche zeither schon in Gefolge ihrer Eigenthumsrechte, oder besonderer Verleihungen wirklich ausgeübt haben, als welche in ihrem Besitze ungestört bleiben sollen.

Art. 11. Die Berg-, Hütten-, Salz- und übrigen mineralurgischen Werke Unseres Königreichs sollen in mehrere Divisionen eingetheilt werden.

Jede Division wird mehrere Berg-, Hütten- oder Salzämter, welche den Werken nahe liegen, in sich begreifen.

Der Wirkungskreis eines Bergamtes wird sich über mehrere, auf einem Zuge oder in einem Reviere liegende zusammenhängende Werke, welche einen Bergbezirk bilden sollen, erstrecken.

Ein solches Bergamt soll alle Wochen einmal Sitzung haben und darin über die laufenden Geschäfte sich berathen, so wie es im 61sten Artikel gegenwärtigen Dekrets näher vorgeschrieben werden wird.*)

In jeder Division sollen sich die, den verschiedenen Dienstzweigen Vorgesetzte, am Ende eines jeden Quartals, und, wenn es nöthig ist, noch öfter, auf die Aufforderung und unter dem Vorsitze des Berghauptmanns zu einem Divisions-Bergamte vereinigen, um über den Gang der allgemeinen Angelegenheiten der Division zu berathschlagen.

Einmal im Jahre soll der General-Direktor dieser Administration, nach eingeholter Genehmigung Unseres Finanz-Ministers, die Berghauptleute nach Kassel berufen, um sich dort unter dem Vorsitze des General-Direktors zu einem Ober-, Berg-, Hütten- und Salzamte zu vereinigen.

Art. 12. In jeder Division der Berg-, Hütten- und Salzwerke kann eine Berghandlung errichtet werden, die für den Verkauf der Produkte derselben und für den Ankauf der den Berg- und Hüttenwerken nöthigen Dinge zu sorgen hat.

---

*) Nach Artikel 61 sollen die in dieser Sitzung vereinigten Bergbeamten über die technische und ökonomische Lage der Werke, und über die Ausführung der ihnen ertheilten Befehle, ein jeder so weit es ihn angeht, Vorträge halten und ein Berg-Ingenieur hierüber genaue Protokolle aufnehmen.

In jeder Division soll sich die Berechnung der Vertheilung und Verwendung der Betriebsgelder der verschiedenen Werke in eine Behörde konzentriren.

Diese Central-Rechnungsbehörde soll an die General-Einnehmer der Distrikte die Uns zustehenden Ueberschüsse abliefern.

In jeder Division soll eine General-Behörde zur Revision der Rechnungen aller Art, und zwar sowohl der Material- als Geld-Rechnungen, vorhanden sein.

Art. 13. Der Unterricht in der Bergwerkswissenschaft soll in den allgemeinen Studienplan mit aufgenommen werden.

Die Mineralien-Sammlungen und Modellkammern, so wie die chemischen Laboratorien, die sich auf Unseren Universitäten vorfinden, sollen in solchen Stand gesetzt werden, daß dieser Zweck dadurch erreicht werden kann.

Unser General-Direktor des öffentlichen Unterrichts hat deshalb mit der General-Direction der Berghüttenwerke und Münzen das Nöthige zu verabreden.

Außerdem sollen auf den hauptsächlichsten Werken praktische Schulen vorhanden sein, wo die Söhne der Bergleute auf eine praktische Weise die Kenntnisse erhalten, die zur Ausübung ihres Faches am unentbehrlichsten sind.

Die sich in diesen Schulen auszeichnenden jungen Leute wollen wir in der Art aufmuntern, daß mehrere von ihnen ihre Kenntnisse auf den Universitäten zu vervollständigen im Stande sein werden.

Diejenigen, welche auf den Universitäten nur theoretische Kenntnisse sich erworben haben, sind gehalten, wenn sie in Unser Corps der Berg- und Hüttenleute zu treten gesinnt sind, noch auf den Werken selbst sich praktisch zu unterrichten.

Zweiter Titel.

Von den verschiedenen Graden des bei der General-Administration der Berg-, Hütten- und Salzwerke angestellten Personals und dessen Wirkungskreisen u. s. w.

Dritter Titel.

Von der Verantwortlichkeit und den allgemeinen Pflichten der Berg-, Hütten- und Salz-Officianten u. s. w.

Vierter Titel.

Von der Ernennung zu den Stellen, deren Unverträglichkeit mit anderen Gewerben, und der Entsetzung von denselben.

Fünfter Titel.

Von der Bildung der Berg-, Hütten- und Salzwerks-Divisionen, und von der Unter-Abtheilung der Divisionen in Bezirks-Bergämter u. s. w.

Sechster Titel.

Von den Gehalten und Verwaltungskosten u. s. w.

Siebenter Titel.

Von der Verwaltung der Berg-, Hütten- und Salzwerke, die ganz oder zum Theil von Privatpersonen betrieben werden u. s. w.

Achter Titel.

Von den, die Berg=, Hütten= und Salzwerke betreffenden, streitigen und gerichtlichen Polizei=Gegenständen u. s. w.

Neunter Titel.

Von der Ablieferung der Papiere, welche Berg=, Hütten= und Salzsachen betreffen, an die Berg=Officianten u. s. w.

Zehnter Titel.

Von der Uniform des zum Berg=, Hütten= und Salzwerks=Corps gehörenrenden Personals u. s. w.

Gegeben in Unserem Königlichen Palaste zu Kassel, am 27. Januar 1809, im dritten Jahre Unserer Regierung.

Unterschrieben: u. s. w.

31.

Königliches Dekret vom 24. März 1809, die Vertheilung der öffentlichen Unterstützungen unter die Armen betreffend.

(Gesetz=Bülletin 1809. XVII. 45.)

Wir u. s. w.

haben auf den Bericht Unseres Ministers des Innern;

in Erwägung, daß täglich Gesuche um Unterstützungen bei der General=Administration einkommen, welche sich nur mit der Aufsicht und Leitung der Wohlthätigkeits= und öffentlichen Hülfs=Anstalten zu beschäftigen hat;

daß es nothwendig ist, allgemeine Grundsätze festzustellen, welche den Lokal=Behörden und Administrationen sowohl bei Vertheilung der öffentlichen Unterstützungen, als bei Beurtheilung der Fälle, in welchen dieselben bewilligt werden müssen, zur Richtschnur dienen, und den Hülfsbedürftigen zugleich die Behörden anweisen, an welche sie sich zu wenden haben, so wie auch die Bedingungen, unter welchen sie auf die öffentliche Wohlthätigkeit Anspruch machen können; nach Anhörung Unseres Staatsraths; verordnet und verordnen:

Art. 1. Jede Gemeinde des Königreichs ist zur Unterhaltung ihrer Armen verpflichtet.

Art. 2. Zu den einer Gemeinde zur Last fallenden Armen gehören diejenigen, welche durch einen mehr als einjährigen Aufenthalt in derselben das

Recht des Wohnsitzes erworben haben; dieser Zeitraum wird von dem Tage ihrer Einschreibung auf dem Secretariate der Municipalität an berechnet. Diejenigen, welche das Recht des Wohnsitzes in der Gemeinde, worin sie wohnen, noch nicht erworben haben, erhalten, im eintretenden Falle, ihre Unterstützungen von der Gemeinde, in welcher sie dasselbe zuletzt erworben hatten, und wenn sie gar keinen Wohnsitz haben, von der Gemeinde, worin sie geboren sind.

Der Wohnsitz in Hinsicht auf Unterstützungen wird bei Kindern und Personen unter 21 Jahren, welche unehelich sind, nach dem ihrer Mutter bestimmt; sind sie aber ehelich, so tritt der Wohnsitz des Vaters, und erst in dessen Ermangelung der der Mutter ein; in Entstehung beider ist diejenige Gemeinde, in welcher sie sich aufhalten, zu ihrer Unterstützung verpflichtet, insofern nicht ihr Geburtsort bekannt ist, und der Unter-Präfekt es für vorzüglicher hält, sie dahin zu verweisen.

Art. 3. Jeder Hülfsbedürftige, der auf Unterstützung Anspruch macht, muß sich desfalls an den Maire seiner Gemeinde wenden.

Art. 4. Der Maire muß, nachdem er sich davon überzeugt hat, daß die Familie des Nachsuchenden, nach ihren Kräften, zu der Unterstützung beiträgt, worauf derselbe nach den Art. 203, 205, 211 und 212 des Codex Napoleon Anspruch machen kann, für die Befriedigung seiner übrigen Bedürfnisse sorgen, indem er denselben, wenn er alt und schwach, krank oder gebrechlich ist, in ein Hospital aufnehmen läßt, oder, wenn er noch rüstig ist, ihm Arbeit verschafft, und wenn er Kinder hat, dieselben auf Kosten der Gemeinde in eine Schule oder Werkstatt unterbringt, oder endlich, indem er denselben auf irgend eine Weise an der öffentlichen Wohlthätigkeit Theil nehmen läßt.

Art. 5. Die Unterstützungen sollen, so viel als möglich, in Natur, und nicht in Geld gegeben werden.

Art. 6. Wenn sich in einer Gemeinde keine Wohlthätigkeits-Anstalt findet, oder wenn die Einkünfte derselben zur Unterstützung ihrer Armen nicht zureichen, so muß der Maire desfalls an den Unter-Präfekten, und dieser nöthigenfalls an den Präfekten sich wenden, welcher, wenn es die Umstände erfordern, und die Hülfsmittel der Gemeinde unzureichend sind, Unserem Minister des Innern über die Mittel, die Gemeinde oder den Kanton in den Stand zu setzen, für die Unterstützung der Armen zu sorgen, die nöthigen Vorschläge machen wird.

Art. 7. Ein Jeder, welcher in einer Gemeinde um Unterstützung nachsucht, in welcher er weder geboren ist, noch seinen Wohnsitz hat, oder welcher bei einer anderen Behörde, als seiner Municipalität, ein solches Gesuch anbringt, soll von derselben an die Municipalität seiner Gemeinde verwiesen werden, damit diese ihm die nöthige Unterstützung reiche.

Art. 8. Jeder anerkannt fremde Bettler soll in seinen Wohnort zurückgeschickt, und über die Grenzen des Königreichs gebracht werden, insofern er nicht als Vagabunde, oder wegen schwererer Vergehungen vor Gericht gezogen werden kann. Ist jedoch ein ausländischer Bettler gebrechlich oder krank, so soll er in derjenigen Gemeinde, in welcher er sich aufhält, die unentbehrlichen Unterstützungen bis zu dem Zeitpunkte erhalten, wo es möglich ist, ihn in seinen Wohnort zurückzuschicken.

Art. 9. Unser Minister des Innern ist mit der Vollziehung des gegenwärtigen Dekrets, welches in das Gesetz-Büllletin eingerückt werden soll, beauftragt.

Gegeben in Unserem Königlichen Palaste zu Kassel, am 24. März 1809, im dritten Jahre Unserer Regierung.

Unterschrieben: u. s. w.

32.

Königliches Dekret vom 28. März 1809, die Allodification der Lehen betreffend.

(Gesetz-Büllletin 1809. XVII. 47.)

Wir u. s. w.

haben in Erwägung, daß die Lehen eine Art von Eigenthum sind, welches weder mit dem Geiste der Constitution des Königreichs, noch mit den Grundsätzen des Gesetzbuches Napoleon verträglich ist, indem letzteres das lehnbare Eigenthum nicht anerkennt, sondern alles Vermögen, mit Vorbehalt der im 896sten Artikel enthaltenen Ausnahme, denselben Regeln der Erbfolge unterwirft;

daß gleichwohl die gänzliche Aufhebung der Lehen, wenn sie ohne Entschädigung für die Lehnherren verfügt würde, nicht nur für diejenigen Unserer Unterthanen, von welchen Lehen abhängig sind, sondern auch selbst für Unsere Krone sehr nachtheilig werden würde, da dieselbe den Verlust der Belehnungs-Gebühren, Laudemial- und Consens-Gelder, wie auch des Heimfallsrechtes zur nothwendigen Folge hat; auf den Bericht Unseres Justiz-Ministers; nach Anhörung Unseres Staatsraths;

verordnet und verordnen:

Art. 1. Alle und jede in dem Umfange Unseres Königreichs gelegenen Lehen, von welcher Natur und Beschaffenheit sie immer sein, und unter welcher Benennung sie vorkommen mögen, die Lehnherrschaft oder Lehnherrlichkeit mag darüber Unserer Krone, oder Privatpersonen zustehen, sollen, ohne Unterschied, ob sie unmittelbare oder Afterlehen sind, in völlig freies Eigenthum (Allodium) verwandelt, und folglich von der Belehnung, den Belehnungs-Gebühren, Laudemial- und Consens-Geldern, wie auch von dem Heimfallsrechte, und überhaupt von allen den Beschränkungen, welche aus der Lehen-Verbindung entspringen, gänzlich befreit sein, dergestalt, daß die Besitzer solcher allodificirten Güter sie, unter Beobachtung der gesetzlichen Vorschriften, nach Gefallen zu veräußern und zur Hypothek zu bestellen, berechtigt sind.

Die auf einigen Lehen (Zinslehen) haftenden und dem Lehnherrn zu entrichtenden Grundzinsen sind jedoch keineswegs aufgehoben, sondern müssen, nach wie vor, und zwar so lange entrichtet werden, bis sie abgelöst worden sind.

Art. 2. Der Vorschrift des vorigen Artikels sind gleichfalls alle die Lehen unterworfen, welche in dem Umfange Unseres Königreichs gelegen sind, und worüber vormals die Lehnherrschaft dem deutschen Kaiser und Reiche zugestanden hat, oder welche bis jetzt von auswärtigen Souverainen abhängig gewesen sind, indem die Lehenherrschaft über alle diese Lehen Uns zugefallen ist.

Art. 3. Alle Rechte der Lehensuccession, von welcher Beschaffenheit sie sein mögen, sind gleichfalls aufgehoben. Die Succession in den nunmehr allodificirten Lehen soll, gerade so wie die Erbfolge in dem übrigen Vermögen, lediglich nach den im Gesetzbuche Napoleon über die Erbfolge enthaltenen Vorschriften beurtheilt werden.

Art. 4. Indessen soll die Lehensuccession, jedoch nur noch ein Mal statt finden, und zwar zum Besten

1) desjenigen oder derjenigen, welche zur Zeit der Bekanntmachung des gegenwärtigen Dekrets bereits geboren und unmittelbar zur Lehenfolge berechtigt sind;

2) der noch zu erzeugenden Descendenten der Lehen-Besitzer, insofern sie zur Lehenfolge berechtigt sind, wie auch der zur Zeit der Publikation des gegenwärtigen Dekrets bereits lebenden Descendenten, wenn sie kraft des Repräsentations-Rechtes in die Stelle ihrer verstorbenen Eltern rücken.

Diese Descendenten und deren Repräsentanten, sollen vor den zur Succession berufenen Seitenverwandten, welche zur Zeit der Publication des gegenwärtigen Dekrets am Leben sich befinden, einen Vorzug haben.

3) In der Seitenlinie zum Besten der schon geborenen oder noch zu erzeugenden Kinder, welche kraft des Repräsentations-Rechte in die Stelle ihrer verstorbenen Eltern, die zur Zeit der Bekanntmachung des gegenwärtigen Dekrets die nächsten Lehenfolger waren, einzutreten berechtigt sind.

Art. 5. Mit Vorbehalt der obigen Ausnahmen ist die Lehensuccession gänzlich abgeschafft, und zwar nicht nur in der Person derjenigen, zu deren Vortheile die Ausnahmen gemacht sind, so bald nämlich diese zur Succession wirklich gelangt sind, sondern auch in Rücksicht aller übrigen Lehenfolgen, welche zur Zeit der Bekanntmachung des gegenwärtigen Dekrets am Leben sich befinden, selbst wenn der nächste Lehenfolger, durch dessen Existenz sie gegenwärtig von der Succession ausgeschlossen werden, vor ihnen versterben sollte.

Art. 6. Der 4te und 5te Artikel des gegenwärtigen Dekretes finden gleichfalls auf die, welche in der deutschen gesammten Hand- oder Mitbelehnung sich befinden, ihre Anwendung.

Art. 7. Von der Verwandlung in freies Eigenthum oder Allodium sind jedoch diejenigen Lehen ausgenommen, welche dem Heimfalle nahe sind oder auf vier Augen stehen, d. h., solche Lehen, deren Besitzer gegenwärtig nur einen lebenden, zur Succession berufenen Nachfolger hat.

Art. 8. Die Besitzer derjenigen Lehen, über welche Wir seit Unserer Thronbesteigung bereits verfügt haben, sollen dieselben zwar als Allodium, aber in der Eigenschaft als Majorate, und zwar dergestalt besitzen, daß sie weder getheilt, noch veräußert, noch mit Hypotheken belastet werden dürfen, auch das Heimfallsrecht in Rücksicht derselben Uns vorbehalten bleibt.

Art. 9. In Gemäßheit des 896sten Artikels des Gesetzbuches Napoleon behalten Wir Uns vor, erbliche Titel zu Gunsten derjenigen Unserer Unterthanen, deren Dienste und bewiesene Anhänglichkeit Wir zu belohnen wünschen, zu errichten, und sie zu ermächtigen, die Güter, welche die Dotation dieser Titel ausmachen sollen, mit einem Fideikommisse zu belegen. Gedachte Güter und Titel sollen sodann auf den ältesten Sohn, er mag schon geboren sein oder künftig geboren werden, und auf alle Nachkommen männlichen Geschlechts, nach der Ordnung der Erstgeburt, fallen. Den nachgeborenen Kindern des Stifters des Fideicommisses darf jedoch ihr Pflichttheil nicht gekränkt werden. Die Güter, welche diese Majorate bilden, können weder getheilt, noch veräußert, noch mit Hypotheken beschwert werden.

Art. 10. Für die Verwandlung der Lehen in Allodium soll von den Besitzern derselben an Uns oder an diejenigen, welche bisher in dem Besitze der Lehenherrschaft sich befunden haben, jährlich eine Abgabe von einem Procente des Ertrages des Lehens entrichtet, und zu dem Ende vorher der Werth eines jeden Lehens durch Unterhandlung zwischen Lehnsherrn und Vasallen ausgemittelt werden. Gedachte jährliche Abgabe bekommt die Natur eines Grundzinses.

Art. 11. Der Werth der von Unserer Krone abhängigen Lehen soll durch Unterhandlung zwischen den Besitzern derselben und den bei den respektiven Distrikts-Tribunalen befindlichen Königlichen Prokuratoren festgesetzt werden, so daß dabei die Lehenbriefe, die etwa vorhandenen Pacht-Kontrakte und übrigen Nachrichten, zu deren Auslieferung die vormaligen Vasallen hiermit verbindlich gemacht werden, zu Grunde zu legen sind.

Die Königlichen Prokuratoren müssen von diesen Abschätzungen dem General-Direktor Unserer besonderen Krondomainen, welcher auch nöthigenfalls eine neue Abschätzung zu verfügen berechtigt ist, Rechenschaft geben.

Art. 12. Diejenigen Vasallen, welche unaufgefordert alle Nachrichten an die Hand geben werden, vermittelst welcher die Beendigung der Abschätzungen noch vor dem Ablaufe dieses Jahres möglich wird, sollen von den Belehnungs- und Laudemial-Gebühren, die bei Unserer Thronbesteigung an Uns hätten entrichtet werden müssen, bisher aber aus dem Grunde nicht gefordert worden sind, weil Wir immer die Absicht hegten, die Lehen zu allodificiren, befreit sein.

Dahingegen sollen alle diejenigen, welche in der gedachten Frist zur Abschätzung ihrer Lehen es nicht haben kommen lassen, zur Bezahlung der besagten Gebühren angehalten, und wider dieselben, wegen ihres Ungehorsams, zur Abschätzung geschritten werden, ohne daß dawider irgend ein Rekurs statthaft ist.

Art. 13. Die im 10ten Artikel bestimmte jährliche Abgabe soll als eine auf den Gütern haftende Last von jedem Besitzer, in dessen Händen sich dieselben befinden, entrichtet werden; auch sind bei einer künftigen Theilung der Güter alle Theilhaber zur Bezahlung derselben solidarisch verbunden.

Art. 14 Denjenigen, welche diese Abgabe zu entrichten haben, steht es, so wie jedem einzelnen von ihnen, frei, dieselbe mit 5 Procent, oder indem deren Betrag 20 Mal entrichtet wird, abzulösen.

Die Allodial-Erben des gegenwärtigen Lehenbesitzers sind berechtigt, falls er diese auf den Gütern haftende Abgabe abgelöst hat, die dafür erlegte Summe von dem nächsten Lehenfolger zurückzufordern.

Art. 15. Zur Sicherheit wegen Bezahlung der gedachten Abgabe und bis dahin, daß dieselbe abgelöst sein wird, behalten die bisherigen Lehenherren an den allodificirten Lehen die Rechte und Privilegien, welche durch den 2103. Art.

Nr. 1 des Gesetzbuches Napoleon dem Verkäufer eines Grundstücks wegen Bezahlung des Kaufpreises verliehen sind.

Zu dem Ende müssen sie um die Inscription in die Hypotheken-Register nachsuchen, wovon jedoch die Kosten den zur Abgabe Verpflichteten zur Last fallen.

Art. 16. Die Verpflichtung zur Zahlung der gedachten Abgabe soll mit dem 1. Mai d. J. anfangen, die Zahlung selbst aber erst am Ende desselben geleistet werden.

In dem Jahre 1810 und in den darauf folgenden Jahren soll dieselbe immer in 2 Terminen, nämlich am 1. Juli und am 31. Dezember abgetragen werden.

Art. 17. Kein Lehen kann eher veräußert werden, als bis die für die Allodification zu entrichtende Abgabe ihre feste Bestimmung erhalten, auch für das Jahr 1809 bezahlt worden ist.

Art. 18. Unser Minister der Justiz ist mit der Vollziehung des gegenwärtigen Dekrets, welches in das Gesetz-Bülletin eingerückt werden soll, beauftragt.

Gegeben in Unserem Königlichen Palaste zu Kassel, am 28. März 1809, im dritten Jahre Unserer Regierung.

Unterschrieben: u. s. w.

33.

Königliches Dekret vom 27. Juli 1809, wodurch das die Leibeigenschaft aufhebende Dekret vom 23. Januar 1808 erklärt wird.

(Gesetz-Bülletin 1809. XXXV. 105.)

Wir u. s. w.

Indem Wir, als eine Folge der Abschaffung der Leibeigenschaft, alle persönlichen Dienste, welche nicht in Rücksicht der Ueberlassung eines Grundstückes geleistet werden mußten, für aufgehoben erklärten, hoben Wir gleichfalls durch Unser Dekret vom 23. Januar 1808 unter den Diensten, welche in Rücksicht der Ueberlassung eines Grundstückes oblagen, diejenigen auf, welche dadurch, daß sie völlig willkürlich waren, das Schicksal der Dienstpflichtigen, ohne alle Einschränkung und bloß nach Gutbefinden des Dienstherrn, hätten härter machen können;

da nun aber die im 9ten Artikel des gedachten Dekrets gebrauchten Ausdrücke mehrere Schwierigkeiten veranlaßt haben, welche, um einer Menge von Streitigkeiten vorzubeugen, gehoben werden müssen: so haben Wir beschlossen, jene Ausdrücke zu erklären und genauer zu bestimmen, welche Frohndienste als noch bestehend, welche hingegen als aufgehoben zu betrachten sind;

in dieser Absicht haben Wir;
auf den Vortrag Unseres Justiz-Ministers;
nach Anhörung Unseres Staatsrathes;
verordnet und verordnen, wie folgt:

Art. 1. Da alle Hand- und Spanndienste nur in sofern beibehalten sind, als sie als eine Folge und der Preis der geschehenen Ueberlassung eines Grundstückes oder Einräumung eines dinglichen Rechtes, von welcher Art das Grundstück oder gedachtes Recht immer sein mag, betrachtet werden können, so kann auch der Frohndienst von keinem anderen, als nur von demjenigen gefordert werden, welchem ein Grundstück oder ein solches Recht eingeräumt worden ist, wovon jedoch die Gemeinde-Frohnen, wie auch die Landes-Frohnen oder Landfolge eine Ausnahme machen.

Indeß darf bei entstehendem Streite zwischen dem Dienstpflichtigen und Dienstherrn, letzterem der Beweis der geschehenen Ueberlassung eines Grundstückes oder dinglichen Rechtes keineswegs aufgelegt werden; vielmehr soll dieselbe aus dem Besitze, worin sich der Dienstpflichtige befindet, vermuthet werden, selbst wenn der gegenwärtige Dienstherr das Grundstück oder dingliche Recht nicht sollte überlassen haben.

Art. 2. Gemeinden als solche sind zur Leistung von Frohndiensten nicht anders verbunden, als wenn ihnen Grundstücke oder dingliche Rechte überlassen worden, oder wenn sie Schuldnerinnen von Summen Geldes sind, für welche die gedachten Dienste festgesetzt worden sind.

Art. 3. Von den ehemals den Gemeinden als solchen oder den Privatpersonen aufgelegten Frohndiensten sollen in Zukunft nicht mehr gefordert werden können:

1) diejenigen, welche wegen der Lehenverbindung, der Gerichtbarkeit oder des verliehenen Schutzes geleistet werden mußten, wie auch alle diejenigen, welche durch den ersten Titel Unseres Dekretes vom 23. Januar 1808 aufgehoben worden sind;

2) die Jagdfrohnen, sie mögen nun zum Treibjagen, oder zur Fortschaffung des Wildes oder zu irgend einem anderen auf die Jagd Beziehung habenden Zwecke verlangt werden, es sei denn, daß von der des öffentlichen Wohls wegen vorzunehmenden Ausrottung schädlicher Thiere die Rede sei;

3) die ungemessenen Dienste.

Art. 4. Als ungemessene Dienste sollen folgende nicht betrachtet werden:

1) diejenigen, welche durch die Anzahl der Tage oder durch ihre Quantität bestimmt sind;

2) diejenigen, welche, ohne durch die Anzahl der Tage oder ihre Quantität bestimmt zu sein, es gleichwohl dadurch sind, daß die Größe der Grundstücke bestimmt ist, welche die Dienstpflichtigen zu pflügen, zu besäen, oder abzuernten verpflichtet, oder wovon sie die Früchte einzufahren verbunden sind.

Alle übrigen Dienste, von welcher Art sie immerhin sein und unter welcher Benennung sie vorkommen mögen, gehören in die Klasse der ungemessenen Dienste und sind folglich für abgeschafft erklärt. Dahin gehören auch diejenigen Dienste, welche zum Behuf der vom Dienstherrn vorzunehmenden Bauten (Baudienste, Baufrohnen, Burgfeste) bisher geleistet wurden, es sei denn, daß bei denselben die Anzahl der Tage bestimmt wäre.

Art. 5. Ist die Art der während der bestimmten Anzahl Diensttage zu leistenden Arbeit weder durch Urkunden, noch durch Anerkenntniß, noch durch Herkommen festgesetzt: so müssen die Dienstpflichtigen an den Diensttagen die Arbeiten, welche der Dienstherr von ihnen verlangt, übernehmen.

Art. 6. Da der wahre und eigentliche Zweck der Dienste auf die Bebauung und Bewirthschaftung der Grundstücke des Dienstherrn gerichtet ist, so ist es auch verboten, unter dem Vorwande der den Grundstücken des Dienstherrn schuldigen Dienste, Arbeiten ganz anderer Art von den Pflichtigen zu fordern, z. B. solche, die auf eine dem Lande ungebräuchliche Fabrication oder auf einen daselbst nicht üblichen Handel sich beziehen.

Indeß soll an denjenigen Orten, wo zur Zeit der Bekanntmachung des gegenwärtigen Dekretes die Dienstpflichtigen diese Art von Diensten, vermöge eines rechtmäßigen Grundes, bis jetzt haben leisten müssen, in dieser Hinsicht nicht verändert sein, sondern es vielmehr beim Alten bleiben. Vermehrt dürfen jedoch diese Dienste nicht werden, und der jüngste Besitz soll lediglich die Ausdehnung derselben bestimmen.

Art. 7. Sobald der Fall vorhanden ist, daß Dienste nicht anders, als nur wegen der Bedürfnisse der Grundstücke des Dienstherrn gefordert werden können, so darf dieser die Dienste ohne dasjenige Gut, zu dessen Nutzen sie geleistet werden müssen, weder verpachten noch verkaufen. Ist es hingegen dem Dienstherrn erlaubt, der Dienste auch zu einem anderen Zwecke, als zur Bebauung und Bewirthschaftung seiner Grundstücke sich zu bedienen, so soll sowohl der Verkauf, als die Verpachtung derselben fernerhin gestattet sein, vorausgesetzt, daß dadurch die Lage der Pflichtigen nicht härter werde.

Art. 8. Die Einführung neuer Frohndienste, selbst unter dem Vorwande der für deren Leistung geschehenen Ueberlassung eines Grundstücks, wird hiermit ausdrücklich verboten.

Art. 9. Alle Dienste, welche weder durch das Dekret vom 23. Januar 1808, noch durch das gegenwärtige aufgehoben sind, müssen bis zu deren Abkaufe nach wie vor geleistet werden, und es sollen dazu die Dienstpflichtigen durch die, unter gerichtlicher Autorität vorzunehmende, Arrestanlegung auf ihre beweglichen Sachen, Früchte und Grundstücke angehalten werden.

Art. 10. Bei entstehenden Streitigkeiten sollen die Dienstpflichtigen die Dienste bis zum erfolgenden Definitiv-Erkenntnisse wie bisher leisten; doch bleibt ihnen ihr Anspruch auf vollständige Schadloshaltung, angerechnet von dem Tage des entstandenen Rechtsstreites, in dem Falle vorbehalten, wenn die Entscheidung des Streites zu ihrem Vortheile ausfällt.

Art. 11. Unser Justiz-Minister ist mit der Vollziehung des gegenwärtigen Dekretes, welches in das Gesetz-Büllетin eingetragen werden soll, beauftragt.

Gegeben in Unserem Königlichen Palaste zu Kassel, am 27. Juli 1809, im dritten Jahre Unserer Regierung.

Unterschrieben: u. s. w

34.

Codex der Militair-Conscription für das Königreich Westfalen.

(Gesetz-Bülletin 1809. XXXXVIII.)

Wir u. s. w.
haben nach Ansicht des 53sten Artikels der Constitution vom 15. November 1807, in Erwägung, daß es nothwendig ist, die Bestimmungen des Dekrets vom 25. April 1808 zu vervollständigen, und sämmtliche die Conscription betreffende Dekrete und Gutachten des Staatsrathes, welche von Uns genehmigt sind, in einen einzigen Codex zusammenzutragen;
auf den Bericht Unseres Kriegs-Ministers;
nach Anhörung Unseres Staatsraths;
verordnet und verordnen:

Grundsätze.

Art. 1. Jeder Westfale ist verbunden, sein Vaterland zu vertheidigen, sobald ihn der König dazu auffordert.

Art. 2. Die Armee wird theils durch militairische Conscription, theils durch freiwillige Werbung gebildet.

Art. 3. Die Anzahl der in jedem Jahre auszuhebenden Conscribirten wird durch ein besonderes Dekret bestimmt, und hängt von dem jedesmaligen Bedürfnisse der Armee, oder der ihr abgehenden Mannschaft ab.

Erste Abtheilung.

Von der Militair-Conscription.

Erster Titel.

Von der Conscription im Allgemeinen.

Art. 4. Die militairische Conscription erstreckt sich auf alle Westfalen, welche am 1. Januar eines jeden Jahres ihr 20stes Jahr zurückgelegt haben; sie bleiben derselben 5 Jahre hindurch, von dem gedachten Zeitpunkte an gerechnet, unterworfen, selbst wenn sie auch ihr 25stes Jahr schon früher vollendet hätten.

Art. 5. Die Conscribirten gehören entweder zur aktiven Armee, oder zur Reserve, oder zum Depot.

Art. 6. Jeder Conscribirte, welcher während des oben bestimmten Zeitraumes zum Dienste der aktiven Armee nicht aufgefordert wird, ist als solcher vom Militairdienste frei.

Art. 7. In Friedenszeiten sind die zum Dienste der aktiven Armee aufgeforderten Conscribirten, sie mögen im ersten Jahre, oder in einem der folgenden in Gemäßheit des 210ten Artikels aufgefordert sein, fünf Jahre lang zu dienen verpflichtet, von dem Tage an gerechnet, wo sie einverleibt worden sind. Sie sollen nach Ablauf dieses Zeitraumes Militair-Abschiede erhalten, und in den Stämmen der Armee, mittelst Aushebung neuer Conscribirten, ersetzt werden. *)

Zur Zeit des Krieges sind dieselben den jedesmaligen Bestimmungen über den Dienst und die Abschiede unterworfen, welche die Umstände nothwendig machen werden.

Art. 8. Kein Westfale soll eher zur Ausübung der bürgerlichen Rechte, oder zu irgend einem öffentlichen Amte zugelassen werden, oder eine Erbschaft oder ein Legat in Empfang nehmen, oder endlich eine Pension vom Staate erhalten können, als bis von ihm nachgewiesen ist, daß er den Gesetzen der Conscription Genüge geleistet hat.

Art. 9. Um darzuthun, daß man den Gesetzen der Conscription Genüge geleistet habe, reicht es hin, eine Bescheinigung der Gegenwart unter den Fahnen, eine Stellvertretungs-Urkunde, einen endlichen Abschied, eine wegen Untauglichkeit zum Dienste ertheilte Entlassung, eine definitive oder vorläufige, noch gültige Befreiung, oder endlich ein Zeugniß über die nicht geschehene Aufforderung zum Dienste beizubringen, wie solches im 15ten Titel verordnet ist.

Art. 10. Diejenigen Offiziere, die vor zurückgelegtem 25sten Jahre ihren Abschied nachgesucht und erhalten haben, sollen gleichwohl den Gesetzen der Conscription wieder unterworfen werden.

Zweiter Titel.

Von den Befreiungen.

Art. 11. Eine gänzliche Befreiung von der Militair-Conscription wird nicht anders gestattet, als in folgenden Fällen:

1) denjenigen, welche wegen Mangels an Größe, wegen Kränklichkeit oder körperlicher Fehler entlassen sind.

Diese Entlassung soll nach Anleitung der im 5ten und 6ten Titel enthaltenen Bestimmungen, von dem Unter-Präfekten oder dem Rekrutirungs-Rathe ausgesprochen, und von Unserem Kriegsminister bestätigt werden;

2) Jedem allein übrig bleibenden Sohne einer Familie, die bereits zwei Söhne unter den Fahnen verloren hat;

3) Jedem Sohne einer Familie, welche drei Söhne unter den Fahnen verloren hat.

In diesen beiden Fällen soll die Befreiung von dem Unter-Präfekten auf den Grund der von dem Verwaltungsrathe ertheilten Bescheinigung des Todes,

---

*) Nach Artikel 210 sind, wenn die Reserve aufgerufen wird, die zu ihrer und die zur Ergänzung des Contingentes der aktiven Armee erforderlichen Conscribirten aus dem Depot zu nehmen; sollte aber dieses in einem Kanton, ehe das Contingent vollzählig ist, erschöpft sein, so werden dieselben aus dem Depot des vorhergehenden Jahres genommen, und, wenn es nöthig sein sollte, soll von Jahr zu Jahr bis zu der Reserve und dem Depot des fünften Conscriptionsjahres einschließlich, zurückgegangen werden.

und eines von dem Maire ausgestellten, und von drei Familienvätern, die in dem Kanton ihren Wohnsitz haben, unterzeichneten Zeugnisses erkannt, und von dem Kriegsminister bestätigt werden.

Art. 12. Die vorläufige Befreiung kann ertheilt werden:

1) solchen Individuen, die sich durch ihre Talente und erworbenen Kenntnisse auszeichnen, besonders wenn sie zu der Klasse derjenigen gehören, welche sich dem öffentlichen Unterrichte oder dem geistlichen Stande widmen;

2) denjenigen Individuen, welche sich durch irgend eine Art von Kunstfleiß dergestalt auszeichnen, daß großer Nutzen für den Staat davon zu erwarten ist.

Diese Befreiungen können von dem Unter-Präfekten nicht anders, als nach Ansicht der Ausfertigung eines Königlichen Dekretes ausgesprochen werden. Die Wirkung desselben hört jedoch auf, sobald die Ursachen der Befreiung nicht mehr statt finden.

Zur vorläufigen Befreiung sollen Uns nur diejenigen vorgeschlagen werden, welchen die Mittel fehlen, sich durch einen Stellvertreter ersetzen zu lassen.

Art. 13. Die Beweisstücke, welche zur Begründung der Befreiungen dienen, von denen im 11ten und 12ten Artikel die Rede gewesen ist, müssen dem Protokolle über die desfallsigen Verhandlungen beigefügt werden.

Dritter Titel.

Von der Reserve und dem Depot.

Art. 14. Die Reserve besteht aus der durch ein Königliches Dekret, außer dem dienstthuenden Contingente der Armee, bestimmten Anzahl von Conscribirten.

Die zur Reserve gehörenden Conscribirten sind verbunden, sich zu stellen, sobald die im wirklichen Dienste befindlichen Conscribirten von ihnen nach Ordnung ihrer Nummern ersetzt werden müssen, oder wenn die Reserve durch ein Königliches Dekret ganz oder zum Theile aufgefordert wird.

Art. 15. An das Ende der Reserve sollen gesetzt werden: Die Arbeiter bei Unserer Münze, Unseren Gewehrfabriken und dem Berg- und Hüttenwesen, ingleichen bei den Manufakturen, Fabriken und Salinen, welche für Unsere Rechnung betrieben werden, oder von denen Uns ein Theil ihres Ertrages gebührt. Diese Individuen sollen nicht mitloosen, sondern nur von dem Rekrutirungs-Rathe untersucht werden.

Diejenigen unter ihnen, welche als dienstfähig anerkannt sind, sollen sodann nach Ansicht des von dem Vorgesetzten der Anstalt unter persönlicher Verantwortlichkeit ertheilten Zeugnisses, in welchem die Art der Nützlichkeit eines jeden Individuums angegeben ist, und woraus zugleich hervorgehen muß, daß nicht nur dessen Beibehaltung nothwendig ist, sondern daß dasselbe auch durch einen anderen Arbeiter nicht wohl ersetzt werden kann, am Ende der Reserve ihren Platz erhalten. Dieses Certifikat muß dem Schluß-Protokolle beigefügt werden. Den dienstunfähig befundenen Arbeitern werden, gleich den übrigen Conscribirten, Entlassungen ertheilt.

Art. 16. Wird die Reserve aufgefordert, so sollen diejenigen der gedachten Arbeiter, welche als diensttüchtig anerkannt sind, dem von dem Kanton zu stellenden Contingente zu Gute gerechnet werden, ohne daß sie von ihren Werkstätten weggenommen werden dürfen, und die auf diese Art dem Contingente abgehende Mannschaftszahl soll auf die Departements vertheilt werden. Wenn sie jedoch die Fabrik, die Manufaktur, die Münze, das Berg-, Hütten- oder Salzwerk verlassen, so sollen sie sogleich mit zum Loosen gezogen werden.

Art. 17. Das Depot besteht aus allen den Conscribirten, welche das Loos nach beendigter Ziehung weder für das Contingent der aktiven Armee, noch für die Reserve bestimmt hat.

Die Conscribirten des Depots sind verbunden, sich zu stellen, wenn die Conscribirten der Reserve durch sie nach Ordnung ihrer Nummern ergänzt werden müssen, oder wenn das Depot ganz oder zum Theile durch ein Königliches Dekret aufgefordert wird.

Art. 18. Unter den Worten: „ans Ende der Depots gesetzt werden" versteht man den Umstand, daß ein Conscribirter, welcher sich in einem der im nachstehenden Artikel angegebenen Fälle befindet, für den aktiven Dienst nicht mit zu loosen braucht, und so lange vom Marschiren frei ist, bis die Klasse, zu welcher er gehört, gänzlich erschöpft ist.

Art. 19. Das Recht, ans Ende des Depots gesetzt zu werden, haben folgende:

1) Jeder einzige Sohn einer Mutter oder Großmutter, oder eines Vaters oder Großvaters, welcher am 1. Januar des Jahres, wo der Sohn in die Conscription fällt, sein 60stes Jahr zurückgelegt hat, oder Schwächlichkeits halber sich seinen Unterhalt durch eigene Arbeit zu verschaffen nicht im Stande ist; vorausgesetzt, daß in beiden Fällen der Sohn zu der Eltern Unterhalte unumgänglich nöthig ist.

Ein Gleiches findet statt, wenn in den obgedachten Fällen der Conscribirte zwar einen oder mehrere Brüder hat, diese aber ihr 18tes Jahr noch nicht erreicht haben, oder wegen bleibender Gebrechen außer Stande sind, ihre Eltern zu unterstützen:

2) Der älteste Bruder vater- und mutterloser Kinder unter 18 Jahren, deren, mit Einschluß seiner, wenigstens 3 sein müssen, wenn derselbe zu ihrem Unterhalte unentbehrlich befunden wird;

3) Jeder, dessen Bruder, gleichviel, aus welcher Ehe und ob als Conscribirter, als freiwillig Angeworbener, oder als solcher, welcher seine Nummer mit der eines anderen Conscribirten vertauscht hatte, nur nicht als Offizier, zur Zeit sich im wirklichen Dienste der Armee befindet, oder darin verstorben ist, vorausgesetzt, daß nicht schon einer seiner noch lebenden Brüder aus eben diesem Grunde vom Marschiren befreit worden ist.

Art. 20. Zur Nachweisung der im vorstehenden Artikel unter der ersten und zweiten Nummer aufgestellten Gründe, muß nicht nur das Zeugniß des Maire der Gemeinde, sondern auch die schriftliche Erklärung dreier Familienväter, welche in dem Kanton ihren Wohnsitz haben, und diese Erklärung demnächst bei Prüfung der Listen mündlich vor dem Unter-Präfekten bestätigen müssen, beigebracht werden.

In dem unter Nr. 3 erwähnten Falle wird außer dem, vom Maire der Gemeinde ausgestellten und von drei, in dem Kanton wohnenden, Familienvätern unterzeichneten Certifikate die von dem Verwaltungs-Rathe ertheilte Bescheinigung des Todes oder der Gegenwart bei dem Corps erfordert. Im Falle dringender Umstände, oder wenn das Corps sich außerhalb des Königreichs befindet, reicht vorläufig das vom Maire ertheilte, mit der Unterschrift dreier Familienväter, versehene Certifikat hin. Dasselbe muß jedoch mit einem Atteste des Rekrutirungs-Offiziers, woraus hervorgeht, daß das Individuum zu dem Corps abgeführt ist, ingleichen mit einer Bescheinigung des Gendarmerie-Offiziers, daß er von dessen Desertion nichts wisse, begleitet sein.

Art. 21. Diejenigen Individuen, welche aus den unter der ersten und zweiten Nummer des 19ten Artikels angegebenen Ursachen ans Ende des Depots gesetzt sind, sollen vom Marschiren so lange frei sein, als der Grund, warum sie diesen Vorzug genießen, vorhanden ist. Fällt der Grund eher weg, als sie vermöge ihres Alters von der Conscription befreit sind, so sollen sie im nächstfolgenden Jahre mitloosen.

Art. 22. Die an Kindesstatt angenommenen Söhne und die natürlichen Kinder haben sich in Hinsicht der Conscription keines Vortheils zu erfreuen; auch können dieselben ihren natürlichen oder ehelichen Brüdern keinen verschaffen.

Art. 23. Der Bruder eines ersetzten Conscribirten kann nicht verlangen, ans Ende des Depots gesetzt zu werden; eben so der Bruder eines Stellvertreters nicht.

Art. 24. Weder der Bruder eines Deserteurs, auch wenn dieser begnadigt ist, noch der Bruder eines widerspenstigen Conscribirten, wenn dieser gleich seine Lossprechung erhalten hätte, allein zu seiner Verurtheilung Anlaß gegeben hat, kann ans Ende des Depots gesetzt werden.

Art. 25. Wenn zwei Brüder zu gleicher Zeit zum Marschiren aufgefordert werden, oder zu einer und derselben Conscription gehören, so soll, falls der eine Bruder sich mit der ersten Nummer zum Marschiren einschreiben läßt, und bei ihm keine Gründe der Untauglichkeit eintreten, der andere den Vorzug, ans Ende des Depots gesetzt zu werden, genießen; den Fall ausgenommen, wenn schon ein dritter Bruder aus irgend einem Grunde dieses Vorzugs theilhaftig geworden ist. Derjenige Bruder, welcher auf diese Weise ans Ende des Depots kommt, muß binnen 3 Monaten die geschehene Einverleibung seines Bruders darthun, oder wenn dies nicht geschieht, sich selbst zu demjenigen Corps verfügen, für welches letzterer bestimmt war.

Art. 26. Kein Conscribirter, welcher, selbst ohne sein Zuthun, in den Listen seiner Klasse ausgelassen, und auf die Ziehung eines anderen Jahres verwiesen ist, kann ans Ende des Depots gesetzt werden.

Art. 27. Nur ein einziger von mehreren Brüdern, ihre Zahl mag sein, welche sie wolle, kann zu dem Vorzuge gelangen, ans Ende des Depots gesetzt zu werden, selbst wenn auch die anderen aus mehreren verschiedenen Gründen darauf sollten Anspruch machen können.

Art. 28. Der Vorzug, ans Ende des Depots gesetzt zu werden, ist in jedem Falle ganz persönlich, und kann auf keinen dritten übertragen werden, es sei denn unter Brüdern, wobei jedoch vorausgesetzt wird, daß derjenige, welcher demselben entsagt, die Beschwerden des Krieges zu ertragen im Stande ist.

Art. 29. Alle und jede in den Jahren der Conscription sich befindenden Individuen, welche Gründe für sich haben, vermöge deren sie auf eine Befreiung, oder auf den Vorzug, ans Ende der Reserve oder des Depots gesetzt zu werden, Anspruch machen können, müssen die zur Begründung ihrer Rechte erforderlichen Beweisstücke bei der von dem Unter-Präfekten ihres Distriktes anzustellenden Prüfung beibringen; und geschieht dies nicht spätestens bei der Untersuchung des Rekrutirungs-Rathes, so sollen dieselben mit loosen, unverzüglich der ihnen gegebenen Bestimmung folgen, und so, jedes Vorzugs verlustig, zum Beweise ihrer etwaigen Ansprüche nicht mehr zugelassen werden, es wäre denn, daß der Kriegsminister, auf den Bericht des Rekrutirungs-Rathes, ihnen die Erlaubniß ertheilte, noch nachher diesen Beweis führen zu dürfen.

Art. 30. Die Conscribirten der Reserve und des Depots sollen bis zu dem Augenblicke, wo sie zur Ergänzung der aus dem Jahre der Conscription, wozu sie gehören, verlangten Contingente aufgefordert werden, dieselbe Freiheit und eben die Rechte, wie jeder andere Staatsbürger genießen; dieselben sind jedoch verbunden, wenn sie den Distrikt ihrer Unter-Präfektur auf eine kurze Zeit verlassen wollen, solches ihrem Maire anzuzeigen, welcher in ihren Pässen hiervon Erwähnung thun, und überhaupt darüber einen Nachweis halten muß, damit er nöthigenfalls weiß, an wen er die betreffenden Verfügungen zu erlassen hat, und wo dieselben verfolgt werden können.

Art. 31. Jeder Conscribirte, welcher überwiesen wird, die hier vorgeschriebene Anzeige unterlassen zu haben, soll auf Befehl des Unter-Präfekten auf die Liste der Conscribirten der Reserve oder des Depots oben an gesetzt werden, und als solcher bestimmt sein, im Falle eines Aufrufes vor allen übrigen, die dazu gehören, zuerst zu marschiren.

Art. 32. Wenn ein Conscribirter der Reserve oder des Depots seinen Wohnsitz oder gar sein Departement verändert, so soll derselbe dennoch nach wie vor zur Reserve oder dem Depot desjenigen Kantons gehören, in welchem er geloost hat.

Vierter Titel.

Von der Anfertigung der Listen u. s. w.

Fünfter Titel.

Von der Berichtigung der Listen und der Untersuchung der Conscribirten durch die Unter-Präfekten u. s. w.

Sechster Titel.

Von dem Rekrutirungs-Rathe u. s. w.

Siebenter Titel.

Von der Bestimmung der Ordnung der Conscribirten, und dem Loosen vor dem Rekrutirungs-Rathe u. s. w.

Achter Titel.

Von den abwesenden Conscribirten u. s. w.

Neunter Titel.

Von der Vertauschung der durch das Loos erhaltenen Nummern u. s. w.

Zehnter Titel.

Von den Stellvertretungen u. s. w.

Elfter Titel.

Von den Rekrutirungs-Offizieren und Unteroffizieren, und der Aufsicht über die Conscribirten u. s. w.

Zwölfter Titel.

Von der Vertheilung der Contingente und der einzelnen Conscribirten unter die verschiedenen Corps der Armee u. s. w.

Dreizehnter Titel.

Von der Abreise, dem Abmarsche und der Ankunft der Conscribirten.

Vierzehnter Titel.

Von der Ergänzung der Contingente.

Funfzehnter Titel.

Von den Abschieden, den endlichen Dienstentbindungen, den Zeugnissen über die nicht geschehene Aufforderung znm Dienste, und den Stellvertretungs-Bescheinigungen.

Sechszehnter Titel.

Von den Vergehen, Strafen und Pflichtverletzungen in Conscriptionsfällen.

Siebzehnter Titel.

Von der Einnahme und Ausgabe der Militair-Conscription u. s. w.

Zweite Abtheilung.

Einziger Titel.

Von der freiwilligen Anwerbung u. s. w.

Allgemeine Vorschriften ꝛc.

Gegeben zu Paris, am 16. November 1809, im dritten Jahre Unserer Regierung.

Unterzeichnet: u. s. w.

35.

Königliches Dekret vom 15. März 1810, wodurch die Verwaltung der Staatsdomainen von der der Forsten und Gewässer getrennt wird.

(Gesetz=Bülletin 1810. XXXI. 107.)

Wir u. s. w.

haben nach Ansicht Unseres Dekretes vom 29. März 1808, in Erwägung, daß die Verwaltung der Forsten und Gewässer, und die der Staatsdomainen unter einander nur in sehr geringer Beziehung stehen, und daß die einzelnen Arbeiten, welche die letztere erfordert, bis jetzt den Verbesserungen und der Vervollkommnung, die in der Verwaltung der Forsten und Gewässer vorgenommen werden könnten, Hindernisse in den Weg gelegt haben;

auf den Bericht Unseres Ministers der Finanzen, des Handels und des Schatzes; nach Anhörung Unseres Staatsrathes, verordnet nnd verordnen:

Art. 1. Vom 1. nächsten April an zu rechnen, soll die Verwaltung der Staatsdomainen von der der Forsten und Gewässer Unseres Königreichs getrennt werden.

Art. 2. Der General=Inspektor und das Bureau, welche bis jetzt mit dem Berichte in den Domänial=Angelegenheiten und deren Besorgung beauftragt waren, sollen unmittelbar unter den Befehlen Unseres Finanz=Ministers arbeiten, bis es Uns gefallen wird, einen General=Direktor der Domainen zu ernennen.

Art. 3. Unser Minister der Finanzen, des Handels und des Schatzes ist mit der Vollziehung des gegenwärtigen Dekrets, welches in das Gesetz=Bülletin eingerückt werden soll, beauftragt.

Gegeben in Unserem Königlichen Schlosse zu Kassel, am 15. März 1810, im vierten Jahre Unserer Regierung.

Unterschrieben: u. s. w.

36.

Königliches Dekret vom 14. Juli 1810, die unveränderlichen Familien-Namen, in den Gegenden, wo einzelne Einwohner keine solche führten, oder wo es Gebrauch war, sie willkürlich zu verändern, betreffend.

(Gesetz-Bülletin 1810.)

Wir u. s. w.
haben auf den Bericht Unseres Ministers der Justiz, aus welchem hervorgeht, daß in einigen Gegenden Unseres Königreichs bisher der Gebrauch bestanden hat, den Namen des Kolonats oder des Guts, dessen Besitzer man geworden ist, anzunehmen, und so den Familien-Namen zu verändern oder den früheren Namen mit dem der Städte oder des Maierhofes zu verbinden, und daß es in einigen Orten Leute giebt, die keinen eigenen Familien-Namen haben, sondern den Namen des Hofbesitzers oder Bauern, bei welchem sie wohnen, annehmen, und bei Veränderung der Wohnung auch ihren Namen verändern; daß daraus eine Verwirrung entsteht, welche sowohl für die gedachten Individuen selbst und ihre Familien, als für die, welche mit ihnen Geschäfte gemacht haben, nachtheilige Folgen hat, und selbst der guten Ordnung und der leichten Vollziehung der Gesetze hinderlich ist;

nach Anhörung Unseres Staatsrathes, verordnet und verordnen:

Art. 1. Keiner Unserer Unterthanen darf seinen Namen oder Vornamen verändern, noch seinem Familien-Namen einen Zunamen beifügen, wenn er nicht dazu Unsere Erlaubniß erhalten hat, welche am Rande der Geburts-Urkunde des Individuums, das seinen Namen verändert, oder ihm einen anderen beigefügt hat, bemerkt werden soll.

Art. 2. Die, welche bis jetzt keinen eigenen und unveränderlichen Familien-Namen haben, sind verbunden, einen solchen anzunehmen, welcher der unterscheidende Name ihrer Familie bleiben soll. Sie haben denselben binnen 3 Monaten, vom Tage der Bekanntmachung des gegenwärtigen Dekrets an gerechnet, bei der Mairie ihres Wohnsitzes in ein Register, welches zu dem Ende gehalten werden soll, einschreiben zu lassen, und das Register anzugeben, worin ihre Geburts-Urkunde eingetragen werden mußte. Sie können weder die Namen von Gemeinden, Dörfern oder Bauerschaften, noch solche, welche bekannten Familien zugehören, annehmen.

Art. 3. Diejenigen, welche vor der Bekanntmachung des gegenwärtigen Dekrets ihre Familien-Namen aufgegeben haben, um den ihres Kolonats oder des Gutes, dessen Eigenthümer sie geworden sind, anzunehmen, sollen binnen der nämlichen Frist von 3 Monaten erklären, ob sie ihren ersten Namen wieder annehmen, oder den, welchen sie angenommen haben, behalten wollen. Sie sollen gleichfalls den Namen, welchen sie zu ihrem Familien-Namen wählen, bei der Mairie in ein Register einschreiben lassen, und ihren Geburtsort angeben.

Art. 4. Der Maire soll einem Jeden von denen, welche den Verfügungen der beiden vorstehenden Artikel gemäß einen Familien-Namen haben eintragen lassen, eine Bescheinigung ertheilen, die den Namen, welchen sie zu ihrem Familien-Namen gewählt haben, beurkundet, und wofür sie, die Stempelkosten mit einbegriffen, nicht mehr als 50 Centimen zu bezahlen haben.

Art. 5. Die Maires haben den Königlichen Prokuratoren das Duplum dieser Bescheinigungen zuzusenden, und dabei die Geburtsörter derjenigen, welche einen eigenen und unveränderlichen Familien-Namen angenommen haben, zu bemerken. Die Königlichen Prokuratoren aber werden diese Abschriften und Nachweisungen den Beamten des Personenstandes zusenden, damit diese dieselben am Rande der Geburts-Urkunden der gedachten Individuen und ihrer Kinder eintragen.

Art. 6. Die Beamten des Personenstandes sollen keine Ausfertigung noch einen Auszug einer in ihre Register eingeschriebenen Urkunde ertheilen, ohne denselben beizufügen, daß der, von welchem in der Urkunde die Rede ist, gegenwärtig diesen oder jenen Familien-Namen in Gemäßheit der durch ihn oder seinen Ascendenten bei der Mairie zu *** am *ten *** gemachten Erklärung führt.

Art. 7. Nach Ablauf dieser Frist soll der Maire diejenigen vorfordern, welche in seiner Gemeinde ihren Aufenthaltsort haben, und, obgleich sie ohne Familien-Namen sind, keinen angenommen haben, oder welche sich im Falle des 3ten Artikels des gegenwärtigen Dekrets befinden, und nicht die vorgeschriebene Erklärung abgegeben haben, und ihnen aufgeben, sich auf der Stelle einen Familien-Namen zu wählen.

Art. 8. Die Gerichtsboten, die Notarien, die Hypotheken-Aufseher, die Beamten des Personenstandes nnd andere öffentlichen Beamten sollen in ihre Urkunden oder Register nur die eigenthümlichen Namen der Familie des Individuums, für welchen sie ihr Amt verrichten, und dessen Namen einschreiben. Es wird ihnen hiermit untersagt, in ihren Urkunden oder Registern die Parteien durch bloße Vornamen zu bezeichnen, ohne deren unterscheidende Familien-Namen beizufügen.

Art. 9. Unser Minister der Justiz ist mit der Vollziehung des gegenwärtigen Dekrets, welches in das Gesetz-Bülletin eingerückt werden soll, beauftragt.

Gegeben in Unserem Königlichen Schlosse zu Napoleonshöhe, am 14. Jul 1810, im vierten Jahre Unserer Regierung.

Unterschrieben: u. s. w.

37.

Königliches Dekret vom 3. August 1810, welches die Vertheilung der 100 Mitglieder der Reichsstände auf die 11 Departements des Königreichs vorschreibt.

(Gesetz-Bülletin 1810. XXVII. 88.)

Wir u. s. w.
haben nach Ansicht der Artikel 29, 39, 40, 41 und 42 der Constitution, wodurch die Zahl der Mitglieder der Reichsstände, die Art und Weise, wie selbige zu erwählen, so wie die Organisation der Wahlkollegien der Departements, und die ihnen obliegenden Geschäfte bestimmt werden;

in Erwägung, daß die Vereinigung der aus den vormaligen hannöverschen Ländern gebildeten drei Departements mit dem Königreiche eine neue Vertheilung der Mitglieder der Stände auf die alten und neuen Departements nothwendig macht;

auf den Bericht Unseres Ministers des Innern, nach Anhörung des Staatsraths, verordnet und verordnen:

Art. 1. Die Anzahl der Mitglieder der Stände des Königreichs bleibt auf 100 bestimmt.

Art. 2. Jedes der 11 Departements, welche gegenwärtig das Königreich ausmachen, hat zu den Versammlungen der Stände künftig die, in der, diesem Dekret angehängten Tabelle angegebene Anzahl von Deputirten zu ernennen.

Art. 3. Es sollen jedoch zu der nächsten Sitzung der Stände für das gegenwärtige Jahr, von den 25 Deputirten, deren Ernennung dem Nord-Departement, dem Departement der Niederelbe, und dem Departement der Aller beigelegt worden, nur 11 einberufen werden. Diese 11 Deputirte sollen aus den in jedem der 3 oben benannten Departemente zuerst ernannten genommen werden.

Hierdurch werden die 11 anjetzt vakanten Plätze unter den Ständen ersetzt, und diese vollzählig werden.

Art. 4. Bei den Wahlen, welche statt haben werden, um das Drittheil der Mitglieder der Stände, welches im Jahr 1811 austreten wird, zu ersetzen, sollen an deren Stelle von den Wahl-Kollegien der alten Departements nicht mehr Deputirte ernannt werden, als nöthig sind, um die in der angehängten Tabelle festgesetzte Anzahl zu ergänzen.

Art. 5. Es sollen unverzüglich in dem Nord-Departement, dem der Nieder-Elbe und dem der Aller Wahl-Kollegien gebildet werden, nach Maßgabe der Artikel 40, 41 und 42 der Constitution, und Unseres Königlichen Dekrets vom

18. März 1808. Unser Minister des Innern hat Uns eine Liste der Mitglieder, aus welchen diese Wahl-Kollegien bestehen sollen, zu Unserer Genehmigung vorzulegen.

Art. 6. Diejenigen Mitglieder der Wahl-Kollegien, welche in solchen Distrikten oder Kantons, die vermöge Unseres Dekrets vom 19. Juli d. J. mit den alten Departements vereinigt werden, ihren Wohnsitz haben, gehören nun in das Kollegium desjenigen Departements, zu dem die Kantons und Distrikte geschlagen worden sind, worin sie wohnen.

Art. 7. Die Mitglieder der Stände werden gleichfalls zu demjenigen Departement gerechnet, zu welchem der Distrikt oder Kanton, in dem sie ihren Wohnsitz haben, anjetzt gehören.

Art. 8. Unser Minister des Innern ist mit der Vollziehung des gegenwärtigen Dekrets beauftragt, welches in das Gesetz-Büllettin eingerückt werden soll.

Gegeben in Unserem Königlichen Palaste zu Herrenhausen, den 3. August 1810, im vierten Jahre Unserer Regierung.

Unterschrieben: u. s. w.

Tabelle

über die neue Vertheilung der Mitglieder der Stände auf die 11 Departements des Königreichs.

Nr.	Namen der Departements.	Zahl der zu erwählenden Mitglieder der Stände unter den			Im Ganzen.
		Grundeigenthümern.	Kaufl. und Fabrikanten.	Gelehrten u. s. w.	
1.	Elbe	6	2	1	9
2.	Fulda	7	1	2	10
3.	Harz	5	2	1	8
4.	Leine	6	1	1	8
5.	Ocker	7	2	1	10
6.	Saale	7	1	2	10
7.	Werra	6	1	2	9
8.	Weser	8	2	1	11
9.	Nord	6	1	1	8
10.	Niederelbe	6	1	1	8
11.	Aller	6	1	2	9
	Im Ganzen	70	15	15	100

38.

Königliches Dekret vom 4. August 1810, die Errichtung einer Ober-Rechnungskammer für das Königreich betreffend.

(Gesetz-Bülletin 1810. XXVIII. 89.)

Wir u. s. w.
haben, da wir das System der bei Verwaltung Unseres Königreichs eingeführten Rechnungsführung vervollständigen, und einen Centralpunkt für die Ablegung, Untersuchung und Beurtheilung der öffentlichen Rechnungen und für die definitive Decharge der Rechnungs-Beamten bilden wollen; auf den Bericht Unseres Ministers der Finanzen, des Handels und des Schatzes; nach Anhörung Unseres Staatsraths; verordnet und verordnen, wie folgt:

Reglement über die Errichtung einer Ober-Rechnungskammer zu Kassel.

Erster Titel.

Attributionen der Ober-Rechnungskammer.

Art. 1. Zur Annahme, Durchlegung, Untersuchung und Beurtheilung der Rechnungen aller im nachstehenden Artikel benannten öffentlichen Rechnungs-Beamten und zu Ertheilung der endlichen Decharge für dieselben soll zu Kassel eine Ober-Rechnungskammer errichtet werden.

Art. 2. Der Revision dieser Ober-Rechnungskammer sind unterworfen die Rechnungen

1) der Kreis- und General-Receveur für die direkten und indirekten Steuern, und für alle anderen Gelder, welche sie für Rechnung des öffentlichen Schatzes erheben;

2) der Erheber und Einnehmer der Domainen und des Ertrags der Forsten;

3) der Kassirer der Berg-, Salz- und Hüttenwerke und der Central-Kassen dieser Etablissements;

4) der Direktoren der Münze;

5) der Postdirektoren, der Postverwalter und des General-Kassirers der Posten;

6) der Erheber der Personal-Steuer und anderer Gelder, welche in die Amortisations-Kasse fließen;

7) der Erheber solcher Kommunen, deren Budget 10,000 Fr. übersteigt. Die Verification der Rechnungen solcher Kommunen, deren Budget nicht 10,000 Fr. übersteigt, soll durch ein besonderes Dekret festgesetzt werden;

8) der Vorsteher der Wohlthätigkeits-Anstalten, der Wittwen-Kassen, der Brandversicherungs-Societäten und aller anderen öffentlichen Anstalten, welche kraft ihrer Fundationen dem Gouvernement Rechnung abzulegen gehalten sind;

9) des General-Kassirers und General-Zahlmeisters des öffentlichen Schatzes und des General-Kriegs-Zahlmeisters.

Art. 3. Es soll keine Auflassung einer Caution, Hypothek oder eines anderen verbindlichen Akts eines der besagten Rechnungs-Beamten, welche zur Garantie der öffentlichen Gelder dienen, anders als kraft einer Entscheidung Unserer Ober-Rechnungskammer, welche in der im Art. 32 vorgeschriebenen Form unterzeichnet worden ist, ertheilt werden.

Art. 4. Die Minister sollen der Ober-Rechnungskammer zu ihrer Nachricht die Dekrete, Entscheidungen, Ministerial-Arrets, Budgets, Circulaire und andere Akten dieser Art, welche die Verwaltung der öffentlichen Gelder und die Rechnungs-Ablegung betreffen, mittheilen.

Art. 5. In dem, was die Ausübung ihrer in dem gegenwärtigen Dekret erwähnten Functionen betrifft, soll die Ober-Rechnungskammer Uns die Bemerkungen derselben über die Mittel zur Verbesserung des Rechnungswesens in allen seinen Theilen in einem Administrations-Conseil vorlegen.

Zweiter Titel.

Innere Organisation der Kammer.

Art. 6. Die Ober-Rechnungskammer soll bestehen aus einem Präsidenten, 6 Rechnungsräthen, 12 Referendarien, von denen 4 von der ersten und 8 von der zweiten Klasse sein sollen, und einem Greffier.

Art. 7. Es sollen Staatsraths-Auditeurs zu dem Dienst der Ober-Rechnungskammer derselben beigegeben werden können.

Art. 8. Die Kammer soll sich regelmäßig einmal in der Woche versammeln, um auf die Relationen der Rechnungsräthe über die definitive Decharge der Rechnungs-Beamten, oder über die Summen, welche ihnen zur Last bleiben, abzusprechen. Die Rechnungsräthe sollen in diesen Versammlungen entscheidende Stimme haben. Sind die Stimmen getheilt, so soll die Stimme des Präsidenten das Uebergewicht haben. Die Kammer soll nur urtheilen können, wenn wenigstens 5 stimmende Mitglieder anwesend sind. Es sollen Referendarien, wenn sie dazu von dem Präsidenten berufen werden, den allgemeinen Versammlungen beiwohnen können, und in denselben eine Konsultativ-Stimme haben.

Art. 9. Außerhalb der allgemeinen Versammlungen soll die Kammer sich in zwei Bureau oder Sectionen bilden, und unter diesen die Arbeit so vertheilt werden, wie es ein besonderes Dekret vorschreiben wird.

Art. 10. Jede Section soll aus 3 Rechnungsräthen und 6 Referendarien bestehen.

Der Präsident soll jedem Rechnungsrath den Geschäftszweig anweisen, für welchen er die Arbeit dirigiren soll. Diese Vertheilung soll alle Jahr abgeändert werden können. Es soll ebenmäßig dem Präsidenten frei stehen, 2 Rechnungsräthe zu ernennen, um nach einander die Rechnungen eines und desselben Rechnungs-Beamten zu untersuchen. Dieses Verfahren wird hierdurch ausdrücklich für die Rechnungen der allgemeinen Kassen des öffentlichen Schatzes und der Amortisations-Kasse vorgeschrieben.

Art. 11. Die Sectionen sollen mit Untersuchung und Instruction aller zu ihrem Ressort gehörenden Rechnungen beauftragt sein.

Sie sollen nöthigenfalls die Rechnungs-Beamten oder deren Bevollmächtigte über die Instruction ihrer Rechnungen anhören können.

Zu diesem Ende sollen die Rechnungs-Beamten von dem Präsidenten mit Zustimmung der Kammer aufgefordert werden können, sich in Person einzufinden, um die nöthigen Erläuterungen zu geben.

Die Korrespondenz soll durch die Section vorbereitet und dem Präsidenten zugestellt werden, der sie, wenn er sie genehmigt, unter seiner Unterschrift ausfertigen läßt.

Kein einzelnes Mitglied der Ober-Rechnungskammer soll mit den Autoritäten oder mit den Rechnungs-Beamten über Gegenstände, welche die Revision der Rechnungen betreffen, korrespondiren können.

Art. 12. Ein Greffier soll beauftragt sein, die von den Rechnungs-Beamten eingereichten Rechnungen, so wie die im 4ten Artikel bezeichneten Aktenstücke zu registriren, die Entscheidungen und übrigen Verfügungen der Kammer auszufertigen und das Archiv in Ordnung zu halten.

Er soll den allgemeinen Versammlungen beiwohnen und in selbigen die Feder führen.

Dritter Titel.

Personal.

Art. 13. Der Präsident, die Rechnungsräthe, die Referendarien und der Greffier sollen von Uns ernannt werden, und erhalten:

1) der Präsident	ein Jahrgehalt von	18,000 Fr.
2) die Rechnungsräthe	= = =	8000 =
3) = Referendarien der ersten Klasse	= = =	4000 =
4) = = = zweiten =	= = =	3000 =
5) der Greffier	= = =	5000 =

Art. 14. Niemand soll zum Rechnungsrath ernannt werden können, bevor er volle 30 Jahr alt ist.

Die Referendarien sollen, bevor sie zu ihren Stellen ernannt werden, mehr als 25 Jahre alt sein. In Zukunft sollen sie nicht eher zur ersten Klasse befördert werden, bis sie wenigstens 2 Jahr in der zweiten Klasse gewesen sind.

Art. 15. Das Dienstalter in jeder Klasse soll ihren Rang unter einander bestimmen.

Art. 16. Die Rechnungsräthe und Referendarien sollen ihr Amt 5 Jahre lang verwalten; nach Ablauf dieser Zeit sollen sie ihre Bestallung auf lebenslang erhalten, falls Wir nach dieser bestandenen Probe finden werden, daß sie Unserer Erwartung entsprochen haben.

Vierter Titel.

Verfahren in Hinsicht der Verification der Rechnungen und der Decharge der Rechnungs-Beamten.

Art. 17. Keine Rechnung, von welcher Art sie auch sei, soll der Ober-Rechnungskammer behufs der definitiven Decharge des Rechnungs-Beamten vorgelegt werden, ehe sie der vorläufigen der dem Rechnungs-Beamten zunächst vorgesetzten Administration unterworfen wird. Diese soll sie unmittelbar an die Ober-Rechnungskammer einsenden.

Art. 18. Zu diesem Ende sollen die Rechnungen der Elementar-Erheber durch diese der Central-Verwaltung eingereicht werden, deren Befehlen der Rechnungs-Beamte unmittelbar untergeordnet ist.

Art. 19. Die Bestimmung des 17ten Artikels soll auf folgende Weise auf die verschiedenen Zweige der öffentlichen Verwaltung angewandt werden.

1) Die jährlichen Rechnungen der Kreis-Einnehmer für die direkten und indirekten Steuern und andere Gelder, welche sie für Rechnung des öffentlichen Schatzes erheben, sollen den in jedem Departement angeordneten Direktoren eingereicht werden;

2) die Rechnungen der Domainen-Einnehmer, sowohl für die Einkünfte aus den Domainen als für die aus den Forsten, den Domainen-Direktoren;

3) die Rechnungen der Berg-, Salz- und Hüttenwerke, dem Central-Rechnungs-Bureau einer jeden Division;

4) die Rechnungen der Central-Kassen der Bergwerke und die der Münze, der General-Direction des Berg- und Hüttenwesens;

5) die Rechnungen der Post-Bureaus des Königreichs und der General-Postkasse, der General-Direction der Posten;

6) die Rechnungen der Erheber und der General-Kasse der Amortisations-Kasse, der General-Administration dieser Kasse;

7) die jährlichen Rechnungen der Kommunen dem Präfekten oder Unter-Präfekten;

8) die Rechnungen der Wohlthätigkeits-Anstalten, der Assecuranz-Kassen und andere, welche durch ihre Fundation gehalten sind, dem Gouvernement ihre Rechnungen abzulegen, dem Präfekten desjenigen Departements, in welchem die Hauptkasse gelegen ist;

9) die Rechnungen der General-Receveur, der General-Administration des öffentlichen Schatzes;

10) die Rechnungen des General-Kassirers und General-Zahlmeisters des öffentlichen Schatzes, so wie die des General-Kriegs-Zahlmeisters, der General-Direction des öffentlichen Schatzes.

Art. 20. Die jährlichen Rechnungen der Elementar-Erheber sollen gleich nach Endigung des Jahres abgeschlossen, und spätestens den 15. Februar des folgenden Jahres den in den vorhergehenden Artikeln angezeigten Autoritäten eingereicht werden.

Diese Rechnungen sollen ohne Aufschub von besagten Administrationen verifizirt, und darüber ein Protokoll abgefaßt werden, welches alle Irrthümer, Auslassungen, falsche oder doppelte Ansätze, so wie alle die Summen enthält, worüber der Rechnungs-Beamte Justification beigebracht hat, und welche ihm zur Last bleiben. Dieses Protokoll soll von besagter Administration unterzeichnet werden. Die Rechnungen, welche vierteljährlich abgelegt werden, sollen auch in Zukunft den Behörden in den bisher bestimmten Fristen eingereicht werden.

Art. 21. Im Fall die Rechnungen nicht in der verordnungsmäßigen Form abgefaßt wären, soll die Administration befugt sein, sie sofort dem Rechnungs-Beamten zur Verbesserung der Fehler zurückzuschicken.

Art. 22. Die in Gemäßheit des 20sten Artikels abgefaßten Protokolle, sollen sammt den Rechnungen und allen dazu gehörigen Belegen der Ober-Rechnungskammer vor dem 1. April desselben Jahres eingereicht werden.

Diese Einsendung soll keinen Aufschub unter dem Vorwande leiden, daß einige der zu derselben Administration gehörige Rechnungen noch in Rückstand geblieben sind.

Art. 23. Die jährlichen Rechnungen derjenigen Rechnungs-Beamten, welche unmittelbar an den öffentlichen Schatz einzahlen, sollen spätestens am 1. April des nächstfolgenden Jahres abgeschlossen und den im 19ten Artikel bezeichneten Autoritäten eingereicht werden.

Art. 24. Der General-Kassirer und General-Zahlmeister des öffentlichen Schatzes und der General-Kriegs-Zahlmeister sollen nur gehalten sein, ihre Jahresrechnung am 1. Juli des nächstfolgenden Jahres einzureichen.

Diese Verification dieser Rechnungen durch die General-Direction des öffentlichen Schatzes und ihre Einsendung an die Ober-Rechnungskammer soll binnen eines Zeitraums von 3 Monaten geschehen.

Art. 25. Jeder Rechnungs-Beamte, der seine Rechnung nicht binnen der festgesetzten Frist an die zu deren Empfang bestimmte Autorität einsendet, soll mit einer Geldbuße von täglich 2 Fr. belegt werden; diese Geldbuße soll nach einer Zögerung von 14 Tagen verdoppelt werden, und bis zu dem Tage, wo die Rechnung eingereicht worden ist, fortlaufen. Die vorgesetzte Behörde soll den Tag der Präsentation auf das 1ste Blatt der Rechnung bemerken, und die Ober-Rechnungskammer soll, wenn sie die Rechnung regulirt, dem Rechnungs-Beamten die von ihm verwirkte Geldbuße zur Last setzen.

Art. 26. Sollte dieser Geldbußen ungeachtet der Rechnungs-Beamte seine Rechnungen nicht binnen 6 Wochen, von der Zeit des Ablaufs der durch gegenwärtiges Dekret zur Einreichung bestimmten Frist, einreichen, so soll die ihm vorgesetzte Autorität davon an die Ober-Rechnungskammer berichten, und diese den Minister, unter dem der zögernde Rechnungs-Beamte steht, davon benachrichtigen, damit die nöthigen Vorkehrungen getroffen werden, um die Einreichung der Rechnung zu bewirken.

Entsteht die Zögerung durch die ihm vorgesetzte Autorität, so soll davon sogleich dem kompetenten Minister Nachricht gegeben werden.

Art. 27. Wenn eine Rechnung bei der Ober-Rechnungskammer eingereicht worden ist, so soll der Präsident sie nebst der Zahl der beigefügten Belege durch den Greffier ins Journal eintragen lassen, und sie der Section und dem Rechnungsrath, für welche sie gehört, mit Bezeichnung des zu dieser Section gehörenden Referendars, welcher die Verification vornehmen soll, zuschicken. Dieser soll sodann zur Verification schreiten, die Rechnung durchlegen und untersuchen: 1) ob die Rechnung dem vorgeschriebenen Muster gemäß eingerichtet ist; 2) ob die Cautions-Bestellung des Rechnungs-Beamten ihre Richtigkeit hat; 3) ob die bei der Verification der Rechnung des vorigen Jahres ihm zur Last gebrachten Summen gebührend in Einnahme gebracht worden; 4) ob dieser Bestand mit dem letzten, von der Administration eingerichten Situations-Etat genau übereinstimmt; 5) ob alle und jede Einnahme, welche aufgeführt werden müssen, in Gemäßheit der Rollen, Anschläge, Budgets, Dekrete, Arrets und anderer diesen Gegenstand betreffenden Befehle erhoben, und in Rechnung gebracht worden; 6) ob die Ausgaben gehörig mit Belegen versehen und den Befehlen des Gouvernements und der Verwaltungs-Behörden, welche sie ordonnancirt haben, gemäß sind; 7) ob die Belege sowohl für die Einnahme als Ausgabe in Form und Inhalt den Gesetzen und Verordnungen entsprechen; 8) ob die Balance der Einnahme und Ausgabe richtig gezogen worden, und ob der Kassenbestand des Jahres dem letzten Situations-Etat und der Quittung gemäß ist, welche diejenige Kasse ertheilt hat, an die der Rechnungs-Beamte seine Gelder einzuliefern hat.

Die über jeden dieser Punkte gemachten Bemerkungen sollen in Form eines Protokolls gefaßt, und von dem Referendar unterzeichnet werden, welcher sie dem betreffenden Rechnungsrath zustellen soll.

Dieses Geschäft muß spätestens in einem Zeitraume von 6 Wochen beendet sein.

Art. 28. Dieser Rechnungsrath soll, nachdem er sie untersucht hat, seinen Vortrag darüber an die Section abstatten, welche dem gemäß, nach Mehrheit der Stimmen, ein Protokoll abfassen soll, welches den Situations-Etat der Rechnungen und die Monita enthält, welchen der Rechnungs-Beamte Genüge zu leisten hat.

Art. 29. Dieses Protokoll soll nebst allen Belegen, welche auf die im 20sten bis 27sten Artikel erwähnte Verification Bezug haben, sofort an den Rechnungs-Beamten gesandt werden, mit dem Befehl, auf die Monita Punkt für Punkt zu antworten, und zwar längstens binnen 4 Wochen, und in eben dieser Frist die Belege einzusenden, welche die Section für nothwendig zu seiner Justification erkannt hat.

Art. 30. Wenn diese Justification eingereicht worden ist, soll die Kammer auf den ihr von dem Rechnungsrath gethanen Vortrag über selbige berathschlagen, und den vortragenden Rath beauftragen, ihre Beschlüsse in Form einer Entscheidung zu fassen, wovon das Konzept einregistrirt und mit Unterschrift des Präsidenten und dreier Rechnungsräthe, so wie des Referendars, der die Rechnung durchgelegt hat, in dem Archiv der Ober-Rechnungskammer aufbewahrt werden soll.

Art. 31. Der Präsident läßt diese Entscheidung ausfertigen, welche entweder die definitive Decharge des Rechnungs-Beamten oder die Auflage enthält, denjenigen Punkten ein Genüge zu leisten, welche noch nicht genug gerechtfertigt erscheinen.

Art. 32. Die definitive Decharge soll im Namen der Ober-Rechnungskammer ausgefertigt und von dem Präsidenten und allen beim Vortrage anwesenden Rechnungsräthen unterschrieben werden. Sie soll in Buchstaben ausgeschrieben, die Totalsumme der Einnahme und Ausgabe, welche durch die Rechnung nachgewiesen worden, so wie den Kassenbestand enthalten, und nach den Umständen die Auflassung der Cautionen, Hypotheken oder anderer zur Garantie der öffentlichen Gelder dienenden Akten enthalten.

Diese Entscheidungen, so wie die dem Rechnungs-Beamten zugestellten Ausfertigungen sollen stempelfrei sein.

Art. 33. In den Fällen, wo keine definitive Decharge kann gegeben werden, soll die Entscheidung der Kammer die Frist enthalten, binnen welcher allen Auflagen Genüge geleistet werden muß. Nach Ablauf dieser Frist soll der

Präsident eine Abschrift der Entscheidung dem Minister übersenden, der gehalten sein soll, gegen die Rechnungs-Beamten die Zwangsmittel zu gebrauchen, welche den Gesetzen und Dekreten in Betreff der säumigen Rechnungs-Beamten gemäß sind, es wäre denn, daß die Rechnungskammer selbst, im Fall eintretender Revision, oder der Staatsrath in dem Art. 35 erwähnten Falle, einen Aufschub bewilligt hätte.

Betrifft die Entscheidung einen Rechnungs-Beamten der Amortisations-Kasse, so soll die Abschrift der General-Direction der besagten Kasse zugesandt werden, und diese gehalten sein, ihre Vollziehung zu besorgen.

Wenn ein Rechnungs-Beamter seinen Obliegenheiten Genüge geleistet, und davon die Administration unterrichtet haben wird, so soll diese die Ober-Rechnungskammer davon benachrichtigen, welche dem gemäß die definitive Decharge des Rechnungs-Beamten ausfertigen läßt.

Art. 34. Der ergangenen definitiven Entscheidung über die Rechnung ungeachtet, soll die Ober-Rechnungskammer noch zu einer Revision schreiten können, es sei auf Nachsuchen des Rechnungs-Beamten, oder auf Aufforderung des Präsidenten, sowohl wegen neuer, seit der Entscheidung aufgefundener Belege, als wegen Irrthum, Auslassung, Verfälschung oder doppelter Ansetzung.

Diese Revision soll jedoch nur innerhalb 5 Jahren, von der Zeit der geschehenen Notification der Entscheidung an zu rechnen, ergriffen werden können.

In diesem Falle soll der Vortrag an die Ober-Rechnungskammer von einem Rechnungsrath einer anderen, als der Section, welche die erste Arbeit gemacht hat, abgestattet, und auf selbigen von der Ober-Rechnungskammer eine abermalige Entscheidung abgefaßt werden.

Art. 35. Die Entscheidungen der Ober-Rechnungskammer gegen die Rechnungs-Beamten sollen exekutorisch sein, und im Fall der Beamte sich für berechtigt hielte, eine Entscheidung wegen Verletzung der Förmlichkeit oder des Gesetzes anzufechten, soll er binnen längstens 3 Monaten, von Zeit der Notification der Entscheidung an, sich an den Staatsrath in Gemäßheit Unseres Dekrets vom 21. Mai 1809 Section 2 von streitigen Angelegenheiten in Betreff der Administration wenden können.

Der Finanz- und jeder andere Minister in dem, was sein Departement betrifft, soll binnen derselben Frist ihren Bericht an Uns abstatten, und von Uns die Verweisung ihres Gesuches um Cassation der Entscheidung an den Staatsrath nachsuchen können, wenn sie glauben, daß selbige wegen Verletzung der Förmlichkeiten oder des Gesetzes statt finden müsse.

Art. 36. Wenn die Ober-Rechnungskammer bei Untersuchung der Rechnungen ein Falsum oder eine Konkussion entdeckt, so soll sie davon den Minister, unter welchem der Rechnungs-Beamte steht, benachrichtigen, und davon an den Justiz-Minister berichten, welcher die Urheber des Verbrechens vor den ordentlichen Gerichten zur Verantwortung ziehen lassen soll.

Art. 37. Außer der im 27sten Artikel erwähnten Verification sollen die Referendarien ein abgesondertes Heft solcher Bemerkungen, welche aus der Vergleichung der Beschaffenheit der Einnahmen mit den Gesetzen, und der Beschaffenheit der Ausgaben mit den Kredits entspringen, entwerfen und den Rechnungsräthen überreichen.

Diese Bemerkungen sollen von Rechnungsräthen revidirt und der Untersuchung eines Ausschusses übergeben werden, der aus dem Präsidenten und 4 Kommissarien bestehen soll, welche Wir im Januar jedes Jahres, auf den Vorschlag Unseres Ministers des öffentlichen Schatzes, aus den Mitgliedern der Ober-Rechnungskammer ernennen werden.

Dieser Ausschuß soll besagte Bemerkungen erörtern, die ungegründeten beseitigen, und aus den übrigen einen Bericht machen, der Uns durch den Präsidenten der Ober-Rechnungskammer zugleich mit seinem jährlichen in Art. 5 und 45 erwähnten Bericht überreicht werden soll.

Fünfter Titel.

Allgemeine Verordnungen.

Art. 38. Unser Finanz-Minister soll die Ober-Rechnungskammer in dem Lokal, welches dazu angewiesen werden wird, installiren.

Art. 39. Die Ausgaben der Ober-Rechnungskammer sollen von Unserem Finanz-Minister ordonnancirt werden.

Der Präsident soll diesem Minister den Etat dieser Ausgaben überreichen, welche Unserer Genehmigung unterworfen werden soll.

Art. 40. Der Präsident soll den Eid in Unsere Hände ablegen. Die Rechnungsräthe und Referendarien sollen nicht eher zur Ausübung ihres Amtes zugelassen werden, bis sie den Eid in die Hände des Präsidenten abgelegt haben.

Art. 41. Im Fall der Präsident abwesend oder verhindert ist, soll der älteste Rechnungsrath seine Stelle vertreten.

Art. 42. Der Präsident soll keinen Urlaub auf länger als 8 Tage ertheilen können. Jeder Urlaub auf längere Zeit soll von Unserem Finanz-Minister auf das Gutachten des Präsidenten ertheilt werden.

Art. 43. Der Präsident soll eine General-Instruction für den Dienst der Ober-Rechnungskammer nach den Bestimmungen des gegenwärtigen Dekretes entwerfen.

Diese soll er dem Finanz-Minister überreichen, damit sie durch denselben Uns zur Genehmigung vorgelegt werde.

Art. 44. Wofern die Verification einer oder mehrerer Rechnungen der Kammer einen Fehler in der Art der Rechnungs-Verwaltung bemerklich macht, welcher eine allgemeine Bestimmung für die Zukunft erheischt, so soll der Präsident dem kompetenten Minister davon Nachricht geben, damit desfalls, wo nöthig, Vorsehung getroffen werde.

Art. 45. Der Präsident der Ober-Rechnungskammer soll am Ende eines jeden Jahres Uns ein allgemeines Tableau aller Rechnungen, welche zu untersuchen waren, und derer, welche während dieses Jahres verificirt und dechargirt worden sind, vorlegen.

Einen ähnlichen Etat soll er am Ende eines jeden Monats dem Finanz-Minister einreichen.

Art. 46. Die Central-Kommission, welche durch Unsere Dekrete vom 7. September 1808 und 28. März 1809, zu Untersuchung und Verification der rückständigen Rechnungen angeordnet worden ist, soll fortfahren, sich ausschließlich und bis zum gänzlichen Schluß mit der Untersuchung und definitiven Decharge aller Rechnungen zu beschäftigen, welche vor der Bildung der General-Kasse des öffentlichen Schatzes, und der General- und Distrikts-Receveurs geführt worden sind, so wie aller der verschiedenen Zweige der öffentlichen Verwaltung, bis zu den Zeitpunkten, wo ein jeder derselben nach der neuen Verwaltungsform eingerichtet worden ist, welche Wir durch Unsere, seit dem Antritt Unserer Regierung bis jetzt erlassenen Dekrete festgesetzt haben. Erst von diesen Zeitpunkten an soll die Arbeit der durch gegenwärtiges Dekret errichteten Ober-Rechnungskammer in Hinsicht eines jeden der obgenannten Verwaltungszweige anfangen.

Art. 47. Unsere Minister sind, jeder in so weit es ihn betrifft, mit der Vollziehung des gegenwärtigen Dekrets, welches in das Gesetz-Büllетin eingerückt werden soll, beauftragt.

Gegeben in Unserem Königlichen Schlosse zu Hannover, den 4. August 1810, im vierten Jahre Unserer Regierung u. s. w.

39.

Königliches Dekret vom 1. Dezember 1810, wodurch die Aufhebung aller Kapitel, Klöster und anderer geistlichen Stiftungen verordnet wird.

(Gesetz-Bülletin 1810. XXXXV. 170.) *)

Wir u. s. w.

haben auf den Bericht Unseres Ministers der Finanzen, des Handels und des Schatzes; nach Ansicht Unseres Dekretes vom 5. Februar 1808, die Stifte, Kapitel, Abteien, Klöster und andere geistlichen Stiftungen betreffend; in Erwägung: 1) daß Wir aus den Stiftungs-Urkunden, den Statuten und Reglements der Kapitel, Priorate, Klöster und anderen, durch das vorerwähnte Dekret unter die Ober-Aufsicht Unserer General-Direction der geistlichen Güter-Verwaltung gestellten Stiftungen die Ueberzeugung geschöpft haben, daß diese Stiftungen, nach dem natürlichen Wechsel der Dinge, unter den gegenwärtigen Zeitumständen für die bürgerliche Gesellschaft von keinem weiteren Nutzen sind; 2) daß man ihnen keine zweckmäßigere Bestimmung geben kann, als wenn man ihre Güter in der schwierigen Lage Unseres Königreichs den so dringenden öffentlichen Bedürfnissen widmet und einen Theil derselben dem freien Verkehre wieder giebt; 3) daß Wir dem beharrlichen Wunsche, die Lasten und Abgaben Unseres Volks, so viel es in Unseren Kräften steht, zu erleichtern, ohne Anstand alle diejenigen Vortheile zum Opfer gebracht haben, welche mit der Uns zustehenden Befugniß verknüpft sind, die eröffneten geistlichen Würden, Präbenden

---

*) Vergleiche oben das Dekret vom 5. Februar 1808.

und Benefizien Unseren getreuen Dienern als eine Belohnung zu konferiren, oder ihnen aus den Einkünften derselben Jahrgehalte anzuweisen;

nach Anhörung Unseres Staatsrathes;

verordnet und verordnen:

Art. 1. Alle Stifte, Kapitel, Abteien, Priorate und alle übrigen durch Unser Dekret vom 5. Februar 1808 unter die Ober-Aufsicht Unserer General-Direction der geistlichen Güter-Verwaltung gestellten geistlichen Stiftungen, von welcher Art sie sein mögen, sind, von dem Tage der Bekanntmachung des gegenwärtigen Dekrets an, aufgehoben.

Von dieser Aufhebung sind jedoch ausgenommen:

1) die dem öffentlichen Unterrichte ausschließlich gewidmeten Stiftungen;
2) das Stift Wallenstein, dessen Fortdauer in den Statuten Unseres Königlichen Ordens der Krone bestimmt ist.

Art. 2. Unser Minister des Innern soll Uns unverzüglich den Entwurf zur Bildung derjenigen katholischen Domstifte vorlegen, an deren Spitze ein Bischof steht, dessen Rath sie ausmachen. Die Kosten ihrer Unterhaltung sollen aus dem öffentlichen Schatze bezahlt und auf das Budget Unseres vorgenannten Ministers gebracht werden.

Art. 3. Unser General-Direktor der geistlichen Güter-Verwaltung soll Unserem Minister der Finanzen, sobald als möglich, ein besonderes Reglement über die Festsetzung und Zahlung angemessener lebenslänglicher Pensionen, welche in Folge der Aufhebung der vorerwähnten geistlichen Stiftungen zu bewilligen sind, vorlegen.

Bis dahin, daß dieses Reglement Unsere Genehmigung erhalten hat, sollen die Besitzer geistlicher Pfründen, und die zu den aufgehobenen geistlichen Stiftungen gehörenden Personen ihr gegenwärtiges Einkommen, nach Abzug des Zehntheils und der darauf gelegten übrigen Lasten, nach wie vor, beziehen.

Art. 4. Alle Güter der vorstehenden aufgehobenen geistlichen Stiftungen sind mit den Staatsdomainen vereinigt, und sollen der Administration der Staatsdomainen unterworfen werden.

Die Inspektoren der geistlichen Güter-Verwaltung sind zu Domainen-Inspektoren ernannt, und sollen den Befehlen der General-Administration untergeben sein.

Art. 5. Es soll in jedem der Jahre 1812, 1813 und 1814, ein aus dem Verkaufe der gedachten Güter zu lösender Kapital-Fonds von 3,333,000 Fr. zur Einlösung derjenigen Obligationen bereit gehalten werden, welche im Laufe des Jahres 1811 über den Rest der Anleihe von 20 Millionen anszustellen sind.

Art. 6. Die Staats-Obligationen, in deren Besitze sich die Kapitel, Abteien u. s. w. in dem Augenblicke ihrer Aufhebung befinden, sollen für erloschen erklärt und außer Umlauf gesetzt werden.

Art. 7. Die den geistlichen Stiftungen gehörenden Zehnten, Dienste und sonstige Grundabgaben sollen von den Pflichtigen abgelöst, oder auch verkauft werden können, unter denselben Bedingungen und Vortheilen, welche die Artikel 3, 4, 5, 6 und 7 Unseres Dekretes vom heutigen Tage den Dienst- und Zinspflichtigen Unserer Staatsdomainen zugestehen.

Art. 8. Unser Dekret vom 5. Februar 1808 ist aufgehoben.

Art. 9. Unsere Minister der Finanzen und des Innern sind, ein jeder in so weit es ihn angeht, mit der Vollziehung des gegenwärtigen Dekrets beauftragt, welches in das Gesetz-Büllетin eingerückt werden soll.

Gegeben in Unserem Königlichen Schlosse zu Kassel, am 1. Dezember 1810, im vierten Jahre Unserer Regierung.

Unterschrieben: u. s. w.

40.

Königliches Dekret vom 4. September 1811, welches die Ernennung einer Kommission zur Bewahrung des Titels des Adels und der Majorate verordnet, zu dem Zweck, die bisherigen Adels-Titel zu verifiziren, und die neuen Titel auszufertigen und zu bewahren.

(Gesetz-Bülletin 1811. XXV. 106.)

Wir u. s. w.

haben nach Ansicht des 14ten Artikels der Constitutions-Akte des Königreichs, vom 15. November 1807, folgenden Inhalts:

„Der Adel soll in seinen verschiedenen Graden und mit seinen verschiedenen Benennungen fortbestehen."

in Erwägung, daß es eine Folge dieser Bestimmung ist, daß die verschiedenen Grade des Adels, welche in Unserem Königreiche anerkannt werden sollen, festgesetzt werden, und verhindert werde, daß in der Folge Niemand sich Adels-Titel zueignen könne, ohne dazu berechtigt zu sein;

daß, um diesen Endzweck zu erreichen, es nothwendig ist, eine Kommission zu errichten, welche die bisherigen Rechte verifizire, und die neuen bewahre, welche Wir dienlich erachten möchten, denen zu verleihen, die sich deren durch ihre guten und treuen Dienste würdig machen werden;

auf den Bericht Unseres Justiz-Ministers; nach Anhörung Unseres Staatsrathes, verordnet nnd verordnen, wie folgt:

Art. 1. Es soll eine Kommission zur Bewahrung der Titel und Majorate ernannt werden, zu dem Zweck, die bisherigen Titel des Adels zu verifiziren; die neuen auszufertigen und zu bewahren; über die Erhaltung der Majorate zu wachen, nach den von Uns festzusetzenden Regeln.

Art. 2. Die Kommission soll bestehen:

Aus dem Justiz-Minister, der selbiger präsidiren wird; aus 2 Staatsräthen, aus einem Auditor, der den Dienst des General-Prokurators, und aus dem

General-Secretair Unseres Staatsrathes, der den Dienst des General-Secretairs versehen soll; er soll das Register der Berathschlagungen halten und das Archiv bewahren.

Diese Kommission soll, nach Anhörung des Berichtes des General-Prokurators, nach Mehrheit der Stimmen berathschlagen.

Art. 3. Die verschiedenen Adels-Titel, welche in Unserem Königreiche anerkannt sein sollen, sind die eines Fürsten, Grafen, Freiherrn und Ritters.

Art. 4. Die Adels-Titel sind erblich, und gehen auf alle leibliche, eheliche Kinder über.

Art. 5. Die Adels-Titel geben weder ein ausschließliches Recht auf irgend eine Bedienung, Dienstverrichtung oder eine Würde, noch eine Befreiung von irgend einer öffentlichen Last.

Art. 6. Diejenigen Unserer Unterthanen, welche vor der Stiftung des Königreichs im Besitz von Adels-Titeln waren, müssen solche von Uns anerkennen lassen.

Art. 7. Sie sollen zu dem Ende ihre Beweismittel Unserer Kommission der Titel, binnen dem Zeitraume von 2 Jahren, von der Bekanntmachung des gegenwärtigen Dekrets an zu rechnen, zur Verifizirung vorlegen.

Art. 8. Diejenigen, welche vorstehender Verfügung nicht nachkommen, sollen nach Ablauf von 2 Jahren, von Rechts wegen und durch diese Unterlassung selbst, des Adels und seiner Titel verlustig sein; es wird ihnen untersagt, sich irgend eines Adels-Titels zu bedienen.

Art. 9. Der Adel soll durch Dokumente oder durch Besitz erwiesen werden.

Art. 10. Allen denjenigen, welche das Recht haben werden, die Titel eines Fürsten, Grafen, Freiherrn und Ritters zu führen, sollen Patent-Briefe, mit Unserem großen Siegel versehen, ausgefertigt werden.

Die Förmlichkeiten, welche zur Erlangung und Ausfertigung der Patent-Briefe erforderlich sein werden, sollen künftig durch ein Dekret bestimmt werden.

Art. 11. Die Fürsten, Grafen, Freiherrn und Ritter sollen binnen Monatsfrist, von der Ausfertigung der Patent-Briefe an zu rechnen, folgenden Eid leisten:

„Ich schwöre, dem Könige und seiner Dynastie treu zu sein; der Constitution, den Gesetzen und den Verordnungen des Königreichs zu gehorchen; „Seiner Majestät als ein guter, redlicher und treuer Unterthan zu dienen, „und meine Kinder in eben diesen Gesinnungen der Treue und des Gehorsams zu erziehen."

Art. 12. Dieser Eid soll in Unsere Hände abgelegt werden, oder in die Hände desjenigen oder derjenigen, die Wir zu diesem Zwecke benannt haben werden.

Die Ausfertigung des Eides soll dem Präsidenten der Kommission zugesandt werden, um daselbst in das Register eingetragen zu werden.

Art. 13. Unsere Unterthanen sollen keine anderen Wappen, noch Livreen haben, als diejenigen, welche in den Patent-Briefen bezeichnet sein werden.

Diejenigen, welche Wappen haben, sollen sie beibehalten, und denselben die Unterscheidungs-Zeichen beifügen, welche wir für die verschiedenen Titel des Adels festsetzen werden.

Art. 14. Wir verbieten allen Unseren Unterthanen, sich Titel, Wappen oder Attribute des Adels beizulegen, welche Wir ihnen nicht durch Unsere Patent-Briefe verliehen oder bestätigt haben möchten; und den Beamten des Civilstandes, denen, welche ihr Amt verrichten, den Notarien und anderen, sie ihnen zu geben, bei Strafe von 50 bis 300 Fr., und einer größeren Strafe im Wiederholungsfalle.

Art. 15. Unser Minister der Justiz ist mit der Vollziehung des gegenwärtigen Dekrets, welches in das Gesetz-Bülletin eingerückt werden soll, beauftragt.

Gegeben in Unserem Königlichen Schlosse zu Napoleonshöhe, am 4. September 1811, im fünften Jahre Unserer Regierung.

Unterschrieben: u. s. w.

41.

Königliches Dekret vom 4. September 1811, die Majorate betreffend.

(Gesetz-Bülletin 1811. XXV. 107.)

Wir u. s. w.
haben nach Ansicht des 896sten Artikels des Codex Napoleon und der Art. 8 und 9 Unseres Dekrets vom 28. März 1809;
auf den Bericht Unseres Ministers der Justiz;
nach Anhörung Unseres Staatsraths;
verordnet und verordnen, wie folgt:

Erster Titel.

Von der Befugniß Majorate zu stiften.

Art. 1. Außer denjenigen Majoraten, welche Wir dienlich erachten möchten, aus eigener Bewegung und durch Dotationen, welche von Unserer Königlichen Freigebigkeit herrühren, zu errichten, sollen diejenigen Unserer Unterthanen, denen Wir es angemessen finden werden, die Erlaubniß dazu zu ertheilen, Majorate stiften können, welche auf ihre direkte, leibliche, eheliche, männliche Nachkommenschaft, nach dem Rechte der Erstgeburt, übergehen sollen.

Art. 2. Zu den Bestandtheilen eines Majorats können nur Güter gehören, welche von allen Vorzugsrechten und von Hypotheken frei, und nicht in Gefolg der Artikel 1048 und 1049 des Gesetzbuches Napoleon einer Wiederabtretung unterworfen sind.

Das Minimum eines Majorats soll von 3000 Fr. Einkünften sein.

Zweiter Titel.

Erster Abschnitt.

Wirkungen der Majorats-Stiftungen in Hinsicht auf die Personen.

Art. 3. Keiner Unserer Unterthanen, der ein Majorat besitzt, soll es auf ein adoptirtes Kind übertragen können, wenn wir nicht die Adoption genehmigt haben.

Art. 4. Unser Minister der Justiz, Präsident der Kommission der Titel, wird ein nach den Departements eingetheiltes Register führen lassen, in welchem alle Majorats-Eigenthümer der gedachten Departements eingetragen sein sollen.

Der Artikel ihrer Eintragung soll die Benennung des Majorats-Gutes enthalten.

Art. 5. Die Kommission wird Unseren Prokuratoren bei den Distrikts-Tribunalen alle Eintragungen anzeigen, welche, in Gefolg des vorhergehenden Artikels, in ihrem Register, unter der Rubrik ihrer respektiven Departements eingeführt sein werden.

Art. 6. Unsere Prokuratoren sollen der Kommission die Todesfälle der Majorats-Eigenthümer anzeigen.

Art. 7. Ein jeder Majorats-Besitzer soll verbunden sein, der gedachten Kommission von den in seiner Familie, in direkter, absteigender, männlicher Linie und nur in der Ordnung der zur Succession des Majorats Berufenen, vorfallenden Geburts- und Todesfällen Anzeige zu thun.

Zweiter Abschnitt.

Wirkungen der Majorats-Stiftungen, in Hinsicht auf die Güter.

§. 1. Von der Beschaffenheit der Güter.

Art. 8. Die das Majorat ausmachenden Güter sind unveräußerlich; sie können weder verpfändet, in Beschlag genommen, noch mit irgend einer, selbst gesetzlichen oder gerichtlichen Hypothek beschwert werden.

Inzwischen sollen die Kinder des Stifters, welche durch die freien Güter ihres Vaters nicht ihren vollen Pflichttheil erhalten haben möchten, die Ergänzung desselben durch die von ihrem Vater zur Majorats-Stiftung bestimmten Güter verlangen können.

Art. 9. Wenn in Gefolg einer gesetzlichen Hypothek, welche vor der Einführung der Formalitäten erworben worden ist, deren die Artikel 9 und 10 Unseres Dekretes vom heutigen Tage, die zu beobachtenden Formen betreffend, erwähnen, und welche nicht, den Bestimmungen des Gesetzbuches Napoleon gemäß, gelöscht oder welcher nicht Genüge geleistet worden ist, eine Verminderung des Werths der Majorats-Güter statt fände; so soll der Stifter oder seine Erben, wenn es von ihnen verlangt wird, die zum Majorat gehörigen Güter, welche durch gedachte Hypothek davon abgerissen worden sein möchten, ergänzen oder ersetzen.

Art. 10. Jede Verkaufs-Akte, Schenkung oder sonstige Veräußerung dieser Güter durch den Besitzer, jede Akte, welche sie mit Vorzugsrechten oder Hypotheken beschweren möchte, alle Urtheile, welche diese Akte gültig erklären würden, sind, außer den unten bezeichneten Fällen, von Rechts wegen null und nichtig.

Art. 11. Die Nullität des Urtheils soll von Unserem Staatsrathe, in der durch Unsere Dekrete vom 24. Dezember 1807 und vom 20. Mai 1809 vorgeschriebenen Form, gesprochen werden, es sei auf Antrag des Besitzers, oder auf Verlangen des General-Prokurators der Kommission.

Art. 12. Wir verbieten den Notarien, die im obenstehenden 10ten Artikel ausgedrückten Akte aufzunehmen; den Conservateurs der Hypotheken davon die Eintragung oder Umschreibung vorzunehmen, und den Richtern, ihre Gültigkeit anzuerkennen.

§. 2. Von dem Genuß der Güter.

Art. 13. Der Genuß der Güter soll dem Erstgeburts-Rechte folgen.

Art. 14. Der Majorats-Besitzer soll verbunden sein:

1) die Abgaben und sonstigen öffentlichen Lasten zu entrichten;
2) die Güter als ein guter Hausvater zu unterhalten;
3) die Pension der Wittwe des vorhergehenden Besitzers zu entrichten;
4) diejenigen Schulden dieses Besitzers zu bezahlen, für welche, nach den Bestimmungen des unten folgenden 16ten Artikels, die Einkünfte möchten überwiesen worden sein, ohne daß jedoch der gegenwärtige Besitzer verpflichtet sei, während der ersten 2 Jahre seines Besitzes, mehr als ein Drittel des Ertrages der Güter dazu zu verwenden;
5) in Ermangelung anderer hinreichender Güter die Schulden von der Art zu bezahlen, welche im Artikel 2101 des Gesetzbuches Napoleon genannt sind, desgleichen diejenigen, welche im Gesetz vom 15. Februar 1810, und im Dekrete vom 28. März 1809, Art. 13, bezeichnet sind, und welche von den verstorbenen Eltern des gegenwärtigen Besitzers hinterlassen sein möchten.

Diese Abtragungen sind nur bis zum Belauf der Einkünfte eines Jahres gezwungen.

Art. 15. Die Majorats-Einkünfte sind, außer dem Falle und in den Verhältnissen, wo sie hätten überwiesen werden können, der Schulden des verstorbenen Besitzers wegen, keinem Arrest unterworfen.

Art. 16. Sie sollen nur für die im Art. 2101 des Gesetzbuches Napoleon, in den Nr. 4 und 5 des Art. 2103, und in dem vorgedachten Gesetze und Dekrete, angegebenen privilegirten Schulden, überwiesen werden können; aber die Ueberweisung soll für die in den Nr. 4 und 5 des Art. 2103 bestimmten Ursachen nur in soweit zulässig sein, als die Reparaturen nicht diejenigen übersteigen, welche den Nutznießern zur Last fallen.

Weder in dem einen noch dem anderen Falle kann die Ueberweisung weiter statt finden, als bis zum Belauf der Hälfte der Einkünfte.

Art. 17. Wenn Fälle eintreten, welche beträchtliche Arbeiten und Reparaturen an den Majorats-Gebäuden und Gütern erfordern, und welche den Betrag übersteigen, dessen Disposition oben erwähntermaßen zugelassen worden ist, so soll darüber, wenn es erforderlich ist, durch ein von Uns, auf Verlangen des Majorats-Besitzers und nach eingegangenem Gutachten der Kommission der Titel erlassenes Dekret verfügt werden.

Dritter Titel.

Von der Befugniß die Majorats-Güter zu veräußern.

Erster Abschnitt.

Von der Autorisation zur Veräußerung.

Art. 18. Die Majorats-Besitzer können die Veräußerung und Wiederanlegung verlangen.

Art. 19. Der Verkauf kann freiwillig oder durch Mehrgebot geschehen.

Art. 20. Der Käufer soll nur von seiner Zahlungs-Verbindlichkeit befreit sein, wenn er zur Wiederanlegung des Kaufpreises zahlt, oder wenn er gedachten Kaufpreis in die Amortisations-Kasse niederlegt, welche selbigen dem Majorats-Eigenthümer verzinsen wird.

Zweiter Abschnitt.

Von der Wiederanlegung des Kaufpreises der veräußerten Güter.

Art. 21. Die Wiederanlegung des Preises der veräußerten Güter soll binnen den, der Veräußerung folgenden nächsten 6 Monaten durch Güter von der Art geschehen, welche Majorate bilden können.

Art. 22. Im Fall Wir die vorgeschlagene Acquisition zu autorisiren nicht für dienlich erachten möchten, behalten wir Uns vor, den Termin zu verlängern, welcher zur Auffindung einer neuen Anlegung bewilligt worden ist.

Im entgegengesetzten Falle soll Unser Genehmigungs-Dekret mit Patent-Briefen versehen sein, welche eingetragen, bekannt gemacht und umgeschrieben werden sollen, auf eben die Art als diejenigen, welche die Stiftung des Majorats enthalten.

Art. 23. Die zum Ersatz zugelassenen Güter sollen die Natur und Beschaffenheit annehmen, welche die Güter, welche sie ersetzen, hatten, bevor sie wieder dem freien Handel zurückgegeben worden waren.

Vierter Titel.

Von den Rechten der Wittwen der Majorats-Besitzer.

Art. 24. Beim Absterben des Besitzers, es sei, daß er männliche Nachkommenschaft hinterlasse, oder daß in Ermangelung derselben das Majorat erlösche oder außer der männlichen Nachkommenschaft transportirt werde, soll seine Wittwe zu einer Pension berechtigt sein, welche von den Majorats-Einkünften erfolgen soll.

Art. 25. Diese Pension soll die Hälfte des Ertrages betragen, wenn das Majorat erloschen, oder transportirt worden ist, und ein Viertel, wenn das Majorat annoch besteht.

In diesem letzteren Falle soll die Pension nur entrichtet werden: 1) in sofern die Wittwe nicht in ihrem persönlichen Vermögen ein der ihr zu bewilligenden Pension gleichkommendes Einkommen findet, 2) und in sofern die Wittwe im Wittwenstande bleibt.

Art. 26. Zu diesem Ende sollen die Wittwen bei den Tribunalen einkommen, um ihr Recht zur Pension und deren Betrag festsetzen zu lassen.

Art. 27. Wenn durch Absterben mehrerer Besitzer mehr als eine Wittwe vorhanden ist, so sollen sie die Pension theilen.

Art. 28. Im Falle über das Majorat zu Gunsten eines neuen Besitzers disponirt sein sollte, so soll dieser zu der oben erwähnten Pension verpflichtet sein.

Fünfter Titel.

Allgemeine Verfügungen.

Art. 29. Wenn sich beim Majorat Reparaturen oder Mängel vorfinden, für welche der verstorbene Besitzer hätte einstehen müssen, so soll die Klage gegen dessen freie Güter gerichtet und von seinem Nachfolger bei den Tribunalen geführt werden.

Art. 30. Wenn der Nachlaß keine Hülfsmittel darbietet, um die Reparaturen und Mängel zu ersetzen, so soll dafür durch eine Entscheidung der Kommission gesorgt werden.

Art. 31. Wenn die männliche, eheliche Nachkommenschaft eines Majorats-Eigenthümers, der selbst die zum Majorat gehörigen Güter hergegeben hat, aussterben sollte, so soll das Majorat aufgehoben sein; die dasselbe ausmachenden Güter werden freier Nachlaß des letzten Besitzers, und sollen von seinen Erben in Empfang genommen werden.

Wir behalten Uns indessen vor, nach den Umständen und auf Nachsuchen des Eigenthümers, den Titel und das Majorat auf einen seiner Schwiegersöhne, oder wenn er keine Kinder hat, auf einen seiner Seitenverwandten, zu übertragen, ohne daß die gegenwärtige Verfügung den Rechten des Pflichttheils Abbruch thun könne, welche von den das Majorat ausmachenden Gütern schuldig sein möchten.

Art. 32. Wenn die Dotation des Majorats ganz oder zum Theil von Uns bewilligt worden ist, mit der Bedingung des Heimfalles, im Falle der Erlöschung der männlichen, ehelichen Nachkommenschaft, so soll bei Eintretung dieses Falles jene Bedingung in Hinsicht dieser Güter, oder derer, welche zum Ersatz möchten erworben worden sein, erfüllt werden, und die Kommission der Titel und Unsere Prokuratoren bei den Distrikts-Tribunalen sollen über die Ausführung derselben wachen.

Art. 33. Der Artikel 8 Unseres Dekretes vom 28. März 1809 soll, nach Form und Inhalt, in Ausübung gebracht werden; mithin sollen die darin benannten Güter, und alle diejenigen, welche Wir seitdem verliehen haben, dem gegenwärtigen Dekrete unterworfen sein.

Art. 34. Unser Minister der Justiz ist mit der Vollziehung des gegenwärtigen Dekrets, welches in das Gesetz-Büllétin eingerückt werden soll, beauftragt.

Gegeben in Unserem Königlichen Schlosse zu Napoleonshöhe, am 4. September 1811, im fünften Jahre Unserer Regierung.

Unterschrieben: u. s. w.

42.

Königliches Dekret vom 22. Dezember 1811, welches die Einführung einer nach Klassen angelegten Personal-Steuer enthält, welche nach Köpfen und monatsweise vom 1. Januar 1812 an bezahlt werden soll.

(Gesetz-Bülletin 1811. XXXVI. 147.)

Wir u. s. w.

haben nach Ansicht des Gesetzes vom 14. Juli 1808 und Unserer Dekrete vom 15. März 1810 und 12. Januar 1811;

in Erwägung, daß es nothwendig ist, wirksame Maßregeln zu ergreifen, um im Laufe des Jahres 1812 die Erhebung derjenigen Gelder zu sichern, welche die Amortisations-Kasse in den Stand setzen, ihre Verbindlichkeiten zu erfüllen; auf den Bericht Unseres Finanz-Ministers, des Handels und des Schatzes;

nach Anhörung Unseres Staatsraths; verordnet und verordnen:

Art. 1. Vom 1. Januar 1812 an zu rechnen, soll die Personal-Steuer, welche durch Unser Dekret vom 12. Januar 1811 angeordnet worden, von allen westfälischen Unterthanen und allen in Westfalen wohnenden Fremden, welche das 16te Jahr zurückgelegt haben und nicht ausdrücklich davon durch das gegenwärtige Dekret ausgenommen werden, bezahlt werden.

Art. 2. Diese Steuer soll nach 10 Klassen erhoben werden. Die in die erste Klasse gestellten Personen sollen monatlich und nach Köpfen, für sich, ihre Frauen und ihre Kinder, die das 16te Jahr zurückgelegt haben, zahlen 10 Fr., die in der zweiten Klasse 7 Fr. 50 Cent., die in der dritten Klasse 5 Fr., die in der vierten 3 Fr., die in der fünften 2 Fr., die in der sechsten 1 Fr., die in der siebenten 50 Cent., die in der achten 42 Cent., die in der neunten 34 und die in der zehnten 25 Cent.

Art. 3. Familien, welche aus mehr als 3 Personen bestehen, mit Einschluß der Kinder, die über 16 Jahre alt sind, insofern solche von ihnen unterhalten werden, bezahlen nur für 3 Personen die Taxe, welche in dem vorhergehenden Artikel für die Klasse, zu welcher sie gehören, verordnet ist.

Art. 4. Die Verpflichtung zur Bezahlung der Taxe für Kinder soll vom 1sten desjenigen Monats anfangen, welcher auf den Tag folgt, an welchem sie das 16te Jahr werden vollendet haben.

Sie soll nicht für diejenigen Kinder bezahlt werden, die, ob sie gleich 16 Jahre und darüber alt sind, sich außerhalb des Königreichs befinden; aber die Brüder und Schwestern, und überhaupt alle anderen Verwandte des Hausherrn, sollen nicht unter der Zahl der im Art. 3 bezeichneten drei Personen mitbegriffen sein, sondern die Personal-Steuer für ihre eigene Rechnung zahlen.

Die Contribution, welche für Hauslehrer, Hauslehrerinnen, Secretaire, Verwalter und andere Personen, welche sich in derselben Kategorie befinden, zu bezahlen ist, soll ein Drittel der Taxe betragen, welche der Hausherr für seine Person entrichtet, und soll dieser für deren Zahlung einstehen.

Art. 5. Die Hausherrn sollen die Personal-Steuer für jeden ihrer Domestiken nach folgenden Verhältnissen zahlen:

die Hausherren der ersten und zweiten Klasse monatlich			68	Cent.
die der dritten, vierten, fünften und sechsten Klasse	"		50	"
die der siebenten und achten	"	"	34	"
die der neunten und zehnten	"	"	25	"

Für das zum Landbau dienende Wirthschafts-Gesinde sollen nur 25 Cent. monatlich bezahlt werden, in welche Klasse auch der Hausherr gestellt sein möge. Es sollen jedoch für Gesinde dieser Gattung nur diejenigen geachtet werden, deren hauptsächlichste und beständige Beschäftigung in dem Landbau besteht, und welche im Dienste des Hausherrn vermöge jährlichen Lohnes, es sei an Geld oder in Naturalien, stehen.

Die Kinder, in Ansehung welcher dargethan würde, daß sie bei ihren Eltern als Domestiken dienen, sollen in der Berechnung der 3ten Glieder der Familie, deren der 3te Artikel erwähnt, nicht mitgezählt, sondern bloß als Domestiken in der letzten Klasse angesetzt werden. Fabrikanten und Handwerker sollen die Personal-Steuer für ihre Gesellen und Lehrlingen bezahlen, mit Vorbehalt dessen, was solche mit ihnen wegen der Wiedererstattung bedingen mögen.

Art. 6. In die erste Klasse sollen gehören:

Die Staats-Minister, die Großoffiziere, Groß-Commandeure und die Offiziere des Königl. Hauses, die Staatsräthe und die Commandeure des Ordens der westfälischen Krone, der General-Secretair des Staatsrathes, die Minister und außerordentlichen Gesandten an auswärtigen Höfen, die Bischöfe, die Divisions-Generale, die Eigenthümer, welche von ihrem gesammten Grundeigenthume 3000 Fr. an Grundsteuer zahlen.

Art. 7. In die zweite Klasse sollen gehören:

Die Präfekten, die ersten Präsidenten und General-Prokuratoren Unserer Appellationshöfe, die Brigade-Generale, die zweiten und dritten Präsidenten Unserer Appellationshöfe, die Maires der Städte Kassel, Braunschweig, Magdeburg und Hannover, die Ober-Rechnungsräthe, die General-Secretaire der Ministerien, die Grundeigenthümer, welche von ihrem gesammten Grundeigenthume 2000 bis 3000 Fr. an Grundsteuer zahlen.

Art. 8. In die dritte Klasse sollen gehören:

Die Auditoren des Staatsrathes, die Chargés d'affaire an auswärtigen Höfen, die Aerzte und Wundärzte des Königs, sowohl die ordentlichen als konsultirenden, die General-Inspektoren, die Berghauptleute der Berg- und Hüttenwerke, die Konservatoren der Gewässer und Forsten, die Präsidenten der peinlichen Gerichtshöfe und der Distrikts-Gerichte, die General- und Königlichen Prokuratoren, die Richter Unserer Appellationshöfe, die Substituten der General-Prokuratoren in Unseren Appellationshöfen, die Administratoren, der General-

Zahlmeister und General=Kassirer des öffentlichen Schatzes, die General=Einnehmer des Departements, die Departements=Direktoren der Domainen und der direkten und indirekten Steuern, die Post=Direktoren der ersten Klasse, der Administrator der Güter des Ordens, die Groß=Vikarien, die vormaligen Aebte und Aebtissinnen, die Pröpste, Domherren und Chanoinessen der vormaligen hohen Stifte, die Adjutanten, Obersten und die, welche ihnen gleich gestellt sind, die Inspecteurs aux revues, die Eigenthümer, welche von ihrem gesammten Grundeigenthume 1000 bis 2000 Fr. an Grundsteuer zahlen, die General=Lieferanten, die Banquiers, die Großhändler und die Besitzer großer Fabriken, insofern, in Gefolge des Gesetzes vom 12. Februar 1810, ihr Patent zu 120 Fr und darüber angeschlagen ist.

Art. 9. In die vierte Klasse sollen gehören:

Die Gesandtschafts=Secretaire an auswärtigen Höfen, die Unter=Präfekten die General=Secretaire der Präfekturen und die General=Directionen, die General=Kassirer, die Referendarien und der Greffier der Ober=Rechnungskammer die Maires der Hauptorte der Distrikte und der Städte von mehr als 7000 Einwohnern, die Divisions=Chefs in den Ministerien, die Inspektoren der Domainen, der Forsten und der Contributionen in den Departements, die Ingenieurs en chef der Berg= und Hüttenwerke, der Brücken und Wege, die Controlleurs und Inspektoren des Schatzes, die Münz=Direktoren, die Richter der peinlichen Gerichtshöfe und der Distrikts=Gerichte, die General=Kommissarien der Polizei, die Präsidenten der Konsistorien, die vormaligen Canonici und Chanoinessen der vormaligen niederen Stifte, die Doktoren der Theologie, die Professoren der Universitäten, die Konservatoren der Kunst=Kabinette, öffentlichen Bibliotheken und Archive, die Sousinspecteurs aux revues, die Kriegs=kommmissarien, die Direktoren der Hospitäler und anderen Wohlthätigkeits=Anstalten, die Majors, Bataillons= und Eskadrons=Chefs und diejenigen, welche gleichen Rang mit ihnen haben, die Eigenthümer, welche von ihrem gesammten Grundeigenthume 600 bis 1000 Fr. an Grundsteuer zahlen, die Kaufleute und andere, welche in Gefolge des Gesetzes vom 12 Februar 1810 ein Patent von 76 bis 120 Fr. ausschließlich bezahlen.

Art. 10. In die fünfte Klasse sollen gehören:

Die Secretaire und Adjunkten der Maires und die Polizei=Kommissarien in den Städten Kassel, Braunschweig, Magdeburg und Hannover, die Secretaire der Unter=Präfekturen, die Präfekturräthe, die Employés, welche aus dem Schatze der Civil=Liste bezahlt werden, und einen Sold von 2000 Fr. und darüber erhalten, die Präsidenten und Mitglieder der Gesundheitsräthe, die Unter=Inspektoren der Forsten, die Post=Direktoren der zweiten Klasse, die Distrikts=Controlleure der direkten und indirekten Steuern, die Controlleure der Posten der ersten Klasse, die Ingenieure der Bergwerke, die Ingenieure und Baumeister der Brücken und Wege, die Kreis= und die Domainen=Einnehmer, die Assessoren bei den peinlichen Gerichtshöfen und Distrikts=Gerichten, die Advokaten beim Staatsrathe, die Advokaten und Prokuratoren bei den Appellationshöfen, peinlichen Gerichtshöfen und Distrikts=Gerichten, die Mitglieder der Konsistorien, die Superintendenten und Metropolitane, insofern sie in dieser Eigenschaft eines Gehalts genießen, die Professoren oder Rektoren der Lyceen, die Eigenthümer, welche von ihrem gesammten Grundeigenthume 400 bis 600 Fr. an

Grundsteuer zahlen, die Kaufleute und andere, welche, in Gefolge des Gesetzes vom 12. Februar 1810, ein Patent von 37 bis einschließlich 75 Fr. bezahlen.

Art. 11. In die sechste Klasse sollen gehören:

Die Maires der Kantons und Städte von 7000 bis 4000 Einwohnern, die Secretaire und Adjunkten der Maires und die Polizei-Kommissarien in den in der vierten Klasse bezeichneten Städten, die Friedensrichter, die Greffiers der peinlichen Gerichtshöfe, Distrikts-Gerichte und der Konsistorien, die Distrikts-Notarien, die Hypotheken-Bewahrer, die Unter-Ingenieurs der Bergwerke, die Stadt-Controlleurs der indirekten Steuern, die Controlleurs der Posten der zweiten Klasse, die Büreau-Chefs in den Ministerien, und die Chefs der Büreau der Präfekturen und General-Directionen, die Pfarrer und Prediger in den Städten von 10,000 und mehr Einwohnern, die Konrektoren und Kollaboratoren der Lyceen, die Eigenthümer, welche von ihrem gesammten Grundeigenthume 200 bis 400 Fr. an Grundsteuer bezahlen, die Kaufleute und andere, welche, in Gefolge des Gesetzes vom 12. Februar 1810, ein Patent von 25 Fr. bis einschließlich 36 Fr. bezahlen.

Art. 12. In die siebente Klasse sollen gehören:

Die Maires in den Städten von 4000 bis 2000 Einwohnern, die Secretaire und Adjunkten der in der sechsten Klasse bezeichneten Maires, die Employés, welche aus dem Schatze der Civil-Liste bezahlt werden und einen Sold von 1000 bis einschließlich 2000 Fr. erhalten, die Ober- und reitenden Förster, die commis aux déclarations, die Post-Direktoren und Controlleurs der dritten Klasse, die Verifikatoren der Posten, die Arsenal- und Magazin-Verwalter, die Pfarrer und Prediger in den Gemeinden von 2000 bis 10,000 Einwohnern, die Eigenthümer, welche von ihrem gesammten Grundeigenthume 100 bis 200 Fr. an Grundsteuer zahlen, die Kaufleute und andere, welche, in Gefolge des Gesetzes vom 12. Februar 1810, ein Patent von 16 bis einschließlich 24 Fr. bezahlen.

Art. 13. In die achte Klasse sollen gehören:

Die Maires in den Gemeinden von 2000 bis 1500 Einwohnern, die Secretaire und Adjunkten der in die siebente Klasse gestellten Maire, die Kantons-Notarien, die Greffiers und Suppleanten der Friedensrichter, die Conducteure der Brücken und Wege, die Douanen-Brigadiers und die commis aux exercices der Kreise, die Employés in den Büreaus, die Postschaffner, die Pfarrer und Prediger in den Gemeinden von weniger als 2000 Einwohnern, die Schulmeister in den Städten, die Eigenthümer, die von ihrem gesammten Eigenthume 50 bis 100 Fr. an Grundsteuer bezahlen, die Kaufleute und andere, welche, in Gefolge des Gesetzes vom 12. Februar 1810, ein Patent von 9 bis einschließlich 15 Fr. bezahlen.

Art. 14. In die neunte Klasse sollen gehören:

Die Maires in den Gemeinden von weniger als 1500 Einwohnern, die Secretaire und Adjunkten der in die achte Klasse gestellten Maire, die Huissiers, die Förster zu Fuß und Unterförster, die Kantoren und Küster, die Douaniers, die commis aux exercices, die Eigenthümer, welche von ihrem gesammten Grundeigenthume 25 bis 50 Fr. an Grundsteuer bezahlen, die Kaufleute und andere, welche, in Gefolge des Gesetzes vom 12. Februar 1810, ein Patent von 5 bis einschließlich 8 Fr. bezahlen.

Art. 15. In die zehnte Klasse sollen gehören:

Die Eigenthümer, welche von ihrem gesammten Grundeigenthume weniger als 25 Fr. an Grundsteuer bezahlen, die Landbauer, welche unter dem Namen Kossäten, Brinksitzer oder Einlieger bezeichnet werden, die Kaufleute und andere, welche, in Gefolge des Gesetzes vom 12. Februar 1810, ein Patent von weniger als 5 Fr. bezahlen, und überhaupt und ohne Unterschied alle diejenigen in Westfalen wohnenden Unterthanen, welche nicht durch das gegenwärtige Dekret ausgenommen, oder in eine höhere Klasse gesetzt worden sind, oder gesetzt werden könnten.

Art. 16. Die Personal-Steuer soll allein an dem Wohnorte des Steuerpflichtigen bezahlt werden. Diejenigen, welche in Hinsicht ihrer Functionen, Qualitäten oder Besitzungen mehrere Eigenschaften in sich vereinigen, wegen welcher sie in verschiedene Klassen gesetzt werden könnten, sollen nur in eine Klasse, und zwar in die höchste, gesetzt werden, die ihnen in Hinsicht ihrer Functionen, Qualitäten, Besitzungen oder ihres höchsten Standes wegen zukommt.

Art. 17. Die Beamten und andere Personen, welche in den Artikeln 6 bis 14 nicht besonders genannt sind, sollen in diejenige der 10 Klassen gesetzt werden, welche ihrem Amte, Stande oder ihrer Qualität am angemessensten ist.

Art. 18. Die Pächter sollen in Hinsicht ihrer Pacht nur die Hälfte derjenigen Taxe bezahlen, welche sie zahlen müßten, wenn sie Eigenthümer ihrer Pachtung wären.

Art. 19. Von der Personal-Steuer sind befreit:

1) Die Militair-Personen, vom Grade des Capitains an, und diesen mit einbegriffen, für sich und ihre Frauen, inzwischen bezahlen sie für ihre Kinder und Domestiken; 2) die Militair-Personen, die einen höheren Grad haben, als den des Capitains, bis einschließlich die Divisions-Generale, in sofern dieselben in Dienstthätigkeit sind, und, nach der Natur ihres Dienstes, keinen festen Aufenthaltsort, noch einen anderen Wohnort, als den ihrer Garnison haben; diese Ausnahme erstreckt sich auch auf ihre Frauen; es sind und bleiben aber der Personal-Steuer alle diejenigen unterworfen, welche im 2ten Artikel Unseres Dekrets vom 19. September 1810 bezeichnet sind; 3) die Invaliden, welche als solche auf den Registern der Invaliden-Kasse aufgeführt sind; 4) die Wittwen der Unteroffiziere und Soldaten, die im wirklichen Dienst verstorben sind; 5) die Ausländer, welche auf Unseren Universitäten und Lyceen studiren; 6) die Bergleute und Arbeiter, welche in den Königlichen, für Rechnung des Gouvernements betriebenen, Berg- und Hüttenwerken angestellt sind; 7) die Arbeiter, welche bei der Königl. Gewehr-Fabrik zu Herzberg angestellt sind; 8) die Individuen, welche in Armenhäusern und Hospitälern unterhalten werden, so wie überhaupt diejenigen, welche nur von Almosen leben.

Art. 20. Die in Pension gesetzten Offiziere und öffentlichen Beamten und alle anderen Pensionaire sollen nur die Hälfte von dem zahlen, was sie nach der Klasse, zu welcher sie gehören, bezahlen müßten; aber sie sollen diesen Vortheil nur dann genießen, wenn ihre Pension ihr einziger Unterhalt ist. Auch Wittwen, welche keine Pension genießen, sollen den nämlichen Vortheil haben; aber nur in dem Falle, wenn sie in ihrem Dienste keine Gesellen, noch männliche Domestiken, und nicht mehr als eine Dienstmagd halten.

Art. 21. Der Ansatz der Personal-Steuer soll den Agenten der direkten Steuern gemeinschaftlich mit den Mairen der Kommunen übertragen sein.

Demgemäß sollen, sofort nach der Publication dieses Dekretes, die Maire, mit Zuziehung von 2 Mitgliedern des Municipalraths, nach den Mustern, welche ihnen werden mitgetheilt werden, ein Namens-Verzeichniß aller in ihren Kommunen wohnhaften Individuen, welche nach den Bestimmungen des gegenwärtigen Dekrets der Personal-Steuer unterworfen sind, fertigen. Dieses Verzeichniß soll deutlich und in abgesonderten Spalten, 1) die Nummer des Hauses, 2) den Namen des Steuerpflichtigen mit der Anzeige, ob er verheirathet ist und ob er Kinder hat, die über 16 Jahr alt sind, 3) die Klasse, zu welcher er gehört, 4) seinen Stand, 5) die Zahl seiner Domestiken enthalten.

Diese Verzeichnisse sollen von dem Maire und den eben erwähnten Mitgliedern des Municipalrathes unterzeichnet und certificirt, innerhalb 14 Tagen dem Direktor der direkten Steuern des Departements zugestellt werden, welcher, wenn er es für nothwendig findet, sie an Ort und Stelle durch die Controlleurs nachsehen und sie sodann den Einnehmern zur Erhebung zukommen lassen soll, nachdem sie dem Präsidenten präsentirt worden, welcher gehalten ist, sie sofort und ohne darin etwas abzuändern, für exekutorisch zu erklären.

Art. 22. Eben so soll es mit den vorfallenden Mutationen gehalten werden, worüber die Maire ausführliche Etats entwerfen und solche alle 2 Monate dem Steuer-Direktor zustellen sollen.

Art. 23. Den Mairen soll für die Kosten der Steuer-Rollen, Druck und andere Kosten, welche die Entwerfung der Rollen veranlaßt, eine Entschädigung von ein halb pro Cent zugestanden sein.

Art. 24. Der Hausherr soll für die Richtigkeit seiner dem Maire gemachten Angabe, imgleichen für die Angabe derer, die in seinem Hause als Miethsleute wohnen, einstehen; er soll gehalten sein, dem Maire seiner Kommune die in seiner Familie eingetretenen Mutationen anzuzeigen.

Diejenigen, welche eine falsche Angabe ihres Standes, ihrer Qualität, oder der Grundsteuer, welche sie von ihrem Grundvermögen zahlen, gemacht haben, sollen das Doppelte der ihnen obliegenden Taxe, und zwar für die ganze bis zur Entdeckung der Falschheit ihrer Angabe verflossene Zeit, bezahlen.

Art. 25. Diejenigen Steuerpflichtigen, welche sich durch die Classification, welcher sie unterworfen werden, für verletzt achten, sollen sich an den Präfekturrath wenden können, welcher über ihre Ansprüche entscheiden wird; diese sollen eben so, wie diejenigen, welche die übrigen direkten Steuern betreffen, angebracht und entschieden werden.

Sie sollen binnen Monatsfrist, von Zeit der den Steuerpflichtigen geschehenen Bekanntmachung ihres Beitrags an gerechnet, angebracht werden, nach dieser Frist aber nicht weiter zugelassen werden.

Art. 26. Die Steuer soll zu Anfang eines jeden Monats an die Orts-Erheber in den Gemeinden bezahlt werden. Der Betrag der Einnahme soll von denselben an die Kasse der Kreis-Einnehmer und von diesen an die Kassen der General-Einnehmer abgeliefert werden.

Art. 27. Alle Verordnungen, welche in dem Dekrete vom 6. Mai 1809, in Beziehung auf die Erhebung der direkten Steuern, die Führung der Rechnungen, die Kontrolle der Erheber, die Untersuchung des Kassen-Bestandes, die

Ablieferung der Gelder, so wie über die Zwangsbefehle, enthalten sind, sollen in allen Punkten auf die Erhebung und Verwaltung der durch das gegenwärtig Dekret festgesetzten Steuer Anwendung finden.

Art. 28. Unsere Minister sind, ein jeder in so weit es ihn betrifft, mi der Vollziehung des gegenwärtigen Dekretes, welches in das Gesetz-Büllетin ein gerückt werden soll, beauftragt.

Gegeben in Unserer Königlichen Residenz zu Kassel, am 22. Dezember 1811, im fünften Jahre Unserer Regierung.

Unterschrieben: u. s. w.

43.

Königliches Dekret vom 31. Mai 1812, die Grundsteuer betreffend.

(Gesetz-Bülletin 1812. XVII. 90.)

Wir u. s. w.

haben nach Ansicht des Artikels 16 der Constitutions-Urkunde und der Artikel 5, 6, 59 und 60 des Gesetzes vom 18. August 1808, über die Grundsteuer;

in Erwägung, daß es dringend nothwendig ist, die Ungleichheiten, welche in den bisherigen Steuer-Rollen existiren, aufzuheben;

auf den Bericht Unseres Finanz-Minister's;

nach Anhörung Unseres Staatsrathes;

verordnet und verordnen:

Art. 1. Vom 1. Januar 1812 an gerechnet, soll die Grundsteuer auf 20 Procent oder den 5ten Theil des reinen Ertrages des steuerbaren Grundeigenthums bestimmt sein.

Art. 2. Die gedachte Steuer soll so wie bisher monatlich erhoben werden. Der Rückstand von den 6 ersten Monaten dieses Jahres soll in gleiche Theile auf die 6 letzten Monate vertheilt werden.

Art. 3. Es soll diese Steuer nach den von Sachverständigen unter der Leitung der Beamten der direkten Steuern vorgenommenen neuen Abschätzungen veranlagt werden.

Art. 4. Diejenigen Steuerpflichtigen, welche glauben, daß durch diese neuen Abschätzungen ihr Grundeigenthum höher als zu 20 Procent besteuert werde, können sich deshalb an die Präfekturräthe wenden, welche ihren Beschwerden, wenn sie gegründet sind, abhelfen sollen.

Die Kosten fallen dem unterliegenden Theile zur Last. Jedoch soll die Reclamation eines Steuerpflichtigen nur dann zugelassen werden, wenn dieser den Steuer-Betrag, wozu er in den Rollen angesetzt ist, bereits wirklich bezahlt hat.

Art. 5. In Gemäßheit des Art. 59 des vorerwähnten Gesetzes vom 18. August 1808, soll von jetzt an der Unterschied aufhören, welcher bisher in verschiedenen Theilen des Königreichs in Rücksicht der Erhebung der Grundsteuer zwischen den mit Renten, Grundzinsen und anderen Natural- oder Geld-Prästationen beschwerten und den mit solchen Abgaben nicht belasteten Grundstücken statt gefunden hat.

Diese Pflichtigen sollen die Grundsteuer ganz bezahlen, und den Eigenthümern der Prästation den 5ten Theil derselben in Abzug zu bringen ermächtigt sein, jedoch nur in den Fällen, wo, in Gemäßheit der Artikel 59 und 60 des gedachten Gesetzes vom 18. August 1808, dieser Abzug gemacht werden darf.

Art. 6. Unser Finanz-Minister ist mit der Vollziehung des gegenwärtigen Dekretes, welches in das Gesetz-Bülletin eingerückt werden soll, beauftragt.

Gegeben in Unserem Hauptquartier zu Pulawy, am 31. Mai 1812, im sechsten Jahre Unserer Regierung.

Unterschrieben: u. s. w.

44.

Königliches Dekret vom 4. Dezember 1812, die Organisation der durch das Dekret vom 8. Oktober 1812 angeordneten Kommission zur Liquidirung der öffentlichen Schuld betreffend.

(Gesetz-Bülletin 1812. XXXXIII. 193.)

Wir u. s. w.

haben nach Ansicht Unseres Dekretes vom 8. Oktober dieses Jahres, in der Absicht, die zur Liquidation der öffentlich nicht liquiden Schuld angeordnete Kommission zu organisiren;

auf den Bericht Unseres Finanz-Ministers;

nach Anhörung Unseres Staatsraths;

verordnet und verordnen:

Art. 1. Die mit der Liquidirung der öffentlichen Schuld, unter der Direction Unseres Finanz-Ministers, beauftragte Kommission, soll aus einem Direktor und 2 Mitgliedern bestehen. Außerdem soll dabei ein Secretair angestellt und beauftragt werden, in den Berathschlagungen das Protokoll zu führen, und die Aufsicht über die Archive der Kommission zu haben.

Art. 2. Die Kommission soll sich wenigstens ein Mal in der Woche versammeln.

Die Entscheidungen sollen nach der Mehrheit der Stimmen gefaßt werden.

Bei eintretenden besonderen Fällen oder Umständen kann die Kommission den Finanz-Minister um die nöthigen Aufklärungen ersuchen.

Art. 3. Die Kommission soll mit den besonderen Liquidatoren, und nöthigen Falls auch mit den übrigen öffentlichen Behörden, unter der Contrasignatur des Finanz-Ministers, korrespondiren.

Art. 4. Von der Publication des gegenwärtigen Dekrets an darf über keine Forderung an den Staat eine Obligation ausgefertigt werden, wenn die Kommission nicht zuvor einen Anerkennungs-Beschluß ertheilt hat.

Art. 5. Zu dem Ende sollen die Personen, welche eine Forderung an den Staat zu haben glauben, sich an die Special-Arrondissements-Liquidatoren, welche durch Unser Dekret vom 18. Mai 1811 angeordnet sind, wenden, und diesen ihre Ansprüche mit allen nöthigen Belegen vorlegen, und die Special-Liquidatoren, nachdem sie die Forderungen zuvor geprüft und konstatiret haben, sollen dieselben, mit Beifügung der betreffenden Aufklärungen und Nachrichten, welche sie haben herbeischaffen können, an die Liquidations-Kommission einsenden.

Art. 6. Im Fall sich Gläubiger unmittelbar an die Liquidations-Kommission wenden würden, soll dieselbe die ihr solchergestalt vorgetragenen Ansprüche und Reclamationen an den betreffenden Arrondissements-Liquidator verweisen, welcher alsdann deshalb, wie im vorhergehenden Artikel verordnet ist, zu verfahren hat.

Art. 7. Die Kommission soll die Forderungen und Ansprüche, welche ihr von den Special-Liquidatoren eingereicht sind, prüfen, und über ihre Annahme oder Verwerfung erkennen. Die Entscheidungen sollen in der Form eines Beschlusses abgefaßt, von allen Mitgliedern der Kommission unterzeichnet, und dem Finanz-Minister vorgelegt werden.

Die Verwerfungs-Beschlüsse müssen jederzeit die Gründe der Unzulässigkeit enthalten.

Art. 8. Alle zwei Monate soll Uns der Finanz-Minister ein Tableau über die in den zwei verflossenen Monaten als gültig angenommenen und anerkannten Liquidationen zur Genehmigung vorlegen. Eine Ausfertigung dieses Tableaus soll durch die Staats-Kanzlei der General-Intendanz des öffentlichen Schatzes zugefertigt werden.

Art. 9. Jedem Gläubiger, dessen Forderung als gültig anerkannt worden ist, soll von dem Finanz-Minister eine Ausfertigung des Beschlusses der Liquidations-Kommission zugefertigt, und ihm gegen Vorzeigung desselben eine Obligation darüber von dem General-Intendanten des Staats-Schatzes ausgeliefert werden.

Art. 10. In dem Falle, daß der Finanz-Minister nicht mit den von der Liquidations-Kommission abgefaßten Beschlüssen einstimmig sein würde, soll er Uns hierüber seinen, die Gründe seiner entgegengesetzten Meinung auseinandersetzenden Bericht erstatten, damit Wir, wenn Wir es angemessen finden, darüber durch Unseren Staatsrath endlich entscheiden lassen können.

Art. 11. Eine Ausfertigung der Verwerfungs-Beschlüsse soll unverzüglich den Personen, welche mit ihren Forderungen von der Liquidations-Kommission abgewiesen sind, zugefertigt werden. Es bleibt ihnen nachgelassen, gegen diese Beschlüsse, in der durch den 42sten Artikel Unseres Dekrets vom 20. Mai 1809 vorgeschriebenen Frist, Rekurs an den Staatsrath zu ergreifen, welcher sodann darüber, so wie über streitige Verwaltungs-Angelegenheiten, entscheiden wird.

Art. 12. Unser Minister der Finanzen und Unser General-Intendant des Staatsschatzes sind, ein jeder in so weit es ihn angeht, mit der Vollziehung des gegenwärtigen Dekretes, welches in das Gesetz-Büllетin eingerückt werden soll, beauftragt.

Gegeben in Unserer Königlichen Residenz zu Kassel, am 4. Dezember 1812, im sechsten Jahre Unserer Regierung.

Unterschrieben: Hieronymus Napoleon.
Auf Befehl des Königs.
Der Minister Staats-Secretair
Unterschrieben: Graf von Fürstenstein.

Als gleichlautend bescheinigt:
der Justiz-Minister
Siméon.

Nachschrift

[zu den Gesetzen des Königreichs Westfalen.]

Wir haben die Urkunden und Gesetze des Königreichs Westfalen der Zeitfolge nach zusammengestellt, weil bei dem kurzen Bestehen des Staats sich ein vollkommenes System der Gesetzgebung in ihm noch nicht entwickeln konnte.

Der Herausgeber darf hoffen, daß seine Auswahl in Hinsicht auf das wirklich Wesentliche und für die Verfassung Wichtige vollständig ausgefallen ist, und daß das Mitgetheilte ein genaues und ziemlich allseitiges Bild dieser Verfassung abgeben wird. Was zur Raumsparung von einiger Wichtigkeit allein hat hinwegbleiben müssen, bezieht sich lediglich auf die Gerichts-Verfassung, und wird hierin vielleicht am wenigsten vermißt werden, weil für diesen Zweig bereits andere Hilfsmittel zur Genüge vorhanden sind, während eine zugängliche Sammlung der anderen Urkunden allen denjenigen noch gänzlich fehlt, welche nicht in Besitz der gesammten weitläuftigen Bulletins des lois du royaume de Westphalie 1808—1813 (14 Bände) sich befinden. Die fehlenden Stücke sind namentlich: Die Notariats-Ordnung vom 17. Februar 1809, das Dekret über die Errichtung des Hypothekenwesens vom 22. September 1808 und die correctionelle Prozeß-Ordnung vom 14. Februar 1810.

Um eine vollständige Uebersicht des gesammten, sehr lebhaften Ganges der Westfälischen Regierung möglich zu machen, sollte das vollständige Inhalts-Verzeichniß der Bülletins aufgenommen werden, allein es zeigte sich bald ebenfalls zu umfassend. Das Ergebniß im Urtheil, welches diese Uebersicht gewährt haben würde, ist übrigens wohl schon ziemlich allgemein bekannt und anerkannt, daß nämlich die westfälische Regierung in einer seltenen und in der That bewunderungswürdigen Vollständigkeit, Schnelligkeit und Vielseitigkeit innerhalb der wenigen Jahre eine Staats-Verfassung und Verwaltung zu Stande gebracht hatte, zu welcher andere Staaten kaum in Jahrhunderten sich mühsam herausgearbeitet haben und zwar großentheils erst nach dem Vorgang und Muster dieser phänomenartigen Erscheinung in der Staatengeschichte. — Und wenn auch viele dieser Leistungen wieder nur als Entlehnung und Benutzung französischer Quellen sich ergeben, so muß doch wenigstens die Anerkennung des letzten und großartigen Urquells aller dieser Erscheinungen, des Kaisers Napoleon, als nicht gering, noch vergänglich sich unparteiisch feststellen.

B.

Die Gesetze,

welche die ehemals zum Königreich Westfalen und zum Großherzogthum Berg gehörigen, durch den Wiener Kongreß zu Preußen geschlagenen Landestheile unter Preußischer Regierung erhielten.

Vorbemerkung.

Es ist bekannt, welche schwierige und mißliche Erörterung bei dem Anfange des großen Wiener Kongresses nach der ersten Besiegung Napoleon's die Frage über die Entschädigung Preußens hervorbrachte, ja daß daraus vielleicht ein völliges Zerwürfniß der verbündeten Großmächte hervorgegangen sein würde, daß Frankreich und Rußland bereits rüsteten u. s. w., bis der wiedereinbrechende Wolf als gemeinsamer Feind für den Augenblick alle Streitigkeiten beilegte und Preußen zum Besten des Europäischen Friedens sich fügte. Preußen war der Staat, der ohne Zweifel zu der Befreiung von fremder Herrschaft das Meiste beigetragen, der vorher und nachher am meisten verloren und aufgeopfert — der also wohl den gegründetsten Anspruch auf volle und reichliche Entschädigung hatte, welche es vorzüglich in der Abtretung ganz Sachsens suchte. Allein nur einer der Verbündeten, Kaiser Alexander, vielleicht noch kaum ein zuverlässiger Bundesgenosse, begünstigte diese Ansprüche; alle anderen Mächte erklärten sich gegen die Abtretung Sachsens. Anderen Entschädigungsstoff hatte man eigentlich nicht, Belgien war, in Folge jenes in der Geschichte der politischen Reisen der Fürsten als erstes Beispiel so merkwürdigen Ausflugs der Monarchen von Preußen und Rußland nach London von Paris aus, an das Haus Oranien vergeben und zu Holland geschlagen worden (wie anders würde es vielleicht geworden sein, wäre Belgien mit den Preußischen Rheinlanden vereinigt worden?); Polen, selbst den früher als Südpreußen zu Preußen gehörigen Theil, hatte von vorn herein Rußland für seine Oberhoheit ausbedungen, und Niemand mochte widersprechen, am wenigsten das befreundete Preußen.

Wie endlich diese Irrungen durch die schon erwähnte Nachgiebigkeit Preußens dahin gelöst wurden, daß halb Sachsen, Posen und die in den nächstfolgenden Patenten genannten ehemals Königl. Westfälischen und Großherzogl. Bergschen Landestheile die ganze Entschädigung ausmachten, ist ebenfalls bekannt.

Die betreffenden Artikel der Wiener Schlußakte vom 9. Mai 1815 sind: Art. 2 (Posen), Art. 15 und 16 (Sachsen), Art. 23 (wiedererworbene Provinzen), Art. 24 (auf dem rechten Rheinufer), Art. 25 (auf dem linken).

Wir haben es hier nur mit den mittelbar oder unmittelbar vorher französischer Herrschaft unterworfenen Theilen dieser Ländereien zu thun, indem wir die Hauptthätigkeit der neuen Preußischen Regierung in ihnen, meistens auf Grund der dem Volke bereits vertraut gewordenen französischen Gesetzgebung, betrachten.

Von dieser blieb die Verfassung des Gerichts- und zum Theil auch die des Steuerwesens (Grundsteuer); die französischen Gesetzbücher (von denen, beiläufig, noch keine amtliche Uebersetzung erschienen ist, jedoch erwartet wird), der Code Napoléon giebt noch die Grundlage der Rechtspflege, es bestehen die öffentlichen Geschwornengerichte, die Friedensgerichte, die Staatsanwaltschaft; die in der Behörden-Organisation getroffene Aenderung nehmen wir in unsere Sammlung auf: auch die Notariats- und die Hypotheken-Ordnung erlitten Umwandlungen, beide gehören zu ausschließlich der Rechtslehre an, als daß wir sie hier mitzutheilen hätten.

Am wichtigsten aber sind unstreitig auch für diese Provinzen die drei Gesetzgebungs-Handlungen, welche überhaupt zu den wichtigsten Grundgesetzen des Staats durch ihre resp. Allgemeinheit für die ganze Monarchie gehören: die Ordnung der gutsherrlich-bäuerlichen Verhältnisse, die Anordnung der Provinzialstände, und die (revidirte) Städteordnung. Die letztere gehört nicht hierher, da sie durchaus ohne örtliche Abänderungen für die ganze Monarchie gegeben ist, wohl aber mußten wir die für die betreffenden Provinzen, so gut wie für alle übrigen, den jedesmaligen Verhältnissen gemäß gefaßten Gesetze über die gutsherrlich-bäuerlichen Verhältnisse und über die Provinzialstände aufnehmen, und mit den ergänzenden späteren Bestimmungen begleiten.

Wir glauben keiner Vertheidigung zu bedürfen, daß wir in die Reihe der Landesgesetze die Urkunde über den Zusammentritt einzelner Mitglieder eines einzelnen Standes, der rheinischen Ritterschaft, aufgenommen habe, da diese Urkunde gerade eben so charakteristisch sowohl für die gesetzgebende Gewalt als für den betreffenden Stand ist, als sie durch ihre wesentlichen Bestimmungen über Majorate, Fideicommisse und Erbfolge bedeutenden Einfluß auf die Gestaltung des Grundbesitzes in den Preußischen Rheinländern in Anspruch nimmt. Dagegen ließen wir die Bestimmungen über die vormals Reichsunmittelbaren hier weg, weil wir sie mehr für ein Staatsgesetz, als für ein provinzielles halten müssen, wenn auch die, die es betrifft, zufällig in dem hierher gehörigen Ländertheile mitbegriffen sind.

Es fehlt nicht theils an sammelnden und zusammenstellenden, theils an abhandelnden Schriften über die betreffenden Landestheile, ihr Recht und ihre Gesetzgebung. Vielfach ist namentlich über die Frage gestritten worden: ob es nicht angemessen sei, namentlich die Gerichtsverfassung der in den übrigen Preußischen Landen üblichen gleichzumachen zur größeren inneren Abrundung der Monarchie; hier die Frage erörternd zu berühren, ist nicht am Orte, wir begnügen uns mit der Bemerkung, daß, obwohl der durch Wissenschaft und dialektische Schärfe bedeutsame Justiz-Minister von Kamptz im Anfange lebhaft sein gewichtiges Wort für eine Gleichmachung erhob, die Gesetzgebung selbst, außer in der erwähnten Abänderung bei der Behörden-Organisation und durch Geltendmachung der laufenden Bestimmungen, noch keinen wesentlichen Schritt darin gethan hat.

Von den erwähnten Schriften nennen wir „Gesetze und Verordnungen für die Königl. Preuß. Rheinprovinzen. 3 Hefte. Koblenz 1822. Hölscher.“ Die beiden Handbücher von Hermens über die Kultus- und über die Forst-, Jagd- und Fischerei-Gesetze; v. Kamptz: die Provinzial- und statutarischen Rechte der Preußischen Monarchie, von denen Theil 2 und 3 hierher gehören. Anzuführen sind auch die Schriften von J. F. J. Sommer: über das bäuerliche Erbfolge-Gesetz, über die Rechtsverhältnisse der Bauergüter (nach älterem und neuerem Rechte) des Herzogthums Westfalen, und das „Handbuch über die älteren und neueren bäuerlichen Rechtsverhältnisse“ in Rheinpreußen. U. S. W.

1.

Patent wegen Besitznahme der Herzogthümer Cleve, Berg, Geldern, des Fürstenthums Moers und der Grafschaften Essen und Werden.

(Vom 5. April 1815.) *)

Wir Friedrich Wilhelm, von Gottes Gnaden, König von Preußen ꝛc. thun gegen Jedermann hiermit kund:

Vermöge der Uebereinkunft, welche Wir mit den am Kongresse zu Wien Theil nehmenden Mächten abgeschlossen haben, sind Uns zur traktatenmäßigen Entschädigung und zur Vereinigung mit Unserer Monarchie, das vormalige Herzogthum Berg und ein Theil der Provinzen am linken Rheinufer überwiesen worden, auf welche Frankreich durch den Friedens-Traktat von Paris vom 30. Mai 1814. Art. III. Verzicht geleistet hat.

Demzufolge nehmen Wir durch gegenwärtiges Patent in Besitz und einverleiben Unserer Monarchie mit allen Rechten der Landeshoheit und Oberherrlichkeit, und mit ihren gesammten Zubehörden nachstehende Länder und Ortschaften:

1) Von dem ehemaligen Departement Nieder-Maas den Kanton Cruchten, oder Nieder-Cruchten, und denjenigen kleinen Theil des Kantons Roermonde, der östlich einer Linie liegt, welche aus dem einspringenden Winkel bei Melich gegen die nordwestliche Ecke des Kantons Cruchten gezogen wird.

2) Von dem ehemaligen Departement Roer die Kantone Odenkirchen, Elsen, Dormagen, Neuß, Neersen, Viersen, Bracht, Kempen, Crefeld, Uerdingen, Moers, Rheinbergen, Xanten, Calcar, Cleve ganz, und die Kantone Oranienburg, Goch, Geldern und Wankum, mit Ausschluß derjenigen Ortschaften, welche weniger als eine halbe deutsche Meile oder Eintausend Rheinländische Ruthen von dem Strombette der Maas entfernt liegen.

3) Auf dem rechten Rheinufer die Kantone Emmerich, Rees, Ringenberg, Dinslaken, Duisburg, mit den zugeschlagen gewesenen Gemeinden der Aemter Broich und Styrum; ferner die Kantone Werden, Essen, Düsseldorff, Ratingen, Vebbert, Mettmann, Richrath, Opladen, Elberfeld, Barmen, Ronsdorff, Lennep, Wipperfurth, Wermelskirchen und Sohlingen.

---

*) Gesetzs. 1815. S. 21.

Wir vereinigen diese Länder mit Unseren Staaten, unter Herstellung der alten Benennungen, der Herzogthümer Cleve, Berg und Geldern, des Fürstenthums Moers und der Grafschaften Essen und Werden, und fügen die genannten Titel derselben Unseren Königlichen Titeln zu.

Wir lassen an den Grenzen zur Bezeichnung Unserer Landeshoheit die Preußischen Adler aufrichten, an die Stelle früher angehefteter Wappen Unser Königliches Wappen anschlagen, und die öffentlichen Siegel mit dem Preußischen Adler versehen.

Wir gebieten allen Einwohnern dieser von Uns in Besitz genommenen Länder jedes Standes und Ranges, Uns forthin als ihren rechtmäßigen König und Landesherrn anzuerkennen, Uns und Unseren Nachfolgern den Eid der Treue zu leisten, und Unseren Gesetzen, Verfügungen und Befehlen mit Gehorsam und pflichtmäßiger Ergebenheit nachzuleben.

Wir versichern sie dagegen Unseres wirksamsten Schutzes ihrer Personen, ihres Eigenthums und ihres Glaubens, sowohl gegen äußeren feindlichen Angriff, als im Innern durch eine schnelle und gerechte Justizpflege, und durch eine regelmäßige Verwaltung der Landes-, Polizei- und Finanz-Behörden. Wir werden sie gleich allen Unseren übrigen Unterthanen regieren, die Bildung einer Repräsentation anordnen, und Unsere Sorge auf die Wohlfahrt des Landes und seiner Einwohner gerichtet sein lassen.

Die angestellten Beamten bleiben bei vorausgesetzter treuer Verwaltung, auf ihrem Posten und im Genusse ihrer Einkünfte; auch wird jede öffentliche Stelle so lange, bis Wir eine andere Einrichtung zu treffen zweckmäßig finden, in der bisherigen Art verwaltet. Da die Verhältnisse Uns nicht gestatten, die Erbhuldigung persönlich anzunehmen, so haben Wir Unseren General-Lieutenant, Grafen von Gneisenau, und Unseren Geheimen Staatsrath Sack hierzu beauftragt, und sie bevollmächtigt, in Unserem Namen die deshalb erforderlichen Verfügungen zu treffen.

Deß zu Urkund haben Wir dieses Patent eigenhändig vollzogen, und mit Beidrückung Unseres Königlichen Insiegels bestärken lassen.

Gegeben zu Wien, den 5. April 1815.

Friedrich Wilhelm.

C. Fürst v. Hardenberg.

2.

Patent wegen Besitznahme des Großherzogthums Nieder-Rhein.

(Vom 5. April 1815.)

Wir Friedrich Wilhelm, von Gottes Gnaden, König von Preußen ꝛc. thun gegen Jedermann hiermit kund:

Vermöge der Uebereinkunft, welche Wir mit den am Kongresse zu Wien Theil nehmenden Mächten abgeschlossen haben, sind Uns zur traktatenmäßigen Entschädigung und zur Vereinigung mit Unserer Monarchie das vormalige Herzogthum Berg, und ein Theil der Provinzen am linken Rheinufer überwiesen worden, auf welche Frankreich durch den Friedens-Traktat von Paris vom 30. Mai 1814. Art. III. Verzicht geleistet hat.

Demzufolge nehmen Wir durch gegenwärtiges Patent in Besitz und einverleiben Unserer Monarchie mit allen Rechten der Landeshoheit und Oberherrlichkeit, und mit ihren gesammten Zubehörden, nachstehende Länder und Ortschaften:

1) Das ganze ehemalige Departement Rhein und Mosel, aus den Kantonen Bonn, Rheinbach, Ahrweiler, Runagen, Wehr, Aldenau, Ulmen, Virneburg, Mayen, Andernach, Rubenach, Coblenz, Polch, Münster, Kaisersesch, Cochem, Luzerat, Zell, Treis, Boppard, St. Goar, Castellaun, Simmern, Bacharach, Stromberg, Creuznach, Sobernheim, Kirn, Kirchberg und Trarbach bestehend.

2) Von dem vormaligen Departement Saar die nachfolgenden Kantone: Reiferscheid, Blankenheim, Lyssendorf, Schönberg, Prüm, Kyrburg, Geroldstein, Daun, Manderscheid, Wittlich, Schweich, Pfälzel, Trier, Conz, Hermeskeil, Budelich, Berncastel, Rhaunem, Herstein, Meisenheim und diejenigen Theile der Kantone Grumbach, Baumholder und Birkenfeld, welche nordwärts einer Linie liegen, die von Medart über Merzweiler, Langweiler, Nieder- und Ober-Fleckenbach, Ellenbach, Breunchenborn, Answeiler, Kronweiler, Niederbrambach, Burbach, Böschweiler, Heubweiler, Hambach und Rinzenberg an die Grenzen des Kantons Hermeskeil gezogen wird.

Die eben genannten Ortschaften mit ihren Feldmarken und Zubehör sind in die gedachte Linie mit eingeschlossen, und sind zu Unseren Staaten gehörige Grenzörter.

3) Von dem vormaligen Departement der Wälder (des forêts) denjenigen Theil, der auf dem linken Ufer der Our oder Ouren bis zu ihrem Einflusse in die Sure oder Saure, dann von da auf dem linken Ufer der Sure bis zu ihrem Einflusse in die Mosel und von da bis zum Einflusse der Saar auf dem linken Ufer der Mosel liegt; folglich die Kantone Dudeldorf, Bitburg, Neuerburg und Arzfeld ganz, und von den Kantonen Grevenmachern, Echternach, Vianden und

Clervaux diejenigen Theile, welche die gedachten Flüsse in der eben erwähnten Art abschneiden.

4) Von dem ehemaligen Departement Ourthe die Kantone St. Vith, Malmedy, Cronenburg, Schleyden und Eupen, und den kleinen Theil des Kantons Aubel, welchen die große Landstraße zwischen Hergenrael und Achen durchschneidet, mit Inbegriff dieser Straße selbst zwischen den genannten Orten.

5) Von dem ehemaligen Departement Nieder-Maas denjenigen Theil des Kantons Rolduc oder Herzogenrath, welcher auf dem östlichen oder rechten Ufer des Baches Worm liegt.

6) Von dem ehemaligen Departement Roer die Kantone Achen, Burscheid, Eschweiler, Montjoye, Düren, Froizheim, Gemünd, Zülpich, Lechenich, Brühl, Cölln, Weyden, Kerpen, Jülich, Linnich, Geilenkirchen, denjenigen Theil des Kantons Sittard, der westlich von einer Linie über Hillensberg, Wehr, Millen, Havert auf Waldfeucht, sämmtliche vorgenannte Orte mit ihren Feldmarken zu Preußen einschließend, liegt, dann die Kantone Heinsberg, Erkelens und Bergheim.

7) Von dem ehemaligen Großherzogthume Berg die Kantone Mühlheim, Bensberg, Lindlar, Siegburg, Honnef, Königswinter, Eytorf, Waldbroel, Wildenburg, Homburg und Gummersbach.

Wir vereinigen diese Länder unter der Benennung des Großherzogthums Nieder-Rhein, und fügen den Titel eines Großherzogs vom Nieder-Rhein Unseren Königlichen Titeln hinzu.

Wir lassen an den Grenzen u. s. w.

3.

An die Einwohner der mit der preußischen Monarchie vereinigten Rheinländer.

(Vom 5. April 1815.)

Als Ich dem einmüthigen Beschluß der zum Kongreß versammelten Mächte, durch welchen ein großer Theil der deutschen Provinzen des linken Rheinufers Meinen Staaten einverleibt wird, Meine Zustimmung gab, ließ Ich die gefahrvolle Lage dieser Grenzlande des deutschen Reichs, und die schwere Pflicht ihrer Vertheidigung nicht unerwogen. Aber die höhere Rücksicht auf das gesammte deutsche Vaterland entschied Meinen Entschluß. Diese deutschen Urländer müssen mit Deutschland vereinigt bleiben; sie können nicht einem anderen Reich angehören, dem sie durch Sprache, durch Sitten, durch Gewohnheiten, durch Gesetze fremde sind. Sie sind die Vormauer der Freiheit und Unabhängigkeit Deutschlands und Preußen, dessen Selbstständigkeit seit ihrem Verluste hart bedroht war, hat eben so sehr die Pflicht, als den ehrenvollen Anspruch erworben, sie zu beschützen und für sie zu wachen. Dieses erwog Ich und auch, daß

Ich Meinen Völkern ein treues, männliches, deutsches Volk verbrüdere, welches alle Gefahren freudig mit ihnen theilen wird, um seine Freiheit, so wie sie und mit ihnen, in entscheidenden Tagen zu behaupten. So habe ich denn im Vertrauen auf Gott und auf die Treue und den Muth meines Volkes diese Rheinländer in Besitz genommen, und mit der preußischen Krone vereinigt.

Und so, Ihr Einwohner dieser Länder, trete Ich jetzt mit Vertrauen unter Euch, gebe Euch Eurem deutschen Vaterlande, einem alten deutschen Fürstenstamm wieder, und nenne Euch Preußen!

Kommt Mir mit redlicher, treuer und beharrlicher Anhänglichkeit entgegen.

Ihr werdet gerechten und milden Gesetzen gehorchen. Eure Religion, das Heiligste, was dem Menschen angehört, werde ich ehren und schätzen. Ihre Diener werde Ich auch in ihrer äußeren Lage zu verbessern suchen, damit sie die Würde ihres Amts behaupten.

Ich werde die Anstalten des öffentlichen Unterrichts für Eure Kinder herstellen, die unter den Bedrückungen der vorigen Regierung so sehr vernachlässigt wurden. Ich werde einen bischöflichen Sitz, eine Universität und Bildungs-Anstalten für Eure Geistlichen und Lehrer unter Euch errichten.

Ich weiß, welche Opfer und Anstrengungen der fortgedauerte Kriegszustand Euch gekostet. Die Verhältnisse der Zeit gestatten nicht, sie noch mehr zu mildern, als geschehen ist. Aber Ihr müßt es nicht vergessen, daß der größte Theil dieser Lasten noch aus der früheren Verbindung mit Frankreich hervorging, daß die Losreißung von Frankreich nicht ohne die unvermeidlichen Beschwerden und Unfälle des Krieges erfolgen konnte, und daß sie nothwendig war, wenn Ihr Euch und Eure Kinder in Sprache, Sitten und Gesinnungen deutsch erhalten wollet.

Ich werde durch eine regelmäßige Verwaltung des Landes den Gewerbfleiß Eurer Städte und Eurer Dörfer erhalten und beleben. Die veränderten Verhältnisse werden einem Theil Eurer Fabrikate den bisherigen Absatz entziehen; Ich werde, wenn der Friede vollkommen hergestellt sein wird, neue Quellen für ihn zu eröffnen bemüht sein.

Ich werde Euch nicht durch die öffentlichen Abgaben bedrücken. Die Steuern sollen mit Eurer Zuziehung regulirt und festgestellt werden, nach einem allgemeinen, auch für Meine übrigen Staaten zu entwerfenden Plan.

Die Militair-Verfassung wird, wie in Meiner ganzen Monarchie, nur auf die Vertheidigung des Vaterlandes gerichtet sein, und durch die Organisation einer angemessenen Landwehr werde Ich in Friedenszeiten dem Lande die Kosten der Unterhaltung eines größeren stehenden Heeres ersparen. Im Kriege muß zu den Waffen greifen, wer sie zu tragen fähig ist. Ich darf Euch hierzu nicht aufrufen. Jeder von Euch kennt seine Pflicht für das Vaterland und für die Ehre.

Der Krieg droht Euren Grenzen. Um ihn zu entfernen, werde Ich allerdings augenblickliche Anstrengungen von Euch fordern. Ich werde einen Theil Meines stehenden Heeres aus Eurer Mitte wählen, die Landwehr aufbieten und den Landsturm einrichten lassen, wenn die Nähe der Gefahr es erfordern sollte.

Aber gemeinschaftlich mit Meinem tapferen Heer, mit Meinen anderen Völkern vereinigt, werdet Ihr den Feind Eures Vaterlandes besiegen, und Theil nehmen an dem Ruhm, die Freiheit und Unabhängigkeit des deutschen Reichs auf lange Jahrhunderte dauernd gegründet zu haben.

Wien, den 15. April 1815.

Friedrich Wilhelm.

4.

Patent wegen Besitzergreifung der mit dem preußischen Staate wieder vereinigten vormals preußischen Provinzen im Nieder- und Obersächsischen Kreise.

(Vom 21. Juni 1815.) *)

Wir Friedrich Wilhelm, von Gottes Gnaden, König von Preußen ꝛc. thun hiermit Jedermann kund:

Nachdem in Folge der mit Unseren Verbündeten bestehenden Traktaten und in Uebereinkunft unter den auf dem Kongreß zu Wien vereinigt gewesenen Mächten, die von Uns vormals im Nieder- und Obersächsischen Kreise besessenen und in dem glorreichen Feldzuge des Jahres 1813 wieder eroberten Länder und Ländertheile an Uns zurückgefallen sind: so nehmen Wir kraft dieses Patents in Besitz, und einverleiben Unseren Staaten mit allen Rechten der Landeshoheit und Oberherrlichkeit folgende benannte Länder, Distrikte und Ortschaften: Die Altmark, das Herzogthum Magdeburg, auf dem linken Elbufer nebst dem Saalkreise, das Fürstenthum Halberstadt nebst den Herrschaften Derenburg und Hasserode, den vormals schon von Uns besessenen Theil der Grafschaften Mansfeld und Hohenstein, die Grafschaft Wernigerode, die Städte und Gebiete Quedlinburg, Nordhausen und Mühlhausen, das Eichsfeld und die Stadt und das Gebiet Erfurt mit ihrem Zubehör, so wie auch den Kottbusser Kreis.

Wir vereinigen überdies mit diesen Ländern folgende Enklaven, nämlich in Folge des zwischen Uns und des Königs von Großbritannien und Hannover Majestät abgeschlossenen Tauschvertrages die Aemter Klötze und Elbingerode und die Dörfer Rüdigershagen und Gänseteich; so wie auch in Folge der allgemeinen auf dem Kongresse zu Wien angenommenen Bestimmungen die vormalige Reichsbaronie Schauen.

---

*) Gesetzsamml. 1815. S. 193.

Wir fügen Unseren Königlichen Titeln hinzu die Titel dieser Länder, lassen die Preußischen Adler an den Grenzen zur Bezeichnung Unserer Landesherrlichkeit aufrichten, und statt der bisher angehefteten Wappen Unser Königliches Wappen anheften.

Da Wir verhindert sind, die Erbhuldigung persönlich anzunehmen, so ertheilen Wir Unserem Staats-Minister, von der Reck, Vollmacht und Auftrag, dieselbe in Unserem Namen zu empfangen. Wir versichern dagegen den Einwohnern der hiermit in Besitz genommenen Länder denjenigen Schutz, dessen Unsere Unterthanen in Unseren übrigen Staaten sich zu erfreuen haben.

Die Beamten bleiben, bei vorausgesetzter treuer Verwaltung, auf ihrem Posten und im Genuß ihres Gehalts und ihrer Emolumente. Jedermann behält den Besitz und Genuß seiner wohlerworbenen Privatrechte.

Wir werden mit sorgfältiger Berücksichtigung der älteren Verfassung und örtlichen Verhältnisse die hiermit in Besitz genommenen Länder einer ständischen Verfassung, die ihren Bedürfnissen gemäß ist, theilhaftig werden lassen, und dieselbe der Verfassung anschließen, die Wir im Allgemeinen Unseren Staaten gewähren werden.

Die Behörden, welchen bereits vorläufig die Verwaltung der vorbenannten Länder von Uns übertragen ist, sind hierdurch angewiesen, nunmehr die vollständige Besitznahme auszuführen und die solchergestalt in Besitz genommenen Länder und Distrikte Unseren Ministerial-Behörden zur verfassungsmäßigen Verwaltung zu überweisen.

Hiernach geschieht Unser Königlicher Wille.

Gegeben Berlin, den 21. Juni 1815.

Friedrich Wilhelm.
C. Fürst v. Hardenberg.

5.

Patent wegen Besitzergreifung der mit der preußischen Monarchie wieder vereinigten westfälischen Länder mit Einschluß der dazwischen liegenden Enklaven.

(Vom 21. Juni 1815.)

Wir Friedrich Wilhelm, von Gottes Gnaden, König von Preußen rc. thun hiermit Jedermann kund:

Nachdem Wir in Folge der mit Unseren Verbündeten bestehenden Traktaten und der Uebereinkunft mit den auf dem Kongresse zu Wien vereinigt gewesenen Mächten nicht nur Unsere vormalige Besitzungen in Westfalen wieder an Unsere Staaten gebracht, sondern auch die dazwischen gelegenen, durch die verbündeten

Heere eroberten, Landantheile und Bezirke damit vereinigt haben: so nehmen Wir in Kraft des gegenwärtigen Patents in Besitz und einverleiben Unseren Staaten mit allen Rechten der Landeshoheit und Oberherrlichkeit nachstehende Länder und Landantheile:

Diejenigen Theile des vormaligen Hochstifts Münster, welche durch den Hauptschluß der außerordentlichen Reichsdeputation vom 25. Februar 1803 Unserem Königlichen Hause, den Herzogen von Looz und Kroy, den Fürsten von Salm-Salm und Salm-Kyrburg und den Wild- und Rheingrafen zur Entschädigung angewiesen worden sind; mit Ausnahme jedoch desjenigen Bezirks des Amts Rheina, der zwischen der Grafschaft Bentheim und der niederen Grafschaft Lingen auf beiden Seiten der Ems liegt, und zum Theil bereits unter Administration des Königreichs Hannover steht:

Ferner die Fürstenthümer Minden, Paderborn und Korvey; die Grafschaften Mark, Ravensberg, Teklenburg, Steinfurt, Recklingshausen, Dortmund, Rittberg, Hohen-Limberg und die obere Grafschaft Lingen;

die Herrschaften Rheda, Gütersloh, Anholt, Gehmen, Gronau;

die Stadt Lippstadt preußischen Antheils;

das Amt Reckeberg;

das Stift Herford, die Probstei Kappenberg und die Karthause Weldern.

Wir fügen Unseren Königlichen Titeln u. s. w.

6.

Patent wegen Wiedereinführung des Allgemeinen Landrechts und der Allgemeinen Gerichtsordnung in die von den preußischen Staaten getrennt gewesenen, mit denselben wieder vereinigten Provinzen.

(Vom 9. September 1814.) *)

Wir Friedrich Wilhelm, von Gottes Gnaden, König von Preußen rc. thun kund und fügen hierdurch Jedermann zu wissen:

Seit der Wiedervereinigung der zu Unserer Monarchie gehörigen und von derselben getrennt gewesenen Provinzen mit Unseren übrigen Staaten sind Wir darauf bedacht gewesen, selbige an den Wohlthaten Unserer Gesetzgebung und Gerichtsverfassung von neuem Theil nehmen zu lassen, und obgleich die dazu nöthigen mannigfaltigen Vorbereitungen noch nicht haben beendet werden können; so finden Wir Uns dennoch, durch die dringenden Wünsche der unter

*) Gesetzsamml. 1814. S. 89.

Unseren Scepter zurückgekehrten Unterthanen, bewogen, mit der Wiedereinführung Unserer Gesetze schon jetzt vorzugehen und dadurch das Band der Vereinigung mit Uns und dem gemeinsamen Vaterlande noch fester zu knüpfen.

Wir verordnen demnach Folgendes:

§. 1. Vom 1. Januar 1815 an soll Unser Allgemeines Landrecht nebst den dasselbe abändernden, ergänzenden und erläuternden Bestimmungen in den, mit den preußischen Staaten wieder vereinigten, Provinzen von neuem volle Kraft des Gesetzes haben und nach dem benannten Tage bei Vollziehung und Beurtheilung aller rechtlichen Handlungen und deren Folgen, so wie bei Entscheidung der entstehenden Rechtsstreitigkeiten zum Grunde gelegt werden.

§. 2. Die in einzelnen Provinzen und Orten bestandenen besonderen Rechte und Gewohnheiten sollen, in sofern sie durch die, unter den vorigen Regierungen, eingeführten Gesetze aufgehoben und abgeschafft worden, auch fernerhin nicht mehr zur Anwendung kommen. An deren Stelle treten die Bestimmungen des allgemeinen Landrechts. Dahingegen hat es bei denjenigen Provinzialgesetzen und Gewohnheiten, welche deshalb, weil sich über den Gegenstand derselben in den bisherigen Gesetzen keine Vorschriften finden, als fortbestehend beibehalten werden, auch künftig noch sein Bewenden, wie denn auch die aufgehobenen Provinzialrechte wieder volle Wirksamkeit in allen den Fällen erhalten, in welchen das Allgemeine Landrecht über den Gegenstand derselben keine Bestimmungen enthält.

§. 3. Auf die, vor dem 1. Januar 1815 während der Gesetzeskraft der fremden Rechte vorgefallenen, Handlungen und Begebenheiten, soll das Allgemeine Landrecht nicht angewendet werden; es finden vielmehr dabei die im §. 14 bis 20 der Einleitung vorgeschriebenen Grundsätze statt. Auch soll ein jeder, welcher zur Zeit der wiedereingetretenen Gesetzeskraft des Allgemeinen Landrechts in einem, nach bisherigen Rechten gültigen, und zu Recht beständigen Besitze irgend einer Sache oder eines Rechts sich befindet, dabei gegen jeden privatrechtlichen Anspruch geschützt und Niemand in dem Genusse seiner, in dem Verkehr mit anderen Privatpersonen wohlerworbenen, Gerechtsame unter irgend einem, aus dem Allgemeinen Landrecht entlehnten, Vorwande gestört oder beeinträchtigt werden.

§. 4. Wenn jedoch aus einer älteren Handlung oder Begebenheit Prozesse entstehen, und die damals vorhandenen auf den vorliegenden Fall anzuwendenden Gesetze dunkel oder zweifelhaft sind; so ist derjenigen Meinung, welche mit den Vorschriften des Allgemeinen Landrechts übereinstimmt oder denselben am nächsten kommt, der Vorzug zu geben.

§. 5. Alle Verträge, welche vor dem 1. Januar 1815 errichtet sind, müssen in Ansehung ihrer Form und ihres Inhalts, so wie auch der daraus entstehenden rechtlichen Folgen nach den, zur Zeit des geschlossenen Vertrags geltend gewesenen, Gesetzen beurtheilt werden, wenngleich erst später daraus auf Erfüllung, Aufhebung oder Leistung des Interesse geklagt würde. Die Ausnahme wegen der, vor den Notarien abgeschlossenen, Verträge ist im 27sten §. festgesetzt.

§. 6. Alle Testamente und letztwilligen Verordnungen, welche vor dem 1. Januar 1815 errichtet worden sind, müssen in Rücksicht ihrer Form, durchgehends nach den Vorschriften der älteren Gesetze beurtheilt werden, wenn gleich das Ableben des Erblassers erst später erfolgt sein sollte.

§. 7. Es sollen aber die, von den Erblassern eigenhändig ge- und unterschriebenen, ohne Beobachtung einer weiteren Form bisher gültig gewesenen Testamente, ingleichen diejenigen, welche vor Notarien aufgenommen worden sind, nur noch während eines Jahres, vom 1. Januar 1815 an gerechnet, als rechtsbeständig erachtet werden.

Nach Ablauf dieses Zeitraums tritt, in Ermangelung einer anderweitig gültig aufgenommenen Disposition, die gesetzliche Erbfolge ein, wofern nicht nachgewiesen werden kann, daß der Erblasser während des ganzen einjährigen Zeitraums an Errichtung eines Testaments nach den Vorschriften des Allgemeinen Landrechts verhindert gewesen ist. Uebrigens soll in allen Fällen, in welchen Personen, die vor Notarien ihr Testament errichtet haben, solches gerichtlich auf- oder annehmen lassen, die Gebühren-Freiheit statt finden, so daß selbige nur die entstandenen baaren Auslagen zu entrichten verbunden sind.

§. 8. Die gesetzliche Erbfolge zwischen Eltern und Kindern, auch anderen Familien-Mitgliedern, soweit dieselbe nicht auf rechtsgültigen Verträgen beruht, ist in allen bis zum 1. Januar 1815 entstehenden Erbfällen nach den bisherigen Gesetzen, nachher aber, wenn der Erblasser keine rechtsgültigen Abänderungen gemacht hat, nach den Vorschriften des Allgemeinen Landrechts zu beurtheilen und zu entscheiden.

§. 9. Das rechtliche Verhältniß der Eheleute, die sich vor den 1. Januar 1815 verheirathet haben, soll in Absicht der Rechte und Pflichten unter Lebendigen, so wie auch der Grundsätze wegen Auseinandersetzung bei Trennung der Ehe, nach den, zur Zeit der geschlossenen Ehe bestandenen, Gesetzen bestimmt werden. Die Gründe einer nach dem 1. Januar 1815 nachgesuchten Ehescheidung werden dagegen nach den Vorschriften des Allgemeinen Landrechts beurtheilt, und können nicht auf Thatsachen gegründet werden, welche sich früher ereigneten, und die das damals geltende Gesetz nicht für einen Ehescheidungsgrund geachtet hat. Bei der Erbfolge, wenn sie nicht durch rechtsgültige Verträge oder letztwillige Verordnungen bestimmt wird, sondern nach dem allgemeinen Recht anzuordnen ist, soll der überlebende Ehegatte die Wahl haben, ob er nach den zur Zeit der geschlossenen Ehe geltend gewesenen Gesetzen, oder nach den Vorschriften des Allgemeinen Landrechts erben wolle.

§. 10. Der dem Vater von dem Vermögen seiner Kinder nach den Vorschriften des Allgemeinen Landrechts zustehende Nießbrauch tritt mit dem 1. Januar 1815 wieder ein; wogegen mit diesem Tage der Nießbrauch der Mutter von dem Vermögen der Kinder in Ermangelung rechtsgültiger darüber geschlossener Verträge aufhört, in sofern das Allgemeine Landrecht diesen Nießbrauch der Mutter nicht beilegt.

§. 11. Die vor dem 1. Januar 1815 geborenen unehelichen Kinder erhalten mit diesem Tage die im Allgemeinen Landrechte ihnen beigelegten Rechte, in sofern ihnen solche durch die bisherigen Gesetze entzogen waren. Dagegen finden, in Ermangelung eines gültigen Anerkenntnisses der Vaterschaft, weder Entschädigungs-Ansprüche von Seiten der Geschwächten, noch Alimenten-Forderungen für die Zeit bis zum 1. Januar 1815 von Seiten des unehelichen Kindes statt. Ist die Niederkunft nach dem 1. Januar 1815 erfolgt, so werden die rechtlichen Folgen des unehelichen Beischlafs nach dem Allgemeinen Landrecht beurtheilt.

§. 12. Die Verjährung soll in denjenigen Fällen, bei welchen sie schon vor dem 1. Januar 1815 vollendet gewesen ist, lediglich nach den bisherigen Rechten beurtheilt werden, wenn gleich die daraus entstandenen Befugnisse oder Einwendungen erst nachher geltend gemacht würden. In solchen Fällen aber, bei welchen die bisherige gesetzmäßige Frist zur Verjährung mit dem 1. Januar 1815 noch nicht abgelaufen ist, sollen die Vorschriften des Allgemeinen Landrechts zur Anwendung gebracht werden. Sollte jedoch zu Vollendung einer, schon vor dem 1. Januar 1815 angefangenen, Verjährung im Allgemeinen Landrecht eine kürzere Frist, als nach den aufgehobenen Gesetzen vorgeschrieben sein; so kann derjenige, welcher in einer solchen kürzeren Verjährung sich gründen will, die Frist derselben nur von dem 1. Januar 1815 an berechnen.

§. 13. In Absicht der Höhe der erlaubten Zinsen treten nach dem 1. Januar 1815 die Bestimmungen des Allgemeinen Landrechts und der darauf Bezug habenden späteren Verordnungen dergestalt ein, daß, wenn in einem früheren Vertrage höhere Zinsen verabredet worden, als die preußischen Gesetze verstatten, von dem Tage der Wirksamkeit des letzteren, der Schuldner nur zur Zahlung der erlaubten niedrigen Zinsen verpflichtet ist.

§. 14. Die Volljährigkeit tritt in Hinsicht aller derjenigen Personen, welche solche vor dem 1. Januar 1815 nach den bisherigen Gesetzen noch nicht erreicht haben, erst mit dem vollendeten vier und zwanzigsten Jahre ein.

§. 15. Wenn es auf eine Classification der Forderungen mehrerer Gläubiger ankommt, so sind in allen Fällen, in welchen der Streit zwischen mehreren Gläubigern über das Vorzugsrecht erst nach dem 1. Januar 1815 eintritt, die Vorschriften der preußischen Gesetze, ohne Rücksicht auf die, zur Zeit der Entstehung der Forderung geltend gewesenen Gesetze, zum Grunde der Entscheidung zu legen. Ist aber ein wirkliches Pfandrecht bestellt worden, so muß der Gläubiger bei demselben geschützt werden. Gleichergestalt verbleibt den aus Urtheilen eingetragenen, so wie den stillschweigenden und gesetzlichen Hypotheken ihr bisheriges Vorzugsrecht.

§. 16. Die im Allgemeinen Landrechte enthaltenen Strafgesetze können, in sofern sie unter der vorigen Regierung nicht beibehalten worden sind, bei den vor dem 1. Januar 1815 begangenen, noch nicht bestraften, Verbrechen nur alsdann angewendet werden, wenn die dadurch geordneten Strafen gelinder sind als diejenigen, welche nach den bisherigen Gesetzen auf das vorliegende Verbrechen statt gefunden hätten. Bei den Verbrechen aber, welche nach dem 1. Januar 1815 begangen worden, treten die Vorschriften des Allgemeinen Landrechts ohne Unterschied ein.

§. 17. Vom 1. Januar 1815 an soll die Allgemeine Gerichtsordnung für die preußischen Staaten, mit Rücksicht auf die seit dem Jahre 1795 erfolgten Abänderungen, Zusätze und Erläuterungen derselben, in den §. 1. erwähnten Provinzen ebenfalls gesetzliche Kraft haben, so daß solche bei allen Ober- und Untergerichten sowohl in den entstehenden Rechtsstreitigkeiten, als auch in allen übrigen gerichtlichen Angelegenheiten zur einzigen Richtschnur des Verfahrens zu nehmen ist und von dem gedachten Zeitpunkte an die bisherigen Vorschriften, wegen des gerichtlichen Verfahrens, insbesondere auch wegen der Zulässigkeit der Beweismittel als abgeschafft und aufgehoben zu betrachten sind.

§. 18. Es sollen Landes-Justiz-Kollegien unter der Benennung

Ober-Landes-Gerichte

angeordnet werden, welche nicht allein in erster Instanz die Gerichtsbarkeit über die eximirten Personen und Grundstücke ausüben, sondern auch die Aufsicht über sämmtliche Untergerichte ihres Bezirks führen, und zugleich für die von den letzteren gefällten Erkenntnisse in den gesetzlich zulässigen Fällen die Appellations-Instanz bilden.

§. 19. Die Gerichtsbarkeit in den Städten und auf dem platten Lande wird da, wo solche Uns als Landesherrn zusteht, durch

Land- und Stadtgerichte

ausgeübt.

§. 20. In denjenigen Provinzen, in welchen die Patrimonial-Gerichtsbarkeit, vor deren unter den vorigen Regierungen erfolgten Aufhebung, mit dem Besitz der Grundstücke verbunden gewesen ist, wird solche, die Kammereigüter ausgenommen, mit Ausschluß der Kriminal-Jurisdiction, den Grundbesitzern vom 1. Januar 1815 an wieder beigelegt. Es müssen jedoch dabei die Vorschriften des Allgemeinen Landrechts Theil 2 Tit. 17 §. 13 u. ff. auf das Genaueste beobachtet werden, und den Jurisdictions-Berechtigten ist nicht zu gestatten, andere als richterliche Personen zu ihren Justitiarien zu wählen. Es soll über die innere Einrichtung dieser Patrimonial-Gerichte und, daß solche in der Regel als Gesammt-Gerichte mehrerer Jurisdictionen zu einem Kollegium organisirt werden sollen, — in sofern ein solches Kollegium nicht von einem Gerichtsherrn bestellt wird, — eine besondere Vorschrift erfolgen und zur Ausübung gebracht werden, wenn nicht die Gerichtsherren es vorziehen, sich schon an bestehende Untergerichte anzuschließen. Die Ober-Landes-Gerichte haben sich übrigens die Zusammenziehung mehrerer solcher Privat-Jurisdictionen zu Kreis-Gerichten, oder deren Vereinigung mit den angeordneten Land- und Stadtgerichten, möglichst angelegen sein zu lassen.

§. 21. Unser Justiz-Minister ist beauftragt, hiernach wegen Wiederherstellung der Gerichte die nöthigen Verfügungen mit Unserer Genehmigung zu erlassen, und dabei für die angemessene Wiederanstellung oder Versorgung aller vorgefundenen unbescholtenen Justiz-Bedienten zu sorgen.

§. 22. Ueber das Verfahren bei Anwendung der Allgemeinen Gerichts-Ordnung auf die schwebenden Prozesse werden besondere Anweisungen ertheilt werden.

§. 23. In Absicht der Deposital-Geschäfte wird auf die Vorschriften der Allgemeinen Deposital-Ordnung vom 15. Dezember 1783 Bezug genommen, und deren genaue Befolgung vom 1. Januar 1815 an sämmtlichen Ober- und Untergerichten zur Pflicht gemacht.

§. 24. Das Hypothekenwesen soll wieder nach den Grundsätzen der Hypotheken-Ordnung vom 20. Dezember 1783 eingerichtet werden und darüber besondere Verordnung ergehen.

§. 25. Das Vormundschaftswesen ist nach dem 1. Januar 1815 wieder, ganz den Vorschriften Unserer Gesetze gemäß, einzurichten.

§. 26. Die Obliegenheiten und Verrichtungen der, nach den vorigen Verfassungen, angesetzten Civilstands-Beamten hören mit dem 1. Januar 1815 auf und in Absicht der Beglaubigungen der Geburten, Verheirathungen und Sterbefälle treten die Vorschriften Unserer Gesetze ein.

§. 27. Vom Tage der Bekanntmachung dieses Patents durch die Gouvernements-Blätter oder Amtsblätter, sollen sich die Notarien, um den bisherigen Mißbräuchen ungesäumt Einhalt zu thun, bei Vermeidung der Nichtigkeit aller Handlungen der freiwilligen Gerichtsbarkeit enthalten, welche nach den Preußischen Gesetzen den Gerichten beigelegt sind, und sich auf diejenigen Instrumente und Beglaubigungen einschränken, welche die Allgemeine Gerichtsordnung den Notarien beilegt. Alle anderen Actus der freiwilligen Gerichtsbarkeit gehen sogleich auf die Gerichtshöfe über.

§. 28. Ueber den Gebrauch des Stempelpapiers enthalten das Stempelgesetz vom 20. November 1810, die Declaration vom 27. Juni 1811, die Instruction vom 5. September 1811 und die bisher durch die Amtsblätter bekannt gemachten Erläuterungen die nöthigen Vorschriften.

§. 29. Die Gerichtsgebühren sollen vom 1. Januar 1815 an, bei den Ober-Landesgerichten und größeren Untergerichten, nach der, durch das Edikt vom 11. August 1787 vorgeschriebenen, Sporteltaxe und bei den übrigen Untergerichten, nach der, für die Untergerichte in der Kurmark emanirten interimistischen, Sporteltaxe angesetzt und entrichtet werden.

§. 30. Das Verfahren in Kriminalsachen richtet sich nach den Vorschriften der Kriminal-Ordnung vom 11. Dezember 1805 und den dieselbe abändernden, ergänzenden und erläuternden Bestimmungen. Zur Führung der Untersuchungen sollen

Inquisitoriate

errichtet werden, wogegen die Civilgerichte alle diejenigen vorläufigen Verfügungen zu treffen verpflichtet sind, welche keinen Aufschub leiden und zur Erforschung der Wahrheit, Festmachung des Thäters und dazu dienen, damit der Thatbestand des Verbrechens nicht verändert werde. Bis zur Einrichtung der Inquisitoriate werden die Untersuchungen von den dazu ernannt gewesenen oder noch zu ernennenden Richtern geführt.

Wir befehlen allen und jeden Unserer Unterthanen in den wiedervereinigten Provinzen, besonders aber den Ober- und Untergerichten und übrigen Beamten sich nach den Bestimmungen dieses Patents in allen Punkten genau zu achten.

Urkundlich unter Unserer höchsteigenhändigen Unterschrift und Beidrückung Unseres größeren Königlichen Insiegels.

Gegeben Berlin, den 9. September 1814.

Friedrich Wilhelm.

C. F. v. Hardenberg. Kircheisen. Bülow. Boyen.
Wittgenstein. Schuckmann.

7.

Verordnung, die Verwaltung der den Gemeinden und öffentlichen Anstalten gehörigen Forsten in den Provinzen Sachsen, Westfalen, Kleve, Berg und Nieder-Rhein betreffend.

(Vom 24. Dezember 1816.) *)

Wir Friedrich Wilhelm, von Gottes Gnaden, König von Preußen rc.

Die Forsten der Gemeinden und öffentlichen Anstalten in den mit Unserem Reiche wieder vereinigten und in den neu erworbenen Provinzen sind bisher zum Theil nach solchen Vorschriften öffentlich verwaltet worden, welche die Dispositions-Freiheit der Eigenthümer beinahe gänzlich ausschließen, und dem Forst-Grundeigenthume ganz unverhältnißmäßige Lasten und Abgaben auflegen. Da solche Einschränkungen in der Benutzung dieses wichtigen Gemeinde-Eigenthums mit den Grundsätzen des Rechts unvereinbar sind, der Gebrauch derselben aber eben so wenig einer schädlichen Willkür preisgegeben werden kann; so verordnen Wir, um einerseits den Gemeinden und öffentlichen Anstalten das Dispositionsrecht über die ihnen zugehörigen Waldungen, da wo ihnen solches genommen war, wiederzugeben, anderseits aber eine dem Wesen und den Zwecken der öffentlichen Corporationen entsprechende Benutzungsart zu sichern, hierdurch Folgendes:

§. 1. Alle in den genannten Provinzen bisher statt gefundenen Einschränkungen des Forst-Eigenthums der Gemeinden und öffentlichen Anstalten sollen, wo solche durch die Gouvernements nicht schon aufgehoben sind, vom Tage der eintretenden allgemeinen Organisation der Verwaltung Unserer landesherrlichen Forsten in den genannten Provinzen an gerechnet, völlig aufhören, und die unter den vorigen Regierungen den Gemeinde-Waldungen, als solchen, auferlegten besonderen Abgaben an den Staat fernerhin nicht weiter erhoben werden.

Vorzüglich gehören hierher:

Die Zehn Procent-Gelder, welche bei Holzverkäufen an den Meistbietenden von dem Käufer zur landesherrlichen Kasse bezahlt werden mußten;

die sogenannten Vacations-Gebühren oder Anweise-Gelder, zur Gratifications-Kasse:

ferner die außerordentlichen Hauungen, deren Ertrag zur landesherrlichen Kasse eingezogen oder verzinslich deponirt wurde, so wie alle jährlichen direkten Geldbeiträge zu den Besoldungen der landesherrlichen Forstbedienten, und endlich die Ausziehung der vorzüglichsten Stämme für öffentliche Zwecke.

---

*) Gesetzsamml. 1817. S. 57.

§. 2. Den Gemeinden und öffentlichen Anstalten werden, kraft dieser Verordnung, ihre Forstländereien zur eigenen Verwaltung überlassen. Sie sind jedoch dabei eben so, als bei der Verwaltung der übrigen Gemeinde-Güter, in höherer Instanz der Oberaufsicht der Regierungen unterworfen, und müssen sich nach den Anweisungen derselben wegen eines regelmäßigen Betriebs und der vortheilhaftesten Benutzungsart genau richten. In der Regel sind die Forstländereien auch fernerhin dieser Bestimmung zu widmen. Wenn die Gemeinden, Corporationen oder öffentlichen Anstalten aber die Verwandlung ihres Forstlandes in Acker und Wiese für zuträglicher, als die Benutzung zur Holzerzielung, halten; so haben sie den deshalb gefaßten Beschluß mit Darstellung der rechtfertigenden Gründe der vorgesetzten Kreisbehörde bekannt zu machen, welche hierauf die Prüfung desselben vorzunehmen und die Entscheidung hierüber bei der betreffenden Regierung zu veranlassen hat.

§. 3. Die Gemeinden und öffentlichen Anstalten sind verpflichtet, die in ihrem Besitz befindlichen Forstländereien

1) nach den von der Regierung genehmigten Etats zu bewirthschaften;
2) solche Wälder und beträchtliche Holzungen, die nach ihrer Beschaffenheit und Umfang zu einer forstmäßigen Bewirthschaftung geeignet sind, durch gehörig ausgebildete Forstbediente administriren zu lassen; auch können sie
3) außerordentliche Holzschläge, Rodungen und Veräußerungen nur mit Genehmigung der Regierung vornehmen.

§. 4. Die Oberaufsicht, welche die Regierungen über diese Güter und deren Verwaltung zu führen haben, ist zum Ressort der ersten Abtheilung derselben gehörig. Sie beschränkt sich im Wesentlichen darauf, daß die Forsten, gleich jeder anderen Gattung des Gemeinde-Vermögens, den öffentlichen Zwecken des Gemeinwesens erhalten, und weder durch unwirthschaftliche Verwaltung zerstört oder sonst verschleudert, noch mit Hintenansetzung des fortwährenden Besten der Corporation und zum Vortheile einzelner Mitglieder oder Klassen derselben verwendet werden. Nach diesen Rücksichten haben sie daher auch die von den Gemeinden einzureichenden Forst-Etats und deren Anträge auf außerordentliche Holzschläge und Rodungen oder anderweitige Dispositionen über die Substanz selbst durch Sachverständige prüfen zu lassen, und nach deren Befinden darüber zu bestimmen.

§. 5. Zu gleichem Behuf steht denselben auch zu, die in den Forsten der Gemeinden und öffentlichen Anstalten statt habende Bewirthschaftung von Amts wegen oder auf spezielle Veranlassung untersuchen, und gegen forstwidrige Verwaltungen, durch Anordnung einer speziellen Beaufsichtigung oder sonst zweckmäßige Vorkehrungen treffen zu lassen.

§. 6. Ganz vorzüglich aber werden sie, mit Hinsicht auf Oertlichkeit und die individuelle Beschaffenheit der Kommunal- und Instituts-Waldungen, bestimmen, ob zu deren, dem im §. 4 angedeuteten Zwecke entsprechenden, Bewirthschaftung die Anstellung eines eigenen Forstbedienten unumgänglich erforderlich sei, oder ob solche eben so gut und zweckmäßig durch die Gemeindeglieder ausgeführt, oder nach den Wünschen der Gemeinden und öffentlichen Anstalten gegen eine angemessene Remuneration einem benachbarten Königlichen Forst-Offizianten übertragen werden könne. Wenn die Regierung die Annahme eines eigenen gehörig ausgebildeten Forstbedienten nach den Umständen nothwendig findet, so steht den Gemeinden und öffentlichen Anstalten die Wahl eines qualifizirten Sachverständigen zu. Sie haben aber dabei vorzugsweise auf die bisher schon angestellt gewesenen Forstbedienten, die zur Versorgung bestimmten Subjekte des Jäger-Corps, und die mit Versorgungs-Ansprüchen entlassenen freiwilligen Jäger, wenn solche übrigens die erforderlichen Eigenschaften dazu besitzen, Rücksicht zu nehmen. Die gewählten Subjekte sind der Regierung vorzustellen, deren erste Abtheilung ihre Prüfung durch Sachverständige zu veranstalten, und sie, wenn sie tüchtig und geschickt befunden worden, als Kommunal- oder Instituts-Beamte zu bestätigen hat, worauf solche in den ihnen übertragenen Posten eingewiesen werden können.

§. 7. Den Gemeinden und öffentlichen Anstalten liegt im Allgemeinen ob, die gegenwärtig ausschließlich bei ihren Waldungen angestellten Offizianten anderweit zu versorgen, oder zu pensioniren, in sofern solche zu dem einen oder anderen individuell geeignet befunden werden. Dagegen theilt sich diese Verbindlichkeit pro rata zwischen dem Staate und den betreffenden Corporationen in Rücksicht derjenigen Forstbedienten, welche bisher für landesherrliche und Kommunal-Waldungen zugleich angestellt waren; vorausgesetzt, daß ihre Tüchtigkeit zur Wiederanstellung, oder ihre Berechtigung zum Pensionsgenuß, nachgewiesen und anerkannt worden.

§. 8. Die Regierungen können sich zur Beaufsichtigung der Kommunal- und Instituts-Waldungen, da wo sie es nothwendig finden, Unserer Ober-Forstmeister und der denselben untergeordneten Forst-Offizianten bedienen.

Wenn Letztere bei ihren Forstbereisungen in den Kommunal-Waldungen Uebelstände bemerken, so haben sie solche ex officio den Regierungen anzuzeigen, welche den nöthigen Gebrauch davon machen werden.

§. 9. Die Bestimmungen dieses Gesetzes sollen in den genannten Provinzen zu der in §. 1 bemerkten Zeit zur Anwendung kommen, und von Unseren Ministerien der Finanzen und des Innern deshalb die erforderlichen Verfügungen getroffen werden. Jedoch verordnen Wir ausdrücklich, daß dieses Gesetz nicht anwendbar sei auf die in Verbindung mit dem Staate besessenen Kommunal- oder sogenannten Marken-Waldungen der Gemeindeheiten; indem diese vielmehr nach wie vor und bis zu weiterer gesetzlichen Verfügung der allgemeinen Forst-Verwaltung von Seiten des Staats, in der bisherigen Art, unterworfen bleiben soll.

So geschehen Berlin, den 24. Dezember 1816.

Friedrich Wilhelm.

C. Fürst v. Hardenberg. Graf v. Bülow. v. Schuckmann.

8.

Verordnung zur näheren Ausführung und Anwendung der Gesetze vom 27. Oktober 1810 und 28. März 1811, über die allgemeine Gesetzsammlung und die Einrichtung der Amtsblätter in den rheinischen Provinzen.

(Vom 9. Juni 1819.) *)

Wir Friedrich Wilhelm, von Gottes Gnaden, König von Preußen ꝛc. haben bereits unterm 27. Oktober 1810 und unterm 28. März 1811 eine allgemeine Gesetzsammlung, so wie besondere Amtsblätter Unserer einzelnen Regierungen vorgeschrieben, und zugleich verordnet, daß beide in Verbindung zur Bekanntmachung aller Unserer Gesetze fernerhin dienen sollten. Wir haben auch, seitdem Wir die Provinzen Cleve, Berg und Niederrhein mit Unseren Staaten vereinigt haben, die zur Anwendung in diesen Provinzen bestimmten Gesetze in Unsere Gesetzsammlung aufnehmen lassen. Desgleichen sind daselbst von Unseren Regierungen Amtsblätter bereits eingeführt worden. Da jene Verordnungen indessen nicht durchgängig auf gleiche Weise in Ausübung gekommen sind, Wir auch gegenwärtig einige Modificationen derselben zu verfügen nöthig befunden haben; so sehen Wir Uns bewogen, zwar in Ansehung der bereits bekannt gemachten und in Ausführung gebrachten Gesetze es dabei zu belassen, für die künftige Zeit aber den Inhalt jener Verordnungen mit folgenden näheren Bestimmungen hierdurch ausdrücklich vorzuschreiben, und verordnen deshalb für Unsere Provinzen Cleve, Berg und Niederrhein, jedoch mit Ausschluß des Kreises Essen und des auf dem rechten Rheinufer belegenen Theils des Regierungs-Bezirks von Cleve, in welchen es bei den bisherigen Bestimmungen ohne Weiteres bleibt, nach erfordertem Gutachten Unseres Staatsraths, wie folgt:

§. 1. Alle Gesetze, welche Wir künftighin in Unsere Gesetzsammlung werden aufnehmen lassen, sollen für Unsere Provinzen Cleve, Berg und Niederrhein Gesetzeskraft haben, in sofern nicht ihre Anwendung auf andere Theile Unserer Staaten besonders eingeschränkt, oder aber für die genannten Provinzen besonders untersagt werden wird.

§. 2. In Ansehung derjenigen Personen, welche die Gesetzsammlung auf ihre Kosten zu halten verpflichtet sind, wird hierdurch dasjenige, was jede Regierung für ihren Bezirk bereits vorgeschrieben hat, für die vergangene Zeit

---

*) Gesetzsamml. 1819. S. 148

ausdrücklich genehmigt. Für die Zukunft aber verordnen Wir, daß hierzu folgende Personen verpflichtet sein sollen:

a) alle oberen und unteren Staats-Behörden, und bestreiten diese die Kosten aus ihren Fonds; b) alle höheren Militair-Personen, mit Einschluß der Stabs-Offiziere; c) alle Räthe, Assessoren, Raths-Auditoren und Referendarien bei Landes-Kollegien; d) alle Landräthe; e) alle Mitglieder der Kreisgerichte; f) die Beamten des öffentlichen Ministeriums; g) die Notarien und Gerichtsvollzieher; h) die Friedensrichter; i) die Bischöfe, Domkapitel, General-Vikare, Land-Dechanten und deren Stellvertreter, imgleichen die erz- und bischöflichen Kommissarien und Behörden; k) die Superintendenten und geistlichen Inspektoren; l) die Domainen-Rentmeister und Inspektoren; m) alle Bürgermeister, welche so viele Exemplare, auf Kosten der Gemeinde-Kasse, anzuschaffen haben, als die Regierungen nach Größe der Gesammt-Gemeinden für nothwendig halten. Die Bürgermeister sind für die genaue und gewissenhafte Sammlung und Aufbewahrung verantwortlich, und die Obrigkeiten sind verpflichtet, alle mangelnden Stücke sogleich auf Kosten der Gemeinde wieder anzuschaffen.

§. 3. Es soll auch ferner, wie bisher, in jedem Regierungs-Bezirk ein Amtsblatt erscheinen.

§. 4. Dieses Amtsblatt enthält:

1) Titel, Datum und Nummer der in der allgemeinen Gesetzsammlung enthaltenen Gesetze;

2) die zur allgemeinen Bekanntmachung geeigneten Verfügungen der Landes-Behörden, mithin sowohl der Regierungen, als Provinzial-Justiz und sonstiger Provinzial-Behörden, welche ein gemeinsames Interesse für den ganzen Regierungs-Bezirk, einzelne Kreise und Ortschaften, oder einzelne Einwohner-Klassen desselben haben. Es sollen demnach alle schriftlichen Cirkularien an die Unter-Behörden, so wie die Cirkularien der letzteren an einzelne Bürgermeistereien möglichst vermieden werden;

3) Belehrungen über öffentliche Angelegenheiten.

§. 5. Auch öffentliche Verfügungen in besonderen Fällen, die eine allgemeine Bekanntmachung erfordern, z. B. Vorladungen, können in einer, mittelst besonderer Nummern, unter dem Namen des öffentlichen Anzeigers fortlaufenden Beilage, gegen Entrichtung der Einrückungs-Gebühren, aufgenommen werden. In Ansehung der rechtlichen Wirkung aller in den Gesetzen vorgeschriebenen Bekanntmachungen bleibt es jedoch bei den in diesen Provinzen bisher bestehenden Vorschriften über die Art solcher Bekanntmachungen.

§. 6. Alle im §. 2 dieses Gesetzes genannten Behörden und Personen sind zur Haltung und Bezahlung des Amtsblattes der betreffenden Regierung schuldig.

§. 7. Alle Unter-Behörden in den obgenannten Provinzen, ihr Amtsgeschäft greife in das Justiz-, Finanz- oder Polizeifach ein, mit Ausnahme der Bürgermeister, erhalten, so wie alle Pfarrer, das Amtsblatt der betreffenden Regierung unentgeltlich, sind aber auch zur richtigen Ablieferung desselben an ihre Amts-Nachfolger verpflichtet.

§. 8. Die Bürgermeister sind schuldig, dafür zu sorgen, daß die Amtsblätter zur gehörigen Zeit aus dem nächsten Vertheilungsort abgeholt werden, und der Inhalt möglichst bald zur Kenntniß der Einwohner gelangt. Ein

Exemplar ist auf der Bürgermeisterei niederzulegen, die übrigen aber bei den Beigeordneten und Mitgliedern des Gemeinde-Raths, welche in den übrigen zur Bürgermeisterei gehörigen Ortschaften wohnen. Auch sind die Bürgermeister und Beigeordneten gehalten, die Gesetze den Einwohnern da zu verdeutlichen, wo die Oertlichkeit, oder besondere Verhältnisse, dies erfordern.

§. 9. Jedermann im Staate ist schuldig, die in die Gesetzsammlung und in die Amtsblätter eingerückten Gesetze und Verfügungen zu befolgen, und sich danach zu achten, sobald er davon Kenntniß erhalten hat.

§. 10. Mit dem Anfange des achten Tages, nachdem die Verordnungen und Verfügungen zum ersten Male im Amtsblatt abgedruckt worden sind, sind sie in allen Theilen des Regierungs-Bezirks für gehörig bekannt gemacht anzunehmen. Die Tage werden hierbei vom Datum der Nummer des Amtsblatts an, und dies Datum mit eingezählt.

§. 11. Mit dem Anfange des achten Tages, nachdem ein in der allgemeinen Gesetzsammlung erschienenes Gesetz in dem Amtsblatt der einzelnen Regierungen als vorhanden angezeigt ist, ist das Gesetz in dem ganzen Regierungs-Bezirk als gehörig bekannt gemacht anzunehmen, und werden hierbei die Tage auf gleiche Weise gezählt.

§. 12. Nur dann leiden diese Bestimmungen eine Ausnahme, wenn in den Gesetzen oder Verordnungen ausdrücklich ein anderer Zeitpunkt bestimmt ist, von welchem ab sie als gehörig bekannt gemacht angenommen werden sollen.

§. 13. Nach Ablauf des in den vorigen §.§. bestimmten Zeitraums kann sich Niemand damit entschuldigen, daß ihm eine in die Gesetzsammlung, oder in das Amtsblatt eingerückte Verordnung oder Verfügung unbekannt geblieben sei.

§. 14. Ist der Inhalt einer Verordnung oder Verfügung von der Art, daß sogleich etwas zur Ausführung gebracht werden soll, so versteht sich von selbst, daß jede Behörde und jeder Einzelne, sogleich nach dem Empfang der Gesetzsammlung, oder der Amtsblätter, das Nöthige einleiten muß, ohne den Ablauf jener Frist abzuwarten, die nur in Beziehung auf rechtskräftige Wirkungen festgestellt ist.

§. 15. Nur die in dem gegenwärtigen Gesetze vorgeschriebenen, oder bestätigten Arten der Publicationen von Gesetzen und Verordnungen haben öffentliche Gültigkeit.

§. 16. In Ansehung der an diesen und jenen Orten erscheinenden Intelligenz-Blätter behält es, unter Beziehung auf das im §. 8 Gesagte, bei den bisherigen in diesen Provinzen vorhandenen Einrichtungen das Bewenden.

So geschehen und gegeben Berlin, den 9. Juni 1819.

Friedrich Wilhelm.

C. Fürst v. Hardenberg. v. Altenstein.

(Beglaubigt) Friese.

9.

Verordnung über die Auflösung der Revisions- und Cassationshöfe für die Rheinprovinzen zu Koblenz und Düsseldorf, und über die Einrichtung eines Revisions- und Cassationshofes an deren Stelle zu Berlin.

(Vom 21. Juni 1819.) *)

Wir Friedrich Wilhelm, von Gottes Gnaden, König von Preußen rc.

Zur Ausführung des von Uns genehmigten Plans zur Einrichtung der rheinischen Rechts- und Justiz-Verfassung verordnen Wir, auf den, von der Justiz-Abtheilung des Staats-Raths mitberathenen, Antrag des Staats-Ministers von Beyme:

§. 1. Am 14. Juli dieses Jahres werden die Revisions- und Cassationshöfe zu Koblenz und Düsseldorf aufgelöst.

§. 2. An ihrer Stelle wird ein Revisions- und Cassationshof für Unsere Rheinprovinzen errichtet, welcher seinen Sitz zu Berlin erhält.

§. 3. Er besteht aus einem Präsidenten, 16 Richtern, der erforderlichen Anzahl von Anwälden, 1 Ober-Secretair, und dem übrigen nöthigen Unter-Beamten-Personale.

§. 4. Das öffentliche Ministerium bei demselben wird durch einen General-Prokurator und einen General-Advokaten versehen.

§. 5. Vom 15. Juli d. J. an übt der rheinische Revisionshof die Gerichtsbarkeit aus, welche den Revisions- und Cassationshöfen zu Koblenz und Düsseldorf zustand.

§. 6. Bis zur Bekanntmachung der Revisions-Ordnung ist bei demselben vorläufig das Verfahren zu beobachten, welches bei dem Revisionshofe zu Koblenz statt fand, und behalten die deshalb ergangenen Vorschriften einstweilen bis zu jenem Zeitpunkte ihre Gültigkeit.

§. 7. Wer eine an den Revisions- und Cassationshöfen zu Koblenz oder Düsseldorf schon anhängige Rechtssache bei dem rheinischen Revisionshofe zu Berlin gleich fortsetzen will, ist von dem 15. Juli d. J. an dazu berechtigt, und hat nur seinen Gegner in der bis jetzt üblichen Form dahin vorladen zu lassen.

§. 8. Hat in einer Revisionssache die Erscheinungsfrist schon angefangen, und läuft erst mit dem 15. Juli oder späterhin zu Ende, so bedarf es keiner neuen Vorladung. Die bisherige Ladung behält ihre Wirkung mit der einzigen

---

*) Gesetzsamml. 1819. S. 162.

Ausnahme, daß der Revisus, obschon er nach Koblenz oder Düsseldorf vorgeladen war, bei dem Revisionshofe zu Berlin zu erscheinen, und dort in der vorgeschriebenen Form zu verfahren hat. Vor dem 12. August d. J. wird gleichwohl in diesem Falle gegen den nicht erschienenen Revisen in der Regel kein Kontumazial-Urtheil erlassen.

§. 9. In allen Revisions-Akten, welche erst nach dem 14. Juli d. J. insinuirt werden, geschieht die Vorladung an den Revisionshof zu Berlin.

§. 10. Die bisher zur Kompetenz des Revisionshofes zu Koblenz aus dem ostrheinischen Theile des Koblenzer Regierungs-Bezirks gehörigen Rechtssachen dritter Instanz, gelangen vom 15. Juli d. J. an an den Revisionshof zu Berlin.

Wir beauftragen den Staats-Minister von Beyme, diese Verordnung zur Vollziehung zu bringen.

Gegeben Berlin, den 21. Juni 1819.

Friedrich Wilhelm.

C. Fürst v. Hardenberg. v. Beyme.

10.

Verordnung über die Auflösung der bisherigen Appellationshöfe für die Rheinprovinzen zu Düsseldorf, Köln und Trier, und die Errichtung eines Appellationsgerichtshofes an deren Stelle zu Köln.

(Vom 21. Juni 1819.) *)

Wir Friedrich Wilhelm, von Gottes Gnaden, König von Preußen rc.

Zur Ausführung des von Uns genehmigten Plans zur Einrichtung der rheinischen Rechts- und Justiz-Verfassung, verordnen Wir auf den, von der Justiz-Abtheilung des Staats-Raths mitberathenen, Antrag des Staats-Ministers von Beyme:

§. 1. Am 31. August d. J. werden die bisherigen Appellationshöfe zu Düsseldorf, Köln und Trier aufgelöst.

§. 2. An ihrer Stelle wird ein Appellationsgerichtshof errichtet, welcher seinen Sitz zu Köln erhält.

§. 3. Er besteht aus 1 ersten Präsidenten, 26 Räthen, 6 Beisitzern, der erforderlichen Anzahl von Anwälden, 1 Ober-Secretair und dem übrigen nöthigen Unterbeamten-Personale.

---

*) Gesetzsamml. 1819. S. 209.

§. 4. Das öffentliche Ministerium bei demselben wird durch einen General-Prokurator, drei General-Advokaten und drei Prokuratoren verwaltet.

§. 5. Vom 1. September d. J. an übt der rheinische Appellationsgerichtshof zu Köln die Gerichtsbarkeit aus, welche den Appellationshöfen zu Düsseldorf, Köln und Trier zustand.

§. 6. Vorläufig gehen alle Mitglieder, aus welchen dermalen der Appellationshof zu Köln besteht, in den dasigen rheinischen Appellationshof über, und treten diejenigen, welche nicht für den Letzteren bestimmt sind, erst nach und nach aus, je nachdem sie durch die neuen Appellations-Räthe ersetzt werden.

§. 7. Mit den bisherigen Auditoren wird hierbei der Anfang gemacht, und aufwärts so lange fortgefahren, bis der neue Appellationshof nur aus Mitgliedern besteht, welche dort definitiv angestellt bleiben.

§. 8. Damit hieraus keine Stockung in den Geschäften entstehe, tritt allemal nur ein Auditor oder ein Rath zu seiner künftigen Bestimmung ab, wenn zwei neue Appellationsgerichts-Räthe sich eingefunden haben, um ihre künftigen Amtsverrichtungen zu übernehmen.

§. 9. Die bei dem bisherigen Appellationshofe zu Köln angestellt gewesenen Beamten des öffentlichen Ministeriums, welche nicht für den rheinischen Appellationsgerichtshof bestimmt sind, treten dennoch einstweilen in das öffentliche Ministerium des Letzteren und bleiben darin, bis sie zu anderen Bestimmungen berufen werden.

§. 10. Auch die Anwälde und Gerichtsvollzieher des Appellationshofes zu Köln gehen, bis auf weitere Bestimmung, zu dem dasigen rheinischen Appellationsgerichtshofe über.

§. 11. Die bei dem bisherigen Appellationshofe zu Köln schon anhängigen Sachen gehen von selbst auf den rheinischen Appellationsgerichtshof über und werden in der bisherigen Art daselbst fortgesetzt.

§. 12. Wer eine an den Appellationshof zu Düsseldorf oder Trier schon anhängige Rechtssache bei dem rheinischen Appellationsgerichtshofe zu Köln gleich fortsetzen will, ist vor dem 1. September d. J. an dazu berechtigt, und hat nur seinen Gegner in der bisher üblichen Form dahin laden zu lassen.

§. 13. Hat in einer zur Zeit noch nicht eingeführten Appellations-Sache die Erscheinungsfrist schon angefangen, und läuft erst mit dem 1. September c. oder späterhin zu Ende, so bedarf es keiner neuen Vorladung. Die bisherige in dem Appellations-Akte enthaltene Ladung behält ihre Wirkung mit der einzigen Ausnahme, daß der Appellat, obschon er nach Düsseldorf oder Trier vorgeladen war, bei dem rheinischen Appellationsgerichtshofe zu Köln zu erscheinen, und dort in der vorgeschriebenen Form zu verfahren hat. Von dem 1. Oktober d. J. werden gleichwohl in diesem Falle gegen den nicht erschienenen Appellaten keine Kontumazial-Urtheile erlassen.

§. 14. In allen Appellations-Akten, welche erst nach dem 13. August c. insinuirt werden, geschieht die Vorladung an den rheinischen Appellationsgerichtshof zu Köln.

§. 15. Die bisher zur Kompetenz des Revisionshofes zu Koblenz aus dem ostrheinischen Theile des Koblenzer Regierungs-Bezirks gehörigen Rechtssachen zweiter Instanz, gelangen vom 1. September c. an an den rheinischen Appellationsgerichtshof zu Köln.

Wir beauftragen den Staats-Minister von Beyme, diese Verordnung zur Vollziehung zu bringen.

Gegeben Berlin, den 21. Juni 1819.

Friedrich Wilhelm.

C. Fürst v. Hardenberg. v. Beyme.

11.

Gesetz, die gutsherrlichen und bäuerlichen Verhältnisse in den vormals zum Königreich Westfalen, zum Großherzogthum Berg, oder zu den französisch-hanseatischen Departements gehörenden Landestheilen betreffend.

(Vom 25. September 1820.) *)

Wir Friedrich Wilhelm, von Gottes Gnaden, König von Preußen rc.

Da die in denjenigen Theilen Unserer Monarchie, welche vormals zum Königreich Westfalen, dem Großherzogthum Berg, oder den französisch-hanseatischen Departements gehört haben, über die gutsherrlichen und bäuerlichen Verhältnisse unter der fremden Herrschaft erlassenen Gesetze theils zu Beschwerden gegen ihren Inhalt, theils zu Zweifeln über ihren wahren Sinn häufige Veranlassung gegeben haben, und nach Einführung Unserer allgemeinen Gesetzgebung das neue Bedenken entstanden ist, ob auch Unsere Gesetze über diesen besonderen Gegenstand mit eingeführt seien; so verordnen Wir in der Absicht, sowohl alle diese Zweifel zu entfernen, als auch jenen Beschwerden abzuhelfen, so weit sie gegründet befunden worden sind, und es, ohne bereits vollständig erworbene Rechte zu verletzen, möglich gewesen ist, nach vernommenem Gutachten Unseres Staatsraths, wie folgt:

§. 1. In Bezug auf diejenigen Theile der oben bezeichneten Provinzen, worin Unsere allgemeine Gesetzgebung bereits eingeführt ist, erklären Wir hierdurch, daß es keinesweges Unsere Absicht war, auch in Ansehung der gutsherrlichen und bäuerlichen Verhältnisse die vorgefundenen fremden Gesetze abzuschaffen und Unsere Gesetze einzuführen, daß Wir Uns vielmehr eine genauere Prüfung dieses Gegenstandes noch zur Zeit vorbehalten hatten. Wir erklären aber daselbst von jetzt an die fremden Gesetze, soweit sie sich auf jene Verhältnisse und auf die Zehnten beziehen, für gänzlich abgeschafft, und wollen, daß diese Verhältnisse daselbst hinfort lediglich nach dem gegenwärtigen Gesetz beurtheilt

---

*) Gesetzsamml. 1820. S. 169.

werden. Jedoch soll dabei in Ansehung der noch fortdauernden Dienste aus Unserem Allgemeinen Landrecht Theil II. Tit. 7 der sechste Abschnitt als subsidiarisches Recht neben dem gegenwärtigen Gesetz zur Anwendung kommen.

§. 2. In denjenigen Theilen der genannten Provinzen dagegen, worin die fremde Gesetzgebung im Ganzen noch zur Zeit beibehalten ist, bleiben auch die das gutsherrliche und bäuerliche Verhältniß und die Zehnten betreffenden Gesetze, in soweit sie nicht durch das gegenwärtige Gesetz näher bestimmt oder abgeändert werden, noch ferner in Kraft.

§. 3. Die Leibeigenschaft und Erbunterthänigkeit ist und bleibt mit ihren Folgen aufgehoben.

§. 4. Zu diesen Folgen werden gerechnet und sind daher aufgehoben:

1) die bloß persönlichen Dienste oder Personal-Frohnden;
2) die Verbindlichkeiten, in dem Hause des Gutsherrn als Gesinde zu dienen (das sogenannte Gesinde-Zwangsrecht);
3) die Verbindlichkeit, zur Eingehung einer Heirath die Einwilligung des Gutsherrn einzuholen, und an diesen für die Einwilligung eine Abgabe (z. B. Bedemund, Brautlauf u. s. w.) zu entrichten;
4) alle ungemessenen Dienste, wenn sie auch in Rücksicht des Besitzes eines Grundstücks obliegen, ohne Unterschied zwischen den ehemals Bergischen und den übrigen Landestheilen, jedoch mit der im §. 68 angeordneten Ausnahme.

§. 5. Als gemessene, und folglich nicht aufgehobene Dienste sollen nur diejenigen betrachtet werden, bei welchen auf rechtsgültige Weise, wohin auch das Herkommen gehört, entweder die Anzahl der Tage, oder der Umfang der zu leistenden Arbeit bestimmt ist. Aus diesem letzten Grunde ist es zu den gemessenen Diensten zu rechnen, wenn der Verpflichtete bestimmte Acker- oder Wiesenstücke allein zu bearbeiten hat; imgleichen wenn ihm die Bearbeitung einer größeren Feldflur von bestimmtem Umfang, in Gemeinschaft mit dem Gutsherrn oder mit anderen Dienstpflichtigen obliegt, vorausgesetzt, daß der Beitrag eines Jeden zu dieser gemeinschaftlichen Arbeit bestimmt sei.

Nach diesen Grundsätzen sollen nicht allein die für den Ackerbau zu leistenden Dienste, sondern auch alle übrigen und namentlich die Baudienste (Baufrohnen, Burgfeste) beurtheilt werden.

§. 6. Dem Gutsherrn steht kein Recht in Ansehung der Erziehung und Bestimmung der Kinder der Bauern zu. Auch kann er ihnen weder die Verbindlichkeiten auflegen, bei dem Bauernstande und dem Gewerbe ihrer Eltern zu bleiben, noch sie verhindern, sich außerhalb des Bauernguts niederzulassen, und ihm steht eben so wenig das Recht zu, unter mehreren Miterben den Annehmer einer bäuerlichen Stelle zu bestimmen.

§. 7. Er kann von den Bauern den Eid der Treue und Unterthänigkeit nicht fordern.

§. 8. Er kann sie zur Erfüllung ihrer beibehaltenen Verbindlichkeiten gegen ihn weder durch körperliche, noch durch Geldstrafen nöthigen, sondern sich nur an die Gerichte wenden, da der Dienstzwang und jedes andere Recht dieser Art aufgehoben ist. Wenn jedoch die Pflichtigen die den Gutsherrn schuldigen Dienste durch ihr Gesinde verrichten lassen, so finden gegen letzteres die Vorschriften der Gesinde-Ordnung vom 8. November 1810. Art. 76—81 Anwendung.

§. 9. Aufgehoben ist ferner das unter den Namen: Sterbefall, Besthaupt, Kurmede, Mortuarium etc. bekannte Recht, einen Antheil aus dem Nachlaß eines Bauern, seiner Frau oder Kinder zu fordern; jedoch sind hiervon die vormals Bergischen Landestheile ausgenommen, worin dieses Recht, in sofern es auf einem Bauerngute haftet, für aufgehoben nicht zu achten ist.

§. 10. Die Personal-Abgabe, welche von den nicht angesessenen Einwohnern für den Schutz unter dem Namen: Schutzgeld, Beirauchsgeld, Heuerlingsgeld, Einliegerrecht, Beiwohnerrecht und unter anderen gleichartigen Benennungen zu entrichten war, ist aufgehoben; auch finden die Dienste, welche des verliehenen Schutzes wegen geleistet werden mußten, nicht mehr statt. Dagegen haben aber auch die bisherigen Schutzunterthanen auf die Vortheile, welche ihnen an einigen Orten dafür zustanden, nicht ferner Anspruch.

§. 11. Ferner dürfen nicht mehr gefordert werden:

1) Dienste, welche wegen der Lehnsverbindung oder wegen der Gerichtsbarkeit geleistet werden mußten, und
2) die Jagdfrohnen aller Art, es sei denn, daß von der des öffentlichen Wohls wegen vorzunehmenden Ausrottung schädlicher Thiere die Rede wäre.

§. 12. Gemeinen, als solche, sind zur Leistung von Frohndiensten nicht anders verbunden, als wenn ihnen Grundstücke oder dingliche Rechte überlassen sind, oder wenn sie Geldsummen verschulden, für welche die gedachten Dienste übernommen worden sind.

§. 13. Auf Gemeindedienste hingegen, desgleichen auf die unter dem Namen von Burgfesten, Landfrohnen u. s. w. zu öffentlichen Staatsbedürfnissen zu leistenden Dienste, so wie auf diejenigen, welche im §. 33 Buchst. c. näher bezeichnet sind, bezieht sich die Aufhebung nicht.

§. 14. In den vormaligen französisch-hanseatischen Departements behält es bei der besonderen Vorschrift, daß, wer Rechte, die ohne Entschädigung abgeschafft sind, von Privatpersonen gekauft hat, weder Zurückerstattung des Kaufpreises, noch Schadenersatz fordern, wer aber solche Rechte von den Staatsdomainen erkauft hat, nur auf Zurückzahlung des von ihm bezahlten Kaufpreises oder auf Zurückgabe der dafür von ihm an den Staat überlassenen Gegenstände Anspruch machen kann, sein Bewenden.

§. 15. Jeder bäuerliche Besitzer, welchem zur Zeit der erlassenen fremden Gesetze ein vererbliches Besitzrecht an einem Grundstück zustand, hat daran entweder das nutzbare, oder das volle Eigenthum erworben.

§. 16. Haften nämlich auf dem Grundstück andere Lasten als bloße Geld-Abgaben, so hat er daran lediglich das nutzbare Eigenthum. In dieser Lage darf er das Grundstück ohne Einwilligung des Berechtigten nicht veräußern, vertauschen, zerstückeln, mit einer Servitut oder Hypothek beschweren, wenn nicht ein anderes ausdrücklich verabredet ist. Er hat aber das Recht zu der im V. Titel bestimmten Ablösung. Auch hat er schon in dieser Lage keine Befugniß mehr auf Remissionen und Bauhülfen, es wäre denn, daß er aus einem besonderen Rechtstitel, unabhängig von dem bäuerlichen Verhältniß, Anspruch darauf hätte.

§. 17. Ist dagegen ein Grundstück von allen Lasten befreit, oder doch mit keinen anderen als Geld-Abgaben, es sei ursprünglich oder durch Verwandlung anderer Lasten, behaftet, so hat darauf der Besitzer volles Eigenthum. Die im §. 16 enthaltene Beschränkung findet alsdann nicht statt, und in Ansehung der Geld-Abgaben hat der Berechtigte nur die Befugnisse eines Realgläubigers. Auch findet nun der gutsherrliche Verkauf oder Retrakt, wenn derselbe auch früherhin vorhanden war, nicht mehr statt.

§. 18. Die Rechtsverhältnisse bloßer Zeitpächter sind durch die fremde Gesetzgebung nicht verändert. Den bloßen Zeitpächtern aber sind auch diejenigen gleich zu achten, deren erbliches Recht bei der Verleihung auf höchstens drei Vererbungsfälle, oder auf eine Zeit von weniger als 100 Jahren beschränkt worden ist.

§. 19. Ob in einzelnen Fällen die Bedingungen des §. 15. oder des §. 18. vorhanden sind, bleibt in der Regel der richterlichen Entscheidung lediglich überlassen. Jedoch sollen in den Gegenden, worin Leib- und Zeitgewinnsgüter vorkommen, folgende Regeln dabei beobachtet werden. Den Besitzern derselben sollen nämlich die in den §§. 15—17 angegebenen Rechte zukommen, wenn sie beweisen können:

1) daß die Gebäude ihnen zugehören;
2) daß die Güter in den drei letzten Uebertragungsfällen an einen Verwandten oder Ehegatten des vorhergehenden Besitzers gekommen sind;
3) daß das Pachtgeld während dieser Zeit gleichförmig gewesen ist, oder daß die Veränderung desselben weder in dem veränderten Preise der Lebensmittel, noch in der Willkür des Verpächters, sondern in dem veränderten Umfang oder Ertrag des Guts ihren Grund gehabt hat;
4) daß sie allein alle gewöhnlichen und außergewöhnlichen Auflagen bezahlt haben.

Jedoch müssen die Besitzer mit dem Beweis dieser vier Thatsachen auch noch den Beweis einer von folgenden vier Thatsachen verbinden:

a) daß ihnen die Güter mit der Bestimmung übergeben worden sind, solche nicht ohne Einwilligung des Verpächters zu veräußern, zu verpfänden, oder mit Hypotheken zu beschweren; b) daß sich der Verpächter die Befugniß vorbehalten hat, zur Bestimmung des Brautschatzes oder der Versorgung der Kinder mitzuwirken; c) daß im Fall der Heirath des Pächters dessen Frau ein Gewinngeld zu zahlen verpflichtet war; d) daß die Eltern oder der Ueberlebende von ihnen, nach Uebertragung dieser Güter an eines ihrer Kinder, fortgefahren haben, einen Theil der in der Pachtung begriffenen Güter als Leibzucht zu benutzen. Allein, auch wenn diese Beweise geführt werden, ist dennoch dem Verpächter der Gegenbeweis unbenommen; imgleichen steht es dem Besitzer frei, sein erbliches Recht auch auf jedem anderen Wege als durch die oben angegebenen Beweise rechtlich zu begründen.

§. 20. Wenn in der oben (§. 15.) bestimmten Zeit das bäuerliche Grundstück von einem mahljährigen Besitzer oder Interimswirth besessen wurde, so gebühren die in den §§. 15—17 angegebenen Rechte nicht diesem damaligen Besitzer, sondern vielmehr demjenigen, welchem es dieser Besitzer wieder herauszugeben verpflichtet war.

§. 21. Die Gutsherren behalten die in §§. 4. und 5. enthaltenen Rechte.

§. 22. Der Gutsherr braucht bei einem, über die Verpflichtung zu den im §. 21 genannten Leistungen entstehenden Streite den Beweis der geschehenen Ueberlassung eines Grundstücks oder dinglichen Rechts nicht zu führen; vielmehr soll dieselbe aus dem Besitz der Leistung vermuthet werden, in welchem sich der Gutsherr entweder jetzt befindet, oder welchen derselbe unmittelbar vor dem Erscheinen Unserer Kabinetsorder vom 5. Mai 1815 durch Rechtsmittel zu erhalten oder wieder zu erlangen befugt war. Wenn insbesondere einer von beiden Theilen über das Dasein oder den Umfang eines solchen Rechts einen Urkundenbeweis unternimmt, so soll derselbe nach den Vorschriften des allgemeinen Rechts, ohne Rücksicht auf die bisherigen besonderen Bestimmungen der fremden Gesetze, beurtheilt werden.

§. 23. Ist die Art der während der bestimmten Anzahl Diensttage zu leistenden Arbeit weder durch Urkunden, noch durch Anerkenntniß, noch durch Herkommen festgesetzt, so müssen die Pflichtigen an den Diensttagen die Arbeit, welche der Dienstherr von ihnen verlangt, übernehmen.

§. 24. Da der eigentliche Zweck der Dienste auf die Bewirthschaftung der Gründstücke des Dienstherrn gerichtet ist, so ist es unstatthaft, unter dem Vorwande der den Grundstücken des Dienstherrn schuldigen Dienste, Arbeiten ganz anderer Art von den Pflichtigen zu fordern, z. B. solche, die sich auf eine auf dem Lande ungewöhnliche Fabrication oder einen daselbst nicht üblichen Handel beziehen, es sei denn, daß die Pflichtigen an einzelnen Orten zu solchen Diensten aus einem besonderen Rechtsgrunde verbunden wären.

§. 25. Wenn Dienste nur wegen des Bedürfnisses der Grundstücke des Dienstherrn gefordert werden können, so darf dieser die Dienste ohne dasjenige Gut, zu dessen Nutzen sie geleistet werden müssen, weder verpachten noch verkaufen. Ist es hingegen dem Dienstherrn erlaubt, sich der Dienste auch zu einem anderen Zwecke, als zur Bewirthschaftung seiner Grundstücke zu bedienen, so soll sowohl der Verkauf, als auch die Verpachtung derselben ferner gestattet sein, vorausgesetzt, daß dadurch die Lage der Pflichtigen nicht härter werde.

§. 26. Muß der Bauer nach der Anweisung der gesetzlichen Behörde an einem Tage, wo er für den Gutsherrn hätte arbeiten müssen, einen öffentlichen (Staats- oder Gemeinde-) Dienst verrichten, so ist er gegen den Gutsherrn weder seine Stelle vertreten zu lassen, noch an einem anderen Tage zu arbeiten verbunden. Hängt es aber von seiner Willkür ab, an welchem Tage er den öffentlichen Dienst leisten will, so kann er dadurch von dem, dem Gutsherrn schuldigen Dienste nicht befreit werden.

§. 27. Alle nach §. 21. beibehaltenen Abgaben und Dienste müssen bis zu ihrer Verwandlung in Geldrenten oder gänzlichen Ablösung nach wie vor unweigerlich geleistet werden, bei entstehendem Streit tritt da, wo Unsere allgemeine Gesetzgebung bereits eingeführt ist, das in der Allgemeinen Gerichtsordnung Theil I. Titel 41. §. 58. u. ff. vorgeschriebene Verfahren ein.

§. 28. Durch freien Vertrag können zwar auch neue Dienste, jedoch keine andere als gemessene, und nur mit der in §. 43. des gegenwärtigen Gesetzes enthaltenen Beschränkung auf ein bäuerliches Grundstück gelegt werden.

§. 29. Ueberall, wo die unter der französischen, königlich westphälischen oder bergischen Herrschaft eingeführte Grundsteuer-Verfassung bei den bäuerlichen Besitzungen noch besteht, sind die Bauern befugt, von allen aus dem bäuerlichen Verhältniß in Naturalien oder in Gelde zu entrichtenden Leistungen dem Berechtigten den fünften Theil in Abzug zu bringen. Jedoch darf dieser Abzug niemals mehr, als die von dem Bauer bezahlte Grundsteuer selbst betragen; auch steht es dem Gutsherrn frei, den wirklichen reinen Ertrag des Bauerguts nachzuweisen, und wenn sich daraus ergiebt, daß die Grundsteuer weniger als ein Fünftheil dieses reinen Ertrags beträgt, auch den Abzug in demselben Verhältniß zu vermindern.

§. 30. Der im §. 29. bestimmte Abzug soll eben so bei allen Zehnten statt finden, ohne Unterschied, ob dieselben auf einem gutsherrlichen Verhältniß, oder auf einem anderen Grunde beruhen.

§. 31. Der Ersatz, welchen der Berechtigte nach §. 29. und 30. dem Pflichtigen für die bezahlte Grundsteuer leisten muß, beschränkt sich auf die Haupt-Grundsteuer, und erstreckt sich weder auf die Beischläge (Zusatz-Centimen) noch auf eine andere Abgabe oder Last, die nach dem Fuße der Grundsteuer geleistet wird.

§. 32. Es findet jedoch überhaupt gar kein Abzug oder Ersatz wegen der Grundsteuer Statt:

1) wenn in den Verträgen die ausdrückliche Bedingung, daß keine Abzüge wegen der Entrichtung öffentlicher Abgaben statt haben sollen, oder irgend eine andere Klausel enthalten ist, woraus die Uebereinkunft der Parteien hervorgeht, daß dem Zinspflichtigen außer dem Zinse oder der Leistung auch noch die öffentlichen Abgaben zur Last bleiben sollen;
2) bei den sogenannten Meiergütern, Erbleihe- und Zinsgütern und anderen Gütern dieser Art, deren Besitzer nach den alten Gesetzen und Gewohnheiten verpflichtet sind, außer den auf denselben haftenden Renten noch besonders die öffentlichen Abgaben zu entrichten, es sei denn, daß hierüber zwischen dem Gutsherrn und dem Meier oder Inhaber eine andere Uebereinkunft getroffen wäre;
3) in Bezug auf beibehaltene Dienste, oder auf eine an die Stelle solcher Dienste gesetzte Rente.

§. 33. a) Alle auf bäuerlichen Grundstücken haftenden Leistungen sollen auf Verlangen der Parteien, nach den in diesem Titel enthaltenen Grundsätzen, verwandelt oder abgelöst werden können. b) Dieselben Rechte sollen auch in Ansehung aller Zehenten gelten, selbst wenn sie nicht auf einem gutsherrlichen Verhältnisse beruhen. c) Auf solche Leistungen aber, welche nicht unter diese beiden Fälle gehören, z. B. auf Abgaben und Dienste, welche einem Pfarrer oder Schullehrer zu entrichten sind, finden diese Vorschriften, so wie alle andern Vorschriften des gegenwärtigen Gesetzes, keine Anwendung.

§. 34. Jeder von beiden Theilen kann verlangen, daß die Leistungen, welche er zu fordern oder zu entrichten hat, wenn sie nicht schon in Geldabgaben bestehen, in veränderliche Geldrenten verwandelt werden. Diese Verwandlung kann nicht nur für alle zwischen beiden Theilen geltenden Leistungen zugleich, sondern auch für eine einzelne Gattung derselben verlangt werden.

§. 35 Die Bestimmung dieser veränderlichen Geldrente soll auf folgende Art geschehen: Zuerst wird der Werth der Leistung (nach §. 40. u. ff.) in Geld ausgemittelt, und sodann, wenn die Leistung nicht schon ohnehin in einer jährlichen festen Abgabe an Roggen besteht, auf eine solche Abgabe berechnet. Bei dieser Berechnung werden die letzten 14 Jahre dergestalt zum Grunde gelegt, daß die zwei theuersten und die zwei wohlfeilsten derselben weggelassen werden, und aus den übrig bleibenden zehn Jahren der Durchschnitt der Martini-Marktpreise gezogen wird. Ist nun auf diese Weise der gegenwärtige Betrag der Leistung, sowohl in Geld als in Roggen, ausgemittelt, so ist in dem nächsten Zahlungs-Termine (§. 63.) dieser Geldbetrag unmittelbar zu entrichten. Für das darauf folgende Jahr aber soll der Geldbetrag der Leistung bestehen aus $^{9}/_{10}$ des vorhergehenden Geldbetrages und $^{1}/_{10}$ desjenigen Werthes, welchen die ausgemittelte Quantität Roggen nach den Martini-Marktpreisen dieses folgenden Jahres haben wird. Auf gleiche Weise soll der Betrag der Geldrente für jedes der nachfolgenden Jahre fortschreitend berechnet werden.

§. 36. Unter den Martini-Marktpreisen (§. 35.) sollen diejenigen verstanden werden, welche im Durchschnitt der zwei dem Martinitage zunächst liegenden Wochen Statt gefunden haben; und zwar sind diese Marktpreise nach den Märkten derjenigen Orte zu bestimmen, welche hierzu, nebst dem ihnen zugehörigen Bezirk, von den Regierungen durch die Amtsblätter namentlich angegeben werden sollen.

§. 37. Außerdem soll der Verpflichtete allein das Recht haben, die ihm obliegenden Leistungen im Kapital abzulösen, wobei, im Fall einer nach §. 35. aufgelegten veränderlichen Geldrente, der Betrag desjenigen Jahres zum Grunde zu legen ist, in welchem die Ablösung verlangt wird. Die Ablösung geschieht durch Bezahlung des 25fachen Betrags einer jährlichen Leistung. Sollte indessen der Kapitalwerth der Geld-Abgabe in der ursprünglichen Urkunde bestimmt sein, so hat es bei dieser Bestimmung sein Bewenden.

§. 38. Der Verpflichtete kann auch einen Theil der ihm obliegenden Leistungen durch Kapital ablösen: jedoch darf in diesem Fall das Kapital der Ablösung nicht weniger als Einhundert Thaler in preußischem Courant betragen.

§. 39. Wenn für den Gutsherrn durch die Ablösung oder Verwandlung der Leistungen, nach dem Urtheil der General-Kommission, ein Kapitalbedarf entsteht, so kann er verlangen, daß ihm auf die Höhe desselben von dem Verpflichteten, nach dem Maßstabe des §. 37., urkundbare Obligationen ausgestellt, und auf das verpflichtete Grundstück eingetragen werden. Diese Obligationen kann er, abgesondert von dem Gute, dem die Leistungen gebühren, veräußern und verpfänden, und die Agnaten und Realgläubiger können dagegen in keinem Fall einen Widerspruch erheben. Jedoch ist zuvor die Höhe dieses Bedarfs von den General-Kommissionen festzusetzen, welche auch die Aufsicht über die wirkliche Verwendung zu dem angegebenen Zwecke zu führen, und alle dazu nach ihrem Urtheil nöthigen Maßregeln einzuschlagen haben.

§. 40. Da in den Fällen des §. 35. und des §. 37. vor Allem der Geldwerth der Leistungen durch Berechnung auf eine jährliche Rente auszumitteln ist, so soll zu diesem Zweck nach folgenden Grundsätzen verfahren werden:

Alle Fruchtzinsen und Fruchtprästationen werden nach dem Durchschnittspreise der letzten 14 Jahre, mit Abrechnung der zwei theuersten und der zwei wohlfeilsten, zu Gelde angeschlagen, und es sind dabei diejenigen näheren Bestimmungen anzuwenden, welche der §. 36. für die Berechnung des Geldes auf Roggen vorschreibt.

§. 41. Der Werth der Abgaben an Federvieh, Kälbern, Lämmern, Schweinen, Butter, Käse, Eiern, Wachs und anderen Naturalien soll durch Sachverständige bestimmt, und dabei der gemeine Preis zur Zeit der Ablösung als Maßstab gebraucht werden, nach welchem man die Bezahlung solcher Gegenstände, wenn sie nicht in Natur geleistet, sondern in Geld vergütet werden, zu bestimmen pflegt. Die Preisbestimmungen hingegen, welche über die gedachten Gegenstände in der Urkunde enthalten, oder durch Herkommen oder Verordnungen festgesetzt sind, können nur in dem Falle als Maßstab angenommen werden, wenn dem Pflichtigen die Wahl zusteht, ob er in Natur oder in Gelde bezahlen will.

§. 42. Die nicht aufgehobenen Dienste sollen durch Sachverständige abgeschätzt werden. Die Sachverständigen müssen bei Bestimmung des Werths derjenigen Dienste, welche ausschließend zum Behuf der Kultur und Benutzung der Grundstücke geleistet werden, die gerechte und verhältnißmäßige Schadloshaltung zum Grunde legen, welche dem Dienstherrn gebührt, um denselben für die Kosten, welche er in Zukunft für die durch die Dienste bisher verrichteten Arbeiten anzuwenden genöthigt sein wird, zu entschädigen.

Was aber solche Dienste betrifft, welche zu einem anderen Behufe, als dem der Kultur und Benutzung der Grundstücke geleistet werden müssen, oder doch zu einem anderen Zwecke gefordert werden können, so haben die Sachverständigen deren Werth nach dem gemeinen Preise zu bestimmen, nach welchem an dem Orte oder in dem Kreise ein Diensttag, je nachdem er mit der Hand, mit Pferden oder anderem Zugvieh geleistet wird, geschätzt zu werden pflegt.

Bei Bestimmung des Werthes der Dienste müssen die Sachverständigen jedesmal die Vergütung, welche der Dienstherr den Dienstpflichtigen in Natur oder in Gelde, dem Herkommen gemäß, zu geben verbunden war, in Abzug bringen; sollte hierbei der Werth des Dienstes niedriger, als der Betrag dieser Vergütung ausgemittelt werden, so können die Pflichtigen dennoch für letztere keine größere Entschädigung, als den Erlaß des Dienstes, bei welchem sie diese Vergütung erhielten, fordern.

§. 43. Durch Vertrag des Gutsherrn mit den Dienstpflichtigen können die Dienste jedoch höchstens auf zwölf Jahre für unablöslich erklärt werden. Desgleichen sind die nach §. 28. neu aufgelegten Dienste von selbst unablöslich, können jedoch gleichfalls höchstens auf zwölf Jahre verbindlich übernommen werden.

§. 44. Die Ablösung des Zehnten geschieht zufolge eines von Sachverständigen darüber abgegebenen Gutachtens:

> auf welche Quantität von Körnern und Stroh, auf wie viel Stücke Vieh, oder auf welche Quantität anderer Victualien der Zehntherr, ein Jahr in das andere gerechnet, sich Hoffnung machen konnte?

Der Werth des so ausgemittelten jährlichen Ertrages wird beim Fruchtzehnten nach demjenigen Durchschnittspreise, welcher im §. 40. und beim Blutzehnten durch Sachverständige, wie es im §. 41. vorgeschrieben ist, ausgemittelt.

§. 45. Wenn der Zehnten-Berechtigte seinerseits fortwährende oder zufällige Lasten zu tragen hat, so kann er, im Fall von allen oder einigen Zehntenpflichtigen die Ablösung im Kapital vorgenommen wird, gleichfalls eine Ablösung jener Lasten verlangen. Ein gleiches Recht haben in diesem Falle auch diejenigen, gegen welche er zu diesen Lasten verpflichtet ist. Findet dabei keine gütliche Uebereinkunft Statt, so darf die Ablösung nur auf die Lasten im Ganzen gerichtet sein, und bei zufälligen Lasten nur in Kapital geschehen. Die Ablösungssumme wird nach denselben allgemeinen Grundsätzen, wie bei den bäuerlichen Leistungen und bei den Zehnten selbst, bestimmt.

Einen ähnlichen Anspruch auf gegenseitige Ablösung sollen auch die Gutsherren haben, wenn etwa denselben auch von ihrer Seite gewisse Leistungen an die ihnen verpflichteten bäuerlichen Besitzer, außer den schon in den §§. 16. und 43. genannten und bestimmten Fällen, obliegen sollten.

Außerdem hat der Zehnten-Berechtigte oder der Gutsherr das Recht, sich von seinen Lasten ohne andere Ablösung dadurch zu befreien, daß er die ihm zukommenden Leistungen freiwillig und ohne Entschädigung aufgiebt.

§. 46. Wenn Veränderungs- und Laudemial-Gebühren bei jedem Antritt eines neuen Kolonus bezahlt werden müssen, so sind drei Veränderungsfälle auf ein Jahrhundert zu rechnen; sind die Descendenten des verstorbenen Besitzers von der Entrichtung befreit, so ist nur ein Fall auf ein Jahrhundert anzunehmen. Finden dergleichen auch im Fall des Absterbens des Gutsherrn statt, so werden gleichfalls drei solcher Veränderungsfälle auf ein Jahrhundert gerechnet. Wenn aber das Ober-Eigenthum, bei dessen Wechsel die Zahlung der Laudemien geschehen muß, an ein Amt, an eine Dignität, oder an ein Seniorat gebunden ist, so sollen sechs Veränderungsfälle des Obereigenthums auf ein Jahrhundert gerechnet werden.

Sind die Laudemial-Gebühren nicht blos bei Vererbungen, sonden auch bei Veräußerungen in der dienenden Hand zu bezahlen, so wird angenommen, daß zwei Veräußerungsfälle in einem Jahrhundert vorkommen; und eben dasselbe ist der Fall, wenn sie auch bei Veräußerungen des Ober-Eigenthums erlegt werden müssen.

§. 47. Ueberall wird sodann derjenige Betrag der Laudemial-Gebühren zum Grunde gelegt, welcher durch Kontrakte oder Register, oder vormalige Landesgesetze bestimmt worden ist. Sind aber nicht hinlängliche Nachrichten dieser Art vorhanden, so geschieht die Berechnung nach demjenigen Betrage derselben, welcher in den letzten sechs Veränderungsfällen wirklich bezahlt ist, und kann auch dieser nicht ausgemittelt werden, so muß die Durchschnittssumme derjenigen Fälle, welche bekannt sind, als Einheit zum Grunde gelegt werden.

§. 48. Nach §§. 46. und 47. werden dann die Beträge aller auf ein Jahrhundert treffenden Veränderungsfälle zusammengerechnet, und die Summe durch hundert getheilt. Der Quotient konstituirt die jährliche Rente.

§. 49. Müssen aber die Laudemialfälle immer nach Ablauf einer bestimmten Anzahl von Jahren entrichtet werden, so wird ihr feststehender, oder nach §. 47. durchschnittlich zu berechnender, Betrag blos durch die Zahl dieser Jahre getheilt, und es konstituirt alsdann dieser Quotient die jährliche Rente.

§. 50. Außerdem muß der Verpflichtete bei jeder Ablösung von Laudemien, sie mögen in Kapital oder in Renten geschehen, auch noch die ausgemittelte Jahresrente für so viele Jahre baar bezahlen, als von dem letzten Entrichtungsfalle bis zur Ablösung verflossen sein werden.

§. 51. In den ehemals bergischen Landestheilen wird das Besthaupt (§. 9.), in sofern es nicht schon auf Geld bestimmt ist, von Sachverständigen abgeschätzt, welche dabei ein Stück der Art, als der Gutsherr zu wählen berechtigt ist, nach Beschaffenheit des Gutes, und unter vorausgesetztem mittlerem Wohlstand des Besitzers, zum Grunde zu legen haben. Für die Entrichtung sind drei Fälle im Jahrhundert anzunehmen, und im Uebrigen ist dasjenige zu beobachten, was für die Laudemien §§. 48. und 50. vorgeschrieben ist.

§. 52. Das Heimfallsrecht wird ohne Unterschied, ob es neben dem Laudemium oder ohne dasselbe besteht, durch eine jährliche Rente abgelöst, welche zwei Prozent vom reinen Ertrag des Gutes beträgt. Bei der Berechnung dieses reinen Ertrages sollen jedoch nicht nur die öffentlichen Abgaben, sondern auch die gutsherrlichen Leistungen und alle übrigen Reallasten, insbesondere auch die Zinsen der darauf hypothekarisch versicherten Schulden, in Abzug gebracht werden, in soweit diese von dem Gutsherrn anerkannt werden müssen (konsentirt sind).

§. 53. Da indessen das französisch-hanseatische Gesetz sofort mit dem Tage seiner Bekanntmachung das Heimfallsrecht gänzlich aufgehoben, und eine Entschädigung an dessen Stelle angeordnet hat, die es auf den fünften Theil des Taxwerths des verpflichteten Grundstücks, nach Abzug aller darauf haftenden Lasten, festgestellt, und dabei verordnet hat, daß diese Kapital-Entschädigung bis zur Abzahlung mit vier Prozent verzinset werden solle; so hat es in den vormaligen französisch-hanseatischen Departements dabei sein Bewenden. Unter den Lasten, welche von dem Taxwerthe des Grundstücks abgezogen werden sollen, sind aber nicht blos die öffentlichen, sondern auch alle gutsherrlichen und übrigen auf dem Grundstück haftenden Privatlasten, insbesondere die von dem Gutsherrn anzuerkennenden Hypotheken, zu verstehen. Die Verzinsung fängt übrigens mit dem Tage an, an welchem das Dekret vom 9. Dezember 1811 bekannt gemacht worden ist.

§. 54. In Ansehung der zu den bäuerlichen Besitzungen gehörigen Holzungen sollen folgende Grundsätze gelten:

1) der bäuerliche Besitzer ist verpflichtet, dem Gutsherrn für die demselben an den Holzungen zustehenden Nutzungsrechte, als Holzschlag, Mast, Hütung u. s. w. zu entschädigen;
2) die Abfindung des Gutsherrn durch Naturaltheilung kann von dem Besitzer wider den Willen des Gutsherrn niemals, von dem Letzteren aber ohne Zustimmung des Ersteren nur dann verlangt werden, wenn der zu theilende Forstgrund nicht ganz von den Grundstücken des Bauerguts eingeschlossen ist;
3) wenn die Naturaltheilung hiernach nicht zulässig ist, und die Interessenten sich über die Entschädigung nicht sonst vereinigen, so erfolgt dieselbe durch eine Geldrente, welche mit den übrigen gutsherrlichen Abgaben gleiche Rechte genießt und nach gleichen Grundsätzen ablöslich ist;
4) es wird daher bei entstehendem Streit der Umfang der Gerechtsame des Gutsherrn und des Besitzers ausgemittelt, alsdann nach den allgemein gesetzlichen Vorschriften über die Theilung des gemeinschaftlichen Eigenthums der Antheil des Gutsherrn festgestellt, und dessen Werth

durch Schätzung von Sachverständigen auf eine Geldrente zurückgeführt;

5) nach geschehener Naturaltheilung oder Feststellung der dem Gutsherrn gebührenden Geldrente geht das volle Eigenthum aller hiernach dem Bauergut zufallenden Holzungen an den Besitzer über;

6) die auf dem Bauergut zerstreut stehenden Bäume sind ohne besondere Entschädigung ein Eigenthum des Besitzers. Wo aber das besondere Rechtsverhältniß bestanden hat, daß der Besitzer aus dem gesammten Gehölze seinen Holzbedarf zu Unterhaltung seiner Gebäude, Befriedigungen und Ackergeräthschaften vorzugsweise entnehmen, und das Nutzungsrecht des Gutsherrn erst nach Befriedigung dieses Bedarfs zur Ausübung kommen durfte, da kann der Besitzer bei der Auseinandersetzung mit dem Gutsherrn über die übrige Holzung nur in so weit zur Anrechnung bringen, als derselbe nicht schon durch die Nutzung der zerstreut stehenden Bäume gedeckt ist;

7) für diejenigen Holzungen, von denen dem Gutsherrn nur eine Oberaufsicht, und gar keine eigne Theilnahme an der Benutzung zustand, hat derselbe keine Entschädigung zu fordern.

§. 55. Wenn nach obigen Bestimmungen eine Abschätzung durch Sachverständige erfolgen muß, so sollen jedesmal drei Sachverständige zugezogen werden, von denen jeder Theil einen, und die Behörde, welche das Abschätzungsgeschäft leitet, den dritten bestimmt. Wenn die Marktpreise des Haupt-Marktortes nicht auszumitteln sind, oder den Werth einiger abzulösender Gegenstände nicht bestimmen, so haben die Sachverständigen solche nach dem allgemeinen Werthe abzuschätzen.

Die Kosten der Schätzung durch Sachverständige fallen dem Provokanten zur Last. Hat dieser jedoch, um eine solche Schätzung zu vermeiden, dem Gegner Anerbieten gethan, und hat sich dieser sie anzunehmen geweigert, so soll der Provokat sämmtliche Kosten allein tragen, wenn nicht das Urtheil der Sachverständigen für ihn günstiger ausfällt, als das Anerbieten des Provokanten war, in welchem Fall wiederum der Provokant allein die Kosten zu tragen hat.

§. 56. Der Antrag auf Verwandlung in Geldrente oder auf gänzliche Ablösung kann übrigens zu jeder Zeit erfolgen. Soll eine Geldrente durch Kapital abgelöst werden, so findet eine sechsmonatliche Kündigungsfrist statt, und sollen andere Lasten in Geldrente verwandelt oder gänzlich abgelöst werden, so tritt die Ausführung des Geschäfts erst mit dem Ablauf desjenigen Kalenderjahres ein, in welchem dasselbe völlig regulirt ist.

Auch kann jeder von beiden Theilen fordern, daß die Ausführung noch ein Jahr länger ausgesetzt bleibe, um die nöthigen Veränderungen in der Wirthschaft vorbereiten zu können; und außerdem soll die General-Kommission befugt sein, auf den Antrag des Berechtigten die Ausführung noch auf ein zweites Jahr auszusetzen, wenn nach ihrer pflichtmäßigen Ueberzeugung das wirthschaftliche Bedürfniß des Berechtigten dies nothwendig macht.

§. 57. Ein jeder Pflichtige, welcher Leistungen oder Abgaben, sie mögen seien, welcher Art sie wollen, ablösen will, ist verbunden, bei der Ablösung alle Rückstände, mit Einschluß der nach Verhältniß der Zeit schuldigen Gefälle des laufenden Jahres, zu bezahlen.

§. 57. Die für die abgelösten Abgaben, Zehnten und Dienste festgesetzten Renten oder Kapitalien genießen dasselbe Vorzugsrecht vor allen hypothekarischen Forderungen, welches den Abgaben und Leistungen selbst zustand; zur Erhaltung desselben müssen jedoch die Berechtigten, bei Vermeidung der in den Gesetzen bestimmten Nachtheile, die Eintragung in das Hypothekenbuch der verpflichteten Grundstücke nachsuchen, und es sollen für diese Eintragungen keine Gebühren und Stempel bezahlt werden.

§. 59. Die hypothekarischen Gläubiger können der Ablösung nicht widersprechen, auch bedarf es ihrer Zuziehung bei dem Ablösungsgeschäft nicht; vielmehr finden die in dem Allg. Landrechte Theil I. Tit. 20. §. 460. bis 465. bei Gemeinheitstheilungen gegebenen Vorschriften auch hier Anwendung, und kann sich bei entstehenden Hindernissen der Verpflichtete seiner Seits in jedem Fall durch gerichtliche Deposition des Ablösungs-Kapitals von aller Verhaftung befreien.

§. 60. In wie weit der Lehnsherr, die Lehnsfolger, Nutznießer oder Wiederkaufs-Berechtigten bei der Ablösung zugezogen werden müssen, ist mit der Modification, daß, wo der nächste Lehnsfolger unbekannt ist, die Zuziehung eines zu bestellenden Lehnskurators und dessen Erklärung hinreicht, nach den Vorschriften des Allg. Landrechts Theil I. Tit. 17. §. 324—336. zu beurtheilen, und bei Fideikommissen kommt die Vorschrift des Allgem. Landrechts Theil II. Tit. 4. §. 117—119. zur Anwendung.

§. 61. Sind die Dienste oder Zehnten zugleich mit den Gütern, zu welchen sie gehören, verpachtet, so sollen die Pächter, wenn die Pflichtigen, oder einer derselben die Verwandlung in Rente oder die gänzliche Ablösung zuerst verlangt haben, von dem Pachtgelde nur den Betrag der Renten, oder die Zinsen des Kapitals, welches dem Pächter für den Abkauf bezahlt worden ist, und zwar diese zu fünf vom Hundert abzuziehen, oder, in sofern der jährliche Ertrag der in Renten verwandelten oder abgelösten Leistungen wenigstens ein Zehntheil des Pachtgeldes beträgt, die Pacht am Ende des Pachtjahres ganz aufzugeben befugt sein. Wenn aber der erste Antrag auf Verwandlung in Rente von dem Verpächter und Besitzer des berechtigten Gutes geschehen ist, so ist der Pächter vollständige Entschädigung zu fordern berechtigt, es sei denn, daß er vorzöge, die Pacht am Ende des Pachtjahres ganz aufzugeben. Sollte das verpflichtete Gut verhaftet sein, so kann der ablösende Verpächter verlangen, daß der Pächter die Ablösungsrente oder die Zinsen des Ablösungs-Kapitals zu fünf Prozent übernehme; der Pächter kann jedoch diesem Verlangen dadurch ausweichen, daß er das Gut mit dem Ende des Pachtjahres verläßt. Ist in diesem letzten Fall die Provocation vom Verpflichteten ausgegangen, so kann der Pächter vollständige Entschädigung für die übrige Pachtzeit fordern.

Sobald daher eine Ablösung regulirt ist, muß dem Pächter sofort davon Nachricht gegeben werden, welcher sich binnen vier Wochen zu erklären hat, ob er von dem Rechte, die Pacht am Ende des Pachtjahres aufzugeben, Gebrauch machen will, oder nicht; erklärt er sich nicht, so wird das Letztere angenommen. Ist von dem Tage, wo der Verpächter seine Erklärung erhalten hat, bis zu Ende des Pachtjahres nicht wenigstens ein Zeitraum von drei Monaten vorhanden, so kann die Aufhebung des Pachtverhältnisses nicht mit dem Ende des laufenden, sondern erst des nächstfolgenden Pachtjahres gefordert werden.

§. 62. Wenn der Pflichtige eine Abgabe, von der er wegen der Grundsteuer einen Abzug zu machen befugt ist, durch Bezahlung des Ablösungs-Kapitals abkauft, so wird Letzteres nur nach dem Betrage der Rente berechnet, welche dem Berechtigten nach Abzug des Beitrages, den er in dem Ablösungsjahre zur Grundsteuer entrichten muß, rein übrig bleibt. Jedoch bleibt dem Gutsherrn auch zu diesem Zweck unbenommen, die im §. 29. vorbehaltene Ausmittelung des wahren Ertrages und die Berichtigung des Abzugs zu bewirken.

§. 63. Die für vormalige Naturalleistungen konstituirten Renten müssen von den Pflichtigen, wenn nicht etwas Anderes verabredet wird, zu Weihnachten jeden Jahres bezahlt werden.

§. 64. Die in Unserer Kabinets-Order vom 5. Mai 1815 angeordnete Suspension aller Prozesse über gutsherrliche und bäuerliche Verhältnisse hört mit der Verkündigung des gegenwärtigen Gesetzes gänzlich auf. Die Gerichte haben jedoch dergleichen Prozesse nicht von Amts wegen wieder aufzunehmen, sondern es bleibt dieses und die weitere Regulirung der Rechtsverhältnisse nach der gegenwärtigen Verordnung den Interessenten überlassen, und es können dabei weder aus der geschehenen Suspension, noch aus dem inzwischen etwa festgesetzten Besitzstande rechtliche Einwendungen entnommen werden.

§. 65. Was die Rückstände an Abgaben und Leistungen anbetrifft, welche bis zur Verkündigung dieses Gesetzes aufgelaufen sein möchten, so sollen a) rückständige Dienste nicht in natura, sondern nur eine Geldentschädigung dafür, die nach den Grundsätzen des gegenwärtigen Gesetzes zu bestimmen ist, nachgefordert werden können, jedoch fällt in den ehemals bergischen Landen auch diese Entschädigung gänzlich weg; b) rückständige Natural-Abgaben soll der Verpflichtete nach seiner Wahl in natura, oder nach den letzten Martini-Marktpreisen, vor dem Zahlungstage, in Gelde abtragen; c) von Rückständen sowohl dieser beiden Arten, als an sonstigen Rückständen in Gelde, soll der Verpflichtete in jedem Jahre neben den laufenden Abgaben und Leistungen nur den Betrag der Rückstände Eines Jahres abzutragen verpflichtet sein, es sei denn, daß der Berechtigte nachzuweisen vermöchte, daß der Verpflichtete ohne erhebliche Beeinträchtigung alles auf einmal, oder doch mehr als einen Jahresbetrag zu leisten im Stande sei; d) sollten zufällige Rechte fällig geworden und in Rückstand verblieben sein, so sind solche ohne Anstand vollständig nachzuzahlen; e) auch in Ansehung der Rückstände kommt der in den §§. 29—32. näher bestimmte Abzug zur Anwendung.

§. 66. Auch sollen in Konkursfällen alle Rückstände, welche zur Zeit der Suspension der Prozesse über die gutsherrlichen und bäuerlichen Verhältnisse aufgelaufen sind, neben den etwanigen älteren bis zweijährigen Rückständen dasselbe Vorzugsrecht mit diesen genießen.

§. 67. So weit diese Gegenstände durch Vergleich, rechtskräftige Aburtelung oder sonst rechtsgültig bereits festgesetzt sind, behält es dabei in sofern sein Bewenden, als dadurch nicht solche Gerechtsame, die auch nach dem gegenwärtigen Gesetz ohne Entschädigung abgeschafft sind, unverwandelt aufrecht erhalten werden.

§. 68. Auch in den von Hannover an Uns abgetretenen Distrikten gilt die gegenwärtige Verordnung, vom Tage ihrer Bekanntmachung an gerechnet, mit der einzigen Ausnahme zu Gunsten derjenigen darin belegenen Güter, welche

Privatpersonen gehören, daß auch ungemessene Dienste, welche zur Kultur ihrer Aecker und Wiesen geleistet werden müssen, nicht ohne Entschädigung abgeschafft, sondern nach dem Maaße, wie sie in dem zuletzt hergebrachten Wirthschaftsbetriebe wirklich geleistet worden sind, in gemessene zu verwandeln, und sodann, wie die letzteren, der gegenwärtigen Verordnung gemäß, weiter zu behandeln sind.

§. 69. Zur Feststellung der in diesem Gesetz berührten Verhältnisse sollen ohne Anstand General-Kommissionen niedergesetzt werden, deren Wirkungskreis durch ein besonderes Gesetz vom heutigen Tage näher bestimmt ist. Urkundlich haben Wir dieses Gesetz höchsteigenhändig vollzogen und mit Unserem Königlichen Insiegel versehen lassen.

So geschehen und gegeben Berlin, den 25. September 1820.

Friedrich Wilhelm.

C. Fürst v. Hardenberg. v. Altenstein.

Beglaubigt:
Friese.

12.

Gesetz wegen der in Magdeburg und Münster zu errichtenden General-Kommissionen.

(Vom 25. September 1820.) *)

Wir Friedrich Wilhelm, von Gottes Gnaden, König von Preußen rc.

Damit die Auseinandersetzung über die gutsherrlichen und bäuerlichen Verhältnisse in denjenigen Theilen Unserer Monarchie zwischen der Elbe und dem Rhein, welche vormals zum Königreich Westphalen, zum Großherzogthum Berg, und zum französischen Reiche gehört haben, desgleichen im Herzogthum Westphalen, nach den heute von Uns vollzogenen Gesetzen, gleichförmig und ohne Aufenthalt betrieben werde, so haben Wir beschlossen, dazu besondere Behörden unter dem Namen der „General-Kommission" niederzusetzen, und verordnen, nach erfordertem Gutachten Unseres Staatsrathes, wie folgt:

§. 1. Es sollen solcher General-Kommissionen zwei, und zwar die eine zu Magdeburg, die andere zu Münster, errichtet werden, von denen jene für diejenigen der obengedachten Landestheile, die jetzt zur Provinz Sachsen, und diese für diejenigen bestimmt ist, die jetzt zur Provinz Westphalen und zu den rheinischen Provinzen gehören.

---

*) Gesetzsamml. 1820. S. 185.

§. 2. Eine jede dieser Behörden soll aus einem General-Kommissarius, als Direktor, und wenigstens zwei Beisitzern in kollegialischem Verhältniß bestehen. Eines der Mitglieder muß ein zum Richteramt geeigneter und zur Justiz verpflichteter Beamter sein, bei dessen Anstellung daher Unser Justiz-Minister konkurriren soll, und die anderen Mitglieder müssen der Oekonomie kundig sein.

§. 3. Die General-Kommissionen sind übrigens Unserem Ministerium des Innern, in Rekursfällen aber diesem und Unserem Justiz-Ministerium gemeinschaftlich untergeordnet, und den ordentlichen Provinzial-Behörden koordinirt.

§. 4. Ihre Bestimmung ist, so weit das gegenwärtige Gesetz darüber nicht nähere Beschränkungen enthält, die ausschließliche Einleitung und Bearbeitung aller Geschäfte, welche in Ausführung Unserer heutigen Gesetze über die Regulirung der gutsherrlichen und bäuerlichen Verhältnisse in den obengedachten Landestheilen zur Auseinandersetzung der Interessenten gehören.

§. 5. Es bleibt jedoch den Interessenten unbenommen, sich wegen aller Rechtsverhältnisse, die in den gedachten Gesetzen berührt werden, auf jede beliebige Weise durch Vertrag zu einigen, nur daß solches in derjenigen Form geschehe, welche die Gesetze zur Rechtsgültigkeit und beziehungsweise zur hypothekarischen Eintragung solcher Verträge verlangen.

§. 6. Außer diesem Falle aber tritt die Vermittelung der General-Kommission ein, und sobald der eine oder der andere Theil dieselbe in Anspruch nimmt, hat die General-Kommission dazu einen besonderen Kommissarius abzuordnen, und durch diesen, oder durch unmittelbare Verfügungen die Berichtigung des ganzen Geschäfts mit allen dazu gehörigen, oder von den Parteien damit in Verbindung gesetzten Nebenpunkten, sowohl unter den Hauptparteien, als mit den entfernteren Interessenten zur Sache, als Hypothekengläubiger, Lehns- und Fideikommiß-Berechtigten, und wessen Rechtsverhältnisse sonst dadurch berührt werden, namentlich auch die Auseinandersetzung zwischen den Pächtern und Verpächtern der zur Regulirung kommenden Güter zu ermitteln, die Angelegenheit bis zum Abschluß der Verhandlungen zu leiten und zu betreiben, und endlich selbst auf die hypothekarischen Verhältnisse zu achten. (§. 15.)

§. 7. Ihre Kompetenz tritt auch in dem Fall eines zwischen den Interessenten bereits getroffenen Privat-Abkommens alsdann ein, wenn wegen dabei übergangener Punkte oder von nicht zugezogenen Interessenten neue Ansprüche erhoben werden; gleichergestalt ist dieselbe verpflichtet, wenn wegen der bei Ausführung eines Privat-Abkommens eintretenden Schwierigkeiten ihre Vermittlung in Anspruch genommen wird, sich darauf einzulassen, wiewohl die übrigen Rechtsstreitigkeiten über die Rechtsbeständigkeit oder Auslegung solcher Privatverträge zur Entscheidung der ordentlichen Gerichte gehören.

§. 8. Wenn bei der Auseinandersetzung Korporationen, Anstalten und Stiftungen, die unter der allgemeinen Oberaufsicht Unserer Regierung stehen, Theilnehmer sind, so müssen diese bei den Verhandlungen selbst zwar, wie es sonst die Gesetze vorschreiben, gehörig vertreten werden, wo es aber auf die Ertheilung von Genehmigungen und Ermächtigungen ankommt, welche sonst Unseren Regierungen, vermöge des Oberaufsicht-Rechts, zustehen würden, da sollen die General-Kommissionen in die Stelle der Letzteren treten, und dergleichen Genehmigungen und Ermächtigungen nach gehörig geprüfter Sache und mit Beobachtung alles dessen, was im gleichen Fall jenem obliegen würde, ihrerseits ertheilen können.

§. 9. Gleichergestalt haben die General-Kommissionen, wo allgemeine und landespolizeiliche Rücksichten eintreten, diese von Amts wegen in Stelle Unserer Regierungen gehörig zu beachten und sind auch in dieser Beziehung von der Nothwendigkeit einer näheren Rücksprache mit letzteren entbunden, wiewohl, wie sich von selbst versteht, denselben jederzeit auf gebührendes Nachsuchen die nöthige Auskunft zu ertheilen gehalten.

§. 10. Auf Unseren Domainen soll die Regulirung aller derjenigen Rechtsverhältnisse, worauf sich die in §. 4. bezeichneten Gesetze beziehen, zunächst durch Kommissarien der Regierung versucht, und nur, wenn dieselbe auf diesem Wege nicht zu Stande gebracht werden kann, an die General-Kommission gebracht werden. Doch kann Letztere in Bezug auf das Domanial-Interesse bei Ertheilung der nöthigen Genehmigungen und Ermächtigungen die Stelle Unserer Regierungen nicht vertreten.

§. 11. Zum Wirkungskreise der General-Kommissionen gehört ferner die Entscheidung aller Streitigkeiten, welche sich bei Gelegenheit der Auseinandersetzung über die gutsherrlichen und bäuerlichen Verhältnisse, über die Ablösung der Zehnten, über die Abschätzung oder sonstige Werthausmittelung der verschiedenen Rechte und Verpflichtungen, oder auch über die Ausgleichung selbst, es sei zwischen den Hauptinteressenten, oder denen, deren Rechtsverhältnisse dadurch nur mit berührt werden, ereignen möchten.

§. 12. Alle übrigen Rechtsstreitigkeiten verblieben zwar nach wie vor den ordentlichen Gerichten, jedoch sollen die General-Kommissionen auch in diesen überall, wo es bei der Entscheidung auf ökonomische Gutachten ankommt, zu deren Prüfung und Mittheilung ihres Urtheils verpflichtet sein, wenn sie von den geeigneten Behörden, es sei auf Antrag der Partheien, oder von Amts wegen, darum ersucht werden.

§. 13. Sobald die bei den General-Kommissionen anhängig gemachten Angelegenheiten, sei es im Wege der Uebereinkunft der Partheien, oder der rechtskräftigen Entscheidung, ausgeglichen und die neuen Rechtsverhältnisse, sowohl in Beziehung auf die Hauptpartheien, als auf die Interessenten der Incidenzpunkte festgestellt sind, muß darüber ein von den Interessenten gehörig zu vollziehender Rezeß aufgenommen, und dieser von der General-Kommission sowohl auf die Legitimation der Kontrahenten, als auf dessen Vollständigkeit, Deutlichkeit und formelle Berichtigung geprüft, und, wenn sie dabei nichts zu erinnern findet, bestätigt werden.

§. 14. In einzelnen Fällen bleibt jedoch ihrem Ermessen überlassen, ungeachtet eines oder des anderen noch unberichtigten Punkts dennoch mit dem Abschlusse in der Hauptsache zu verfahren, und den unerledigten Gegenstand einer besonderen Verhandlung vorzubehalten.

§. 15. Damit auch nach der Regulirung jeder Interessent in den wirklichen Besitz der ihm nach derselben zuständigen Rechte gesetzt werde, so liegt der General-Kommission ob, von Amts wegen dafür zu sorgen:

a) daß, wo etwa Grundstücke vertauscht oder sonst abgetreten, neu eingetheilt oder in ihren Grenzen berichtigt sein möchten, dieselben den darauf angewiesenen Interessenten übergeben; b) daß die zur Sicherstellung derselben ad depositum zu leistenden Zahlungen gehörigen Orts geleistet und c) daß die zur Eintragung geeigneten Urkunden den betreffenden Hypotheken=Behörden zu diesem Behuf zugefertigt werden.

§. 16. Wegen der übrigen zur Ausführung des Geschäfts erforderlichen Maßregeln sind zwar die Anträge der Partheien zu gewärtigen, es können jedoch Executionsgesuche aus den von der General=Kommission bestätigten Rezessen nur binnen Jahresfrist nach erfolgter Bestätigung, und allein bei ihr angebracht werden. Wegen Vollstreckung solcher Executionen hat sie überall Unsere Regierungen und Landräthe zu ersuchen.

§. 17. Das Letztere gilt auch von allen sonstigen Executionen, welche die General=Kommission, es sei gegen die Interessenten, oder gegen nachlässige Kommissarien oder sonst zu verfügen haben kann. So weit sie nämlich verfügen darf, ist sie auch befugt, Ihren Verfügungen durch Veranlassung der Execution Folge zu geben.

§. 18. Sollte es sich ereignen, daß nach gerichtlich beendigten Geschäften der General=Kommission noch neue Ansprüche nicht zugezogener Interessenten zu ihrer Kenntniß und Vermittelung gebracht würden; so tritt ihre Einwirkung dabei in eben dem Maße ein, als ob dieselben gleich bei Einleitung der Auseinandersetzung zur Sprache gekommen wären.

§. 19. In so weit die Verhandlungen mit den Parteien von den Mitgliedern der General=Kommission selbst nicht übernommen werden können, bedient sich dieselbe in der Regel der Oekonomie=Kommissarien, welche sie fortan selbst nach gehöriger Prüfung, als solche, anzustellen befugt sein soll. Die gerichtlich zu vollziehenden Geschäfte können von ihr den Unterrichtern, Friedensrichtern oder anderen richterlichen Personen aufgetragen werden. Alle, Unseren Provinzial=Justizkollegien und Regierungen untergeordneten Beamten und Behörden sind schuldig, ihre Aufträge anzunehmen, und, gleich den übrigen Geschäften ihres Berufs, mit Treue und Pünktlichkeit auszurichten, dabei auch ihren etwanigen besonderen Anweisungen Folge zu leisten.

§. 20. Die Vollziehung der Rezesse muß allemal in derjenigen Form geschehen, die nach den Gesetzen zur hypothekarischen Eintragung erforderlich ist. Sie haben dann die Wirkung gerichtlicher Urkunden, und bedürfen keiner nochmaligen Verlautbarung vor dem Richter der Sache.

§. 21. Auch alle Verhandlungen, welche bei der General=Kommission oder in ihrem Auftrage aufgenommen werden, sind, wenn solches von einer richterlichen Person geschehen ist, als gerichtliche Verhandlungen anzusehen.

§. 22 Die Verhandlungen anderer Kommissarien oder Deputirten der General=Kommission, welche nicht Richter sind, haben zwar in der Regel nur die Kraft öffentlicher Urkunden; sie sollen jedoch von Personen, die des Lesens und Schreibens unkundig sind, aus dem Grunde, weil die Gesetze sonst bei ihnen allemal gerichtliche Vollziehung verlangen, vorausgesetzt nur, daß die Vollziehung Seitens derselben übrigens in der gehörigen Form geschehen ist, als ungültig nicht angefochten werden können. Auch können jedenfalls die von solchen Kommmissarien oder Deputirten zum Behuf der Instruction derjenigen Streitpunkte, deren Entscheidung zum Wirkungskreise der General=Kommission gehört, aufgenommenen Protokolle bei der Entscheidung mit voller rechtlicher Wirkung zum Grunde gelegt werden.

§. 23. Die Spezial-Kommissarien sind zu Erfüllung ihres Auftrages ohne Rückfrage bei der General-Kommission, alles dasjenige zu verfügen und zu fordern befugt, was die ordentlichen Justiz-Behörden selbst Behufs der Instruction von den Partheien oder von einem Dritten fordern und ohne Urtelsform verfügen können.

§. 24. Wenn sich ihr Auftrag nicht ausdrücklich auf einen einzelnen Theil des Geschäfts beschränkt, so verbleibt der Betrieb der ganzen Sache bis zum Schluß in ihren Händen. Sie sind ihre Verhandlungen daher auf alle die Gegenstände auszudehnen ermächtigt, welche die General-Kommission in Beziehung auf die bei ihr anhängig gemachten Angelegenheiten vor sich zu ziehen befugt ist, und welche die Partheien mit der Hauptsache in Verbindung bringen. Namentlich also liegt ihnen, auch ohne besonderen desfallsigen Auftrag, die Instruction aller derjenigen Streitpunkte ob, die zur Entscheidung der General-Kommission gehören.

§. 25. Sie können auch in Fällen, wo bei Abschätzungen und Begutachtungen durch Sachverständige nach dem Gesetz die General-Kommission den dritten Sachverständigen zu bestellen hat, nicht allein selbst dazu bestellt werden, sondern es wird auch, wo die General-Kommission nicht ein Anderes angeordnet hat, daß solches geschehen, stillschweigend vorausgesetzt.

§. 26. Deductionen, oder besondere schriftliche Rechtsausführungen sind bei den Instructionen, welche von den Kommissarien der General-Kommission über Streitpunkte, die zur Entscheidung der letzteren gehören, geführt werden müssen, sind nur in sofern zulässig, als sie im Schlußtermine selbst zu den Akten übergeben werden.

§. 27. Die Entscheidungen der General-Kommission über Streitpunkte sind in der Form von Resolutionen abzufassen.

§. 28. Es steht dagegen den Interessenten nur der Rekurs an Unsere Ministerien des Innern und der Justiz zu, als welche beide in allen solchen Rekursfällen gemeinschaftlich und in letzter Instanz zu entscheiden haben.

§. 29. Auch ein solcher Rekurs muß jedoch binnen vier Wochen, vom Tage der Bekanntmachung derjenigen Resolution an gerechnet, gegen welche er gerichtet werden soll, entweder bei der General-Kommission selbst angebracht, oder doch derselben, wenn solcher unmittelbar an die Ministerien gerichtet worden ist, in dieser Frist davon behufs Einsendung der Akten Anzeige gemacht werden; entgegengesetzten Falls behält die Resolution der General-Kommission unwiderrufliche Rechtskraft. Es versteht sich indessen von selbst, daß, wo etwa bei Gegenständen des allgemeinen Verwaltungs-Ressorts durch eine Entscheidung der General-Kommission das Gemeinwesen beeinträchtigt oder gefährdet würde, die Abhülfe dagegen zu jeder Zeit noch zulässig bleibt.

§. 30. Schließlich wollen Wir zur Beförderung der Auseinandersetzungen alle desfallsigen Verhandlungen, welche bei den General-Kommissionen vor dem 1. Januar 1823 anhängig gemacht werden, von der Stempel- und Sportelpflichtigkeit befreien, dergestalt, daß von Seiten der General-Kommission den Partheien nur die Diäten-Remunerationen der Kommissarien und Sachverständigen, und andere zu den baaren Auslagen gehörigen Kosten in Rechnung gestellt werden können. Es erstreckt sich jedoch diese Vergünstigung auf die

Rekurse und auf die durch dieselben veranlaßten Verhandlungen alsdann nicht, wenn solche als grundlos verworfen werden.

Urkundlich unter Unserer höchsteigenhändigen Unterschrift und Beidrückung Unseres Königlichen Insiegels.

Gegeben Berlin, den 25. September 1820.

Friedrich Wilhelm.

C. Fürst v. Hardenberg. v. Altenstein.

Beglaubigt:
Friese.

13.

Gesetz, die gutsherrlichen und bäuerlichen Verhältnisse im Herzogthum Westfalen betreffend.

(Vom 25. September 1820.)

Wir Friedrich Wilhelm, von Gottes Gnaden, König von Preußen rc.

Auf Veranlassung mehrerer Beschwerden haben Wir die im Herzogthum Westfalen geltenden Gesetze über die gutsherrlichen und bäuerlichen Verhältnisse einer näheren Prüfung unterworfen, und verordnen nunmehr über diesen Gegenstand, nach erfordertem Gutachten Unseres Staatsraths, wie folgt:

§. 1. Es hat bei den Großherzoglich hessischen Verordnungen über die gutsherrlichen und bäuerlichen Verhältnisse im Herzogthum Westfalen, jedoch unter den nachfolgenden Bestimmungen, auch ferner sein Bewenden.

§. 2. Zur Kapital-Ablösung sind daselbst auch fernerhin lediglich die bäuerlichen Besitzer, und nicht die Gutsherrn, berechtigt. Die bäuerlichen Besitzer sollen Privat-Ablösungen nicht anders als in Summen von wenigstens 100 Rthlr. Preußisch Courant, und Kapital-Ablösungen überhaupt nicht anders als nach sechsmonatlicher Kündigung, zu bewirken befugt sein.

Beide Theile sollen aber das Recht haben, eine Verwandlung von Natural-Leistungen in Geldrenten zu verlangen, und es sollen für alle Ablösungen diejenigen Vorschriften befolgt werden, welche in dem heute erlassenen Gesetz für die ehemals zum Königreich Westfalen u. s. w. gehörigen Landestheile §. 34 bis 43 enthalten sind.

§. 3. Wenn von einem mit gutsherrlichen Abgaben belasteten Grundstück ein Theil getrennt wird, so soll, im Fall nicht eine andere gütliche Einigung zu Stande kommt, sofort ein Theil dieser Abgaben, der bei entstehendem Streite durch die General-Kommission (§. 8.) bestimmt wird, und zwar in der Art, daß derselbe mit dem Werth des abgetretenen Theils des Grundstücks in Verhältniß steht, abgelöst werden, und bis dies geschehen, das abgezweigte Stück

Landes dem Gutsherrn für sämmtliche Abgaben solidarisch verhaftet bleiben, demnächst aber von aller Verpflichtung gegen denselben frei sein.

§. 4. Das Auseinandersetzen zwischen Gutsherrn und Bauern wegen der Natural-Leistungen und Dienste wird künftig nicht mehr nach den unterm 8. November 1814 bekannt gemachten provisorischen Normalpreisen, sondern, wenn keine gütliche Einigung erfolgt, nach der im §. 2. gegebenen Vorschrift bewirkt.

§. 5. Wo diese Auseinandersetzung provisorisch, aber noch nicht definitiv erfolgt ist, steht es jedem Theile frei, binnen Jahresfrist bei der General-Kommission (§. 8.) die definitive Regulirung statt der bisherigen provisorischen in Antrag zu bringen. Was dem gemäß alsdann zurück und nachgezahlt werden muß, braucht jedoch, wenn solches nicht ausdrücklich vorbehalten ist, nicht verzinset zu werden. Ist binnen Jahresfrist von keinem Theile gegen die provisorische Auseinandersetzung reklamirt, so hat es bei derselben für immer sein Bewenden.

§. 6. Da die über die Ablösung des Zehnten vorbehaltene Verordnung vor der Veränderung der Landeshoheit nicht ergangen, und das großherzoglich hessische Gesetz vom 15. August 1816 im Herzogthum Westfalen nicht anwendbar ist, so werden hierdurch die Zehnten aller Art nach den Grundsätzen für ablöslich erklärt, welche in Unserem oben (§. 2.) angeführten Gesetz §§. 44 und 45 enthalten sind.

§. 7. Ueber den in der Verordnung vom 27. Februar 1811 vorgeschriebenen Abzug eines Fünftels wegen der Grundsteuer, bleibt eine anderweitige Bestimmung zu näherer Feststellung des Steuerwesens im Herzogthum Westfalen vorbehalten. Jedoch sollen auch schon jetzt die Gutsherrn berechtigt sein, den in dem (§. 2.) angeführten Gesetz §§. 29 und 62 nachgelassenen Beweis zu übernehmen, und in Gemäßheit derselben den Abzug zu vermindern. Imgleichen soll auch hier der Abzug niemals mehr als die ganze vom bäuerlichen Besitzer zu entrichtende Grundsteuer betragen.

§. 8. Zur Erleichterung der Auseinandersetzungen zwischen den Gutsherrn und Bauern ist von Uns eine General-Kommission in Münster niedergesetzt, und ihr Wirkungskreis durch das besondere Gesetz vom heutigen Tage näher bestimmt worden; derselbe erstreckt sich auch auf das Herzogthum Westfalen.

Urkundlich haben Wir die vorstehende Verordnung höchsteigenhändig vollzogen und mit Unserem Königlichen Insiegel bedrucken lassen.

So geschehen Berlin, den 25. September 1820.

Friedrich Wilhelm.

C. Fürst v. Hardenberg. v. Altenstein.

Beglaubigt:
Friese.

14.

Allerhöchste Kabinetsorder vom 18. September 1822, über einige einstweilige Bestimmungen, betreffend die Ausführung des Gesetzes vom 25. September 1820 wegen der gutsherrlichen und bäuerlichen Verhältnisse in den vormals zum Königreich Westfalen, zum Großherzogthum Berg, oder zu den französisch=hanseatischen Departements gehörenden Landestheilen. *)

Da Ich dem Staatsrath die Berathung über einige Bedenken, welche bei der Ausführung des Gesetzes vom 25. September 1820, die Berichtigung der gutsherrlichen und bäuerlichen Verhältnisse in den darin benannten Provinzen betreffend, und der Ablösungs=Ordnung vom 7. Juni 1821 angeregt worden sind, befohlen habe, so bestimme Ich hierdurch einstweilen:

1) Die Anordnung §§. 29. 30. des Gesetzes vom 25. September 1820 wegen des den Zehntenpflichtigen gestatteten Fünftel=Abzuges soll in denjenigen Landestheilen, welche zu dem ehemaligen Königreich Westfalen gehört haben, nur vorläufig zur Anwendung kommen und einem anderweitigen Gesetze soll es vorbehalten bleiben, sowohl wegen dieses Fünftel=Abzuges, oder eines statt dessen von den Berechtigten zu leistenden Ersatzes selbst, als auch wegen der etwanigen Ausgleichung über den vorläufig nach Inhalt des Gesetzes vom 25. September 1820 regulirten Abzug die näheren Bestimmungen zu treffen.

Alle in den vorbenannten Landestheilen wegen des Fünftel=Abzuges bei Zehntenleistungen anhängigen Prozesse sollen sofort sistirt, und wenn die Partheien sich wegen des Abzuges von den laufenden Zehnten nicht gütlich vereinigen, soll auf das Anrufen des einen oder des anderen Theils durch die General=Kommission in Anwendung des Gesetzes vom 25. September 1820 Interimistikum festgesetzt werden.

2) Ueberall, wo das Gesetz vom 25. September 1820 zur Anwendung kommt, soll wegen der von einem oder dem anderen Theil in Antrag gebrachten Ablösungen von Diensten, Zehnten und anderen Natural=Leistungen mit der Einleitung, namentlich mit der Feststellung der

---

*) Gesetzsamml. 1822. S. 207.

auszugleichenden Rechte und deren Werthschätzung nach Inhalt des Gesetzes zwar verfahren, jedoch der Entscheidung darüber bis zu weiterer Bestimmung Anstand gegeben werden, falls die Interessenten sich nicht in der Güte vereinigen.

Die betreffenden Ministerien haben hiernach, jedes in seinem Wirkungskreise, das Nöthige zu veranlassen, gleichzeitig aber auch Sorge zu tragen, daß von Seiten der Verwaltungs-Behörden die zur Vorbereitung der Verhandlungen des Staatsraths noch erforderlich gefundenen Maßregeln beschleunigt werden.

Berlin, den 18. September 1822.

Friedrich Wilhelm.

An das Staats-Ministerium.

15.

Verordnung über die Kompetenz der Friedensgerichte in den Rheinprovinzen.

(Vom 7. Juni 1821.) *)

Wir Friedrich Wilhelm, von Gottes Gnaden, König von Preußen ꝛc. thun kund und fügen hiermit zu wissen:

In Unserem Kabinetsbefehl vom 19. November 1818, die Justiz-Verfassung in den Rheinprovinzen betreffend, haben Wir die Grundzüge bestimmt, wie die Friedensgerichte, mit Hinsicht auf den erweiterten Geschäftskreis der übrigen Justiz-Behörden, eingerichtet, und mit diesen in nähere Uebereinstimmung gebracht werden sollen. Um diesen Zweck, so viel es die noch bestehende Rechtsverfassung gestattet, zu erreichen, haben Wir auf den, im Einverständniß mit dem Justiz-Minister, von dem Staatskanzler gemachten, und von der Justiz-Abtheilung Unseres Staatsraths mitberathenen Antrag für dienlich erachtet, in den bisherigen gesetzlichen Bestimmungen über die Kompetenz der Friedensrichter einige Abänderungen zu treffen, dieselbe in einigen Punkten zu erweitern, und auch hierin eine größere Gleichförmigkeit in den verschiedenen Landestheilen der Rheinprovinzen einzuführen. Wir verordnen daher, wie folgt:

§. 1. Die Kompetenz der Friedensgerichte in streitigen Rechtssachen soll nach den bisherigen, in den Rheinprovinzen bestehenden Gesetzen beurtheilt werden. Doch wird die Summe, über welche sie ohne Appellation erkennen, auf Zwanzig Thaler Preußisch Courant, und diejenige, worüber sie in bloß persönlichen und Mobiliarsachen mit Appellation erkennen, auf Dreihundert Thaler bestimmt.

---

*) Gesetzsamml. 1821. S. 101.

§. 2. Die Ladungen vor das Friedensgericht werden von dem Friedensrichter erlassen und unterzeichnet, sowohl in den Sachen, die zu seiner richtigen Kompetenz gehören, als auch in solchen, worin seine Amtsverrichtungen auf den bloßen Sühnversuch beschränkt sind.

§. 3. Die Zustellung der Ladung geschieht in der gesetzlichen Form durch den Gerichts-Exekutor, welcher das Original des Insinuations-Aktes auf die Ladung schreibt. Nur dieser Insinuations-Akt ist der Einregistrirung unterworfen.

§. 4. In ihrer Eigenschaft als Polizeirichter erkennen die Friedensrichter, mit Ausschließung der Bürgermeister, über alle Forstfrevel, welche nur eine Geldstrafe oder eine Gefängnißstrafe von höchstens fünf Tagen nach sich ziehen.

§. 5. Die Verfolgung der Forstfrevel geschieht, wie bisher, durch die Forstverwaltung, auf deren Betreiben die Angeschuldigten vor das Polizeigericht gestellt werden.

§. 6. Die Amtsverrichtungen des öffentlichen Ministeriums versehen die Polizei-Commissaire, die Bürgermeister oder ihre Adjunkten den in der Kriminal-Prozeß-Ordnung Art. 144 enthaltenen Bestimmungen gemäß.

Doch kann ein Forstbeamter, bis zum Grade eines Revierförsters einschließlich, den Sitzungen beiwohnen, in der bei den Landgerichten bisher üblichen Art.

§. 7. Wider die ausgesprochenen Urtheile findet die Berufung nach Maßgabe der Kriminal-Prozeß-Ordnung Art. 172. statt.

§. 8. Uebrigens hat es sowohl in Ansehung dieses, als der übrigen Rechtsmittel, und so viel die Form des Verfahrens überhaupt betrifft, bei den bisherigen Gesetzen sein Bewenden.

§. 9. Bei Untersuchung und Bestrafung der Holzdiebstähle soll jedoch Unsere Verordnung vom heutigen Tage, diesen Gegenstand betreffend, auch in den Rheinprovinzen beobachtet werden.

§. 10. So oft der Forstfrevel entweder an und für sich, oder weil er mit einem anderen Verbrechen verbunden ist, eine schwerere Strafe, als die §. 4. erwähnte, zur Folge hat, gehört die Sache vor das kompetente Zucht-, Polizei- oder Kriminalgericht.

§. 11. Die Friedensrichter erkennen gleichfalls ausschließlich über alle Contraventionen gegen die Jagd- und Fischerei-Gesetze, in sofern die Strafe das §. 4. bestimmte Strafmaaß nicht übersteigt, und die Uebertretung mit keinem anderen Verbrechen oder Vergehen verbunden ist. Auch diese Sachen werden vor das Polizeigericht gebracht, unter Beobachtung des gewöhnlichen Verfahrens, und der in dieser Verordnung in Beziehung auf die Forstfrevel enthaltenen Modificationen.

§. 12. Sobald die neu organisirten Friedensgerichte in Thätigkeit treten, sollen auch die nunmehr zu ihrer Kompetenz gehörenden Rechtsstreitigkeiten und Vergehen an dieselben gebracht, die bei den Landgerichten schon anhängigen Sachen jedoch bei letzteren fortgesetzt und beendigt werden. Als anhängig sind diejenigen Sachen zu betrachten, worin bereits eine Ladung, sei es an den Beklagten, oder den Beschuldigten, oder an Zeugen, ergangen, und dem einen oder anderen gehörig zugestellt worden ist.

§. 13. Gegenwärtige Verordnung soll in allen Rheinprovinzen, den ostrheinischen Theil des Regierungs-Bezirks Koblenz ausgenommen, gesetzliche

Kraft haben. Alle früheren Gesetze und Verordnungen, in sofern sie entgegengesetzte Verfügungen enthalten, werden hierdurch aufgehoben.

Urkundlich ist diese Verordnung eigenhändig von Uns vollzogen, und mit Unserem Königlichen Insiegel bedruckt worden.

Gegeben Berlin, den 7. Juni 1821.

Friedrich Wilhelm.

C. Fürst v. Hardenberg. v. Kircheisen.

16.

Verordnung über das Armenrecht in den Rheinprovinzen.

(Vom 16. Februar 1823.) *)

Wir Friedrich Wilhelm, von Gottes Gnaden, König von Preußen rc. thun kund und fügen hiermit zu wissen.

Zur Herstellung eines gleichförmigen Verfahrens bei Zulassung zum Armenrechte in den Rheinprovinzen verordnen Wir, mit Hinsicht auf Unsere Kabinetsorder vom 21. Juni 1819, die Einrichtung der Gerichtsverfassung und des gerichtlichen Verfahrens in den Rheinprovinzen betreffend, auf den Uns von dem Justiz-Minister und unter Mitberathung der Justiz-Abtheilung Unseres Staats-Rathes hierüber gemachten Vortrag, wie folgt:

§. 1. Ein Jeder, dessen Vermögen und Erwerb nicht hinreicht, nebst seinem und seiner Familie Unterhalt die zur Führung eines Prozesses erforderlichen Kosten zu bestreiten, kann auf das Armenrecht Anspruch machen.

§. 2. Zu diesem Ende ist erforderlich:

1) Ein Auszug aus den Steuer-Rollen der betreffenden Gemeinde, worin der Betrag der Steuern zu bemerken ist, welche derjenige, der zum Armenrechte gelangen will, entrichtet.
2) Ein Zeugniß seines Bürgermeisters, so wie des Steuer-Empfängers, daß er nicht im Stande sei, die Prozeßkosten zu bestreiten. In diesem Zeugnisse sind das Gewerbe, die Vermögens-Umstände und die Familien-Verhältnisse des Supplikanten anzugeben.
3) Die Versicherung des Letzteren, daß er in keiner anderen Gemeinde liegende Gründe besitze. Im entgegengesetzten Falle muß ein Auszug aus der Steuer-Rolle dieser Gemeinde beigebracht werden.

§. 3. Mit diesen Zeugnissen wendet derselbe sich an den Ober-Prokurator des betreffenden Landgerichts.

---

*) Gesetzsamml. 1823. S. 21.

§. 4. Der Ober-Prokurator bringt das Gesuch vor die Rathskammer des Landgerichts, welche, nachdem sie denselben in seinem Antrage gehört hat, das Armenrecht entweder bewilligt oder versagt.

§. 5. Wird Jemand in einem Prozesse zum Armenrechte zugelassen, so ist ihm für denselben ein Rechtsanwald und ein Gerichtsvollzieher nach der Reihefolge zu bestellen, welche ihre Functionen in dieser Rechtssache ohne Vergeltung verrichten müssen. Die Zustellung der Akten zwischen Anwälden geschieht durch einen der Audienz-Gerichtsvollzieher.

§. 6. Wer das Armenrecht erlangt hat, ist frei von allen gerichtlichen Taxen und Gebühren, so wie vom Stempel. Doch sind diese sowohl als die übrigen Kosten von dem betreffenden Beamten im Debet einzutragen.

§. 7. Das Armenrecht befreiet die damit versehene Parthei keineswegs von Bezahlung der dem Gegentheil verursachten Kosten, wenn sie zur Erstattung derselben verurtheilt wird.

§. 8. Findet sich bei Entscheidung des Rechtsstreits, daß der Arme einen frevelhaften Prozeß geführt hat, so kann er in dem Erkenntnisse in eine Gefängnißstrafe von 24 Stunden bis zu fünf Tagen verurtheilt werden.

§. 9. Gegen dieses Erkenntniß findet die Berufung nur dann statt, wenn das Urtheil in der Hauptsache derselben unterworfen ist.

§. 10. Wenn Jemand, ohne darauf Anspruch machen zu können, das Armenrecht erschlichen hat, so soll er vor das Zucht-Polizeigericht gestellt und mit einer Gefängnißstrafe von einem bis sechs Monaten belegt werden.

Sämmtliche Prozeßkosten werden überdies von ihm beigetrieben.

§. 11. Wird das Armenrecht in einer höheren Instanz erst nachgesucht, so ist dasselbe Verfahren, wie bei den Landgerichten, zu beobachten, und die gegenwärtige Verordnung in ihren übrigen Bestimmungen anwendbar.

§. 12. Ist Jemand in der ersten Instanz zum Armenrechte zugelassen worden, so kann er, auf den Grund des darüber ertheilten Beschlusses, auch in einer ferneren Instanz dazu angenommen werden.

§. 13. In allen Armensachen muß das öffentliche Ministerium vor jedem Erkenntnisse des Gerichts gehört werden.

§. 14. Gelangt der Arme durch einen glücklichen Ausgang des Prozesses oder auf andere Weise zu einem hinreichenden Vermögen, so ist derselbe zur nachträglichen Zahlung der Kosten verbunden. Ob das so erlangte Vermögen hinreichend sei, hat das Gericht, wenn darüber Zweifel entstehen sollte, nach billigem Ermessen zu entscheiden. Das öffentliche Ministerium und die Rentmeister haben besonders darauf zu wachen, daß diese nachträgliche Zahlung erfolge.

§. 15. Verlangt Jemand bei einem Friedensgerichte zum Armenrechte zugelassen zu werden, so hat er sich mit den erforderlichen Zeugnissen (§. 2.) an den betreffenden Friedensrichter zu wenden, welcher sodann ohne Weiteres über die Zulässigkeit oder Unzulässigkeit des Gesuchs erkennt.

Es macht dabei keinen Unterschied, ob der Friedensrichter in der Sache selbst mit oder ohne Appellation zu urtheilen hat.

Auch kann der Friedensrichter im Falle des §. 8. auf eine Gefängnißstrafe erkennen.

§. 16. Gegenwärtige Verordnung findet auch auf die Bewohner anderer Staaten Anwendung, in sofern die hiesigen Unterthanen dort zum Armenrecht zugelassen werden. Hierüber sowohl als über seine Armuth hat der Ausländer gehörige Bescheinigungen beizubringen.

§. 17. Die in den Provinzen Cleve, Jülich, Berg und Niederrhein bisher bestandenen Verordnungen über das Armenrecht sind hierdurch aufgehoben.

Urkundlich ist diese Verordnung von Uns höchsteigenhändig vollzogen, und mit Unserem Königlichen Insiegel bedruckt worden.

Gegeben Berlin, den 16. Februar 1823.

Friedrich Wilhelm.

v. Kircheisen.

17.

Patent wegen Einführung des Allgemeinen Landrechts und der Allgemeinen Gerichtsordnung in das Herzogthum Westfalen, das Fürstenthum Siegen mit den Aemtern Burbach und Neuen-Kirchen (Freie und Hücken-Grund) und die Grafschaften Wittgenstein-Wittgenstein, und Wittgenstein-Berleburg.

(Vom 21. Juni 1825.)*)

Wir Friedrich Wilhelm, von Gottes Gnaden, König von Preußen rc. thun kund und fügen hiermit Jedermann zu wissen:

Um die mit Unserer Monarchie vereinigten Länder des Herzogthums Westfalen, das Fürstenthum Siegen mit den Aemtern Burbach und Neuen-Kirchen (Freien und Hücken-Grund) und die Grafschaften Wittgenstein-Wittgenstein und Wittgenstein-Berleburg, in die Gemeinschaft des durch Unsere Gesetzgebung begründeten gemeinen Rechts und gerichtlichen Verfahrens aufzunehmen und sie der aus dieser Gemeinschaft entspringenden Vortheile theilhaftig zu machen, verordnen Wir, nach erfordertem Gutachten Unseres Staatsraths, für die vorgenannten Landestheile hierdurch Folgendes:

§. 1. Vom 1. Dezember d. J. an, soll das Allgemeine Landrecht, nebst den dasselbe abändernden, ergänzenden und erläuternden Bestimmungen in den obgenannten Landestheilen volle Kraft des Gesetzes haben und nach dem benannten

---

*) Gesetzsamml. 1825. S. 153.

Lage bei Vollziehung und Beurtheilung der rechtlichen Handlungen und deren Folgen, so wie bei Entscheidung der entstehenden Rechtsstreitigkeiten, unter folgenden näheren Bestimmungen, zu Grunde gelegt werden.

§. 2. Das Allgemeine Landrecht mit den darüber nachher erfolgten Bestimmungen tritt an die Stelle der bisher geltend gewesenen gemeinen Rechte und derjenigen Landesgesetze, oder der in ihnen enthaltenen Vorschriften, worin gemeines Recht aufgenommen, erläutert, ergänzt oder abgeändert worden ist.

Provinzial-Gesetze und Gewohnheiten.

§. 3. Die in den einzelnen vorgedachten Landestheilen und Orten bestehenden besonderen Rechte und Gewohnheiten, desgleichen diejenigen Landes-Ordnungen oder Bestimmungen derselben, welche sich auf Provinzial-Rechtsverhältnisse beziehen, behalten noch fernerhin ihre gesetzliche Kraft und Gültigkeit dergestalt, daß die vorkommenden Rechtsangelegenheiten hauptsächlich nach diesen und erst in deren Ermangelung nach den Vorschriften des Allgemeinen Landrechts (§. 2.) beurtheilt und entschieden werden sollen.

Damit aber jede Ungewißheit darüber beseitigt werde, welche Landes-Ordnungen oder welche Bestimmungen derselben, im Gegensatze der mit Einführung des Allgemeinen Landrechts außer Anwendung tretenden (§. 2.) in Kraft bleibleiben, so behalten Wir Uns vor, ein vollständiges Verzeichniß derselben anlegen zu lassen und durch die Gesetzsammlung bekannt zu machen.

Ausnahmen.

§. 4. Folgende Theile des Allgemeinen Landrechts bleiben jedoch vor der Hand von der Anwendung ausgeschlossen:

1) Der vierte Abschnitt Tit. 21. Theil 1. Von den zur Kultur ausgesetzten Gütern und Grundstücken.
2) Der 23ste Titel des 1sten Theils. Von Zwangs- und Banngerechtigkeiten.
3) Die vollständigen drei ersten Titel des 2ten Theils. Von der Ehe, von den wechselseitigen Rechten und Pflichten der übrigen Mitglieder einer Familie.
4) Der 7te Titel des 2ten Theils. Vom Bauernstande.
5) Die sechs ersten Abschnitte des 8ten Titels des 2ten Theils. Vom Bürgerstande, mit Ausnahme der §§. 444—455 im 5ten Abschnitte; nebst allen sich darauf beziehenden späteren Vorschriften.

In Absicht der vorstehend benannten Gegenstände bleiben die jetzt bestehenden gemeinen Rechte und die darauf sich beziehenden Landesordnungen (§. 2.) noch vor der Hand gültig, bis neue gesetzliche Bestimmungen ergangen sein werden.

In Bezug auf die gutsherrlichen und bäuerlichen Verhältnisse in dem Herzogthum Westfalen hat es bei den deshalb ergangenen Anordnungen sein Bewenden.

Lehnrecht.

§. 5. Auf gleiche Weise soll es in Absicht der bestehenden Lehne bei den bisherigen Gesetzen und Verfassungen so lange verbleiben, bis Wir darüber nähere Vorschriften ertheilen werden. Wenn jedoch die bisher geltend gewesenen

Lehngesetze dunkel, zweifelhaft oder unvollständig sind, so müssen sie nach den Vorschriften des Allgemeinen Landrechts erklärt oder ergänzt werden.

Hypothekenwesen.

§. 6. Unsere auf das Hypothekenwesen sich beziehenden Gesetze sollen, bis zur erfolgten Revision der Hypotheken-Ordnung, außer Anwendung bleiben und dafür folgende Vorschriften eintreten.

§. 7. Kein Besitzer von Grundstücken soll von Amts wegen angehalten werden, sein Eigenthum nachzuweisen.

§. 8. Wer vom 1. Dezember d. J. an auf ein Grundstück irgend einen Titel zu einer Hypothek oder überhaupt zu einem Realrechte erwirbt, welches diese Eigenschaft nach den Vorschriften des Allgemeinen Landrechts nur durch das Mittel der Eintragung erlangen soll, hat denselben bei dem Gerichte, in dessen Gerichtssprengel das Grundstück gelegen ist, anzumelden und nachzuweisen.

§. 9. Das Gericht hat den angemeldeten Titel nicht bloß genau aufzuzeichnen, sondern auch die Gültigkeit und Rechtsbeständigkeit desselben, ohne daß jedoch der Nachweis des Eigenthums an dem Grundstück auf Seiten desjenigen, von welchem der Titel hergeleitet wird, amtlich zu erfordern ist (§. 7.), zu prüfen und, wenn sich dabei nichts zu erinnern findet, demjenigen, von welchem die Anmeldung geschehen ist, eine Recognition über die erfolgte Prüfung und befundene Rechtsbeständigkeit, imgleichen über die Zeit der Anmeldung, unter dem Original-Instrumente, worin die Hypothek oder das Realrecht bestellt worden ist, auszufertigen, sodann aber sämmtliche Urkunden und Beweismittel dem Anmelder zurückzugeben.

§. 10. Der Realberechtigte oder Gläubiger (§. 8.) erwirbt durch diese Anmeldung und Bescheinigung das Recht:

a) seine Ansprüche gegen dritte Besitzer zu verfolgen; b) bei einem ausbrechenden Konkurse auf Ansetzung in die dritte Klasse nach dem Zeitpunkte der geschehenen Anmeldung anzutragen.

§. 11. Jeder Realberechtigte oder Gläubiger (§. 8.), welcher diese Rechte geltend machen will, muß erforderlichen Falls das Eigenthum desjenigen, von welchem er sein Realrecht, oder seine Hypothek herleitet, nachweisen und wird von diesem Beweise durch die in Gemäßheit des §. 9. ertheilte Recognition nicht befreit.

§. 12. Verlangt ein Gläubiger, welchem auf den Grund der vorstehenden Bestimmungen ein Hypothekenrecht zusteht, die Subhastation eines Grundstücks, so soll dabei nach den Vorschriften der Allgemeinen Gerichtsordnung Theil I. Titel 51. §. 99. und folgenden verfahren werden.

§. 13. Alle Bestimmungen Unserer Gesetze, welche mit dem Inhalte der §§. 7—12 im Widerspruch stehen würden, oder das Dasein eingerichteter Hypothekenbücher voraussetzen, namentlich die §§. 6., 12. und 13. Theil I. Tit. 10., §§. 411. und 412. Theil I. Titel 20. des Allgemeinen Landrechts, so wie der §. 304. der Allgemeinen Gerichtsordnung Theil I. Titel 50. bleiben vorläufig außer Anwendung.

§. 14. Auf die vor dem 1. Dezember d. J. vorgefallenen Handlungen und Begebenheiten soll das Allgemeine Landrecht nicht angewendet werden; es finden vielmehr die, in den §§. 14—20 der Einleitung des Landrechts vorgeschriebenen,

Grundsätze statt. Auch soll ein Jeder, welcher zur Zeit der eingetretenen Gesetzeskraft des Allgemeinen Landrechts in einem, nach bisherigen Rechten gültigen und zu Recht beständigen Besitze irgend einer Sache oder eines Rechts sich befindet, dabei gegen Jedermann geschützt und Niemand in dem Genusse seiner, in dem Verkehr mit anderen Privatpersonen, wohlerworbenen Gerechtsame unter irgend einem, aus dem Allgemeinen Landrecht entlehnten Vorwands gestört oder beeinträchtigt werden.

§. 15. Wenn jedoch aus einer älteren Handlung oder Begebenheit Prozesse entstehen, und die damals vorhandenen, auf den vorliegenden Fall anzuwendenden Gesetze dunkel oder zweifelhaft sind, so ist derjenigen Meinung, welche mit den Vorschriften des Allgemeinen Landrechts übereinstimmt, oder denselben am nächsten kommt, der Vorzug zu geben.

Allgemeiner Grundsatz, wenn die Handlung oder Begebenheit vor der Einführung des Allgemeinen Landrechts sich zugetragen hat, die rechtlichen Folgen aber nach der Einführung desselben eintreten.

§. 16. In den Fällen, wo die Handlung oder Begebenheit, aus welcher streitige Rechte unter den Partheien entspringen, zwar schon vor Einführung des Allgemeinen Landrechts sich ereignet hat, die rechtlichen Folgen derselben aber erst nachher eintreten, soll darauf Rücksicht genommen werden, ob es noch in der Gewalt desjenigen, von dessen Rechten und Pflichten die Rede ist, gestanden hat, die rechtlichen Folgen der früheren Handlung oder Begebenheit zu bestimmen und auf andere Art, als in dem Allgemeinen Landrechte geschehen ist, festzusetzen, oder ob eine solche abändernde Bestimmung in der Gewalt und einseitigen Entschließung desjenigen, den die Handlung oder Begebenheit angeht, nicht mehr gestanden habe. Im letzteren Falle sollen die auch später eintretenden rechtlichen Folgen dennoch nur nach den älteren Gesetzen, welche zur Zeit der vorgefallenen Handlung oder Begebenheit gültig gewesen sind, beurtheilt werden.

Im ersteren Falle hingegen sollen, wenn auch die Handlung oder Begebenheit älter, aber keine solche abändernde Bestimmung vorhanden wäre, bei Beurtheilung der erst nach dem 1. Dezember d. J. eintretenden rechtlichen Folgen, dennoch nur die Vorschriften des Allgemeinen Landrechts Anwendung finden.

Von Verträgen.

§. 17. Es müssen daher alle Verträge, welche vor dem 1. Dezember d. J. errichtet sind, in Ansehung ihrer Form und ihres Inhalts, so wie auch der daraus entstehenden rechtlichen Folgen, nach den zur Zeit des geschlossenen Vertrages geltend gewesenen Gesetzen beurtheilt werden, wenn gleich erst später darauf auf Erfüllung, Aufhebung oder Leistung des Interesse geklagt worden ist.

Von Testamenten.

§. 18. In Ansehung der Testamente und letztwilligen Verordnungen, welche vor dem 1. Dezember d. J. errichtet worden sind, setzen Wir besonders fest: daß sie in Rücksicht ihrer Form durchgehens nach den Vorschriften der älteren Gesetze zu beurtheilen sind, wenn gleich das Ableben des Testirers erst später erfolgte;

und soll bei dieser Art von Verfügung auf den Unterschied, ob eine solche Disposition in der Zwischenzeit und bis zum 1. Dezember d. J. hätte abgeändert werden können oder nicht, zur Vermeidung der sonst zu besorgenden großen Weitläuftigkeiten und Kosten, keine Rücksicht genommen werden.

Auch der Inhalt dieser Testamente ist gültig, in sofern nicht Prohibitiv-Gesetze zur Zeit des Erbanfalls ihm entgegenstehen. In letzterer Rücksicht ist insbesondere die Lehre von der Erbfähigkeit der eingesetzten Erben und vom Pflichttheil nach den zur Zeit des Erbanfalls geltenden Gesetzen zu beurtheilen.

Von der Verjährung.

§. 19. Die Verjährung soll in denjenigen Fällen, bei welchen sie vor dem 1. Dezember d. J. vollendet gewesen ist, lediglich nach den bisherigen Rechten beurtheilt werden, wenn gleich die daraus entstehenden Befugnisse oder Einwendungen erst nachher geltend gemacht würden. In solchen Fällen aber, bei welchen die bisherige gesetzmäßige Frist zur Verjährung mit dem 1. Dezember d. J. noch nicht abgelaufen ist, sollen die Vorschriften des Allgemeinen Landrechts zur Anwendung gebracht werden.

Sollte jedoch zur Vollendung einer schon vor dem 1. Dezember d. J. angefangenen Verjährung im Allgemeinen Landrechte eine kürzere Frist, als nach den aufgehobenen Gesetzen, vorgeschrieben sein, so kann derjenige, welcher in einer solchen kürzeren Verjährung sich gründen will, die Frist derselben nur von dem 1. Dezember d. J. an berechnen.

Es sollen auch da, wo in dem Allgemeinen Landrechte für gewisse Handlungen, außer dem Prozeßverfahren, Fristen vorgeschrieben sind, bei deren Berechnung dieselben Grundsätze in Anwendung gebracht werden.

Vom Zinsfuß.

§. 20. In Absicht der Höhe der erlaubten Zinsen, treten nach dem 1. Dezember d. J. die Bestimmungen des Allgemeinen Landrechts und der darauf Bezug habenden späteren Verordnungen dergestalt ein, daß, wenn in einem früheren Vertrage höhere Zinsen verabredet worden sind, als die preußischen Gesetze gestatten, von dem Tage der Wirksamkeit der letzteren der Schuldner nur zur Zahlung der erlaubten niedrigeren Zinsen verpflichtet ist.

Von der Volljährigkeit.

§. 21. Die Volljährigkeit tritt in Absicht aller derjenigen Personen, welche dieselbe vor dem 1. Dezember d. J. nach den bisherigen Gesetzen noch nicht erreicht haben, erst mit dem vollendeten vier und zwanzigsten Jahre ein.

Klassification der Gläubiger im Konkurse.

§. 22. Wenn es auf die Classification der Forderungen mehrerer Gläubiger ankommt, so sind in allen Fällen, in welchen nach dem 1. Dezember d. J. der Konkurs oder Liquidations-Prozeß eröffnet, oder das Kreditwesen eingeleitet worden ist, die Vorschriften der preußischen Gesetze, ohne Rücksicht auf die zur Zeit der Entstehung der Forderung geltend gewesenen Gesetze, zum Grunde der Entscheidung zu legen.

Ist ein wirkliches Pfand- oder Hypothekenrecht, es mag dies ein ausdrückliches oder stillschweigendes sein, vor Einführung der Allgemeinen Gerichtsordnung bestellt worden, so muß der Gläubiger auch bei der, nach den Vorschriften der Allgemeinen Gerichtsordnung statt findenden Classification als Pfand- oder Hypotheken-Gläubiger angesehen werden. Unter mehreren älteren Gläubigern wird die Priorität nach den bisherigen Gesetzen bestimmt. Der Anspruch auf die dritte Klasse kommt jedoch den älteren Hypotheken-Gläubigern nur in sofern zu gut, als sie sich vor dem 1. September 1826 melden, in welchem Fall sie nach der Vorschrift des §. 9. zu behandeln sind, und dadurch die im §. 10. angegebenen Rechte erlangen, auch soll in Absicht der Bestimmung der Priorität die Zeit der Anmeldung nicht beachtet werden. Wer sich bis zu jenem Tage nicht gemeldet hat, verliert jeden Anspruch auf diese durch die älteren Gesetze begründete Priorität und ist lediglich nach Unseren gegenwärtig eingeführten Gesetzen zu beurtheilen.

Von Strafsachen.

§. 23. Die im Allgemeinen Landrechte enthaltenen, so wie die später ergangenen Strafgesetze dürfen bei den vor dem 1. Dezember d. J. begangenen, noch nicht bestraften Verbrechen nur alsdann angewendet werden, wenn die dadurch geordneten Strafen gelinder sind, als diejenigen, welche nach bisherigen Gesetzen auf das vorliegende Verbrechen statt gefunden hatten. Bei den Verbrechen aber, welche nach dem 1. Dezember d. J. begangen werden, treten die Vorschriften des Allgemeinen Landrechts und der späteren Gesetze ohne Unterschied ein.

Die Allgemeine Gerichtsordnung soll vom 1. Dezember d. J. an gesetzliche Kraft haben.

§. 24. Vom 1. Dezember d. J. an soll die Allgemeine Gerichtsordnung für die preußischen Staaten, nebst dem Anhange zu selbiger und den nachher erfolgten Abänderungen, Zusätzen und Erläuterungen in oben genannten Landestheilen und Orten ebenfalls gesetzliche Kraft haben, so daß solche bei den Ober- und Untergerichten, sowohl in den entstehenden Rechtsstreitigkeiten, als auch in allen übrigen gerichtlichen Angelegenheiten zur einzigen Richtschnur des Verfahrens zu nehmen ist und von dem gedachten Zeitpunkte an die bisherigen Vorschriften wegen des gerichtlichen Verfahrens, insbesondere auch wegen der Zulässigkeit der Beweismittel, als abgeschafft und aufgehoben zu betrachten sind.

Landes-Justiz-Kollegium.

§. 25. Die Gerichtsbarkeit über eximirte Personen und Grundstücke soll von dem betreffenden Ober-Landesgerichte ausgeübt werden.

Dieses Landes-Justiz-Kollegium bildet zugleich in den dazu angethanen Fällen, nach der darüber zu ertheilenden besonderen Anweisung, die Appellations-Instanz für die Untergerichte seines Bezirks, führt die Aufsicht über die letzteren in allen ihren Amtsgelegenheiten und besorgt als Lehnskurie alle auf die Lehngüter Bezug habenden Geschäfte. Das Ober-Landesgericht zu Münster erkennt auch in denjenigen Untersuchungssachen in zweiter Instanz, in welchen in erster Instanz von dem betreffenden Ober-Landesgerichte erkannt, oder ein von dem Untergericht abgefaßtes Erkenntniß bestätigt worden ist.

Untergerichte.

§. 26. Ueber die Einrichtung Unserer landesherrlichen Untergerichte wird eine besondere Instruction das Nöthige bestimmen.

Patrimonialgerichte.

§. 27. Die Patrimonial-Gerichtsbarkeit in Civilsachen wird, in sofern sie mit dem Besitze eines Grundstücks bisher verbunden gewesen und von Privatpersonen auf eine zu Recht beständige Weise ausgeübt worden ist, in ihrer bisherigen Verfassung, mit Vorbehalt der Anordnungen, welche der Zweck einer guten Justizpflege künftig nöthig machen sollte, hierdurch beibehalten. Es müssen jedoch bei Ausübung derselben die in dem Allgemeinen Landrechte und der Allgemeinen Gerichtsordnung enthaltenen Vorschriften genau beobachtet werden.

Standesherrliche Gerichtsbarkeit.

§. 28. Wegen der den Standesherrn zustehenden Gerichtsbarkeit hat es bei den Bestimmungen der Instruction vom 30. Mai 1820 §§. 39—44. sein Bewenden.

Verfahren in schwebenden Prozessen.

§. 29. Das Verfahren in schwebenden Prozessen wird durch eine besondere Verfügung Unseres Justiz-Ministers bestimmt werden.

Deposital-Geschäfte.

§. 30. In Absicht der Deposital-Geschäfte wird auf die Vorschriften der Allgemeinen Deposital-Ordnung vom 15. Dezember 1783 Bezug genommen, und deren Befolgung vom 1. Dezember d. J. an den Gerichten zur Pflicht gemacht.

Von den Justiz-Salarienkassen und den Gerichtsgebühren.

§. 31. Die Einrichtung und Verwaltung der Justiz-Salarienkassen soll in Gemäßheit des Reglements vom 20. November 1782, der Ansatz der Gerichtsgebühren aber, nach Verschiedenheit der Gerichts-Behörden, nach den durch das Patent vom 23. August 1815 bekannt gemachten Allgemeinen Gebührentaxen erfolgen.

Die Justiz-Kommissarien und Notarien haben sich nach der für sie bestimmten Gebührentaxe vom nämlichen Tage zu richten.

Verfahren in Kriminalsachen.

§. 32. Das Verfahren in Kriminalsachen richtet sich nach den Vorschriften der Kriminal-Ordnung vom 17. Dezember 1805 und den dieselbe abändernden, ergänzenden und erläuternden Bestimmungen.

Zur Führung der Untersuchungen, soweit selbige nicht vor die Civilgerichte, nach der Verordnung vom 11. März 1818 vor die Militairgerichte, oder vor die standesherrlichen Gerichte gehören, sollen mit Aufhebung jeder Execution und jeder Privat- oder Patrimonial-Kriminalgerichtsbarkeit, Inquisitoriate errichtet werden; wogegen die Civilgerichte alle diejenigen vorläufigen Verfügungen zu treffen verpflichtet sind, welche keinen Aufschub leiden und zur

Erforschung der Wahrheit, Festmachung des Thäters und dazu dienen, daß der Thatbestand des Verbrechens nicht verändert werde.

Urkundlich ist dieses Patent von Uns höchsteigenhändig vollzogen und mit Unserem Königlichen Insiegel bedruckt worden.

Gegeben Berlin, den 21. Juni 1823.

Friedrich Wilhelm.

Graf v. Bülow.

Beglaubigt:
Friese.

18.

Gesetz wegen Anordnung der Provinzial-Stände für die Rheinprovinzen.

(Vom 27. März 1824.) *)

Wir Friedrich Wilhelm, von Gottes Gnaden, König von Preußen 2c. ertheilen in Folge des wegen Anordnung der Provinzial-Stände in Unserer Monarchie am 5. Juli v. J. erlassenen allgemeinen Gesetzes, für den ständischen Verband Unserer Rheinprovinzen nachstehende besondere Vorschriften.

Bestimmung der in diesem Verbande begriffenen Landestheile.

§. 1. Dieser Verband begreift alle Landestheile, welche

1) das Herzogthum Niederrhein,
2) die Herzogthümer Cleve, Jülich, Berg in Beziehung auf die Verwaltung bilden.

Benennung der Provinzial-Stände.

§. 2. Die Stände dieses Verbandes bestehen:

I. Der erste Stand:
aus den vormals unmittelbaren Reichsständen;

II. Der zweite Stand:
aus der Ritterschaft;

III. Der dritte Stand:
aus den Städten;

IV. Der vierte Stand:
aus den übrigen Grundbesitzern, welche im zweiten und dritten Stande nicht begriffen sind.

---

*) Gesetzsamml. 1824. S. 101.

Ernennung der Mitglieder des Landtags.

§. 3. Auf dem Landtage erscheinen die vormals unmittelbaren Reichsstände, sobald sie die Majorennität erreicht haben, in der Regel in Person, mit der Befugniß, sich in erheblichen Verhinderungsfällen, durch ein Mitglied aus ihrer Familie oder einen sonst geeigneten Bevollmächtigten aus dem zweiten Stande, vertreten zu lassen.

Alle übrigen Stände erscheinen durch Abgeordnete, welche von ihnen durch Wahl bestimmt werden.

Bestimmung der Anzahl der Mitglieder des Landtags.

§. 4. Die Anzahl der Mitglieder eines jeden der im §. 2. benannten Stände bestimmen Wir

1) für den ersten Stand und zwar:
die Fürsten von Wied-Neuwied, von Wied-Runkel, von Solms-Braunfels, von Solms-Hohensolms-Lich, jeden mit einer Virilstimme, zusammen . . . auf 4 Mitglieder;
2) für den zweiten Stand . . . . „ 25 „
3) für den dritten Stand . . . . „ 25 „
4) für den vierten Stand . . . . „ 25 „

Hieraus ergiebt sich die Gesammtzahl von Neun und Siebenzig Mitgliedern für diesen ständischen Verband. Die speziellere Vertheilung der Abgeordneten des zweiten, dritten und vierten Standes, wird eine besondere Verordnung festsetzen.

Bedingungen der Wahlbarkeit.

§. 5. Bei der Wahlbarkeit der Mitglieder aller Stände zu Landtags-Abgeordneten werden folgende Bedingungen vorausgesetzt:

1. Der Mitglieder aller Stände.

1) Grundbesitz in auf- und absteigender Linie ererbt, oder auf andere Weise erworben und zehn Jahre nicht unterbrochen.
Im Vererbungsfalle wird die Zeit des Besitzes des Erblassers und des Erben zusammengerechnet;
2) die Gemeinschaft mit einer der christlichen Kirchen;
3) die Vollendung des dreißigsten Lebensjahres;
4) der unbescholtene Ruf.

§. 6. Von der Bedingung des zehnjährigen Besitzes zu dispensiren, behalten Wir Uns Allerhöchstselbst vor. In Ansehung der übrigen Bedingungen findet keine Dispensation statt.

2. Der Mitglieder des ersten Standes.

§. 7. Das Recht zu einer Virilstimme im ersten Stande wird durch den Besitz eines vormals unmittelbaren Landes nach Maßgabe Unserer Instruction vom 30. Mai 1820 §§. 2. und 63. begründet; mehrere dergleichen in der Person eines Besitzers vereinigte Länder berechtigen nur zu einer Stimme, auch kann das Stimmrecht durch Theilung nicht vermehrt werden. Wir behalten Uns jedoch vor, den Besitz bedeutender Familien-Fideikommißgüter durch Ertheilung von Virilstimmen in diesem Stande zu bevorrechten.

3. Der Mitglieder des zweiten Standes.

§. 8. In dem zweiten Stande wird die Wahlbarkeit begründet:

1) durch den Besitz eines früher reichsritterschaftlichen oder landtagsfähigen Guts in der Provinz, von welchem jährlich an Grundsteuer wenigstens Fünf und Siebenzig Thaler entrichtet werden;
2) durch den Besitz eines anderen größeren Landguts, welches in den zweiten Stand aufzunehmen, Wir für angemessen erachten.

Eine Matrikel wird die hiernach zum zweiten Stande gehörenden Landgüter festsetzen.

§. 9. Grundbesitz in einer anderen Unserer Provinzen, welcher nach §. 8. zum zweiten Stande eignet, wird auf die bestimmte Dauer von zehn Jahren §. 5. angerechnet.

§. 10. Wenn Geistliche, Militair- und Civilbeamte, die durch den mit vorstehenden Bedingungen verknüpften Besitz eines Guts dem zweiten Stande angehören, als Abgeordnete derselben gewählt werden, so bedürfen sie der Beurlaubung ihrer Vorgesetzten.

4. Mitglieder des dritten Standes.

§. 11. Als Abgeordneter des dritten Standes können nur in den zu vertretenden Orten wohnhafte Grundbesitzer erwählt werden, welche entweder gewählte Magistrats-Personen sind, oder ein bürgerliches Gewerbe betreiben; die Letzteren müssen einen nach Verschiedenheit der Orte abzumessenden Betrag von Grund- und Gewerbesteuer entrichten, welchen die §. 4. vorbehaltene besondere Verordnung bestimmen wird.

5. Mitglieder des vierten Standes.

§. 12. Bei dem vierten Stande wird zu der Eigenschaft eines Abgeordneten ein als Hauptgewerbe selbst bewirthschafteter, eigenthümlich oder erblich nutzbarer Grundbesitz in dem Wahl-Bezirke, von einem Grundsteuer-Betrage, welchen die besondere Verordnung §. 4. festsetzen wird, erfordert.

6. Bedingungen des Wahlrechts.

§. 13. Die vorbemerkten Bedingungen der Wahlbarkeit, treten auch für die Befugniß zur Wahl ein, mit dem Unterschiede, daß für die Wählenden oder Wähler die Vollendung des vier und zwanzigsten Lebensjahres genügt, auch nicht ererbter, oder zehnjähriger Besitz, und dieser für den dritten und vierten Stand nur in einem geringeren Umfange, welchen die besondere Verordnung §. 4. näher bestimmen wird, erforderlich ist.

§. 14. Das Wahlrecht und die Wahlbarkeit ruhen, wenn über das Vermögen dessen, dem diese Befugnisse zustehen, der Konkurs eröffnet ist, imgleichen während eines nicht einer moralischen Person zuständigen, gesellschaftlichen Besitzes.

Bei dem zweiten Stande hören Wahlrecht und Wahlbarkeit auf, wenn durch Zerstückelung die Eigenschaft eines größeren Grundbesitzes §. 8. vernichtet wird.

§. 15. In mehreren Wahlbezirken Angesessene können in jedem derselben wählen und gewählt werden; in letzterem Falle bleibt es dem Gewählten überlassen, für welchen Wahlbezirk er eintreten will.

§. 16. Ein Abgeordneter kann auch Mitglied des Landtags einer anderen Provinz sein, wenn die Zeit der Versammlung es zuläßt.

7. Ausübung des Rechts der Standschaft.

§. 17. Wer durch Wahl bestimmt ist, als Abgeordneter zu erscheinen, kann keinen Anderen für sich bevollmächtigen.

§. 18. Auch das Wahlrecht muß in Person ausgeübt werden.

§. 19. Die Wahlen der Abgeordneten werden für den zweiten Stand von den Mitgliedern derselben in Wahlbezirken vollzogen.

§. 20. Für den dritten Stand erwählt die wahlberechtigte Bürgerschaft §. 13.

1) in den Städten, welche durch die besondere Verordnung §. 4. Virilstimmen erhalten, die Abgeordneten in sich;
2) in den Orten, welche eine gemeinschaftliche Stimme erhalten werden, zunächst Wähler und diese die Abgeordneten.

Die Zahl der Wähler und die Weise der Wahl wird die bemerkte Verordnung näher bestimmen.

§. 21. In dem vierten Stande werden von den wahlberechtigten Grundbesitzern nach §. 4. näher zu bestimmenden Abtheilungen zunächst Wähler, von den Wählern eines jeden Kreises Bezirkswähler, von den Letzteren, aus dem ganzen Wahlbezirke vereinigt, die Abgeordneten gewählt; die besondere Verordnung §. 4. wird hierüber das Nähere festsetzen.

§. 22. Die Zusammenlegung der Wahlbezirke für den zweiten, dritten und vierten Stand wird die besondere Verordnung §. 4. festsetzen.

§. 23. Die Wahlen der Abgeordneten geschehen auf sechs Jahre, dergestalt, daß alle drei Jahre die Hälfte der Abgeordneten eines jeden Standes ausscheidet, und alle drei Jahre zu neuen Wahlen geschritten wird.

§. 24. Die für das erste Mal Ausscheidenden werden nach drei Jahren durch das Loos bestimmt; alle Ausscheidenden sind wieder wahlbar.

§. 25. Für jeden Abgeordneten wird gleichzeitig ein Stellvertreter gewählt.

§. 26. Wenn bei den Wahlen zu Wählern, Bezirks-Wählern und Abgeordneten gleiche Stimmen entstehen, so giebt die Stimme des ältesten der Wählenden den Ausschlag.

§. 27. Alle Wahlen stehen unter Aufsicht des Landraths, in dessen Kreise sie vorgenommen werden. Die Wahlen der Bezirks-Wähler und der Landtags-Abgeordneten leitet er unmittelbar, oder durch einen von ihm zu ernennenden Stellvertreter; die Wahlen in den einzelnen Städten und Landgemeinden aber werden zunächst von den Ortsbehörden geleitet.

§. 28. Die geschehene Wahl der Wähler ist dem Landrath, die Wahl der Bezirks-Wähler und der Landtags-Abgeordneten aber den Landtags-Kommissarius, mit Einsendung der Wahlprotokolle, anzuzeigen. Letzterer hat zu prüfen, ob solche in der Form und nach den Eigenschaften der Abgeordneten der Vorschrift gemäß geschehen sind.

Nur wenn derselbe in dieser Beziehung Mängel findet, ist er berechtigt, eine andere Wahl zu verlangen.

Ernennung des Landtags-Marschalls und dessen Stellvertreter.

§. 29. Den Vorsitzenden auf dem Landtage, welchem Wir den Charakter als Landtags-Marschall beilegen, so wie dessen Stellvertreter, wollen Wir für die Dauer eines jeden Landtags aus den Mitgliedern des ersten oder des zweiten Standes selbst ernennen.

Berufung und Dauer des Provinzial-Landtags.

§. 30. Für die ersten sechs Jahre werden Wir die Stände zum Provinzial-Landtage alle zwei Jahre berufen, nach Ablauf dieses Zeitraums aber ferner hierüber bestimmen.

§. 31. Die Dauer des Landtags wird jedes Mal nach den Umständen von Uns festgesetzt werden.

§. 32. Die Ladung der Mitglieder zu dem für die Eröffnung des Landtags bestimmten Tage geschieht zu gehöriger Zeit durch Unseren Kommissarius.

§. 33. Die Abgeordneten müssen sich spätestens an dem Tage vor Eröffnung des Landtags einfinden, und sich sowohl bei dem Kommissarius als bei dem Landtags-Marschall melden.

Eröffnung desselben durch den Landtags-Kommissarius.

§. 34. Der Provinzial-Landtag wird nach gehaltenem Gottesdienste von Unserem Kommissarius eröffnet.

§. 35. Derselbe ist die Mittelsperson aller Verhandlungen; an ihn allein haben sich daher die Stände wegen jeder Auskunft, oder wegen der Materialien, deren sie für ihre Geschäfte bedürfen, zu wenden. Er theilt den Ständen in Gemäßheit Unserer Instruction die Propositionen mit, und empfängt die von ihnen abzugebenden Erklärungen und Gutachten, so wie ihre sonstigen Vorstellungen, Bitten und Beschwerden.

§. 36. Den Berathungen wohnt er nicht bei, er kann aber den Eintritt zu mündlichen Eröffnungen verlangen, oder eine Deputation zu sich entbieten, so wie die Stände-Deputation an ihn absenden können.

§. 37. Er schließt den Landtag, reicht Uns die Verhandlungen desselben ein, und publizirt den hierauf zu ertheilenden Landtags-Abschied den Ständen.

Geschäftsgang.

§. 38. Bei Eröffnung des Landtags sowohl, als zur Fassung gültiger Beschlüsse, müssen wenigstens drei Viertheile der Abgeordneten des zweiten, dritten und vierten Standes auf demselben gegenwärtig sein.

§. 39. In der Versammlung nehmen die Mitglieder der Stände ihren Sitz nach der §. 2. bestimmten Reihefolge.

§. 40. Sobald die Propositionen mitgetheilt sind, ernennt der Landtags-Marschall in der Plenar-Versammlung, mit Berücksichtigung des Stimmen-Verhältnisses, nach Verschiedenheit der Gegenstände besondere Ausschüsse, welche die an den Landtag gelangenden Angelegenheiten zur Berathung und Beschlußnahme gehörig vorzubereiten haben. Das Direktorium dieser Ausschüsse führt dasjenige Mitglied aus dem ersten oder zweiten Stande, welches der Landtags-Marschall dazu bestimmt.

§. 41. Den Geschäftsgang auf dem Landtage leitet überhaupt der Landtags-Marschall. Von seiner Anordnung hängt auch zunächst Alles ab, was auf Ruhe und Ordnung in den Versammlungen Beziehung hat. Besonders hat er darauf zu sehen, daß die Berathungen und Arbeiten der Stände möglichst beschleunigt werden.

§. 42. Ohne gültige Ursachen und Vorwissen des Landtags-Marschalls darf kein Mitglied aus der Versammlung wegbleiben; Verhinderung der ferneren Theilnahme an dem Landtage, durch Krankheit oder andere dringende Ursachen, fordert die Anzeige des Landtags-Marschalls bei dem Landtags-Kommissarius, welcher alsdann beim ersten Stande die erforderliche Bevollmächtigung veranlaßt, bei dem zweiten, dritten und vierten Stande aber den Stellvertreter sofort einberuft.

§. 43. Wenn ein Mitglied über einen besonderen Gegenstand einen Antrag an die Versammlung richten will, so hat derselbe solches vor der Versammlung schriftlich mit Bemerkung des Gegenstandes dem Landtags-Marschall anzuzeigen. Letzterer ruft dann das Mitglied zur Haltung des Vortrags auf. Der Inhalt desselben muß schriftlich zu Protokoll gegeben werden.

§. 44. Die Abfassung der ständischen Schriften trägt der Landtags-Marschall den hierzu geeigneten Mitgliedern des Landtags auf. Jede solche Schrift wird in der Versammlung verlesen, und nach der Vereinigung über die Fassung die Reinschrift von dem Landtags-Marschall und den Ständen vollzogen.

§. 45. Alle Schriften, welche nicht einen Antrag an den Kommissarius enthalten, sind an Uns zu richten, und demselben durch eine ständische Deputation zu übergeben.

§. 46. Die Mitglieder aller Stände der Rheinprovinzen bilden eine ungetheilte Einheit; sie verhandeln die Gegenstände gemeinschaftlich. Zu einem gültigen Beschlusse über solche Gegenstände, welche von Uns zur Berathung an sie gewiesen, oder ihrem Beschlusse mit Vorbehalt Unserer Sanction überlassen, oder sonst zu Unserer Kenntniß zu bringen sind, wird eine Stimmen-Mehrheit von zwei Drittheilen erfordert; ist diese bei einer Sache, worüber von den Ständen das Gutachten erfordert worden, nicht vorhanden, so wird solches mit Angabe der Verschiedenheit der Meinungen ausdrücklich bemerkt.

Alle anderen ständischen Beschlüsse können durch die einfache Mehrheit ihre Bestimmung erhalten.

§. 47. Bei Gegenständen, bei denen das Interesse der Stände gegen einander geschieden ist, findet Sonderung in Theile statt, sobald zwei Drittheile der Stimmen eines Standes, welcher sich durch einen Beschluß der Mehrheit verletzt glaubt, darauf dringen. In einem solchen Falle verhandelt die Versammlung nicht mehr in der Gesammtheit, sondern nach den §. 2. bestimmten Ständen. Die auf diese Weise hervorgehende Verschiedenheit der Gutachten der einzelnen Stände wird dann zu Unserer Entscheidung vorgelegt.

§. 48. Wenn Gegenstände, welche das besondere Interesse eines der Wahlbezirke dieses ständischen Verbandes und der darin begriffenen besonderen Landestheile angehen, in der Gesammtberathung verhandelt werden, und die Stimmenmehrheit sich gegen dasselbe erklärt, so können die Abgeordneten eines solchen Wahlbezirks ihre abweichende Meinung, unter Berufung auf Unsere Entscheidung, zu den Landtags-Verhandlungen geben, worauf sie dann jederzeit besonderen Bescheid erhalten sollen.

§. 49. Bitten und Beschwerden der Stände können nur aus dem besonderen Interesse der Provinz und ihrer einzelnen Theile hervorgehen. Individuelle Bitten und Beschwerden hat der Landtag gleich an die betreffenden Behörden oder an Uns unmittelbar zu verweisen; wenn aber Mitglieder des Landtags von Bedrückungen einzelner Individuen bestimmte Ueberzeugung erhalten, so können sie bei dem Landtage, mit gehörig konstatirter Anzeige, darauf antragen, daß derselbe sich für die Abstellung bei Uns verwende.

§. 50. Alle bei dem Landtage eingehenden, so wie die von demselben ausgehenden Anträge müssen schriftlich eingegeben werden. Sind die letzteren einmal zurückgewiesen, so dürfen sie nur alsdann, wenn wirklich neue Veranlassungen oder neue Gründe eintreten, und immer nur erst bei künftiger Berufung des Landtags, erneuert werden.

Verhältniß der Provinzial-Stände.

§. 51. Die Stände stehen als berathende Versammlung eben so wenig mit den Ständen anderer Provinzen, als mit den Kommunen und Kreisständen ihrer Provinz in Verbindung; es finden daher keine Mittheilungen unter ihnen statt.

§. 52. Die einzelnen Stände können ihren Abgeordneten keine bindenden Instructionen ertheilen, es steht ihnen aber frei, sie zu beauftragen, Bitten und Beschwerden anzubringen.

Schließung des Landtags.

§. 53. Sobald der Kommissarius den Landtag geschlossen hat, ist das ständische Amt des Landtags-Marschalls beendigt, die landständischen Berathungen hören auf, und die Stände gehen aus einander; auch bleibt kein fortbestehender Ausschuß zurück.

Für solche Gegenstände der laufenden ständischen Verwaltung aber, welche Wir den Ständen künftig übertragen werden, können sie die geeigneten Personen wählen und bestellen, in sofern die Geschäfte solches fordern.

§. 54. Das Resultat der Landtags-Verhandlungen wird durch den Druck bekannt gemacht.

Versammlungsort.

§. 55. Zum Versammlungsorte des Landtags bestimmen Wir Unsere Stadt Düsseldorf.

Reisekosten und Tagegelder.

§. 56. Die Landtags-Abgeordneten sollen angemessene Reisekosten und Tagegelder erhalten. Das Weitere hierüber, so wie wegen der allgemeinen durch den Landtag veranlaßten Kosten, wird die besondere Verordnung §. 4. festsetzen.

Kommunal-Landtage.

§. 57. Die in den einzelnen Theilen dieses ständischen Verbandes bestehenden Kommunal-Verhältnisse gehen auf die Gesammtheit derselben nicht über, wenn solches nicht durch gemeinschaftliche Uebereinkunft beschlossen wird. Bis dahin dauern die vorhandenen Kommunal-Verfassungen in ihrer observanzmäßigen Einrichtung fort und Wir gestatten, daß für diese Angelegenheiten, auf vorgängige Anzeige bei Unserem Landtags-Kommissarius und dessen Bewilligung, auch fernere Versammlungen, jedoch mit verhältnißmäßiger Zuziehung von Abgeordneten aller Stände, welchen das gegenwärtige Gesetz die Landstandschaft beilegt, gehalten werden.

Die Beschlüsse über Veränderungen in den Kommunal-Einrichtungen und neue Kommunal-Auflagen bedürfen Unserer Sanction. Zur Festsetzung der deshalb nöthigen näheren Bestimmungen und Ordnungen erwarten Wir die Vorschläge des nächsten Landtags.

Kreisständische Versammlungen.

§. 58. Was die kreisständischen Versammlungen betrifft, so erwarten Wir ebenfalls von dem ersten Landtage die Vorschläge, wie solche unter Zutritt aller Stände dieses Verbandes einzurichten sein werden.

Urkundlich unter Unserer höchsteigenhändigen Unterschrift und Beidrückung Unseres großen Königlichen Insiegels.

Gegeben Berlin, den 27. März 1824.

Friedrich Wilhelm.

v. Schuckmann.

19.

Gesetz wegen Anordnung der Provinzial-Stände für die Provinz Westfalen.

(Vom 27. März 1824.) *)

Wir Friedrich Wilhelm, von Gottes Gnaden, König von Preußen ꝛc. ertheilen, in Folge des wegen Anordnung der Provinzial-Stände in Unserer Monarchie am 5. Juni v. J. erlassenen allgemeinen Gesetzes, für den ständischen Verband der Provinz Westfalen nachstehende besondere Vorschriften.

I. Bestimmung der in diesem Verbande begriffenen Landestheile.

§. 1. Dieser Verband umfaßt alle diejenigen Landestheile, welche in Beziehung auf die Verwaltung die Provinz Westfalen bilden.

*) Gesetzsamml. 1824. S. 108. Es sind hier nur die §§. aufgezeichnet worden, welche von den Bestimmungen des vorstehenden Gesetzes für die Rheinprovinzen verschieden sind.

II. Benennung der Provinzial-Stände.

§. 2. Die Stände dieses Verbandes bestehen:

I. Der erste Stand: aus den vormals unmittelbaren Reichsständen;

II. Der zweite Stand: aus der Ritterschaft;

III. Der dritte Stand: aus den zur Vertretung des bürgerlichen Gewerbes geeigneten Städten;

IV. Der vierte Stand: aus den übrigen, im zweiten und dritten Stande nicht begriffenen, Grundbesitzern.

IV. Bestimmung der Mitglieder des Landtags.

§. 4. Die Anzahl der Mitglieder eines jeden der im §. 2. benannten Stände bestimmen Wir:

1) für den ersten Stand, und zwar: den Herzog von Aremberg, die Fürsten von Salm-Salm, von Salm-Kyrburg, von Kaunitz-Rietberg, den Herzog von Looz, die Fürsten von Sayn-Wittgenstein-Berleburg, von Sayn-Wittgenstein-Wittgenstein, von Bentheim-Teklenburg, von Bentheim-Steinfurt, von Salm-Horstmar, den Herzog von Croy,

jeden mit einer Virilstimme, zusammen auf elf Mitglieder;

2) für den zweiten Stand auf zwanzig Mitglieder;

3) für den dritten Stand auf zwanzig Mitglieder;

4) für den vierten Stand auf zwanzig Mitglieder.

Hieraus ergiebt sich für diesen ganzen ständischen Verband die Gesammtzahl von ein und siebenzig Mitgliedern.

Die speziellere Vertheilung der Abgeordneten wird eine besondere Verordnung festsetzen.

Versammlungsort.

§. 55. Zum Versammlungsorte des Landtags bestimmen Wir Unsere Stadt Münster. U. S. W.

20. *)

Verordnung wegen der nach dem Gesetze vom 27. März 1824 vorbehaltenen Bestimmungen für die Rheinprovinzen.

(Vom 13. Juli 1827.) **)

Wir Friedrich Wilhelm, von Gottes Gnaden, König von Preußen ꝛc. haben über die einer besonderen Verordnung vorbehaltenen näheren Festsetzungen einiger in Unserem Gesetze vom 27. März 1824, wegen Anordnung der Provinzialstände in den Rheinprovinzen enthaltenen Vorschriften, die gutachtlichen Vorschläge Unserer, auf dem Landtage versammelt gewesenen, getreuen Stände vernommen und ertheilen nunmehro darüber die nachstehenden besonderen Bestimmungen.

(Ad §. 2. 1.) Art. 1. Nachdem die Grafschaft Wied-Runkel dem Fürsten von Neuwied anheim gefallen ist, Wir auch dem Fürsten von Hatzfeld für seine Herrschaft Wildenburg-Schönstein, nicht minder dem Fürsten von Salm-Reifferscheidt-Dyck für sein, großen Theils aus ehemaligen reichsunmittelbaren Besitzungen, gestiftetes Majorat Virilstimmen im Stande der Fürsten verliehen haben, besteht dieser Stand aus

dem Fürsten von Solms-Braunfels; dem Fürsten von Solms-Hohensolms-Lich; dem Fürsten von Wied; dem Fürsten von Hatzfeld; dem Fürsten von Salm-Reifferscheidt-Dyck.

(Ad §. 8. 1.) Art. 2. Zum Stande der Ritterschaft qualifizirt nach dem Gesetze (die nöthige persönliche Qualification vorausgesetzt) der Besitz eines ehemals reichsritterschaftlichen oder landtagsfähigen Gutes in der Provinz, von welchem wenigstens jährlich eine Grundsteuer von Fünf und Siebenzig Thalern als Hauptsteuer entrichtet wird.

Art. 3. Das Normaljahr, in welchem die gedachte Steuer entrichtet worden sein muß, ist das Jahr 1824. Ist seitdem die Substanz des Gutes vermindert worden, so treten die Art. 16. festgesetzten Grundsätze ein. Dahingegen soll ein im Jahre 1824 durch seine Grundsteuer zur Ritterschaft geeignet gewesenes Gut auch ferner dazu qualifiziren, wenn die Steuer ohne Verminderung der Substanz durch die Katastrirung heruntergesetzt worden ist.

Art. 4. Beim gemeinschaftlichen Besitze eines Ritterguts, welcher Brüdern oder mehreren Mitgliedern eines Geschlechts zusteht, ist einer der Mitbesitzer

*) Wir halten für passend, hier die chronologische Ordnung zu verlassen, um das unmittelbar Zusammengehörige zusammenzustellen.

**) Gesetzsamml. 1827. S. 103.

in der Ritterschaft stimmfähig und wählbar. Dagegen befähigt der Besitz mehrerer nicht konsolidirten kleinen adligen Güter, deren jedes einzeln weniger als 75 Thaler jährlich entrichtet, nicht zur Theilnahme am Stande der Ritterschaft. Vielmehr ist dazu der Besitz eines hauptsächlich aus altritterschaftlichen, ehemals landtagsfähigen Grundstücken bestehenden konsolidirten Gutes, welches die erwähnte Grundsteuer als Minimum entrichtet, erforderlich. Die mit einem solchen Gute konsolidirten anderen Pertinenzien können jedoch zu Erfüllung des gedachten Steuerbetrages mit angerechnet werden.

Art. 5. Nach diesen Grundsätzen soll Unser Landtags-Kommissarius eine Matrikel der zu diesem Stande gehörigen Güter, nach den Kreisen geordnet, entwerfen, zu deren Prüfung Wir eine aus acht Mitgliedern, nämlich aus zwei von jedem Stande, bestehende ständische Kommission bestimmen, deren Mitglieder der Kommissarius aus den Fürsten und Deputirten zum Provinzial-Landtage zu wählen hat. Dieser Kommission sollen alle Beweise über die Eigenschaften eines in die Matrikel aufzunehmenden Gutes und dessen Zubehörungen vorgelegt werden.

Die Entscheidung über die etwa sich ergebenden Erinnerungen und die Bestätigung der Matrikel behalten Wir Uns Allerhöchstselbst vor.

Art. 6. In diese Matrikel sollen künftig auch die von Uns mittelst besonderer Urkunde zu landtagsfähigen Rittergütern zu erhebenden Besitzungen aufgenommen werden. Vorbehältlich der Begnadigung mit dieser Verleihung aus besonderen Rücksichten, wollen Wir diese Bevorrechtung angedeihen lassen:

1) denjenigen, welche, unter Beobachtung der in Unserem Allgemeinen Landrechte Theil II. Tit. 4. §. 47. u. ff. aufgestellten Grundsätze, einen Inbegriff von ländlichen, in der Provinz gelegenen Grundstücken, welche mindestens einen Rein-Ertrag von 2500 Rthlr. jährlich gewähren und von allen gutsherrlichen Lasten frei sind, zu einem Familien-Fideikommiß stiften, für sie und ihre Nachfolger im Fideikommiß.

Wir wollen jedoch

2) auch Unsere auf den dortigen Landtagen versammelten Stände der Ritterschaft verstatten, Uns zur Aufnahme in ihren Stand auch Besitzer solcher Güter, welche wenigstens Eintausend Thaler Rein-Ertrag gewähren, von allen gutsherrlichen Lasten frei sind, und als ein Ganzes bewirthschaftet werden können, in Vorschlag zu bringen.

Art. 7. Zur Wahl der der Ritterschaft zugewiesenen fünf und zwanzig Abgeordneten werden zwei Bezirke gebildet:

1) Aus den Regierungs-Bezirken Köln, Koblenz und Trier; 2) aus den Regierungs-Bezirken Düsseldorf und Aachen.

In dem ersteren sind zwölf, in dem zweiten dreizehn Abgeordnete zu wählen. Es soll jedoch im ersteren Wahlbezirke aus jedem der Regierungs-Departements Trier, Koblenz und Köln, im zweiten aber aus den Departements Aachen und Düsseldorf und dem ehemaligen Regierungs-Bezirke Cleve vorweg ein dort angesessener Ritterguts-Besitzer, und für jeden derselben ein ebenfalls dort angesessener Stellvertreter von der Gesammtheit der Wähler erwählt werden. Die übrigen Deputirten werden, ohne Rücksicht auf die Lage ihres Besitzes, aus der Gesammtheit der Wahlfähigen durch Stimmenmehrheit ernannt, eben so die nach vollbrachter Wahl der Deputirten besonders zu wählenden

Stellvertreter. Letztere vertreten in Behinderungsfällen die Deputirten des Wahlbezirks, zu welchem sie selbst gehören, und treten nach der Zahl der Stimmen, welche sie für sich gehabt haben, ein.

Wenn einer der aus den Regierungs-Bezirken besonders gewählten Deputirten und zugleich dessen Stellvertreter behindert ist, so wird er, dafern unter den aus der Gesammtheit gewählten Stellvertretern noch einer aus dem betreffenden Regierungs-Bezirke vorhanden ist, durch diesen ersetzt, im entgegengesetzten Fall aber durch denjenigen der noch nicht einberufenen Stellvertreter aus der Gesammtheit, welcher die meisten Stimmen für sich gehabt hat.

Art. 8. Von den, den Städten zugetheilten 25 Landtags-Abgeordneten erhalten

a) die Städte:

Köln	2	Abgeordnete
Aachen	1	=
Düsseldorf	1	=
Koblenz	1	=
Trier	1	=
Elberfeld	1	=
Barmen	1	=
Crefeld	1	=
Zusammen ...	9	Abgeordnete

b) zur gemeinschaftlichen Wahl von Abgeordneten werden vereinigt die Städte und Orte:

Kreuznach, Kirn, Sobernheim, St. Goar, Boppard, Oberwesel, Bacharach	zu	1	Abgeordneten
Stromberg, Trarbach, Zell, Cochem, Mayen, Andernach, Archweiler, Sinzig, Remagen, Simmern	=	1	=
Ehrenbreitstein, Vallendar, Bendorf, Neuwied, Linz, Wetzlar, Braunfels	=	1	=
Saarlouis, Saarbrücken mit St. Johann, Ottweiler, Merzig, Prüm, Bittburg, Wittlich, Bernkastel, Saarburg .	=	1	=
Montjoie, Eupen, Malmedy, St. Vith, Düren, Gemünd, Stollberg, Burtscheid	=	1	=
Jülich, Eschweiler, Heinsberg, Erkelenz, Geilenkirchen incl. Hünshoven	=	1	=
Bonn, Münstereiffel, Enskirchen, Zülpich	=	1	=
Deutz, Mühlheim a. Rhein, Gladbach, Gummersbach, Wipperfürth, Piegburg, Königswinter, Ratingen, Kaiserswerth, Angermünd mit Gerresheim, Mettmann, Hardenberg mit Langenberg, Wülfrath, Valbert, Kronenberg .	=	1	=
Duisburg, Mühlheim a. d. Ruhr, Essen, Kettwig, Werden, Ruhrort, Dinslaken, Emmerich (im Kreise Rees), Rees, Iselburg	=	1	=
Cleve, Wesel, Goch, Geldern, Rheinberg, Meurs, Orsoy, Xanten	=	1	=
		10	Abgeordnete

		10	Abgeordnete
Neuß, Grevenbroich, Webelinghofen, Gladbach, Viersen, Dahlen, Odenkirchen, Rheydt, Uerdingen, Kempen, Sichteln, Dülken, Kaldenkirchen	zu	1	=
Lennep, Ronsdorf, Lüttringhausen, Rade vorm. Wald, Burg Hückerswagen	=	1	=
Solingen, Remscheid, Dorp, Gräfrath Wald, Höhescheid mit Meiswinkel, Burscheid mit Seichlingen, Opladen mit Neukirchen, Hittorf	=	1	=
Zusammen ..		13	Abgeordnete.

Bei den Wahlen konkurriren nur die ebengenannten Orte selbst und die in den Feldmarken derselben gelegenen städtischen Etablissements. Die mit ihnen in einem Bürgermeisterei-Verbande stehenden Dörfer dagegen werden zu den Wahlen der Landgemeinden gezogen.

Was die mit Kollektivstimmen versehenen Städte anlangt, so behalten Wir Uns, nach Regulirung des Kommunalwesens wegen anderweiter Bestimmung ihrer Verbände, die Entschließung vor.

Für jeden städtischen Abgeordneten sollen hinführo zwei Stellvertreter gewählt werden, welche nach der bei der Wahl derselben stattgefundenen Stimmenmehrheit einrücken.

Art. 9. Zur Vertheilung der den Landgemeinden bestimmten 25 Landtags-Abgeordneten werden nach dem Umfange der dermaligen Regierungs-Bezirke 5 Wahlbezirke gebildet, und hiernach zugewiesen:

1) dem Wahlbezirke	Köln	4	Abgeordnete
2) = =	Düsseldorf ...	6	=
3) = =	Aachen	4	=
4) = =	Koblenz	6	=
5) = =	Trier	5	=
	Zusammen ...	25	Abgeordnete

Dem Landtags-Kommissarius bleibt überlassen, den Wahlort zu bestimmen, und dafern in einem Orte gewählt wird, in welchem kein Landrath ist, einem benachbarten Landrath zum Wahl-Kommissarius zu ernennen. Wir behalten Uns jedoch vor, nach Regulirung des ländlichen Kommunalwesens, nach Befinden die Abgeordneten auf die dann zu errichtenden Gesammtgemeinden spezieller zu vertheilen.

Art. 10. Der Betrag der die Wahlfähigkeit im Stande der Städte begründenden Grund- und Gewerbesteuer-Entrichtung wird bestimmt:

in den zu Virilstimmen berechtigten Städten auf 30 Thaler, einschließlich wenigstens 18 Thaler Gewerbesteuer.

Städtische Grundbesitzer, welche Vertreter der Gemeinde sind, werden den Magistrats-Personen in Beziehung auf die Wahlfähigkeit zum Abgeordneten gleich geachtet.

Die Gewerbesteuer, welche von Compagnie-Handlungen entrichtet wird, kann einem der Theilnehmer einer solchen Handlung, nicht aber mehreren derselben zu gleicher Zeit in Beziehung auf seine Wahlbarkeit im Stande der Städte zu gut gerechnet werden.

Der Betrieb des Ackerbaues auf städtischen Grundstücken ist für ein städtisches Gewerbe zu achten. Die auf städtischer Feldmark wohnenden Grundbesitzer werden den städtischen gleichgestellt. Auch sollen städtische Grundbesitzer, die zum mindesten 10 Jahre lang ein städtisches Gewerbe betrieben, von demselben aber sich zurückgezogen haben, gleich den wirklich Gewerbetreibenden wählbar sein.

Art. 11. Der Betrag der von einem Abgeordneten der Landgemeinden zu entrichtenden Grundsteuer wird auf zwanzig Thaler bestimmt. In den Gegenden jedoch, in welchen der Gewerbebetrieb mit dem Grundbesitz verbunden zu sein pflegt, soll ein Steuerbetrag von zwanzig Thalern an Grund- und Gewerbesteuer zusammen die Wählbarkeit begründen.

Art. 12. In den zu Virilstimmen berechtigten Städten wählen künftig nach Einführung der Städte-Ordnung die von den stimmfähigen Bürgern, als ersten Wählern, zu erwählenden Stadtverordneten die Landtags-Deputirten und Stellvertreter.

Dagegen wählen in den zu Kollektivstimmen berechtigten Städten die Stadtverordneten aus ihrer Mitte in den Städten von weniger als 150 Feuerstellen einen, in den Städten größeren Umfangs aber auf jede 150 Feuerstellen einen Wähler, welche dann aus dem ganzen Wahlbezirk zur Wahl des Abgeordneten und der Stellvertreter zusammentreten.

Art. 13. Die Bezirkswähler zur Wahl der Abgeordneten der Landgemeinden werden künftig nach Regulirung des ländlichen Kommunalwesens von den Gemeinde-Verordneten jeder Gesammtgemeinde aus ihrer Mitte erwählt. Das Weitere wird nach Publication der Kommunal-Ordnung bestimmt werden.

Art. 14. Den ehemals unmittelbaren Reichsständen ist der Zutritt zum Landtage nur nach Ableistung der §. 3. der Instruction vom 30. März 1820 vorgeschriebenen Huldigung, den sonstigen Inhabern von Virilstimmen aber und den Rittergutsbesitzern, welche im Auslande wohnen, ist dieser Zutritt, nicht minder den letzteren die Theilnahme an den Wahlen, nur nach Leistung des Homagii gestattet.

Art. 15. Wenn ein Landtags-Abgeordneter bei der Eröffnung des Landtags bis zu Ablauf der ersten von diesem Zeitpunkte an laufenden Woche zu erscheinen behindert ist, so verbleibt der für ihn einberufene Stellvertreter für die ganze Dauer des Landtags Mitglied desselben, der Abgeordnete aber geht unterdessen in die Stellung des Stellvertreters über.

Art. 16. Die Landtagsfähigkeit eines Ritterguts geht durch Zerstückelung verloren:

1) bei Gütern, welche mehr als Eintausend Thaler Rein-Ertrag gewähren, wenn solcher bis unter diesen Betrag vermindert wird;
2) bei kleineren Gütern sofort nach jeder Verminderung ihrer Substanz.

Art. 17. Was den zur Landtagsfähigkeit sämmtlicher Abgeordneten erforderlichen zehnjährigen Besitz anlangt, so bestimmen Wir, daß die Abtretung eines Grundstücks vom Vater an den Sohn bei Lebzeiten des ersteren, und in der Ritterschaft die Succession der Seitenverwandten in einem Lehnstamm- oder Fideikommiß-Gute, welches von einem gemeinschaftlichen Stammvater herrührt, der Vererbung in absteigender Linie gleich geachtet werden soll.

Art. 18. Die Landtags-Abgeordneten erhalten für jeden Tag ihrer Anwesenheit beim Landtage und der Hin- und Zurückreise Drei Thaler an Diäten und Einen Thaler Zehn Silbergroschen an Reisekosten für jede Meile hin und zurück. Die Beiträge dazu und zu den sonstigen Landtagskosten sollen zwar nach dem Verhältnisse der Grund- und Gewerbesteuer aus den Gemeinden repartirt, von den letzteren aber ihre Quoten aus den Kommunal-Kassen gedeckt und, wenn nöthig, gleich den anderen Kommunal-Bedürfnissen aufgebracht werden.

Urkundlich unter Unserer höchsteigenhändigen Unterschrift und Beidrückung Unseres Königlichen Insiegels.

Gegeben Berlin, den 13. Juli 1827.

Friedrich Wilhelm.

Friedrich Wilhelm, Kronprinz.

v. Schuckmann. Graf v. Lottum. Graf v. Bernstorff.
Graf v. Danckelmann.

Für den Kriegsminister: v. Schöler.

21.

Verordnung wegen der nach dem Gesetze vom 27. März 1824 vorbehaltenen Bestimmungen für die Provinz Westfalen.

(Vom 13. Juli 1827.) *)

Wir Friedrich Wilhelm, von Gottes Gnaden, König von Preußen ꝛc. haben über die einer besonderen Verordnung vorbehaltenen näheren Festsetzungen einiger, in Unserem Gesetze vom 27. März 1824 wegen Anordnung der Provinzialstände in Westfalen enthaltenen Bestimmungen, die gutachtlichen Vorschläge Unserer, auf dem Landtage versammelt gewesenen getreuen Stände vernommen, und ertheilen darüber nunmehr die nachstehenden besonderen Vorschriften.

Art. 1. Nachdem der Fürst von Salm-Kyrburg seine standesherrliche Besitzung veräußert hat, und Wir die Unserem Staatsminister, Reichsfreiherrn von Stein, gehörenden Besitzungen Kappenberg und Scheda zu einer Herrschaft mit Virilstimme im Stande der Fürsten und Herren erhoben haben, so besteht dieser Stand gegenwärtig aus

1) dem Herzoge von Aremberg, 2) dem Fürsten von Salm-Salm, 3) dem Fürsten zu Sayn-Wittgenstein-Berleburg, 4) dem Fürsten zu Sayn-Wittgenstein-

---

*) Gesetzsamml. 1827. S. 109.

Wittgenstein, 5) dem Fürsten von Kaunitz-Rietberg, 6) dem Fürsten von Bentheim-Teklenburg-Rheda, 7) dem Fürsten von Bentheim-Steinfurth, 8) dem Fürsten von Salm-Horstmar, 9) dem Herzoge von Looz, 10) dem Herzoge von Croy, 11) dem Freiherrn von Stein, wegen der Herrschaften Kappenberg und Scheda.

Art. 2. Zur Vertheilung der Abgeordneten der Ritterschaft, der Städte und des Standes der Landgemeinden, werden mit Beachtung des früheren historischen Verbandes sechs Wahlbezirke gebildet:

1) der Minden-Ravensbergsche, dieser enthält Minden, Ravensberg, Reckenberg, Rheda und Rietberg;
2) der Paderbornsche, welcher Paderborn und Corvey umfaßt;
3) der westfälische; er enthält das Herzogthum Westfalen, Siegen, Wittgenstein und Lippstadt;
4) der märkische; dieser umfaßt die Grafschaft Mark, Dortmund und Limburg;
5) der östlich münstersche, welcher den östlichen Theil von Münster, Tecklenburg und Lingen umfaßt;
6) der westlich münstersche, welcher den westlichen Theil von Münster, Recklinghausen, Anholt, Gehmen und Steinfurth enthält.

Nach dieser Eintheilung in Wahlbezirke werden zugewiesen und zwar

A. Der Ritterschaft:

1)	im Minden-Ravensbergschen	Wahlbezirke	2	Abgeordnete
2)	= Paderbornschen	=	3	=
3)	= Westfälischen	=	3	=
4)	= Märkschen	=	5	=
5)	= östlich Münsterschen ...	=	4	=
6)	= westlich Münsterschen ..	=	3	=
	Ueberhaupt der Ritterschaft ..		20	Abgeordnete

B. Den Städten:

1) im Minden-Ravensbergschen Wahlbezirke:

a) den zu Virilstimmen berechtigten Städten Minden	1	Abgeordneter
Bielefeld	1	=
Herford und Blotha dergestalt mit einander wechselnd, daß erstere zwei Landtage hinter einander und letztere den dritten beschickt	1	=
b) den Städten Bübbecke, Petershagen, Wiedenbrück, Rheda, Gütersloh, Halle, Versmold, Borgholzhausen, Werther, Büde, Rietberg, zusammen	1	=

2) im Paderbornschen Wahlbezirke:

a) den zu Virilstimmen berechtigten Städten Paderborn und Höxter dergestalt mit einander wechselnd, daß erstere zwei Landtage und letztere den dritten beschicken .... 1 Abgeordneter

b) den Städten Brackel, Warburg, Borgentreich, Nieheim, Beverungen, Lügde, Steinheim, Salzkoschen, Driburg, Dellbrück . . . . 1 Abgeordneter

2

3) im Westfälischen Wahlbezirk:

a) den mit Virilstimmen berechtigten Städten Siegen . . . 1 Abgeordneter
Hamm und Arnsberg mit einander wechselnd . . . . 1 „

b) den Städten Gesecke, Brilon, Medebach, Hallenberg, Berleburg, Laasphe, Olpe, Freudenberg, Hilchenbach, Schmalenberg, Attendorn, Neheim, Winterberg, Marsberg, Meschede . . . . 1 „

3

4) im Märkschen Wahlbezirk:

a) den zu Virilstimmen berechtigten Städten Iserlohn . . . 1 Abgeordneter
Dortmund . . . . 1 „
Soest und Lippstadt dergestalt mit einander wechselnd, daß erstere zwei Landtage und Lippstadt den dritten beschickt . . . . 1 „
Hagen, Altena und Schwelm mit einander wechselnd . . 1 „

b) den Städten Unna, Herdecke, Bochum, Hörde, Lünen, Schwerte, Westhofen, Breckerfeldt, Lüdenscheid, Plettenberg, Neuenrade, Hattingen, Camen, Werl, Menden, Limburg, Witten . . . . 1 „

5

5) im östlich Münsterschen Wahlbezirk:

a) den zu Virilstimmen berechtigten Städten Münster . . . 2 Abgeordnete
Warendorf und Bochold dergestalt wechselnd, daß erstere zwei Landtage und letztere den dritten beschickt . . . . 1 „

b) den Städten Ahlen, Beckum, Olde, Werne, Sendenhorst, Lüdinghausen, Telgte, Ibbenbühren, Lengerich, Tecklenburg . . . . 1 „

4

6) im westlich Münsterschen Wahlbezirke:

a) den zu Virilstimmen berechtigten Städten Recklingshausen, Dorsten, Rheine, Coesfeld und Stadt-Lohn, unter einander wechselnd . . . . 1 Abgeordneter

b) den Städten Dülmen, Steinfurth, Ahaus, Vreden, Bocken, Anholt, Gronau, Horstmar, Billerbeck, Haltern . . 1 „

2

Zusammen . . . 20 Abgeordnete.

C. Dem Stande der Landgemeinden:

1) im Minden-Ravensbergschen Wahlbezirk:

a) dem Kreise Minden	1	Abgeordneter
b) " " Rhaden	1	"
c) den Kreisen Bünde und Herford	1	"
d) " " Bielefeld, Halle und Wiedenbrück	1	"
	4	

2) im Paderbornschen Wahlbezirk:

a) den Kreisen Paderborn und Bühren	1	Abgeordneter
b) " " Bronkel, Warburg und Hörter	1	"
	2	

3) im Westfälischen Wahlbezirk:

a) den Kreisen Lippstadt und Brilon	1	Abgeordneter
b) " " Wittgenstein, Siegen und Olpe	1	"
c) " " Arnsberg und Eslohe	1	"
	3	

4) im Märkschen Wahlbezirk:

a) den Kreisen Soest und Hamm	1	Abgeordneter
b) " " Dortmund und Bochum	1	"
c) " " Iserlohn und Altena	1	"
d) dem Kreise Hagen	1	"
	4	

5) im östlich Münsterschen Wahlbezirk:

a) dem Kreise Tecklenburg	1	Abgeordneter
b) " " Münster	1	"
c) den Kreisen Warendorf und Beckum	1	"
d) dem Kreise Lüdinghausen	1	"
	4	

6) im westlich Münsterschen Wahlbezirk:

a) dem Kreise Recklinghausen	1	Abgeordneter
b) den Kreisen Barken und Ahaus	1	"
c) " " Coesfeld und Steinfurt	1	"
	3	

Zusammen ... 20 Abgeordnete.

Art. 3. Die Vertheilung der Abgeordneten der Städte behalten Wir Uns vor, wenn sich nach Einführung der Städteordnung in dortiger Provinz das Bedürfniß dazu erweisen sollte, mit Beirath Unserer getreuen Stände, anderweit festzustellen.

Art. 4. Die Abtretung eines Grundstücks vom Vater an den Sohn, bei Lebzeiten des Ersteren, und in der Ritterschaft die Succession der Seitenverwandten in ein Lehn-, Stamm- oder Fideikommißgut, wenn das Gut sich in dem Besitz eines gemeinschaftlichen Stammvaters des Erben und Verstorbenen befunden hat, sind der Vererbung in absteigender Linie gleich zu achten, und ist die Zeit des Besitzes des Vorbesitzers mit dem des Besitzers in diesen Fällen zusammenzurechnen.

Art. 5. Damit das Recht zur Wahl und Wahlbarkeit in der Ritterschaft vollständig festgestellt werde, so haben die Landräthe mit Zuziehung der Kreisstände für einen jeden Kreis, eine Matrikel von sämmtlichen im Kreise gelegenen, ihren Besitzer zu diesem Rechte befähigenden Gütern sofort anzufertigen, welche durch Unseren Kommissarius demnächst dem Staatsministerium und von diesem Uns zur Vollziehung vorzulegen ist.

In diese Matrikel werden aufgenommen:

a) die vormals reichsritterschaftlichen, vormals landtagsfähigen und in den Landestheilen, in welchen es keine Landstände gab, die sogenannten adeligen exemten Güter, von welchen im Jahre 1824 75 Rthlr. jährlicher Hauptgrundsteuer entrichtet worden ist;
b) die durch besondere von Uns vollzogene Urkunden zu landtagsfähigen Rittergütern erhobenen Besitzungen.

Diese Bevorrechtigung wollen Wir jedoch, vorbehältlich von Begnadigungen in einzelnen Fällen und aus besonderen Rücksichten nur

1) denjenigen, welche in Gemäßheit der Vorschriften Unseres Allgemeinen Landrechts einen Inbegriff ländlicher von allen gutsherrlichen Lasten freier Grundstücke von mindestens 2500 Rthlr. jährlichem reinem Ertrage mit Festsetzung einer gesetzlichen fideikommissarischen Erbfolge in denselben zu einem Familien-Fideikommisse in der Provinz stiften, für sie und ihre Nachfolger in solche Fideikommisse gewähren;
2) wollen Wir Unseren getreuen auf den dortigen Landtagen versammelten Ständen der Ritterschaft verstatten, Uns dazu Besitzer von Güter-Komplexen von mindestens 1000 Rthlr. reinem Ertrag, die von allen gutsherrlichen Lasten frei sind, und als ein Ganzes bewirthschaftet werden können, in Vorschlag zu bringen.

Art. 6. Den vormaligen unmittelbaren Reichsständen ist der Zutritt auf den Landtagen nur nach vorhergegangener Huldigung nach Vorschrift des §. 3. Unserer Instruction vom 30. Mai 1820, den übrigen Mitgliedern des Standes der Fürsten und Herren und der Ritterschaft, so wie den Besitzern landtagsfähiger Rittergüter die Wahl und Wahlbarkeit in der Ritterschaft nur nach vorher abgeleistetem Homagio zu gestatten.

(Zu §. 11.) Art. 7. Der Betrag der nach §. 11. des Gesetzes vom 27. März 1824 die Wahlbarkeit als Abgeordneter der Städte begründenden Grund- und Gewerbesteuer-Entrichtung wird bestimmt, an beiden zusammen oder an Grundsteuern allein:

a) in den Städten der 2ten Gewerbesteuer-Abtheilung auf 24 Thaler Hauptsteuer; b) in den Städten der 3ten und 4ten Gewerbesteuer-Abtheilung auf 16 Thaler Hauptsteuer.

Art. 8. Städtische Grundbesitzer, welche gewählte Vertreter der Gemeinden sind, werden den Magistrats-Personen in Beziehung auf die Wahlfähigkeit zum Abgeordneten gleich geachtet.

Der Betrieb des Ackerbaues auf städtischen Grundstücken ist für städtisches Gewerbe, zu achten, die außer den städtischen Mauern, aber auf städtischer Feldmark wohnenden Grundbesitzer sind den städtischen gleich gestellt.

Auch sollen städtische Grundbesitzer, die zum mindesten 10 Jahre lang ein städtisches Gewerbe betrieben, von demselben sich aber zurückgezogen haben, gleich den Gewerbetreibenden wählbar sein.

Die Gewerbesteuer, welche von Compagnie-Handlungen entrichtet wird, kann einem der Theilnehmer einer solchen Handlung, nicht aber mehreren derselben zu gleicher Zeit in Beziehung auf seine Wahlbarkeit im Stande der Städte zu gut gerechnet werden.

(Zu §. 12.) Art. 9. Der Betrag der nach §. 12. des Gesetzes von einem Abgeordneten des Standes der Landgemeinden zu entrichtenden Grundsteuer wird auf 25 Thaler festgesetzt; in den Gegenden, wo Gewerbsbetrieb mit dem Grundbesitze verbunden zu sein pflegt, soll dieser Betrag an Grund- und Gewerbesteuer zusammen die Wahlbarkeit begründen.

(Zu §. 14.) Art. 10. Bei dem gemeinschaftlichen Besitze, welcher Brüdern oder mehreren Mitgliedern eines Geschlechts zusteht, ist einer der Mitbesitzer zur Ausübung des Wahlrechts und zur Wahlbarkeit in der Ritterschaft befugt.

Art. 11. Der Verlust der Eigenschaft eines landtagsfähigen Ritterguts tritt in Folge von Zerstückelungen ein:

a) bei denen von weniger als 1000 Thaler reinem Ertrag, bei einer jeden Veräußerung eines Theils desselben, ohne Rücksicht auf den Umfang des Veräußerten oder des bei dem Gute Verbleibenden;
b) bei denen von mehr als 1000 Thaler reinem Ertrage, sobald das beim Gute Verbleibende nicht mehr 1000 Thaler reinen Ertrag gewährt.

(Zu §. 20.) Art. 12. In den zu Virilstimmen berechtigten Städten wählen künftig, nach Einführung der Städteordnung, die von den stimmfähigen Bürgern als ersten Wähler zu erwählenden Stadtverordneten die Abgeordneten oder Stellvertreter. In den zu Kollektivstimmen berechtigten Städten wählen die Stadtverordneten aus ihrer Mitte, in den Städten von weniger als 150 Feuerstellen einen, in den Städten größeren Umfangs aber auf jede 150 Feuerstellen einen Wähler, welche dann aus dem ganzen Wahlbezirk zur Wahl der Abgeordneten und der Stellvertreter zusammentreten.

(Zu §. 21.) Art. 13. Die Bezirkswähler zur Wahl der Abgeordneten der Landgemeinden werden künftig, nach Regulirung des dortigen bäuerlichen Kommunalwesens, von den Gemeinde-Verordneten jeder Gesammtgemeinde aus ihrer Mitte erwählt. Das Weitere hierüber wird nach Publication der Landgemeinde-Ordnung für Westfalen bestimmt werden. Zur Wahl der Abgeordneten treten die Bezirkswähler nach den Art. 3. angegebenen Wahlbezirken zur Wahl des Abgeordneten zusammen.

In den aus mehreren landräthlichen Kreisen zusammengesetzten Wahlbezirken darf der Abgeordnete und Stellvertreter nicht aus einem und demselben Kreise entnommen werden, und ist mit Eintritt einer neuen Wahlperiode der Abgeordnete sowohl, wie der Stellvertreter, jedesmal aus einem anderen Kreise zu entnehmen, wobei die Kreise nach der im Art. 3. Lit. C. bei den einzelnen Wahlbezirken getroffenen Reihefolge unter einander abwechseln.

(Zu §. 25.) Art. 14. Die Einberufung der Stellvertreter der Abgeordneten der Ritterschaft und der kollektiv wählenden Städte geschieht in den betreffenden Wahlbezirken nach der Reihenfolge, welche durch die Stimmmehrheit, die sie bei der Wahl gehabt haben, entsteht.

Art. 15. Wenn ein Landtags-Abgeordneter bei Eröffnung des Landtages bis zu Ablauf der ersten von diesem Zeitpunkte an laufenden Woche zu erscheinen behindert ist; so verbleibt der für ihn einberufene Stellvertreter für die ganze Dauer des Landtags Mitglied derselben, der Abgeordnete aber geht unterdessen in die Stellung des Stellvertreters über.

(Zu §. 26.) Art. 16. Die Landtags-Abgeordneten erhalten für die Zeit ihrer Anwesenheit beim Landtage und für die Tage der Reise von ihrem Wohnorte dahin und wieder zurück, ein jeder täglich drei Thaler Diäten, und für die Unkosten der Reise eine Entschädigung von 1 Thaler 20 Sgr. für die Meile der Hin- und Zurückreise.

Art. 17. Ein jeder Stand hat die Diäten und Reisekosten für seine Abgeordneten unter sich aufzubringen; die Beiträge der Ritterschaft werden nach der Grundsteuer der stimmberechtigten Güter auf die einzelnen Güter, die der Städte und der Landgemeinden nach dem Fuße der kumulirten Grund- und Gewerbesteuer auf die einzelnen Kommunen vertheilt.

Die durch den Landtag verursachten sonstigen Kosten werden auf die vier Stände zu gleichen Theilen vertheilt und in den drei letzten Ständen in gleicher Art, wie die Diäten aufgebracht.

Gegeben Berlin, den 13. Juli 1827.

Friedrich Wilhelm.

Friedrich Wilhelm, Kronprinz.

v. Schuckmann. Graf v. Lottum. Graf v. Bernstorff.
Graf v. Danckelmann.

Für den Kriegsminister: v. Schöler.

22.

Kreisordnung für die Rheinprovinzen und Westfalen.

(Vom 13. Juli 1827.) *)

Wir Friedrich Wilhelm, von Gottes Gnaden, König von Preußen rc. ertheilen wegen der Einrichtung der Kreistage in Westfalen und den Rheinprovinzen, nachdem Wir das Gutachten Unserer getreuen Stände dieser Provinz darüber vernommen haben, folgende Vorschriften:

*) Gesetzsamml. 1827. S. 117.

Zweck der Kreisversammlungen.

§. 1. Die Kreisversammlungen haben den Zweck, die Kreisverwaltung des Landraths in Kommunal-Angelegenheiten zu begleiten und zu unterstützen.

Diese Verwaltung innerhalb der bestehenden Gesetzgebung macht den Gegenstand ihrer Berathung und Beschlüsse (§. 21.) aus.

Bezirke.

§. 2. Die landräthlichen Kreise bilden die Bezirke der Kreisstände.

Geschäfte der Kreisstände.

§. 3. Die Kreisstände vertreten die Kreis-Corporationen in allen, den ganzen Kreis betreffenden Kommunal-Angelegenheiten, ohne Rücksprache mit den einzelnen Kommunen-Individuen.

Sie haben Namens derselben verbindende Erklärungen abzugeben. Sie haben Staats-Prästationen, welche kreisweise aufzubringen sind, und deren Aufbringung durch das Gesetz nicht auf eine bestimmte Art vorgeschrieben ist, zu repartiren.

Bei allen Abgaben, Leistungen und Naturaldiensten zu den Kreisbedürfnissen sollen sie zuvor mit ihrem Gutachten gehört werden, auch von allen Geldern, welche dahin verwendet werden, und wo eine ständische Verwaltung der Kreiskommunal-Angelegenheiten eintritt, verbleibt den Kreisständen das Recht, die Beamten dazu zu wählen. Auch wählen sie die Civil-Mitglieder der Kreis-Ersatz-Kommission.

Zusammensetzung der Kreisstände.

§. 4. Die kreisständische Versammlung besteht:

A. Aus denjenigen Besitzern der im Kreise gelegenen, ehemals reichsunmittelbaren Landestheile, welche auf die durch Unsere Verordnung vom 30. Mai 1820 den Standesherren zugestandenen Regierungsrechte Verzicht geleistet haben, und aus denjenigen, welchen Wir im Stande der Fürsten und Herren Virilstimmen verliehen haben oder verleihen werden.

B. Aus sämmtlichen Besitzern der in die Matrikel der Ritterschaft aufzunehmenden Güter. Bis zu Entwerfung der Matrikel erscheinen diejenigen, welche bei der ersten Wahl der ritterschaftlichen Deputirten zu dem Provinzial-Landtage als stimmfähig anerkannt worden sind.

C. Aus einem Deputirten von jeder im Kreise gelegenen, an der Wahl der städtischen Deputirten zu dem Provinzial-Landtage Theil nehmenden Stadt, wobei Wir jedoch Uns vorbehalten, den größeren Städten, besonders in solchen Kreisen, in welchen außer denselben keine, oder nur wenige Städte sind, nach Verhältniß ihrer Bevölkerung und Bedeutsamkeit, auf besonderen Antrag, die Absendung mehrerer Deputirten zu gestatten.

D. Aus einem Deputirten jeder im Kreise befindlichen, aus Landkommunen zusammengesetzten Gesammtgemeinde (Bürgermeisterei oder Amte).

Vertretungen.

§. 5. Vertretungen sind gestattet:

A. Den zu §. 4. A. benannten Besitzern der ehemals reichsunmittelbaren Landestheile, imgleichen den Inhabern der Virilstimmen durch ein Mitglied ihrer Familie, oder einen sonstigen zur Ritterschaft des preußischen Staats gehörigen Bevollmächtigten.

B. Im Stande der Ritterschaft den Ehefrauen durch ihre Ehegatten, den Kindern durch ihren Vater und den Minderjährigen durch ihren Vormund, nicht minder den Vätern oder Müttern durch ihre volljährigen Söhne. Ehemänner und Vormünder müssen jedoch selbst zur Ritterschaft des preußischen Staats gehören. Persönlich qualifizirte Besitzer können, wenn sie durch triftige Entschuldigungsgründe, über deren Zulässigkeit die Kreis-Versammlung entscheidet, am Erscheinen behindert sind, über die in der Kurrende angegebenen Gegenstände ihre Stimme schriftlich abgeben.

C. Den Deputirten der Stadt- und Landgemeinden im Behinderungsfalle durch die für sie zu erwählenden Stellvertreter.

Eigenschaften der Mitglieder.

§. 6. Zur persönlichen Ausübung des Stimmenrechts auf den Kreistagen, ist bei allen Ständen und gestatteten Vertretern erforderlich:

a) die Gemeinschaft mit einer der christlichen Kirchen;
b) die Vollendung des 24sten Lebensjahres;
c) unbescholtener Ruf.

Entscheidung über die gegen die Unbescholtenheit eines Mitglieds erregten Zweifel.

§. 7. Wird die Unbescholtenheit des Rufes bestritten, so hat, wenn dies ein Mitglied der Ritterschaft, oder den Vertreter eines solchen betrifft, die Ritterschaft des Kreises die Befugniß, in einem besonderen Konvente durch Stimmenmehrheit von $^2/_3$ der Anwesenden darüber in erster Instanz zu entscheiden, und falls die Entscheidung für die Bescholtenheit des Rufes ausfällt, die Ausschließung zu bestimmen.

Will der Betroffene oder die abgestimmte Minorität bei dem Beschlusse sich nicht beruhigen, so ertheilen die Deputirten der Ritterschaft beim Provinzial-Landtage die Entscheidung in zweiter und letzter Instanz.

Ist die Zahl der Ritterguts-Besitzer im Kreise so gering, daß nicht wenigstens außer dem Betheiligten drei zur Abstimmung vorhanden sind, so haben sich die vorhandenen mit der Ritterschaft eines von ihnen auszuwählenden benachbarten Kreises zu dieser Entscheidung zu vereinigen. Wird die Unbescholtenheit des Rufes eines Kreistags-Abgeordneten der Städte oder der Landgemeinden in Zweifel gezogen, so ist darüber die Entscheidung in erster Instanz dem Wahlkollegium, von welchem er gewählt worden ist, überlassen und bei demselben die Wahl eines anderen Deputirten in Antrag zu bringen. Die Entscheidung in zweiter Instanz gebührt ebenfalls den Landtags-Mitgliedern von demjenigen der beiden Stände, zu welchen der betreffende Kreistags-Abgeordnete gehört.

Suspension des Theilnahmerechts.

§. 8. Sobald eine Entscheidung der zweiten Instanz nachgesucht worden ist, bleibt es den Kreistags-Mitgliedern desjenigen Standes, zu welchem der, dessen Ruf bestritten wird, gehört, überlassen, das Theilnehmungsrecht desselben an den Kreistagen bis zu erfolgter Entscheidung zu suspendiren.

Wiederzulassung.

§. 9. Auch die Wiederzulassung eines Ausgeschlossenen zu den Kreistagen kann auf Antrag des betreffenden Standes durch die Mitglieder des Provinzial-Landtags vom nämlichen Stande verfügt werden.

Ruhende Stimmen.

§. 10. Ritterguts-Besitzer, geistliche oder milde Stiftungen, so wie Städte, welche mehr als ein Rittergut im Kreise besitzen, sind jederzeit nur zur Führung einer Stimme berechtigt.

§. 11. Städte, welche als solche die Berechtigung haben, auf dem Kreistage durch einen Abgeordneten zu erscheinen, und sich im Besitz eines Ritterguts befinden, sind ebenfalls nur zur Führung der Stimme im Stande der Städte berechtigt. Wenn sie aber noch in einem anderen Kreise Rittergüter besitzen, so beschicken sie auch die dortigen kreisständischen Versammlungen, dergestalt, daß ihr Deputirter zu dem Stande der Ritterschaft gehört.

Abgeordnete a) der Städte.

§. 12. *) Die Abgeordneten der Städte sollen nur aus den Magistrats-Personen oder Gemeinde-Vertretern gewählt werden.

b) der Landgemeinden.

§. 13. *) Desgleichen sollen die Abgeordneten der Landgemeinden nur aus den Administrations-Beamten oder den Vertretern der Gesammtgemeinden gewählt werden.

Deren Stellvertreter.

§. 14. Für jeden Abgeordneten der Städte und Landgemeinden wird ein Stellvertreter ernannt, welcher alle bei den Deputirten selbst erforderlichen Eigenschaften besitzen muß.

Wahlen.

§. 15. Die Wahlen der Deputirten der Städte und Landgemeinden werden von den in ein Wahlkollegium zu vereinigenden Mitgliedern der städtischen oder ländlichen Administrations-Behörden und Repräsentanten der Stadt oder der ländlichen Gesammtgemeinde vollzogen.

---

*) Zur näheren Bestimmung der §. 12. und 13. findet sich später folgende „Kabinetsorder vom 5. April 1836, die Ergänzung der §. 12. und 13. der Kreisordnung für die Rheinprovinzen und Westfalen vom 13. Juli 1827 betreffend: „„Nach den Vorschriften der Kreisordnung für die Rheinprovinz und Westfalen vom 13. Juli 1827 §§. 12. und 13. sollen die Abgeordneten zu den Kreistagen für die Städte nur aus den Magistrats-Personen oder Gemeinde-Vertretern der Gesammtgemeinden gewählt werden. Auf die Beschwerde der Rhein. Provinzial-Stände, daß hiernach die Wahl oft auf Personen gerichtet werde, die den Kreisen mit keinem Besitzthum angehören, will ich, im Verfolg der den rheinischen Provinzial-Ständen im Landtags-Abschiede vom 3. März v. J. ertheilten Resolution, die Vorschriften in den §§. 12. und 13. der Kreisordnung vom 13. Juli 1827 dahin ergänzen, daß in der Rheinprovinz für die Stadtgemeinden nur solche Personen, die in der Stadt ein Haus, und für die Landgemeinden nur solche zu den Kreistagen abgeordnet werden sollen, die innerhalb ihres Wahlbezirks ein Haus mit einem ländlichen Grundstücke eigenthümlich besitzen.“ (Folgen die Unterschriften.)

Auf welche Zeit sie erfolgen.

§. 16. Die Wahlen zum Kreistage erfolgen auf sechs Jahre dergestalt, daß alle drei Jahre die Hälfte der Abgeordneten der Städte und Landgemeinden ausscheidet und zu neuen Wahlen geschritten wird. Die nach den ersten drei Jahren Ausscheidenden werden durch das Loos bestimmt.

Verlust des Theilnahmerechts.

§. 17. Mit dem Verluste des Grundbesitzes oder der amtlichen oder moralischen Qualification erlischt das Recht zur Kreisstandschaft.

Vorsitz.

§. 18. Der Landrath oder, wenn derselbe behindert ist, der älteste Kreis-Deputirte, beruft die Stände zum Kreistage, führt daselbst den Vorsitz, leitet die Geschäfte, und ist verpflichtet, die Ordnung in den Berathungen zu erhalten.

Wenn seine Erinnerungen kein Gehör finden, ist er befugt, die die Ordnung störenden Mitglieder von der Versammlung auszuschließen; jedoch hat er darüber sofort an den Ober-Präsidenten der Provinz zur weiteren Verfügung zu berichten.

Zusammenberufung der Kreisstände.

§. 19. Der Landrath ist verpflichtet, alljährlich wenigstens einen Kreistag anzusetzen; außerdem aber ist er hierzu berechtigt, so oft, als er es den Bedürfnissen der Geschäfte für angemessen hält. In der deshalb zu erlassenden Kurrende hat der Landrath alle diejenigen Gegenstände anzugeben, welche er der Kreisversammlung zur Berathung vorzulegen beabsichtigt. Er hat der ihm vorgesetzten Regierung von einem jeden anzusetzenden Kreistage Anzeige zu machen.

Zusammentritt mehrerer Kreise.

§. 20. So lange Kommunal-Gegenstände früherer Landes-Verbände abzuwickeln sind, ist die Vereinigung mehrerer Kreise, oder der Theile verschiedener Kreise, zu diesen Zwecken gestattet. Gegenstände, welche nur eine Klasse der Stände betreffen, können auf besonderen Konventen dieser Stände verhandelt werden.

Beschlüsse.

§. 21. Die Stände verhandeln auf dem Kreistage gemeinschaftlich. Die Beschlüsse werden nach einfacher Stimmenmehrheit gefaßt, dergestalt, daß die Anwesenden, ohne Hinsicht auf ihre Anzahl, die Außengebliebenen und Abwesenden durch ihre Beschlüsse verbinden. Der Landrath hat als solcher keine Stimme. Er stimmt mit, wenn er zugleich Kreisstand ist, kann jedoch auch ohne Stimme den Vorsitz führen. Bei gleichen Stimmen entscheidet die Stimme des Vorsitzenden, und, wenn derselbe nicht stimmfähig ist, die Stimme des ältesten Kreis-Deputirten.

Sonderung.

§. 22. Findet ein ganzer Stand durch einen Kreistags-Beschluß in seinen Interessen sich verletzt, so steht ihm mittelst Einreichung eines Separat-Voti der Rekurs an diejenige Behörde zu, von welcher die betreffende Angelegenheit ressortirt.

Bestätigung der Regierung.

§. 23. Der Landrath hat alle Kreistags-Beschlüsse der ihm vorgesetzten Regierung vorzulegen, und es bedürfen solche zur Ausführung der Genehmigung derselben.

Rechte der ehemaligen Reichsstände.

§. 24. In denjenigen Kreisen, welche aus Mediatgebieten bestehen, in welchen ehemalige Reichsstände die in der Verordnung vom 30. Mai 1820 denselben vorbehaltenen Regierungsrechte ausüben, hat der Landrath die Beschlüsse der Kreistage zuvörderst dem Besitzer des Gebietes, in sofern derselbe darin wohnhaft ist, vorzulegen. Der Letztere ist berechtigt, seine Erinnerungen dagegen beizufügen, über welche dann in gesetzlicher Art zu entscheiden ist. Die Regierung hat in allen Fällen den Beschlüssen nicht eher ihre Zustimmung zu ertheilen, als bis sie sich überzeugt hat, daß sie den anwesenden Fürsten vorgelegen haben. Sind die letzteren nicht im Kreise wohnhaft, so hat der Landrath dies im Berichte zu bemerken, und die Regierung dann wegen Bestätigung der Beschlüsse Entschließung zu fassen.

Ausführung der Beschlüsse.

§. 25. Der Landrath führt die Beschlüsse der Kreisstände aus, in sofern die Regierung nicht eine andere Behörde mit der Ausführung ausdrücklich beauftragt oder die Sache als ständische Kommunal-Angelegenheit nicht besonders gewählten Beamten übertragen ist.

Einführung des Gesetzes.

§. 26. Der Ober-Präsident der Provinz hat die zu dem Zusammentritt der Kreisstände nach vorstehenden Vorschriften erforderlichen Verfügungen ungesäumt zu treffen.

Gegeben Berlin, den 13. Juli 1827.

Friedrich Wilhelm.

Friedrich Wilhelm, Kronprinz.

v. Schuckmann. Graf v. Lottum. Graf v. Bernstorff.
Graf v. Danckelmann.

Für den Kriegsminister: v. Schöler.

23.

Verordnung über die Einführung der Städte-Ordnung in den mit der Monarchie wieder und neu vereinigten Provinzen und Landestheilen.

(Vom 17. März 1831.) *)

Wir Friedrich Wilhelm, von Gottes Gnaden, König von Preußen ꝛc. finden für nöthig, wegen Einführung der Städte-Ordnung in den mit Unserer Monarchie wieder und neu vereinigten Provinzen und Landestheilen, Folgendes festzusetzen:

§. 1. Die zur Einführung der Städte-Ordnung erforderlichen Anordnungen trifft und leitet der Ober-Präsident. Er wird dazu mit Ministerial-Instruction versehen werden, und bedient sich der Hilfe der Regierungen, so wie es ihm überlassen ist, zu den örtlichen Geschäften der Einführung Kommissarien zu ernennen.

§. 2. Die Städte-Ordnung wird in allen denjenigen Orten eingeführt, welche auf dem Provinzial-Landtage im Stande der Städte vertreten werden. Wünschen kleine Städte dieser Art, gleich den Landgemeinden verwaltet zu werden, und genehmigt solches die Regierung, so gehen sie auch in Hinsicht des ständischen Verhältnisses zu den Landgemeinden über, und werden in Westfalen und der Rheinprovinz nach der Ordnung für die Landgemeinden, in den anderen neuen Provinzen aber bis zu weiterer Bestimmung wie zeither verwaltet.

§. 3. Auch solchen Orten, welche bisher nicht als Städte auf dem Landtage vertreten waren, werden Wir nach Befinden der Umstände sowohl diese Vertretung als mit derselben die Städte-Ordnung verleihen.

§. 4. In allen Orten, in welchen hiernach die Städte-Ordnung einzuführen ist, wird zuvörderst ausgemittelt:

a) welcher Grundbesitz und welches Einkommen in demselben erforderlich sei, um Bürger und Stadtverordneter werden zu können; b) wie viel Stadtverordnete zu wählen sind; c) ob und wie behufs der Wahlen die Stadt in Bezirke und die Bürgerschaft in Klassen einzutheilen sei; d) wie die Stadtverordneten auf diese Bezirke oder Klassen zu vertheilen sind.

§. 5. Hierüber ist das Gutachten der jetzigen Verwaltungs-Behörden und Gemeinde-Räthe oder sonstigen Gemeinde-Vertreter zu erfordern und hiernach vom Ober-Präsidenten das Nöthige festzusetzen.

---

*) Gesetzsamml. 1831. S. 37. Wir führen hier blos die Verordnung über die Einführung der revidirten Städte-Ordnung, nicht aber diese selbst an, weil sie uns doch zu wesentlich den ganzen Staat zu betreffen scheint, als daß wir sie nicht zu diesem ordnen sollten.

§. 6. Diese Festsetzungen sind indessen nur vorläufige, wodurch den künftigen Bestimmungen im Statute nicht vorgegriffen werden soll, jedoch soll der Unterschied zwischen Groß- und Kleinbürger, wo er bisher bestanden haben möchte, jedenfalls gänzlich wegfallen.

§. 7. Nach diesen Festsetzungen wird von den zeitherigen Gemeinde-Vertretern zur Schätzung des Grundbesitzes und Einkommens der Einwohner (nach §. 4.) geschritten, wobei auch die Steuer-Rollen benutzt werden können. Hierauf werden durch die bisherige Gemeinde-Verwaltungs-Behörde Listen der zur Gewinnung des Bürgerrechts Verpflichteten oder Berechtigten, imgleichen der zu Stadtverordneten Wahlbaren angefertigt.

Diese Listen werden im Rathhause zu Jedermanns Ansicht offen gelegt, auch wird, daß dies geschehen sei, öffentlich bekannt gemacht. Wer sich darin mit Unrecht übergangen sieht, hat seine Einwendungen dagegen binnen vierzehn Tagen nach der Bekanntmachung, bei Verlust der Einreden, bei der Gemeinde-Verwaltungs-Behörde anzugeben und zu bescheinigen.

Diese hat darüber das Gutachten der Gemeinde-Vertreter zu vernehmen, und wenn hiernach die Aufnahme nicht beschlossen wird, binnen anderen vierzehn Tagen an die Regierung zu berichten, welche darüber in Beziehung auf die erste Wahl ohne Rekurs zu entscheiden hat. Sobald diese Entscheidung eingegangen ist, wird nach Anordnung des Ober-Präsidenten zur Wahl geschritten.

§. 8. Dies Wahlgeschäft wird von einem Kommissarius (§. 1.) an Ort und Stelle geleitet. Derselbe entscheidet auch über die Richtigkeit der Wahlen, und setzt demnächst die Stadtverordneten-Versammlung ein.

§. 9. Sobald dies geschehen ist, und die Versammlung ihren Vorsteher erwählt hat, treten die zeitherigen Gemeinde-Vertreter zurück, und die neuen Stadtverordneten an ihre Stelle.

§. 10. In den beiden folgenden Jahren wird das jedesmal ausscheidende Drittheil der Stadtverordneten durch das Loos bestimmt.

§. 11. Die Stadtverordneten-Versammlung hat zunächst Vorschläge zu machen, wie viel Magistrats-Mitglieder angestellt und welche Besoldungen ihnen ausgesetzt werden sollen.

Auf diese Vorschläge hat der Ober-Präsident das Nöthige vorläufig festzusetzen.

§. 12. Nach dieser Festsetzung schreitet die Stadtverordneten-Versammlung zur Wahl der Magistrats-Mitglieder, bei welcher die jetzt im Amte stehenden wieder erwählt werden können. Bis zur Bestätigung dieser Wahl durch die Regierungen bleiben jedenfalls die bisherigen Beamten in Wirksamkeit.

§. 13. Nach Eintritt des Magistrats verabredet derselbe mit der Stadtverordneten-Versammlung das Nöthige wegen Anstellung der Unterbedienten und holt darüber die Genehmigung ein. Hierbei muß auch über die Verrechnung der Einnahme und Ausgabe und die Bestellung des Rendanten Verabredung getroffen werden. Für Westfalen und die Rheinprovinz wird übrigens über die Einrichtung der Elementar-Erhebung der direkten Steuern eine besondere Verordnung ertheilt und darin bestimmt werden, in wiefern den vom Staate zu ernennenden Steuer-Empfängern die Uebernahme des Amts eines Stadt-Einnehmers zu gestatten ist.

§. 14. Allen nach obigen Vorschriften behufs der ersten Einrichtung einzuleitenden Verhandlungen und Wahlen soll der ernannte Kommissarius (§. 1.) beiwohnen, welchem zwar kein Stimmrecht zusteht, aber die Pflicht obliegt, über die Ordnungsmäßigkeit der Verhandlungen zu wachen und über dieselben ein Protokoll abzufassen, welches der Versammlung vorzulesen und von den Anwesenden mit zu unterzeichnen ist. Dieses Protokoll überreicht er dann, mit seinem Gutachten begleitet, der Regierung.

§. 15. Wenn die jetzt auf Lebenszeit oder auf bestimmte Jahre angestellten Magistratspersonen durch andere ersetzt werden, so sollen sie Pensionen von der Stadt zu fordern berechtigt sein. Sie erhalten wenigstens die Hälfte ihres bisherigen Diensteinkommens, wenn sie aber vier und zwanzig Jahre im Gemein-Dienste gestanden haben, wenigstens zwei Drittheile desselben als Pension. Dem Gehalte werden die rechtmäßigen Eigenthümer nach dem Durchschnitte gleich geachtet. Dasjenige, was zum Ersatze von Dienstaufwand erforderlich war, kommt aber nicht in Rechnung.

§. 16. Diejenigen, welche auf Kündigung angestellt sind, von welcher jedoch observanzmäßig niemals oder doch nur aus bestimmten Gründen Gebrauch gemacht worden ist, sind den lebenslänglich angestellten Beamten gleich zu setzen, wenn nicht einer der Gründe eintritt, aus welchen die Kündigung vorbehalten worden ist.

§. 17. Blos vorläufig und kommissarisch ohne Zeitbestimmung angestellte Beamte haben nach fünfjähriger Dienstzeit den vierten Theil, nach zehnjähriger Dienstzeit aber den dritten Theil ihres Diensteinkommens als Pension zu fordern.

§. 18. Wenn über den Pensionsbetrag Streit entsteht, so ist der unzweifelhafte Minderbetrag einstweilen bis zur Entscheidung auszuzahlen.

§. 19. Wegen des Wegfalls oder der Suspension der Pension gilt die §§. 101 bis 103. der Städte-Ordnung enthaltene Vorschrift.

§. 20. Die Gemeine-Rechnungen werden bis zum Schlusse des letzten Jahres vor Einführung der Städte-Ordnung, unter Leitung der Regierung nach den bisher bestandenen Vorschriften gelegt und erledigt. Für das laufende Jahr, in welchem die Städte-Ordnung eingeführt wird, sollen die bestehenden Etats zu Grunde gelegt werden.

§. 21, Nachdem der Magistrat eingesetzt ist, hat derselbe alle Einrichtungen, welche erforderlich sind, um die städtische Verwaltung nach Anleitung der Städte-Ordnung in Gang zu bringen, nach genommener Rücksprache mit der Stadtverordneten-Versammlung, vorläufig zu treffen.

§. 22. Der Magistrat hat aber auch sofort zu der definitiven Feststellung der städtischen Einrichtung, und daher insonderheit zu Entwerfung und Vollendung des Statuts das Nöthige einzuleiten, damit solches binnen sechs Monaten nach Einführung des Magistrats zu Stande komme.

§. 23. Alle diejenigen, welche nach der zeitherigen Verfassung das Bürgerrecht gewonnen haben, bleiben im Besitze der damit verbundenen Rechte.

§. 24. Sollte ihnen auch bisher kein Antheil an den Wahlen in städtischen Angelegenheiten zugestanden haben, so wird ihnen dennoch auf ihre Lebenszeit das Stimmrecht beigelegt.

§. 25. Wo früherhin erbliche, auf Grundbesitz ruhende Berechtigungen zum Bürgerrechte, ohne daß letzteres von dem genannten Wohnsitze am Orte abhängig gewesen, bestanden haben, sollen selbige bei Entwerfung und Bestätigung der Statuten berücksichtigt werden.

§. 26. Wenn in Städten bisher kein städtisches Bürgerrecht bestanden hat, jedoch Personen vorhanden sein sollten, die bis jetzt in Gemeine-Angelegenheiten ein Stimmrecht haben, soll ihnen dieses auf ihre Lebenszeit verbleiben.

§. 27. In Hinsicht auf die Wählbarkeit zu Stadtverordneten verbleibt es bei den Bestimmungen der Städte-Ordnung §. 56. u. ff.

§. 28. Die §. 6. der Städte-Ordnung vorbehaltene Feststellung des Stadt-Bezirks, durch Einverleibung oder Trennung von Vorstädten oder einzelnen Etablissements, soll erst dann vorgenommen werden, wenn die städtischen Behörden nach Maßgabe der Städteordnung eingesetzt sind. Es sollen dann diese sowohl, als die betheiligten Einwohner oder Gemeinen zuvörderst mit ihren Erklärungen über dergleichen Vereinigungen oder Trennungen gehört werden, und demnächst vom Ober-Präsidenten die nöthigen Feststellungen erfolgen.

Wo aber bisher Städte in den Bürgermeistereien (Gesammtgemeinden) mit ländlichen Gemeinen im Verbande stehen, sollen, wenn sie aus demselben scheiden, von den Verwaltungs-Behörden die für letztere erforderlichen Verfügungen erlassen werden.

§. 29. Behufs der für solche Fälle vorbehaltenen Ausgleichungen im Verwaltungswege sollen zuvörderst gütliche Vereinigungen versucht, und solche, wenn nicht wesentliche Bedenken im Wege stehen, bestätigt werden. Kommt eine solche gütliche Vereinigung nicht zu Stande, so steht Unserm Minister des Innern, dem jeder Ober-Präsident die einzelnen Fälle, wenn sie von ihm gesammelt sein werden, mit seinem Gutachten einzureichen hat, die Entscheidung nach den Grundsätzen des Rechts und der Billigkeit zu. Derselbe hat über die Verfahrungsweise bei solchen Auseinandersetzungen besondere Instruktionen zu erlassen.

§. 30. Dingliche Befreiungen können nach §. 41. der Städte-Ordnung von der Stadtgemeine zu jeder Zeit abgelöset werden. Der Betrag der Ablösung wird durch Schiedsrichter festgesetzt, von welchen einen der Besitzer des bisher befreiten Grundstücks, den andern die Stadtverordneten-Versammlung erwählt, und wobei die Regierung einen Obmann bestellt. Durch deren Ausspruch wird unabänderlich festgestellt, welchen Geldwerth die Befreiung im gewöhnlichen Laufe der Dinge nach einem Durchschnitte von zehn Jahren jährlich gehabt hat. Sobald die Gemeine den zwanzigfachen Betrag des ermittelten Jahres-Quantums an den Betheiligten baar bezahlt hat, hört die Befreiung auf, und das vorhin befreite Grundstück ist gleich allen übrigen zu allen Gemeinelasten anzuziehen.

§. 31. Persönliche Befreiungen, sofern sie auf einem speciellen Rechtstitel beruhen, dauern auf die Lebenszeit der jetzigen Besitzer, oder nur bis zu deren Entschädigung fort.

§. 32. Nach vollendeter Einführung hört die unmittelbare Einwirkung des Ober-Präsidenten wieder auf, welche ihm in dieser Verordnung zur Herstellung größerer Gleichheit der Organisation beigelegt worden ist.

Urkundlich ist dieses Gesetz von Uns Höchsteigenhändig vollzogen und mit Unserm Königlichen Insiegel versehen worden.

Gegeben Berlin, den 17. März 1831.

Friedrich Wilhelm.

Carl, Herzog zu Mecklenburg. Massen. Freih. v. Brenn.

24.

Allerhöchste Kabinetsordre vom 18. März 1835., die Einführung der revidirten Städteordnung in der Provinz Westfalen betreffend. *)

Nachdem Ich im Landtagsabschiede für die Westfälischen Provinzialstände vom 13. Januar d. J. den Städten der Provinz Westfalen die revidirte Städteordnung vom 17. März 1831. verliehen habe, veranlasse ich Sie, den Ober-Präsidenten der Provinz mit den erforderlichen Anweisungen zu versehen, unter der Maaßgabe, daß er, wenn an einzelnen Orten Bedenken entgegenstehen, mit der Einführung daselbst noch Anstand nehme und weitere Instruktion deshalb nachsuche, über welche Ich Mir, dafern die Sache nicht in administrativem Wege erledigt werden kann, die unmittelbare Entschließung vorbehalte und ihren gutachtlichen Bericht erwarte. Diesen Befehl haben Sie durch die Gesetzsammlung bekannt machen zu lassen.

Berlin, den 18. März 1835.

Friedrich Wilhelm.

An den Minister des Innern und der Polizei v. Rochow.

---

*) Gesetzsamml. 1835. S. 40.

25.

Gesetz wegen Erleichterung der Ablösung des Heimfallrechtes, in der Provinz Westfalen.

(Vom 25. April 1835.) *)

Wir Friedrich Wilhelm, von Gottes Gnaden, König von Preußen ꝛc. verordnen für diejenigen Theile der Provinz Westfalen, in welcher die Ordnung vom 18. Juli 1829, wegen Ablösung der Reallasten zur Anwendung kommt, auf das wiederholte Ansuchen Unserer Westfälischen Provinzialstände, nach dem Antrage unseres Staatsministeriums und nach erfordertem Gutachten Unseres Staatsrathes, wie folgt:

§. 1. Die im §. 75. der erwähnten Ordnung dem Berechtigten beigelegte Befugniß, die Ablösung des Heimfallrechtes bei dem nur noch auf vier oder zwei Augen stehenden Gütern zu verweigern, wird hiermit aufgehoben.

§. 2. Die Ablösungs-Rente, welche in diesen Fällen gefordert werden kann, soll, wenn das Gut auf vier Augen steht, zu fünf Prozent, wenn dasselbe auf zwei Augen steht, zu zehn Prozent des Reinertrages angeschlagen werden, ohne Unterschied, der Antrag mag von dem Berechtigten oder dem Verpflichteten ausgegangen sein.

Urkundlich unter Unserer Höchsteigenhändigen Unterschrift und beigedrucktem Königlichen Insiegel.

Gegeben Berlin, den 25. April 1835.

Friedrich Wilhelm.

Carl, Herzog zu Mecklenburg. Frh. v. Brenn.
v. Kamptz. Mühler.

Beglaubigt:
Friese.

---

*) Gesetzsammlung. 1835. S. 53.

26.

Gesetz über die bäuerliche Erbfolge in der Provinz Westfalen.

(Vom 13. Juli 1836.) *)

Wir Friedrich Wilhelm, von Gottes Gnaden, König von Preußen ꝛc. haben in wohlgefälliger Anerkennung des Ansuchens der Stände Unserer Provinz Westfalen und aus landesväterlicher Fürsorge für die Erhaltung und Bildung eines selbstständigen Bauernstandes, Uns bewogen gefunden, Anordnungen zu treffen, welche dem Sinne und den Gewohnheiten der Landbewohner jener Provinz mehr als die bisherigen Gesetze entsprechen und in Erbfällen dem Uebernehmer eines Bauergutes die Mittel gewähren, sich in dem Besitze desselben zu erhalten und in der Lage zu bleiben, das Erbe der Väter auch wiederum unverkürzt den Nachkommen zu hinterlassen. Aus diesen Gründen verordnen Wir für die Provinz Westfalen auf den Antrag Unseres Staatsministeriums und nach erfordertem Gutachten Unseres Staatsraths, was folgt:

§. 1. Das gegenwärtige Gesetz soll in unserer Provinz Westfalen auf alle Bauergüter (Höfe, Kolonate, Kotten, und andere für sich bestehende Ackernahrungen) Anwendung finden, deren Sol-Stätten im Jahre 1806 zu solchen bäuerlichen Besitzungen gehörten, welche damals auf den Grund besonderer Provinzialgesetze, Statuten oder Gewohnheiten nach einer vom gemeinen Erbrecht abweichenden Successionsordnung vererbt wurden.

Von diesen Bauergütern soll nach einer von Unserm Justizminister zu erlassenden Instruktion ein Verzeichniß (Matrikel) angefertigt werden, jedoch von dessen Aufnahme die Anwendung des jetzigen Gesetzes nicht abhängen.

§. 2. Außerdem kann jeder Eigenthümer einer unter §. 1. nicht begriffenen bäuerlichen Besitzung dieselbe dem gegenwärtigen Gesetz unterwerfen und zu dem Ende in die Matrikel (§. 1.) eintragen lassen.

Gehört die Besitzung zu einer unter Eheleuten bestehenden Gütergemeinschaft, so kann ein solcher Antrag nur von beiden Eheleuten gemeinschaftlich erfolgen.

§. 3. Das jetzige Gesetz soll jedoch keine Anwendung finden: a) auf diejenigen bäuerlichen Besitzungen, bei welchen auf den Grund besonderer Verträge oder letztwilliger Verordnungen eine von dem gegenwärtigen Gesetze abweichende Erbfolge statt findet;

b) auf die dem Heimfalle noch unterworfenen Güter (Gesetze über die guts-

---

*) Gesetzsammlung. 1836. S. 209.

herrlich-bäuerlichen Verhältnisse vom 21. April 1825. und Deklaration vom 24. November 1833.) so lange der Heimfall noch nicht abgelöset worden ist und mit Berücksichtigung der im §. 26. dieses Gesetzes enthaltenen Vorschrift; diese Güter sind gleichfalls in die Matrikel (§. 1.) aufzunehmen, auch wenn der Heimfall noch nicht abgelöset worden ist;

c) auf diejenigen Besitzungen, von welchen die jährliche Prinzipal-Grund-Steuer, mit Ausschluß der Gebäudesteuer, den Betrag von fünf Thalern nicht erreicht.

§. 4. In der Disposition über das Bauergut unter Lebenden oder von Todes wegen wird kein Eigenthümer durch das gegenwärtige Gesetz beschränkt, insoweit ihm die Vorschrift des §. 25. nicht entgegen steht.

Dasjenige, worüber er keine Bestimmung getroffen hat, ist nach den Vorschriften dieses Gesetzes zu beurtheilen.

§. 5. Wenn eine, den Bestimmungen des §. 1. und 2. unterliegende Besitzung zur Erbtheilung kommt, ohne daß von dem Erblasser entgegengesetzte Anordnungen getroffen sind, so wird das Bauergut nur einem der Erben zugetheilt und die Theilung des ganzen Nachlasses auf die Weise bewirkt, daß dieser Anerbe die eine Hälfte des reinen Werths (§. 7.) des Guts zum Voraus erhält, und die andere Hälfte dieses Werths, so wie das sonstige freie, zum Gute nicht gehörige Vermögen des Erblassers unter sämmtliche Erben, ausschließlich des Anerben, znr Theilung kommt.

Der Anerbe hat für die Berichtigung sämmtlicher Nachlaßschulden zu sorgen und erhält die Mittel dazu aus dem Nachlasse, so weit derselbe reicht und dazu erforderlich ist, überwiesen.

§. 6. Kommt es bei einer letztwilligen Verordnung, oder einer Verordnung unter Lebenden auf eine Berechnung des Pflichttheils an, so ist derselbe von dem Nachlasse nach Abzug des dem Anerben zum Voraus gebührenden Betrages zu berechnen. Der Anerbe kann dabei jedoch nur dann auf einen Pflichttheil Anspruch machen, wenn er durch das Gut nicht so viel erhalten hat, als der Pflichttheil jedes der übrigen Erben betragen würde.

§. 7. Hat der Erblasser den Werth des Guts nicht selbst bestimmt, so soll dieser nach folgenden Grundsätzen ermittelt werden:

a) der Werth der zum Gute gehörigen Grundstücke und Gebäude wird durch den zwanzigfachen Betrag des beim Grundsteuer-Kataster angesetzten Reinertrages ermittelt. Hierin ist der Werth für diejenigen Gebäude mit eingeschlossen, welche bei Aufnahme des Katasters nur nach der Grundfläche, auf der sie stehen, abgeschätzt sind;

b) die zum Gute und dessen Gebäuden nach §. 48. u. ff. und §. 75. u. ff. Tit. 2. Th. 1. des A. L. R. gerechneten beweglichen Pertinenzstücke, mit Ausnahme des Feld-Inventariums an Düngung, Pflugarten und Aussaat, so wie des Vorraths an natürlichem und künstlichem Dünger nach ihrem Werthe besonders abgeschätzt, und dem unter a ausgemittelten Werthe zugesetzt;

c) von dem nach a und b herauskommenden Betrage werden die auf dem Gute haftenden Lasten, nach dem, durch die Ablösungs-Ordnung vom 18. Juli 1829. für den Fall einer Ablösung bestimmten Kapitalwerthe, abgerechnet;

d) ferner werden davon abgerechnet sämmtliche Nachlaßschulden, sie mögen auf dem Gute haften oder nicht, in so weit sie den Werth des übrigen zum

Gute nicht gehörigen Vermögens des Erblassers übersteigen. Dasjenige, was von dem unter a und b bestimmten Werthe nach den unter c und d vorgeschriebenen Abzügen übrig bleibt, bildet den reinen Werth des Guts.

§. 8. Erschöpfen die Schulden nicht nur das freie Vermögen, sondern auch den nach §. 7. a und b berechneten Werth des Gutes, nach Abzug der darauf haftenden Lasten, so kann derjenige, der sonst ein vorzügliches Recht auf das Gut zum ermäßigten Preise haben würde, dasselbe mit den Schulden gegen die bloße Verpflichtung übernehmen, seinen Eltern und Miterben, so weit sie dessen bedürfen, freie Wohnung und nothdürftige Verpflegung zu gewähren, wogegen die Miterben gehalten sind, den Uebernehmer nach Kräften durch Arbeitshülfe zu unterstützen.

§. 9. Hat der Erblasser es unterlassen, unter seinen Kindern den Annehmer des Guts zu bestimmen, und findet eine freie Vereinigung unter den Erben nicht statt, so kommen folgende Regeln zur Anwendung:

a) vor Allem stehen diejenigen, welche an einem andern Bauergute (§. 1.) schon Eigenthumsrechte, oder ein erbliches Besitz- oder ein lebenslängliches Nießbrauchsrecht erworben haben, oder an eine Person verheirathet sind, welcher solche Rechte an einem andern Bauergute zustehen, den Uebrigen in der Succession des Guts nach.

b) Demnächst haben die Söhne den Vorzug vor den Töchtern.

c) Unter den Söhnen gehen die, welche sich der Landwirthschaft gewidmet haben, allen übrigen vor, namentlich denen, welche die Eltern haben studiren, oder zu solchen Gewerben haben vorbereiten lassen, die nicht mit der Landwirthschaft verbunden sind und auf dem platten Lande nicht betrieben zu werden pflegen.

d) Unter gleichen Verhältnissen erhalten diejenigen den Vorzug, welche militairdienstpflichtig befunden werden und unter diesen wieder solche, welche ihren Militairpflichten wirklich genügt haben.

e) In so weit vorstehende Grundsätze nicht ausreichen, entscheidet das Alter dergestalt, daß der Aeltere dem Jüngern vorgeht.

Sind keine Kinder vorhanden, so kommen dieselben Grundsätze auch bei andern gesetzlich gleich berufenen Miterben zur Anwenduug.

§. 10. Gehören zur Erbschaft mehrere der im §. 1. und 2. bezeichneten Güter, so hat der berufene Erbe die Wahl, welches Gut er übernehmen will, der demnächst berufene wählt das zweite Gut und sofort dergestalt, daß bei mehreren Erben einer derselben nur in eine Ackernahrung succedirt, und sofern mehr Güter als Erben vorhanden sind, der volle Taxwerth der übrig bleibenden Besitzungen zur Theilungsmasse gehört.

Uebersteigen in diesem Falle die sämmtlichen Nachlaßschulden die nach §. 5. zu berechnende Aktivmasse, so werden diese übersteigenden Schulden von jedem einzelnen Gute nach Verhältniß des Werthes desselben abgezogen.

§. 11. Die im §. 1. gedachten Sol-Stätten mit allen denjenigen Ländereien und sonstigen Grundstücken, welche zur Zeit des Ablebens des Erblassers mit denselben bewirthschaftet wurden, bilden das Bauergut, welches dem gegenwärtigen Gesetze unterliegt.

Hat ein solches Gut ein eigenes Hypotheken-Folium, so werden alle Grundstücke, welche demselben zugeschrieben sind, als Zubehör der Besitzung betrachtet, sofern aber diese Bestimmungen nicht ausreichen, alle diejenigen Grundstücke, welche bei Uebernahme des Guts durch den Erblasser schon zu demselben gehören.

§. 12. Stirbt ein Ehegatte, welcher alleiniger Eigenthümer des Bauergutes war, so steht dem überlebenden Ehegatten der Nießbrauch an dem letzteren zu, und zwar bei der Konkurrenz mit Kindern bis zur Großjährigkeit des Anerben, auch wenn er sich vor Eintritt derselben wieder verheirathet, bei der Konkurrenz mit andern Erben aber bis zu seiner Wiederverheirathung, oder, falls letztere nicht erfolgt, bis zu seinem Tode.

§. 13. Wo ein Bauergut mit zu einer ehelichen Gütergemeinschaft gehört, bleibt es den Eheleuten überlassen, diese Gemeinschaft rücksichtlich der Erbfolge überhaupt, oder auch nur in Beziehung auf das Bauergut durch Vertrag auszuschließen (A. L. R. Th. II. Tit. 1. 8. 418.) und dadurch das Bauergut dem gegenwärtigen Gesetz unbedingt zu unterwerfen.

§. 14. Auch wenn die Eheleute von der im §. 13. erwähnten Befugniß keinen Gebrauch gemacht haben, kommen die Vorschriften des gegenwärtigen Gesetzes ebenfalls, jedoch mit dem in den folgenden §§. 15. 16. 17. enthaltenen Maaßgaben, zur Anwendung.

§. 15. Während der Ehe können die Eheleute über die Erbfolge in das Bauergut und über die Wahl des Anerben nur gemeinschaftlich bestimmen.

§. 16. Stirbt einer der Ehegatten, ohne daß eine solche gemeinschaftliche Bestimmung erfolgt ist, mit Hinterlassung von Kindern, so hat der überlebende Ehegatte, so lange er sich nicht wieder verheirathet, die Befugniß, den Anerben unter den Kindern für das ganze Gut zu bestimmen.

Macht aber der überlebende Ehegatte, namentlich durch seine Wiederverheirathnng, eine Auseinandersetzung mit den Kindern nöthig, so behält er zwar das Besitz- und Nutzungsrecht des Gutes in dem Umfange, wie ihm solches von den bisherigen Provinzial- oder Statutarrechten beigelegt wird; das Eigenthum des ganzen Bauergutes aber geht sofort auf den, unter den Kindern der aufgelöseten Ehe nach §. 9. und zwar unter den zur Zeit der Auseinandersetzung vorwaltenden Umständen, zu bestimmenden Anerben über.

Stirbt auch der überlebende Ehegatte, ohne daß eine Auseinandersetzung mit den Kindern des Verstorbenen vorausgegangen und ein Anerbe bestimmt worden ist, so wird der Anerbe nach §. 9. und zwar nach den alsdann obwaltenden Verhältnissen bestimmt.

§. 17. Stirbt einer der Ehegatten ohne Hinterlassung von Kindern und ist eine gemeinschaftliche Bestimmung über die Erbfolge, oder über die Wahl des Anerben (§. 15.) nicht erfolgt, so gehen die Rechte des Anerben auf den überlebenden Ehegatten über, und von dem alsdann noch verbleibenden Nachlaß erhält er den, vermöge der Gütergemeinschaft nach den bisherigen Provinzial- oder Statutarrechten ihm zustehenden Antheil.

§. 18. Ueberall, wo nach den vorstehenden Bestimmungen (§§. 12. — 17.) dem überlebenden Ehegatten der Nießbrauch des Gutes zusteht, ist er ohne Zustimmung des Anerben, oder dessen Vormundschaft, zur Veräußerung oder Belastung des Guts auch an denjenigen Orten nicht befugt, wo ihm sonst dieses Recht als ein Ausfluß der Gütergemeinschaft zustehn würde.

§. 19. Die Auszahlung der nach §. 5. ermittelten Erbtheile von Seiten des Anerben, oder des Nießbrauchers, insofern beide überhaupt nach den gesetzlichen Vorschriften dazu verbunden sind, kann nur dann verlangt werden, wenn die Miterben sich verheirathen oder großjährig geworden sind, oder eine frühere Auszahlung zu ihrem besseren Fortkommen nöthig haben.

Ob eine solche frühere Auszahlung zu einen besseren Fortkommen erforderlich ist, bestimmt bei Minderjährigen das Vormundschafts-Gericht, bei Großjährigen der Landrath des Kreises, in welchem sie wohnen.

§. 20. Können in den Fällen des §. 19. die Abfindungen bezahlt werden, ohne daß dieser genöthigt ist, das ihm angefallene Gut über die Hälfte des ermittelten Werths zu verschulden, so muß er dieselben nach Ablauf von zwei Jahren seit Annahme des Bauerguts an diejenigen Miterben, welche sich verheirathen oder großjährig sind, vollständig auszahlen, bis zur Zahlung aber mit 4 Prozent verzinsen.

Können die Abfindungen auf diese Weise nicht bezahlt werden, so braucht er nicht mehr als jährlich ein Zehntheil der Gesammtabfindung aller Miterben zu zahlen, wobei aber in Kollisionsfällen diejenigen vorgehen, welche zuerst ein Recht auf Auszahlung ihres Erbtheils erreicht haben. Der Anerbe oder Nießbraucher ist jedoch verpflichtet, den Miterben, welche sich verheirathen, oder zu deren besserem Fortkommen eine größere Summe erforderlich ist, einen höheren Betrag, selbst bis zur Hälfte des Erbtheils, auf einmal auszuzahlen.

§. 21. Der Anerbe oder Nießbraucher ist schuldig:

a) seinen Eltern, und zwar in der nach dem Herkommen bestandenen Art; — b) seinen Miterben, welche ihre Abfindung noch nicht ausgezahlt erhalten haben; — c) denjenigen, welchen aus einer frühern, nach den Bestimmungen dieses Gesetzes erfolgten Erbtheilung ein solches Recht noch zusteht; —

soweit sie dessen bedürfen, freie Wohnung, Beköstigung und Kleidung auf dem Gute zu gewähren, dieselben auch unentgeltlich zu erziehen. Dagegen sind die Miterben auch verpflichtet, die ihren Kräften angemessenen Arbeitspflichten unentgeltlich zu leisten.

§. 22. Die Miterben erhalten 4 Prozent Zinsen von ihren Abfindungen bis zum Zahlungstage, insofern sie nicht von dem Anerben verpflegt werden.

§. 23. Der abgetheilte Miterbe ist nicht berechtigt, ehe er ein Recht zur Auszahlung seines Erbtheils erhalten hat, über dasselbe unter Lebenden, oder von Todes wegen zu verfügen. Stirbt derselbe in dieser Lage ohne Hinterlassung ehelicher Kinder, so fällt seine Abfindung in das Gut zurück.

§. 24. Die Erbschaftsgläubiger können nach erfolgter Erbtheilung, ohne daß es einer besonderen Bekanntmachung an sie bedarf, sich nur an den Anerben und nicht an die Erbtheile der abgefundenen Miterben halten.

Auch sind diese berichtigt, ihre Erbtheile ohne besondere Einwilligung des Anerben auf das Gut eintragen zu lassen. Jedoch muß, sofern diese Eintragung erfolgt, von Amts wegen eine Protestation auf zwei Jahre vom Absterben des Erblassers an, mit den Vorzugsrechten vor den Erbtheilen der Miterben und zwar mit der Maaßgabe eingetragen werden, daß binnen dieser Zeit den Erbschaftsgläubigern, welche bis dahin einen Titel zum Pfandrechte erworben haben, verstattet ist, dieses an die Stelle der Protestation eintragen, letztere also in eine wirkliche Hypothek umschreiben zu lassen. Die Eintragung und die nach

Ablauf der zweijährigen Frist ohne Antrag zu bewirkende Löschung der Protestation erfolgt kostenfrei.

§. 25. Ein Besitzer, der keine ehelichen Kinder am Leben hat, kann ein, den Vorschriften des gegenwärtigen Gesetzes unterliegendes, zu dem in §. 7. bezeichneten Preise, übernommenes Bauergut ohne Konsens der Miterben weder an einen Fremden im Ganzen oder theilweise verkaufen, noch über den Betrag des Annahmpreises mit neuen Schulden belasten, noch endlich von Todes wegen darüber verfügen. Er hat aber das Recht, jedem der Miterben das Gut gegen Uebernahme der Verpflichtungen, unter denen er solches übernommen hat, anzubieten und in die Rechte eines abgetheilten Miterben zurückzutreten, so daß zwischen beiden ein Rollentausch eintritt und der neue Uebernehmer dem abgehenden Anerben nicht nur die Abfindung als Miterbe zu gewähren, sondern auch dasjenige zu erstatten verbunden ist, was dieser den abgetheilten Miterben auf deren Abfindung, oder den Erbschaftsgläubigern etwa schon bezahlt hat.

Diejenigen Miterben, welche sich nicht binnen zwei Monaten nach diesem Anerbieten, das Gut unter jenen Bedingungen übernehmen zu wollen, erklärt haben, können dem Verkaufe an einen Fremden, oder der mehreren Verschuldung des Gutes nicht widersprechen. Diese Beschränkung in der Dispositionsfreiheit erlischt durch den Tod der Miterben, da diese das Anrecht auf ihre Erben nicht übertragen.

§. 26. Bei den dem Heimfalle nicht unterworfenen Gütern gebührt die nach den Vorschriften des §. 9. zu treffende Wahl des Anerben dem Obereigenthümer oder Gutsherrn, insofern demselben nach den bisherigen Provinzial- oder Statutarrechten die Auswahl des Nachfolgers zustand.

§. 27. In soweit das Allgemeine Landrecht den Vorschriften des jetzigen Gesetzes entgegensteht, ist dasselbe durch das letztere aufgehoben. Nach beendigter Revision des Provinzial-Rechts aber behält das gegenwärtige Gesetz nur in den Fällen Wirksamkeit, in welchen das Provinzial-Recht nicht etwas Anderes bestimmt.

Urkundlich unter Unserer Höchsteigenhändigen Unterschrift und beigedrucktem Königlichem Insiegel.

Gegeben Berlin, 13. Juli 1836.

Friedrich Wilhelm.

Carl, Herzog zu Mecklenburg. v. Kamptz. Mühler.

Beglaubigt:
Friese.

27.

Verordnung, die Einführung des Allgemeinen Landrechts in Beziehung auf die Verwaltungs-angelegenheiten der Landgemeinden in den zum Verwaltungs-Verbande der Provinz Sachsen gehörigen, der Westfälischen Zwischen-Regierung unterworfen gewesenen Landestheilen betreffend.

(Vom 31. März 1833.) *)

Wir Friedrich Wilhelm, von Gottes Gnaden, König von Preußen rc.

Nachdem sich Zweifel über die noch fortbestehende Anwendbarkeit der Gesetzgebung des ehemaligen Königreichs Westfalen auf die Verhältnisse der Landgemeinden in den zu diesem Königreiche gehörig gewesenen Landestheilen der Provinz Sachsen erhoben haben; so verordnen Wir, nach Anhörung Unserer getreuen Stände des ständischen Verbandes von Sachsen und der Altmark und auf Antrag Unsers Staatsministerii, für gedachte Landestheile Folgendes:

§. 1. Die Bestimmungen der Westfälischen Verwaltungsordnung vom 11. Januar 1808 und der spätern Westfälischen Dekrete, die Verhältnisse der Landgemeinden betreffend, sind durch Einführung des Allgemeinen Landrechts außer Kraft gesetzt und die im Allgemeinen Landrechte §§. 18. bis 86. Tit. 7. Th. II. enthaltenen Vorschriften, nebst den dieselben erläuternden und abändernden spätern Bestimmungen, mit den im §. 3. gegenwärtiger Verordnung enthaltenen Modificationen, an die Stelle der fremdherrlichen Gesetzgebung getreten.

§. 2. An denjenigen Orten, an welchen die Verhältnisse zwischen den verschiedenen Klassen der Einwohner vor Einführung der fremden Gesetzgebung nach §. 31. Tit. 7. Th. II. des Allgemeinen Landrechts durch Verträge oder hergebrachte Gewohnheiten regulirt waren, welche in Folge jener Gesetzgebung außer Anwendung gekommen sind, sollen die Interessenten darüber, ob solche wiederherzustellen seien, gehört werden, und die Landräthe ermächtigt sein, diesfallsige Uebereinkünfte zu bestätigen. Wo dergleichen Verträge oder hergebrachte Gewohnheiten bei Publikation der gegenwärtigen Verordnung faktisch noch bestehen, sollen solche auch ferner aufrecht erhalten werden.

§. 3. Ueber die Einwirkung der Guts- und Gerichtsherren auf die Gemeinde-Angelegenheiten und die Polizei bestimmen Wir Folgendes:

*) Gesetzsamml. 1833. S. 61.

a) In den §§. 33. 34. und 35. der angezogenen Gesetzesstelle bestimmten Fällen tritt der Landrath des Kreises an die Stelle der Gerichtsbarkeit.

b) Den mit Gerichtsbarkeit versehenen Gutsherren steht zwar nach §§. 47. und 49. die Wahl des Schulzen zu, der gewählte ist aber dem Landrathe zu präsentiren, welchem es obliegt, dessen Qualification zu prüfen und ihn zu bestätigen, oder die Wahl eines andern Kandidaten zu verlangen.

c) Die Besitzer der Gerichtsbarkeit haben das Recht und die Pflicht, persönlich oder durch qualifizirte Stellvertreter, innerhalb ihres Gerichtsbezirks die §. 10. Tit. 17. Th. II. des Allgemeinen Landrechts angegebenen Anstalten zur Erhaltung der Ruhe, Sicherheit und Ordnung zu treffen. Die Polizeigerichtsbarkeit aber (§. 11. a. a. O.) ist von dem Patrimonialgerichte zu verwalten.

d) Diejenigen Gutsbesitzer, welche die Gerichtsbarkeit früher besessen, sie jedoch nach dem Aufhören der Fremdherrschaft nicht wieder erlangt haben, sollen die §. 10. Tit. 17. Th. II. des Allgemeinen Landrechts bezeichneten Anstalten auf den ihnen eigenthümlichen Höfen und Grundstücken unter unmittelbarer Aufsicht des Landraths zu treffen, berechtigt und verpflichtet sein. Die Polizeigerichtsbarkeit dagegen ist von den dazu geordneten Staatsbehörden auszuüben.

Hiernach haben alle Unsere Behörden und Unterthanen in den bezeichneten Landestheilen sich gehorsamst zu achten.

Gegeben Berlin, den 31. März 1833.

Friedrich Wilhelm.

Friedrich Wilhelm, Kronprinz.

Frh. v. Altenstein. v. Schuckmann. Gr. v. Lottum. Gr. v. Bernstorff. v. Hake. Maassen. Frh. v. Brenn. v. Kamptz. Mühler. Ancillon.

28.

Verordnung, die Regulierung der während der Westfälischen Zwischen-Regierung entstandenen Verhältnisse zwischen den Dominien und Gemeinden in den zur Provinz Sachsen gehörigen, ehemals Westfälischen Landestheilen betreffend.

(Vom 31. März 1833.) *)

Wir Friedrich Wilhelm, von Gottes Gnaden, König von Preußen rc.

Im Verfolg Unserer Verordnung vom heutigen Tage, die Einführung des Allgemeinen Landrechts in Beziehung auf die Verwaltungsangelegenheiten der

*) Gesetzsammlung. 1833. S. 62.

Landgemeinden in dem zum Verwaltungsverbande der Provinz Sachsen gehörigen, der westfälischen Zwischen-Regierung unterworfen gewesenen Landestheilen betreffend, finden Wir für nöthig, wegen Regulierung der während der Zwischen-Regierung entstandenen Verhältnisse zwischen den Dominien und Gemeinen in gedachten Landestheilen, nach Anhörung Unserer getreuen Stände und auf Antrag Unsers Staatsministerii, Folgendes zu verordnen:

§. 1. Die in Folge der fremdherrlichen Gesetzgebung zeither bestandene Verbindung der Domainen und Rittergüter mit den Stadt- und Landgemeinden wird, wenn nicht beide Theile das Fortbestehen derselben wünschen, unter den nachstehend vorgeschriebenen Madificationen aufgehoben, und die gedachten Güter werden wieder, wie vor Einführung der fremden Gesetze, als für sich bestehend behandelt.

§. 2. Die Beiträge der Rittergüter und Domainen zu denjenigen Gemeinde-Bedürfnissen und Anstalten, von welchen sie keinen Nutzen haben, und welche lediglich zum Besten der Gemeindemitglieder bestehen, oder für welche die Güter auf eigene Kosten sorgen, hören vom 1. Januar 1834 an gänzlich auf.

§. 3. Was hingegen die während des Gemeindeverbandes entstandenen Schuld-Verbindlichkeiten aller Art, ingleichen diejenigen Gemeindeanstalten anlangt, an welchen die Güter Antheil haben, so dauert die Beitragsverpflichtung der letzteren so lange fort, bis jene Schuldverbindlichkeiten und die sonstige Gemeinschaft gelöst sind. Die deshalb zwischen den Rittergutsbesitzern und dem Domainen-Fiskus auf der einen, und den Gemeinden auf der andern Seite, abzuschließenden Vergleiche, durch welche die Rechte dritter Personen nicht beeinträchtigt werden dürfen, sollen von Unsern Behörden möglichst gefördert werden.

§. 4. Wenn bei den allgemeinen Verwaltungskosten, insonderheit bei den Besoldungen der Bürgermeister, Schulzen und andern Gemeindebeamten auf die Beiträge der Güter gerechnet worden ist, so sollen die Beiträge derselben zu diesem Behufe, damit die Gemeindeglieder nicht in Folge der Trennung mehr belastet werden, so lange fortdauern, bis durch Abgang der zeitherigen Beamten oder auf sonstige Weise eine Verminderung der Kosten bewirkt werden kann.

Die Remunerirung aller neu anzustellenden Beamten ist bloß mit Rücksicht auf die Bedürfnisse der Gemeinde auszuwerfen und der letztern deren Aufbringung allein zu überlassen.

§. 5. An denjenigen Orten, wo vor Einführung der fremdherrlichen Gesetzgebung eine gemeinsame Verwaltung einzelner, die Gemeinden und Güter gemeinschaftlich betreffenden Gegenstände bestanden hat, oder die Verhältnisse beider in Ansehung der Nutzungen und Gemeindelasten durch Verträge oder herkömmliche Gewohnheiten regulirt gewesen sind, welche durch jene Gesetzgebung außer Kraft gesetzt worden sind, sollen die Interessenten darüber, ob solche wieder herzustellen seien, gehört werden, und die Landräthe ermächtigt sein, diesfallsige Uebereinkünfte zu bestätigen.

§. 6. Die Theilnahme der Rittergüter und Domainen an den Gemeinde-Nutzungen hört in demselben Verhältnisse auf, in welchem sie von den Gemeinde-Lasten befreit werden. Insofern während des Gemeindeverbandes Aktiva erworben worden sind, steht ihnen darauf ein Anspruch nach dem Verhältnisse zu, in welchem sie die während derselben Zeit entstandenen Verbindlichkeiten mit ablösen müssen.

§. 7. Die Verhandlungen der Gemeinden über die Repartition derjenigen Bedürfnisse, zu welchen die Rittergutsbesitzer und der Domainenfiskus noch beitragspflichtig bleiben, sollen in den Städten unter Theilnahme, in den Land-Gemeinden aber unter Aufsicht des Gutsherrn und der Vertreter des Domainen-Fiskus statt finden, und solchen das Recht beigelegt sein, die Ausführung eines prägravirenden Gemeindebeschlusses, durch Berufung auf die Entscheidung der vorgesetzten Behörde, zu hemmen.

§. 8. In Hinsicht der mit den Rittergütern und Domainen vereinigten nicht ritterschaftlichen Grundstücke treten die Besitzer in das vor Einführung der fremden Gesetze bestandene Verhältniß zurück.

Wenn aber dieses auf einer inmittelst aufgehobenen herkömmlichen Gewohnheiten beruht, und diese nicht in der §. 5. bestimmten Art wieder hergestellt wird, so tritt wegen der Beiträge von diesen Grundstücken das gemeinrechtliche Verhältniß ein.

§. 9. Wenn von solchen Gütern, welche nach dieser Verordnung aus dem Gemeindeverband treten, Grundstücke dismembrirt und nicht zugleich mit einem andern, außer dem Gemeindeverbande stehenden Gute wieder vereinigt werden, so werden solche der Flur (Feldmark) der Gemeinde, in oder an welcher sie liegen, einverleibt, und bleiben künftig auch dann in diesem Gemeindeverbande, wenn sie wieder mit einem von demselben freien Gute vereinigt werden. Diese Vorschriften sind auch auf die vom Anfange der Zwischen-Herrschaft bis zur Publikation gegenwärtiger Verordnung von den Domainen abgetrennten Grundstücke anwendbar.

§. 10. Ueber die bei Ausführung gegenwärtiger Verordnung zwischen Gütern und Gemeinden entstehenden Streitigkeiten entscheiden, nachdem vorher die Betheiligten gehört worden sind, in erster Instanz die Landräthe, von welchen die Berufung an die höhern Verwaltungsbehörden, oder im Falle, daß der Gegenstand privatrechtlicher Art ist, nach der Wahl des Betheiligten, die Berufung auf Entscheidung durch den Richter statt findet. Wenn einmal die Berufung an die Regierung statt gefunden hat, ist der Rechtsweg in der Sache verschlossen. Auch ist die Regierung, wenn der Rechtsweg gewählt wird, berechtigt und verpflichtet, wo es nöthig ist, ein Interimistikum zu reguliren.

Unser Oberpräsident der Provinz Sachsen ist mit Ausführung dieser Verordnung beauftragt, nach welcher sich alle Unsere Behörden und Unterthanen zu achten haben.

Urkundlich unter Unserer Höchsteigenhändigen Unterschrift und beigedrucktem Königlichem Insiegel.

Gegeben Berlin, den 31. März 1833.

Friedrich Wilhelm.

Friedrich Wilhelm, Kronprinz.

Frh. v. Altenstein. v. Schuckmann. Gr. v. Lottum. Gr. v. Bernstorff. v. Hake. Maassen. Frh. v. Brenn. v. Kamptz. Mühler. Ancillon.

29.

Verordnung über die rechtliche Natur der Domainen in den neuen und wieder erworbenen Provinzen.

Vom 9. März 1819. *)

Wir Friedrich Wilhelm, von Gottes Gnaden, König von Preußen ꝛc.

Da Unser Edikt und Hausgesetz vom 17. Dezember 1808 auf die Domainen in denjenigen Provinzen und Gebieten keine Anwendung findet, welche in Folge neuer Friedensschlüsse und Staatsverträge Unserer Monarchie wieder erworben, oder mit derselben neu vereinigt sind; so erklären Wir über die rechtliche Eigenschaft dieser Domainen, besonders auch über die Veräußerlichkeit derselben, hierdurch, nach erfordertem Gutachten Unseres Staatsraths, Folgendes:

§. 1. Es gelten in Ansehung dieser Domainen, was die rechtliche Eigenschaft und Veräußerlichkeit derselben betrifft, keine anderen Grundsätze, als welche die sonstigen allgemeinen staatsrechtlichen Bestimmungen Unserer Monarchie, wie solche in Unserem Allgemeinen Landrechte Th. II. Tit. 14. §. 16 — 20. ausgesprochen sind, mit sich bringen, und beruhet solchem nach in Absicht der Zuläßigkeit der Veräußerung dieser Staatsgüter, und der Ablösung von Dominial-Renten, Erbpachtsgeldern und andern Grundabgaben, Zinsen, Zehnten und Diensten Alles darauf, daß sie nicht anders geschehen, als unter genügender Schadloshaltung des Staats.

§. 2. Diesem gemäß sind in den wieder erworbenen und neu vereinigten Provinzen und Gebieten nicht allein Vertauschungen, Vererbpachtungen und zinspflichtige Verleihungen zum erblichen Besitz bei Domainen zuläßig, sondern Wir behalten Uns, in der Ueberzeugung, daß ein wesentlicher Theil der Nationalkraft auf einem mit Eigenthum versehenen Bauerstande beruhet, hierdurch auch vor, bei der Verleihung des Eigenthums an diejenigen Domanial-Bauern, welche das Eigenthum der Höfe noch nicht besitzen, die Bedingungen, unter welchen ihnen dieses Eigenthum verliehen werden soll, festzusetzen, und dabei besonders zu bestimmen, ob außer dem dadurch vermehrten Nationalwohlstande noch eine anderweite Schadloshaltung an die Staatskassen von ihnen zu leisten sei.

§. 3. Auch mit dem Verkaufe der Domainen, so wie mit der Ablösung der Dominial-Gefälle und Rechte, kann in den gedachten Provinzen mit staatswirthschaftlicher Rücksicht auf bleibende Vortheile für den Staat verfahren

*) Gesetzsammlung 1819. S. 73.

werden, nur daß die davon aufkommenden Gelder ausschließlich zum Abtrag gekündigter Domainen=Passivkapitalien, und zur Bezahlung allgemeiner Staatsschulden, welche in Erhaltung und zum wahren Bedürfniß des Staats gemacht worden sind, zu verwenden sind.

§. 4. Verschenkungen von Domainen können dagegen nicht statt finden; jedoch bestätigen Wir diejenigen Donationen hiermit ausdrücklich, welche in Beziehung auf die glorreichen Ereignisse der Jahre 1813, 1814 und 1815 in den erwähnten Provinzen bisher gemacht sind, behalten Uns aber auch vor, in Fällen, wo etwa Lehne heimfallen, zu deren Wiederverleihung Wir berechtigt wären, mit dieser nicht zu verfahren, sondern dergleichen Grundstücke als Domainen dem Staate und Unserer Krone, an die Stelle jener Donationsgüter, einzuverleiben und auf diese und andere Weise den Abgang derselben zu ersetzen.

§. 5. Ueber den Belauf und das Verzeichniß derjenigen Staatsschulden, welche zur Erhaltung und zum wahren Bedürfniß des Staats gemacht, und neben der Abtragung der auf den Domainen der mehrgedachten Provinzen und Gebiete hypothekarisch haftenden Passiv=Kapitalien, aus den Domainen= Kauf= und Ablösegeldern, Erbstands=Kapitalien u. s. w. zu tilgen sind, soll nach vorgängigem, darüber von Unserm Staatsministerium abzustattendem Berichte ein Etat von Uns selbst vollzogen werden.

§. 6. Auch soll über die bei diesen Domainen=Veräußerungen und Ablösungen zu Grunde zu legenden Bedingungen, und über die bei dem ganzen Verfahren zu befolgenden Grundsätze, so wie über die Art der Vollziehung der über die Veräußerungen und Ablösungen errichteten Urkunden, ferner über Alles, was sich auf die Berichtigung des Besitztitels und die Eintragung in die Hypothekenbücher bezieht, das Weitere in einer besonderen Verordnung verfügt werden.

Urkundlich u. s. w.

Gegeben Berlin, den 9. März 1819.

C. Fürst v. Hardenberg. v. Altenstein.

Beglaubigt:
Friese.

30.

Allerhöchste Kabinetsorder vom 31. Januar 1827., wegen Regulierung des Preußischen Antheils an der Centralschuld des ehemaligen Königreichs Westfalen. *)

Aus Ihrem über das Schuldwesen des vormaligen Königreichs Westfalen Mir erstatteten gemeinschaftlichen Bericht habe ich ersehen, daß die mit den übrigen betheiligten Regierungen dieserhalb angeknüpften Verhandlungen bisher keinen Fortgang gewonnen haben, und die erwartete Uebereinkunft noch zur Zeit nicht hat herbeigeführt werden können. Ich finde jedoch erforderlich, daß diesseits ein entscheidender Schritt hierin geschehe, damit in Beseitigung der bei der Bundes-Versammlung eingegangenen Beschwerden den fortdauernden Reklamationen der Gläubiger des ehemaligen Königreichs Westfalen, soweit Preußen dabei betheiligt ist, ein Ziel gesetzt, und öffentlich nachgewiesen werde, daß und in welcher Art die preußische Regierung sowohl den Forderungen der Gerechtigkeit gegen die eigenen Provinzen und Unterthanen entweder schon ein Genüge geleistet habe oder zu leisten bereit sei, als auch in wie weit sie nach dem Verhältnisse des ihr zugefallenen Antheils an dem ehemaligen Königreich Westfalen die Ansprüche solcher fremder Unterthanen anerkenne, welche keinem der übrigen bei diesem Schuldenwesen betheiligten Staaten angehören.

In dieser Hinsicht bin Ich mit Ihren Anträgen dahin einverstanden, daß diesseits in Anwendung und Ausführung der Grundsätze, welche in der bei Eröffnung der Verhandlungen geschehenen Art den Kommissarien der übrigen betheiligten Höfe zur Ausgleichung des gesammten westfälischen Schuldenwesens zur Berathung hingegeben sind, so weit es die Verhältnisse jetzt schon gestatten, mit einer abgesonderten Maaßregel vorgegangen, und unter Vorbehalt der fernern Theilnahme an der definitiven Regulirung des westfälischen Schuldenwesens durch die dabei betheiligten Mächte, bestimmt und bekannt gemacht wird, welche Verpflichtungen die preußische Regierung ihrer Seits entweder schon erfüllt hat, oder zu erfüllen gegenwärtig bereit ist. Aus ihren Mir vorgelegten Nachweisungen geht

A) hervor, daß die preußische Regierung, ohne eine Theilnahme der andern, bei diesem Schuldenwesen betheiligten Regierungen in Anspruch zu nehmen, gemäß Meinen deshalb erlassenen Bestimmungen, nachstehende Verpflichtungen der ehemaligen westfälischen Regierung bereits ausschließlich übernommen und das Erforderliche zur Befriedigung der Interessenten verfügt hat.

---

*) Gesetzsammlung 1827. S. 13.

1) Auf den Grund meiner Order vom 22. Juni 1815 sämmtliche Forderungen, die vor der Organisation des Königreichs Westfalen als Staats- und Landesschulden auf solchen Provinzen ruheten, welche nach dessen Auflösung wieder in den Besitz von Preußen gekommen sind, mit Inbegriff der auf den preußischen Domainen gehafteten Schulden.

2) Auf den Grund Meiner Order vom 14. April 1819., 17. Februar 1823 die Schulden, die während der französischen Okkupation eben dieser Provinzen von den Verwaltungs-Behörden und den Landständen zu öffentlichen Zwecken, namentlich zur Abtragung der Kriegs-Kontribution und zur Unterhaltung der Truppen aufgenommen und verwendet worden sind, mit Einschluß derer, die in westfälische Reichs-Obligationen umgeschrieben waren.

3) Auf den Grund Meiner Order vom 22. Juni 1815 und 31. August 1825 die Ansprüche an die in den jetzt preußischen Provinzen aufgehobenen Stifte und Klöster, die Aufhebung mag vor der Errichtung des Königreichs Westfalen oder durch die westfälische Regierung verfügt sein, mit alleiniger Ausnahme der Ansprüche an die ehemaligen Besitzungen des deutschen und Johanniter Ordens.

4) Die Ansprüche aus Verwaltungs-Rückständen, und zwar:

a) auf den Grund Meiner Order vom 27. April 1820 aus der Central-Verwaltung, in sofern diese Ansprüche ursprünglich an die preußische Regierung vor dem 1. August 1806 entstanden, und auf die westfälische Regierung übergegangen waren, wobei die Ansprüche aus Lieferungen für die preußischen Truppen nicht nur bis zum 1. August 1806, sondern bis zum Tilsiter Frieden zugleich beseitigt worden sind;

b) auf den Grund Meiner Order vom 30. Juli 1822 und 19. Juli 1823 aus der Provinzial-Staatsverwaltung der jetzt preußischen Provinzen, sie mögen während der französischen Okkupation oder während der Dauer der westfälischen Regierung entstanden sein.

5) Auf den Grund Meiner Order vom 14. April 1826 die Ansprüche an die jetzt preußischen Departements der Elbe, der Saale und des Harzes.

6) Auf den Grund Meiner Order vom 31. Mai 1822 die Forderungen an das Vermögen der Innungen und Gilden in den jetzt preußischen Provinzen, soweit dasselbe von der westfälischen Regierung eingezogen worden ist.

7) Auf den Grund Meiner Order vom 29. Januar 1823 und 21. August 1825 die Forderungen an die westfälische Amortisations-Kasse und den Staatsschatz, wegen der in dieselbe eingezahlten gerichtlichen und vormundschaftlichen Depositengelder, wenn sie diesseitigen oder fremden Unterthanen gehören, deren Vermögen von jetzt preußischen Behörden in die Amortisations-Kasse der westfälischen Regierung eingezahlt ist; so wie, wenn der Reklamant ein persönlicher Unterthan einer mitbetheiligten Regierung ist, nach erfolgter Nachweisung, daß seine Regierung dasselbe Verfahren gegen diesseitige Unterthanen beobachte.

8) Auf den Grund meiner Order vom 29. April 1817 und 17. Dezember 1821, die von ehemals westfälischen Beamten in westfälischen Reichs-Obligationen, die aus ursprünglich preußischen Landesschulden entstanden sind, bestellten Kautionen, oder in so fern die Kaution in andern westfälischen Reichs-Obligationen oder baar bestellt worden ist, falls der Kautionssteller ein preußischer Unterthan ist, und seine vormalige Rendantur sich in einer jetzt preußischen Provinz befunden hat, so wie, wenn der Kautionssteller kein preußischer Unter-

than ist, die Kaution aber in westfälischen Obligationen aus Landesschulden preußischen Ursprungs geleistet hat, nach geführtem Nachweis, daß die betreffende Regierung die in solchen Obligationen bestellten Kautionen, welche dem Ursprunge nach ihr angehören, den preußischen Unterthanen berichtigt.

B) Von den Verpflichtungen der ehemaligen westfälischen Regierung, welche hiernach noch zu erledigen sind, wird die preußische Regierung, unter den sub C folgenden nähern Bestimmungen, nunmehr alle diejenigen, welche nicht besonders ausgenommen werden, unter nachfolgenden Maaßgaben zur ausschließlichen Berichtigung übernehmen, namentlich:

1) Pensions-Rückstände, sie mögen sich auf frühere preußische Bewilligungen, oder auf den Reichs-Deputationsschluße vom Jahr 1803, oder auf Bewilligungen der ehemaligen westfälischen Regierung gründen, und an Civil- oder Militairpersonen verliehen worden sein.

2) Rückständige unverzinsliche Forderungen aus der Central-Verwaltung der westfälischen Regierung, sie mögen die Civil- oder Militair-Verwaltung betreffen, und es mögen darüber bereits Bons ertheilt sein, oder nicht, rücksichtlich der letztern insonderheit die Gehaltsrückstände der Central-Civilbeamten, des Militairs und der Gensdarmerie, so wie Gesandtschaftskosten und Ansprüche aus Lieferungs- und Militair- Verpflegungs-Geschäften.

3) Depositen-Kapitalien, in sofern sie unter den vorangeführten Bestimmungen Meiner Order vom 29. Januar 1823 und 21 August 1825 nicht begriffen sind.

4) Rückständige Zinsen von verzinslichen, bereits berichtigten Kapitalien, namentlich überhaupt von ursprünglich preußischen, schon vor dem Kriege von 1806 vorhandenen Landesschulden aus Dokumenten, die nicht in westfälische Reichs-Obligationen umgeschrieben worden sind, insbesondere von verzinslichen Schulden aufgehobener Klöster und Stifte, und von den auf diesseitigen Domainen haftenden Darlehnen, so wie von den in die Amortisations-Kasse oder den Staatsschatz erhobenen gerichtlichen Depositen und von den Kautionssummen.

C) In Hinsicht auf vorbenannte Verpflichtungen der westfälischen Regierung, sowohl die Liquidationsfähigkeit derselben, als das bei der Liquidation zu beobachtende Verfahren und die Berichtigung der anerkannten Forderungen betreffend, bestimme ich Folgendes:

1) In Uebereinstimmung mit den für Privat-Ansprüche an Frankreich durch den Pariser Frieden vom 30. Mai 1814, und durch die Separat-Konvention vom 20. November 1815 festgestellten Grundsätzen, sind nur solche Forderungen zuzulassen, welche auf einem in verbindlicher Form erfolgten Versprechen beruhen, und bereits vor Auflösung des Königreichs Westfalen, namentlich vor dem 31. Oktober 1813, zu erfüllen gewesen sind.

2) Die Liquidanten müssen entweder jetzt preußische Unterthanen sein, oder solchen Staaten angehören, welche nicht bei Regulierung der westfälischen Centralverhältnisse betheiligt sind; auch müssen die einen wie die andern schon am 31. Oktober 1813 Inhaber der Forderungen gewesen, oder durch Erbgang Nachfolger damaliger Inhaber mit jener Unterthans-Eigenschaft geworden sein.

3) Die Forderungen für Lieferungen zur Militairverpflegung müssen sich auf deshalb geschlossenen Kontrakten gründen; diejenigen Forderungen aber, welche durch die von dem französischen Militairgouvernement in Magdeburg

geschehenen Requisitionen, behufs der Bekleidung, Verpflegung und Kasernirung der dortigen Garnison, desgleichen zur Errichtung und Erhaltung der Militairhospitäler veranlaßt worden, sind nur in soweit zu berücksichtigen, als sie nach den zwischen dem ehemaligen Königreich Westfalen und dem damaligen französischen Gouvernement geschlossenen Konventionen den westfälischen Staatskassen zur Last gefallen waren, und außerdem für den einzelnen Fall ein ausdrückliches Zahlungsversprechen oder ein Kontrakts-Verhältniß kompetenter Behörden nachgewiesen werden kann.

4) Die Verifikation der Gehaltsrückstände westfälischer Militairpersonen und der Gensdarmerie, kann nur durch Vorlegung des Sold-Livret geschehen: indem nur diese Rückstände der westfälischen Militairs und Gensdarmerie, und zwar nur unter eben bemerkter Bedingung, liquidationsfähig sind.

5) Verwaltungs-Rückstände, über welche die westfälische Regierung Bons, ohne Beziehung des Ursprungs, ausgegeben hat können vom dem Berechtigten nur durch Produktion der Bons und der Verfügung der westfälischen Behörde, womit ihnen dieselben zugefertigt worden sind, in Ermangelung der letztern aber, durch Atteste, auf den Grund der Bücher derjenigen Einnehmer, von welchen sie dieselben erhalten haben, verifizirt werden.

6) Alle hiernach zu berücksichtigenden Forderungen sollen bei einer von Ihnen, dem Finanzminister, niederzusetzenden Liquitationskommission angemeldet, liquidirt und verifizirt werden.

7) Diese Liquidationsbehörde fordert, gemäß Meiner an Sie, den Finanzminister, heute besonders ergangenen Order, zur Anmeldung und Liquidation der Ansprüche auf, giebt den Interessenten Anleitung über die Form ihrer Liquidationen, prüft die angemeldeten Forderungen nach den vorstehenden Bestimmungen und trägt nach Maaßgabe des Befundes bei der Generalverwaltung der Rest-Angelegenheiten des Finanzministeriums, auf Anerkennung oder Verwerfung an. Hält die Generalverwaltung die liquidirten Ansprüche zur Verwerfung geeignet, und glaubt der Liquidant, sich hierbei nicht beruhigen zu können so soll die Sache durch die gedachte Generalverwaltung zur Entscheidung an die für das französische, bergische, westfälische und warschauer Liquidationswesen schon bestehende schiedsrichterliche Kommission gebracht, und hierbei, das bei diesem Liquidationswesen beobachtete Verfahren angewendet werden.

Bei der Entscheidung der schiedsrichterlichen Behörde hat es sein unabänderliches Bewenden.

Was endlich

8) Die Berichtigung der als richtig anerkannten und festgesetzten Ansprüche betrifft, so sollen solche in Staatsschuldscheinen nach dem Nennwerth oder nach Bewandniß der Umstände und näherer Bestimmung durch Uebernahme auf den Provinzial-Staatsschulden-Etat in der Art erfolgen, daß

a) die preußischen Unterthanen, wie bisher auch schon geschehen, den vollen Betrag,

b) diejenigen Fremden aber, welche keinem der bei dem westfälischen Schuldenwesen betheiligten Staaten angehören, zwei Fünftheile ihrer Forderungen, nach Maaßgabe des muthmaßlich auf Preußen fallenden Antheils an der westfälischen Schuld erhalten.

D) Ausgeschlossen von der Liquidation und Festsetzung bleiben:

a) für jetzt und vor endlicher Auseinandersetzung mit den übrigen hierbei betheiligten Regierungen.

1) Die Forderungen aus den 3 westfälischen Zwangsanleihen von resp. 20, 10 und 5 Millionen, mithin namentlich aus den hierzu mitgehörenden Obligationen Litt. A.;

2) Die Forderungen aus allen von der westfälischen Regierung über rückständige Zinsen ausgefertigten Bons, so wie Zinsenrückstände aus westfälischen Reichsobligationen und diesen gleichgeltenden westfälischen Verbriefungen überhaupt;

3) Ansprüche an die ehemaligen Besitzungen des Deutschen und des Johanniter-Ordens, indem über diese hierunter begriffenen Ansprüche vor endlicher Auseinandersetzung mit den übrigen betheiligten Staaten kein Beschluß gefaßt werden kann.

b) Gänzlich und für immer ausgeschlossen bleiben:

1) Alle Ansprüche an die Civil-Liste und an die Person des ehemaligen Königs von Westfalen.

2) Die Rückstände aus den Einkünften von ehemaligen westfälischen Orden;

3) alle Ansprüche aus Lieferungen zur Militairverpflegung, die sich nicht auf Kontrakten gründen;

4) alle Entschädigungs-Ansprüche wegen des Verlustes von Rechten, die durch allgemeine Maaßregeln der westfälischen Regierung ohne Entschädigung aufgehoben worden sind.

Ich überlasse Ihnen, diesen Bestimmungen gemäß, in ihren beiderseitigen Ressorts, und da, wo die Sache solches erfordert, gemeinschaftlich das Weitere zu verfügen.

Berlin, den 31. Januar 1827.

Friedrich Wilhelm.

An die Staatsminister Graf v. Bernstorff und v. Motz.

31.

Allerhöchste Kabinetsorder vom 18. Januar 1826, wegen Wiederherstellung der Adelsrechte in den am linken Rheinufer belegenen preußischen Provinzen. *)

Auf den Bericht und nach dem Antrage des Staatsministeriums, verordne Ich hierdurch, daß die Gesetze der vormaligen französischen Regierung, welche die Titel, Prädikate und Wappen des Adels abgeschafft haben, in den zur

*) Gesetzsamml. 1826. S. 17.

preußischen Monarchie gehörenden Provinzen am linken Rheinufer außer Kraft treten und die Familien, welche sie zu führen vor der Abschaffung berechtigt gewesen sind, darin wieder hergestellt sein sollen. Ihnen, dem Minister der Angelegenheiten Meines Hauses, trage Ich auf, wegen Ausführung dieser Anordnung, die durch die Gesetzsammlung zur öffentlichen Kenntniß zu bringen ist, und wegen Verhütung etwaniger Mißbräuche, die erforderlichen Einleitungen zu treffen.

Berlin, den 18. Januar 1826.

Friedrich Wilhelm.

An das Staatsministerium.

32.

Allerhöchste Kabinetsorder vom 18. Februar 1837, die Strafe des Adelsverlustes in der Rheinprovinz betreffend.*)

Auf Ihren gemeinschaftlichen Bericht vom 17ten v. M. bestimme Ich in weiterer Ausführung Meiner Order vom 18. Januar 1826, die Wiederherstellung der Adelsrechte in den Landestheilen am linken Rheinufer betreffend, daß jeder Adelige, welcher in der Rheinprovinz entweder eines Verbrechens wegen zu einer Kriminalstrafe verurtheilt, oder wegen eines nach vollendetem sechszehntem Lebensjahre verübten, in den Artikeln 401. 403—408. oder 423. des rheinischen Strafgesetzbuchs vorgesehenen Vergehens mit correctioneller Strafe belegt wird, gleichzeitig durch das erkennende Gericht seines Adels verlustig erklärt, und hierin, so wie mit der Vollstreckung der Strafe in eben der Art, wie in den älteren Provinzen verfahren werden soll. Sie haben diese Order durch die Gesetzsammlung bekannt zu machen, und Sie, der Justizminister, die in den älteren Provinzen hierüber bestehenden Vorschriften den Gerichtshöfen in der Rheinprovinz noch besonders zur Kenntniß und Nachachtung zu bringen.

Berlin, den 18. Februar 1837.

Friedrich Wilhelm.

An die Staatsminister Herrn Fürsten zu Sayn-Wittgenstein und v. Kamptz.

---

*) Gesetzsamml. 1837. S. 30.

33.

Verordnung vom 21. Januar 1837, die autonomische Successions-Befugniß der rheinischen Ritterschaft und das darüber statt findende schiedsrichterliche Verfahren betreffend. *)

Wir Friedrich Wilhelm, von Gottes Gnaden, König von Preußen ꝛc.

Da mehrere Familien Unseres rheinischen Ritterstandes, auf die Wiederherstellung der, dem ritterbürtigen Adel in Unserer Rheinprovinz vor Einführung der fremden Gesetzgebung zugestandenen, Dispositions-Befugniß für Erbfälle angetragen haben und diese Dispositions-Befugniß eine wesentliche Bedingung zur Erhaltung dieser Familien und ihres Grundbesitzes in denselben ist, so haben Wir, stets landesväterlich geneigt, jedem Stande diejenigen Einrichtungen zu bewilligen, welche den Wohlstand und den Flor desselben befördern, Uns bewogen gefunden, durch die Order vom 16. Januar v. J. gedachte autonomische Dispositions-Befugniß denjenigen adligen Familien der Rheinprovinz, welche dieselbe unter den früheren Regierungen ausgeübt haben, anzuerkennen und für sie wieder herzustellen. Wir haben jedoch die Ausübung dieser Befugniß an die Bedingung geknüpft, daß für die standesmäßige Erziehung, Abfindung und Aussteuer der übrigen Kinder und für die Versorgung des überlebenden Ehegatten gesorgt, daß zur Sicherung dieses Zwecks eine Stiftung gegründet, und daß für die dabei entstehenden Streitigkeiten ein Schiedsgericht errichtet werde. Nachdem die darüber erforderten Vorschläge bei Uns eingegangen sind, so haben Wir auf den Bericht Unseres Staatsministeriums nicht allein das uns vorgelegte Stiftungs-Statut heute landesherrlich genehmigt, sondern verordnen auch, wie folgt:

Autonomische Dispositions-Befugniß.

§. 1. Die Eingangs gedachte Dispositions-Befugniß wird denjenigen Familien des rheinischen Ritterstandes, welche dieselbe vor der Einführung der fremden Gesetzgebung ausgeübt haben, in Verfolg Unserer Order vom 16. Januar 1836 hierdurch wiederholentlich anerkannt und zugesichert. Es soll über diese Familien eine von Uns landesherrlich bestätigte Matrikel niedergelegt werden.

§. 2. Es können aber von dieser Dispositions-Befugniß nur diejenigen Mitglieder der gedachten Familien Gebrauch machen, welche

*) Gesetzsamml. 1837. S. 7.

1) ein landtagsfähiges Rittergut in Unserer Rheinprovinz allein oder gemeinschaftlich mit einem Anderen besitzen,

2) an der oben erwähnten Stiftung Theil haben.

Die in diesen Familien zur Theilnahme an der Stiftung nach deren Statut nothwendige persönliche Ritterbürtigkeit ist zur Ausübung dieser Dispositions-Befugniß nicht erforderlich.

§. 3. Der Ehemann einer mit einem landtagsfähigen Rittergute angesessenen Ehefrau ist, in sofern er zu den berechtigten Familien gehört, zur Ausübung dieses Rechts befugt.

§. 4. Ehefrauen und Wittwen der zur Ausübung dieses Rechts befugten Mitglieder der mehrerwähnten Geschlechter können, ohne Unterschied, ob sie zu diesen Familien gehören oder nicht, diese Dispositions-Befugniß jedoch nur in Beziehung auf diesen Ehemann und die in der Ehe mit ihm geborenen Kinder ausüben, die Ehefrau indessen nur in sofern dies in gegenseitigen Verträgen oder Testamenten mit ihrem Ehemann geschieht und die Wittwen nur, wenn sie ein landtagsfähiges Rittergut besitzen.

§. 5. Außer den im §. 1. gedachten Geschlechtern steht diese autonomische Befugniß auch denjenigen, welche nach den näheren Bestimmungen des heute von Uns landesherrlich bestätigten Stiftungs-Statuts in die Genossenschaft derselben werden aufgenommen werden und zwar auch dann zu, wenn sie an den Vortheilen der Stiftung noch nicht Theil nehmen können.

§. 6. Die autonomische Dispositions-Befugniß besteht in dem Recht des Familienvaters, in sofern Verträge, Fideikommisse oder andere beschränkenden Familien-Anordnungen nicht entgegenstehen, mit Abweichung vom gemeinen oder Provinzialrecht und insonderheit ohne durch einen Pflichttheil beschränkt zu sein, nach seinem freien Gutbefinden die Erbfolge in seinen Nachlaß unter seinen Kindern, oder, wenn diese vor ihm verstorben sind, deren Kindern die Bevorzugung eines derselben vor dem anderen, und die Abfindung und Aussteuer der letzteren, so wie das Witthum, die Abfindung und die übrigen Vermögens-Verhältnisse des überlebenden Ehegatten und der demselben von dem Vermögen der Kinder etwa zustehenden Nutznießung und überhaupt Alles, was auf die Erbfolge in seinen Nachlaß Bezug hat, festzusetzen und anzuordnen.

Inwiefern weibliche Ascendenten dies Recht ausüben können, ist im §. 4. bestimmt.

§. 7. Diese Dispositions-Befugniß kann von den Eltern sowohl einzeln, als gemeinschaftlich, sowohl über den Nachlaß des einen Ehegatten, als über den beiderseitigen, sowohl vor als während der Ehe, durch Eheverträge, durch gegenseitige oder einseitige Testamente und durch andere Verfügungen unter Lebenden oder auf den Todesfall ausgeübt werden und es steht dabei den Eltern frei, auf eben diese Art die bereits getroffenen Dispositionen abzuändern und aufzuheben und durch andere zu ersetzen.

§. 8. Den zu dieser Dispositions-Befugniß berechtigten Eltern steht dieselbe auch bei Fideikommiß-Stiftungen zu, in Ansehung der Bestätigung derselben verbleibt es aber bei den bestehenden Vorschriften.

§. 9. Diejenigen, welche von dieser Befugniß (§§. 6—8.) Gebrauch machen, sind jedoch verpflichtet, für die standesmäßige Erziehung und Abfindung oder Aussteuer ihrer sämmtlichen übrigen Kinder, so wie für die standesmäßige

Erhaltung des überlebenden Ehegatten mit Rücksicht auf das frühere Familien-Herkommen, die Zahl der Kinder und die Verhältnisse des Vermögens Sorge zu tragen.

2) Schiedsgericht.

§. 10. Die rücksichtlich dieser Verpflichtung entstandenen Streitigkeiten sollen, mit gänzlichem Ausschlusse der ordentlichen Gerichtshöfe von einem ebenbürtigen Schiedsgericht entschieden werden.

§. 11. Derjenige, welcher durch die elterliche Disposition sich verletzt hält, hat seine, mit dem erforderlichen Beweise versehene, Klage bei dem vermöge des Stiftungs-Statuts bestehenden Ausschusse anzubringen, von welchem sie binnen drei Wochen dem Gegentheil mitgetheilt wird, um sie binnen der zu bestimmenden Frist unter dem Nachtheil zu beantworten, daß widrigenfalls die weitere Untersuchung und die Entscheidung ohne seine Zuziehung erfolgen werde. Nachdem die Beantwortung eingegangen ist, versucht der Ausschuß die gütliche Beilegung der Sache in einem Termine, zu welchem er den Kläger bei Vermeidung der Abweisung der Klage, den Beklagten aber unter dem obgedachten Nachtheil, vorzuladen hat.

§. 12. Bei erfolglos versuchter Sühne hat der Ausschuß die Verhältnisse der Sache möglichst vollständig und gründlich zu untersuchen und demnächst dies schiedsrichterliche Verfahren anzuordnen und zu dem Ende jede Partei aufzufordern, binnen der zu bestimmenden Frist einen Schiedsrichter zu benennen und alles dasjenige beizubringen, was sie in der Sache noch anzuführen hat.

§. 13. Zu Schiedsrichtern können nur ritterbürtige, mit einem landtagsfähigen Rittergute angesessene Familienhäupter aus den berechtigten Geschlechtern, welche verheirathet oder Wittwer sind und das 35ste Lebensjahr zurückgelegt haben, erwählt werden. Ueber die Recusation derselben und über die Ablehnung der Wahl entscheidet der Ausschuß und bestimmt zugleich die Frist, binnen welcher ein anderer Schiedsrichter zu benennen ist. Wenn in diesem, so wie in dem Fall des §. 12. der Schiedsrichter nicht in der bestimmten Frist dem Ausschusse benannt wird, so wählt ihn der Ausschuß.

§. 14. Das Schiedsgericht besteht aus dem Direktor des Ausschusses, als Direktor, dem Syndikus und den von den Parteien erwählten beiden Schiedsmännern; die beiden ersten haben indessen bei der Entscheidung keine Stimme.

§. 15. Der Direktor beruft die Schiedsrichter zum Schiedsgericht, welches in Düsseldorf gehalten wird, und nimmt sie dahin:

> daß sie nach genauer Prüfung der Verhältnisse der Sache und des in der betreffenden Familie früher üblichen Herkommens und der gegenwärtigen Verhältnisse derselben, als gewissenhafte, wohlbedächtige und das Wohl des Standes, der Familie und der Kinder zugleich besorgte Familienväter nach ihrem besten Gewissen und Einsehen unparteiisch so urtheilen werden, als wenn sie selbst wie Familienväter die in Frage gestellten Verhältnisse zu ordnen hätten,

in Eid und Pflicht. Die Schiedsrichter geloben außerdem dem Direktor mittelst Handschlags die strengste Amtsverschwiegenheit.

§. 16. Der Direktor übergiebt darauf die Akten den Schiedsrichtern zur Prüfung binnen einer dazu zu bestimmenden Frist. Wenn sie noch eine nähere

Ermittelung, die Beibringung von Urkunden oder die persönliche Vernehmung der Parteien für rathsam halten, so hat der Direktor dies zu veranlassen. Nachdem die Sache als hinreichend erörtert angenommen worden ist, setzt der Direktor eine Zusammenkunft des Schiedsgerichts an, in welcher unter seinem Vorsitz über die Sache vom Syndikus Vortrag gehalten, demnächst berathen und endlich von jedem Schiedsrichter sein Ausspruch abgegeben wird, wenn sie oder einer von ihnen sich nicht vorbehält, denselben binnen einer kurzen Frist nachträglich abzugeben. Jeder Schiedsrichter muß seinen Ausspruch schriftlich, motivirt und von ihm unterschrieben und untersiegelt dem Direktor abgeben.

§. 17. Wenn die Schiedsrichter in ihrem Ausspruch übereinstimmen, so wird derselbe unter der Unterschrift des Direktors und des Syndikus und dem Siegel des Schiedsgerichts, in Form eines gerichtlichen Urtheils ausgefertigt und den Parteien insinuirt.

§. 18. Sind aber die Schiedsrichter nicht einverstanden, so fordert der Direktor sie auf, binnen 14 Tagen über einen Obmann sich zu einigen und ihn dem Ausschusse anzuzeigen. Wenn binnen dieser Frist die Schiedsrichter den Obmann nicht angezeigt haben, so ist der Ausschuß berechtigt, denselben zu ernennen, so wie er, wenn die Schiedsrichter sich über denselben nicht einigen können, befugt ist, aus den von ihnen vorgeschlagenen Personen den Obmann zu wählen. Der Obmann kann jedoch in allen Fällen nur aus den Mitgliedern des Ausschusses gewählt werden, und ist mit dem §. 15. vorgeschriebenen Eide zu belegen. Nach gewissenhafter Erwägung der Akten und Verhältnisse tritt er mit den Schiedsmännern zur Berathung zusammen und händigt demnächst seinen motivirten Ausspruch in der §. 16. bestimmten Form dem Direktor ein, welchem nächst der schiedsrichterliche Ausspruch in der §. 17. vorgeschriebenen Art ausgefertigt und insinuirt wird.

§. 19. Die Schiedsrichter und der Obmann haben bei ihrem Ausspruch das Interesse des Standes, der Familie, des Disponenten des zur Succession berufenen Erben, der abzufindenden Kinder oder des überlebenden Ehegatten zu berücksichtigen, dabei aber zunächst auf die in der Familie bestehenden Vorschriften und Gebräuche, oder das darin früher üblich gewesene Herkommen, in deren Ermangelung aber auf das in solchen Geschlechtern der Ritterschaft, in welchen diese Dispositions-Befugniß ebenfalls galt und in welchen gleiche oder ähnliche Personal- und Vermögens-Verhältnisse obwalteten und in Ermangelung dieser Anhaltspunkte auf den Zweck dieser freien Dispositions-Befugniß und auf die Grundsätze der Billigkeit Rücksicht zu nehmen.

§. 20. Der Ausspruch des Schiedsgerichts erfolgt in erster und letzter Instanz und schließt nicht allein die Gerichtsbarkeit der ordentlichen Gerichtshöfe, sondern auch alle ordentlichen und außerordentlichen Rechtsmittel aus; er ist eben so exekutorisch, wie die Erkenntnisse der ordentlichen Gerichtshöfe.

§. 21. Wenn jedoch wesentliche Vorschriften des Verfahrens verletzt oder offenbare und erhebliche Irrthümer in die Entscheidung untergelaufen sind, so steht dem Verletzten die Revisions-Instanz offen. Das Revisionsgericht besteht aus den Mitgliedern des Schiedsgerichts und aus vier anderen Schiedsmännern, von welchen jede Partei zwei vorschlägt und welche eben die Eigenschaften wie die Schiedsmänner haben müssen. Sie versammeln sich unter dem Vorsitze des Direktors, welchem im Revisionsgericht eine Stimme gebührt, die bei Stimmengleichheit die entscheidende ist. Gegen das Revisions-Urtheil findet ein weiteres Rechtsmittel nicht statt.

§. 22. Die die §§. 6—9 gedachten Gegenstände nicht betreffenden Streitigkeiten, und insonderheit die formelle Rechtsbeständigkeit der Akte, wodurch die Dispositionen getroffen sind, gehören zur Kompetenz der ordentlichen Gerichtshöfe, diese haben jedoch in ihren Entscheidungen Unsere gegenwärtige Verordnung in allen den Punkten, in welchen sie das gemeine oder besondere Recht abändert, insonderheit in den §§. 7. und 8. gedachten Fällen, zu befolgen.

§. 23. Die Kompetenz der ordentlichen Gerichtshöfe beschränkt sich aber auf die formelle Rechtsbeständigkeit der Dispositions-Akte und erstreckt sich nicht auf die, rücksichtlich der Succession, Abfindung und Aussteuer der Kinder und auf die Versorgung des überlebenden Ehegatten eintretenden rechtlichen Folgen der Rechtsunbeständigkeit der Akte. In diesen Fällen soll die Intestat-Erbfolge nicht eintreten, sondern diese Gegenstände sollen vielmehr auch in diesem Falle zur Kompetenz des Schiedsgerichts gehören, an welches das ordentliche Gericht, nachdem es die formelle Ungültigkeit der Akte ausgesprochen, die Parteien zu verweisen hat, und welches darüber, wenn auch nicht strenge nach der Disposition, dennoch nach dem Herkommen in der Familie und nach den übrigen §. 19. gedachten Rücksichten mit möglichster Aufrechthaltung der Absicht der Disposition entscheidet.

§. 24. Beschwerden über das schiedsrichterliche Verfahren können nur bei Unserem Justizministerium angebracht werden.

§. 25. Das Siegel des Schiedsgerichts besteht aus dem bergischen Löwen mit der Umschrift: „Schiedsgericht des ritterbürtigen rheinischen Adels"; die Justiz wird außer den baaren Auslagen unentgeltlich verwaltet.

§. 26. Die gegenwärtige Verordnung tritt bei allem am 16. Januar 1836 noch nicht wirklich eröffneten Successionsfällen ein.

§. 27. Alle Bestimmungen des gemeinen und insonderheit des französischen Rechts werden, insofern die der gegenwärtigen Verordnung von ihnen abweichen, für die in letzterer vorgesehenen Verhältnisse sowohl überhaupt, als insonderheit in Ansehung der Artikel 968. und 1395. des bürgerlichen Gesetzbuchs hierdurch aufgehoben und außer Kraft und Anwendung gesetzt.

Urkundlich haben Wir diese Verordnung eigenhändig unterzeichnet und mit Unserem Königlichen Siegel versehen lassen, und befehlen Unserem Staats-Ministerium, dieselbe durch die Gesetzsammlung publiziren zu lassen.

Berlin, den 21. Januar 1837.

Friedrich Wilhelm.

Freih. v. Altenstein. Graf v. Lottum. Freih. v. Brenn. v. Kamptz. Mühler. Ancillon. v. Rochow. v. Nagler. Graf v. Alvensleben.

Verbesserung.

Seite 87 ist unmittelbar nach Seite 84 zu lesen.

Berlin, gedruckt bei A. W. Hayn.